民國建築工程期刊匯編

MINGUO JIANZHU GONGCHENG QIKAN HUIBIAN

36

《民國建築工程期刊匯編》編寫組 編

广西师范大学出版社
GUANGXI NORMAL UNIVERSITY PRESS
·桂林·

第三十六册目録

工程周刊

17877

工程週刊

(內政部登記證警字788號)
中國工程師學會發行
上海南京路大陸商場542號
電話：92582
(稿件請逕寄上海本會會所)

本期要目

中華民國23年7月27日出版
第3卷第30期(總號71)
中華郵政特准掛號認為新聞紙類
(第1831號執據)

定報價目：每期二分；每週一期，全年連郵費國內一元，國外三元六角。

海珠炸石工程施工情形

救濟農村

編者

救濟農村問題頗非簡單。不但須予以經濟之援助；並宜顧及種種設施，使水旱蝗蟲之災害減少，衣食住行之環境改善，庶乎其可。每見鄉民遷居城市者非因生計艱苦所逼，即為生活適舒所引誘。故言救濟者不僅應謀於金融界，並宜商諸工程家。

海珠炸石工程經過情形

陳錦松

(一)緣起

廣州之珠江，其由原日海珠公園起迤西至太平南路一段，長凡二千餘呎，礁石星羅碁佈，久爲航行之極大障礙，而在夏潦高漲時，礁石阻礙水流，使倍加湍急，險象尤亟。當地人士無不願得早日清除此南方鉅港之障礙物。然水底炸石，工程艱鉅，匪特國內所罕見，即在國外亦不多覩。且工費極巨，籌措不易，所幸礁石本身之障礙，藉天然之力，反能產生一足以應付炸除礁石及其他工程費而有剩餘之條件。因江水被礁石所阻，遂分向南北岸冲蝕，使岸線深凹入腹地。結

炸石工程用之炸石機

果珠江之寬度，在礁石所在地附近，比上下游之寬度，增闊有數百呎之多。而岸線凹入部份之附近，適爲廣州市商業之中心點，故苟將該處坦地填築，並新建直堤，則填得之地，其價值單算北岸一邊，已足以支付填地築堤炸除礁石及建築海珠鐵橋之工程費而有餘。第祇將坦地填築，而不將礁石清除，則河流必更加湍急，其妨礙航行，將變本加厲。故爲河流本身及工程學理上着想，則施工程序，必以先清除礁石，後填築坦地而後可。但清除礁石，需費甚巨，而又爲一種消費而不能即行生利之工程，故從經濟上着想，則又以先填築坦地，將地變賣，然後清除礁石，較易爲着手。結果，遂採取一折衷辦法，先將北岸最密邇繁盛商業區之一小段坦地，先行填築，然後將所填得地段出賣，所得價款，以爲繼續填地築堤及炸除礁石之用，庶對於河流既無重大妨礙，而同時對於經濟方面亦易於措手，此爲當日炸除海珠礁石之緣起也。

挖石斗

(二)施工步驟

施工步驟，大致可分爲：(1)炸石，(2)挖石，(3)運石三項，礁石體積，有一十一萬餘立方碼，沿江分佈，長亙二千餘呎

。在低潮時，有露出水面者，然多數伏在水平面下，石層略向西傾斜，施工時，在礁石面，每隔約9呎，鑽一藥孔，徑闊約3吋，每次鑽妥6孔至10孔，即用6%Gelignite炸藥放入各孔內。入妥，即用電啓炸，石既炸碎，隨用挖石機將碎石從河底挖起，并安放在運石船上，以便運往別處放置。茲將炸石挖石及運石各項施工情形，分別詳述於下：

(三) 炸石工程之設備，及施工困難。

陸地炸石，甚易將事。惟在水底施炸，則有種種之困難。在水底施炸，則河底情形不得目覩，且石面常有多少沙泥積聚，此項沙泥，如不清除，則輒易塡塞鑽孔鐵管之風穴，使不能動作。但此項沙泥一時清除，旋又隨流水復來，故未鑽藥孔之前，應先放下一5吋許大之鐵管，直至河底，然後將鐵管內之沙泥用壓氣吹清，至管底到達石面後，方能將風鑽放入管內施工。又管之四週，每隔數呎，開一大方孔，使沙泥或石屑得較易吹出，不須必經管口，方能流去也。又珠江礁石，軟軟不一，鑽藥孔時，鑽出石屑因有水份浸潤之關係，常易變爲一種富有膠性之硬土。此種膠質硬土，輒易將鑽管風孔塡塞，使不得動作。故前數年，有某外國大建築公司之工程師 嘗用風鑽機試探珠江礁石，鑽入約1呎許，卽爲上述膠性硬土所厄，不能再落，遂以爲珠江礁石既不能用風鑽鑽藥孔，即不能用炸藥清除。故建議採用鎚石機Rock Breaker 運用鉅大重量圓柱形之鐵鎚，從高處擲下，俾將礁石打碎，幷以爲舍此以外，別無更妥善辦法。但鎚石機價值甚昂，每副常在百數十萬元以上，用此以清除海珠礁石，實非經濟之道。而卒能用藥力以炸除之者，則賴有在鑽孔機下，加用一可通高壓氣之轉環Swivel。查在普通鑽孔機，壓氣傳動鑽機後，所餘之廢氣，其氣壓甚低。若在陸行鑽孔，其所鑽碎之石粉，即此低氣壓之廢氣，亦足以清除之有餘，使不妨礙鑽咀工作之效能。但在水底鑽石孔，因有水份浸潤之關係，常易發生一種富有膠性之石屑

挖石機及運石船

。此種膠性石屑，實非低氣壓之廢氣所能清除，故常有閉塞鑽咀風穴，使不能動作之弊。今在鑽機下方，加用一轉鐶，使高壓氣得從此鐶經鑽管風穴直達鑽咀，則膠性石屑不能爲患，此實採用藥力炸除礁石成功之一要素也。至炸石施工之設備，大致爲一平底木躉船，長70呎，闊30呎，厚7呎，內用木花樑乘力，結構甚爲堅固。四面豎有高32呎18吋方之實木鐵咀錨柱四條，以爲穩定躉船之用，即全船之重量，連同所有機器等，均可由此四木柱乘托之，以從水面施工，鑽之位置，必須穩定，斷不能使任向左右或上下移

動，免失原孔之位置，及妨礙鑽之工作。故躉船一經到達預定之位置，即將四面錨柱放至河底。然後緊扣柱鎖，使潮水漲落，或波浪衝盪，及河流湍急亦不能使躉船稍易其原有位置。躉船上，裝有Sullivan式壓氣機一副。氣鼓長12呎直徑爲4½呎，每分鐘可能供給600立方呎之每方吋70磅力之壓氣，足以轉動三副 Sullivan T5 錘式之鑽孔機。至壓氣機之原動力，由一Modaag Krupp式 100匹馬力之內燃機供給。同時躉船上復裝置有Sullivan磨鑽咀機連同燒油爐以爲修磨鑽咀之用。計每日可鑽成藥孔之深度，約由 100呎至 200 呎，每孔之深度，約由 5 呎至20呎，每孔之距離約 6 呎，每鑽妥 6 孔至10孔，即放入60% Gelignite 炸藥。平均計算，每炸妥一立方碼石，約需10磅許之炸藥，而每次施炸所用藥之總量，平均約爲 100 餘磅，不能過多，因礁石所在地，距離南北岸之商業中心點甚近，如用藥過多，則在淺水處施工，輒易令石塊播散飛高，傷及行人。至因此種原因而致死傷者，計已有三數起，即在高潮時，或在深水處施炸，石塊可無飛出水面之虞，則炸藥數量本大可增加。惟附近舖戶，以炸動震盪力稍爲顯著，即請市政當局嚴加限制，故藥量無伸縮性之可能，此實亦爆炸珠江礁石困難情形之一也。至每次啓炸，躉船例退開百數十呎，以妨意外，同時鳴鑼示警。并由水上警察協同驅逐附近船艇，以保安全，此爲炸石施工之大概情形也。

(四)挖石之設備及施工之情形。

石既炸碎，然後用機挖取，在表面上似屬易事，然此在陸地上工作則或然，而在水平面下施工，石塊情形如何不能目視，則大有異於是。因石塊之大小與其體積之是否均勻，與挖石機之効率大有關係，蓋石塊過大，固可省藥，但從水底攫取，則因其位置不能目視，故有試挖三數次而不中肯者，坐是反虛耗時日，徒勞無功，固不若攫取體積較

挖出之大石

小之石塊爲易於收效。因石塊既小，則挖石機無論放落在任何位置，均能挖取相當體積之石塊，不似過大石塊，則須從一適當之位置方可攫取也。至石塊體積之以均勻爲宜，亦因上述理由以爲增加挖石機之效率計也。至挖取石塊之大小是否得宜，體積是否均勻，則又當視乎炸石施工是否得當以爲斷，是以炸石與挖石之施工，須互相調節兼顧，不然必難期一滿意之效率。至石層之軟硬，河水之深淺，又常足以影響應用之藥量。同時因炸藥本身之效能，亦常因氣候之潮濕，及存儲時日之長短而變易。故最經濟之藥量，非經相當之試驗實無從預爲估定也。至挖石

之設備，大致亦爲一平底木躉船，結構與炸石躉船無異。船上裝有120匹馬力之 Mc-Kiernan-Terry式起重機，配備三轉軸，由一Buda 內燃機推動。起重機之載重量爲6噸能左右旋轉，其聯臂之長度爲40呎，配有一容量爲1立方碼之 Blaw-Knoz 式蜆殼形挖石斗。石既炸碎，即由此機將石塊挖起，放落石船，以便運往別處放置。至挖石機每日工作10小時，平均可起挖約400次，共挖得之石體積約200餘立方碼，此爲挖石工程施工之大概情形也。

(五)運石之施工情形。

石既挖即放置在停泊挖石機旁之石船上，其容量約爲50餘立方碼，由一裝有200匹馬力之 Bentz 內燃機之拖輪拖往卸石地點放置。及炸出碎石一經露空，爲陽光及氣候變易所侵蝕，輒易碎裂，故不能採爲建築材料之用，故多數運往附近坦地爲塡築之用。石船一到達卸石地點，即由工人將石塊剷落水中。

(六)承辦之經過情形。

此項工程於本年6月間完工。係由美商馬克敦公司承辦，所有工程由一美籍一英籍一德籍工程師辦理，僱用工人計共100餘名多數係由天津僱來者。

上海市中心區域建設經過

上海市中心區域建設委員會

上海之地位，就本國言，已成爲最大商埠；以世界言，亦佔有相當位置。今後吾人如欲更謀其發展，非運用更大之眼光，作審愼週詳之計劃，殊不足以應將來之需要。於此首應注意觀察者，厥爲本市市政之現狀，及此後發達之趨勢二端：

(I) 本市市政之現狀　今日上海之繁盛區域無過於租界。華界與租界接壤處雖已稍改舊觀，而較遠之區尙無甚發展。此實爲本市市政最大之病象。其原因有三：(一)租界橫亘中央，以致滬南閘北劃而爲二，不能聯絡。(二)租界當局自清光緒26年起至民國14年止歷年在滬北滬西越界築路，以致範圍日益擴大。(三)京滬滬杭甬兩路之總站旣接近租界，而吳淞進口船舶又大都泊於租界黃浦之濱。水陸交通實有助長租界發達之勢。至於上海租界之本身。日後之缺點亦有三：(一)上海現有碼頭大都與鐵路毫無聯絡，對於貨物運輸極不經濟。且因商務之發達，進口船舶噸位之增加，致使碼頭地位日益擁擠，多數海船均停於黃浦中流，或泊於虹口而用駁船運送貨物登岸。耗時傷財，莫此爲甚。(二)居住上海之人民大多數因地價日貴，房租日增，對於居住之經濟與衛生問題，均成無法解決。(三)因近代交通器具之日益進步，而上海現有道路之寬度日顯其窄狹，且因大多數道路之開闢遠在數十年前，致無系統可言，分區制度更屬從未實行。

(II)將來發達之趨勢 欲謀本市之發達，自當以收回租界爲根本辦法。但收回之後，現在之租界是否即可爲將來全市中之中心，殊屬疑問，蓋本市地處要衝，區域遼闊，擘劃經營，自宜統籌全局顧及日後之發達。凡一都市之發展，必有其所憑藉，上海所以能有今日之發達者，無非因其爲東亞第一大港。故欲增進上海港口之地位，則吳淞開港勢在必行。淞滬相隔僅十餘公里，將來兩部定可合而爲一。就現狀推測，苟吳淞開港有實現之望，而現有鐵路可以變更，則將來全市中心實有由租界北遷之可能。本市審察周詳，爰於18年7月劃定江灣區翔殷路以北，閘殷路以南，淞滬路以東及周南十圖衣五圖以西之土地，約5,000餘畝，爲市中心區域。其重要理由厥有數端：該處地點適中，四周有寶山城，胡家莊，大場，眞如，閘北，租界，及浦東等城鎮環拱，隱然有控制全市之勢，劃爲市中心區域，可稱名實相符，一也。淞滬相隔僅十餘公里，該處介於其間，將來向南北兩方逐漸推展，聯接兩地而打成一片，樞紐全市之形勢，可期早日實現，二也。該處地勢平坦，村落稀少，可收平地建設之功，而無改造舊市之煩，費省而效速，三也。該地東臨黃浦，南近租界，水陸交通均極便利。即在新商港鐵路未建設以前亦可期相當發展，四也。由上觀之，爲適應將來之需要與建設上之便利計，市中心之地點自以該區域最爲適宜。

(III)市中心區域擇定後之規劃 市中心區域既經擇定，對於水陸運輸，道路系統，分區規劃，及溝渠碼頭等項，均經陸續規劃，玆分述如次：

(一)水陸運輸 本市水道方面，黃浦江實爲幹流。現時重要碼頭均在租界或其附近一帶。惟將來商務發達，海泊日增，非建築大規模之港灣不足以應需要，則將來商港區域當在吳淞方面，其浦東沿岸之地點且可爲商港擴充之用。目前內地運輸大都取道吳淞江，將來市中心北移，則蘊藻浜將爲內地運輸之樞紐。若前於相當地點，開闢運河，使與吳淞江聯絡一氣，轉運當益加便利。至若陸路方面，現有京滬滬杭甬鐵路之佈置，不特無裨於本市之現狀，且有礙將來之發展。其顯而易見者，如閘北方面因鐵道橫亘其間，至今市面凋落，無振興之可能。加以鐵道與水道碼頭相去甚遠，使水陸失其聯絡之資，亦非得計。故將來市中心北移，現有上海之鐵道線，勢非改道不可。玆假定眞如爲運輸總紐，由此築一支線，北經江灣，在市中心之西建築上海總站：則旅客及輕便貨物可直接輸入市中心，更折而東，沿蘊藻浜南岸，至吳淞一帶，與商港相銜接。惟浦東方面，以江流阻隔，濟運不便，至今除沿岸一帶，稍有碼頭貨棧等設備外，大抵仍屬農村狀態。此由於交通上無相當聯絡之故。浦西方面，則工商日興，人口日密，大有向西郊擴展之趨勢。將來市中心建築完成，謀與各區平均發展計，與浦東方面，亦有溝通之需要也。

(二)道路系統　市中心為全市之樞紐，該區道路系統係參酌四周現狀，及推測將來趨勢，加以規劃。所有道路分幹道及次要道路兩種：(1)幹道——由該區四向延展，以聯絡商港碼頭鐵道及各市區。此項道路大率寬度甚鉅，中有寬達60公尺者，或接通新商港及虬江口碼頭，或與火車總站相接，或與特區及各市區聯絡，宛如星光之四射；市中心居其中央，有控制全局之勢。(2)次要道路——其寬度較小。為便利本區內局部交通及供給各建築物以充分空氣光線計，大致係棋盤式與蛛網式並用，視四周幹道之正交或斜交而定；務期劃成之段落適於建築。此外為市民之衛生及精神修養與夫天然景物之陶融起見，附帶規定充分之空地與園林，除對於四涇橋球場，江灣跑馬場，遠東運動場，均留為空地外，更於市政府四周設置園林廣場以點綴市府宏大之建築，於浦浜及沿虬長河小吉浦兩旁廣設公園草地，使園林流水之景色有層出不窮之勝；並於相當地點設立公園以免偏枯。

(三)分區計劃　市中心區域道路系統既經擬定，乃劃分區域，使土地各盡其用。按本市公佈之全市分區計劃，市中心及滬南至舊城廂一帶為商業區域，其北為商港區域，其西為住宅區域。然就市中心之性質而論，固宜為全市商業精華所萃，如考諸城市組織之通例，又應為行政機關及重要公共建築所在。且在建設之初，市面未充分發達，地價未遽激漲之際，又不妨劃一部分為建築住宅之用，以便該區市民就近居卜。茲將市中心區域分區計劃略述如次：(1)政治區——凡行政機關及重要公共建築宜設於城市之核心與形勢優勝之地，所以示莊嚴莊觀也。市中心區域之中央部份為兩幹道之交义點，又有園林點綴其間，最宜劃為政治區域，市政府，與各局，市黨部，市參議會，圖書館，博物園，美術館等，皆宜建於此。(2)商業區——市中心區域之北部鄰近商港，並通火車總站，將來商業之繁榮可以預卜。爰劃一大部份為商業區，以適應發展之趨勢。此外沿幹道一帶之地交通紛繁，就此建築商店，既利貿易，復可隔離後面之住宅，使免塵囂之擾，故亦劃為商業區。(3)住宅區——市中心區域及附近之地，除已劃為政治區及商業區之部份外，餘均劃為住宅區。住宅區復分為甲乙兩種：甲種住宅區係為建築高等住宅之用，務求幽靜，故其地位在園林空地之近旁。又以此項住宅供求較少，故面積較小；乙種住宅區係為建築普通住宅之用，供求較多，故面積亦較大。

(四)市中心區溝渠計劃　(1)計劃以前

17885

之考慮——下水道之用途凡二：一以排洩雨水，一以引導污水；二者之中，雨水量多，但較清潔，污水量少，然至污穢。故下水道之計劃亦有二種：一爲然雨水污水合流，入同一溝管中，謂爲合流制；一爲將二水分別導入二種溝管中，謂爲分流制。此二種制度各有利弊，其取捨標準則全視各地形勢及經濟而定，未能一概論也。上海公共租界及法租界均取分流制；惟溝管尙未普及。南市閘北則用合流制，尙無治理污水廠之設備。江灣在上海之北，地勢平坦，與上海大致相同。此次計劃市中心下水道，關於二種制度之取捨，所應考慮之點述之如次：(子)上海各處溝管之總水道爲黃浦江，而黃浦江又爲上海飲水之源，故對於江水之清潔問題首應顧及，閘北水電廠居市中心區下游，將來多量污水排洩入江，該廠將感困難。倘能用分流制將污水加以治理，對於江水之清潔不無少補。然就已往之經驗，各水廠治水之困難，不在江水之不潔，而在江水之過於混濁，且閘北水電廠廠址近海，潮水漲落時，其冲刷力亦可減少江水之污穢成分。故市中心區下水道所採用制度，於上海飲水清潔問題無大影響。(丑)市中心區一帶地勢平坦底下，地下水離地面甚近，往往掘地不過一公尺，即可見水。故計劃下水道時，務須力避掘地過深，以免埋管時，發生困難。其因地勢關係不能避免時，則可利用附近河浜出水，或裝置抽水機。採用分流制，較爲經濟。惟雨水部份，仍須賴河浜以資宣洩。依據市中心區形勢，該處有虬江及袁長河繞行於公園地帶，實爲天然之下水道出路。倘設法利用，可以避免掘地過深，且又節省溝管。在市中心區未發達以前，區內祇有雨水，既無分流之需要，自不必有抽水機之設備。(寅)上海雨量甚大，排洩雨水之溝管，即是供合流制溝管之用。良以住宅中所排洩之污水爲量不多，不足影響合流溝管之大小。故採用合流制，祇須埋設一種溝管，即可供排洩雨水及污水之用，較爲經濟。徵諸以上各點，市中心區下水道計劃，爲顧全目前事實及將來發展起見，以採用合流制爲宜。現祇敷設一部份溝管以排洩雨水，並利用虬江及袁長河爲出水道，以避免掘地過深。將來居民增多時，該項溝管稍加擴充即可供排洩污水之用。惟須於該溝幹管入小河之處，建造治理污水廠，用沉澱方法，去其污渣而排洩其剩水於河中，則對於河水之清潔，亦能顧及矣。關於制度及出水道既如上述，至各溝管之佈置，因地勢關係，亦以採用散射式爲宜：即以市中心爲起點，四向散佈幹管，再分市中心區爲若干小區，流入幹管，引水自市中心外流至公園區內轉入小河中；並在各幹管與小河相接之處建造小規模之治理污水廠數所，專備天晴時治理污水之用。此種佈置其利有三：一，距離不遠，依坡度下斜，不致掘地過深；二，將來發展時易於擴充；三，溝管直徑可以減小，經費又較節省，埋管工作亦不致十分繁重。(2)計劃之大概——初步計劃之範圍須依據市中心區發展之步驟。市中心初步建設，爲第一次招領地，第二次招領地，職員領地。故下水道之計劃，就該範圍分東西二區：東區幹綫經五權路及翔殷路向虬江出水；西區幹線經三民路向蒙長河出水。江灣一帶詳細水平，尚未測定，故先假定高出吳淞零點4公尺與實地情形無大出入。溝中流水之速度假定至少爲每秒1公尺，以免溝底積聚汚物。最小之溝管假定爲375公厘，各溝管上口距離地面至少爲1公尺，又爲避免掘地過深起見，凡大小溝管相接之處均以底平爲度。

(五)虬江口碼頭計劃　上海近年以來，商務日繁，船舶噸位加大，吃水較深，巨輪每須停泊吳淞口外，不能駛進黃浦。加以碼頭設備之簡陋，水陸運輸之缺乏聯絡，時間經濟均蒙損失，自非迅謀改建深水碼頭及商港，不足以應需要。查吳淞沿浦一帶江水既深，岸線亦長，足供吃水較深之巨輪停泊。次爲虬江口沿浦一帶，亦可供停泊商輪之用。顧吳淞商港及碼頭之建築一時不易實現。而虬江口碼頭地位，適在市中心區五權路之東端，岸線之長爲1400餘公尺，面積之廣約800餘畝。該處江面寬廣，最低水位時水深達8.5公尺，且該處均爲農田灘地尚無建築物之阻礙，將來一切計劃易於實施，碼頭與鐵道聯絡亦易佈置，附近餘地亦足供擴充之用。現在市中心區正在極積建設，則虬江口之碼頭建設自不容緩。爰擬分三期建造述之如下：第一期建築範圍在虬江口以北五權路以南灘地之上。該處均須填泥1,070,000立方公尺。先築格架式木質碼頭長740公尺。在五權路口，擬建公共浮碼頭1座長100公尺，浮碼頭之兩旁留有空地，堪供建築驗關室，候船所，碼頭管理處，之用。沿岸築一公路供運貨車輛之行駛；公路後面爲過貨棧，擬先建兩所，用鋼質樑架建造，以備貨物裝卸暫儲之用。過貨棧後面，預留敷設鐵道地位，以備將來舖築鐵道三行。在鐵道後面又築公路，此公路後爲堆棧，先建三所，用鋼筋混凝土，先建三層。堆棧後面又預留鐵道地位。在鐵道未建之前可先築道路以利運輸。五權路兩旁設置露天堆貨場兩處，虬江口設置一處。至與碼頭聯絡之道路，擬將軍工路自平涼路至五權路一段改築柏油路面石塊路基。其他如五權路，翔殷路自軍工路至碼頭一段，路基用大石塊，路面用柏油砂石及小方石塊兩種，各路之溝管則爲築路時埋好以便宣洩。第二期填築之灘地在上和路以南五權路以北，與第一期相接。填築灘地面積約345畝；該處已接近浚江線，可以建造駁岸，長度爲600公尺，擬用鋼筋混凝土建造。沿駁岸築公路，並預留鐵道及起重機地位，但在鐵道未築以前，暫均舖築路面，以便運貨車輛行駛，公路之後爲堆棧三所，堆棧後面又預留鐵道地位，其外設置露天堆貨場兩處，第二期內之道路溝渠均一次舖築完成。在軍工路至碼頭之間，建築上和上泉上府三路，與市中心區相接，築路所用材料與第一期同，第三期之工程乃將第一期所造之木質碼頭改築駁岸，使與第二期所築之駁岸相接，並將第一二期所建之三層堆棧全部加造兩層改為五層。至若道路方面，則添築海容路海府路，並完成軍工路以東之五權路翔殷路及碼頭後面90公尺之浦西大道，各路之路面路基人行道均依規定寬度添築完成。其他碼頭內部之一切設備均於此期完成之。至於鐵道之建築，係歸鐵道部經營，不包括於本計劃內。工程既分三期進行，其工費及地價第一期約需5,180,000元，第二期約需4,650,000元，第三期約需 4,340,000 元。全部共計14,170,000 元。此項經費之籌集辦法，或招商投資，或借款，或發行公債，當擇其適宜者行之。收集之後須按年付息。在第一二年施工之期，未能即有收入。第一二年應付之利息，當同時預備。故第一期應籌經費6,000,000元。工作時期暫定兩年。在第三年即行繼續第二期工程。應再籌經費4,500,000元，亦定兩年完工。茲假定木質碼頭保固十年，則第三期工程應於第十二年起動工，分三年完成。第三期之經費可從逐年收入之盈餘內支付之。不必另籌款項。至於第一二期所欠之款，於收款後第三年開始分期還本，均於15年後償清。如此分年建設，至第十四年全部工竣，至第二十年除一切債務清償外，歷年積餘，尚可多一千三百萬餘元。此僅就各商業碼頭收支情形平均計算。如虬江口碼頭地位之優越，推測將來之盈餘，或將不止此數。

(IV)籌備經過及進行狀況　市府於成立之初，即有以江灣一帶為市中心，並開闢吳淞商港，改進市內鐵路之主張。經長時間調查研究之結果，乃於18年 7 月提出第 123 次市政會議議決，劃定翔殷路以北，閘殷路以南，淞滬路以東，及周南十圖衣五圖以西為市中心區域；並自決定之日起停止該區之地產買賣過戶。以上議決案旋即提交本市建設討論委員會復議通過，由市政府正式公佈，並於是年 8 月設立市中心區域建設委員會主持市中心區域之設計事項。又於同年冬邀請出席日本東京萬國工程會議之美國市政專家龔詩基費立泊兩氏來滬以備諮詢。至市中心區域道路系統以及全市分區交通計劃，均已先後公佈，並一度懸賞徵求新市府建築圖案。此項圖樣復經市中心區域建設委員會詳細設計，早已全部就緒。另擬有建設市中心區域第一期工作計劃大綱，以為進行之根據。市中心區域之建設已在進行及完工者有下列各項：

(一)開闢幹道　本市第一期幹道中直接關係市中心區域者有中山北路其美路黃興路三民路五權路淞滬路水電路閘殷路等以上各路，或係新闢，或就舊路改良，大部份皆已完工。

(二)建築市政府新屋　市中心區域計劃

17888

既已確定，市府爲提倡市民對於該區投資起見，決定首先遷移。業於市府四週紀念日舉行奠基典禮，並定於22年雙十節舉行落成典禮，各局臨時房屋亦已於22年夏間完工。是他日市中心區之形成，實以此市府新屋之建築爲肇始。至若集市府及各局於一處，增進辦事之效率，猶其餘事耳。

（三）招領土地 年來上海地價日漲，房屋日增，大有寸金寸土之勢。自經濟衛生及種種方面觀之，均爲一極大之社會問題。市府鑒於已往之事實，有企圖補救之必要。且市中心建設規模粗具，市政府及各局臨時房屋已將次第完成。爲促進市面繁榮獎勵起見，乃定有市中心區域招領土地辦法，將市府收用之土地以極低廉之價格，公佈招領。第一次於20年9月公開招領，頃刻間全數領完，到場備領者大都向隅。市府有鑒於此，復有第二次招領土地及市政職員領地辦法之規定，業已先後實行。

（四）建築道路溝渠 除幹道外，所有行政區內及第一次第二次職員領地範圍內之道路均已陸續建築，溝渠亦在逐漸排設，以利實行。

（五）建築公園及運動場 市中心公園及運動場之建設者如淞滬路翔殷路東北之市立第一公園及運動場

此外建築虬江口碼頭及新商港，同時遷移車站，建築黃浦江橋梁，均在第一期工作計劃之內。誠能一一實現則市中心區域之發展，不難指日而待矣。

（V）經濟上之觀察 市中心第一期建築經費約需 50,000,000元。以現在財政之困難，斷不能竭澤而漁，增加任何捐稅。但鑒於辦理良好市政，每可使其地之工商繁盛，地價增高，故歐美各國辦理市政，有所謂土地政策者，即在新市區未開闢之前，市府按公平時價預購多數土地，既可供建築道路公園之需，一旦市政發展地價增高後，可將餘地出售即以所得盈餘爲繼續發展市政之用。本市根據以上見地，爰於18年8月公佈市中心區域之際，同時宣佈按照當時地價收用該區域土地五千餘畝。將來黃浦江造橋及吳淞築港計劃。苟能實現，施行以前，必須繼續購進大宗土地。所有收用之土地，視事實上之需要，分期招領。即以售地之價充當建築費用。至於承租商港岸線，或征收碼頭倉庫購置等費，爲數皆屬可觀。將來再征收地稅，爲經常工程費用。此項經濟之預測，須賴時局之安定，全市人民之共同努力，方有實現之可能。決非僅恃政府一方面之力，所能達此目的也。

國內工程新聞

粵漢路工程進行概況

粵漢路株州至樂昌一段工程，進行已達一年。聞已成工程四分之一强，民25年必可全段完成，現工程均分段進行，南北兩端同時敷軌，衡州亦向南開工。目前工程全綫共分7總段進行，除一總段韶樂已完成一部外，餘共長401公里。二總段樂昌至羅家渡土方橋渠工已完，正向北敷軌。三總段羅家渡至坦嶺亦測定，內中僅一分段動工。四總段坦嶺至高亭司尙未完畢。五總段公平嶺至觀音橋僅一分段投標。六總段觀音市至路溪，已全部動工。七總段株州至淥口已開始向南敷軌。全段所包工程，共計158件，工款共7,624,400 元，已購材料，國外庚款購料 949,606 英鎊，國內料款約爲2,783,000元。

粵省等築廣汕鐵路

粵省政府，年前曾規劃與築廣汕鐵路，（由廣州至汕頭）自廣州沙河起點，經博羅，惠陽，稔山圩，海豐，陸豐，惠來，普甯，揭陽，而抵汕頭。復由汕頭接駁潮汕鐵路達潮安全綫共長430餘里，建築工程費，及收併已成之潮汕鐵路發還該路股本，共需38,174,000元。另其他意外費1,826,000元，合計40,000,000 元。全路定期5年完成。第一年爲測量及籌辦，第二年收用地段，及建土方路基。第三年建築路基，橋樑，涵洞，完竣後，開始鋪築軌道。第四年建築機車廠，各站室，軌道，開始通車。第五年辦理各項未完工作，及清理潮汕鐵路債務。至籌款方法，將由籌備委員會改組爲籌款管理委員會，股款由政府撥四成，向民間招足六成。籌款會由省政府，及建設廳，廣州市商會，潮汕鐵路公司，與鉄路所經博羅，惠陽，海豐，陸豐，惠來，普甯，揭陽，潮安，等八縣，各派一代表共同組織，担任籌款及督築專責。初步測勘路綫，已由建設廳於前月派出技士及測量隊，照上述路綫，測繪草圖，此項工作，近已竣事。業將草圖及測量經過，呈報建設廳及省府察核，復由省府提出省務會議討論。議決着由建設廳舉行第二次測量，以便興工。建廳奉令後，刻已準備再派測量隊及技士，第二次出發，作精密之測勘，限期三個月測竣。定本年底辦竣測繪事宜，明年開始收用土地及建土方等工程。

嘉太海塘工程

嘉定，太倉，寶山，等海塘，即將次第修竣，塘工監修委員張公權，朱愷儔等，前日特往嘉定太倉視察。至上海市高橋東塘，已由市工務局招標修理。嘉定，太倉，寶山，等縣之沿海塘工，於今春由蘇省府分別撥款修理以來，即將全部竣工。建築尙稱鞏固。本年秋汛，可保無虞。

上海市長吳鐵城對滬市海塘，非常重視，故特撥專款200,000 元，修理該市塘工。關於東西兩海塘日內即可動工，至高橋區海塘地勢險要，去秋曾被冲蝕，發生危險，故已由市工務局登招標椿石工程， 從事修理云。

修築平通道路

薊密區專員殷汝耕召集平工務局冀省路局及通縣縣政府代表，討論修築北平至通縣道路。計該路共長17,000公尺，限三個月完工，俟將計劃擬就，提交會議通過後，即開始動工。

17890

上海市整理水電事業經過摘要

(上海市公用局)

I 給水

本市區域內自來水公司有四：除英商之上海自來水公司及法商水電公司外；國人自辦者有二：(一)商辦閘北水電股份有限公司，以本市之江灣彭浦閘北引翔四區全部，及殷行區內張華浜以南之區域，與蒲淞區內在蘇州河北岸之部份，為其營業區域，(二)商辦上海內地自來水公司，其營業區範圍在本市滬南區。

民國16年，上海市公用局成立，就其調查所得，知內地閘北兩公司辦理均不甚得法，質既不良，量亦不足；若論營業，則兩公司均有虧耗，市公用局負有監督之責，遂不得不從事整頓水廠，使之改良質量，及普遍給水，以為市民造福焉。

(1) 整頓水廠：

1. 內地自來水公司　依照市公用局改良方案着手進行，添加資本銀500,000兩，建築快濾池，混凝池，沉澱池，購置渾水唧機等，其工程於20年6月完成，此後每日濾水量可達97,000立方公尺。
2. 閘北水電公司　舊水廠規模狹小，質量俱嫌不佳，經市公用局督促，乃建造新水廠於軍工路剪淞橋，17年5月正式出水，每日出水量達至68,200立方公尺。
3. 化驗水質　水質之良窳關係市民衛生至鉅。市公用局成立之後，鑒於本市飲料之污濁，於是商諸市衛生局訂定章程，化驗水質，以期達到清潔標準。自16年7月29日起，逐日實行化驗。根據21年化驗結果，全年平均細菌簇數，閘北公司為25，內地公司為29，均在本市水質標準每立方公分一百簇規定之下，今昔相較，水質已有顯著之進步矣。
4. 普遍給水　市內給水以普遍充足為原則，故市公用局對於給水未及或不足之處，必督促各該公司分別接通，例如滬南區之中華路民國路，閘北區之邢家宅路等，均以水力水量不足，曾由市公用局令飭更換較大之水管。至閘北區之譚子灣，江灣區之江灣鎮，及殷翔之虹鎮，本無自來水供給，亦經市公用局令飭閘北水電公司埋設水管矣。

至於外商越界給水侵及專營特權，市公用局6年以來，無不以收回為職志。現在滬南碼頭區域及徐家匯一帶之用水，均經市公用局自行籌供，至滬西之法華蒲淞兩區所有上海自來水公司經營之給水事業，現方按照中央規定方針，由市公用局負責與各方接洽籌設滬西自來水公司辦理之。

II 電氣

本市電氣公司在華界者現有五家：即閘北水電公司，華商電氣公司，浦東電氣公司，翔華電氣公司，及真如電氣公司。在租界者亦有兩家：即公共租界上海電力公司及法商電氣公司。此篇所述，僅就在華界（越界築路區域除外）者言之，其在租界之電氣公司則以不屬於市公用局範圍之內，姑不贅焉。

市公用局成立之初，鑒於華界電氣事業之缺點，乃有統一上海市電廠之計劃。其進行步驟可分下列三點：(一)改良閘北及華商電氣公司之發電廠；(二)停止小電廠發電；(三)聯絡南北兩大電廠。市公用局自規定上項計劃之後，即按既定步驟次第實行。

(1) 改良電氣公司發電

1. 閘北水電公司於民國19年以前，係向租界電廠購電轉售，歷年損失頗鉅。17年間，該公司自建 20,000基羅瓦特發電廠，至19年5月全部工程完成，同年12月即正式發電。

2. 華商電氣公司發電機之總容量雖有 20,000開維愛，而鍋爐設備不足以供發電之用，嗣經市公用局督促改良，乃添裝鍋爐3座。此外如凝氣室，防水工程之設備改良，機械加煤之裝置，亦均於20年間一律裝竣。

(2) 停止小電廠發電

統一電廠之第二步計劃為先使小電廠停止發電，由大電廠輸電轉給。17年10月1日起，眞如電氣公司首先實行，向閘北電廠購電，其後翔華電氣公司浦東電氣公司亦分向閘北華商兩公司價電。於是全市發電工程，完全集中於閘北華商兩大電廠，而市公用局統一電廠第二步計劃，亦可謂已告成功。

(3) 聯絡南北兩大電廠

統一電廠之第三步計劃為促令閘北華商兩大電廠互相通電。惟此舉款大工巨屢經接洽，始於21年5月由兩大電廠商妥南北通電辦法，決用33,000伏高壓架空綫路通電，容量為5,000基羅瓦特，其設有工程已由兩大電廠分頭進行，不日即可完工。

市公用局對於統一各廠售電價格，普通給電，收回越界給電各點，並極注意進行以來，頗為成效。

膠濟鐵路行車時刻表

民國二十三年七月一日改訂實行

下行列車

站名	到開	一二次各等	三二次各等	七二次三等	七四次三等	二次各等
青島	開	七•〇〇	一一•三〇	一五•〇〇		二一•四〇
大港	開	七•一一	一一•四一	一五•一一		二一•五一
四方	開	七•二〇	一一•五〇	一五•二〇		二二•〇〇
滄口	開	七•三六	一二•〇八	一五•三八		二二•一六
女姑口	開	七•四八	一二•一八	一五•五一		不停
城陽	開	七•五七	一二•二七	一六•〇一		二二•三四
南泉	開	八•一三	一二•四五	一六•一八		不停
藍村	開	八•二七	一二•五八	一六•三六		二三•〇二
李哥莊	開	八•三六	不停	一六•四五		不停
膠東	開	八•四八	不停	一六•五八		不停
膠州	到	九•〇〇	一三•一五	一七•一一		二三•二六
膠州	開	九•〇三	一三•二七	一七•二四		二三•三〇
芝蘭莊	開	九•一九	一三•四四	一七•三三		不停
姚哥莊	開	九•二八	不停	一七•四二		不停
高密	到	九•四九	一四•〇二	一七•五一		〇•〇二
高密	開	九•五〇	一四•一三	一八•〇五		〇•一三
康家莊	開	[illegible]	不停	一八•一六		不停
蔡家莊	開	一〇•一三	一四•二三	一八•二八		不停
塔耳堡	開	一〇•二五	一四•四三	一八•三九		不停
丈嶺	開	一〇•三五	一四•五三	一八•五五		不停
岞山	開	一〇•五三	一五•一三	一九•一三		一•〇三
黃旗堡	開	一一•〇一	一五•二二	一九•二三		不停
南流	開	一一•〇九	不停	一九•三一		不停
蝦蟆屯	開	一一•二四	一五•四一	一九•四八		一•二八
坊子	到	一一•三七	一五•五四	二〇•〇三		一•四二
坊子	開	一一•五三	一六•〇八	二〇•一一	六•二〇	一•五六
二十里堡	開	一二•〇四	一六•二〇	二〇•二六	六•三三	二•〇八
濰縣	到	一二•一三	一六•二八	二〇•三五	六•四四	二•一六
濰縣	開	一二•二五	一六•三〇		六•四九	二•一八
大圩河	開	一二•二九	不停		七•〇四	不停
朱劉店	開	一二•四〇	一六•五三		七•一七	二•四〇
昌樂	開	一二•五五	一七•〇六		七•三五	二•五四
堯溝	開	一三•〇五	一七•一八		七•四六	不停
譚家坊子	開	一三•一七	一七•三〇		八•一〇	不停
楊家莊	開	一三•二八	一七•四一		八•二四	不停
青州	到	一三•四三	一七•五六		八•三五	三•二四
青州	開	一三•四六	一八•〇〇		八•三六	三•二六
普通	開	一三•五八	不停		八•五〇	不停
淄河店	開	一四•〇八	一八•一九		九•〇一	不停
辛店	開	一四•二一	一八•三六		九•一七	四•〇五
金嶺鎮	開	一四•三五	一八•五〇		九•三五	不停
湖田	開	一四•四八	一八•五九		九•四四	不停
張店	到	一四•五七	一九•〇八		九•五五	四•三一
張店	開	一五•一三	一九•二三		一〇•一〇	四•四六
馬尚	開	一五•二二	不停		一〇•三〇	不停
周村	到	一五•四〇	一九•四八		一〇•四四	五•二二
周村	開	一五•四三	一九•五一		一〇•四七	五•三二
大臨池	開	一六•〇七	不停		一一•二二	不停
王村	開	一六•一九	二〇•二四		一一•三六	不停
普集	開	一六•二九	二〇•三四		一一•四八	五•五五
明水	開	一六•四四	二〇•四九		一二•〇五	不停
棗園莊	開	一六•五四	二一•〇〇		一二•一八	六•二五
龍山	開	一七•〇八	二一•一五		一二•三五	六•二九
郭店	開	一七•二三	二一•三〇		一二•五二	不停
王舍人莊	開	一七•三四	二一•四一		一三•〇五	不停
黃臺	開	一七•四七	二一•五五		一三•二〇	七•〇三
北關	開	一七•五五	二二•〇七		一三•二九	七•一〇
濟南	到	一八•〇〇	二二•二三		一三•三五	七•二五

上行列車

站名	到開	一一次各等	七一次三等	三一次各等	七三次三等	一次各等
濟南	開	七•〇〇		一一•四〇	一四•四〇	二三•〇〇
北關	開	七•〇九		一一•四七	一四•四七	二三•〇六
黃臺	開	七•一六		一一•五四	一四•五四	二三•一四
王舍人莊	開	七•三〇		一二•〇八	一五•一〇	不停
郭店	開	七•四二		一二•二〇	一五•二五	不停
龍山	開	七•五七		一二•三六	一五•三九	二三•四八
棗園莊	開	八•一三		一二•五二	一五•五五	二三•五三
明水	開	八•二四		一三•〇五	一六•〇七	不停
普集	開	八•四一		一三•二〇	[illegible]	[illegible]
王村	開	八•五一		一三•三一	[illegible]	不停
大臨池	開	九•〇五		不停	一六•五四	不停
周村	到	九•二〇		一三•五六	一七•一三	[illegible]
周村	開	九•三三		一三•五九	一七•一六	[illegible]
馬尚	開	九•四〇		不停	一七•二五	不停
張店	到	九•四八		一四•二一	一七•四五	[illegible]
張店	開	一〇•〇三		一四•二六	一七•五八	[illegible]
湖田	開	一〇•一五		一四•四九	一八•一三	不停
金嶺鎮	開	一〇•二四		一四•五八	一八•二一	[illegible]
辛店	開	一〇•三八		一五•一三	一八•三七	[illegible]
淄河店	開	一〇•五一		一五•二五	一八•五一	[illegible]
普通	開	一一•〇一		不停	一九•〇三	[illegible]
青州	到	一一•一三		一五•四四	一九•一六	[illegible]
青州	開	一一•一六		一五•四七	一九•一九	[illegible]
楊家莊	開	一一•三一		一六•〇二	一九•三五	[illegible]
譚家坊子	開	一一•四二		一六•一五	一九•四六	[illegible]
堯溝	開	一一•五四		一六•二五	一九•五九	[illegible]
昌樂	開	一二•〇六		一六•三七	二〇•一二	[illegible]
朱劉店	開	一二•一九		一六•五一	二〇•二六	[illegible]
大圩河	開	一二•三〇		一七•〇一	二〇•三七	不停
濰縣	到	一二•四二		一七•一三	二〇•五〇	二•五八
濰縣	開	一二•四五	七•〇〇	一七•一六	二〇•五四	三•〇二
二十里堡	開	一二•五四	七•一〇	一七•二五	二一•〇四	三•一〇
坊子	到	一三•〇六	七•二五	一七•三七	二一•一七	三•二〇
坊子	開	一三•二一	七•三七	一七•五一		三•二七
蝦蟆屯	開	一三•三六	七•五四	一八•〇八		三•三三
南流	開	一三•四〇	八•〇九	不停		不停
黃旗堡	開	一三•五七	八•一七	一八•二四		不停
岞山	開	一四•〇八	八•二九	一八•三五		四•〇八
丈嶺	開	一四•二六	八•四八	一八•四五		不停
塔耳堡	開	一四•四三	八•五八	一九•〇三		不停
蔡家莊	開	一四•五一	九•〇八	一九•一二		不停
康家莊	開	一五•〇二	九•二〇	不停		不停
高密	到	一五•一五	九•三一	一九•三一		五•〇四
高密	開	一五•二四	九•四二	一九•四二		五•二五
姚哥莊	開	一五•三四	九•五六	不停		不停
芝蘭莊	開	一五•四七	一〇•〇五	二〇•〇四		不停
膠州	到	一六•〇二	一〇•一三	二〇•一七		五•四七
膠州	開	一六•〇四	一〇•二六	二〇•一九		五•四九
膠東	開	一六•一六	一〇•三九	不停		不停
李哥莊	開	一六•二七	一〇•五一	不停		不停
藍村	開	一六•三七	一一•〇一	二〇•四六		六•二五
南泉	開	一六•五〇	一一•一五	二〇•五九		不停
城陽	開	一七•〇八	一一•三四	二一•一五		六•四二
女姑口	開	一七•一七	一一•四四	二一•二四		不停
滄口	開	一七•二九	一二•〇七	二一•三六		六•五九
四方	開	一七•四五	一二•二五	二一•五一		七•〇三
大港	開	一七•五五	一二•三二	二二•〇七		七•一〇
青島	到	一八•〇〇	一二•四〇	二二•一五		七•二五

隴海鐵路行車時刻表

自右向左讀

站名	第一次特別快車自東向西每日開行	第十九次客貨車自東向西每日開行
徐州府	(上午) 第一次 八點十分開	
碭山	十點十六分到 十點二十六分開	
商邱	(下午) 十二點〇九分到 十二點二十九分開	
開封	四點三十二分到 四點五十二分開	
鄭州南站	六點五十一分到 七點十一分開	
汜水	八點三十三分到 八點四十三分開	
鞏縣	九點二十三分到 九點二十五分開	
孝義	九點四十七分到 九點四十九分開	
洛陽東站	十一點十二分到 十一點四十二分開	
新安縣	(上午) 一點十二分到 一點三十二分開	
澠池	三點二十一分到 三點四十一分開	
觀音堂	四點三十七分到 四點四十二分開	
會興鎮	六點〇八分到 六點十八分開	
陝州	六點五十分到	(上午) 第十九次 七點二十分開
靈寶		八點三十二分到 八點四十七分開
閿鄉		十點二十分到 十點三十五分開
盤頭鎮		十一點五十二分到 十一點五十五分開
文底鎮		(下午) 一點二十分到 一點二十三分開
潼關		二點二十分到

自左向右讀

站名	第二次特別快車自西向東每日開行	第二十次客貨車自西向東每日開行
潼關		(下午) 第二十次 三點三十分開
文底鎮		四點五十二分到 四點二十八分開
盤頭鎮		五點五十三分到 五點五十六分開
閿鄉		七點十三分到 七點二十三分開
靈寶		九點〇一分到 九點十六分開
陝州	(上午) 第二次 〇點〇五分開	十點二十五分到
會興鎮	〇點四十二分到 〇點五十二分開	
觀音堂	二點三十一分到 二點三十六分開	
澠池	三點十八分到 三點二十三分開	
新安縣	四點五十分到 五點開	
洛陽東站	六點十五分到 六點三十五分開	
孝義	七點四十六分到 七點四十八分開	
鞏縣	八點〇四分到 八點〇六分開	
汜水	八點四十分到 八點四十二分開	
鄭州南站	九點四十二分到 十點〇二分開	
開封	十一點五十五分到 十二點十五分開	
商邱	四點〇二分到 四點十七分開	
碭山	(下午) 五點五十四分到 六點〇四分開	
徐州府	八點〇五分到	

17894

工程週刊

(內政部登記證警字788號)
中國工程師學會發行
上海南京路大陸商場542號
電話：92582
(稿件請逕寄上海本會會所)

本期要目

中華民國23年8月3日出版
第3卷第31期(總號72)
中華郵政特准掛號認爲新聞紙類
(第1831號執據)

定報價目：每期二分；每週一期，全年連郵費國內一元，國外三元六角。

獅河橋施工情形

農村工程

編者

建設農村須講農村工程 Rural Engineering。農村環境與城市異，故其工程性質亦略不同，實當另予研究以便實施也。例如農村之交通，農村之給水，農村之屋舍，農村之溝渠，等等工程，在外國均經專家特別研究，其工程較之城市每簡便而易實行，我國亦當急起研究也。

浉河橋樑工程

韓伯林

概述　浉河係淮河之支流，承豫鄂間大別山脈（一名桐柏山）之水，河面遼闊，河底汗淺。低水位時，狀若小溪；高水位時，則闊達三百數十公尺。光緒16年間，洪水暴發一次，四周田地曾被淹沒，距河二哩之五里店鎮，亦遭水災，旁河之山，被水冲其半，迄今遺痕猶在。今信潢段道貫於是，信潢段係全國經濟委員會定為京陝之幹道，關係開發西北甚巨。前為浦信鐵路之路綫，所經區域，俱屬豫省精華，將來之繁榮，可逆料也。

事前之測量　設計橋樑前，必先有測量之記載，庶設計有所準繩。測量分三種：曰

橋面搗泥凝土時情形

材料調查，即調查附近可資利用之材料與運輸情形。曰水文測量，測量河身斷面在高水位中水位低水位時之變遷，洪水之久暫，流域之形式及面積。曰地質測量，研究河床河岸之地層，河床至岩石層之距離，附近橋基情形等等。茲將浉河測量結果歸納如次：

(1) 材料調查　河中多黃砂石子，堅實清潔，粒粗多稜角，頗合于混凝土工事。沿山松樹頗多，直者可利用為樁木，曲者

在建築中

可用為支木及模型板。距平漢鐵路僅60里，陸有汽車火車，水有木筏，距漢口亦近，故購料尚稱方便也。

(2) 水文測量　橋位上下游附近處，河岸似成平衡狀態。但每次大水後，河底稍有變遷，即西岸河底積沙增高，而東岸河底則仍如故。最高水位即每年雨水時期，每次漲水之大小，視橋位上游數十里處雨量，及其時間而異。照現在情形而言，每遇陰雨數日，即漲大水，二三日後，若上游雨止，大水即行退去，仍成涓涓細流。高水位測得為114.605公尺。東岸河底最深處約公1尺。西岸河底盡係積沙。最低水位即每年雨稀時期，或每次大水過後六七日，現測得為108.53公尺。

(3) 地質測量　東岸均係粘土，中雜石灰質及卵石，堅硬異常。半公尺下，即為淡

綠色之砂，中亦雜有卵石，厚約1公尺，下復爲堅硬不透水之黃斑土。近東岸之河床情形，大都如此。西岸係積沙，上結荒草，河岸多流沙，厚約2公尺，下均爲卵石，愈下者其徑愈大。

橋位之選定 橋位須擇河流平直，河面狹小，地質良好，與河流成正交，距彎曲處較遠者方可。蓋小橋位之決定依路綫，而大橋則路綫則隨橋位，決定時，不僅比較橋樑本身之價格，同時亦須顧慮路綫改道之費用

完成之一部

。橋樑尤宜避免在路之低陷（Sag）及曲綫處，庶排水與視距不致困難，今信潢綫適當瀰河彎曲處，惟彎曲半徑頗大，雖改道亦不能避免。舊有之臨時通車木橋位，係在兩曲線之撓點上，其弊在高水位時，兩岸橋台同時受洄漩流。今橋位略向南移，適當曲線頂點上，如此則凹處橋台受洄漩流，而西岸則毫無影響，惟東岸地土堅實，頗足以抵抗也。

設計概要 根據以上種種測量調查之結果，決定採用永久式之混凝土丁字樑橋，定跨度爲12公尺，全橋分30孔，計360公尺，載重設計標準爲12噸壓路機，或每平方公尺700公斤之平均載重。橋面闊爲5公尺，以備兩汽車平行駛過。橋面高爲26公尺，高出最高水位1.5公尺。爲求美觀起見，乃增備0.1%之縱坡度。每墩打5公尺長梢徑15公分之小樁27根，每根載重至少爲9噸，如地質太壞，得換打8公尺長梢徑20公分之大樁8根。橋座一律用小樁59根。第一層基礎爲1：4：8，二層基礎爲1：3：6，橋座橋柱橋面均爲1：2：4，磨擦面爲1：4：8。橋面設計爲懸擱式，（Simple Support）而非連續式（Continuous）。兩橋面接頭處，均以油氈分開，以防將來修理時，影響附近之另一孔也。樁頂低於河床約2公尺，所以防洪水之冲刷。爲求安全起見，每墩前加拋亂石30公方，每塊重至少爲40公斤，太輕恐爲水流帶走，毫無所用也。

施工之經過

(1)定標橛 開工之前，須先定橋位之標橛。(甲 定橋之軸線，橋之軸線即橋位綫

橋面直視

。既選定橋之地位與方向，乃用經緯儀於此綫上，每隔12公尺定一橛，此橛位於橋孔之中心，則將來定橋墩位時，以此爲根據。(乙)定水準點，軸線既定，乃近軸線旁，設立五隻水平樁，計兩岸各一隻，河中三隻。各水平樁四周，均

17897

以混凝土澆實，俾不得稍有動搖。然後用水平儀測定其高度，以為各墩施工之準備。

(2)施工大要　河水東岸深而西岸淺，故施工東岸難，而西岸易。且以材料運輸工場管理之便，决先從西岸動工，而逐漸向東進展。開工期適在夏季，正值洪水高漲之際，進行稍緩，蓋以求水退後，水外工作較便利也。西岸各墩，均在水外工作，而近東岸之數墩，均在水中。但因河水較淺，乃將西岸各墩施工所挖出之沙，逐漸淤塡，使河道成僅七公尺之小流，則東岸各墩仍能如西岸之工作於水外也。此法雖笨，但于管理經濟，實較改用夾板樁勝多多矣。橋墩完成後，卽為橋墩橋面，順序進行。橋面分從兩端遂行。中間另搭木架，便利搬運，詳細施工，敍述如次：

(一)地脚　施工最感困難者，厥唯流沙，以及沙中之流水。地脚第一步工作在打邊樁：用樁20根圍成8公尺×5公尺之土坑。邊樁長約5公尺，梢徑19公分。以沙卵石與木之磨擦力頗大，平均每平方呎約1,600餘磅。故打邊樁時，亦用懸鏈式之打樁架，錘重600磅，每日可打13根左右。第二步為打板樁；打板樁時卽須挖沙，自此起開始抽水工作，抽水有時用汽油抽機，有時賴人力，視水流之速度而異，平均須300工完成。第三步為打地丁樁；打地丁樁用1,200磅之重錘，日夜工作，大樁約須12小時完成一根，小樁4小時完成一根，全墩樁打完，約須4晝夜。東岸土質堅實，均用小樁，入土長度自3公尺至3½公尺。西岸多流沙卵石，入土長度均在5公尺以上，並加大樁8根6根4根不等。樁之載重，平均約13噸，超過設計多多。試樁公式為

$$P=\frac{WH}{0.1+5D}$$

P為安全載重，以公斤計。W為錘重，以公斤計。H為錘距，以公尺計。D為最後數錘之平均每錘入土深度，以公尺計。

第四步為搗1：4：8混凝土；搗時仍用人力機力抽水機。模型板外四周，掘以深溝，較底脚深低，庶水不致侵入。先用乾和之混凝土，待水分已少，乃改用溫和混凝土，分三層夯打，

橋下透視

至堅實為止。自邊樁起至第一層底脚止，計須一千餘工，佔全工之三分之二。

(二)橋柱　橋柱包括1：3：6二層底脚與1：2：4混凝土柱身，因水流施工困難，故底脚完成後，卽開始紮鋼筋，並裝二層基礎模型板，以減少水工。因水頭(Water-head)已減，流速變小，一人力水車已足應付。二層洋

灰施工與第一層同。自紮鋼筋至二層洋灰完成爲止，約須六十餘工。乃繼續裝橋柱模型板，柱之中段，均開小門，以便傾倒混凝土，俟滿達中段小門，乃臨時釘起，所有混凝土均自柱頂傾入。施工時，有工人以長鐵條逐段搗實，所以工作一次完成。用膳時，工人輪替工作，務使實際與理論符合。自裝模型板至搗完爲止，約一百六十餘工。

(三)橋面 橋柱工作既竟，卽爲橋面。橋面施工之初，卽於橋面下打小樁數列，長約2公尺，徑10公分左右。復將橋下砂夯打緊實，上舖木板，木板分9排，每板上豎支木5根共計45根，承載橋面模型板及混凝土之重。裝舖模型板及灣紮鋼筋共二百餘工。搗混凝土時，天曉卽行開工，薄暮完畢。計晨間搗完二外樑，上午搗完三中樑，下午搗舖橋面，搗工約須百餘。所有欄杆柱均活動，以備將來毀壞之修補。

(四)磨擦面 磨擦面之橫坡度爲1:50，先做一樣板，依次刨光，計全橋磨擦面完成，須三百餘工。

(3)混凝土施工之要點：

(一)所有模型板，均須用麻及紙塞緊。

(二)搗混凝土前，模型板須濕以水。

(三)搗後須常澆水，以得充分之維養，澆水次數愈多，應力愈增。

(四)混凝土所用水分之多少，尙成工程家聚訟之點，不宜過多，亦不宜過少，普通施工時有沈落試驗，(Slump test) 驗其是否適合設計標準。但經驗上，均以揑於手中不漏漿爲度。

(五)卸模型板視氣候而不同，氣候暖較氣候冷爲慢，南風較東北風爲快。

(六)冬間宜防水分結冰，在華氏 42° 以下，最好停止工作，如必須工作，宜加鹹或鹼蓋草，沙石子炒熱。

(七)木面宜塗石灰漿，或肥皂漿，或油，以便撤卸。

(八)混凝土混和均勻與否，可由顏色及翻和時重量是否均勻爲斷。

(九)混凝土搬運時宜快，不應遺漏，或沙灰與石子分離，故傾倒時宜低宜重

(十)搗時宜逐層夯搗，不宜高堆，以防空隙。

(十一)新搗混凝土，不宜使其受太陽，宜以麻袋蓋之，復濕之。

(十二)鋼筋均以鉛絲紮實，不得稍有移動。

(十三)洋灰之貯藏，須透空氣且須避濕。

(十四)混和時間宜長，至少應達二分鐘。

(十五)所有水，砂，石子均須異常淸潔無雜質。

統計與結論 混凝土工程，實爲近代工業之象徵，充分表現分工制度之特色。設全橋不用洋灰而用石料，則時間與經濟二者，相差誠不可以道里計。而在生產落後之中國，事事依靠外人，而唯混凝土工事，所用國產材料較多，維持修理費在各種橋樑中亦最省，工人亦隨地可加以訓練，誠最合理最理想之工事也。

滸河橋進行前後將及一載，工程艱難，費用浩大，近日中國公路橋樑中，尙不多觀，特將可資參考者彙列如下二表：

表一　工之統計

工　別	全　橋	每　孔	每立方混凝土	每公尺樁
木　工	9408	313.6	4.87	
挖土工	4230	141	2.2	
撈石工	1962	65.4	1.01	
鐵　工	1480	49.3	0.76	
洋灰工	5400	180	2.8	
雜　工	4330	144.3	2.25	
打樁工	8374	279.1		2.09
抽水工	9544	318.1		2.65
總　計	44728	1490.8	13.89	4.74

〔註〕抽水除人工外尚另用5匹馬力汽油抽水機一架，故採用此表辦預算時須注意。

表二　每立方混凝土所用之材料

比　例	水泥(桶)	沙(公方)	石子(公方)
1：2：4	1.96	0.45	0.90
1：3：6	1.35	0.46	0.92
1：4：8	1.00	0.46	0.92

全橋業於本年度四月底正式落成，最後決算為139,509.75元，允為公路橋樑中一稍為較大之工程，而應有注意之價值也！

愢以去歲由全國經濟委員會公路處介紹來豫，九月間奉令主持橋工，深感隕越，承各長官之指導，同事之扶助，卒底於成！今本拋磚引玉之義，將工作經過情形，草擬是篇貢獻諸工程專家之前，幸垂指正焉！先後參與橋工者，有全國經濟委員會工程師呂君季方技佐蔣君竣建設廳技正(今工務處長)羅君世棻築路處工程師趙君愼樞袁君晉田監工員徐君嵩齡季君先梅。承包者合興成公司。

23.8.1;於河南潢川

輕便鐵道與汽車路之比較

同濟大學土木工科教授史婁納 (Slotnarin)遺著

陸上交通，惟鉄路最能任重致遠，顧工程浩大，不易舉辦，不得已而求其次，於是輕便鉄路與汽車道遂爲今日談交通事業者所注意。然經便鐵道與汽車路雖同爲發展交通之要具，究其實亦有優劣之別。近歲改良路政之聲時聞於耳，淺見者以爲汽車路工程簡而用費省，遂多傾向於汽車路之建設，而不知長途汽車弊害甚多，不能如輕便鐵道之任重致遠。玆將輕便鐵道與汽車路之得失略述如次：

(1) 路身 汽車路普通以6公尺之寬度爲合宜，其路身須用石料壓實之，其坡度至峻不得逾5％。統計其工程費用，與寬度0.60公尺之輕便鐵道比較，尤爲昂貴。輕便鐵道之坡度，亦可達5％。更就修養方面而論，汽車路欲求平滑整潔，隨時須用汽碾頻頻加以修治，而在輕便鐵道但得少數工人隨時填補軌枕下面石渣之崩圮已足。兩者比較，修養之繁簡懸殊。此關於路身方面，輕便鐵道優於汽車路者一也。

(2) 車輛 汽車路之車輛爲汽車，鐵路之發動車輛則爲蒸汽機車。汽車耐用最多不過四年，而機車則有超過二十年者。據此以觀，機車之經久耐用，實五倍於汽車。如輕便鐵道以0.60公尺之軌寬敷設於斜度不大之地，其機車只需50匹馬力已足。此種機車之價值不過比汽車高一倍。然汽車須用膠輪，而火車則用鋼輪。膠輪易壞，遠不如鋼輪之耐用而價廉，（鋼輪耐用約可達二十年）。此關於車輛方面輕便鐵道優於汽車路者二也。

(3) 燃料 充汽車燃料之汽油，皆由外國輸入，價値甚昂。機車純以煤爲燃料，本國遍地皆是，價格低廉，且利權不外溢。此關於燃料方面，輕便鐵道優於汽車路者三也。

(4) 牽引力 機車牽引力與汽車比較，相差懸殊。50匹馬力之機車，駛行於0.60公尺軌寬之水平鐵路上，平均可牽引載重200公噸之列車，汽車載重則不及此數十分之一。故汽車僕僕道途往返十餘次之成績，火車可一舉而得之，此關於運輸方面輕便鐵道優於汽車路者四也。

(5) 開辦費 輕便鐵道因有鋼軌與車輛之需要，故開辦時費用較汽車路約多一倍，但以他方面之利益而論，機車既五倍於汽車之經久耐用，又十倍於汽車之運輸成績，開辦費雖較多，而其前程遠大，利益久長，相形之下，得失昭昭。此輕便鐵道優於汽車路者五也。

(6) 經濟上之觀察 輕便鐵道與汽車路之比較，若就經濟方面察其得失，更爲明瞭，玆就經驗所得，舉事實二點證明如下：

山東有一煤礦，距膠濟鐵路支綫之博山站約25里，由礦運煤至車站，舊時假助人力車。既而礦主感於運輸艱難，乃於此25里之距離，築一汽車路以達車站，蓋欲以最敏捷之運輸，求得最經濟之運費也。築路費用達四萬餘元之鉅（路身尙未舖築碎石！），購置汽車費又約四萬元，合計全部用費約在十萬元左右。乃開始汽車運輸後又平均運費非但不廉，反較用人力車時尤貴，計人力運費每噸爲2元4角，而汽車運費每噸竟達2元6角之多。

其後廠主猛然省悟，知以汽車運煤殊不經濟，乃請余爲之計畫輕便鐵道。因該處多山，坡度頗大，雖鐵路軌寬僅一公尺，而所用機車須爲具有275匹馬力者，故開辦費不免稍昂，然車輛容量爲二十噸，機車每次約可拖曳車輛八乘，故通盤計算，每一噸煤之運費不過合洋三角，較之汽車運費貴賤懸殊。此就經濟方面觀察，輕便鐵道優於汽車路者六也。

改良揚子江口水道

白郎都著　周倘譯

揚子江橫貫東西，爲吾國中部之主要航道，內達腹地，外通全球，上海港埠位於其口，凡各國海輪來往上海者，揚子江口均爲必經之途，江口水道情勢之變遷，影響於航行莫大焉。

上海港之能維持現狀，俾各國海輪直達無阻者，咸藉浚浦局逐年疏浚之力。惟上海港能否盡量利用，則依經過揚子江口而達黃浦江航道之情勢如何而定。苟一旦江口之航道，因淤積而變遷，則上海港之前途不堪設想矣。

揚子江口之支流有三：一曰海門道，又名北水道；一曰南水道，分爲二支，一曰南泓一曰中水道，南泓爲目前之主要航道，上海及內地來往之船隻均經於此，其普通情形尚稱完善，惟在神灘附近日漸淤積，灘身高漲已成爲航道之梗，故掃除該處之積沙以維持上海港之航道，實爲目下之主要任務，浚浦局有見於斯，已預備徹底疏浚，并經在德國定購世界最大之挖泥輪一隻　一俟該機運滬，即擬興工，惟此亦僅屬局部之整理耳。

港道淤積每年必須加以整理，乃係各海港之通病。但吾人須設法以最經濟方法維持之，務使設備妥善疏浚得法，俾港口及與其銜接之江床之淤積於最低限度，省維持之經費，保航行之效能。在揚子江口本身又能使水流暢洩，無泛濫淹沒之患，則間接與直接之利益何可勝計耶？惟在吾國目前之經濟狀況下，向欲於長江施以治本工作，沿江二岸築楗或護岸工程，以阻江岸江底之巨量冲積，如歐洲各河道然，乃屬難能之事。但將已成之航道略加整理，使水流安定，並使易於淤積之地其淤積達於最低限度，則屬可能亦事實之所必需也。

關於固定水漕導流水入於正軌，在揚子江口迄今尚未顧及。關於江口航道變遷情形，則浚浦局1917年報告內已略述之，此種變遷狀態，倘吾人任其自然，則必繼續增進。試觀年來神灘之高漲即可知矣。水漕固定，不但潮汐得以暢流，對於上海港之港道，尤有莫大之利益也。

年來南泓之闊度變遷頗烈，在崇明島上端南北二水道尚未分流之處，江面之闊約爲16公里。北水道上游之闊約6公里，至下游入海處則爲13公里。南水道上游之闊約12公里，下游漸縮至9公里，至寶山則又展至16公里，分爲中水道，與南泓中水道之上端，闊約9公里，南泓在分叉處闊約6公里，向下游漸縮至4公里。此狹水道之長約20公里，在庫灘附近闊約7公里，至神灘則達14公里。根據1931年垂測之結果，上述南泓內最狹一段之深度在低水位下約30英尺，闊在2公里以上。經此夾道後因江面漸闊，航道深度變遷頗烈，至神灘附近僅15至16英尺而已。倘吾人將上述20公里長之狹水道與在其上之水道相較，即可知此夾道河床之優勢，在分叉以上之航道，深度雖在30英尺以上，但灣折甚多，闊狹變遷無常。在狹水道內則闊與深均勻有規，其均勻之狀況，在浚浦局1917年報告內，17，18兩圖亦可見之，此二圖係表示自江口至江陰高低水位下之橫斷面積。在狹水道內其橫斷面積低水位時幾均爲500,000 平方英尺，高水位則爲 850,000 平方英尺，其上游則大小無規矣。吾人觀此自然而有規則之水道，即可知其他水道並非不可以人力固定之也。

揚子江口整理之緊要，吾人皆知。觀上述浚浦局同年之報告21圖含沙量之曲線，尤足驚人。該圖內表示江陰以上沉沙量逐漸減少，而江陰以下即江口部份則潛沙量日漸增多。推其原因不外因江陰以上水道狹而流速快，江陰而下江岸不整闊狹無規。江岸江底爲潮流所冲擊，日漸坍削，沙流時流速減小，泥沙下沉，以致深度日減。查自江陰至蕪湖平均潛沙量較前減少42%。自江陰至吳淞潛沙量增加之數，則與此相等，故神灘高漲，而航行受阻矣。

水漕無規則流水冲刷之機會加多，江岸江底局部之坍削愈甚，流水之運輸力因之大減，而水中所含之沙泥遂益增加，此乃天然現象也。故江口支流分歧，沙灘林立，流無正軌之處。在可能範圍內，應造成統一有規則之江床，導流水於正道，洩沙泥於海中，此乃治理江口之基本原則也。

有河床統一之水漕內，其流速必增，或影響於其他支流。但此無害於揚子江口，因察江口各支流之現狀，往往因局部流速過大之故，在江底冲成潭穴，或損及岸脚，倘能使之減少，亦非無益也。且幹流之流速旣大，流水之運輸力必增，泥沙可無中途停滯之患，航行則四季無阻矣。至於江口散漫無規之支流，應於堵塞之，從現有之三主要支流中擇一而整理之，爲潮汐進退及航行之幹道，使其江床劃一，江岸閉塞，堤高均等，江口成喇叭形，如是則流水匯集，沙流之冲刷力亦大，由漲潮時帶入之沙泥仍能藉退潮之力而暢流入海，航道則無淤積之虞矣。現擬疏浚南泓口之計劃，倘能顧慮及於此，則將來整理江口時，必事半功倍云。

國內工程新聞

(一) 交通部建設九省電話幹綫

交通部長朱家驊氏，爲謀蘇，浙，皖，贛，湘，豫，魯，冀，九省省會直接互通電話，以求消息之靈便計，特令電政司長顏任光，與郵政儲金匯業總局局長唐寶書，接洽借款 800,000 元，以便早日完成通話。此項借欵，大致已經商妥，不久可以簽訂合同，解欵應用。

九省長途電話，以南京爲中心點，擬建設五大幹綫，以連絡九省之通話。所謂五大幹綫：即(一)京漢綫，自南京經由蕪湖，安慶，九江，以達漢口，此綫軍政商各方通話煩忙，擬掛銅綫三對。(二)京津綫，自京渡浦，經徐州，濟南，以達天津，亦擬掛銅綫三對。(三)濟青綫，自濟南以達青島，原有銅綫二對，擬加掛一對，又以沿綫電桿等，均須更換，所費較多。(四)徐鄭綫，自徐州經隴海路以達鄭州。(五)漢長綫，自漢口經武長綫以達長沙。以上二綫，以話務簡單擬暫各掛銅綫一對。並擬在九省適當地點，裝設各種幫電機，以便九省直接通話。

交部建設五大幹綫，以及沿綫各項設備之外，倘須加掛滬杭幹綫及籌設京杭公路沿綫銅綫兩對。一切所需經費，已由九省長途電話工程處長胡端祥估計，共需工款5,000,000元。除向庚款借到200,000鎊約合國幣3,000,000元，及由交部另籌1,200,000元外，特再向郵政儲匯局籌借800,000元，以促其成。已由顏任光司長與唐寶書局長數度會晤，商量借款。借款合同，已由郵電雙方大致擬就，該合同內容之主要條款：(一)九省長途電話借款800,000元。(二)年息。10%。(三)以電政司及其他業務之收入，長存10,000元，爲還本付息之保證。四 五大幹綫設備完成後，分6年還淸。以上主要條款，大致已經商妥，一俟呈請交通部批准後，即可正式簽訂。

(二) 京滬公路長途電話開始通話

交通部前爲謀發展京滬公路交通起見，特架設京滬公路長途電話，自裝竣後，即開始裝設各站之進局綫。所有沿綫之太倉，常熟，宜興，溧陽，等處之進局綫，均已裝竣。無錫方面，因電報局須遷移，故稍遲始行裝置完竣。至該綫裝竣後，業已開放先行通話。上海方面已可與常熟，太倉，溧陽，宜興，等處互相暢通，至正式營業時期，日內由長途電話管理處決定。

(三) 經委會興修漢百公路

漢百公路爲陝南之惟一幹綫，原由蔣委員長令陝省修築，並限期完成後，經兵工將土路修成一部。邵力子以陝財力有限，難期完成，特商請經委會負責興修。現西北辦事處，已轉呈經委會核辦。

(四) 經委會興築七省公路

經委會規定在蘇浙皖贛鄂湘閩等省，應築公路路綫，長度共10,339.1里。該會正依照所定計劃積極進行興築，截至目前，可通車路綫，長度共6,149.7里，已興工路綫，長度共2,615.4里，未興工路綫，長度共1,574.0里。各省公路進行程度如下：可通車路綫計蘇566里，浙830.3里，皖910里，贛1,922里，鄂544里，湘339里，豫819.9里，閩218.6里，共6,149.7里。已興工路綫長度蘇621里，浙355.4里，皖96里，贛53里，鄂445里，湘187里，豫233.8里，閩624.2里，共2,615.4里。未興工路綫，長路蘇171里，浙50里，皖454里，贛198里，鄂382里，湘228里，豫57里，閩34里，共1,574里。

17904

膠濟鐵路行車時刻表 民國二十三年七月一日改訂實行

下行列車

站名	到開	三一次各等	二一次各等	七一次二三等	七三次二三等	一一次各等
青島	開	七•〇〇	一一•三〇	一五•〇〇		二一•四〇
大港	開	七•一一	一一•四一	一五•一一		二一•五一
四方	開	七•二〇	一一•五〇	一五•二〇		二二•〇〇
滄口	開	七•三六	一二•〇六	一五•三八		二二•一六
女姑口	開	七•四八	一二•一八	一五•五一		不停
城陽	開	七•五七	一二•二七	一六•〇一		二二•三四
南泉	開	八•一三	一二•四三	一六•一八		不停
藍村	開	八•二七	一二•五六	一六•三六		二三•〇一
李哥莊	開	八•三六	不停	一六•四五		不停
膠東	開	八•四八	不停	一六•五八		不停
膠州	到	九•〇〇	一三•一五	一七•一一		二三•二八
膠州	開	九•〇三	一三•二七	一七•一四		二三•三〇
芝蘭莊	開	九•一九	一三•四四	一七•二三		不停
姚哥莊	開	九•二八	不停	一七•四三		不停
高密	到	九•三九	一四•〇一	一七•五一		〇•〇二
高密	開	九•五〇	一四•一二	一八•〇三		〇•一二
康家莊	開	一〇•〇一	不停	一八•一六		不停
蔡家莊	開	一〇•一三	一四•三三	一八•二八		不停
塔耳堡	開	一〇•二三	一四•四三	一八•三九		不停
丈嶺	開	一〇•三三	一四•五三	一八•五三		不停
岞山	開	一〇•四三	一五•一三	一九•一二		一•〇三
黃旗堡	開	一〇•五二	一五•二一	一九•二三		不停
南流	開	一一•〇一	不停	一九•三一		不停
蝦蟆屯	開	一一•〇九	一五•四一	一九•四八		一•一六
坊子	到	一一•二四	一五•五四	二〇•〇三		一•四一
坊子	開	一一•三七	一六•〇八	二〇•一一	六•二〇	一•五六
二十里堡	開	一一•五二	一六•二〇	二〇•二六	六•三四	二•〇八
濰縣	到	一二•〇四	一六•二八	二〇•三五	六•四四	二•一六
濰縣	開	一二•一五	一六•三〇		六•四九	二•一八
大圩河	開	一二•二九	不停		七•〇四	不停
朱劉店	開	一二•四〇	一六•五三		七•一七	二•四四
昌樂	開	一二•五三	一七•〇六		七•三三	二•五三
堯溝	開	一三•〇五	一七•一八		七•四六	不停
譚家坊子	開	一三•一七	一七•三〇		八•〇〇	不停
楊家莊	開	一三•二八	一七•四一		八•一四	不停
青州	到	一三•四三	一七•五六		八•二二	三•二四
青州	開	一三•四六	一八•〇〇		八•三六	三•三六
普通	開	一三•五八	不停		八•五〇	不停
淄河店	開	一四•〇八	一八•一九		九•〇一	不停
辛店	開	一四•二一	一八•三六		九•一七	四•〇五
金嶺鎮	開	一四•三五	一八•五〇		九•三三	不停
湖田	開	一四•四八	一八•五九		九•四四	不停
張店	到	一四•五七	一九•〇八		九•五五	四•三一
張店	開	一五•一三	一九•二三		一〇•一〇	四•四六
馬尚	開	一五•二一	不停		一〇•二〇	不停
周村	到	一五•四〇	一九•四八		一〇•四四	五•一二
周村	開	一五•四三	一九•五一		一〇•四七	五•一三
大臨池	開	一六•〇七	不停		一一•二三	不停
王村	開	一六•一九	二〇•二四		一一•三六	不停
普集	開	一六•二九	二〇•三四		一一•四八	五•五三
明水	開	一六•四四	二〇•四九		一二•〇五	不停
棗園莊	開	一六•五四	二一•〇〇		一二•一八	六•一五
龍山	開	一七•〇八	二一•一五		一二•四五	六•二九
郭店	開	一七•二三	二一•三〇		一二•五三	不停
王舍人莊	開	一七•三四	二一•四一		一三•〇五	不停
黃臺	開	一七•四七	二一•五五		一三•二〇	七•〇三
北關	開	一七•五三	二二•〇七		一三•二九	七•一〇
濟南	到	一八•〇〇	二二•一二		一三•三三	七•一五

上行列車

站名	到開	三二次各等	七二次二三等	二二次各等	七四次二三等	一二次各等
濟南	開	七•〇〇		一一•四〇	一四•四〇	二三•〇〇
北關	開	七•〇九		一一•四七	一四•四七	二三•〇六
黃臺	開	七•一六		一一•五四	一四•五五	二三•一五
王舍人莊	開	七•三〇		一二•〇八	一五•一〇	不停
郭店	開	七•四二		一二•二〇	一五•二三	不停
龍山	開	七•五七		一二•三六	一五•三九	二三•三五
棗園莊	開	八•一三		一二•五二	一五•五五	二三•四八
明水	開	八•二四		一三•〇五	一六•〇七	不停
普集	開	八•四一		一三•二〇	一六•二〇	二三•五八
王村	開	八•五一		一三•三一	一六•三四	不停
大臨池	開	九•〇三		不停	一六•五四	不停
周村	到	九•二〇		一三•五六	一七•一三	〇•一〇
周村	開	九•二三		一三•五九	一七•二一	〇•二四
馬尚	開	九•四〇		不停	一七•三六	不停
張店	到	九•四八		一四•一二	一七•五八	〇•三六
張店	開	一〇•〇三		一四•二六	一八•一三	〇•四二
湖田	開	一〇•一五		一四•四九	一八•二一	不停
金嶺鎮	開	一〇•二四		一四•五八	一八•三七	不停
辛店	開	一〇•三八		一五•一三	一八•五一	一•一〇
淄河店	開	一〇•五八		一五•二五	一九•〇三	不停
普通	開	一一•〇一		不停	一九•一六	不停
青州	到	一一•一二		一五•四四	一九•一九	一•三九
青州	開	一一•一六		一五•四七	一九•三五	一•四一
楊家莊	開	一一•三一		一六•〇二	一九•四六	不停
譚家坊子	開	一一•四一		一六•一三	一九•五九	不停
堯溝	開	一一•五四		一六•二五	二〇•一三	不停
昌樂	開	一二•〇八		一六•三七	二〇•二六	二•三二
朱劉店	開	一二•一九		一六•五一	二〇•三七	二•三九
大圩河	開	一二•三〇		一七•〇一	二〇•四四	不停
濰縣	到	一二•四二		一七•一三	二〇•五四	二•五八
濰縣	開	一二•四五	七•〇〇	一七•一六	二一•〇四	三•〇二
二十里堡	開	一二•五四	七•二〇	一七•二五	二一•二七	三•二〇
坊子	到	一三•〇六	七•三五	一七•三七		三•三二
坊子	開	一三•二一	七•四七	一七•五一		三•四七
蝦蟆屯	開	一三•三六	七•五四	一八•〇六		三•五二
南流	開	一三•四〇	八•〇九	不停		不停
黃旗堡	開	一三•五七	八•一七	一八•二四		不停
岞山	開	一四•〇八	八•二九	一八•三五		四•一八
丈嶺	開	一四•二六	八•四八	一八•五四		不停
塔耳堡	開	一四•四三	八•五八	一九•〇三		不停
蔡家莊	開	一四•五一	九•〇八	一九•二二		不停
康家莊	開	一五•〇三	九•二〇	不停		不停
高密	到	一五•一三	九•三一	一九•三一		五•〇四
高密	開	一五•二四	九•四三	一九•四三		五•一五
姚哥莊	開	一五•三七	九•五六	不停		不停
芝蘭莊	開	一五•四七	一〇•〇五	二〇•〇〇		不停
膠州	到	一六•〇二	一〇•一五	二〇•一七		五•四七
膠州	開	一六•〇四	一〇•一六	二〇•一九		五•五九
膠東	開	一六•一六	一〇•二九	不停		不停
李哥莊	開	一六•二七	一〇•五一	不停		不停
藍村	開	一六•三七	一一•〇一	二〇•四六		六•二五
南泉	開	一六•五〇	一一•一五	二〇•五九		不停
城陽	開	一七•〇八	一一•四四	二一•一五		六•四一
女姑口	開	一七•一七	一一•五四	二一•二四		不停
滄口	開	一七•二九	一二•〇七	二一•三六		六•五九
四方	開	一七•四五	一二•二五	二一•五一		七•〇九
大港	開	一七•五五	一二•三五	二二•一〇		七•二〇
青島	到	一八•〇〇	一二•四〇	二二•一三		七•三三

17905

隴海鐵路簡明客車時刻表

民國二十三年九月一日實行

向西上行車

站名＼車次	1 特快	3 特快	5 特快	71 混合	73 混合	75 混合	77 混合	79 混合
孫家山							9.15	
墟溝			10.05				9.30	
大浦				71.15				
海州			11.51	8.06				
徐州	12.40		19.39	17.25	10.10			
商邱	16.55				15.49			
開封	21.05	15.20			21.46	7.30		
鄭州	23.30	17.26			1.18	9.50		
洛陽東	3.49	22.03			7.35			
陝州	9.33				15.16			
潼關	12.53				20.15			7.00
渭南								11.40

向東下行車

站名＼車次	2 特快	4 特快	6 特快	72 混合	74 混合	76 混合	78 混合	80 混合
渭南								14.20
潼關	6.40				10.25			19.00
陝州	9.52				14.59			
洛陽東	15.51	7.42			23.00			
鄭州	20.15	12.20			6.10	15.50		
開封	23.05	14.35			8.34	18.15		
商邱	3.31				14.03			
徐州	8.10		8.40	10.31	20.10			
海州			16.04	19.48				
大浦				21.00				
墟溝			18.10				18.4	
孫家山							19:05	

北甯鐵路簡明行車時刻表 中華民國二十三年七月一日重訂

下行車

列車次數 ＼ 站別 開到時刻	北平前門開	豐台開	廊坊開	天津總站開	天津東站到	天津東站開	塘沽開	蘆台開	唐山到	唐山開	開平開	古冶開	灤縣開	昌黎開	北戴河開	秦皇島開	山海關到	山海關開	遼寧總站到
第四十一次普通客車中膳各等	五.四五	六.二〇	七.四五	九.一六	九.二五	九.三五	一〇.三八	一一.四六	一二.四七	一二.五二	一三.〇六	一三.三九	一四.二九	一五.三三	一六.一六	一六.四三	一七.〇五	停	
第七十一次及七十五次客貨混合三等慢車	六.一〇	八.〇五	一二.三六	一六.〇八	一六.二五	停	第七十五次	自唐山起		六.三〇	七.一〇	八.二五	一〇.〇一	一二.三〇	一四.二五	一五.三三	一六.一〇	停	
第一次平瀋特別快膳臥各等	八.四五	九.一三	一〇.二一	一一.二八	一一.三六	一一.五〇	一二.四七	一三.四五	一四.三九	一四.四二	一四.五三	一五.一七	一五.四九	一六.三一	一七.〇四	一七.二三	一七.四〇	一八.四〇	六.二五
第二十三次快車膳臥各等	一三.一五	一三.四六	一五.〇一	一六.三〇	一六.三九	一六.五九	一八.〇三	一九.〇八	二〇.〇八	二〇.一一	二〇.二二	二〇.四七	二一.二一	二二.一一	二二.四六	二三.〇八	二三.二六	停	
第三〇一次平滬直達特別快車膳臥各等	一五.〇五	一五.三六	一六.四〇	一七.五〇	一七.五九	一八.二〇	開	往	上	海									
第五次特別快車膳車各等	一六.三〇	不停	不停	一九.〇七	一九.一五	停													
第三〇五次平浦直達特別快車膳臥各等	一八.五〇	一九.二〇	二〇.二六	二一.三九	二一.四八	二二.二〇	開	往	浦	口									
第二十一次快車、膳車各等	二〇.一五	二〇.四八	二二.〇八	二三.三八	二三.四七	二四.〇〇	一.一〇	二.一八	三.二七	三.三二	三.四七	四.二〇	五.一二	五.一二	七.〇七	七.三三	七.五五	停	
第四〇一次平滬直達貨車及七十三次客貨混合三等慢車	二一.〇〇	二二.五〇	一.一四	四.〇三	四.二〇	六.四〇	九.四〇	一二.三三	一五.〇三	停									
第三次特別快車膳車各等	一〇.五五	一一.一四	不停	一三.三二	一三.四〇	一三.五〇	一四.四七	一五.四〇	一六.三四	一六.三九	一六.五[illegible]	一七.一四	一七.四六	一八.二八	一九.〇一	一九.二〇	一九.三七		

上行車

列車次數 ＼ 站別 開到時刻	遼寧總站開	山海關到	山海關開	秦皇島開	北戴河開	昌黎開	灤縣開	古冶開	開平開	唐山到	唐山開	蘆台開	塘沽開	天津東站到	天津東站開	天津總站開	廊坊開	豐台開	北平前門到
第四十二次普通客車中膳各等			六.〇〇	六.二五	六.五四	七.四〇	八.四五	九.四四	一〇.一〇	一〇.二三	一〇.三〇	一一.四一	一二.四六	一三.四六	一四.〇〇	一四.一四	一五.四三	一七.二一	一七.五五
第四次特別快車膳車各等			九.四五	一〇.〇四	一〇.二七	一〇.五八	一一.三九	一二.一八	一二.三五	一二.四五	一二.五〇	一三.四八	一四.四五	一五.四〇	一五.五五	一六.〇五	不停	一八.一五	一八.四二
第七十六次及七十二次客貨混合三等慢車			一〇.三〇	一一.五二	一二.五〇	一四.四八	一八.二六	二〇.三五	二一.三五	二一.五七	停	第七十二次	自天津起		六.〇五	八.五一	一一.四三	一五.三八	一六.五〇
第二十四次快車膳車各等			一三.一五	一三.三五	一四.〇〇	一四.三七	一五.二二	一六.〇五	一六.一二	一六.三二	一六.三七	一七.二四	一八.五一	一九.五〇	二〇.〇〇	二〇.一一	二一.三四	二二.四八	二三.一七
第二次瀋平特別快膳臥各等	一〇.一五	二一.二六	二二.三〇	二二.五九	二三.三一	〇.一九	一.一八	二.一六	二.四一	二.五五	二.五八	四.〇八	五.一一	六.一五	六.三〇	六.三九	七.四五	八.四七	九.一八
第七十四次客貨混合三等慢車及第四〇二次滬平直達貨車											四.五〇	七.三八	一〇.〇九	一一.四五	一七.二〇	一八.二〇	二三.二二	〇.五五	二.〇〇
第三〇六次浦平直達特別快車膳臥各等									由	浦	口	開	來	四.五〇	五.二〇	五.三〇	六.四三	七.四九	八.一九
第三〇二次滬平直達特別快車膳臥各等									由	上	海	開	來	七.〇五	七.三〇	七.四〇	八.五〇	九.五四	一〇.二四
第六次特別快車膳車各等															九.〇五	九.一五	不停	不停	一一.五〇
第二十二次快車膳臥各等			二三.三〇	〇.〇一	〇.三九	一.二九	二.三二	三.三〇	三.五六	四.一〇	四.一五	五.二[illegible]	六.三一	七.三六	七.五〇	八.〇三	九.二六	一〇.五五	一一.二九

17907

中國工程師學會會務消息

第十五次新舊董事聯席會議紀錄

日期 廿三年九月廿三日
地點 上海南京路大陸商場本會會所
出席者 徐佩璜 惲震 支秉淵 胡庶華(支秉淵代) 李屋身 楊毅(李屋身代) 顧毓琇(惲震代) 胡博淵(徐佩璜代) 周琦 茅以昇(周琦代)
列席者 裘燮鈞 張孝基 鄒恩泳
主席 徐佩璜 紀錄 鄒恩泳

報告事項

(一)胡庶華胡博淵楊毅顧毓琇等四董事因事不能到會

(二)第四屆年會通過下列提議已經執行部注意進行

一 上海分會提議擬請總會籌募現款十萬元供採購材料試驗設備之需要案

二 會員欠付會費應請總會執行部照章執行案

三 下屆年會地點上海分會提議請在上海舉行太原分會提議請在太原舉行梧州分會提議在桂林舉行案結果贊成桂林者最多數贊成上海者次多數贊成太原者再次多數

四 沈文泗提議所有年會提案臨時動議須有十人以上連署其餘由提案委員審查提出不加限制案

五 張孝基等提議年會改在春季舉行案結果議決出席三分之二以上人數通過交執行部用通訊法交付全體會員公決

七 第五屆職員司選委員爲林濟青王洵才曹理卿宋連城陸之順等五人當選

(三)本屆副會長淩鴻勛當選嗣淩君來函以公務關係不能兼顧乃經大會通過以次多數惲震君遞補

(四)北平分會顧毓琇君報告北平分會會所基地文契交存中孚銀行郭世綰會計保管

討論事項

(一)年會交辦各案

一 許應等十二人提議充實本會組織設立各項工程分組以免各工程同志另組各項工程學會分散本會力量案

議決：請惲震張可治鄭家覺康時振諸君研究促進辦法

二 會員稽銓等提議近聞商務印書館正在編輯大學教科書其屬於工程部份之課本於工程教育關係綦鉅本會對編輯大綱重要目次似可向教育部貢獻意見並由本會從速完成譯訂各種工程專門名詞以宏教育而裨實用案

議決：請張貢九爲工程教科書委員會委員長研究此項問題並請張君於一個月內擬定委員人選名單三個月內草完研究辦法

三 每屆年會應由總會提出全國建設報告書案

議決：請鄒恩泳君草擬辦法

四 陳揚等提議由本會呈請行政院通令全國各水利及有關係之學術機關將每年度所搜集之水文雨量氣象及其他與建設事業有關係之資料在年終時彙送本會整理後於翌年春季發行專刊以便研究而利建設案

議決：函商中國水利工程學會會擬辦法

(二)籌募材料試驗所設備費十萬元案

議決：分兩期進行第一期於兩個月內由各會員自行認捐每人捐款以四十元爲標準第二期組織募捐隊分向各界勸募

(三)推請執行部各幹事案

議決：推請裘燮鈞君為總幹事鄒恩泳君為文書幹事張存基君為會計幹事王魯新君為事務幹事朱樹怡君為出版部經理沈怡君為工程總編輯在沈君未回國前請胡樹楫君代理鄒恩泳君為工程週刊總編輯

(四)推請各委員會委員案

議決：(一)推請李屋身君為工業材料試驗所建築委員會委員長

(二)推請康時清君為工業材料試驗所設備委員會委員長施孔懷沈熊慶兩君為委員

(三)推請施孔懷為職業介紹委員會委員長

(四)推請茅以昇君為編譯工程名詞委員會委員長

(五)推請徐名材君為朱母獎學金委員會委員長

(六)推請鄒恩泳君為年會論文複審委員會委員長徐名材劉晉鈺二君為委員

(五)規定本年度各次董事會議會期案

議決：第十六次　廿三年十二月三十日

第十七次　廿四年三月三十一日

第十八次　廿四年六月三十日

第十九次　廿四年九月廿二日

以上各次均在上海開會

(六)推舉新會員審查委員案

議決：推舉黃伯樵周琦支秉淵三董事為新會員審委查員

(七)審查二十二年至二十三年度決算案

議決：推舉周琦支秉淵二董事審查二十二年至二十三年度賬目

(八)審查新會員資格案

議決：通過牟鍈璇周書濤何鴻業熊大佐李永之楊溪如劉瑞驥七人為正會員

吳克斌汪和笙湯兆恆錢維新江寅斌陳澤同六人為仲委員黃均慶張家瑞沈乃菁三人為初級會員

臨時議案

(一)徐董事佩璜提議對於總會幹事及各職員在過去一年度中努力會務成績卓著董事部全體應誠懇表示感佩案

議決：通過

(二)徐董事提議北平分會基地契單現仍為中華工程師學會名義應請北平分會從速辦理過戶案

議決：通過　　主席薩福均(徐佩璜代)

新會員通訊錄

(廿三年九月廿三日第十五次新舊董事聯席會議通過)

姓名	號	通訊處	專長	級位
劉瑞驥		(職)長沙湖南鍊鉛廠	冶金	正
楊溪如		(職)唐山啓新洋灰公司修機廠	機械	正
李永之		(職)唐山啓新洋灰公司修機廠	機械	正
熊大佐		(職)重慶道門口華西興業公司	土木	正
何鴻業	建伯	(職)重慶蒼坪街十一號四川善後督辦公署無線電管理處	電機	正
周書濤	觀海	(職)上海市工務局	土木	正
牟鍈璇		(職)衡陽粵漢路株韶段工程局	礦工	正
陳澤同		(職)青島港務局工務科	土木	仲
江寅賓		(職)衡陽粵漢路株韶段工程局	土木	仲
錢維新		(職)上海廣東路十七號公和洋行	建築	仲
湯兆恆		(職)上海圓明園路萬泰洋行	電機	仲
汪和笙	劬山	(職)重慶道門口華西興業公司	土木	仲
吳克斌		(職)重慶道門口華西興業公司	機械	仲
沈乃菁		(職)唐山交通大學工程學院	礦冶地質	初級
張家瑞		(職)湖南耒陽株韶局第五總段	土木	初級
黃均慶		(住)上海小南門外青龍橋街81號	化學	初級

17910

工程週刊

(內政部登記證警字788號)
中國工程師學會發行
上海南京路大陸商場 542 號
電話：92582
(稿件請逕寄上海本會會所)

中華民國33年8月10日出版
第3卷 第32期(總號73)
中華郵政特准掛號認爲新聞紙類
(第1831號執據)

本期要目

定報價目：每期二分，全年52期，連郵費，國內一元，國外三元六角。

上海新煤氣廠架空運車

建設之條件 編者

建設之條件甚多，其主要者不外(一)時局安靖：建設之進行亦猶人體之正在滋補，必須無病，始克奏效。猶憶五六年前某省銳意建設，全國讚羨，然大功未竟而與鄰省搆戰，各部工程頓受挫損。苟以天災，情尚可原，若因人禍，咎有所歸矣。故內戰實建設之莫大仇敵，而啓發內戰者應罪不容誅也。(二)廉潔爲政：我國創舉一業每以財窮而不興辦，然既興辦者又多以腐敗聞。例如昔之某商辦鐵路與某商辦航業。其腐化之情形可謂無以復加，中飽者腰纏纍纍，而任事業日趨敗亡之途。故貪污實建設莫大之蟊賊，而貪污者實，應處以極刑也。

上海煤氣公司建造新廠紀實

鄒恩泳

上海煤氣公司係英商所經營，原為製造煤氣供給租界之用，以後管線且達華界境內，營業蒸蒸日上。起初設廠於上海公共租界西藏路，嗣以設備陳舊，容量不足，於楊樹浦建築新廠，今年春間完工放氣，並於本年5月16日在新廠內補行開幕典禮，記者躬與其盛，參觀之餘，述殊覺該公司自經此次建廠之後，其設備煥然一新，允可稱為東亞第一新式之煤氣廠，爰特參考英文紀載文章及上海市公用局紀錄，編撰本篇，倘希讀者指正。

煤庫外部

(一) 歷史

西歷1862年2月26日，字林西報發表一篇興辦煤氣公司宣言，即該公司歷史最始之一頁。公司之股本為規元100,000兩，每股規元100兩，營業區域為上海之租界。當時預備設廠製造煤氣，供給10哩街道中500盞街燈，100家中每家20盞燈，以及其餘1,500盞燈之用。1863年12月在現在之西藏路購地8.75華畝，每華畝地價規元550兩。1864年金君 C. J. King 被任為董事長，多爾 W. Dore 為工程師。於是招標建廠，1865年11月1日始放氣以供點燈之用。當時祇有58用戶，5哩之煤氣管；而每1,000立方呎之煤氣售價4.50元。今日則煤氣管達194哩，用戶數13,334，煤氣價格每1000立方呎2.85元。1866年6月米德 T. G. Mead 被任為工程師，1867年米德設法擴充供給煤氣於虹口區域。1871年，米勒 J. I. Miller 被任為董事長，呵格 E. J. Hogg 為副董事長，姚君 G. T. Yeo 為工程師兼秘書。姚君在1879年始初次引用煤氣竈。1882年，上海英工部局忽改向來採用煤氣路燈之政策，擬將幾處街道裝用電燈。當時煤氣事業經此打擊大有岌岌不可終日之謠。1886年7月，愛杜耳 H. Edwards 被任為工程師。1891年該公公正式接辦法租界之法商煤氣公司；惟在此接收以前數年中，固已接濟法商公司以煤氣也。1895年曷格 E. Jenner Hogg 被任為董事長，曷格君在職25年至1920年逝世。1895年8月，歇勒 H. King Hiller 被任為工程師。此時所謂白紗罩 Incandescent mantle 始到

製氣爐頂之運箱

上海，而所有公用或私家煤氣燈始經改良。1896年12月，在西華德路以每畝3,800.00兩之地價購置9.8畝，供建煤氣蓄箱之用。

1899年波特 F. W. Potter 加入公司，1910波特被任爲總工程師，至1931年始告老退職。1900年12月，公司乃遵照香港條例註册爲有限公司。1920年2月，愛斯苦 F. Ayscough 被任爲董事長，格德 W. Gater 爲祕書，格德在職至1932病故。1921年3月愛斯苦

製 氣 爐 間

辭職，依之拉 E. I. Ezra 繼任，是年12月依氏逝世，肯寧 L. E. Canning 繼任至今。現任之總工程師爲培克 W. J. Baker, 1932年1月受任。現任之祕書爲白郎W. J. Brown, 1933年1月受任。1930年製造煤氣 722, 408,500 立方呎；煤氣用戶數爲 11,795；煤氣幹管長度達 165,53哩。當時卽覺所有製造煤氣設備不但不足應付，並且大半皆係1900年所裝置未免陳舊不能適用。蓋自1921年以後煤氣消耗激增，原廠擴充不容或緩。惟就舊廠餘地添新式設備，因其地位關係頗不經濟。於是決購新地興建新廠。爰於楊樹浦沿黃浦江購地32畝，約160呎寬，1425呎深，時爲1931年8月；並着手建築爐頭，駁岸及園牆等。1932年，"一二八"事變停工兩個月。1932年夏天，製氣爐 Retort 與蓄氣箱Gasholder建造完工，廠之初步部分於1932年11月20日始開工。全部工程至1934年2月6日始稱完工可以開始製氣；是以新廠供歷14½個月之建築工程。1934年3月8日新廠乃開始製氣而西藏路之舊廠於3月13日始行停閉而着手拆毀焉。

(二) 新廠工程

新廠設備允可稱世界最新設備。廠之沿江碼頭建有起煤設備，起重機有6噸量，煤起之後卽由秤機稱其重量，然後卽由24寬之轉動長帶由機力運入煤庫。煤庫是鋼筋三和土之建築物，200呎長48呎寬可容5,500噸。由此庫再由地下長帶運送機將煤輸送經過碎煤機與自動秤機而入於斗式運送箱，將煤由製氣爐之頂卸入爐內。爐爲 Woodall-Duckham Vertical Retort & Oven Construction Company所製造。30個爐列成一排，爐之尺寸爲30-80呎，爲向上繼續燃化式，每日共能製成4,000,000立方呎之煤氣。爐之最熱部分常在攝氏 1,400 度之溫度。煤經蒸製餘下焦煤則用空中電動之3噸運斗輸運至適當地點

製 淨 器

而放卸之，以便用車運去。在製氣爐廠屋內裝有二隻利用廢棄熱氣之鍋爐，收容此30隻爐子所有廢棄熱氣，每小時能製成14,500磅之蒸氣，其壓力爲每方吋120磅。此蒸氣足供此新廠全部之應用。此製氣設備之特點爲

其外部氣具 external producer 容量甚大能利用焦煤屑，於是所有備售焦煤之數量因此減少。煤氣出煤之後經過兩副水管式冷凝器 Water-tubed condensers, 再至每小時200,000立方呎3 葉式之抽氣機 3-blade exhauster 。由此煤氣分成兩路發出，經柏油抽提器 extractor 與擦洗器 Washers and rotary washer-scrubbers, 以除煤氣中之柏油霧 tar fog 與阿摩尼亞 ammonia 。煤氣經此擦洗之後仍分兩路經過兩副製淨器 purifiers 以提取氣中之硫化輕氣 sulphuretted hydrogen. 此兩副製淨器皆係 4 隻生鐵箱上裝鋼蓋 ，下面承以鋼筋三合土之建築物 。此兩路煤氣離此製淨器之後有一路經過支路氣表 Shunt Station Meter 再與其他一路合併而經過提取石腦油 naphthalene 與水氣 moisture 之設備， 此設備每日能供4,000,000立方呎煤氣之用。此後煤氣再經過一量氣表，表上附有壓力溫度暨時間之紀錄器。煤氣由量氣表出來後即至 750,000 立方呎容量之蓄氣箱。煤氣由此箱中放出由14吋生鐵幹管輸送至西藏路之蓄氣箱以便再由此箱分輸至各用戶。此道生鐵幹管共長 6,686 哩；煤氣係用兩部電動壓氣機壓送 ， 每部每小時能送200,000立方呎之煤氣。

製氣爐間之內部

新廠中各項機器幾皆用電氣發動；祇有抽氣機 ，擦洗器之引擎 ，與幫浦等乃用蒸氣發動。電氣係由上海電力公司供給，電壓6,000 伏脫 。電動壓氣機恐有時損壞，故另備兩座蒸氣壓氣機作爲備用；此兩座係舊廠移來，每座容量爲每小時 60,000立方呎。另有一部90匹馬力 3 氣缸豎式煤氣引擎則爲其餘各電動機器之備用機。

炭化水氣 Carburetted water gas 設備係由西藏路舊廠移來，加以修理調整。此設備共有兩部分，每部分每日能製氣2,600,000立方呎。此設備供作製造煤氣設備之輔助機具，因有時煤料缺乏或工潮發生，則可賴此輔設備以救濟之也。水氣亦另經過冷凝器與

抽　氣　機

擦洗器而入一小蓄氣箱，此後則接連煤氣之淨滌統系而入總蓄水箱。製造水氣須用多量水蒸氣，於是另設鍋爐設備，計30'0"×9'0"者兩隻 28'0" ×7'0" 者一隻。此設備所生出蒸氣足夠全廠之用，蓋防備利用廢棄熱氣之鍋爐損壞時可代替也。鍋爐間係用鋼筋三合土與磚之建築物 ，其煙囪直徑 5 呎高度達125呎。

新廠所用水料係取給於黃浦江。用兩隻離心力式電氣抽水機，每隻出水量爲每小時10,000 加侖。水由江中抽吸而流入一 100 呎長10呎寬之沈澱池，加化學品使固定物沈澱池底，然後再抽經兩座高壓力之卵石濾池而入高塔上水箱之中。廠中各地點所用之水即由此水箱流下者也。在夏季中，應用此法由黃浦江取水製清之後，其溫度每至華氏90度

，殊不適宜於冷凍煤氣之用；故又另鑿一井，每小時可出水 20.000加倫，溫度約至華氏70度。

該廠對於提煉柏油頗爲注意，現裝有12噸量之蒸溜鍋兩隻。以及其他設備，提煉精純柏油，並混和各油品而製成築路面用之柏油，油漆，地板油類，屋頂材料等等。廠中設藏柏油設備：計地下一隻鋼筋三和土者容量 200,000 加倫，另一鋼製者容量600,000加倫。廠中尙留有餘地備將來裝置製煉阿摩尼亞化學品之設備。

廠中設有管件間，鐵舖，木作，電料間，機器間等。沿楊樹浦路之一方面，尙有材料室，工程師辦事室，繪圖室，新式之試驗室，浴室，更衣室，膳堂等等。

廠中預留充分餘地以備將來擴充之用；計有餘地足供再建儲藏 12,000 噸煤料之庫屋，暨每日再加製 10,000,000 立方呎煤氣設備，以及其他冷凝機，擦洗器等等設備。卽再建一1,500,000立方呎容量之蓄氣池亦保留有餘地。

（三） 建築工程

建築工程方面有數點可以略述如下：

(1) 沿江駁岸係浚浦局所担任。乃用鋼筋三和土建築，下承於木樁。抽水機間用以抽吸黃浦混水者乃建於地面之下，因滬港規則規定凡在浚浦線 Normal Line 50 呎以內者其建築物不得高出地面。

(2) 鋼筋三和土的煤庫之柱係用L式之構造以阻煤堆向外推擠之力，蓋庫內近屋頂處有各項運煤設備，不容應用橫樑以聯絡各柱也。庫內地下兩隻縱向地溝，內有運煤出庫設備者，乃利用之作爲平配不平均載重之支樑，因庫內煤料未儲滿時，必有一部承托載重多於他一部分也。

(3) 煤庫與製氣爐間之碎煤坑在地面以下15呎。對於坑之牆壁及地板經用富於洋灰並慣加配合之三和土建築，故不必另加避水材料而不至滲漏。

(4) 製氣爐間之柱須支持製氣爐。柱間距離爲 8′—9″ 中心至中心，所有柱基載重爲 210 噸；於是密而且巨之基樁遂不可少。幾經試驗之後，以85呎長之 Douglas fir 爲最適宜。

(5) 較大一隻蓄氣箱之地基最要一點卽不能有絲毫之傾側；且載重甚巨，故地基之設計以穩固爲最要緊。結果基樁佈置甚密，樁用劈楔W edge 式長各40呎。地基圓形，直徑達 112 呎，周圍另加一環俾益堅實。

(1) 空中懸道乃由鋼架承支。因其甚高，甚易因風之吹力而致架基有拔起之虞。故其基樁均用預先製就之鋼筋之三和土樁，並加曲綁以增泥土握力而免風力影響。

本工程之工作環境頗難應付。第一，廠址全部在未久之前多經塡土厚達 5 呎，所有基礎均須深入下層堅泥之中。第二，開工之時，適値大雨，尙有一二低地未及塡滿，均蓄積雨水，於是四面滲流，凡遇掘造基底之時，常見地水滲入，致須同時抽水，始能進行工作。第三：廠址係長方形而過於狹窄，動工之後，許多材料無處堆積；卽掘出之泥亦不能隨便棄置。故合作，先見，與組織，三者實甚要緊。所以包工者之管理得法需置適宜，實可讚揚者也。

（四） 華界營業

該公司在本市區內越界營業，一爲滬北，一爲滬西。其先均隨公共租界越界築路，埋置管綫，以供給兩旁坐落華境之用戶。淸光緒33年，商務印書館寶山路總廠化學部份需要煤氣，卽由該公司在寶山路埋管接通。其後用戶漸多，營業日盛。歷20年之久，對於中國官廳。未立何種契約，未盡何種義務；而中國官廳對於該公司埋管等工程，亦鮮過問。上海市公用局成立以後，以煤氣同爲公用

17915

事業之一，負有監督職權，如果長此放任，殊非維護主權之道，認爲應令該公司與上海市政府訂立合約，確定彼此應盡應享之義務權利。會該公司擬在東寶興路裝置新管，修理舊管，向上海市工務局請照掘路。公用局乘機函促該公司商訂合約，一面調查其在本市供給煤氣狀況，以備參考。交涉自此發軔，時中華民國17年7月間事也。嗣後公用局與該公司交涉經歷年僚始於19年1月1日簽訂合同。綜核合同內容有可注意數點如下：

(1) 該合同有效期間以10年爲限，公司必須繼續營業，應於期滿前之半年書面通知上海市政府，另訂新合同。

(2) 該公司應向上海市政府繳營業稅，照銷售10,000,000立方呎煤氣銀40圓計算，但以70,000,000立方呎煤氣爲最低額。

(3) 該公司埋設煤氣管綫應向上海市政府年繳土地使用費，照管之對徑呎寸及使用公路長度計算。

(4) 該公司繳存上海市政府保證金，照所埋市區內管綫總價値5%計算，作爲遵守合同之保證。

西荆路之踏勘

郭顯欽

(一) 修築西荆路之重要

修築西荆路不但直接可以繁榮陝西，實可以貫通浦信信襄漢襄各路，使湖北河南陝西三省聯爲一氣，東南直達長江中部，如南京武漢等處，西北直通甘肅新疆。論軍事可以數省聯防；論交通可以聲息相通，首都之文化可以直及於西北；論實業可以農工互資，西北富藏，不致利棄於地。故西荆路之修築，實爲開發西北之先聲，謹就過去現在未來之觀察，陳述於下，藉資證明。

(甲)過去之事實

20年前西荆路線爲我國東南至西北之惟一捷徑。長江各部如武漢江陵之商貨往來西北者，均循襄河沿岸（即現在由漢口江陵通老河口之汽車路線）入荆紫關而龍駒寨，經商縣而北抵滻關，西經藍田而至西安，西北經渭南而三原而甘肅而新疆；又如武漢下游南京安慶間之商貨往來西北者，則經安徽之六安河南之潢川信陽南陽鄧縣各地（即現在之浦信信襄路線）而荆紫關而龍駒寨而西北各部。就西荆路線各縣志書所載，父老所傳，20年前客商大賈之往還西荆道上者，騾馬日以二千餘頭計，騾羣常延長十數里。因護道不便往來，各闢路途，西荆路途徑繁複，職此之故。所以商業繁盛，人口不似現在之凋零，出產亦不似現在之盡棄於地，治安亦不似現在之萑苻遍野。自隴海路通過鄭州，商賈遂捨近而圖遠。可見路政不修，則商運不出其途，商運不出其途，則財貨無從出，農產礦產無所用：產無所用則民無所資生；老弱轉乎溝壑，壯者挺而走險，治安可慮矣。此就商業民生言，不可不積極修築西荆路者一也。

(乙)現在之狀況

由西安經藍田踏過梯盤山而至藍橋鎮，森林漸多，由藍橋而至黑龍口則天然生產之松木，到處皆是，直徑尺餘長丈餘之圓松木僅值二元餘，厚寸餘寬一方丈之松木板僅值錢三數元，極合橋材之用。再往東南而商縣，則果木遍山皆是，熊耳山有大量之煤礦，尙未能盡量開採。由商縣經商南縣而至荆紫關境，則桐漆各樹以及核桃柿樹，滿山滿谷，果實木材價格之廉，不只較山外小過五倍，就龍駒寨一處而言，則葡萄產量尤富，惟釀製葡萄酒公司，僅止大芳一家。聞該公司經理云，該公司連年經土匪燒燬，財產早已蕩然，幸而地方人民自願以多量葡萄長期賒用，不急於取値，故該公司暫不歇業，可見人民推銷物產之難，惟其物產多而難銷，故全路利棄於地，民無蓋藏，路遠人稀，餓莩載道。牧護關黑龍口一帶，僅見背負少數木料及木炭之窮人，商縣一帶，僅見背負少數鋼鐵草紙之窮人，商南一帶，僅見肩挑少數桐子桐油漆油食鹽之窮人，能以大量之桐漆及農產礦產載運出境之商人，可謂絕跡。蓋交通不便，商賈自視爲畏途，雖有物產，誰能取用。最近開發西北之呼聲日高，要知開發西北，無一不需資財，西荆路一經修築，自可將全路之窖藏變作資財，以為開發西北之用。若一任其廢棄，殊爲可惜，此就物產言，所不可不積極修築西荆路者又一也。

(丙)未來之推測

世界事變日亟，强鄰虎視眈眈，直貫東海之隴海鐵路在軍事上地利上將來有無問題不敢妄論，萬一强鄰蓄意垂涎，勢非聯合西北以策應東南不可。查浦信信襄起自南京之浦口，經河南而直射荆紫關；漢襄路則由老河口亦直射荆紫關。倘西荆路不早日成功，則漢襄浦信各路不能承接西北之商貨，而利益不廣。一旦東海告警，將如何使東南與西北聯絡策應？且近來川陝鄂豫之交，匪警時聞；秦嶺巴山之間，伏莽尤衆；西荆路自商縣至荆紫關無年不遭匪禍，由商縣至武關一帶民房被匪焚燒殆盡，不見一所整房。蓋西荆路線山谷縱橫，交通不便，匪易乘虛。常川派兵防守，需款既多，數省聯防，亦非交通便利不可。此就對內外軍事言，所不可不積極修築西荆路者又一也。

(註)西荆路既如是重要，顧或謂該線與隴海路有平行之嫌，不宜修築，查隴海路係由西向東，直貫東海；西荆路係聯絡浦信襄漢兩路，由西北而斜貫東南。爲將來開發西北計，爲禦外侮計，實爲不可不積極修築之路也，合併註明

(二) 西荆三路線之概狀及其比較觀

西荆路有三線：(一)由西安經藍田過黑龍口而商縣而商南縣再東至荆紫關境爲一線。(一)由西安經渭南過牛思廟厚子鎮再進劉谷口循李家坪張家坪鐵爐舖百餘里之參天石壁與第一線合於黑龍口而至荆紫關境爲第二線。(一)由西安至潼關南進蒿子峪過秦嶺雒南縣越黃沙嶺而與第一路合於商縣，再東至荆紫關境爲第三線。茲就三線踏勘所見分別言之。

(甲)路線概狀及其長度

(一)第一線路 由西安東偏北而至灞橋再南偏東至新街鎮爲45里；再南偏東至藍田縣爲40里，由藍田經薛家村越西梯盤山至藍橋鎮爲55里，自藍橋鎮向東南經新店子而至牧護關爲40里，由牧護關東南經秦嶺頭秦嶺槽郭家店等處而至黑龍口爲40里，由黑龍口向東南經大商原而麻澗鎮爲40里，麻澗鎮東南經梁家原而至商縣爲40里，由商縣向東南經東龍山拉林子沙河子白楊店而夜村爲60里，自夜村東南經孝義灣商洛鎮而龍駒寨爲65里，由龍駒寨南偏東經鹿池坪資裕店資裕嶺而桃花

舖爲30里，由桃花舖東南經鐵裕舖寫底舖而武關爲50里，由武關循七里砭避過四道嶺向南偏東折入西磨溝東磨溝而至清油河爲30里，由清油河東南過試馬寨而商南縣爲40里，由商南縣東偏南經富水關而至陝豫界牌爲40里，共長615里。

(註)此路之西北端，亦可由西安經韓森塚及十里劉村渡滻河灞河東上高原而合於新街鎮，再至藍田，惟此線滻灞兩河地勢低窪，無堅固之堤岸，兩河泛濫時，常淹沒十餘里，難於建設橋梁，故擬將此段放棄。又由藍田經過東梯盤山亦可至藍橋鎮。惟梯盤全係花崗石岩，天然坡度在30%以上。且山道灣曲過甚，故擬棄東梯盤而採用西梯盤，緣西梯盤山路多係碎沙石與黃土所結成，亦有極易破碎之。沙石塊天然坡度平均約爲12%左右，山坡較直。至於由藍田至藍橋鎮亦有河溝可通。惟兩山壁立中有懸瀑深潭，故亦擬放棄。又查武關東面之四道嶺長二十餘里，全係花崗岩，峯嶺起伏無常，曲徑過多，坡度有大至1:1者，故放棄四道嶺而採用東西磨溝。此兩溝雖長與四嶺相等，但全溝不盡爲花崗岩，工事較四道嶺約可省⅔。由龍駒寨循丹江沿岸出荊紫關長360里，亦有主張採作路線者，然就沿岸擇要勘視，事實上不能通過之處甚多，如梳洗樓上游至棗園及十家坪一帶，河岸多如赤壁，施工困難，且沿河往復過渡之處既多，水之漲落無定，夏時洪水位常超過三數丈，汎寬五六里，決難採爲路線，故亦擬放棄。又查由商南縣至荊紫關境本有三線：一由商南縣經三角池靑山嶺及大小嶺關及梯子溝梳洗樓而至荊紫關，長120里，惟此段半係河灘，半係高山峻嶺，石塊堅韌，坡度1:1之處甚多，且梯子溝等處山溝窄狹，山壁高至千尺，若炸石開道，石方亦無地可容。又一線則係由商南縣經富水關過穆家埡吉亭新廟等處，而至荊紫關亦長120里，三分之二係山溝，三分之一係山埡，而柳林溝等處則亂石堆積，河川山砭過於曲折，半徑有小者多不及20尺，礙難採用。惟由商南縣經富水關山界牌，即荊紫關境，路線只長40里，路線平易，雖間有火成石岩，甚居少數，將來可歸入土方內計算，故西荊路線之終點不得不採用此段，合併註明。

(二)第二線路　由西安利用西潼路至渭南爲130里，再由渭南西關向南經閻村河窪村至坡底爲40里，由坡底上至牛思廟嶺長10里，坡度約爲30%，再由牛思廟嶺下至大王村長5里，坡度約爲10%，再由大王村經厚子鎮倉房嶺而至許家廟爲45里，由許家廟進劉峪口至李家坪爲40里，由李家坪經張家坪鐵爐舖老君峽而至黑龍口與第一線合爲70里，由黑龍口至界牌，與第一路同線，爲395里，共735里，較第一路多120里。

(三)第三路線　由西安利用西潼路至潼關爲280里，由潼關南偏西經王西屯而至峪口爲49里，由峪口上至兩岔口四府園五里桶平均坡度約爲12%，再循80%坡度上至秦嶺頂(土名箭蒿岔嶺)爲30里，再循80%及60%之坡度，由秦嶺頂下至白土園子再下至黑彰村巡檢司爲45里，由巡檢司至石家坡爲40

里，由石家坡經柴溝峪口而維南縣爲50里，由維南縣經夜村（土名黑村）至欒子嶺爲20里，由欒子嶺經油房至核桃村爲20里，由核桃村經舖兒上寨士溝板橋堤而至嶺底街爲28里，由嶺底街越黃沙嶺（黃沙嶺上下坡長約10里，北面坡度爲1：1，南面坡度爲60%）至商縣與第一路線分，爲20里，再由商縣至界牌與第一路同爲 365 里，共爲 880 里，較第一線多 273 里。

（註）黃沙嶺四面皆山，毫不透風，夏日行人至此，多有熱死者。

（乙）工程難易之比較觀

（一）第一線路工程之難易

玆分別說明於下

（子）山路工程　由薛家村至藍橋鎮即西梯盤山路長43里，上下坡度爲12%，大者爲，14%，通路多係碎沙石及黃土所結合，間有極易破碎之沙石塊，將坡度減爲 8 %，平路減短，卽可應用。至於十八盤一段之原坡度約爲11%S路，擬利用之，再將S兩側之山峽開寬，使坡道延長，則此段工程可以解決，蓋此山並非不易穿鑿之花崗石，不可以難工論。惟全部土石方以目估之，恐在百萬方以上。至於清油河東面之都龍關土嶺上下坡道約長1½里，原坡度約爲14%，改成 8 %，約需切土一萬餘方，工程較西梯盤尤易。

（丑）土石砭路工程　由藍橋鎮至商縣160里，全係山谷，河流甚多，採取路線，須避去高水位，兼須顧及工程經濟。就此段全部工程牽扯草估，每里工價須超過千元。由商縣經柴峪溝等處至武關長 205 里，中間又由清油河至商南縣長40里，地形約與上同。

（寅）石砭路工程　由武關循七里砭舖一帶舊有之砭道，避去四道嶺繞入東西磨溝，東達清油河，爲前清乾嘉以前舊驛道，全段須依山開砭，約長30里，以山峽之坡度平均數40度計，開掘土石方約在八萬方以上。

商縣西面之雁子關砭石壁甚陡，長 8 里餘，全係花崗岩，爲此段之難工，炸石方數約在六七萬方之間。

（卯）普通路工程　由西安經灞橋至藍田之薛家村長97里，又由商南縣經富水關至界牌關卽荆紫關境，長40里，均係黃土路，惟富水關東面桑樹附近略有沙石塊，將來可歸入普通土方內計算，故一律作爲普通路。

（辰）橋梁工程　由灞橋經藍田至薛家村應修橋17座，橋身約長 153 丈。由藍橋鎮至商縣應修橋40座，橋身約長 393 丈。由商縣經商南至界牌，應修橋59座，橋身共長約1172丈。合計修橋 116 座，橋身約1718丈。查藍田西北面無石塊可以利用，且石價甚昂，將來擬將橋 敦橋台用青磚砌成，橋梁橋板用松木，由藍橋鎮東至界牌松木產量極多，且石塊隨處可以採取，擬將橋 敦橋台用石塊砌作，一律採取半永久式。至於涵洞工程非細測水準後，不能草計，暫不列入。

（註）設橋之多寡，此時僅就踏勘時所必渡之點而言。惟秦嶺而下卽丹江，該江水漲落無常，沿途冲積之小沙洲甚多，經雨水一次，則沙洲卽改變一次，河槽卽亦改變一次。將來實測及施工時，應同時施行水紋測量，及導流東流各項工作，或能減少橋樑數量，而保固路基。

(巳)水管工程　由藍橋至商南縣長435里，汽路多須依山定線，爲預防山坡細流起見，擬每里設水管三道，約需1300餘道。爲節省經費起見，擬利用沿線所產之缸管爲之。管徑之大小，管之厚度，俟實測水量後再定。

(二)第二線路工程之難易

由西安至渭南一段，擬利用原用之汽車道，工事無大問題。由渭南經牛思廟嶺至許家廟多爲土原，工程上無大困難。惟由許家廟進劉峪口，再由劉峪口過李家坪至黑龍口，即係與第一路連合處，爲110里，全係石砭及石塊錯落之山溝，且砭道平均寬不過二三尺，窄者僅能容一人，有數處並無道，只以條石作成棧道度過行人，蓋石質堅硬開路不易也。砭壁陡削，上至山頂，約三百餘尺，高者有千餘尺，下至山溝，亦多在三百尺以外。全部均爲花崗岩及角閃石與夫角礫石之類，若開鑿此路，則每開一方，須開石三百餘方及千餘方，若以110里計，恐非千萬元以上不辦。且此路無一處可以繞避難工，李家坪高砭一段，其砭坡幾爲1：1，行至此處令人驚駭。此110里人烟稀少，無農村之可言，除岩石外亦無出產，殊無採用此路爲汽車道之理由，故擬將此段暫放棄不計。

(三)第三線路工程之難易

由西安利用原有之汽車路至潼關，工程上無問題。再由潼關南偏西經王西屯高原至峪口40里，全係土原，亦無難工。惟由峪口上至兩岔口10里，平均爲10%之土坡道，亦可勉强選線。再由兩岔口上至五里桶15里，則山峽愈窄，坡度爲12%，兩山及通道則全爲花崗。再由五里桶至秦嶺頂則爲1：1之山道，全係角礫石之類。再由秦嶺頂下至白土園子，亦係1：1及十分三之山峽。山峽之寬平均不過20餘尺左右。再由白土園子下至黑彰村20里，則平均坡度爲12—15%不等，亦均爲花崗石。只就此40里之山路觀之，實甚難於選線，若勉强爲之，需先將秦嶺南北之山峽35里開爲5%之適宜汽道，再將上下10里之秦嶺開爲石洞方可。然最低工價非五百萬元不辦。且此段亦居民稀少，出產毫無。再就黃沙嶺言之，上下坡道亦爲10里，北面坡爲1：1，南面坡爲60%，亦均係花崗岩，鑿洞開山亦非巨額金錢不辦。由此觀之，此線實難修築，若再加紫峪嶺及藥子嶺合觀之，則更非易易矣，因暫將此線放棄，此線不計。

(註)或謂西荆路三線以由潼關出商縣而達荆紫關至爲重要，蓋此路一通，則北可以啣山西之汽車道而直達太原，西可以經西安而直達西北各部，東南可以直達首都及長江中部，且免將來再設商潼枝線，於交通軍事工商各業均有裨益。如由渭南出黑龍口而至荆紫關則可使陝西繁榮平均發展，不致專集中於西安一點，間接可以使農村經濟得以活動等語。殊不知西荆全路農產林產礦產之富饒，實在由藍橋鎮經商縣商南縣出荆紫關之一帶，且由藍田經商縣至荆紫關工程不似潼關渭南等通路之困難，事實理由上非採取由藍田至荆紫關之線路不可。

(三)山坡道設線應注意之點

山坡道工程已於第二項(乙)節(子)款中言其大概。其實山坡道幷不止此，爲節省經費起見，擬於定線時設法減免，其餘山坡道之繁難爲將來實測之參考，應注意之點如下：(一)商縣西面之秦嶺，其西面坡約長450尺，東面坡約長3里，坡度爲30%。且西面岩石錯落，頗不易施工，將來應採用N式，就前後兩側之山坡作緩坡道越過，庶可減少開炸石方之難。(二)商縣東面夜村附近之土地嶺，應預先由雒原向南作大灣道，即可得極緩和之坡度，由土地嶺之西南端山麓繞過極險竣之土地嶺而至夜村。(三)龍駒寨之西面之古城嶺應由丹江之河岸設線則可得緩短之坡度。(四)龍駒寨東南端之東寺嶺，應循西南面之舊驛道作大灣道盤上嶺端，則東寺嶺之難工可免。(五)再由此嶺往東即資裕嶺，上下約1里，坡度為15%，將來應由該嶺西面兩側之山坡擇一側面作緩斜坡則此嶺易於越過。(六)武關東面之四道嶺雖已避去，然武關河漲落無常，至為可慮，將來應啣接七里舖石砭，循東南山麓(即河之東岸)轉入西磨灘，則可免去河洪及橋工矣。(七)試馬寨東1里許之山坡，應由東南轉向東北作線，則開山炸石工可省去十分之八九，其餘一望可知之處不列。

(四) 總結

以上所陳除暫不採用之路線外，應修之路計長615里，內中約計山路44里，有奇土石砭混合路405里，石砭路38里，普通路173里，橋梁約116座，橋身長約1,718丈，水管1300餘道、重要山嶺9處，不可避免者2處，擬繞越者7處，最大之山為西梯盤，高處約1,800尺，天然坡度為14%，與11%不等。全路擬暫放棄之主要比較線二：即(一)泗南線，(二)流關線。擬永久放棄之比較線六：即(一)由西安經十里劉村至新街鎮，(二)東梯盤，(三)武關東面之四道大嶺。(四)三角池青山鎮及大小嶺關。(五)穆家堰新廟柳林灘。(六)丹江沿岸等。而著名之河即丹江，其流速每秒平均約2.4市尺，流量平均約600市尺，(22年12月下旬在龍駒寨上下游所估計)最高洪水位約3丈餘。至於商縣以上丹江沿岸之枝流，據地方父老所傳及視查淹水之痕跡。均未有超過8市尺者。

國內工程新聞

(一)浙省電訊網全部完成

浙省當局除建設鐵路公路外，近年以來，對於電訊網，亦銳意建設，經建設廳長曾養甫之督率，及浙省電話局局長趙曾玨之慘澹經營，全省長途電訊網，現已四通八達，遍佈各縣，為全國各省冠。按最初浙省敷設之長途電話，每為溝通軍事消息，故大都借掛於電報桿木。工程簡陋。迨16年，國民政府奠都南京後，建廳即擬具長途電話之基本計劃。17年3.月，設立浙江省長途電話局，一切設施，均依基本計劃進行。分全省為8大幹綫，幹綫之外，則設分支綫，鄉村綫，邊防綫。現已完成長途幹支綫4500對公里。鄉村綫1270對公里，邊防綫550對公里。幹支綫通達之點，均定有中心點。現所規定者，為杭州，蘭谿，永嘉，臨海，甯波，嘉興，麗水，交等換中心點7處，各中心點間，均以直達綫接通之全省75縣，除定縣，南田，兩縣外，餘均通話。定海，南田，以孤立海中，刻正籌建水綫。惟定海早有無綫電台通報，南田亦正籌設無綫電台，以資補救。所有幹綫悉銅質，標準綦嚴，故傳話頗為清晰。現總計全省有長途分支局59，長途代辦所185所。各縣間之消息，頃刻即可傳遍全省，誠稱便矣。邇者，東南交通週覽會開幕在即，電話局復籌設名勝區之各項電訊，自可益行暢達也。惟其基本工程，固在73縣之長途電話，茲摘述於次：

杭長綫：由杭州經武康，吳興，長興，達江蘇省境，計全長16762對公里，分綫四：(一)武莫分綫，自武康至莫干山，計全長14.40對公里。(二)湖嘉分綫，自吳興，經南潯，至嘉興，計全長80.64對公里。(三)長四分綫，由長興，至四安，計全長27.56對公里。(四)吳孝分綫，自吳興，經安吉，至孝豐，計全長78.92對公里。

杭甬綫：自杭州，經蕭山，紹興，餘姚，慈谿，至鄞縣，凡雙綫二對計全長387.06對公里。分綫二：(一)餘上分綫，餘姚至上虞，計全長20246對公里。(二)紹台分綫，自紹興經嵊縣，新昌至台州，計全長205.64對公里。

甬溫綫：自鄞縣，經奉化，雙綫二對，奉化經甯海至臨海，雙綫一對，自臨海，黃岩，樂清，至永嘉，亦雙綫二對，計全長574.50對公里。分綫五(一)奉溪分綫，奉化至溪口，計全長24.19對公里(二)甯石分綫，甯海至石浦，計全長104.26對公里。(三)臨仙分綫，臨海至仙居計全長46.66對公里。(四)黃海分綫，黃岩至海門，計全長18.43對公里。(五)黃玉分綫，黃岩，經溫嶺，至玉環，計全長對公里。杭衢綫：自杭州，經富陽，桐廬，建德，蘭谿，龍游，衢縣，至常山，均雙綫二對，計全長570.24對公里。分綫九。(一)建淳分綫，建德至淳安，計全長56.45對公里。(二)金蘭分綫，金華至蘭谿，雙綫二對，計全長51.84對公里。(三)桐分分綫，桐廬至分水，計全長38.59對公里。(四)常開分綫，常山至開化，計全長45.50對公里。(五)常都分綫，自常山經江山至二十八都，計全長89.92對公里。(六)蘭湯分綫，蘭谿至湯谿，計全長25.3*對公里。(七)淳遂分綫，淳安至遂安，計全長28.80對公里。(八)富新分綫，富陽至新登，計全長27.07對公里。(九)築壽分綫，建德至壽昌，計全長38.59對公里。龍溫綫：自龍游，遂昌，松陽，麗水，青田，至永嘉，雙綫一對，計全長294.91對公里。分綫二：(一)永熬分綫，自永嘉，經平陽，至熬江，計全長57.60對公里。(二)雲泰分綫，自雲和，經景甯至泰順，計全長91.59對公里。

杭處綫：自杭州，經諸暨，義烏，金華，雙綫一，金華經永康，縉雲，至麗水，雙綫二對，計全長451.57對公里。分綫二：(一)義東分綫，義烏至東陽，計全長19.58對公里。(二)義浦分綫，義烏至浦江，計全長27.65對公里。

杭楓綫：自杭州經長安，崇德，桐鄉，嘉興，楓涇，至龍華，雙綫二對計全長19.34對公里。分綫三：(一)長禾分綫，自長安經海甯，斜橋，硤石，王店，至嘉興計全長65.09對公里。(二)善乍分綫，自嘉善經平湖至乍浦，計全長36.29對公里。(三)杭德分綫，自杭州經塘棲至德清，計全長48.39對公里。

杭昌綫：自杭州經餘杭，臨安，於潛，至昌化，計全長114.05公里。除上所述長途電話而外，浙省電話局，復經營杭州市內之自動電話，及蘭谿，金華，海門，嵊縣，麗水，慈谿，餘杭，莫干山，常山，烏鎮，等等城鎮電話，以利民衆，其他如諸暨，永康，等縣，亦正在積極籌設中。

(二)全皖公路告成

七省公路會議，將在京舉行。皖建設廳長劉貽燕，由安慶乘江輪到蕪，視察蕪埠擴展馬路暨新建之赭山公園。由蕪改乘汽車由京蕪路赴京。並以五省交通週覽會爲期已近，於會議終了後，即由京建路視察皖南各地公路工程情形。年來該省公路之建設，實屬突飛猛進，陸續完成者不下數十條之多。皖南如京蕪，宣長，京建，徽杭，均已鋪有石子路面，達五百數十公里。若皖北皖中皖西之安合（安慶合肥）合巢（巢縣合肥）合蚌（合肥蚌埠）六合（合肥六安）舒霍（舒城霍邱）六正（六安正陽）壽正（壽州正陽）等，路基亦早完工，且多已通車，辦理客貨運輸。第以皖北殊少石山，路面材料，取運極感困難，故多未鋪路面，每遇陰雨，行車即生障礙。而

17922

限於經費，亦屬最大原因。綠皖省建築公路，凡經全國經濟委員會規定之幹綫，除路基經費由地方擔任外，路面橋梁涵洞，經委會可借撥經費40%。惟因本省60%基金，既不固定，借撥亦至困難。蔣委員長雖允予補助，但亦無預定數目，因此未能通盤籌劃。皖南各路以蕪屯路為中心，所有由屯溪到宣城，由屯溪到杭州，由屯溪到諄安三路均已告成。至宣城復分兩綫，一經郎溪赴南京，一由廣德赴長興，蓋蕪屯路在皖南路綫，實為最長。工程最大者，即以蕪湖至灣沚一段而言，所費已達二十五萬元。該路全綫，月底內准可完成。現正日夜趕造，以期五省交通週覽會時完成也。

(三)籌修黃河鐵橋

平漢鐵路借款及擴充消息，頗為各界所注意，茲特將詳情誌之如次：平漢路因連年受軍事影響，枕木橋樑及路軌，均損壞不堪，亟待修理更換。但以經濟所限，力不從願，年來經該局分物質與精神兩法，就可能範圍內，實施整理，一掃過去積習，並從節事流，統計每月可撙節餘萬元，按月儲存，以資建設。分工程之緩急，逐步進展，預計七年期間，即可全路恢復完整。現擬將每年節餘所得之三百餘萬元，充機工車各項設備之整理。

惟近年來以受環境影響，積欠之款甚多，亦須從事抽還。然有此每年三百餘萬之存款，預計零星欠款，在兩三年內必可償清。開源方面，亦有相當辦法。以後建設，更可積極進行。至其整理步驟：(一)注意行車之安全，(二)亟謀效率之增加，(三)關於旅客之舒適，與沿綫各站之設備。尤以修補黃河鐵橋，為刻不容緩，因橋基已平鬆不堪用，已決定本年內動工修建。

至平漢路借款三千萬之傳說，據平漢路陳延炯及鄒安衆談，匪特鐵部與本路無此意見，更無所謂簽定合同云。

北甯鐵路簡明行車時刻表

中華民國二十三年七月一日 **重訂**

下行車

列車次數 \ 站別 開到時刻	北平前門開	豐台開	郎坊開	天津總站開	天津東站到	天津東站開	塘沽開	蘆台開	唐山到	唐山開	開平開	古冶開	灤縣開	昌黎開	北戴河開	秦皇島開	山海關到	山海關開	遼寧總站到
第四十一次 普通客車 中膳各等	五・四五	六・二〇	七・四五	九・一六	九・二五	九・三五	一〇・三八	一一・四六	一二・四七	一二・五二	一三・〇六	一三・三九	一四・二九	一五・三三	一六・一六	一六・四三	一七・〇五	停	
第七十一次及七十五次 客貨混合 三等慢車	六・一〇	八・〇五	一二・三六	一六・〇八	一六・二五	停	第七十五次	自唐山起		六・三〇	七・一〇	八・二五	一〇・〇一	一二・三〇	一四・二五	一五・三三	一六・一〇	停	
第一次 平瀋特別快 膳臥各等	八・四五	九・一三	一〇・二一	一一・二八	一一・三六	一一・五〇	一二・四七	一三・四五	一四・三九	一四・四二	一四・五三	一五・一七	一五・四九	一六・三一	一七・〇四	一七・二三	一七・四〇	一八・四〇	六・二五
第二十三次 快車 膳臥各等	一三・一五	一三・四六	一五・〇一	一六・三〇	一六・三九	一六・五九	一八・〇三	一九・〇八	二〇・〇八	二〇・一一	二〇・二二	二〇・四七	二一・二一	二二・一一	二二・四六	二三・〇八	二三・二六	停	
第三〇一次 平滬直達特別快車 膳臥各等	一五・〇五	一五・三六	一六・四〇	一七・五〇	一七・五九	一八・二〇	開	往	上海										
第五次 特別快車 膳車各等	一六・三〇	不停	不停	一九・〇七	一九・一五	停													
第三〇五次 平浦直達特別快車 膳臥各等	一八・五〇	一九・二〇	二〇・二六	二一・三九	二一・四八	二二・二〇	開	往	浦口										
第二十一次 快車 膳車各等	二〇・一五	二〇・四八	二二・〇八	二三・三八	二三・四七	二四・〇〇	一・一〇	二・〇八	三・二七	三・三二	三・四七	四・二〇	五・一二	五・一二	七・〇七	七・三三	七・五五	停	
第四〇一次平滬直達貨車及七十三次客貨混合三等慢車	二一・〇〇	二一・五〇	一・一四	四・〇三	四・二〇	六・四〇	九・四〇	一二・三三	一五・〇三	停									
第三次 特別快車 膳車各等	一〇・五五	一一・一四	不停	一三・三二	一三・四〇	一三・五〇	一四・四七	一五・四〇	一六・三四	一六・三九	一六・五[illegible]	一七・一四	一七・四六	一八・二八	一九・〇一	一九・二〇	一九・三七		

上行車

列車次數 \ 站別 開到時刻	遼寧總站開	山海關到	山海關開	秦皇島開	北戴河開	昌黎開	灤縣開	古冶開	開平開	唐山到	唐山開	蘆台開	塘沽開	天津東站到	天津東站開	天津總站開	郎坊開	豐台開	北平前門到
第四十二次 普通客車 中膳各等			六・〇〇	六・二五	六・五四	七・四〇	八・四五	九・四四	一〇・一〇	一〇・二三	一〇・三	一一・四一	一二・四六	一三・四六	一四・〇〇	一四・一四	一五・四三	一七・二一	一七・五五
第四次 特別快車 膳車各等			九・四五	一〇・〇四	一〇・二七	一〇・五八	一一・三九	一二・一八	一二・三五	一二・四五	一二・五〇	一三・四八	一四・四五	一五・四〇	一五・五五	一六・〇五	不停	一八・一五	一八・四二
第七十六次及七十二次 客貨混合 三等慢車			一〇・三〇	一一・五二	一二・五〇	一四・四八	一八・二六	二〇・三五	二一・三五	二一・五七	停	第七十二次	自天津起		六・〇五	八・五一	一一・四三	一五・三八	一六・五〇
第二十四次 快車 膳車各等			一三・一五	一三・三五	一四・〇〇	一四・三七	一五・二二	一六・〇五	一六・二二	一六・三二	一六・三七	一七・二四	一八・五一	一九・五〇	二〇・〇〇	二〇・一一	二一・三四	二二・四八	二三・一七
第二次 瀋平特別快 膳臥各等	一〇・一五	二一・二六	二二・三〇	二二・五九	二三・三一	〇・一九	一・一八	二・一六	二・四一	二・五五	二・五八	四・〇八	五・一一	六・一五	六・三〇	六・三九	七・四五	八・四七	九・一八
第七十四次客貨混合三等慢車及第四〇二次滬平直達貨車											四・五〇	七・三八	一〇・〇九	一一・四五	一七・二〇	一八・二〇	二二・二二	〇・五五	二・〇〇
第三〇六次 平浦直達特別快車 膳臥各等									由	浦口		開	來	四・五〇	五・二〇	五・三〇	六・四三	七・四九	八・一九
第三〇二次 滬平直達特別快車 膳臥各等									由	上海		開	來	七・〇五	七・三〇	七・四〇	八・五〇	九・五四	一〇・二四
第六次 特別快車 膳車各等															九・〇五	九・一五	不停	不停	一一・五〇
第二十二次 快車 膳臥各等			二三・三〇	〇・〇一	〇・三九	一・二九	二・三二	三・三〇	三・五六	四・一〇	四・一五	五・二六	六・三一	七・三六	七・五〇	八・〇三	九・二六	一〇・五五	一一・二九

17924

隴海鐵路簡明客車時刻表

民國二十三年九月一日實行

	車次／站名	1 特快	3 特快	5 特快	71 混合	73 混合	75 混合	77 混合	79 混合
向西上行車	孫家山							9.15	
	墟溝			10.05				9.30	
	大浦				71.15				
	海州			11.51	8.06				
	徐州	12.40		19.39	17.25	10.10			
	商邱	16.55				15.49			
	開封	21.05	15.20			21.46	7.30		
	鄭州	23.30	17.26			1.18	9.50		
	洛陽東	3.49	22.03			7.35			
	陝州	9.33				15.16			
	潼關	12.53				20.15			7.00
	渭南								11.40

	車次／站名	2 特快	4 特快	6 特快	72 混合	74 混合	76 混合	78 混合	80 混合
向東下行車	渭南								14.20
	潼關	6.40				10.25			19.00
	陝州	9.52				14.59			
	洛陽東	15.51	7.42			23.00			
	鄭州	20.15	12.20			6.10	15.50		
	開封	23.05	14.35			8.34	18.15		
	商邱	3.31				14.03			
	徐州	8.10		8.40	10.31	20.10			
	海州			16.04	19.48				
	大浦				21.00				
	墟溝			18.10				18.4[illegible]	
	孫家山							19.05	

膠濟鐵路行車時刻表

民國二十三年七月一日改訂實行

下行列車

站名	到開	一一次各等	三一次各等	七一次三等	七三次三等	一次各等
青島	開	七•〇〇	一一•三〇	一五•〇〇		二一•四〇
大港	開	七•一一	一一•四一	一五•一一		二一•五一
四方	開	七•二〇	一一•五〇	一五•二〇		二二•〇〇
滄口	開	七•三六	一二•〇六	一五•三八		二二•一六
女姑口	開	七•四八	一二•一八	一五•五一		不停
城陽	開	七•五七	一二•二七	一六•〇一		二二•三四
南泉	開	八•一三	一二•四五	一六•一八		不停
藍村	開	八•二七	一二•五八	一六•三六		二三•〇二
李哥莊	開	八•三六	不停	一六•四五		不停
膠東	開	八•四八	不停	一六•五八		不停
膠州	到	九•〇〇	一三•二五	一七•一一		二三•二八
膠州	開	九•〇三	一三•二七	一七•一四		二三•三〇
芝蘭莊	開	九•一九	一三•四四	一七•三三		不停
姚哥莊	開	九•二八	不停	一七•四三		不停
高密	到	九•三九	一四•〇一	一七•五一		〇•〇二
高密	開	九•五〇	一四•〇三	一八•〇五		〇•〇三
康家莊	開	一〇•〇	不停	一八•一六		不停
蔡家莊	開	一〇•一五	一四•三三	一八•二八		不停
塔耳堡	開	一〇•二四	一四•四三	一八•三九		不停
丈嶺	開	一〇•三三	一四•五三	一八•五三		不停
岞山	開	一〇•五二	一五•一二	一九•一三		一•〇三
黃旗堡	開	一一•〇一	一五•二二	一九•二三		不停
南流	開	一一•〇九	不停	一九•三一		不停
蝦蟆屯	開	一一•二四	一五•四一	一九•四八		一•二八
坊子	到	一一•三七	一五•五四	二〇•〇三		一•四一
坊子	開	一一•五三	一六•〇八	二〇•二一	六•二〇	一•五六
二十里堡	開	一二•〇四	一六•二〇	二〇•三六	六•三四	二•〇八
濰縣	到	一二•一三	一六•二八	二〇•四五	六•四四	二•一六
濰縣	開	一二•一五	一六•三〇		六•四九	二•一八
大圩河	開	一二•二九	不停		七•〇四	不停
朱劉店	開	一二•四〇	一六•五三		七•一七	二•四〇
昌樂	開	一二•五三	一七•〇六		七•三三	二•五三
堯溝	開	一三•〇五	一七•一八		七•四六	不停
譚家坊子	開	一三•一七	一七•三〇		八•〇〇	不停
楊家莊	開	一三•二八	一七•四一		八•一四	不停
青州	到	一三•四三	一七•五六		八•二三	三•三四
青州	開	一三•四六	一八•〇〇		八•三六	三•三六
普通	開	一三•五八	不停		八•五四	不停
淄河店	開	一四•〇八	一八•一九		九•〇一	不停
辛店	開	一四•二一	一八•三六		九•一七	四•〇五
金嶺鎮	開	一四•三五	一八•五〇		九•三三	不停
湖田	開	一四•四八	一八•五九		九•四四	不停
張店	到	一四•五七	一九•〇八		九•五五	四•三一
張店	開	一五•一二	一九•二三		一〇•一〇	四•四六
馬尚	開	一五•二一	不停		一〇•二〇	不停
周村	到	一五•四〇	一九•四八		一〇•四四	五•一一
周村	開	一五•四三	一九•五一		一〇•四七	五•一三
大臨池	開	一六•〇七	不停		一一•二三	不停
王村	開	一六•一九	二〇•二四		一一•三六	不停
普集	開	一六•二九	二〇•三四		一一•四八	五•三三
明水	開	一六•四四	二〇•四九		一二•〇五	不停
棗園莊	開	一六•五四	二一•〇〇		一二•一八	六•二五
龍山	開	一七•〇八	二一•一五		一二•三五	六•二九
郭店	開	一七•二三	二一•三〇		一二•五三	不停
王舍人莊	開	一七•三四	二一•四一		一三•〇五	不停
黃臺	開	一七•四七	二一•五五		一三•二〇	七•〇三
北關	開	一七•五五	二二•〇七		一三•二九	七•一〇
濟南	到	一八•〇〇	二二•二二		一三•四四	七•一五

上行列車

站名	到開	一二次各等	七二次三等	三二次各等	七四次三等	二次各等
濟南	開	七•〇〇		一一•四〇	一四•四〇	二二•〇〇
北關	開	七•〇九		一一•四七	一四•四七	二二•〇六
黃臺	開	七•一六		一一•五四	一四•五五	二二•一五
王舍人莊	開	七•三〇		一二•〇八	一五•一〇	不停
郭店	開	七•四二		一二•二〇	一五•二三	不停
龍山	開	七•五七		一二•三六	一五•三九	二二•四八
棗園莊	開	八•一三		一二•五三	一五•五五	二三•〇三
明水	開	八•二四		一三•〇三	一六•〇七	不停
普集	開	八•四一		一三•二〇	一六•二〇	二三•二八
王村	開	八•五一		一三•三一	一六•三四	不停
大臨池	開	九•〇五		不停	一六•五四	不停
周村	到	九•二〇		一三•五六	一七•一三	〇•〇一
周村	開	九•二三		一三•五九	一七•一六	〇•〇四
馬尚	開	九•四〇		不停	一七•三五	不停
張店	到	九•四八		一四•二一	一七•四五	〇•三六
張店	開	一〇•〇五		一四•三六	一七•五八	〇•四一
湖田	開	一〇•一五		一四•四九	一八•一二	不停
金嶺鎮	開	一〇•二四		一四•五八	一八•二一	不停
辛店	開	一〇•三八		一五•一二	一八•三七	一•〇〇
淄河店	開	一〇•五一		一五•二五	一八•五一	不停
普通	開	一一•〇一		不停	一九•〇三	不停
青州	到	一一•一三		一五•四四	一九•一六	一•二九
青州	開	一一•一六		一五•四七	一九•一九	一•四二
楊家莊	開	一一•三一		一六•〇三	一九•三五	不停
譚家坊子	開	一一•四三		一六•一三	一九•四六	不停
堯溝	開	一一•五四		一六•二五	一九•五九	不停
昌樂	開	一二•〇六		一六•三七	二〇•一二	二•二三
朱劉店	開	一二•一九		一六•五一	二〇•二六	二•三九
大圩河	開	一二•三〇		一七•〇一	二〇•三七	不停
濰縣	到	一二•四三		一七•一三	二〇•五〇	二•五八
濰縣	開	一二•四五	七•〇〇	一七•一六	二〇•五四	三•〇一
二十里堡	開	一二•五四	七•一〇	一七•二五	二一•〇四	三•一〇
坊子	到	一三•〇六	七•二三	一七•三七	二一•一七	三•二二
坊子	開	一三•二一	七•三七	一七•五一		三•三七
蝦蟆屯	開	一三•三六	七•五四	一八•〇八		三•五二
南流	開	一三•五〇	八•〇九	不停		不停
黃旗堡	開	一三•五七	八•一七	一八•三四		不停
岞山	開	一四•〇八	八•二九	一八•四五		四•〇八
丈嶺	開	一四•二六	八•四八	一八•五四		不停
塔耳堡	開	一四•四二	八•五八	一九•〇三		不停
蔡家莊	開	一四•五一	九•〇八	一九•一二		不停
康家莊	開	一五•〇三	九•二〇	不停		不停
高密	到	一五•一五	九•三一	一九•三一		五•〇四
高密	開	一五•二四	九•四二	一九•四二		五•一五
姚哥莊	開	一五•三七	九•五六	不停		不停
芝蘭莊	開	一五•四五	一〇•〇五	二〇•〇〇		不停
膠州	到	一六•〇二	一〇•二三	二〇•一七		五•四七
膠州	開	一六•〇四	一〇•二六	二〇•一九		五•四九
膠東	開	一六•一六	一〇•三九	不停		不停
李哥莊	開	一六•二七	一〇•五一	不停		不停
藍村	開	一六•三七	一一•〇一	二〇•四六		六•二五
南泉	開	一六•五四	一一•二五	二〇•五九		不停
城陽	開	一七•〇八	一一•四四	二一•一五		六•四一
女姑口	開	一七•一七	一一•五四	二一•二四		不停
滄口	開	一七•二九	一二•〇七	二一•三六		六•五九
四方	開	一七•四五	一二•一五	二一•五一		七•一九
大港	開	一七•五〇	一二•二五	二二•〇〇		七•三〇
青島	到	一八•〇〇	一二•四〇	二二•一〇		七•四五

工程週刊

(內政部登記證警字788號)

中國工程師學會發行

上海南京路大陸商場542號

電話：92582

(稿件請逕寄上海本會會所)

中華民國23年8月17日出版

第3卷 第33期(總號74)

中華郵政特准掛號認為新聞紙類

(第1831號執據)

本期要目

定報價目：每期二分，全年52期，連郵費，國內一元，國外三元六角。

四川灌縣竹纜橋

工程立業

編者

古人以立言立德立業為人生要務，工程師終日孳孳者其多立業歟！以工程立業者歷史上已不乏人；大禹治水，其一例也。至於鞏固邊疆之長城，溝通南北之運河，尤為有數之工程，其功用雖不如昔，而業之偉大，自不可以埋沒。近世工程繁多，人才輩出，所立各業，不勝枚舉；惟至其地，見其業，必想念其人。在創業者未必為名，而敬羨之者固未能忘懷也。

鐵路橋樑次應力計算法

顧懋勛

按橋梁之次應力原則深奧學理，頗不易於領悟。顧君懋勛對於構造專學造詣極深，特用簡明之說法，與實例之演證，撰成本文。研究次應力者讀之，當可得一有價值之參考材料也。 編者註

1930年，美國意利諾大學克洛斯氏教授發表力率分佈法*(Analysis of Continuous Frames by Distributing Fixed End Moments)後，工程界耳目爲之一新。按克氏法爲用甚廣，凡靜力公式所不能決定之結構，皆可用以計算；如橋梁次應力 (Secondary stresses)，即其一也。作者曾以此法，計算津浦鐵路古柏氏 E-50號荷重之45公尺(橋座之中心距離爲153呎)霍式下承橋之次應力；因而證得此種計算法，確爲迅速簡便者。茲將計算方法及其結果，擇要述之如次：

●假定前提

1. 橋梁各構肢之彎曲，皆在橋架平面上 (Plane of Truss)，同時各構肢不受扭轉(Distortion)動作。
2. 構肢長度，皆自接點中心算起。
3. 構肢截面，均用完整面積 (Gross Area)。
4. 彈性率(Modulus of Elasticity)之值作爲 29×10^6，以補正第2及第3兩前提之差誤。
5. 計算構肢之惰性力率 (Moment of Inertia)，用構肢中部之完整面積。
6. 各構肢兩端之定端力率 (Fixed End Moment)假定相等，故構肢之異曲點 (Contraflexturepoint) 在構肢中間。
7. 力率 (Moment) 使構肢之端旋動依時針方向者爲正，反之爲負。如圖(一)。

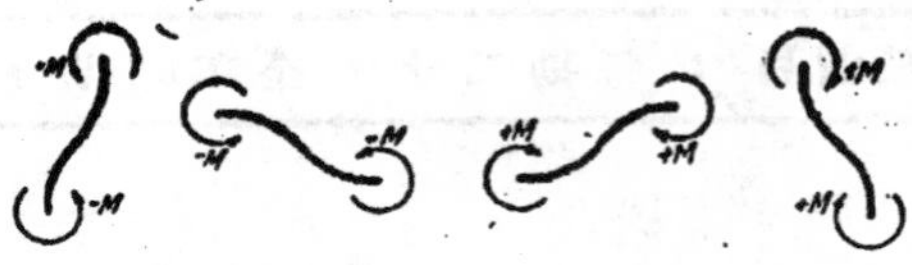

圖 (一)

●計算步驟

1. 計算構肢所受總應力，爲呆重應力，活動應力，及衝擊應力三者之和，

橋梁之呆重爲每呎 1,200 磅。

活重用平均荷重滿載橋上，足使橋架中間所得之最大彎曲力率等於古柏氏E-50號荷重所產生者，其值爲橋架每呎3130磅。

計算衝擊應力之公式爲：

$$S_I = S_L \frac{300}{300+\frac{L_1^2}{100}},$$

S_I = 衝擊應力(磅／平方吋)

S_L = 活重應力(磅／平方吋)

L_1 = 橋之荷重長度(呎)

2. 計算各構肢產生之伸長及縮短各數量

應用公式爲： $C=\pm\frac{SL}{EA_G}$

C = 伸長量或縮短量(吋)

S = 總應力(磅)

L = 構肢長度(吋)

E 彈性率(= 29×10^6 磅／平方吋)

A_G = 構肢之完整面積(平方吋)

*見1930年五月出版之A.S.C.E. Proceedings雜誌中。

構肢受引力 (Tension) 者，其長度伸長，示以正號。

構肢受壓力 (Compression) 者，其長度縮短，示以負號。

3. 繪作韋樂特圖。(Williot Diagram) 如圖(二)

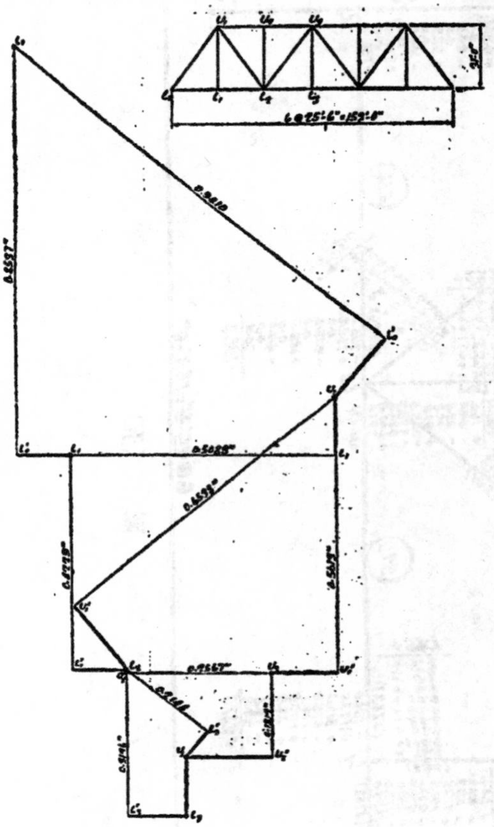

韋樂特圖

比例尺 20:1

圖 (二)

荷重為平均滿載，故橋架各點，皆相對稱。繪作韋樂特圖時，可取橋架之中點(L_3)為根據點，橋架中間之構肢(L_3,U_3)為根據構肢。如是，圖之比例尺可加大，結果可較精確也。

4. 根據韋樂特圖，量出各構肢一端對於他端相差之偏度 (Deflection)。如圖(二)，L_3與L_2相差之偏度為 0.3196吋。各構肢兩端相差之偏度求得後，假定各構肢兩端均係固定，即可作橋架彎曲形狀圖，如圖(三)。

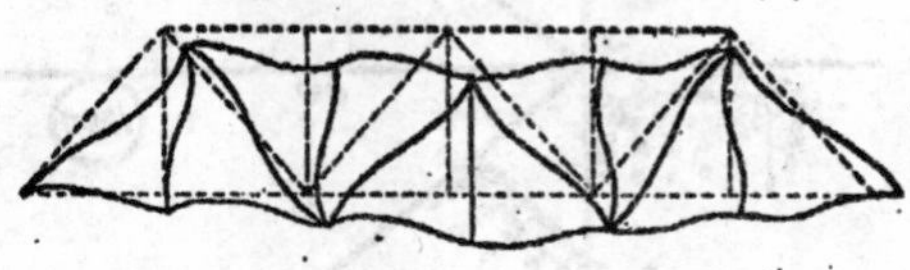

圖 (三)

5. 計算構肢之惰性力率，其旋轉軸，為垂直於橋架平面者。此處所用之惰性力率，未必與設計時所用者完全相同。

6. 用下列引伸之公式，求各構肢之定端力率。見表(一)右邊第二行。

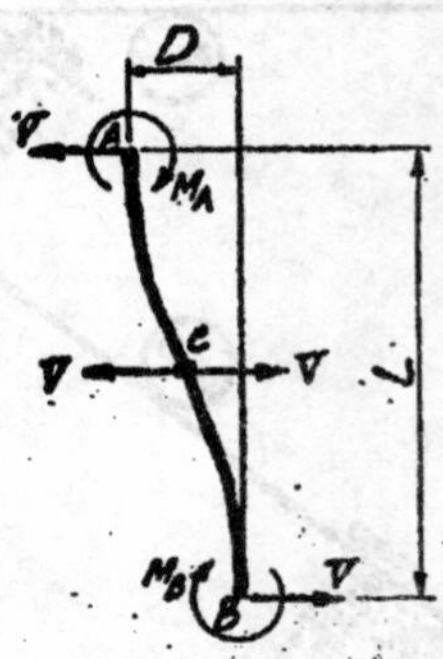

圖 (四)

設有一 AB 梁，其兩端各受大小相等，方向相反之力為 V；兩端之定端力率各為 M_A及M_B在該梁異曲點 C 處點，加方向相反之兩力，其大小等於兩端之V力，故該梁兩端相差之偏度，D, 為懸臂梁 (Cantilever beam) AC及 CB 各受V力所造成偏度之和。

據懸臂梁偏度公式得

$$D = \frac{2V}{3EI}\left(\frac{L}{2}\right)^3$$

$$\because \quad V = \frac{M_A + M_B}{L}$$

$$\therefore \quad D = \frac{2(M_A + M_B)}{3EIL}\left(\frac{L}{2}\right)^3$$

$$= \frac{M_A + M_B}{12EI}L^2$$

但 $M_A = M_B = M$

$$\therefore \quad D = \frac{2M}{12EI}L^2$$

$$D=\frac{ML^2}{6EI} \qquad \therefore \quad M=\frac{6EID}{L^2}$$

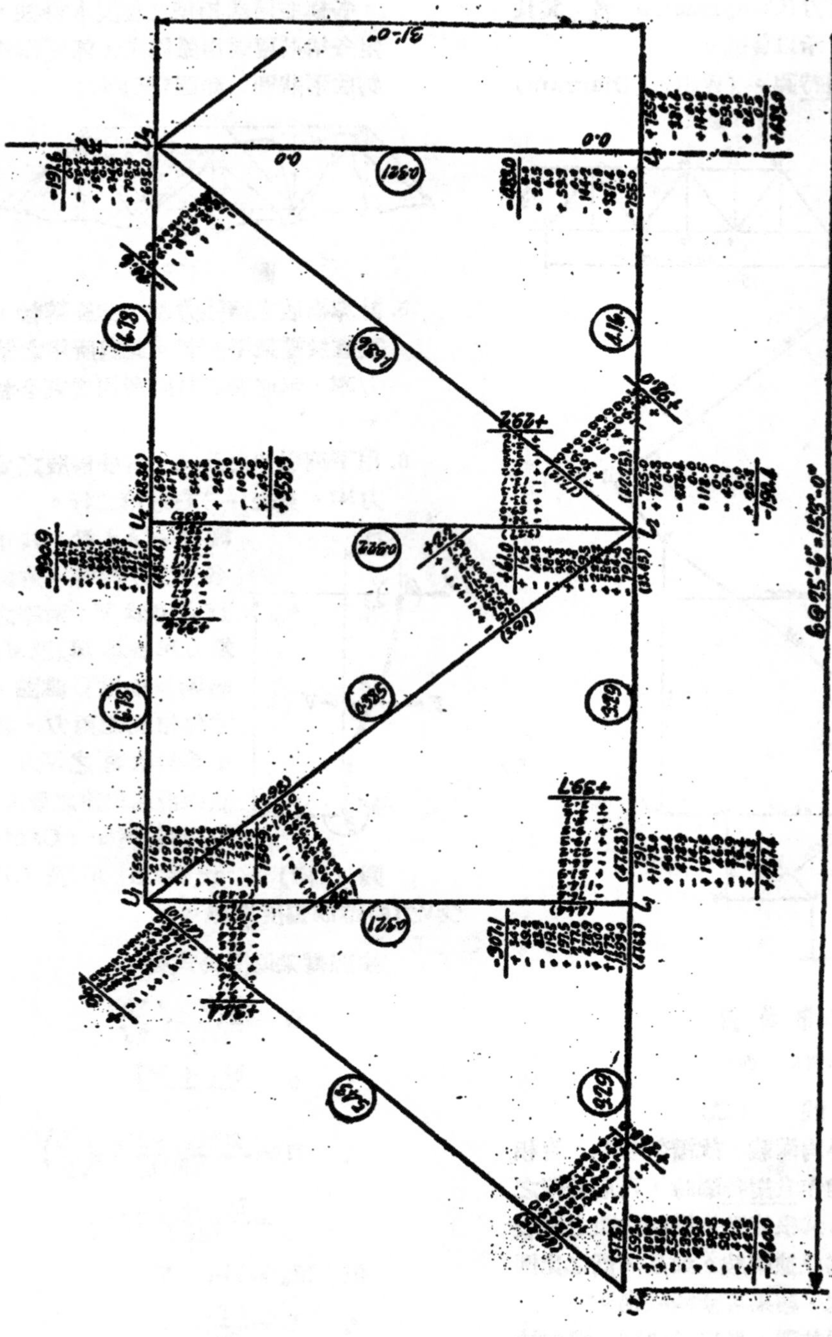

圖 (五)

7. 求構肢堅韌度，（Stiffness），卽惰性力率與長度之比（卽 $\frac{I}{L}$）見表（一）右邊第一行。

8. 至此，克氏力率分佈法，卽可開始。依克氏所倡寫法，將定端力率各寫於構肢之兩端，構肢堅韌度則寫於構肢中間圓圈內。當數構肢相接於一點，則將各構肢在該接點之堅韌度百分比（Percentage of stiffness）寫於括弧中。此項百分比，卽爲該接點處各構肢所應增減不平衡力率（Uncalanced moment）之百分比也。易言之，將該接點某構肢之堅韌度百分比，乘以該接點之不平衡力率，卽得該構肢一端之分佈力率（Distributed Moment）。不平衡力率爲負者，分佈力率爲正；否則反之。當一接點之不平衡力率分佈後，將該接點所有之力率相加，其總數應等於零。

此後，卽算構肢一端之分佈力率對於他端影響之力率。按克氏論文，影響系數（Carry-over factor）爲 $-\frac{1}{2}$；惟本文內所用者則爲 $+\frac{1}{2}$ 因構肢有一異曲點，故兩端所受力率者爲同號也。當分佈力率對於他端影響之力率算得後，再分佈此影響力率在一接點所造成之不平衡力率。如是繼續行之，直至影響力率小至可不計及爲止。最後，求各構肢每端各種力率之代數和，此卽構肢各端眞實之次力率也（Secondary Moment）見圖（五）。

從此結果，可作橋梁滿載平均荷重時，各個構肢彎曲形狀圖，如圖（六）。

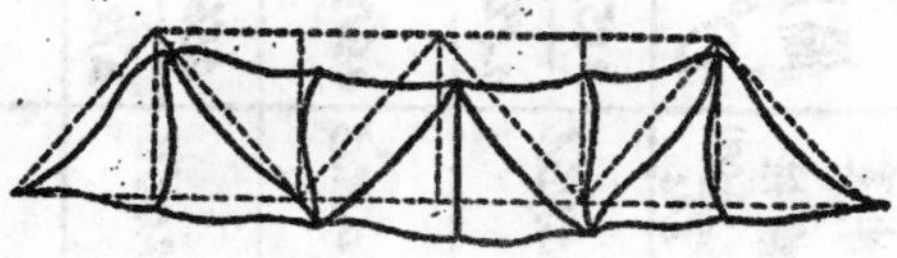

圖（六）

9. 用應力公式 $f=\frac{Mc}{I}$ 以求次應力，再求次應力與總應力之百分比，見表（二）。所得之値，均在合理範圍中。爲校對起見，作者曾用 Am. C. E. Handbook 中所載之法，計算構肢各端之次力率，求三次近似値後，其結果，與用上述方法所得者，頗相脗合。

「附言」

作各項計算及圖表，以助作者草成此文者，爲奉派津浦路實習之交大畢業生李兆源君。

17931

構肢	構肢組織	完整面積 A_G (□″)	應力(1000磅) 呆重應力	活重應力	衝擊應力	總應力, S	長度 L (吋)	伸長及縮短 $\frac{SL}{EA_G}$ (吋)	偏度 D (吋)	惰性力率 I (吋⁴)	定端力率 $M=\frac{6EID}{L^2}$ (1000吋磅)	堅韌度 $\frac{I}{L}$
L_0L_1 L_1L_2	2-Pls. 16″×½″ 4-Ls 4″×4″×7/16″	29.24	+63	+164	+92.3	+320	306	+0.1154	0.8537 0.4229	1,005.5	-1,593 -791	3.29
L_2L_3	4-Ls 4″×4″×7/16″ 2-Pls. 16″×½″ 2-Pls. 14″×½″ 2-Pls. 8″×7/16″	50.24	+113	+295	+166	+574	,,	+0.1905	0.3196	1,271.5	-755	4.16
U_1U_2 U_2U_3	1-Cov. Pl. 24″×5/8″ 2-Webs. 18″×3/16″ 2-Top Ls 3½″×3½″×3/8″ 2-Bott Ls 5″×3½″×7/16″	39.77	-101	-264	-148.4	-514	,,	-0.1362	0.5613 0.1812	2,075.0	-2,165 -698	6.78
U_1U_0	1-Cov. Pl. 24″×½″ 2-Webs. 18″×3/8″ 2-Top Ls 3½″×3½″×½″ 2-Bott Ls 5″×3½″×5/8″	50.84	-99	-258	-145	-502	481.7	-0.1638	0.9410	2,619.5	-1,848	5.43
U_3L_2	2-Webs. 16″×7/16″ 4-Ls 3½″×3½″×3/8″	23.92	-20	-52.1	-29.3	-102	,,	-0.0708	0.2144	812.4	-130.8	1.686
U_1L_2	1-Web 14″×½″ 4-Ls 6″×4″×9/16″	28.24	+59	+154	+86.6	+300	,,	+0.1764	0.6538	185.8	-91.0	0.385
U_1L_1 U_3L_3	4-Ls 6″×4″×3/8″	14.44	+20.4	+79.8	+44.9	+145	372	+0.1288	0.5083 0.2567	119.5	-76.4 0	0.321
U_2L_2	4-Ls 6″×3½″×3/8″	13.68	-10.2	0	0	-10.2	,,	-0.0096	0.2567	119.7	-38.6	0.322

表 (一)

17932

接點	構肢	力率 (1000吋磅)	惰性力率 I(吋⁴)	C (吋)	次應力 (磅/平方吋)	主應力 (磅/平方吋)	百分比
L_0	L_0U_1	+260.0	2619.5	7.961 10.789	−791 +1,071	−9,860	8.0
	L_0L_1	−260.0	1005.5	8.125	±2,100	+13,350	15.7
L_1	L_1L_0	−307.1	,,	,,	±2,480	,,	18.6
	L_1U_1	+39.7	119.5	6.188	±2,055	+11,200	18.3
	L_1L_2	+267.4	1005.5	8.125	±2,160	+13,350	16.2
L_2	L_2L_1	+61.0	,,	,,	±493	+ ,,	3.7
	L_2U_1	+2.2	185.8	6.250	±74	+13,200	0.56
	L_2U_2	+29.2	119.7	6.188			
	L_2U_3	+98.0	812.4	8.125	±980	−4,260	23.0
	L_2L_3	−190.4	1271.5	,,	±1,217	+14,610	8.3
L_3	L_3L_2	−483.0	,,	,,	±3,089	+ ,,	21.1
	L_3U_3	0.0	119.5	6.188			
	L_3U_4	+483.0	1271.5	8.125	±3,089	+14,610	21.1
U_1	U_1L_0	+96.4	2619.5	7.961 10.789	+293 −397	−9,860	4.0
	U_1L_1	+34.4	119.5	6.188	±1,781	+11,200	15.9
	U_1L_2	+20.1	185.8	6.250	±676	+13,200	5.1
	U_1U_2	−150.9	2075.0	7.250 11.50	+527 −836	−12,920	6.46
U_2	U_2U_1	−390.9	,,	7.250 11.50	+1,367 −2,166	− ,,	16.8
	U_2L_2	+32.6	119.7	6.188			
	U_2U_3	+358.3	2075.0	7.250 11.50	−1,252 +1,986	−12,920	9.7
U_3	U_3U_2	−191.6	,,	7.250 11.50	−669 +1,061	−12,920	5.2
	U_3L_2	−20.6	812.4	8.125	±206	−4,260	4.8
	U_3L_3	0.0	119.5	6.188			
	U_3L_4	+20.6	812.4	8.125	±206	−4,260	4.8
	U_3U_4	+191.6	2075.0	7.250 11.50	+669 −1,061	−12,920	8.2

表(二)

四川橋梁的三種

孫　輔　世

講到四川橋梁，大都與其他各地相同，如拱式的與板梁式的石橋以及各種的木橋，但是間有爲四川所獨見者，計此次在川路途中所經過者，有三種，分述如下：

（一）如圖一所示，他的形式實在不是橋

圖　（一）

圖　（二）

梁，但是他的功用的確是爲了要渡過山澗，造正式的橋梁，一定要高過洪水位，造價是太貴了。造普通的木橋，每年一定要給大水冲毀，既麻煩又費錢。（有許多地方是將木橋橋板及橋柱用鐵練分繫在兩邊岸上，水來冲開即蕩於兩岸，水退即再行搭起來）。於是想出這個方法，以許多的長方形「石柱」依

圖　（三）

次排列，他的間距，與人的跨步相當。大水來了是冲不去，大水去了，立刻就可行人。因爲普通山溪中漲水的時期很短，少則幾點鐘，多亦不過一天兩天。雖然有短時期的不便，但是經濟方面是省了不少。這座「石柱橋」是在萬縣東北的山溪中。

(二)本期封面照片及圖二所示是灌縣的竹纜橋。灌縣竹纜橋有兩座，一座橫跨岷江，在都江堰的上游，長900尺，寬10尺，分7孔，中有石礅一，其餘橋礅都為木架。竹纜20根，每邊5根，十根在橋底。這座橋在前年二劉戰爭時是毀去了。圖三所見的就是該橋的橋端繫竹纜的木柱。本期封面照片及圖二所見的竹纜橋，是在灌縣城西北，岷江的一條支河上。較岷江上的橋稍為短一些，計分6孔，其長約700尺。

(三)在峨眉山山麓的龍門地方的山溪上，有一座鐵索橋，鐵索兩根，均為直經2寸的圓鋼，長約100尺，寬5尺，中置木架一，以免橋之過分下垂，圖四就是此橋的形狀，

圖　(四)

國內工程新聞

上海將裝遠東最大的黑油機——13,700匹馬力

去年(1933)九月，有一13,700馬力黑油機一座，在瑞士蘇爾壽兄弟機器廠裝置試車，車係二循環雙面推動式，此機係上海法商電氣公司所定造，用以裝置於上海法租界電力廠者，查該廠原有蘇爾壽黑油機8座，均係單面推進，二循環式，因界內現有居民500,000人，預期逐年居民增加約20,000人，於是電力，電燈之需要，漸有不敷供應，加之因水源供給與高峯負載問題，故仍以添置黑油機為宜，今將該機詳情，列表錄後。

持久馬力	11,400馬力
最大馬力	13,700馬力
每分鐘速率	136轉
氣缸只數	8只
氣缸直徑	760公厘
衝程	1200公厘
電機容量	8000K.V.A.
電壓	5200伏
週波	50

黑油係用2雙三級壓氣機壓成高壓而後注射，雖含有高度地瀝青之黑油，亦可應用。淨風 Scavenging air 係用連於機身之氣泵二只供給，此種裝置，較之淨風泵用電機鼓動為簡單，且機之行動，與電氣供給無異。此黑油機直接於Soc. Alsthem, of Belfort 廠之 8000 K. V. A. 三相發電機，電機之溫度，持久使用，不超過45°C.,電機因數率為65%至85%，電機可載25%過量負載，勵磁機係另裝於地軸之一端。此黑油機之機身機架，均特別設計，與尋常蘇爾壽機不同，因此機係雙面推進式，故每氣缸有上下2燃燒室，上下2氣缸蓋，在上室進油，係由裝在上氣缸蓋中間之射油弁射入，缸蓋係圓形，與尋常無異，下氣缸蓋之上，有空洞2處，在最下與最冷之所，裝有射油弁，同時裝有洩氣弁與開車弁各一個，偏心軸裝在迴氣方面，因齒輪啣接拐地軸而隨之旋轉，噴油弁係由桿而活動，油針隨負載之大小，以致偏心上之滚圓地位移，而易其升降。

鞲鞴由3部分而成，上部與與底部，裝於挺桿(piston rod)珬瑚上。挺桿係由西門子馬丁鋼製成，用2只羅絲，連於十字

17935

頭。在挺桿之外，裝有夾層生鐵套筒，倒懸於轆轆之下，以防鋼製挺桿被高熱度之進襲及損壞，下端並不裝呆，以防止受熱膨漲。冷轆轆之水，係在套筒夾層經過，故桿之本身與冷水，無直接接觸之處。套筒外殼之冷却，可以使塞箱不漏氣，潤滑良好。挺桿與下燃燒室之淨氣作用，並無阻礙，經試驗結果，有96%至97%淨氣。上下燃室，均有自動油泵，計油泵2排每排8只，1排用於上燃燒室泵1排用於下燃燒室。黑油之多寡，由油力調準器調節之。每油泵可各自關去，油泵內保險弁亦可各自關去。開車時，各油弁均可打去氣泡。

此車開動，非常簡便，數分鐘即可完畢。並裝有負載指示器，速率表，氣壓表，水壓表，油壓表等。全部機器，用一手輪控制，此手輪祗能向一方面轉動，不能反轉，手輪上有各種地位之表明，從停車處，轉一轉後，冷氣即入氣缸，車即開動，同時射油冷氣弁亦開，再轉，使黑油注射於上氣缸內，如是開始燃燒，再轉之，則開車之冷氣停止，油開始注射於下氣缸內。尋常開車係30大氣壓力，但有15大氣壓力，即可開動。若要停車，則再轉手輪二次即可，因射油冷氣與油泵，均停止作動用故也。

因此車係8只氣缸，兩面推動，則每轉有16次之衝擊，循環甚小，若非有極靈敏之調準器，不能節制速率。故用油壓力調準器，該器係用油泵1只裝於拐地軸之上，連於調準器，因車之快慢，於是油壓力變換，而調節輸油多寡，此器靈敏非常，配置速率範圍亦大。

冷水之用量，氣缸及壓氣機每分鐘用1320加侖，轆轆每分鐘用710加侖，汽缸與轆轆，各有水泵，以循環冷却之。

機油的潔淨裝置，係由機底油池至濾油器，當車開動時，濾油網亦可調換或清理之，然後經油泵，冷油器而後分佈全機，同時裝有特製之 alfa-Laval 離心淨油機，使油池污油，不時經此機而清淨之。現該機已運申，不日即可裝置。

（徐紀澤節譯本年三月份號英國 Gas and Oil Power雜誌）

中國之衛生工程

*古利區著　呂翰濬譯

水爲人類所需，中外皆然。水不易得之處，則鑿井以求之，歷史所載，古時即然。此種舉動殆爲衛生工程之嚆矢。

再次之進展當係應用簡單機械抽吸井水及其他水源。繼此則系應用輸水系統之設備。蓋古代人民，所需水量較多之時，依賴人工騾子之力輸運不足以應付需要，乃利用壕溝以資運送。有輪車輛發明之後，又有運水車之發生。然而人口稠密之地，耗水甚多，機械運輸不足應付，於是有渠道輸送大量之水，而機械則用於短距離之接運，此在古代城市，可查悉者也。

水溝之小者易於覆蓋，古人必因觀察此種事實之結果而有水管之發明。世界各地應用水管，似已數千年於茲矣。

地心引力爲世界最早利用之輸水原動力

*古利區 Ernest P. Goodrich 在美國紐約城設有顧問工程師事務，昔任紐約城衛生委員 Commission of Sanitation。曾充任中國政府衛生技術顧問

，亦卽在昔無數世紀中唯一之輸水原動力。其高昂地點或係天然之高地，或係人工牲力開動機械將水提高而至高地，然後水可依地心引力而向下趨流。

近世給水方法不過將舊式方法加以改良而已。現所製造裝設之水管已經改善改大；現所應用之抽水機乃由蒸汽或電氣發動，其量甚大；現所利用以積蓄水源之壩閘亦甚巨大。

較爲舊式方法，在中國許多地方，仍可見之。但中國數千年以來卽利用運河通水，並應用車輛水桶以人力挑動之。吸水機具頗爲巧妙，應用已歷無數世紀，而亦以人力爲原動力焉。雖然，今日之中國，已在採用最新式之工程方法。南京卽其一例。南京給水計劃擬在紫金山旁建築兩座堤壩，用電力抽水由水管輸送而至山上，並設蓄池以輔助之。按此計劃，水係取自於河，先經治製以細泥，然後再加消毒。

此項計劃之完成，沿街賣水者必受陶汰，是爲當然之趨勢。然在水質水量方面言之，則改善良多，於是易受污染之土井必至廢棄不用，用養鴨洗衣之水池向所賴爲飲水之源者亦必不至汲供飲食之用矣。

此後許多年以內，爲中國城市計劃給水設備，應行準備之每人耗水量，不必如歐美各地用水量之大。泰西各國，每人每日用水達100加倫以上；在中國則每人每日所需僅10至20加倫而已。惟在各地點必須維持相當之水壓力，一以抵抗幹管水流之阻力損失，一以充實消防之水量，蓋中國城市火患並非不常見者也。任何水管系統，破漏炸裂常所不免，所以抽水機間與蓄水池引出及引入之幹管須有雙套之設備，輸水管線須使水管繞接成圈，或並行而埋聯以橫貫支管並裝充分開關庶於破炸發生之時卽可關閉一段，不至全部停水。抽水設備亦須兩副，以備其中一副損壞之時不至全部停頓。蓄水池須有充足之容量，俾於改換器具期間，可以維持原有之供給。

處理人糞問題爲衛生工程之關係的工作，由社會立場言之，中國在過去無數世紀中處理人糞辦法較之他國，實爲先進。其法乃先聚集人糞用具運去作爲肥料，其運具與運水所用者頗相類似。故在較大城市之運河中常見船隻之往來，農民卽藉此船而運其所需之肥料焉。尙有許多農民用桶挑糞，運送遠途，亦一平常之事。

在中國以外各地，設法保存此項有用物料者惟近世有之。普遍方法乃將人糞廢棄不用。自來水創辦之後水量富裕，用水流由陰溝冲去人糞，乃成爲可能之事實。此種方法之起原或係最初乃隨便傾倒糞物於雨溝之中，後乃有意採用此法耳。數百年前，在許多中國城市中，於地下設壕溝深入地中，上覆以蓋，使成管溝。在南京，此種管溝曾有不少。惟因利用人糞爲肥料故，此種管溝遂專供輸洩雨水之用矣。

欲保全糞之價值而又不須應付多量雨水，則勢須採用分流制以分別輸送雨水與污水兩物。蓋雨水與污水合流於一管之中，則名爲合流制，分流於兩管中，則名爲分流制。中國城市無論何時擬埋水管以輸淸水，與設相當陰溝制以洩雨水污水，最便方法莫如將此三種管線埋置同一壕溝之中，使離地面深度各不相同，而左右相距亦須有充分空間，俾掘動某一管時不至危及其他各管。

爲社會經濟起見，現代中國之衛生工程必須顧及所有肥料物質之保存。由是觀之，許多中國城市祇許採用最新式之治溝水廠，俾可於將溝管中輸到污質提製成肥料也。

設計南京市時，曾注意及此。第一步當然是埋設溝管將水冲糞污聚集而輸送至適宜地點，然後加以製治。惟目前有一最大問題有待中國工程師，在於衛生工程方面，予以解決者卽是須決定應用何種方法最宜於保障

17937

居民康健，同時盡量保存污水中之肥料價值。

西洋工程師幾全傾向於完全消毒之一途以致最後損失許多有用之物質。在美國城市中，用氯氣爲消毒劑者頗多。然吾人相信，用化學消毒後之物質常減低其肥料之價值。大凡化學方法之結果往往如是，此爲常見之事實。故在中國，採用生物學方法處理糞污，似比用化學方法，收益較多。然尙有生物學化學雙用之方法應可設計供用，當更有價值。

以開辦費言，最新之化學方法比生物學方法爲廉。即維持費亦以化學方法爲較少。結果，除肥料價值足以與兩方法相差之數相抵外，化學方法似較經濟適用。日本民農似已有應用人造肥料以代人糞之趨勢。此整個問題，現尙在進展程序中；至於每一地方對此問題必須各就其本地之利益立場而解決之。

此項新式設備之建造又是必至使中國城市從事挑運人糞之人失其職業。此種現狀在創用新式交通設備時已經見之。但是鐵路公路既經中國人民漸漸接受，則新式之衛生器具亦必逐年漸見採用無疑。

中國工程師對於衛生工程方面似均極少注意，故衛生工程者在今日似應含有最大之機會者也。

對於古利區君所著「中國之衛生工程」之討論

鄒恩源

古利區君之主要意見爲：——

(1) 中國創辦衛生工程，無論給水或洩污，皆可使賴舊法爲生者失業，但新法仍能逐漸實現。

(2) 中國今日已採用新式給水設備，南京即其一例。

(3) 中國給水工程方面應注意各點：每人每日之消耗量；管線及抽水設備應用防備停頓之準備；蓄水池應有充分之容量。

(4) 中國洩污工程方面應注意各點：欲保全糞料價值勢須採用分流制；三種管線合設一壕溝之內；中國必須顧及肥料價值；化學方法與生物學方法之比較，生物學化學雙用方法之可能價值，治污方法應由各地分別解決。

對於(1)項，如中國實行新方法，無論何種事業，必致一般人失其職業，原無足怪。因與辦自來水而挑水夫失業者，尙爲常見。惟挑糞夫則多爲農夫，設採用治糞新法，失業影響所及，必不甚巨。

對於(2)項，中國採用新式給水設備先於南京者爲例甚多，古利區君當係常在南京，故對於其他各地，新式給水設備多未看見。若上海南市之內地自來水廠與閘北水電公司之自來水廠，其水視國內其他任何自來水廠並無遜色，水價亦爲全國最低，營業且有盈餘，內地自來水廠營業尤爲得法。故採用新式給水設備，初辦時利息或稍微，後來經濟上必能獨立。現在國內擬辦自來水廠者時有所聞，惟有勇氣毅然開辦者似尙不多。雖然，現在無論何人皆不能否認自來水爲中國各城市當務之急，是則一大好現象也。

對於(3)項，中國人消耗水量確是不多。外國居戶用水洒草地，並且多有衛生設備，故平均用水特多。在國內創辦自來水廠者必無特別情形，平均每人每日以15加倫設計似已足夠，惟須預備以後增加之水量。以上海用水多年之公共租界言之，現在平均每人每日耗水量已不在40加侖以下矣。

抽水設備自以預備兩副為妥。不但如是，凡抽水應有之原動力最好能有二種以上，庶於某一種失敗時，可用他種以代替之。抽水機器既有兩副，則進水出水之水管自亦須兩副矣。

輸水系統須使繞迴為妥，至於開關固須充分，同時亦須顧及水流之阻力損失而費用之增加。

蓄水池須有充分容量原多用以準備每日最高耗量之補充。如能預備因他故而暫時維持原有供給固屬更善，惟容量過大亦有停蓄過久之弊。

對於(4)項，治糞問題在中國關係極大。大概吾人須注者約有數點：

(一)中國農田以糞為肥料，成績向來甚好如改用人造肥料，能否得到同樣效果，或能得到更佳之效果？

(二)治理污水方法種類頗多，以何種最為適宜？以何種能保存肥料價值？

(三)下列甲乙二項何項最為經濟：(甲)甯將人糞肥料犧牲而採用最經濟之治污水方法，同時應用人工肥料，(乙)甯用較昂貴之治水方法而保存人糞肥料。

(四)在國內各城市未設污水溝以前，居宅每造化糞池以便裝設衛生設備(參閱本週刊3卷26期黃述善君著家用化糞池設備)，惟化糞池之流出物是否含有肥料價值？

此數點均有研究之價值，在美國常有擇一城市建造試驗式之治理污水廠以資研究者多能得到所希望之結果以解決各項問題。中國污水問題既有亟待研究之必要，最好擇一相當城市建造一治理污水之試驗廠，將有關係各問題詳加研究，同時作應用肥料之試驗，庶乎可以得到有價值之結論歟？蓋中國之治污問題決難賴理論而得解決，質之古利區君，或亦贊成吾之意見也。

三種管線同一壕溝在實際上並不普通。平常上邊水道與下水道未必同時舉辦，且彼此多以隔離稍遠為佳陰溝多在路之中間，水管則在路之一邊。

北甯鐵路簡明行車時刻表 中華民國二十三年七月一日重訂

車

列車次數 \ 站別 \ 開到時刻	北平前門開	豐台開	郎坊開	天津總站開	天津東站到	天津東站開	塘沽開	蘆台開	唐山到	唐山開	開平開	古冶開	灤縣開	昌黎開	北戴河開	秦皇島開	山海關到	山海關開	遼寧總站到
第四十一次普通客車中膳各等	五.四五	六.二〇	七.四五	九.一六	九.二五	九.三五	一〇.三八	一一.四六	一二.四七	一二.五二	一三.〇六	一三.三九	一四.二九	一五.三三	一六.一六	一六.四三	一七.〇五	停	
第七十一次及第七十五次客貨混合慢車三等	六.一〇	八.〇五	一二.三六	一六.〇八	一六.二五	停	第七十五次	自唐山起		六.三〇	七.一〇	八.二五	一〇.〇一	一二.三〇	一四.二五	一五.三三	一六.一〇	停	
第一次平瀋特別快車膳臥各等	八.四五	九.一三	一〇.二一	一一.二八	一一.三六	一一.五〇	一二.四七	一三.四五	一四.三九	一四.四二	一四.五三	一五.一七	一五.四九	一六.三一	一七.〇四	一七.二三	一七.四〇	一八.四〇	六.二五
第二十三次快車膳臥各等	一三.一五	一三.四六	一五.〇一	一六.三〇	一六.三九	一六.五九	一八.〇三	一九.〇八	二〇.〇八	二〇.一一	二〇.二二	二〇.四七	二一.二一	二二.一一	二二.四六	二三.〇八	二三.二六	停	
第三〇一次平滬直達特別快車膳臥各等	五.〇五	五.三六	六.四〇	七.五〇	七.五九	八.二〇	開	往	上海										
第五次特別快車膳車各等	一六.三〇	不停	不停	一九.〇七	一九.一五	停													
第三〇五次平浦直達特別快車膳臥各等	一八.五〇	一九.二〇	二〇.二六	二一.三九	二一.四八	二二.二〇	開	往	浦口										
第二十一次快車膳車各等	二〇.一五	二〇.四八	二二.八	二三.三八	二三.四七	二四.〇〇	一.一〇	二.八	三.二七	三.三二	三.四七	四.二〇	五.一二	五.一二	七.〇七	七.三三	七.五五	停	
第四〇一次平瀋直達車及第三十七次客貨混合慢車三等	二一.〇〇	二二.五〇	一.一四	四.〇三	四.二〇	六.四〇	九.四〇	一二.三三	一五.〇三	停									
第三次特別快車膳車各等	一〇.五五	一一.一四	不停	一三.三二	一三.四〇	一三.五〇	一四.四七	一五.四〇	一六.三四	一六.三九	一六.五	一七.一四	一七.四六	一八.二八	一九.〇一	一九.二〇	一九.三七		

上行車

列車次數 \ 站別 \ 開到時刻	遼寧總站開	山海關到	山海關開	秦皇島開	北戴河開	昌黎開	灤縣開	古冶開	開平開	唐山到	唐山開	蘆台開	塘沽開	天津東站到	天津東站開	天津總站開	郎坊開	豐台開	北平前門到
第四十二次普通客車中膳各等			六.〇〇	六.二五	六.五四	七.四〇	八.四五	九.四四	一〇.一〇	一〇.二三	一〇.三〇	一一.四一	一二.四六	一三.四六	一四.〇〇	一四.一四	一五.四三	一七.二一	一七.五五
第四次特別快車膳車各等			九.四五	一〇.〇四	一〇.二七	一〇.五八	一一.三九	一二.一八	一二.三五	一二.四五	一二.五〇	一三.四八	一四.四五	一五.四〇	一五.五五	一六.〇五	不停	一八.一五	一八.四二
第七十六次及第七十二次客貨混合慢車三等			一〇.三〇	一一.五二	一二.五〇	一四.四八	一八.二六	二〇.三五	二一.三五	二一.五七	停	第七十二次	自天津起		六.〇五	八.五一	一一.四三	一五.三八	一六.五〇
第二十四次快車膳車各等			一三.一五	一三.三五	一四.〇〇	一四.三七	一五.二二	一六.〇五	一六.二二	一六.三二	一六.三七	一七.二四	一八.五一	一九.五〇	二〇.〇〇	二〇.一一	二一.三四	二二.四八	二三.一七
第二次平瀋特別快車膳臥各等	一〇.一五	二一.二六	二二.三〇	二二.五九	二三.三一	〇.一九	一.一八	二.一六	二.四一	二.五五	二.五八	四.〇八	五.一一	六.一五	六.三〇	六.三九	七.四五	八.四七	九.一八
第七十四次客貨混合慢車三等及第二〇四次平瀋直達車											四.五〇	七.三八	一〇.〇九	一一.四五	一七.二〇	一八.二〇	二二.二二	〇.五五	二.〇〇
第三〇六次平浦直達特別快車膳臥各等									由	浦	口	開	來	四.五〇	五.二〇	五.三〇	六.四三	七.四九	八.一九
第三〇二次滬平直達特別快車膳臥各等									由	上	海	開	來	七.〇五	七.三〇	七.四〇	八.五〇	九.五四	一〇.二四
第六次特別快車膳車各等															九.〇五	九.一五	不停	不停	一一.五〇
第二十二次快車膳臥各等			二三.三〇	〇.〇一	〇.三九	一.二九	二.三二	三.三〇	三.五六	四.一〇	四.一五	五.二六	六.三一	七.三六	七.五〇	八.〇三	九.二六	一〇.五五	一一.二九

17940

隴海鐵路簡明客車時刻表

民國二十三年九月一日實行

	車次／站名	1 特快	3 特快	5 特快	71 混合	73 混合	75 混合	77 混合	79 混合
向西上行車	孫家山							9.15	
	墟溝			10.05				9.30	
	大浦				71.15				
	海州			11.51	8.06				
	徐州	12.40		19.39	17.25	10.10			
	商邱	16.55				15.49			
	開封	21.05	15.20			21.46	7.30		
	鄭州	23.30	17.26			1.18	9.50		
	洛陽東	3.49	22.03			7.35			
	陝州	9.33				15.16			
	潼關	12.53				20.15			7.00
	渭南								11.40

	車次／站名	2 特快	4 特快	6 特快	72 混合	74 混合	76 混合	78 混合	80 混合
向東下行車	渭南								14.20
	潼關	6.40				10.25			19.00
	陝州	9.52				14.59			
	洛陽東	15.51	7.42			23.00			
	鄭州	20.15	12.20			6.10	15.50		
	開封	23.05	14.35			8.34	18.15		
	商邱	3.31				14.03			
	徐州	8.10		8.40	10.31	20.10			
	海州			16.04	19.48				
	大浦				21.00				
	墟溝			18.10				18.4	
	孫家山							19.05	

中國工程師學會會務消息

◉本會啓事

國內各項工程每無一定標準，本會有鑒於斯，擬卽編訂各種工程規範（Specifications），現決先編鋼質構造（Steel Structure）規範與鋼筋混凝土規範兩種。本會會員不乏上述兩項工程專家，如有願任編訂者請卽函告本會，本會當予相當援助，俾底成功，此請　全體會員公鑒！

◉梧州分會職員改選

梧州分會於十月十七日開會改選本屆職員當經選出結果如下：

會長　李運華　　副會長　龍純如
書記　秦篤瑞　　會計　何棟材

◉發售會針

本會會針現採用銀質鍍金製就，式樣與前中國工程學會時所製者同，惟加一師字，售價每只國幣二元。如欲製金質者每只約售價十二元，惟須先向本會登記，俟滿二十人卽可定製，款須先惠。

17942

工程週刊

(內政部登記證警字788號)
中國工程師學會發行
上海南京路大陸商場542號
電話:92582
(稿件請逕寄上海本會會所)

中華民國23年8月24日出版
第叁卷第34期(總號75)
中華郵政特准掛號認為新聞紙類
(第1831號執據)

定報價目:每期二分;每週一期,全年連郵費國內一元,國外三元六角。

本期要目

學績優劣之關係

編者

有人以為在校學績優越者在社會服務時,才幹每不及學績不優者,此實大誤,在工程方面,尤為誤解。大概普通對於學績優者期望頗殷,對於學績劣者較少注意,偶見一二學優者不甚成功,同時撒爛污者大出風頭,則曰學問優劣與服務之成敗無關。但據工程界某老資格者言,以彼之觀察言之,在學校成績列在優等以上者辦事亦甚得力,其餘效能究竟不佳。蓋在學校不勤奮者,在社會服務時亦多懶惰,即有一二以外表才能而獲暫時之成功者實不足以為訓,更不可以使學績劣者引為自慰之理由。惟負有工程教育之責者,應於鼓勵學績之外,同時培養其他應有之才能,庶在服務之時,更易成功,無一失敗者矣。

華北水利建設概況

華北水利委員會

(一)引言

華北之有水利建設機關，當以前順直水利委員會爲始。該會成立於民國7年，正值天津大水之後，曾辦理各項測量及數種治標工程，於13年發表順直河道治本計畫報告書，所有歷年工作成績，記載甚詳，無庸再述。

滹沱河灌溉工程已竣工之北段攔水堰

民國17年8月南北統一後經中央政治會議議決，前順直水利委員會交建設委員會接管。旋於是年9月，正式改組順直水利委員會爲華北水利委員會。卽由建設委員會制定組織條例公佈，規定本會水利建設區域，暫以冀魯豫三省及平津兩特別市爲限，俟經費充裕，再行擴充。嗣本會以水利建設，應以河流爲系統，不便以省區爲限。乃呈准建設委員會，改以黃河白河及其他華北河湖流域爲範圍。然歷時未久，國府又特設黃河水利委員會，專司該河之規畫治理。乃復由建設委員會重加修正，規定本會所轄區域，以華北各河湖流域及沿海區域爲範圍，於18年5月用會令公布。至19年11月，中央舉行四中全會，於決議刷新政治案中，規定建設委員會專注重設計，不屬於行政範圍，幷經第8次國務會議議決，建委會所轄之華北水利委員會，及太湖流域水利委員會，改隸內政部。本會遂於20年4月1日起，移歸內政部接管，由部修正章程，規定本會所轄區域，以黃河以北注入渤海之各河湖流域及沿海區域爲範圍。

本會成立以來，歷時將及6載。中間以政治系統之變遷，組織條例，一再更易。所轄區域，遂亦隨之而稍異。加以時方多故，經費支絀，本會環境，乃倍極艱苦。然以職責所在，仍不敢稍事放懈，力之所及，必竭誠以赴。對於一切水利計劃，各河治理方案，地形水文測量，以及實施蓄護灌溉各工程，無不本其一貫之精神，努力進行。茲撮其6年來關於水利建設之概況，略述於次：

(二)河道地形測繪及水文氣象觀測

(1) 河道地形測繪　華北各河在民國6年以前，尚無水道地形詳圖。自前順直水利委員會成立於大水災之後，爲研究水患之原因，藉籌整理起見，乃先以測量河北平原各

滹沱河灌溉工程北洩水閘及引水閘

河水道地形爲第一要務，本會成立後，除就前會測量未竟者，繼續施測外，幷以本會水

利建設區域，擴充於華北各河，故對於黃河灤河遼河衛河等，亦均加以測量。其中黃河測量因黃河水利委員會之設立，未久卽行停止。此外復就設計各河整理計劃之需要，隨時派員前往施測一部分地形，以供參考。惟在民國20年以前，本會經費比較充裕，故常年設有兩大測量隊，分頭測量，成績較多。自20年冬國難方殷，經費停頓。人員星散，測量工作，致途中輟，其後本會經費，雖按月可領，然經減發五成，仍無力充分從事測量，僅組有一二小測量隊，成績自遠遜於前。現本會正擬補測滹衛流域地形，已商由冀魯豫三省建設廳，合組一大測量隊，派往施測，約本年後可以實行。玆將本會歷年所測河道地形成績列表如後，以見一斑。

測量流域	測量時期	所測地形以公里計	比例尺	所測橫斷面
河北平原測量	17年12月—18年6月	2455	1:10000	
	18年10月—19年4月	1824	1:10000	
黃河測量	17年12月—18年4月	320 820	1:10000 1:5000	河身 110 堤身 155
灤河測量	18年10月—19年7月	3255	1:10000	
	20年6月—20年7月	190	1:10000	
	20年10月—20年12月	644	1:10000	共測 379個
遼河測量	19年5月—19年7月	360	1:10000	143個
	19年10月—20年1月	916	1:10000	333個
	20年3月—20年7月	1588	1:10000	492個
永定河上下游測量	18年4月—18年5月	踏勘下馬嶺至官廳		
	19年4月—19年7月	西石滾崖至官廳兩岸103	1:10000	35個
	20年11月—20年12月	複測盧溝橋至雙營600	1:10000	河身 170個 堤身 334個
埧河淀測量	18年3月—18年5月	金鐘河北運河地形各一段	1:2000 1:5000	河身堤身共263個
湖白河測量	21年10月—22年3月	399	1:10000	103個
衛河測量	22年4月—22年6月	176	1:10000	83個
沙河唐河測量	22年12月—23年2月	201	1:10000	8個
滹沱河治河測量	23年2月—23年6月	366	1:10000	29個

關於繪圖工作，以1:5000及1:10000測量原圖經校對後，施以墨繪描繪，再將此項原圖，縮爲1:50000總圖。3:100000備印圖係自1:10000原圖縮成，經過溼片照像，製成鋅版，再印爲1:50000三色圖。3:1000000總圖係自3:100000備印圖縮小10倍，留要去繁，以供參考。至各河之縱橫斷面圖，係根據測量記載，先繪製橫斷面圖，繼准照橫斷面圖及河道地形圖，繪製縱斷面圖。此圖包括河底高度，兩岸高度，兩堤高度，堤外地面高度，及歷年最大洪水位。

（2）水文測量 水文測量與水利建設有絕對密切之關係。蓋水利建設如無水文記錄，以供計畫之根據，實等於盲人摸象，都無是處。本會所辦水文測量，除雨量另詳於下節氣象觀測外，在華北各大河沿河各段，設立水尺，逐日記載水位之漲落，謂之水標站。現共設有55處，分爲主要次要兩種。主要者，每日自上午8時至下午8時，每隔兩小時觀測水位一次。在汛盛漲時，則改爲每一小

滹沱河灌溉工程東洩水閘及進水閘

時或半小時觀測一次，且晝夜繼續觀讀，以防最高水位之遺漏。其次要者，在平時僅上午8時及下午4時觀測兩次。惟在汛期增加觀測次數，并晝夜觀測，與主要站同。其中主要者，約居 80%。此外尙有流量含沙量之測驗，於各河要衝，河槽較直，斷面較均之處，設立水文站。或以浮標，或以流速計，施測流量。在平時每二三日施測一次，若遇洪水有漲落，或河底有變遷時，則隨時施測，同時並測驗含沙成分之多寡。現共設有水文站16處。在汛期中，並於平漢鐵路各大橋梁處，增設臨時水文站。施測水位流量含沙量。所有上項觀測記載，均按月校核統計，編製彙表，并按年編製總表，顯示最大流量，最高水位，便於察閱。

(3) 氣象觀測　按水利工程之設計，向多依據歷年水位流量之高低。而洪水來源，在乎雨量，雨之成因，在乎天氣變化。而天氣變動，常有恆軌可尋。果能加以研究，明其眞象，未嘗不可防患於未然，或補苴於事後，即以華北而論，歷年山洪暴發，均由暴雨。此項暴雨若來自颶風，多自溫州附近登陸，三四日後，即達平津一帶，轉赴東北，確有常軌，此氣象觀測，所以亦爲水利建設基本資料之一種。本會成立後迄今已陸續設立雨量站84處分布各河流域附近地方。尙有其他機關所設雨量站約20餘處，亦按月將觀測記載送會。并於18年2月，就本會屋頂，設立測候試驗所。嗣經迭次擴充，至20年 4月設備較具，乃改測候試驗所爲測候所。復經陸續添購儀器，故現時所有設備，已超過二等測候所之規模。而一切儀器之精，觀測之勤，均足與一等測候所相埒。每日觀測氣壓氣溫風向風速溼度雲向雲狀雲量蒸發量能見度以及天氣概況等等16次。並有各種自記儀器，以資校對，所有觀測結果，按日分送無綫電台廣播，及交通部所設天津船舶無綫電台傳達入口各輪船，并送大公報公佈。同時拍送國立中央研究院氣象研究所，及山東建設廳測候所。關於氣象紀錄，除核算統計以資研究外，并將每日觀測之氣象要素，編印氣象月報。

(三)調查鑽探

(1) 永定河上游調查　本會因規畫永定河治本工程，兼籌該河流域之各項水利建設事宜，對於上游情形，如沙泥之來源，地層

滹沱河灌溉工程引水渠及忽洓村橋

之構造，支流之狀態，可造水庫之地位，可興灌溉之區域，可辦水電之地址，均詳細參證，以爲計畫之根據。用特組織永定河上游

調查隊，派往實地勘測，於17年11月初出發，至18年2月初回會以察哈爾懷來爲起點，以山西甯武爲終點。費時3閱月歷程約600公里。時屆嚴冬兵匪充斥，該隊窮流溯源，備嘗艱苦，卒底於成。且所得資料，極爲詳實。本會永定河治本計畫之完成，得助於此次之調查者，殊匪淺鮮，

官與沽模範灌溉場儲水池及抽水廠

(2) 潮白河上游水庫地址調查　民國元年，潮白河奪道改入箭桿河後，寶坻一帶，每遇洪水，輒成澤國。故欲整理箭桿河，非先整理潮白河不爲功。惟潮白河發洪期間，流量旣大，且時有泛濫之虞。整理之法，宜在上游適當之處，建築水庫，以蓄洪水。不但水災可免，且蓄水以資灌溉及航運尤爲一舉兩利之事。惟上游有無適當地址，可建水庫，實一問題。故本會於18年秋間，擬定調查水庫辦法，派員於是年11月由津出發溯潮白黑三河實地調查，并隨時勘測一切，於12月半事畢返會。其所勘得之建築水庫地址，約有4處。業經本會於整理箭桿薊運計畫中，酌量採取。

(3) 漳河上游水庫地址調查　華北各河流域之大者除永定河外，當推衛河，流經冀魯豫三省，而其上游漳河復發源於山西，實關係四省之航運灌溉。因久失疏治，河身淤墊，上游洪流下注，時有泛濫之災。故本會深以衛河根本治理之道，非消納上游洪流，與疏浚下游河身，同時舉辦不爲功。乃於22年9月派員前往調查漳河上游流域情形，及可建水庫地址，於10月底回會。途程所歷，由冀之豐樂鎮，循河西上經磁縣而入豫境之涉縣，轉沿濁漳，入晉省經平順黎城潞城等縣境，而至襄垣縣，復由長治屯留沁縣武鄉榆社等縣而至遼縣，然後沿清漳而下，經涉縣返津。對於漳河上下游，均親歷勘查，極爲詳盡。建壩地址，在沿河山谷中，幾每隔數公里，卽可得到，但最相宜之地點有二。本會現正籌備與冀魯豫三省建設廳合測漳衛地形，屆時當就調查地址，詳細測量，以爲計畫整理漳衛之依據。

(4) 鑽探官廳壩基地質　19年4月本會因官廳水庫，爲永定河治本計畫中主要中工程之一，對於該處地質，是否合於建築，亟應明瞭。乃商借平漢鐵路局鑽地機器，於5月往懷來開始鑽探。共鑽2孔，其一鑽至10公尺下，已達石層。其一鑽至7公尺餘時，發現似已到石底之情形，樣品亦似石層，乃旋重機適於其時陷落，工作停頓，多方打撈不獲。其時雨季將至，河水漸漲，致未能繼續鑽探。石層形勢無由明瞭。現正購置新式鑽探機一架，以備於施工前詳細鑽探以爲計畫之根據。

官與沽模範灌溉場儲水池西部出水口放水時情形

(5) 鑽探滹沱河攔水堰基礎　本會於22年秋，設計滹沱河灌溉工程之攔水堰時，係根據當地居民之陳述及實地察勘情形，照沙土基礎計畫。惟河床土質之實在情形，有實

行鑽驗之必要。乃於本年3月，仍商借平漢路局鑽探機，運往探驗。於3月7日開始工作，至4月27日完竣，爲時五旬。計攔水堰全長500公尺，共鑽10孔，各孔所探土質，大致與設計時假定相符。

崔興沽模範灌漑場跨排水渠引水槽

(6) 鑽探衡水河泉源　靈壽縣東有衡水河，其泉源出自該縣良同村北高地。據縣志，是泉本甚暢旺，後因良同富室甚多，騾馬成羣，飲泉遺溺，乃堵塞泉眼。是區正在滹沱河灌漑工程中擬闢第二高水渠之北，倘能利用泉源之水，引入渠道，以資灌漑則工費可省。惟泉源之範圍，水量之多寡，及水位高度，須經探驗，始能明瞭。當借調北方大港籌備委員會鑽探隊，於本年3月，開始進行，至6月底共鑽7孔。檢驗土樣，知該處地層情形，大致相同。每孔在第三層卽得泉水，惟水量無多。而北港之鑽探機，不能穿過石層，遂暫停止。將來或當重行試探也。

(四)工程設計

(1) 海河治本治標計畫大綱　天津海河，爲通海唯一之孔道。其航運暢阻，關係津市之榮枯。惟邇來淤墊日甚，運輸維艱。據本會之研究，海河河床之淤刷，悉視上游各河之流量及挾泥狀況爲轉移。而永定河泥沙最多，影響尤鉅。是以欲治海河，當先去永定之泥沙，然後海河本身施工，方著成效。乃擬具治本方法三種，(甲)減少含沙量，(乙)增加低水流量，(丙)增加大沽口淺灘深度。同時擬具治標方法四種，(甲)增加挖泥工作，(乙)改正灣度寬度及護岸，(丙)裁灣取直，(丁)借清刷渾。惟本計畫大綱中之關於治本部分者，均有賴於上游各河之施工整理，本會永定河治本計畫，獨流入海減河計畫，子牙河洩洪水道計畫等，均有詳細估計，以爲實施之根據。關於治標部分者因暫係海河工程局所管故未加以估計，

(2) 獨流入海減河計畫　前順直水利委員會爲規畫永定河改道，及救濟大淸河水災問題，主張另築新沙漲地，開闢獨流入海減河。經本會詳細研究，另造新沙漲地計畫，窒礙滋多。惟欲減輕大淸河。下游水災，及排洩永定河一部分之洪流，開闢獨流入海減河，實爲根本辦法。故特擬定詳細計畫。估計工款共需11,560,000元。

(3) 平津通航計畫　平津航道，因通惠河淤塞，北運河現狀不良，幾成廢棄。本會於18年初，受北平特別市政府之委託，對於平津航道，通盤規畫，詳加設計，擬定整理北運河通惠河計畫。估計工款，共需三百零五萬餘元。嗣於20年1月，復經河北省政府

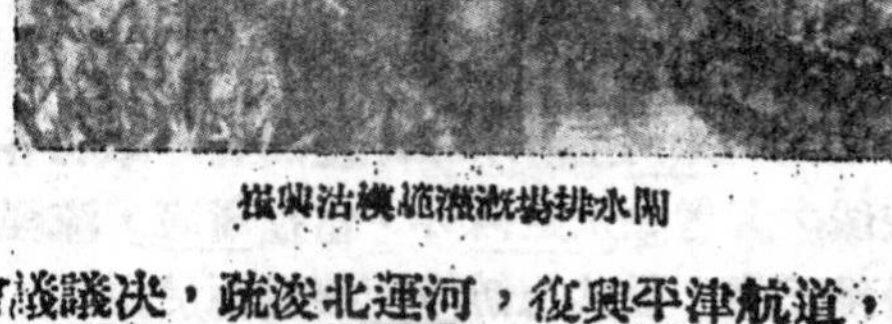

崔興沽模範灌漑場排水閘

會議議決，疏浚北運河，復興平津航道，由建設廳會同本會測量勘估。當復由本會就平津通航原計畫，擬定分期施工辦法，以便易於集事。

(4) 永定河治本計畫　永定河爲華北最

大之河流，爲患亦最烈，本會成立後，即籌畫根本治理方案，歷時數載，始於民國20年春完成永定河治本計畫。其內容分（甲）攔洪工程：一、建築官廳水庫，二，建築太子墓水庫。(乙)減洪工程：一、改建盧溝橋操縱機關，二、修理金門閘。(丙)整理河道工

永定河治本計畫擬築官廳壩地點形勢（上游）

程：一、整理堤防，二、約束河身。(丁)整理尾閭工程：一疏浚永定河以下北運河，二、疏浚金鐘河，三、培修堤岸。(戊)攔沙工程：一、建築洋河及支流攔沙壩，二、建築桑乾河及支流攔沙壩。(己)放淤工程：一、北岸放淤，二、南岸放淤，三、建築龍鳳河節制閘，及疏浚永定河口以上之北運河。全部工程需款二千餘萬元。現經內政部河北省政府會同呈准行政院，延長津海關附稅6年，除以一部分稅款辦理整理海河未竟工程外，其餘指定由本會與建設廳會同辦理關係永定河最重要之各項之工程。如(一)建築官廳水庫工程，(二)金門閘南岸放淤工程，(三)增固永定河堵口工程及修理盧溝橋桿水壩工程等。正在進行抵借工款，約23年秋後可以施工。

(5) 整理箭桿河薊運河計畫　箭桿河受潮白之水而入薊運，香河寶坻一帶，受災之年，十居八九。前順直水利委員會於蘇莊建閘後雖能挽回一部分潮白河水入於北運，大部分則仍洩入箭桿河，香寶各縣之水災仍無大減。故本會對於整理箭桿薊運之根本方案，首在減少潮白來水。而其方法，不外挽潮白入北運，及在上游建築水庫兩種。然挽歸北運　必非北運所能容納，救此失彼，殊非所宜。乃決取建築水庫之法，并於下游加以整理。當根據調查建築水庫之適宜地點，暨一切水文地形資料，擬定計畫大綱，其工費概算，共需三千三百餘萬元。

(6) 子牙河洩洪水道計畫　子牙河上游支流凡2:曰滹沱河，曰滏陽河，兩河會於獻縣　乃名子牙河。其最大容量，僅每秒400立方公尺。而滹沱滏陽兩河上游，又有若干支流，皆經滹沱滏陽而入子牙河。每當汛期上游來水洶湧，非子牙河所能容，致洪水漫溢於支流之間，連成三角形之窪地。計佔安平饒陽深縣衡水武強諸縣，面積達六百餘方公里。民國13年洪水積深七八尺，水量約九百六十兆立方公尺，非數月所能洩盡。秋稼既損，春麥亦無從下種。而各縣一百五十餘萬之居民，常淪苦海，不得不急謀救濟之道。前順直水利委員會曾擬開闢減河，導洪經堤地減河入海。復經本會詳加研究，認爲較比其他計畫爲經濟。當根據13年洪水，擬具子牙河洩水道計畫，於19年冬完成，其工程經費概算爲一千二百餘萬元。

永定河治本計畫擬築之官廳壩地點形勢（下游）

(7) 疏浚衛津河計畫　衛津河爲海河以南，津市南鄉唯一河道。附近田畝之灌溉，及居民之飲料，咸利賴之。當大水之季，且可通航。近因淤塞過甚，水量減少，致附近

農田，因取水維艱，價格暴跌，居民亦將有斷水之虞。本會於22年春間，准河北省建設廳函請代為測勘設計乃派測量隊前往施測。經測得該河淤塞最高部分，為自大任莊以上，至苟莊子一段。擬定疏浚計畫，土方費共需六萬一千餘元。已送由建設廳仿交天津縣政府，籌款辦理。

定河官廳之山峽形勢

(8) 黃河後套灌溉計畫　黃河後套，地廣土肥，地勢西高而東下，南高而北下，黃河自西東來，水量充足，坡度適宜，引以灌溉，輕而易舉。且河套諸渠，於引水灌田之外，兼可通行民船，諸凡全區之農作物，均可由黃河轉運。而包甯汽車路，全段均經河套之腹地，平綏路相接。水陸運輸，俱稱暢達。故本會於成立之初，即覺河套灌溉事業，亟宜規畫。當時前技術長須君悌，工程師劉鍾瑞，均曾親往測勘。凡該區之地形土質渠道河流，均有確實之記載。爰根據前項記載，擬具灌溉計畫，可灌地5,000,000畝。工費估計，約共需1,320,000元。

(9) 陝西渭北灌溉計畫　陝西渭河，南北兩岸，俱屬平原。惟以氣候乾燥，雨量稀少，平均每年僅在24英寸左右。致農田常苦乾旱動輒成災。所希望者，惟引水灌溉耳。本會前主席李儀祉，前技術長須君悌，曾於民國8年，分任陝西水利局總副工程師。對於渭北灌溉工程，積極籌備。舉凡測量計畫經費，均經分別規畫，編印報告。惟以國家多故，未能進行設計，遂而擱置。本會成立後，即根據上項報告，擬具詳細計畫。工程完成後，可灌溉一百三十餘萬畝，計需工款三百三十餘萬元。嗣本會前主席李儀祉於19年秋，任陝西省建設廳長後積極籌畫。將該項計畫，略加變通，業由陝西省政府與華洋義振會，各籌款500,000元，並由檀香山華僑捐助140,000元，實施其中一部分之引涇工程矣。

(四)已辦工程

(1) 潮白河蘇莊水閘之三次修護工程　蘇莊水閘上游之西南岸與東岸，向建有第一，二，三，四，A,B,C,E,F,K,J,及H,等護岸壩。嗣因缺少修理，各壩漸次被水冲刷，時有場陷之虞。及至18年春第一壩第三壩均以堤脚堆石場陷，危及壩身。本會深慮大汛一至，各壩再受冲擊，於新河之穩固水閘之效用，均極堪虞。乃趕築新擋水壩1座，並修補舊壩3座，於是年6月竣工。計工料洋一萬二千餘元，此為第一次之修護工程。18年大汛後，第一壩雖得新擋水壩之力，而護保全。但因河流之變遷，第一壩與E壩間之堤岸

永定河官廳迤上河道形勢

，乃更形吃緊。溜勢迫近堤根，若不設法防止，全部操縱機關，或竟因之廢棄。本會復擬定在該地上建築順水壩一座，藉以防止頂衝，引溜歸於中槽，庶可收一勞永逸之效。估計工料行政費，約三萬餘元，於19年3月，

呈由建設委員會，轉呈行政院，令由河北省政府在農田水利工振基金項下設法挪撥。嗣因政變，未能實現。而該地堤岸。復經春汎之冲刷，迫急有加無已。乃改擬修建救急護岸石壩頭兩座，於是年6月20日完竣，計工料費洋五千餘元，此爲第二次之修護工程。迨至20年春。政局底定。乃由河北省政府遵照行政院前令，由農田水利基金項下撥款，令由建設廳會同本會修建蘇莊順水壩。於是年7月18日竣工，實用工費三萬六千餘元，此爲第三次修護工程。旋卽根據本會組織條例第四條所載。本委員會辦理之水利工程完竣時，得斟酌情形，交由該管省政府管理之規定。將蘇莊水閘移交河北省建設廳接管。

(2) 青龍灣河土門樓閘之修護工程 土門樓閘，係爲節制北運河入青龍灣河之洪水而設。關於該閘之修護工程，較爲簡單。惟18年秋，北運河盛漲，水勢至猛，致土門樓閘下游砌坡，被水冲刷塌陷。本會深慮繼續損壞，必至危及閘身。乃趕急派員前往督工，修護完竣。以興工之速損壞未甚，故工費亦極有限。同時因青龍灣河在荒莊朱莊一帶，被大水冲刷，南岸堤身塌陷百數十丈，危險已極，再遇洪水，卽有潰決之虞。本會經派員前往勘測，擬定修護工程計畫，約需工料洋四千餘元。當經函達該管香河縣政府，抄同原計畫，暨工費估計，由有就近籌款修補，以固堤防。

(3) 堵築馬廠新減河決口 馬廠新減河，位於馬廠減河小站上游南岸，東南流約13公里，直達淺灘。並建節制閘操縱流量其效用，在分洩南運河之洪水，完成於民國9年10月。嗣因新減河兩岸居民，掘堤放淤，以致洩沙不暢，下游逐漸淤墊，乃於民國15年發生決口情事。懸案多年，久未堵築。兩岸居民頻受水災。本會曾一再派員查勘，擬定堵築計畫，需費三千餘元。於民國20年呈准內政部，由本會經常費項下撥墊。旋亦根據本會組織章程第四條之規定，將馬廠新減河及其節制閘，移交河北省建設廳接管。

(4) 永定河決口之測勘及堵築計畫與督修工程 民國18年7月，永定河在金門閘上游決口後，本會曾一再奉建委會電令，派員前往測勘，並迅擬堵築計畫暨預算工費。旋卽遵令於派員測勘後，會同河北省建設廳及永定河河務局，擬具堵築決口，及連帶工程計畫大綱，連同工費概算，呈報建委會核定。嗣經建委員轉呈行政院令交河北省政府，組織堵築永定河決口工程處辦理。並令建委會代表中央監督施工。乃以指撥各款，難於籌集，以致工款無着。至19年3月河北省政府方以長蘆鹽稅附加捐爲抵押，向銀行借款600,000元。於是年7月間完成第一期工程，至20年1月，復經河北省政府議決，辦理第二期堵口工程。由建設廳會同本會從新派員勘估完竣，當卽恢復堵築決口工程處，調用建設廳及本會工程人員辦理，並呈請中央派員督修。嗣由內政部委派本會技術長爲督修專員。但以所籌工款無多，僅擇要施工，於是年冬暫告結束。其未竟工程，現已由內政部及河北省政府於呈准延長津海關附稅6年辦理海河永定河工程案內指定補辦。

(5) 寶坻縣油香淀建閘洩水工程 青龍灣河下游油香淀地方在民國以前因排洩積潦，曾於青龍灣河之西新堤建有涵洞，嗣因河水漲發，倒灌淀內，涵洞周圍淤高，因而埋沒，其後遂無洩水設備。淀內田地，約計一萬二千餘畝，長罹昏墊。本會於民國20年春，徇當地人民之請派員代爲測勘，擬定最經濟之建閘洩水計畫，僅需工費2,200元之譜。嗣經當地人民集款，並由寶坻縣政府，補助一部分，本會於是年5月派員前往監修，6月7日完工。

(6) 滹沱河灌溉工程 民國20年10月，靈壽縣政府擬用機力引滹沱河水舉辦灌溉，函請本會測量計畫。當派員前往，至同年12

月測竣。旋即擬定靈壽縣灌溉計畫概要，約需款210,000元，因工款難籌而擱置。嗣於22年春，由河北省建設廳派員來會，調閱計畫，並商進行辦法。議定由河北省農田水利基金項下撥墊舉辦，待建築完全後，由地主分年攤還。惟以計畫僅具概要，有再詳細測勘之必要，乃於是年4月下旬，復經本會與建設廳會同派員前往實地考查，以定最後之方針。及至原定引水地點，則河道已大有變遷，原定計畫已不適用，不能不別謀解決之道。因詳細測勘，悉心考慮，乃改機力引水爲築堰逼水。且同時南岸之獲鹿縣，亦有引滹沱水灌溉之議，曾請本會指導。若築堰逼水而流量充足，則獲鹿之灌溉工費，亦可節省甚多。故決定修正原計畫，以期達到最經濟之辦法。且以灌溉地面可以增加，不僅限於靈壽一縣，因正名爲滹沱河灌溉計畫即於8月10日，由河北省民財實建四廳及本會，共組滹沱河灌溉工程委員會並於其下設工程處聘本會技術長爲處長，負責施工。進行以來，極爲順利，約明春可以竣工。計自流渠高水渠暨堰閘工費，共合600,000元。可灌溉地畝，約200,000畝。將來如再繼續擴充，則每畝工事費更可減省。

(7) 崔興沽模範灌溉及灌溉場試驗場工程　本會素日積極提倡灌溉，並以我國對於灌溉試驗研究，深感缺乏，久擬創辦模範灌溉場，或試驗場，以資提倡。惟以經費之支絀，時局之不靖，遲遲未能實現。迨至民國20年10月，始購定崔興沽于姓地畝，約49頃。該處位於薊運河畔，便於灌溉，乃擬定計畫，共需工費35,000元。以5頃設立灌溉試驗場，其餘44頃，即作模範灌溉場基地，至22年9月，乃克以本會經常費之結餘撥充辦理，分兩期施工，於本年6月底全部完竣。即以模範灌溉場之44頃，放租由當地農民領種。即以租入，爲試驗之用。全場工程，規模雖小，而設備極爲完全。嗣後擬將試驗結果，公諸全國，使興辦灌溉者，得所借鏡，以免無謂之消費與失敗，其效用當更大也。

(8) 水工試驗所工程　近百年來，歐西各國，對於水工設計，莫不先以模型加以試驗。以免理想未週，實施以後，效果未如所期，工款虛耗，有乖經濟之原則，爭相設立水工試驗所。本會有鑒及此，爰聯合黃河導淮太湖各委員會，建設委員會模範灌溉管理局，暨國立北洋工學院河北省立工業學院等七機關，建築中國第一水工試驗所於津市河北黃緯路西口。所有計畫，由本會正工程師李賦都擬具完成，經德國水工專家恩格爾教授及方修斯教授等審查，認爲允當。於22年10月合組董事會，主持進行。旋決定先以所籌工款110,000元建築初步工程。已於23年6月1日奠基開工，將於同年10月竣工。完成後，除以之試驗各項水利工程外，並兼爲研究水利工程學子教學實習之資。我國之有水工試驗設備，尚以此爲首創。惟其全部計畫。需工款四十餘萬元，現正繼續徵求合作機關，籌款完成。

(五)籌辦工程

(1) 永定河官廳水庫工程　永定河治本計畫，全部工程，需款二千餘萬元。非現時之國家財力，所能舉辦。是以久有擇其最關重要者先行籌款辦理之擬議。23年春，經內政部與河北省政府會同呈准行政院以延長津海關附加稅6年，辦理海河永定河工程，並規定官廳水庫工程，爲應辦之一項。蓋其減洪效果，在最高洪水，可以減少流量70%以上，關係永定河之安全，至爲重大。現正一面進行以附稅向銀行界抵借工款，一面籌備關於施工手續，本項工程工款總額，約需2,500,000元，預計3年可以完成。

(2) 永定河中游工程　永定河中游工程，分金門閘南岸放淤工程，及增固永定河堵口工程兩項，亦爲延長津海關附加稅案內規定應行舉辦者。金門閘南岸放淤工程可以減少永定河泥沙之輸入海河，估計工款約150,000元增固永定河堵口工程，可免永定河之決堤改道，並可保持海河治標工程之效用，估計工款約四十萬餘元。現均在籌辦之中。

(3) 開闢青龍灣河七里海南新引河工程 本會因華北戰區救濟委員會急振組，辦理工振，變更修築平唐路計畫，尚有餘款220,000元。乃將本會整治箭桿河薊運河計劃中之開闢青龍灣河七里海南新引河工程計劃，備函送請該會急振組，即將停修平唐路餘款，撥充為開河之用。嗣經急振組組務會議，議決採取，隨提請該會大會通過。該計畫可以救濟箭桿河薊運河一部分之泛濫，且完全為土工，極適合於救濟戰區以工代振之旨。所需工款，因開河佔用地畝，早經購定，故只需220,000元之譜，停修平唐路餘款，恰敷應用。現華北戰區救濟委員會已告結束，該款已交河北省政府，本會正與河北省建設廳籌備一切施工事宜。

(4) 金鐘河新開河間窪地排水及灌溉工程 津市近郊，金鐘河新開河之間，有窪地一段，面積約佔5.7平方公里。每年夏秋之間，雨水匯聚，無處宣洩，耕地盡廢，損失至鉅，本會前徇當地農民之請，代為擬具排水及灌溉計畫。開渠導引，並用抽水機排入新開河仝時引用新開河水施以灌溉，約需工款31,000元。已由本會商請河北省農田水利委員會墊款辦理，將來可按畝抽還。

(六)結 論

本會成立6載於茲，以國家之多故，經費之支絀，一切事業，未能積極進行。僅恃經常費之收入，分配於各項工作。而本會歷年經常費，平均計算，每月只合17,000元之譜。其用於河道及地形測繪者，約及40%，用於水文氣象觀測者，約及25%，用於設計調查者，約及20%，其間尚以撙節所餘辦理各項修護及灌溉試驗工程，故用於行政及其他費用者，尚不及10%。

按華北水利建設事業，百端待舉。上列各項工作，不過滄海之一粟。但所幸各河整理計畫，或已完成或已具大綱，而地形水文調查所得之資料，亦搜集有年。基礎既立，果能國家安定，財政稍裕，不難循序而進，逐漸擴充。則數年後華北水利建設之概況，與此相較。其事功之猛進，當亦國人所樂聞者也。

國內工程新聞

(一)修築鳳隴公路

修築鳳隴公路。鳳翔至天水。陝建廳準備齊妥。共分三段。興修工款。亦按段分配。委定張介丞為總工程師。各段工程師亦經委定云。

(二)隴海路西展正籌劃中

邵力子前電鐵部建議隴海路亟應西展，並注意路綫選擇。鐵部頃電覆謂：潼西完成後如何進展，正在籌劃，該路先築至咸陽或興平，即可接連甘境，渭北富饒之農產及甘省貨運，皆得利用，自當詳加注意等語。

(三)贛樂平鉄山峯發現廣大錳礦

贛省素饒鑛產，如萍鄉鄱樂之煤，贛南之鎢，貴溪之金，均早著稱於世。最近贛北樂平縣屬鐵山峯，又發現廣大錳鑛。產量過富，礦質甚良，惜該邑人士鮮有注意，致大好富源，埋棄於地。刻建廳當局，以該錳鑛爲最佳之金屬化學原質，可製玻璃及陶器顏料之用。爲開闢該省利源計，已派員前往該縣勘察，再行計畫開採云。

(四)首都中央車站卽開工

首都中央車站巳由京滬路將建築工程及圖樣擬妥，呈到鐵部，該部巳將計劃呈行政院備案，並令京滬路卽行開工建築，以期早成，俾便於京滬京蕪接軌。又京粵鐵路京蕪段展築至南京中央車站，鐵部提前籌築，以便聯絡運輸。因站路必須佔用地畝，引起香林寺僧大長，及中國佛教會常委圓瑛等呈請免拆香林寺，以保古蹟。鐵部批示，查中央車站初次計劃，其軌道卽須經過香林寺，所佔原定之綫，與寺無礙等語，殊非事實，該寺地位既爲路綫所經，自應飭令拆遷，事關公家征用，何得妄謂侵佔，所請免拆礙難照准。

美國工程博士學位各大學校

美國教育協會 American Council on Education 近曾從事調查美國各大學校合於預備博士學位者共63所。下面所列乃關於工程方面，被認爲有資格預備工程博士學位。有*記號乃該校對於某科尤爲特別優異。有資格者係指學校之器具，設備，人員之合格而言。

航空工程：——

- *加州工科大學（California Institute of Technology）
- *麻省理科大學(Massachusetts Institute of Technologf)
- 斯丹佛大學(Stanford)

化學工程：——

- 加州工科大學
- *哥倫比亞大學(Columbia)
- 愛渥運省立大學(Iowa State College)
- *麻省理工大學
- 渥海渥省立大學(OhioState University)
- *蜜歇根大學(Michigan University)
- 敏納索塔大學(Minesota University)
- 威斯康辛大學 (Wisconsin University)
- 耶律大學(Yale)

土木工程：——

- 加州工科大學
- 哥倫比亞大學
- *康奈爾(Cornell University)
- 哈佛(Harvard)
- 愛渥運省立大學
- 霍布金大學(Johns Hopkins)
- *麻省理工大學
- 普渡大學(Purdue)
- 任斯理爾工科大學 (Rensselaer Polytechnic Institute)
- 加州大學(California University)
- *意利諾意(Illinois)
- 愛渥運大學(University of Iowa)
- 敏納索塔大學
- 烹雪文尼亞大學(Pennsylvania University)
- 威斯康辛大學

電機工程：——

- *加州工科大學
- 哥倫比亞大學
- 康奈爾大學
- 哈佛大學
- *霍布金大學
- *麻省理工大學
- 普渡大學
- 斯丹佛大學
- 加州大學
- 密歇根大學
- 烹雪文尼亞大學
- 威斯康辛大學
- 耶律大學

機械工程：——

- 加州工科大學
- *康奈爾大學
- 哈佛大學
- 霍布金大學
- *麻省理工大學
- *普渡大學
- 斯丹佛大學
- 加州大學
- 意利諾意大學
- 密歇根大學
- 耶律大學

礦冶工程：——

- 卡納基工科大學 (Carnegie nstitute of Technology)
- 柯羅拉多礦務學校(Colorado School of Mines)
- *哥倫比亞
- *哈佛大學
- *麻省理工大學
- 烹雪文尼亞大學
- 斯丹佛大學
- 亞利宋侖大學(University of Arizona)
- 加州大學
- 密蘇理大學(Missouri University)
- 畢荅堡大學(Pittsburgh University)
- 威斯康辛大學
- 耶律大學

（泳）

17954

隴海鐵路簡明客車時刻表

民國二十三年九月一日實行

	站名 \ 車次	1 特快	3 特快	5 特快	71 混合	73 混合	75 混合	77 混合	79 混合
向西上行車	孫家山							9.15	
	墟溝			10.05				9.30	
	大浦				71.15				
	海州			11.51	8.06				
	徐州	12.40		19.39	17.25	10.10			
	商邱	16.55				15.49			
	開封	21.05	15.20			21.46	7.30		
	鄭州	23.30	17.26			1.18	9.50		
	洛陽東	3.49	22.03			7.35			
	陝州	9.33				15.16			
	潼關	12.53				20.15			7.00
	渭南								11.40

	站名 \ 車次	2 特快	4 特快	6 特快	72 混合	74 混合	76 混合	78 混合	80 混合
向東下行車	渭南								14.20
	潼關	6.40				10.25			19.00
	陝州	9.52				14.59			
	洛陽東	15.51	7.42			23.00			
	鄭州	20.15	12.20			6.10	15.50		
	開封	23.05	14.35			8.34	18.15		
	商邱	3.31				14.03			
	徐州	8.10		8.40	10.31	20.10			
	海州			16.04	19.48				
	大浦				21.00				
	墟溝			18.10				18.4	
	孫家山							19.05	

膠濟鐵路行車時刻表 民國二十二年七月一日改訂實行

下行列車

站名	到開	五一次各等	三一次各等	七一次二三等	七三次三等	一次各等
青島	開	7•00	11•30	15•00		21•40
大港	開	7•11	11•41	15•11		21•51
四方	開	7•20	11•50	15•20		22•00
滄口	開	7•36	12•06	15•36		22•16
女姑口	開	7•48	12•18	15•51		不停
城陽	開	7•57	12•27	16•01		22•34
南泉	開	8•13	12•44	16•18		不停
藍村	開	8•27	12•58	16•36		23•01
李哥莊	開	8•36	不停	16•45		不停
膠東	開	8•48	不停	16•58		不停
膠州	開到	9•00 / 9•03	13•25 / 13•27	17•11 / 17•14		23•28 / 23•30
芝蘭莊	開	9•19	13•44	17•33		不停
姚哥莊	開	9•28	不停	17•43		不停
高密	開到	9•39 / 9•50	14•01 / 14•12	17•51 / 18•05		0•01 / 0•12
蔡家莊	開	10•0	不停	18•16		不停
塔耳堡	開	10•14	14•33	18•28		不停
丈嶺	開	10•23	14•44	18•39		不停
岞山	開	10•34	14•55	18•55		不停
黃旗堡	開	10•53	15•12	19•13		1•03
南流	開	11•01	不停	19•23		不停
蝦蟆屯	開	11•09	15•41	19•34		不停
坊子	開到	11•24 / 11•37	15•54 / 16•08	19•48 / 20•03	6•30	1•56 / 2•06
二十里堡	開	11•53	16•20	20•11	6•44	不停
濰縣	開到	12•04 / 12•15	16•28 / 16•34	20•36	6•49 / 7•04	2•15 / 2•26
大圩河	開	12•29	不停		7•17	不停
朱劉店	開	12•40	16•53		7•33	2•40
昌樂	開	12•53	17•08		7•46	2•53
堯溝	開	13•05	17•26		8•00	不停
譚家坊子	開	13•17	17•41		8•14	不停
楊家莊子	開	13•28	17•56		8•33	不停
青州	開到	13•46 / 13•58	18•00 / 18•19		8•50 / 8•56	3•24 / 3•36
普通	開	14•08	不停		9•01	不停
淄河店	開	14•21	18•36		9•17	不停
辛店	開	14•38	18•50		9•24	不停
金嶺鎮	開	14•40	18•59		9•44	不停
湖田	開	14•48	19•08		9•55	不停
張店	開到	14•57 / 15•12	不停		10•10 / 10•20	4•46 / 4•52
馬尚	開	15•22	19•46		10•44	不停
周村	開到	15•40 / 15•51	19•51 / 20•04		10•47 / 11•13	5•12 / 5•21
大臨池	開	16•07	20•19		11•26	不停
王村	開	16•19	20•34		11•38	不停
普集	開	16•29	21•00		12•05	6•15
明水	開	16•44	21•10		12•18	6•25
棗園莊	開	17•08	21•27		12•53	不停
龍山	開	17•23	21•41		13•05	不停
郭店	開	17•34	21•55		13•20	不停
王舍人莊	開	17•45	22•07		13•29	不停
黃台橋	開	17•55	不停		13•50	7•03
北關	開	17•59	22•07		15•30	7•10
濟南	到	18•00	22•13		15•55	7•35

上行列車

站名	到開	五二次各等	七二次二三等	三二次各等	七四次二三等	二次各等
濟南	開	7•00		11•40	14•40	21•01
北關	開	7•09		11•47	14•47	21•08
黃台橋	開	7•16		11•54	14•55	21•15
王舍人莊	開	7•30		12•08	15•10	不停
郭店	開	7•42		12•20	15•23	不停
龍山	開	7•57		12•36	15•39	21•48
棗園莊	開	8•13		12•53	15•55	22•02
明水	開	8•24		13•03	16•07	不停
普集	開	8•41		13•20	16•30	22•28
王村	開	8•51		不停	16•44	不停
大臨池	開	9•03		13•56	16•54	不停
周村	開到	9•20 / 9•23		13•59	17•13 / 17•16	0•01 / 0•04
馬尚	開	9•40		不停	17•35	不停
張店	開到	9•46 / 10•03		14•21 / 14•36	17•43 / 17•58	0•26 / 0•41
湖田	開	10•15		14•49	18•13	不停
金嶺鎮	開	10•24		14•58	18•21	不停
辛店	開	10•36		15•12	18•37	1•10
淄河店	開	10•51		15•23	18•51	不停
普通	開	11•01		不停	19•04	不停
青州	開到	11•13 / 11•16		15•44 / 15•47	19•16 / 19•29	1•29 / 1•41
楊家莊子	開	11•31		16•03	19•35	不停
譚家坊子	開	11•43		16•13	19•46	不停
堯溝	開	11•54		16•23	19•59	不停
昌樂	開	12•06		16•37	20•13	2•29
朱劉店	開	12•19		16•48	20•26	不停
大圩河	開	12•30		17•01	20•37	不停
濰縣	開到	12•43 / 12•54	7•00	17•13 / 17•16	20•54 / 21•04	1•58 / 3•01
二十里堡	開	13•06	7•10	17•25	21•17	3•10
坊子	開到	13•21 / 13•36	7•23 / 7•37	17•37 / 17•51		3•23 / 3•37
蝦蟆屯	開	13•50	7•54	18•06		3•52
南流	開	13•57	8•09	不停		不停
黃旗堡	開	14•08	8•17	18•24		不停
岞山	開	14•26	8•29	18•33		4•18
丈嶺	開	14•43	8•48	18•43		不停
塔耳堡	開	14•51	8•58	19•03		不停
蔡家莊	開	15•03	9•08	不停		不停
高密	開到	15•14 / 15•24	9•20 / 9•31	19•31 / 19•41		4•40
姚哥莊	開	15•37	9•43	不停		不停
芝蘭莊	開	15•45	9•56	20•00		5•04
膠州	開到	16•02 / 16•04	10•05 / 10•23	20•17 / 20•19		5•47 / 5•49
膠東	開	16•16	10•29	不停		不停
李哥莊	開	16•27	10•51	不停		不停
藍村	開	16•37	11•01	20•46		6•15
南泉	開	16•50	11•13	20•59		不停
城陽	開	17•08	11•24	21•15		6•35
女姑口	開	17•17	11•41	21•24		不停
滄口	開	17•29	12•07	21•36		6•59
四方	開	17•45	12•25	21•51		7•10
大港	開	17•55	12•35	22•10		7•29
青島	到	18•00	12•40	22•17		7•35

北甯鐵路簡明行車時刻表 中華民國二十三年七月一日重訂

下行車

站別 \ 列車次數	第四十一次 普通客車 中掛各等	第七十一次及七十五次 客貨混合三等慢車	第一次 平瀋特別快 掛臥各等	第二十三次 快車 掛臥各等	第三〇一次 平滬直通特別快車 掛臥各等	第五次 特別快車 掛車各等	第三〇五次 平浦直通特別快車 掛臥各等	第二十一次 快車 掛車各等	第四〇一次平遼直達貨車及七十三次客貨混合三等慢車	第三次 特別快車 掛車各等
北平前門開	五·四五	六·一〇	八·四五	一三·一五	一五·〇五	一六·三〇	一八·五〇	二〇·一九	二一·〇〇	一〇·五五
豐台開	六·二〇	八·〇五	九·一三	一三·四六	一五·三六	不停	一九·二〇	二〇·四八	二二·五〇	一一·一四
郎坊開	七·四五	一二·三六	一〇·二一	一五·〇一	一六·四〇	不停	二〇·二六	二二·〇八	·一四	不停
天津總站開	九·一六	一六·〇八	一一·二八	一六·三〇	一七·五〇	一九·〇七	二一·三九	二三·三八	四·〇三	一三·三二
天津東站到	九·二五	一六·二五	一一·三六	一六·三九	一七·五九	一九·一五	二一·四八	二三·四七	四·二〇	一三·四〇
天津東站開	九·三五	停	一一·五〇	一六·五九	一八·二〇	停	二二·二〇	二四·〇〇	六·四〇	一三·五〇
塘沽開	一〇·三八	第七十五次	一二·四七	一八·〇三	開		開	一·一〇	九·四〇	一四·四七
蘆台開	一一·四六	自唐山起	一三·四五	一九·〇八	往		往	二·八	一二·三三	一五·四〇
唐山到	一二·四七		一四·三九	二〇·〇八	上		浦	三·二七	一五·〇三	一六·三四
唐山開	一二·五二	六·三〇	一四·四一	二〇·一一	海		口	三·三二	停	一六·三九
開平開	一三·〇六	七·一〇	一四·五三	二〇·二三				三·四七		一六·五[illegible]
古冶開	一三·三九	八·二五	一五·一七	二〇·[illegible]七				四·二〇		一七·一四
灤縣開	一四·二九	一〇·〇一	一五·四九	二一·二一				五·一二		一七·四六
昌黎開	一五·三三	一二·三〇	一六·三一	二二·一一				五·一二		一八·二八
北戴河開	一六·一六	一四·二五	一七·〇四	二二·四六				七·〇七		一九·〇一
秦皇島開	一六·四三	一五·三三	一七·二三	二三·〇八				七·三三		一九·二〇
山海關到	一七·〇五	一六·一〇	一七·四〇	二三·二六				七·五五		一九·三七
山海關開	停	停	一八·四〇	停				停		
遼寧總站到			六·二五							

上行車

站別 \ 列車次數	第四十二次 普通客車 中掛各等	第四次 特別快車 掛車各等	第七十六次及七十二次 客貨混合三等慢車	第二十四次 快車 掛車各等	第二次 瀋平特別快 掛臥各等	第七十四次客貨混合三等慢車及第四〇二次遼平直達車	第三〇六次 平浦直通特別快車 掛臥各等	第三〇二次 滬平直通特別快車 掛臥各等	第六次 特別快車 掛車各等	第二十二次 快車 掛臥各等
遼寧總站開					一〇·一五					
山海關到					二一·二六					
山海關開	六·〇〇	九·四五	一〇·三〇	一三·一五	二二·三〇					二三·三〇
秦皇島開	六·二五	一〇·〇四	一一·五二	一三·三五	二二·五九					〇·〇一
北戴河開	六·五四	一〇·二七	一二·五〇	一四·〇〇	二三·三一					〇·三九
昌黎開	七·四〇	一〇·五八	一四·四八	一四·三七	〇·一九					一·二九
灤縣開	八·四五	一一·三九	一八·二六	一五·二二	一·一八					二·三二
古冶開	九·四四	一二·一八	二〇·三五	一六·〇五	二·一六					三·三〇
開平開	一〇·一〇	一二·三五	二一·三五	一六·二二	二·四一		由	由		三·五六
唐山到	一〇·二三	一二·四五	二一·五七	一六·三二	二·五五		浦	上		四·一〇
唐山開	一〇·三〇	一二·五〇	停	一六·三七	二·五八	四·五〇	口	海		四·一五
蘆台開	一一·四一	一三·四八	第七十二次	一七·二四	四·〇八	七·三八	開	開		五·二[illegible]
塘沽開	一二·四六	一四·四五	自天津起	一八·五一	五·一一	一〇·〇九	來	來		六·三一
天津東站到	一三·四六	一五·四〇		一九·五〇	六·一五	一一·四五	四·五	七·〇五		七·三六
天津東站開	一四·〇〇	一五·五五	六·〇五	二〇·〇〇	六·三〇	一七·二〇	五·二〇	七·三〇	九·〇五	七·五〇
天津總站開	一四·一四	一六·〇五	八·五一	二〇·一一	六·三九	一八·二〇	五·三	七·四〇	九·一[illegible]	八·〇二
郎坊開	一五·四三	不停	一一·四三	二一·一四	七·四五	二二·二二	六·四三	八·五〇	不停	九·二六
豐台開	一七·二一	一八·一五	一五·三八	二二·四八	八·四七	〇·五五	七·四九	九·五四	不停	一〇·五五
北平前門到	一七·五五	一八·四二	一六·五〇	二三·一七	九·一八	一·〇〇	八·一九	一〇·二四	一一·五〇	一一·二九

第九卷第五號目錄

民國廿三年十月一日出版

中國工程師學會發行

工程週刊

(內政部登記證警字788號)
中國工程師學會發行
上海南京路大陸商場542號
電話：92582
(稿件請逕寄上海本會會所)

本期要目

中華民國23年8月31日出版
第3卷 第35期(總號76)
中華郵政特准掛號認爲新聞紙類
(第1831號執據)

定報價目：每期二分，全年52期，連郵費，國內一元，國外三元六角。

本會第四屆年會攝影

年會感言

編者

年會之成敗全體會員之責任也。第一，年會之參加必須踴躍，然後各方意見始可集中，每一議案通過亦爲多數人之公意。歷屆到會人數以本年爲最盛，然僅居全體會員百分之六，以前各屆年會人數更少。第二，論文之貢獻必須努力。本會會員數逾二千，但今年年會論文僅二十五篇，佳作尚不甚多，未免令人失望。竊望以後年會之成績年有進步，惟是則全在會員之熱忱努力耳！

17959

中國工程師學會民國二十三年濟南年會紀事

年會第一日記事

到人會物 8月20日爲本會年會第一日，8時至9時，補行登記，出席會員連前共登記會員145人。9時開會計出席會員134人，來賓有建設廳長張鴻烈，財政廳代表馬寶恆，教育廳代表馬汝梅，河務局長張連甲，濟南市長聞承烈，省公安局代表張春陽，全省汽車路局代表楊倬聲，濟南兵工廠代表金福昌王廷儒，湘鄂路工務處長詹幼誠，齊魯大學德位思，斯密特，周幹庭，燕京大學凌其梓，銀行公會姚智千，交通銀行陸庭撰，郭味白，上海銀行龔祥霖，吳寅伯，濟南電汽公司馮益三，青年會張達忱，仁豐紗廠馬伯聲，王瑞基，廣智院魏禮謨，孫雲程，濟南電話公司韓純一，棉業公會苗杏村，振業公司王順卿，京滬蘇民營長途汽車公司聯益會張孝基，全國民營電業聯合會沈嗣芳，和興成工程局宮世珍，上海大明電汽公司經理徐鳳翔，及民國日報天津商報時代通訊社大晚報晚報齊魯通訊社公言通訊社各報社記者。開會如儀；主席林濟青，司儀兪物恆，記錄袁翊中。首由主席致詞：

主致席詞 略謂中國現在已走上建設之途徑，是毫無諱言的。我國現在的情況，除非抱殘守缺，不圖進展則已，若欲圖發展，拯救危局；只有努力於建設事業。實現建設的眞意義，即是建設新中國。工程建設，猶如血液，能使民族之血液流動，國家血脈流通。中國之所以成爲現在的局面，完全因爲血液不流通。工程建設充分實現以後，不但能以流動全國民族血液，可流通全國血脈，鞏固全國民力，然後中國纔有無限光明，莫大希望。近幾年來，山東建設事業之進展，一日千里，辦理成績，極爲卓著。無論水利道路，莫不畢興。在濟南分會諸同人，已身受其益，不得不向大家報告，盼望會員能詳細參觀其建設工程，用作鑑鏡，並予以實力的協助。進一步更深望由協助山東，而推及全國，羣策羣力，在建設上做出更偉大的事業，方不負今天開年會的意義云云。繼謂本工程學會，副會長黃伯樵因出洋考察路政，不克親行蒞會參加，已先期留有祝詞，濟青茲代宣讀如下：

黃副會長留言 本會這一次舉行盛大的年會於濟南，我因奉派到歐美各國考察路政，不及參加，只得在出國以前，把愚見先寫成這一篇小文，留備貢獻於諸位會友。本會在過去的一年中，有兩件最重要的事，可以特別一提：一件是籌劃多年的工業材料試驗所，居然開始建築，已於8月5日舉行奠基典禮。中外廠家熱烈的贊助，或捐建築材料，或捐內部設備，都是我們興奮而感謝。又一件是組織四川考察團，受蜀中各界盛大之歡迎，也很足使吾們引爲榮幸而益發激起爲社會服務之興趣。可惜我個人在這一年中承諸位認選爲副會長，因職務過忙關係，幾次固辭不得，竟絲毫沒有盡力，眞覺慚愧，還望諸位會友原諒。我對於各種會議尤其對於像我們這種會員學術性質的團體的年會，有一個固執的感想：以爲除討論會務以外，與其提出偉大或空虛而難以實行之議案，徒然費去時光口舌筆墨，不如各人報告過去一年中之實際工作，有心得提出來供給大衆參考，不要謙虛，而以爲不足道。也不要自私而隱祕，有疑難也說出來，請教於大衆，不要以爲這是暴露自己的弱點怕惹人訕笑。我覺得這一種資料大家切切實實討論，最是有趣味，最是有價值。吾們年會中，向來宣讀論文的辦法，便含有這一種意義。不過我以為不必定要做成整篇的文章，就是隨便口頭談談，似乎亦未嘗不可。吾對於我們當工程師的，還有兩個感想：第一是工程師與工程師的合作；一個工程師往往專精一種工程，但一件較大工程的構成，往往不限於一種。譬如吾現在經營鐵路，需要建築工程師，軌道工程師，橋梁工程師，隧道工程師，機械工程師，電汽工程師，等等，缺一不可。因此吾悟到一個工程師，不但和同業要合作，而和非同業也要合作，方可使吾們服務的機會增多擴大，也使事業容易進步。第二是工程師和企業家金融家的合作；現代產業的發達，不外資本和技術兩種要素。吾們工程師的服務，固然足以產生資本，但為第一步沒有人投資來經營企業，就大概說，便根本就沒有吾們服務的機會。吾們在過去做工程師的，似乎和企業家金融家太隔絕了，於是一則有資本而不懂技術，一則挾技術而沒有資本。不但減少了自己服務的機會，社會建設事業，也受有了許多障礙。近來企業家金融家，已逐漸知道技術之重要，多在進行和所需要的工程師合作。希望吾們做工程師的，總要能利用這一個機會，適應這一種情勢。同時吾們要多盡義務，少享權利，或者先盡義務，再享權利，這樣必能引起對方或各方的信仰和同情，而吾們服務的範圍，自然也格外推廣。以上所說，淺薄得很，不值諸位會友一笑，只有以誠心敬祝諸位會友身體康健，事業進步！

來賓演說 次由山東省政府主席代表建設廳長張鴻烈致辭：大意謂主席因事赴魯西視察，命兄弟代表，略說幾句。我國連年災害頻仍尤以水災為鉅，此等災難，俗稱天災，意即謂非人力所能抗衡，為不能避免之禍患。但鄙人以為人定勝天，若是視水災為天災，此乃因災象已成，無可推諉，而歸之於天之愚民政策。近數年來政府極端努力，欲將天災二字取銷，因此等禍患，並非天災，實乃人造。若從實地去做，人定可以勝天，一切災難，俱可消除。此戰勝天災之工作，實賴於工程師學會諸君之參加。尤以貴會諸君，各具專長，定可打倒天災二字，為人羣造福也。近今各種事業，類多宣傳口號，如經濟破產，農村破產等等，此等口號，均應打倒。須知破產者，乃財產及生產之具俱頻於絕境之謂也。若吾國地大物博，農產品既屬繁多，地下之蘊藏尤富，徒以現狀不佳，即謂為破產，又烏乎可。此實人力未及之故，而非產之已破也。此點端賴貴會之努力倡導，聯合全國人民致力生產工作，并努力打倒天災二字，盡力指導政府，以共同完成此重大使命也。敬祝諸君健康！次由省黨部代表張竹溪致辭：謂現在大家衆口同聲，俱說農村破產，中國政治落後，這是誰也承認。可是這種癥結何在？如何解決？當然需要建設。建設的責任，便在諸位工程師身上。今年工程師四屆年會，在濟開會，各專門家會於一堂，此為余等十二分所歡迎。方才黃副會長書面所說意思甚是，工程師要合作，要聯合成一氣，作同一目標不同方向的努力，中國才有長足進步的曙光。建設譬如登山，山路本甚崎曲，如果再加路兩邊的荊棘梗阻，那麽進行當極困難。工程師之不合作，有如山路之有荊棘，渴望工程師努力合作，集大衆的專門技能，負起中國建設的責任。其次便是現在一般人對於國民黨的信仰漸漸的低落。殊不知總理的建國方略，包括中國建設之大要。如能按步一一實行起來，中國馬上可致富強。這種建設的責任，繁榮中國的重負，就在工程師身上。所以這四屆年會在濟南舉行，不僅是山東全省之幸，亦是黨國之福音。復由濟南市聞市長致辭：略謂諸位會員，此次來濟開會，適當炎天，不辭勞瘁，聚晤一堂，討論建設問題，如此熱誠之精神，實令人欽佩。不僅濟南市得益甚大，即整個社會與國家獲益亦非淺鮮。貴會可從兩方面看，一方面關係工程問題，他方面關係國家問題。貴會既可稱民族復興會，亦可稱爲文化復興會，因實爲吾中華國家復興之所係也。吾國日在風雨漂搖之中，國人多抱失望之心，余觀本日多士濟濟，使失望之心，一旦消滅，希望之心，油然復生。諸位會員皆專門學者，不辭辛苦，來此聚會，觀聽所被，使全國聞風興起，與民族以復興之精神與力量，不但建設有希望，國家前途亦有希望，此實令人可賀者也。今次諸位光臨本市，甚屬欣幸，惟本市一切設施，俱在萌芽，諸多簡陋之處，尚望參觀之暇，賜以教益爲感。此外尚有全國民營電汽事業聯合會會長沈子網，津浦鐵路管理委員會代表沈問涵，北甯鐵路顧問工程學會天津分會會長華南圭，仁豐紗廠代表王瑞基等，相繼講演。最後由主席代表大會致答詞，對各方蒞臨指導之熱忱，深致謝悃。至十一時許，禮成攝影後。全體會員及眷屬等同至齊大醫科禮堂，聚集午餐，此爲濟南分會會員歡迎各地會員之歡迎宴。

分會歡迎宴　席間首由濟南分會副會長朱杜勛致歡迎詞：略謂此屆年會在濟舉行，辱荷各地會員踴躍參加，無任榮幸。惟以時日迫促，一切招待多有未周，在濟同人等忝同籌備，深爲抱疚！謹備粗餐，以表歡迎之意。後由外埠分會代表嵇銓致謝詞：略謂此次各地分會會員來濟出席第四屆年會，承濟南分會諸君悉心籌畫，招待周至，謹代表各分會會員，特此申謝。席散後，各會會員自由參觀廣智院。提案委員舉行會議。

會遊議覽　午後2時，開第一次會務會議。主席華南圭，3時40分，應齊大茶會招待。綠陰散座，茶點幷陳，并有廣智院長及眷屬殷情招待。4時續開會務會議，6時延會。即分乘省府所備汽車12輛，分赴趵突泉遊覽，並參觀第一水電廠。

省府歡迎宴會　7時赴省政府東大樓韓主席公宴，并遊覽署內珍珠泉。因主席已赴魯西，由張建設廳長鴻烈，張委員葦村，李民政廳長樹春等代表主席。席次並有本市絲絃專家王殿玉表演種種技藝。入席後由張委員葦村致辭：略謂韓主席因赴魯西視察，臨行令代表招待併致謝忱。諸位來魯有數日盤桓，主席歸來，仍可與諸公晤見。此次集全國專門技術人才於一堂，值得萬分歡迎。山東建設，雖上軌道，然以人力財力不足，深盼諸君，加以指導，使本省建設有所裨益。今日招待簡慢，諸希原諒。併祝諸君健康！嗣由本會代表致答辭：略謂今日承本省長官招待，謹代表敝會致謝，以前政府招待學術團體，都具有一種外交性質，但此次承山東省政府以至誠招待，實較以前不同，此點更應感謝。適聞張委員謂山東建設，尚須本會指導等語，此節實不敢當。山東建設，較他省進步，久有所聞，此次來濟實係參觀性質。今日周覽各處益證所聞非虛，實屬愉快。恭祝主席健康！並山東建設前途進步！末復映演膠濟路特製鐵展電影，賓主盡歡而散。

年會第二日紀事

宣讀論文　21日各地會員續有到者，連前共計註册153人。8時在齊大化學樓開論文會議。因興趣及人數關係，土木組在一教室，其餘各組合另一教室。土木組宣讀論文2篇：一爲曹瑞芝會員之虹吸管之水力情形及流量之計算，一爲嵇銓會員之近代改進鐵路軌道之設計及修養。電機機械礦冶化學宣讀論文4篇：一爲王錫慶之機車運轉計劃，一爲陳崢宇之平漢鐵路工程改革觀，一爲王錫慶之新編機車問答，一爲陸之順之山東內河挖泥船之設計及製造始末紀略，一爲田培業

17962

之航空委員會第一修理工廠爪哇號飛機之設計及製造，一爲趙曾玨沈尙賢之統制燈泡事業之計劃，宣讀者皆詳細解說，俾聽衆易爲了解。除會員外，尙有建設廳工程人員訓棟班男女學生多人旁聽。

演講參觀

10時在廣智院公開演講，首爲交大唐院市政工程敎授朱泰信講演從城市規劃說到國家規劃，供獻各國最新之市政理論，可使市民了解市政之重要。次爲廣州市政府設計委員會委員金肇組講演廣州省市建設狀況，報告詳盡，可資各省各市之借鏡，並鼓勵各地會員之努力。午時赴泰豐樓應津浦膠濟兩路聯合公宴，觥籌交錯，賓主倍極歡忭。飯後即由經一路緯五路口進入膠濟站貨站台，搭乘膠濟鐵路特備之專車。2時開車過津浦路軌，赴大槐樹廠參觀。4時由大槐樹機廠轉赴洛口參觀黃河鉄橋。土木機械電機各組會員，均各引起興趣不少，特留連多時，俾資研究。6時返抵津浦站，乘汽車參觀省立圖書館。後即由鵲華橋登舟，遊覽大明湖。

兩廳歡迎宴會

7時建敎兩廳在大明湖張公祠公宴，到者二百餘人。何廳長因病未到，臨時由孔科長令燦代表。兩廳重要職員，分任招待。席半由張廳長起立致詞：略謂本日天熱地窄，甚爲抱歉，今略說幾句：鄙人以爲中國之事，猶如病人。自清末以來，雖醫生屢易，而病未見痊。康南海主張君主立憲爲一藥方，袁氏稱帝亦一藥方，無論何人上台，皆立一方，而病始終不愈。今則並臥牀而不能動，其故由於方不對症，所以無効。現在考察出來，所患之病，乃屬貧血，祇須增加血液，必能日見起色。而增加血液其責舍工程師莫屬，蓋必增加生產力，而後可以使血不外流，故非根本從工程上去治，不能見功。中國醫生向來各有主張，總以自己所立方案高出他人，猶之做文章者，必不肯輸服於人。但是我們各工程師，現在已知此癥結，所以大家聚集商議，共立良方，則此一服藥，當然可以奏効。因爲生產既富，貧血自愈，今各位專家，能各盡其力，前途必大有希望，今請諸位多飲一杯，加緊努力，以研求並實施其良方。次由會員顧毓琇代表答謝，大意謂今承張何兩廳長招宴，盛意款待，非常感激。方才張廳長言中國猶如病人，現在不但病重，且還有旁人吸血，吾人自應努力以救此垂危之症。但是對症下藥，甚非易事，同人等此次到濟，耳目所聞，大家已經感到山東建設之精神，即如地方安甯，即便是第一服對症之藥，這地方安甯四字，所賴於地方長官，吾輩工程師，深愧未能致力。第二步是努力建設，而努力建設，亦非空談所能了事，試觀山東建設，却能處處適合民衆情狀。並且顧慮到經濟，而使各事不離乎合理化，關於此點，明日張廳長另有演講，不待贅述。卽如虹吸工程，就是一種具體的結果，因爲虹吸灌溉，化貧瘠而爲肥沃，引起銀行界之全情樂於投資，可以概見。此外如火柴廠與煤鑛業合作，皆是實際合理化。關於教育，兄弟因未與何廳長接談，未能詳悉，玆謹就工程立場，略供芻蕘，卽希望教育亦要工藝化。自今以後從小學生起卽特別注意此點：並非吾工程界之偏見，近來往歐美考查者，亦咸覺到有必要。最近山東大學添設工科，可見山東當局有鑒及此。故吾人覺得中國前途並非絕望。並希望到會各會員散會以後回到各處，將山東建設情形，向外宣傳。謹代本屆年會到會會員，還祝兩廳長健康！迄10時始盡歡而散。

年會第三日紀事

宣讀論文

22日各地會員續有到濟，註册者連前共計157人，8時在齊大化學樓開第二次論文會議，土木組由膠濟路橋梁工程司會員孫寶墀主席，共宣讀論文4篇：一爲胡樹楫之港濱總市區之道路系統設計，由孫實堃代讀，一爲夏憲講之我國公路路面問題，由孟憲正代讀，一爲張含英之黃河最大流量之試估，由屏禮代讀，一爲李協之黃河治本探討，由潘縊芬代讀。其餘各組，由山東建設廳技正兪物恆主席，共宣讀論文8篇：一爲王寵佑之汽油關係國防與經濟之重要，及其代替問題，由兪物恆代讀，一爲凌其峻之關於復興瓷業的幾個問題，一爲凌其峻之瓷窰之進化，一爲吳屏之開發西北應注意的幾個重要問題，一爲吳屏之北平五星酒精廠設計之經過，一爲趙曾珏沈尙賢之統治鎢鑛及興辦鎢絲及燈泡製造廠計畫，一爲陸增祺之中國工程事業未能邁進之一因，一爲朱詠沂之中國度量衡標準制之商榷。

公開演講 10時宣讀完畢，在廣智院繼續公開演講。首由主席林濟青介紹建設廳長張鴻烈演講，山東建設之概況，論述本省近年建設情形甚詳次由青島市工務局邢局長契辛演講青島市工程概况。建設廳工程訓練班學生均到會列席旁聽，12時始畢。

銀行歡迎宴會參觀 午間全體會員應本市銀行公會之邀往交通銀行大樓赴宴。主人到者計有各行行長及主任等，賓主極歡，盛極一時。席散後，會員等分乘汽車至五柳閘及邊家莊參觀閘壩，小清河工程局，運河工程局，長途電話管理處等，並在該處聯合設備茶點，以爲會員等休憩之用。同時一部分會員，分途參觀新城兵工廠，裕興顏料廠，及陸大工廠承造之小清河挖泥船。

市長歡迎宴會 7 時濟市聞市長在青年會設筵歡讌會員。陪客有各局長科長等。席間聞市長致詞歡迎：略謂，今晚諸君惠臨，非常高興，但覺此次宴會異於尋常，因集全國各專門學者於一堂，實爲難得，不僅個人光榮，即濟南市亦極光榮，簡慢之處，務請原諒。謹以杯酒奉謝諸君爲國家社會服務之勞！當有會員朱泰信，代表申謝，並陳述濟南所以爲濟南之特點：略謂，本人於13年春初次到濟，曾往大明湖一遊，稍知濟南掌故。若鐵公祠之鐵鉉，其一種不屈之精神，實爲濟南之特點，適合兄弟昨日演講所謂城市之所以成爲城市，自有其歷史之特點之語。五三之役，濟南陷於日軍，並非屈服，實緣其能以一城之犧牲，而全整個之北伐計劃。正如1870至187.年間巴黎被圍125日陷於德相同。又歐戰之時，英人覩於德國各城市文化之進步，知德不可侮，正如我國所謂有文事者必有武備。此次舊地重遊，更見濟南市文事上有長足之進步，不啻我國一方面國防之無形保障也。10時盡歡而散。

年會第四日紀事

會務會議 23日各地會員仍續有註册者，連前共計161人，8時在廣智院續開會務會議。主席林凰岐，議案13件。除第一案會員許應期等12人提，擬充實本會組織將各項工程分組設立，以免本會會員另組各項工程學會，分散本會力量案，已於第一次會務會議，議決原則通過歸執行部辦理外，本日即自第二案討論，各案結果如下：二，上海分會提，擬請總會籌募現金十萬元，供採購材料試驗設備之需要，請公決案，議决通過。三，嵇銓何寬容提，近聞商務印書館，正在編輯大學敎科書，其屬於工程部分之課本於工程敎育關係綦鉅，本會對編纂大綱重要目次，似可向敎育部供獻意見，幷由本會從速完成譯訂各種工程專門名詞，以宏敎育而裨實用，請公議决案，議决通過。四，朱泰信等6人提，應建議政府從速建立完備工程學校案，議决通過，辦法交原提議人研究提出下屆年會討論。五，許元啓等4人提，每屆年會應由總會提出全國建設報告書案，議决，通過。六，上海分會提，會員欠付會費，應請總會執行部照章執行請公决案，議决，原則通過。七，上海分會提，民國二十四年第五屆年會，擬請在上海舉行請公決案。八，太原分會提，第五屆年會，擬請在太原舉行案。九，梧州分會提，明年五屆年會，以廣西桂林爲集合地點，請公決案。三案合併討論，議決，五屆年會在梧州舉行。十，張孝基等39人提，本會年會改在春季舉行案，議決，通過。十一，陳揚提，請本會呈請行政院通令全國各水利及有關係之學術機關，將每年度搜集之水文雨量氣象，及其他與建設有關係之資料，在年終時，彙送本會整理後，於翌年春季發行專刊，以便研究而利建設案，議決，通過。十二，陳崢宇等16人提建議總會，特呈中央明令提倡政府及資本家與技術家需切實合作，以進行一切新建設以樹國基案，議決，通過。十三，陳崢宇等15人提，建議政府，切實保障技術人員所辦事業及服務工作案，議決，通過。議案討討畢，推舉第四屆司選委員。辦理閉會後各地會員投票改選總會職員。結果林濟青曹理卿宋連城陸之順當選。繼由朱桂勳報告，青島沈市長來電歡迎本會會員赴青遊覽，并派來代表在濟歡迎。大會已覆電定22日赴青島。沈市長盛意可感，深望各地會員多留數日以便赴青。山東建設廳張廳長於各位連日參觀本市建設希望予以批評指教云云。遂散會。

中興歡宴參觀 12點，中興煤礦公司，在泰豐樓歡宴，午後2點半，參觀成通紗廠，仁豐紗廠，成豐麵粉公司。4點參觀電氣公司，華興造紙廠。5點參觀振業火柴公司。7時在青年會舉行年會宴。并酬謝各團體等，當於晚間半夜後4點登津浦專車赴泰安。

年會第五日紀事

轎遊泰山 專車於24日早7點到泰安，當有泰安縣長周百鍠在車站歡迎，並由泰安公安局先一日代爲雇定山轎70乘，遂略用早點，各乘山轎上山。路經城西關向東北行，進岱宗坊，轉向正北步步登高，經關帝廟，內有漢柏一株，枝幹杈枒，勢如游龍。上斗母宮，觀經石谷北齊石刻。再行而路旁古柏籠罩，不見天日，稱曰柏洞。未幾，抵迴馬嶺。過此而上，盤路陡險，凡三迴轉纔登二三公里達中天門，地當登岱山頂路之半。有曾建廳新建之泰山旅館，尚未竣工。惟當日天氣不晴，雲霧瀰漫，再上則咫尺不辨，又值下雨，各會員一時頗感不快。越雲步橋，踱十八盤到達中天門，煞費轎夫體力。而山景竟一無所覩，殊憾事也。由中天門經南天門再順山背東行約2里許抵碧霞元君寺，即到山巔矣。惟越寺再上升，尚有玉皇閣，方稱絕頂，時已下午1時許，而天驟放晴，於是各會員於用午膳後，紛紛縱覽。或先或後，循山道而下，間有到城內遊覽岱廟者，惟山西谷黑龍潭扇子崖諸勝，以時晚不及偏覩，5時在城內國民飯店聚餐，9點回專車休息。

年會第六日紀事

參觀孔廟 25日早5時專車由泰安開行，七時抵兗州。當用早點，乘人力車赴曲阜計程17公里，10時到達城西關纔即入城到孔廟，進西門。當以會員人數衆多，分3組由廟內夫役引導遊覽。首觀先師手植檜，僅餘高尺許之木幹一段，用一玻璃樓子籠罩。繼覽琴台，登大成殿，建築雄偉，堪與故都乾清宮相埒。後有寢殿，左配殿爲孔子家祠，右配殿供聖父母叔梁紇與顏徵在，左殿前院有孔子故井在焉。遊覽畢，時已正午時，乃就大成門前廳用午膳，並有衍聖公府特備包子稀飯相餐，膳後遊覽顏廟，19年夏國晉戰爭時燬於砲火，現正在積極修復中。顏廟之前爲陋巷，即顏子當日簞食瓢飲之所也。由顏廟北口出城北門，走上孔林之路，行約5里，抵林之前門聖林。入門向西轉北，行約2里抵孔子墓前。西側有子貢廬墓。子貢手植楷則在逦南道旁。墓東爲孔鯉墓，前爲子思墓。孔林計有4平方公里之面積，松柏參天，孔族人死後，均葬於其中。遊畢出林，應衍聖公孔德成之邀請，全體赴衍聖公府參觀。孔德成年15歲，爲孔子77代孫，現本地各處仍以衍聖公稱之。府在廟之東側，入府門後，有大堂二堂，規模頗大，惟年久失修，呈現破舊之象。府後爲花園，亭台假山應有儘有，惟亦現荒蕪景况。繼瞻觀府內所存明代御賜衣冠，孔德成氏，亦於此時出與大衆會見。相貌溫文，態度文雅，惟訥於言，由代表致歡迎詞。由會員張孝基致謝辭。答謝畢，遂同赴大成殿前攝影，留作紀念。時已下午4時，會員遂乘人力車返兗州。晚飯後登車北返，及抵濟南站爲時正值夜半矣。

年會第七日紀事

由濟赴青 26日上午11點40分乘膠濟路局特備專車由濟南赴青島。此次會員前往者共計108人，當於晚間10時餘到青島站，承市政府及青島分會會員在站歡迎，并派汽車候接，分別居住於山東大學及各旅館。

年會第八日紀事

參觀在青 27日上午7時會員分乘汽車往市外參觀鄉區建設，滄口小學，板橋坊推廣實驗區，白沙河水源地，果木區李村辦事處，農園。并遊覽嶗山，柳樹台北九水。適因天雨未赴靛缸灣參觀。12時承市政府招待在北九水野餐。餐後循原道回青。下午7時半往迎賓館應商會銀行公會工業聯合會工商學會之公宴，席間互相交換意見，至9時始盡歡而散。

年會第九日紀事

參觀在青 28日上午7時仍乘汽車在市內參觀第一公園，體育場，海濱公園，水族館，女中及小學，機橋，迴瀾閣，觀象台，第一平民住所，污水排洩處，海軍船塢，第五碼頭。12時餘在四方公園應膠濟路局之公宴。午後2時，參觀膠濟路四方機廠，中國造石公司，中興鈕扣廠，齊魯針廠。5時青島分會在迎賓館招待茶會。7時餘市政府亦在迎賓館宴請全體會員。席半沈市長致歡迎詞，辭甚懇切。29日上午7時便乘專車返濟，轉回各地，本屆年會，於焉告終。

（本篇中關於宣讀論文之紀事與實際略有不同當係宣讀時程序變更未及通知紀錄人之故也　編者註）

國內工程新聞

贛省建設猛晉

舉凡公路，水利，農林，工商，等項，均有長足之進展，茲誌如下：

（1）公路　查各線土方之工程，9月份工作如汴粵幹線，遂川贛縣段土方工程，連前完成65%，黃土關石方工程，連前約完成60%，又京黔幹線，萬載瀏陽段路基工程，本月份已告竣，業經通車。又永古支線，沙溪龍岡段基路工程，已竣工，龍岡以上土方，仍由軍工修築，已前進約20華里。第三築路隊開山班，亦隨車前進，在龍岡之上工作。又新淦巖坊支線，土方工程，已告竣，惟石方尚待開工。又溫澤支線，黎川光澤段土方工程，本月份連前約共完成40%。又各線舖修路面之工作成果，如滬桂幹線，崇仁樂安段路面舖設工程，已全部告竣。又京黔幹線，景德鎮黃金埠段路面舖設工程，餘千萬

17966

年境內已完成，樂平鄱陽浮梁等縣境內，9月底均可次第告竣。又汴粵幹線，吉安白土街段路面工程，已於月底完成。又白土街遂川段路面工程，業於本月開始運料，隨運隨鋪。又滬桂幹綫，石塘永豐段路面舖設工程，前月因駐軍移防，故運料僅達三成，卽已停頓，嗣由公路處及地方繼續運料舖設。9月份連前約共完成50％。又崇仁宜黃支線路面，舖設工程，已於9月全部告竣。又各線橋樑，涵洞，水管，9月份工作成果，如汴粵幹線，遂川贛縣段橋樑涵管工程，本月份約共完成90％。又汴粵幹線，牛行萬家埠段，橋樑改造，因材料缺乏，故9月份工作成效甚微，連前約共完成55％。又京黔幹線，萬載瀏陽段橋樑涵管，9月份約完成90％。又城贛支線，南豐廣昌段之嘉惠橋等三大橋，改造工程，本月份約完成50％。又溫澤支線，黎川光澤段橋梁涵管，9月份約完成60％。至城防路，亦經分別修築，如章江西岸牛行至瀛上城防路路面，已舖設完成。牛行至牛頭口城防路路面，仍未興工舖設。至車務進行情形，9月份延長通車路線，如永豐古龍岡路沙鎮龍岡段路線，計長25公里。總計已通車營業路線，共長1830.6公里。至營業狀況，9月上旬，因撥車運送軍米，營業車輛缺乏，中下兩旬，又因雨水連綿，山洪暴發，各線路基，多被淹壞，未能照常通車。故9月份收入，在本年上半年期內爲最短少，按照概數約計僅有150,000元。

(2) 水利(一)完成修築長江馬華同仁兩堤工程。馬華同仁兩堤堤線，經過鄂皖贛三省七縣計長七十餘里，前經會同安徽建設廳，江漢工程局，估計該兩堤修築工程，約需十八萬四千餘元。依照向例，由三省比例分擔，本省應攤二萬四千餘元。於四月上旬派員赴潯，會同辦理，招工興築，8月完成工程四分之三，9月中旬，均已完成。(二)辦理臨川西門外淡港築堤工程。此項工程，自四月上旬派員測估完畢，已轉飭臨川縣遵照趕速籌辦工夫，施工完成，以防水患。(三)完成豐城雞婆塔排水埧工程。此項工程，自四月上旬興工簽定木樁，碓砌石塊，至9月中旬，全工完成，以後該處急流無沖刷堤脚之虞。(四)(略(五)辦理伏汛工程。入夏以來，建設廳對於防汛工程，曾經預爲籌備，將沿江濱湖各大隄，劃爲六個防汛區，每區派防汛員一人辦理，9月中旬，贛河水位僅差6公寸，沿江濱湖各大堤，險工迭見，即將分飭各區防汛員，將所購之搶險材料，巡視救護，無分晝夜，暨分令各縣長，妥爲協同辦理，並督率各堤工委員會，切實防守，以免疏虞。(六編製南昌等測站水文觀測記載表20份。九江等八縣及景鎮彭湖兩林場雨量記載表10份，繪製贛河小江口附近堤線形勢圖3幅，贛河河道橫斷圖50幅，晒印各種計劃圖表5巨册。

(3) 農林(一補充收復縣區農具耕牛種穀事宜。補充後二辦事處，辦理補充縣區各辦事處，本月共計採運耕牛193頭，農具2095件，晚稻種穀200石。(二)派科員謝光平會同中國科學社生物研究所調查員王以康，張孟聞，調查贛撫兩河及鄱湖水產情形。

(4) 墾荒 一)處理南昌茅園圩荒地。令南昌縣查照成案，並轉飭宗萬兩姓遵照。(二)調查各縣荒地及面積，印發表式兩份，分令各縣查塡具報。(三)編製墾荒表呈送內政部察核。

(5) 鑛業(一)礦商聶三順，呈請在豐城縣第三區富水鄉沿溪洲地方，設定煤鑛鑛業權。計鑛區面積11公頃49公畝26公厘，經於6月1日核准登記給照，並呈報實業部備案。(二)彙集本廠所屬地質鑛業調查所，及各縣政府送到之鑛物標本，及說明書轉寄全國礦冶地質聯合展覽會查收陳列。

(6) 工商(一 據東鄉縣商人江順祥，李榮高，臨川縣商人黃茂盛，浮梁縣商人蕭德實，陳春耘，湖口縣商人秦桂長，徐宗綿，先後呈請發給度量衡器具營業許可執照，均經核准給照，並咨報全國度量衡局備案。(二)奉省政府令發省務會議通過之江西省立磚瓦工廠簡章，飭卽遵辦等因，經派員負責籌備，並擬定在未正式籌備以前，以一個半月爲試行期間，辦理試驗調查，及物色稱職員工諸事。(三)繼續籌辦殘廢軍民工廠。(四)奉實業部令發牙行堆棧轉運報關及躉售零售各調查表，經轉發各市縣商會查塡呈廳彙轉。(五)奉實業部令發修正發給國貨證明書規則，暨中國國貨標準等件，仰飭屬知照等因，經轉令各市縣商會知照。

最近三年繳費會員統計

地別	20—21年度	21—22年度	22—23年度
上海	204人	269人	294人
南京	72 „	108 „	117 „
杭州	2 „	25 „	24 „
唐山	17 „	19 „	16 „
天津	21 „	30 „	35 „
北平	1 „	3 „	15 „
青島	36 „	46 „	26 „
武漢	19 „	35 „	37 „
濟南	49 „	66 „	88 „
梧州	—	—	18 „
太原	—	—	2 „
蘇州	—	—	13 „
廣州	—	—	7 „
長沙	—	—	18 „
美洲	—	—	1 „
其他各處	47 „	89 „	114 „
預收會費	11 „	16 „	12 „
補收會費	11 „	34 „	98 „
共	490人	740人	935人

17968

膠濟鐵路行車時刻表

民國二十三年七月一日改訂實行

下行列車

站名	到開	第二一次各等	第三一次各等	第七一次二三等	第七三次三等	第一次各等
青島	開	七•〇〇	一一•三〇	一五•〇〇		二一•四〇
大港	開	七•一一	一一•四一	一五•一一		二一•五一
四方	開	七•二〇	一一•五〇	一五•二〇		二二•〇〇
滄口	開	七•三六	一二•〇六	一五•三八		二二•一六
女姑口	開	七•四八	一二•一八	一五•五一		不停
城陽	開	七•五七	一二•二七	一六•〇一		二二•三四
南泉	開	八•一三	一二•四三	一六•一八		不停
藍村	開	八•二七	一二•五八	一六•三六		二三•〇一
李哥莊	開	八•三六	不停	一六•四五		不停
膠東	開	八•四八	不停	一六•五八		不停
膠州	到	九•〇〇	一三•二五	一七•一二		二三•二八
膠州	開	九•〇三	一三•二七	一七•一四		二三•三〇
芝蘭莊	開	九•一九	一三•四四	一七•三三		不停
姚哥莊	開	九•二八	不停	一七•四三		不停
高密	到	九•三九	一四•〇一	一七•五一		〇•〇二
高密	開	九•五〇	一四•一三	一八•〇三		〇•一二
康家莊	開	一〇•〇	不停	一八•一六		不停
蔡家莊	開	一〇•一五	一四•三三	一八•二八		不停
塔耳堡	開	一〇•二三	一四•四三	一八•三九		不停
丈嶺	開	一〇•三三	一四•五三	一八•五三		不停
岞山	開	一〇•四二	一五•一三	一九•一二		一•〇三
黃旗堡	開	一一•〇一	一五•二二	一九•二三		不停
南流	開	一一•〇九	不停	一九•三一		不停
蛤蟆屯	開	一一•二四	一五•四一	一九•四八		一•二八
坊子	到	一一•三七	一五•五四	二〇•〇三		一•四二
坊子	開	一一•五二	一六•〇八	二〇•一二	六•二〇	一•五六
二十里堡	開	一二•〇四	一六•二〇	二〇•二六	六•三四	二•〇九
濰縣	到	一二•一三	一六•二八	二〇•三四	六•四四	二•一六
濰縣	開	一二•一五	一六•三〇		六•四九	二•二八
大圩河	開	一二•二九	不停		七•〇四	不停
朱劉店	開	一二•四〇	一六•五三		七•一七	二•四〇
昌樂	開	一二•五五	一七•〇六		七•三三	二•五五
堯溝	開	一三•〇五	一七•一八		七•四六	不停
譚家坊子	開	一三•一七	一七•三〇		八•〇〇	不停
楊家莊	開	一三•二八	一七•四一		八•一四	不停
青州	到	一三•四三	一七•五六		八•二三	三•二四
青州	開	一三•四六	一八•〇〇		八•三八	三•三六
普通	開	一三•五八	不停		八•五〇	不停
淄河店	開	一四•〇八	一八•一九		九•〇一	不停
辛店	開	一四•二一	一八•三六		九•一七	四•〇五
金嶺鎮	開	一四•三五	一八•五〇		九•三四	不停
湖田	開	一四•四八	一八•五九		九•四四	不停
張店	到	一四•五七	一九•〇八		九•五五	四•三一
張店	開	一五•一二	一九•三三		一〇•一〇	四•四六
馬尚	開	一五•二一	不停		一〇•二〇	不停
周村	到	一五•四〇	一九•四八		一〇•四四	五•一一
周村	開	一五•四五	一九•五一		一一•〇七	五•二二
大臨池	開	一六•〇七	不停		一一•三三	不停
王村	開	一六•一九	二〇•二四		一一•四六	不停
普集	開	一六•二九	二〇•三四		一一•五八	五•五三
明水	開	一六•四四	二〇•四九		一二•〇八	不停
棗園莊	開	一六•五四	二一•〇〇		一二•二五	六•一五
龍山	開	一七•〇八	二一•一五		一二•三六	六•二九
郭店	開	一七•二五	二一•三〇		一二•五三	不停
王舍人莊	開	一七•三四	二一•四一		一三•〇五	不停
黃台橋	開	一七•四七	二一•五五		一三•二〇	七•〇三
北關	開	一七•五五	二二•〇七		一三•二九	七•一〇
濟南	到	一八•〇〇	二二•一二		一三•三五	七•一五

上行列車

站名	到開	第二二次各等	第七二次二三等	第三二次各等	第七四次三等	第二次各等
濟南	開	七•〇〇		一一•四〇	一四•四〇	二一•〇〇
北關	開	七•〇九		一一•四七	一四•四七	二一•〇六
黃台橋	開	七•一六		一一•五四	一四•五五	二一•一五
王舍人莊	開	七•三〇		一二•〇八	一五•一〇	不停
郭店	開	七•四二		一二•二〇	一五•二二	不停
龍山	開	七•五七		一二•二六	一五•二九	二一•四八
棗園莊	開	八•一三		一二•三五	一五•五五	二二•〇三
明水	開	八•二四		一三•〇五	一六•〇七	不停
普集	開	八•四一		一三•二〇	一六•二〇	二二•二八
王村	開	八•五一		一三•三一	一六•二四	不停
大臨池	開	九•〇三		不停	一六•三四	不停
周村	到	九•二〇		一三•五六	一七•〇三	二三•〇一
周村	開	九•二三		一四•〇九	一七•一六	二三•〇四
馬尚	開	九•四〇		不停	一七•二六	不停
張店	到	九•四八		一四•二一	一七•四五	二三•二六
張店	開	一〇•〇三		一四•三六	一七•五八	二三•四一
湖田	開	一〇•一五		一四•四九	一八•一三	不停
金嶺鎮	開	一〇•二四		一四•五八	一八•二一	不停
辛店	開	一〇•三八		一五•一三	一八•三七	〇•一〇
淄河店	開	一〇•五一		一五•二五	一八•五一	不停
普通	開	一一•〇一		不停	一九•〇三	不停
青州	到	一一•一二		一五•四四	一九•一六	一•二九
青州	開	一一•一六		一五•四七	一九•一九	一•四二
楊家莊	開	一一•三一		一六•〇二	一九•二五	不停
譚家坊子	開	一一•四三		一六•一二	一九•四六	不停
堯溝	開	一一•五四		一六•二五	一九•五九	不停
昌樂	開	一二•〇六		一六•三七	二〇•〇二	二•二二
朱劉店	開	一二•一九		一六•五一	二〇•一六	二•三六
大圩河	開	一二•三〇		一七•〇一	二〇•二七	不停
濰縣	到	一二•四〇		一七•一三	二〇•三四	二•五九
濰縣	開	一二•四五	七•〇〇	一七•一六	二〇•五四	三•〇一
二十里堡	開	一二•五四	七•一〇	一七•二五	二一•〇四	三•一〇
坊子	到	一三•〇六	七•二三	一七•三七	二一•一七	三•二二
坊子	開	一三•二二	七•三七	一七•五二		三•四七
蛤蟆屯	開	一三•三六	七•五四	一八•〇六		三•五三
南流	開	一三•五〇	八•〇九	不停		不停
黃旗堡	開	一三•五七	八•一七	一八•二四		不停
岞山	開	一四•〇八	八•二九	一八•三五		四•〇八
丈嶺	開	一四•二六	八•四八	一八•四四		不停
塔耳堡	開	一四•四三	八•五八	一九•〇二		不停
蔡家莊	開	一四•五三	九•〇八	一九•一二		不停
康家莊	開	一五•〇一	九•二〇	不停		不停
高密	到	一五•〇三	九•三一	一九•三一		五•〇四
高密	開	一五•二四	九•四二	一九•四三		五•一五
姚哥莊	開	一五•三七	九•五六	不停		不停
芝蘭莊	開	一五•四五	一〇•〇五	二〇•〇〇		不停
膠州	到	一六•〇二	一〇•二二	二〇•一七		五•四七
膠州	開	一六•〇四	一〇•二六	二〇•二九		五•四九
膠東	開	一六•一六	一〇•二九	不停		不停
李哥莊	開	一六•二七	一〇•五一	不停		不停
藍村	開	一六•三七	一一•〇二	二〇•四六		六•二五
南泉	開	一六•五〇	一一•一五	二〇•五九		不停
城陽	開	一七•〇八	一一•三四	二一•一五		六•四二
女姑口	開	一七•一七	一一•四四	二一•二四		不停
滄口	開	一七•二九	一二•〇七	二一•三六		六•五九
四方	開	一七•四五	一二•二五	二一•五一		七•〇九
大港	開	一七•五五	一二•三五	二二•一〇		七•二〇
青島	到	一八•〇〇	一二•四〇	二二•一五		七•二五

北甯鐵路簡明行車時刻表

中華民國二十三年七月一日重訂

下行車

列車次數	北平前門開	豐台開	廊坊開	天津總站開	天津東站到	天津東站開	塘沽開	蘆台開	唐山到	唐山開	開平開	古冶開	灤縣開	昌黎開	北戴河開	秦皇島開	山海關到	山海關開	瀋陽總站到
第四十一次普通客車 中勝各等	五.四五	六.二〇	七.四五	九.一六	九.二五	九.三五	一〇.三八	一一.四六	一二.四七	一二.五二	一三.〇六	一三.三九	一四.二九	一五.三三	一六.一六	一六.四三	一七.〇五	停	
第七十一次及七十五次客貨混合三等慢車	六.一〇	八.〇五	一二.三六	一六.〇八	一六.二五	停	第七十五次	自唐山起		六.三〇	七.一〇	八.二五	一〇.〇一	一二.三〇	一四.二五	一五.三三	一六.一〇	停	
第一次平瀋特別快 勝臥各等	八.四五	九.一三	一〇.二一	一一.二八	一一.三六	一一.五〇	一二.四七	一三.四五	一四.三九	一四.四二	一四.五三	一五.一七	一五.四九	一六.三一	一七.〇四	一七.二三	一七.四〇	一八.四〇	六.二五
第二十三次快車 勝臥各等	一三.一五	一三.四六	一五.〇一	一六.三〇	一六.三九	一六.五九	一八.〇三	一九.〇八	二〇.〇八	二〇.一一	二〇.二二	二〇.四七	二一.二一	二二.一一	二二.四六	二三.〇八	二三.二六	停	
第三〇一次平滬直達特別快車 勝臥各等	一五.〇五	一五.三六	一六.四〇	一七.五〇	一七.五九	一八.二〇	開	往	上海										
第五次特別快車 勝車各等	一六.三〇	不停	不停	一九.〇七	一九.一五	停													
第三〇五次平浦直達特別快車 勝臥各等	一八.五〇	一九.二〇	二〇.二六	二一.三九	二一.四八	二二.二〇	開	往	浦口										
第二十一次快車 勝車各等	二〇.一五	二〇.四八	二二.〇八	二三.三八	二三.四七	二四.〇〇	一.一〇	二.〇八	三.二七	三.三二	三.四七	四.二〇	五.一二	五.一二	七.〇七	七.三三	七.五五	停	
第四〇一次平滬直達車及七十三次客貨混合三等慢車	二一.〇〇	二三.五〇	一.一四	四.〇三	四.二〇	六.四〇	九.四〇	一二.三三	一五.〇三	停									
第三次特別快車 勝車各等	一〇.五五	一一.一四	不停	一三.三二	一三.四〇	一三.五〇	一四.四七	一五.四〇	一六.三四	一六.三九	一六.五〇	一七.一四	一七.四六	一八.二八	一九.〇一	一九.二〇	一九.三七		

上行車

列車次數	瀋陽總站開	山海關到	山海關開	秦皇島開	北戴河開	昌黎開	灤縣開	古冶開	開平開	唐山到	唐山開	蘆台開	塘沽開	天津東站到	天津東站開	天津總站開	廊坊開	豐台開	北平前門到
第四十二次普通客車 中勝各等			六.〇〇	六.二五	六.五四	七.四一	八.四五	九.四四	一〇.一〇	一〇.二三	一〇.三〇	一一.四一	一二.四六	一三.四六	一四.〇〇	一四.一六	一五.四三	一七.二一	一七.五五
第四次特別快車 勝車各等			九.四五	一〇.〇四	一〇.二七	一〇.五八	一一.三九	一二.一八	一二.三五	一二.四五	一二.五〇	一三.四八	一四.四五	一五.四〇	一五.五五	一六.〇五	不停	一八.一五	一八.四二
第七十六次及七十二次客貨混合三等慢車			一〇.三〇	一一.五二	一二.五〇	一四.四八	一八.二六	二〇.三五	二一.三五	二一.五七	停	第七十二次	自天津起		六.〇五	八.五一	一一.四三	一五.三八	一六.五〇
第二十四次快車 勝車各等			一三.一五	一三.三五	一四.〇〇	一四.三七	一五.二三	一六.〇五	一六.二二	一六.三二	一六.三七	一七.二四	一八.五一	一九.五〇	二〇.〇〇	二〇.一一	二一.三四	二二.四八	二三.一七
第二次瀋平特別快 勝臥各等	一〇.一五	二一.二六	二二.三〇	二二.五九	二三.三一	〇.一九	一.一八	二.一六	二.四一	二.五五	二.五八	四.〇八	五.一一	六.一五	六.三〇	六.三九	七.四五	八.四七	九.一八
第七十四次客貨混合三等慢車及第四〇二次滬平直達車											四.五〇	七.三八	一〇.〇九	一一.四五	一七.二〇	一八.二〇	二三.二二	〇.五五	二.〇〇
第三〇六次平浦直達特別快車 勝臥各等									由	浦口		開	來	四.五〇	五.二〇	五.三〇	六.四三	七.四九	八.一九
第三〇二次滬平直達特別快車 勝臥各等									由	上海		開	來	七.〇五	七.三〇	七.四〇	八.五〇	九.五四	一〇.二四
第六次特別快車 勝車各等															九.〇五	九.一五	不停	不停	一一.五〇
第二十二次快車 勝臥各等			二三.三〇	〇.〇一	〇.三九	一.二九	二.三二	三.三〇	三.五六	四.一〇	四.一五	五.二六	六.三一	七.三六	七.五〇	八.〇三	九.二六	一〇.五五	一一.二九

隴海鐵路簡明客車時刻表

民國二十三年九月一日實行

向西上行車

站名＼車次	1 特快	3 特快	5 特快	71 混合	73 混合	75 混合	77 混合	79 混合
孫家山							9.15	
墟溝			10.05				9.30	
大浦				71.15				
海州			11.51	8.06				
徐州	12.40		19.39	17.25	10.10			
商邱	16.55				15.49			
開封	21.05	15.20			21.46	7.30		
鄭州	23.30	17.26			1.18	9.50		
洛陽東	3.49	22.03			7.35			
陝州	9.33				15.16			
潼關	12.53				20.15			7.00
渭南								11.40

向東下行車

站名＼車次	2 特快	4 特快	6 特快	72 混合	74 混合	76 混合	78 混合	80 混合
渭南								14.20
潼關	6.40				10.25			19.00
陝州	9.52				14.59			
洛陽東	15.51	7.42			23.00			
鄭州	20.15	12.20			6.10	15.50		
開封	23.05	14.35			8.34	18.15		
商邱	3.31				14.03			
徐州	8.10		8.40	10.31	20.10			
海州			16.04	19.48				
大浦				21.00				
墟溝			18.10				18.40	
孫家山							19.05	

中國工程師學會會務消息

◉朱母紀念獎金徵文啓事

逕啓者本會會員朱君其清爲紀念其母顧太夫人起見，曾於上年捐贈本會獎學基金國幣一千元，並經釐訂章程，每年度以該項基金之利息一百元作爲紀念獎學金，贈於本國青年對於任何一項工程之研究有特殊成績，而經朱母紀念獎學金委員會評定當選者。茲查上年度並未有人獲選，依據應徵辦法第三條之規定，應將上年度之獎學金現金一百元移至本年度，而將本年度當選名額增加一名，即同時可有兩人獲選，不論會員或非會員對於工程學術之研究具有特殊成績之人，均得應徵，茲將應徵辦法刊布於下：

(一)徵文範圍　任何一種工程學術之研究
(二)酬獎名額　本年度共二名
(三)獎金數目　每名國幣一百元
(四)截止日期　二十四年二月十一日
(五)應徵手續　詳章請向南京路大陸商場五樓本會索取

◉武漢分會消息

武漢分會於十月二十一日星期日，舉行常會，上午十時在建設廳齊集，先參觀武昌水廠，由廠長吳秉深引導一週，并各贈報告一冊，後乘車至珞珈山武漢大學招待所午餐，餐畢開會，由會長王寵佑主席，報告過去一年之工作，并請會員邱鼎汾報告今年夏季在濟南舉行年會詳情，並選舉新職員後，即散會，乘車參觀武葛公路，由該路工程師王蔭平指示，并分贈新刊武漢近郊公路工程報告，該路測綫極佳，平坦寬闊，風景幽勝，至九峯寺略憩，又赴靈泉一遊，回城時已7時矣。

◉各分會改選職員結果

查本屆各地分會職員除唐山梧州兩處已經選出並誌本刊外，南京，廣州，長沙，武漢，美洲等五分會亦相繼選出，其選舉結果如下：

(一)南京分會：

會長	王崇植	副會長	吳承洛
會計	嚴宏淮	書記	許應期

(二)廣州分會

會長	胡棟朝	副會長	梁永槐
會計	李果能	書記	梁永鎏

(三)長沙分會

會長	胡庶華	副會長	周邦柱
會計	王昌德	書記	王正己

(四)美洲分會

會長	張光華	副會長	周傳璋
會計	李錦瑞	書記	范緒筠

(五)武漢分會

會長	邵逸周	副會長	張延祥
會計	繆恩釗 方博泉	書記	高凌美

中國工程師學會「朱母顧太夫人紀念獎學金」章程

中國工程師學會會員朱其清，為紀念其先母顧太夫人逝世三週紀念起見，特提出現金一千元，於民國二十二年七月贈與中國工程師學會，作為紀念獎學金之基金，特訂定章程四條如下：

(一)定名　本獎金定名為「朱母顧太夫人紀念獎學金」，簡稱為，「朱母獎學金」。

(二)基金保管　「朱母獎學金」之基金一千元，由中國工程師學會之基金監負責保管，存入銀行生息，無論何人，不得動用。

(三)獎學金用途　基金利息，每年洋一百元，作為「紀念獎學金」，即以贈予每年度本國青年，對於任何一項工程學術之研究，有特殊成績，經本會評判當首選者。

(四)應徵辦法　中國工程師學會『朱母紀念獎學金』應徵辦法由本會公佈之。

中國工程師學會『朱母紀念獎學金』應徵辦法

本會會員朱其清君，於民國二十二年捐贈本會獎學基金國幣一千元，用以紀念其先母顧太夫人，並指明此款作為紀念獎學金之基金，任何人均不得動用。惟每年得將其利息提出，贈予本國青年對於任何一項工程學術之研究，有特殊成績者。茲特設「朱母紀念獎學金」，從事徵求，其應徵辦法如下：

(一)應徵人之資格　凡中華民國國籍之男女青年，無論現在學校肄業，或為業餘自修者，對於任何一種工程之研究，如有特殊興趣而有志應徵者，均得聲請參與。

(二)應徵之範圍　任何一種工程之研究，不論其題目範圍如何狹小，均得應徵。報告文字，格式不拘，惟須繕寫清楚，便於閱讀，如有製造模型可供評判者，亦須聲明。

(三)獎金名額及數目　該項獎學金為現金一百元，當選名額規定每年一名，如某一年無人獲選時，得移至下一年度，是年度之名額，即因之遞增一名。不獲選者於下年度仍得應徵。

(四)應徵時之手續　應徵人應徵時，應先向本會索取「朱母紀念獎學金」應徵人聲請書，以備塡送本會審查。此項聲請書之領取，並不收費，應徵人之聲請書連同附件，應用掛號信郵寄：上海南京路大陸商場五樓中國工程師學會「朱母紀念獎學金」委員會收。

(五)評判　由本會董事會聘定朱母紀念獎學金評判員五人，組織評判委員會，主持評判事宜，其任期由董事會酌定之。

(六)截止日期　每一年度之徵求截止日期，規定為「朱母逝世週年紀念日」，即二月十一日，評判委員會應於是日開會，開始審查及評判。

(七)發表日期及地點　當選之應徵人，即在本會所刊行之「工程」會刊及週刊內發表，時期約在每年之四五月間。

(八)給獎日期　每一年度之獎學金，定於本會每年舉行年會時贈予之。

17973

中國工程師學會「朱母紀念獎學金」應徵人聲請書

應徵人姓名……………………

籍貫…………………… 年歲……………………

性別…………………… 家況……………………

學歷及經驗……………………

現在工讀情形……………………

現在通信處……………………

永久通信處……………………

應徵內容……………………

（1） 研究問題

（2） 關於本問題研究之時間

（3） 關於本問題研究之動機及目的

（4） 研究本問題時之心得

（5） 研究本問題之方法或其儀器

（6） 研究本問題工作之地點

（7） 對於本問題尙擬繼續研究之工作

（8） 本問題研究結果之應用及其價値

註：（一） 任何一種工程之研究，不論其題目範圍，如何狹小，均得應徵。

（二） 報告文字，格式不拘，（無須論文）惟需繕寫清楚，便於閱讀。

（三） 如有製造模型，可供評判者，聲請時亦須聲明。

聲請人簽名……………………

民國　　年　　月　　日塡

17974

工程週刊

(內政部登記證警字788號)

中國工程師學會發行

上海南京路大陸商場542號

電話：92582

(稿件請逕寄上海本會會所)

中華民國23年9月7日出版

第3卷第36期(總號77)

中華郵政特准掛號認為新聞紙類

(第1831號執據)

本期要目

定報價目：每期二分；每週一期，全年連郵費國內一元，國外三元六角。

本會工業材料試驗所奠基典禮攝影

本會會員之於會務　編者

本會會務全在會員之共同維持。會員各有本業，對於會務自難充分兼顧，然而每人犧牲少許餘暇為本會略盡義務，亦非事實所不許可。故本會會務不患停頓而患無人過問；各人犧牲時間，不患其少而患其無。苟多數人而能為會出力，則個人所費光陰有限，而全會獲益實多。凡我會員幸各奮起為會犧牲，則會之前途將無限量！

從城市規劃說到國家規劃

第四屆年會公開演講

交大唐院市政教授朱泰信

兄弟在會資格甚淺，此次出席，原爲聆各工程界先進之言論而來，乃因到會太早，致被此間熱友介紹講演，自覺能力不勝，而又未事先預備，今姑擬此寬泛題目，當不致有文不對題之虞也。

(一)釋義：「城市規劃」一事，我國周禮考工記「匠人營國」之語，已肇其端。但作爲一支學科學藝術，仍不免係舶來品。故譯名因來源不一，亦有種種不同之異譯。「城市」與「計劃」二者，均有考慮之處。今茲稱爲城市規劃，要亦於適當情形中取其不寬泛不狹窄不死板合乎國情之「中庸之道」而已。

(二)範圍：以上均屬釋義，尙未及定義。但從以上所述，可知現在爲城市規劃下一定義，幾不可能。姑念擬一範圍，使吾人可從範圍中得有相當之認識。在城市規劃實施上，不外三種：一，城市之局部改造。二，舊城市之擴充與經營。三，整個新城市之建設。三者之中，以第二種爲最重要，同時亦最繁難。因舊城市衆多，且無日不在依其原來之式樣擴充中，而經營與擴充舊的城市所遇之條件，非常之多。關於社會學方面者，如人口分佈之狀況密度居住擁擠等等；關於工程方面者，如地勢地質氣象等自然限制，及社會學方面所予之一切困難；均須一一解決，而仍能於「經濟」「安全」二者之中，爲「交通」「給水」「溝渠」三種基本工程，求一最大效能之解決，使城市由鄉鎮而進爲都會，由鄙野而進於文明。關於衞生學方面者，如應若何改革環境，方可使吾人合乎「適於生存」之條件。關於美學方面者，應研究如何使城市對外可壯觀瞻，對內可激起市民愛護桑梓之心。各城均能如此，卽可進而激起愛國心。以上四種，雖屬多方面，但彼此均各關連，規劃之時，無論遺忘何種，卽可由之發生毛病。因此乃協合調整科學四者並顧，方能實現善的城市，富的城市，健的城市，美的城市也。

(三)方法：在城市規劃，成爲專門學科之前，多係工程先於規劃。但城市規劃學，乃係規劃在工程之前，調查與測量又在規劃之前。此處所謂測量，乃係文事測量，卽根據歌德教授之地方工作人民的三項式橫則，一代一代，搜集一切張本，用歷史連貫，將城市作一幕時間空間兼備之戲劇，表現於市民之前，使市民感出興味與需要。此種張本及計劃，又須有具體之陳述，如一，城市規劃報告書，詳述過去現在，及可能的將來；二，文事博物院，用模型圖畫，顯示上述報告之內容是。

(四)國家規劃：以上只說本題之前部，未及國家規劃。但城市並非能獨立無倚者，每一城市，均各有其上下千百年之歷史與地理上彼此相關之位置。所以規劃此一城市時，往往與別一城市相關，彼此交通最爲顯明，而給水排污亦有相當的牽連。如此城給水，往往求源於他城附近，此城排污，亦不能礙及他城之衞生，亦可概見。於是區域測量，因之而生，以便於區域規劃。若從區域規劃再行擴大，當然進於國家規劃。具體之例，如蘇俄之五年計劃，稍爲近似，終以太偏重經濟問題，仍與吾人眼光不同。又如歐美各國所喊出之統治經濟口號，亦只係將走向國家規劃路徑之起點而已。由此觀之，由城市規劃，雖爲由簡入繁，實係不能免之趨向。於是我等之講題，由城市規劃，終於說到國家規劃矣。今再定一結論，以便使人注意，即欲謀國家之偉大，須先謀城市之偉大。

廣東省市建設之狀況

第四屆年會公開演講

廣州市政府設計委員金肇組

廣州遠離中央及北部各省，因種種關係，彼此情形隔膜，豈知廣東乃全國最容易建設之一省。蓋其天時氣候經濟能力，人民心理，均有利於建設。且此部礦產豐富，交通利便，種種情形，均佔最良好之位置。現自23年起推行全省三年計劃。本人此行，即爲溝通本省建設事業，與全國工程人材之關係，希望本省能得吾國工程界之良好指導。而吾國工程人材因有本省經營各種大規模事業，而多得許多經驗。三年計劃包括農林工商蠶桑礦業煉鋼廠公路航政（船廠在內）電力（水電廠）電訊。在本報告範圍以外者，倘有鐵路海港治河漁業畜牧墾地測候及國防等工程建設。玆分述如下：

（甲）屬于市政工程方面者：（一）建造西南鐵橋，以聯絡廣州珠江以北各鐵路與珠江以南之西南幹線。將來可將平漢粵漢幹線，循廣三路線而通達桂黔各省。即其他如韶贛京粵等線，亦均可藉此橋而互相貫通。並可廢除駁輪，年省數十萬元之經費。橋長1640呎，分東西兩段。東段4節跨度均爲164呎。其中1節爲旋轉式。西段6節跨度亦均爲164呎。橋架內寬22呎，橋底淨高在普通水位時達17呎。全橋將於民國26年1月完成。造價規銀2,538,200兩。（二）珠江鐵橋，爲聯貫廣州市內珠江南北之唯一橋樑。橋長600呎，分3段，中段爲開合式，跨度160呎，兩端跨度各220呎。橋面寬60呎，橋底高出平均水面23呎，足敷小輪及帆船通行。民國22年3月完工。造價規銀1,035,000兩。（三）海珠炸石工程。海珠礁石長約2,500呎，體積107,000立方碼，阻礙珠江河面交通，故炸去之。計費銀洋七十五萬餘元。民國22年10月完工。（四）河南堤岸。約長7,300呎，填土95,000方。包工價二百四十餘萬。現已興工3年即可完成。（五）海珠堤岸。計分2段，一長1,100餘呎，一長1,000呎，由荷蘭及聯益兩公司承包，價共約五十九萬餘元。又挖泥船一艘，計價170,000元。馬路工程，計至22年5月止，已成路線計長三萬六千餘里，共費銀洋2,600,000元，多爲瀝青路面及少數碎石路。

（乙）屬于公用事業者：（一）擴充增埗水廠，計費二百零三萬餘元。連合新舊兩部，每日可出水20,000,000英加倫以上。民國21年4月完成。（二）東山新水廠，係供給全市最高級住宅區者，該廠出水量可達1,000,000美加倫。現正從事擴充，以期短期中，增至全日出水1,600,000加侖。（三）西村新電廠，因舊有長堤之總電廠，地點失宜，無可擴充，乃另新設，以應需要。全廠電力設爲30,000啓羅華特，房屋由市府自建外，機械由西門子洋行供給。計費銀關金約1,300,000元。（四）翁江電廠，（五）廣東鍊鋼廠，均在計劃中。

（丙）屬于公路方面者：省區路線，共有三萬一千二百餘里。22年度增築者，六千六百餘里。

（丁）其他實業工廠建設工程：（一）西村士敏土廠。民國21年6月完成，現正從事擴充，每日出品，不久即可達400噸。土地建

17977

築設備機械等費，共三百餘萬元。(二)西村硫酸廠。民國22年4月完成，每日出品15噸。土地建築設備機械等費，約小洋1,000,000元。(三)西村蘇打廠。民國23年完成。每日出苛性鈉6噸。機械土木建築等費，共計費小洋1,000,000元。(四)河南棉紡廠，(五)河南絲織廠，(六)西村燐肥廠，(七)河南毛織廠，(八)糖廠2處，酒精廠1處，河南蔴紗水結廠，新聞紙廠等，亦均預定在今明兩年之內完成。

(戊)建設經費：最近之統計經費，因機關不一，甚難統計。今姑就本報告內容所及者計之：(一)市政建設最近約一千八百餘萬。(二)工業建設最近約四千四百萬元。(三)公路共計五千六百餘萬元。建設經費屬于以上所列之範圍者，約合大洋100,000,000元。

山東省建設之最近概況

第四屆年會公開演講

山東省建設廳長張鴻烈

頃聞主席所謂山東建設如「窮幹」，確係實情。但每年能在預算範圍內努力，尚堪自慰。今甚願藉此機會，將山東建設詳情，報告諸位。惟時間短促，僅能作一概述如下：

(一)路政：本省道路，計分省道縣道兩種。民國19年以前，本省汽車路甚少，實因營業不佳所致，本廳因此深覺謀利政策之非，乃自19年起，劃分全省汽車路為6區，區設一局，各轄本區之道路及維護工程，並指導商有車輛。蓋道路交通，關係生產，不僅在注意其本身之餘利也。經營迄今，全省各縣交通粗以方便，管理亦較集中。在民21年，本省已成縣道為21,957里，鎮道12,472里。最近統計報告，縣道已增至26,798里，鎮道則增至24,007里。21年駛車路綫，長度為9,065里，22年增至9,418里。有官車166輛，商車153輛。最近一年間，添購汽車44輛。駛車路綫，雖有因故停駛者，但新闢路綫，亦復不少。統計最近駛車路綫，為9,418里。今將新闢汽車專路台濰綫工程情形，略述如下：自台兒莊起至濰縣東關止，全路計長364公里。路線綺嶇，工程浩大，需款亦鉅。但此線為中央所指定，不容遲緩，因此力求節省，由省府撥款830,000元，而飭沿途各縣撥調民夫，協助修築，現已全路報竣。計建橋樑100座，涵洞212座。路寬6公尺，路基加高自1公尺至公3公尺。橋梁涵洞土工，概用民力，估計價值約507,000元。佔用民地，估計約為474,800元。調用民夫，純因本省經費支絀，所謂雖窮必幹，卽此之謂也。其他各路，稍加整理，或加高或加寬，用費較少，無煩贅述，此本省路政之大概情形也。

(二)電話：電話亦分省有縣有二種。但省有電話，與縣有電話，皆有連絡。與河南省亦有通達之線。惟與河北省尙無通線。因與交通部路線營業有礙而停止故也。山東夙為多匪之區，故電話建設實不可少。今春劉匪桂堂竄擾魯南一帶，每日幾及200里。卒因電話公路便利之故，為省軍追逐，致無3小時之休息，得於50日內，為省軍消滅。電話之用，已見效驗。但本省電話之建設，非僅專為軍事主要目的，仍在供給工商人民之用。卽如濟南為棉業集中之地，行情瞬變，今得電話之便利，時刻可以問價交易，不致坐誤時機。其他行業亦莫不然，玆不贅述。現在電話建設情形，省有電話，共有電桿綫路10,201里，掛線15,738里。通話者104縣，(前劉珍年所轄各縣省線，尙未完全建設)

17978

。共有話機288部，交換機110部，電話分局109處。縣有電話過去一年間，計增桿路5,691里，連同舊有綫路，共30,378里，掛綫39,837里，共有話機2,963部，交換機402部。用省款29,884元，縣款79,450元，舊料估價64,000元，民夫工費估價120,000元，總計約300,000元。

(三)水利：水利亦分由省縣二部辦理。關於某一縣之水利，即由某縣自辦，關於經過數縣之河流，則由省辦。水利工程計分防災水利航政三部。防災部分已大部完成。如南北運河一部，已疏治完畢。萬福洙水兩河原為魯西大患，幾於每秋有災，疏浚工程，已於22年完成。設計建造，係由省方担任，調用民夫，則由縣方處理之。馬頰河之疏浚，亦已竣工，計用款二百九十餘萬元。受利地面積，不下千餘頃。涸復窪地一萬餘頃。農業收益，可達一百五十餘萬元。其他以時間倉促，不能詳細報告，總之本省河湖工程，總長一千七百五十餘公里，土方合計六千九百餘萬立方公尺，民工代價一千四百八十餘萬元，每年所得利益三千八百餘萬元。

他如林業本年亦特別注意，當即增加苗圃，栽植各公路行道樹。鄉間則強迫植樹，對於農民，一方面幫助組織合作社，一方向銀行担保接洽減利借款，以便救濟農村。絲棉二種，已組產銷合作社，今年又與上海銀行接洽煙葉之救濟貸款等。對於礦業除保護舊有礦業外，並力謀新礦之開採，如金礦等之開採，已在計議中。自23年起，本省更有三年建設之計劃，電話事業之整理，水利情形之改善，航政之改進，(如小清河)完成虹吸工程，以期變黃河淤地為良田等等，皆包括在內。此本省建設之大概情形也。對於人才之羅致，亦極注意，本省自辦之工程人員訓練班畢業生派往各縣擔任普通工程事務，他若本省聘請之水利專員18人，縣工程師108人，及建設廳之工程人員，皆學有專長，足為本省建設之臂助。台濰路建築時，奉到中央命令，能以如期完成，足證本省工程人才，尚稱充足。最後願以本省建設口號作為本文之結論：(1)以科學的技術努力建設，(2)以政治的力量扶持農工，(3)以統制經濟的策略，力求生產與消費之供求相應，(4)以公開財政的制度，力求各項費用之支銷適合。

青島市工程概況

第四屆年會公開演講

青島市工務局長邢契莘

今在未述本題之前，先將青島之市政約略言之。青島前由德日兩國經營，我國收回，不僅能繼續維持，且能有所增設，尚可慰我國人。全市面積約2000方里，人口450,000，歲入約1,500,000元，比之山東全省，渺乎小矣。地面平靖，教育則添設學校41所，學齡兒童，增加50%。農林亦有長足之進步。以上均在題外，茲不多述。本人此來，係為代表沈市長歡迎諸君前往參觀指導，至於居住飲食，均能預備，可無問題。工程均有原理及原則，歷久不變，但其進行之方法及價值，則因環境時間之不同，而隨時發生差異。今將青島市工程之概況，略為諸君言之，藉供參考：

(一)道路：青島縱橫各約五六十里，已成道路，本祗三百餘里近二年來增加470里。路面分土路沙石路柏油路小方石路條石路青磚路混凝土路等7種。各因時間及地帶之關係，而擇定其種類。養路分8區，內者2區

17979

，區設主任1，監工5，工頭3，長工40至60，特動工人140，短工無定額。每年修補次數，以土路每年平均4次爲最多。市外者6區，區設主任1，監工1至4，長工1至30，短工無定額，每年春冬兩季徵民夫修補之。有數處交通重要者，民夫每年送沙3次，而由區內派工修補之。路面寬度，市內以柏油路之8.3公尺爲最寬。維持費以柏油路之每平方公尺年約2分爲最廉。小方石路面條石路面青磚路面及混凝土路面則均無須維持費用。耐久性亦條石之百年爲最久焉。

（二）自來水水源，計有白沙河李村河海泊河3處。河內沙層殊深，蘊藏甚富水質異常清潔。全市大小配水管，約長120公里。每日平均送水量爲15,000噸。本市逐年發展，自來水供不應求，每屆夏季輒見水荒，因限於經費，乃治標以濟其急。(1)改良送水設備，(2)改良蓄水設備。計費各六萬餘元，已於22年份完成。至於治本計劃，擬在月子口築壩蓄水，以裕水源，因照以往經驗推測，最大全年總水量，約須一千二百餘萬噸也。

（三）下水道：青島下水道之系統有「分流式」與「合流式」兩種。下水道水管通用者有混凝製及博山陶製兩種。前者有圓形及卵形之別，後者爲圓形。全市宣洩現時計分4區。將來市面繁榮，須推廣至15區。

（四）電氣：膠澳電氣公司即日管時代之發電所。接收時議定中外共同經營，股本國幣2,000,000元。接收以來，營業逐年進步，用戶激增，全市發電量爲9,280,161基羅瓦特。本年夏季最高負荷已超過9,000基羅瓦特。預計一年之後，原發電廠之容量，已不敷用。因廠基偏僻，已由工務局通知在原廠以外擴充，限期完成，擴充計劃，現正進行設計，將於24年10月竣工。

（五）市民建築：近年因市政發達，銳意整理，規定分區取締，以第一至三區爲三種住宅區，第四爲商業區，第五爲工業區，第六爲港務區，第七爲別墅區。至於審核手續，監工辦法，建築規則，均經詳細訂定。

（六）公共建築工程；兩年來各項公有建築，有體育場菜市場風景亭大禮堂工人宿舍平民住所公園公廁海水浴場中小學校等，先後共費款約七八十萬元。

（七）鄉區工程：青市鄉區工程爲修路建橋築壩鑿井等事，與其他各處並無出入，不必贅述。惟河底橋一項，爲青市特有之工程，河底橋者，鋪於河底，與沙相平，水小可穿橋而過，水大則漫橋而過，無害流水，有利行人。蓋鄉區河流，均屬無定河性質，惟造河底橋，最爲經濟適用也。

（八）增築碼頭：年來船隻進口多，碼頭不敷應用，故於第二三兩碼頭間增築第五碼頭一座，寬100公尺，長520公尺，由底基至頂總高15½公尺。自20年10月開工，現已完成半數以上。

（九）船塢工程：塢長480呎，入口上寬75呎，底寬59呎，高潮水深23呎。塢體由岩石鑿成，表面再砌勞山石，基礎堅固無比。全塢祗費330,000元，蓋以青島採石便利，料價低廉之故。

中國工程師學會第四屆年會議決案

(1) 擬充實本會組織將各項工程分組設立以免本會會員另組各項工程學會分散本會力量案

議決　原則通過辦法交董事會愼重擬定提出下屆年會討論

(2) 擬請總會籌募現金十萬元供採購材料試驗設備之需要請公決案

議決　通過

(3) 近聞商務印書館正在編輯大學教科書其屬於工程部份之課本於工程教育關係綦鉅本會對編纂大綱重要目次似可向教育部供獻意見並由本會從速完成譯訂各種工程專門名詞以宏教育而裨實用請公決案

議決 通過

(4) 應建議政府從速建立完備的工科學校案

議決 原則通過辦法交原提議人研究提出下屆年會討論

(5) 每屆年會應由總會提出全國建設報告書案

議決 通過

(6) 會員欠付會費對於本會不熱心不贊助可想而知留此不熱心不贊助之會員於會無益不如照會章執行即會員欠付會費在二年以上於本屆年會後經加通知而不於通知後六個月繳清者照會章第四十二條辦理

議決 原則通過

(7) (一)民國二十四年第五屆年會擬請在上海舉行請公決案

(二)本會第五屆年會擬請在太原舉行可否敬請公決案

(三)明年第五屆年會以廣西桂林為召集地點提請公決案

以上三案合併討論議決贊成梧州者最多數贊成上海者次多數贊成太原者再次多數

(8) 所有年會提案臨時動議須有十人以上連署其餘由提案委員會審查提出不加限制案

議決 通過

(9) 本年會改在春季舉行案

議決 出席三分之二以上人數通過交執行部用通訊法交付全體會員公決

(10)建議總會特呈中央明令提倡政府及資本家與技術人員切實合作以進行一切新建設以樹國基案

議決 交董事會酌量辦理

(11)建議政府切實保障技術人員所辦事業及服務工作案，

議決 交董事會酌量辦理

(12)請本會呈請行政院通令全國各水利及有關係之學術機關將每年度所搜集之水文雨量氣象及其他與建設事業有關係之資料在年終時彙送本會整理後於翌年春季發行專刊以便研究而利建設案

議決 交董事會酌量辦理

(13)致謝招待第四屆年會之各機關濟南分會與年會委員案

議決 通過

國內工程新聞

(一)導淮入海工程卽開工

蘇建廳為開闢淮黃河入海，業經省府會議通過，於本年秋冬，由有關各縣實行辦理。其施工測量業於七月間開始工作，九月底已可竣事。所有工程處及段工事務所組織規程，概照各縣徵工人數分配，趕籌進行。工程處已決定於十月一日在淮陰成立，並訂本月20日實行開工。該所特分令淮陰，阜甯，泗陽，寶應，興化，泰縣，淮安，漣水，鹽城，高郵，東台，江都，等各縣縣長，迅將民伕人數，趕卽着手籌備，統限10月15日以前，徵集完全，聽候工程調遣，並召各該縣長於10月16日來省開會討論。

(二)川省發現巨量油礦

四川達縣石橋河橋灣麻油溝等地，遍地溢出油質，農人以火燃燒，一觸卽燃。川建盧派地質及鑛學專家前往試探，辨爲石油鑛，藏油極旺，面積約五十餘華里。用新法提煉，全川機器油燈油不致再仰給外貨。爰檢同試探成績，石樣油樣，呈由該省善後督辦公署，派員齎送實部化驗，如認爲有開採價值，即請派員前往查勘。

(三)財部籌撥黃河工程費

行政院令財部籌撥黃河善後工程費100,000元，免延誤工務，財部已擬下週匯津應用。

新出書報

工程師的教育和工作

薩凱忒著 陳章譯

商務印書館出版 定價一元

中學畢業生欲入工程專科，對於工程常無相當認識，於是隨便選擇一種工程，學習不成，乃半途而廢焉，人生最不經濟之事無過於是。再言普通之人對於工程之爲何物，亦每茫然。蓋我國常處於非科學的環境之下，國民缺乏工程常識，無怪其然。陳章君所譯工程師的教育和工作一書大可補救上述缺點。書分十四章，對於工程發展歷史，以及工程的選擇，論述甚爲透澈，而對於土木，電機，機械，化學，礦冶，各工程，每種以一章之地位述其概略，非工程界人讀之，固可得悉各項工程之性質，即某項工程專家讀之，亦可知他項工程之內容。

書末有附錄三則：美國華台爾博士之「中國所需要於工程者」，中國各大學工程科學程舉例，關於工程職業問題之英文參考書目一斑；尤爲留心於工程教育者有價值之參考資料。 (鄒恩泳)

膠濟鐵路行車時刻表 民國二十三年七月一日改訂實行

下行列車

站名	到開	二次各等	二十二次各等	七十二次三四等	七十四次三四等	一次各等
青島	開	七•〇〇	一一•三〇	一五•〇〇		二一•四〇
大港	開	七•一一	一一•四一	一五•一一		二一•五一
四方	開	七•二〇	一一•五〇	一五•二〇		二二•〇〇
滄口	開	七•三六	一二•〇六	一五•三八		二二•一六
女姑口	開	七•四八	一二•一八	一五•五一		不停
城陽	開	七•五七	一二•二七	一六•〇一		二二•三四
南泉	開	八•一三	一二•四三	一六•一八		不停
藍村	開	八•二七	一二•五八	一六•三六		二三•〇一
李哥莊	開	八•三六	不停	一六•四五		不停
膠東	開	八•四八	不停	一六•五八		不停
膠州	到	九•〇〇	一三•二五	一七•一一		二三•二八
膠州	開	九•〇三	一三•二七	一七•一四		二三•三〇
芝蘭莊	開	九•一九	一三•四四	一七•三二		不停
姚哥莊	開	九•二八	不停	一七•四二		不停
高密	到	九•三九	一四•〇一	一七•五一		〇•〇一
高密	開	九•五〇	一四•一二	一八•〇四		〇•〇三
康家莊	開	一〇•〇〇	不停	一八•一六		不停
蔡家莊	開	一〇•一五	一四•三三	一八•二八		不停
塔耳堡	開	一〇•二三	一四•四三	一八•三九		不停
丈嶺	開	一〇•三三	一四•五四	一八•五三		不停
岞山	開	一〇•五三	一五•一三	一九•一三		〇•三二
黃旗堡	開	一一•〇一	一五•二二	一九•二三		不停
南流	開	一一•〇九	不停	一九•三一		不停
蝦蟆屯	開	一一•二四	一五•四一	一九•四八		一•〇六
坊子	到	一一•三七	一五•五四	二〇•〇二		一•四二
坊子	開	一一•五三	一六•〇八	二〇•二一	六•二〇	一•五六
二十里堡	開	一二•〇四	一六•二〇	二〇•三六	六•三四	二•〇八
濰縣	到	一二•一三	一六•二八	二〇•四五	六•四四	二•一六
濰縣	開	一二•一五	一六•三〇		六•四九	二•二八
大圩河	開	一二•二九	不停		七•〇四	不停
朱劉店	開	一二•四〇	一六•五三		七•一七	二•四〇
昌樂	開	一二•五五	一七•〇六		七•三二	二•五三
堯溝	開	一三•〇五	一七•一八		七•四六	不停
譚家坊子	開	一三•一七	一七•三〇		八•〇〇	不停
楊家莊	開	一三•二八	一七•四一		八•一四	不停
青州	到	一三•四三	一七•五六		八•二五	三•一四
青州	開	一三•四六	一八•〇〇		八•三六	三•二六
普通	開	一三•五八	不停		八•五四	不停
淄河店	開	一四•〇八	一八•一九		九•〇一	不停
辛店	開	一四•二一	一八•三六		九•一七	四•〇五
金嶺鎮	開	一四•三五	一八•五〇		九•二五	不停
湖田	開	一四•四八	一八•五九		九•四四	不停
張店	到	一四•五七	一九•〇八		九•五五	四•三一
張店	開	一五•一二	一九•二三		一〇•一〇	四•三六
馬尚	開	一五•二二	不停		一〇•二〇	不停
周村	到	一五•四〇	一九•四八		一〇•四四	五•一二
周村	開	一五•四五	一九•五一		一〇•四七	五•一三
大臨池	開	一六•〇七	不停		一一•一三	不停
王村	開	一六•一九	二〇•二四		一一•二六	不停
普集	開	一六•二九	二〇•三四		一一•三八	五•五三
明水	開	一六•四四	二〇•四九		一二•〇五	不停
棗園莊	開	一六•五四	二一•〇〇		一二•一八	六•一五
龍山	開	一七•〇八	二一•一五		一二•三五	六•二九
郭店	開	一七•二五	二一•三〇		一二•五二	不停
王舍人莊	開	一七•三四	二一•四一		一三•〇五	不停
黃臺橋	開	一七•四七	二一•五五		一三•二〇	七•〇三
北關	開	一七•五五	二二•〇七		一三•二九	七•一〇
濟南	到	一八•〇〇	二二•一三		一三•三五	七•一四

上行列車

站名	到開	三次各等	七十三次三四等	二十三次各等	七十一次三四等	二十一次各等
濟南	開	七•〇〇		一一•四〇	一四•四〇	二三•〇〇
北關	開	七•〇九		一一•四七	一四•四七	二三•〇六
黃臺橋	開	七•一六		一一•五四	一四•五五	二三•一五
王舍人莊	開	七•三〇		一二•〇八	一五•一〇	不停
郭店	開	七•四三		一二•二〇	一五•二三	不停
龍山	開	七•五七		一二•三六	一五•三九	二三•二八
棗園莊	開	八•一三		一二•五二	一五•五五	二三•三五
明水	開	八•二四		一三•〇五	一六•〇七	不停
普集	開	八•四一		一三•二〇	一六•二四	二三•五八
王村	開	八•五一		一三•三一	一六•三四	不停
大臨池	開	九•〇三		不停	一六•五四	不停
周村	到	九•二〇		一三•五六	一七•一三	〇•一二
周村	開	九•二三		一三•五九	一七•一六	〇•一四
馬尚	開	九•四〇		不停	一七•三五	不停
張店	到	九•四八		一四•二一	一七•四五	〇•三六
張店	開	一〇•〇三		一四•二六	一七•五八	〇•四二
湖田	開	一〇•一五		一四•四九	一八•一三	不停
金嶺鎮	開	一〇•二四		一四•五八	一八•二一	不停
辛店	開	一〇•三八		一五•一三	一八•三七	一•一〇
淄河店	開	一〇•五一		一五•二五	一八•五一	不停
普通	開	一一•〇一		不停	一九•〇五	不停
青州	到	一一•一三		一五•四四	一九•一六	一•三九
青州	開	一一•一六		一五•四七	一九•一九	一•四二
楊家莊	開	一一•三一		一六•〇三	一九•三五	不停
譚家坊子	開	一一•四三		一六•一三	一九•四六	不停
堯溝	開	一一•五四		一六•二五	一九•五九	不停
昌樂	開	一二•〇八		一六•三七	二〇•一二	二•二三
朱劉店	開	一二•一九		一六•五一	二〇•二六	二•三九
大圩河	開	一二•三〇		一七•〇一	二〇•三七	不停
濰縣	到	一二•四三		一七•一三	二〇•五〇	二•四八
濰縣	開	一二•四五	七•〇〇	一七•一六	二〇•五四	三•〇二
二十里堡	開	一二•五四	七•一〇	一七•二五	二一•〇四	三•一〇
坊子	到	一三•〇八	七•二三	一七•三七	二一•一七	三•二三
坊子	開	一三•二一	七•三七	一七•五一		三•三七
蝦蟆屯	開	一三•三六	七•五四	一八•〇八		三•五三
南流	開	一三•五〇	八•〇九	不停		不停
黃旗堡	開	一三•五七	八•一七	一八•二四		不停
岞山	開	一四•〇八	八•二九	一八•三五		四•一八
丈嶺	開	一四•二六	八•四八	一八•五三		不停
塔耳堡	開	一四•三三	八•五八	一九•〇三		不停
蔡家莊	開	一四•五一	九•〇八	一九•一二		不停
康家莊	開	一五•〇二	九•二〇	不停		不停
高密	到	一五•一四	九•三一	一九•三一		四•五四
高密	開	一五•二四	九•四五	一九•四二		五•〇五
姚哥莊	開	一五•三七	九•五六	不停		不停
芝蘭莊	開	一五•四五	一〇•〇五	二〇•〇四		不停
膠州	到	一六•〇二	一〇•二二	二〇•一七		五•三七
膠州	開	一六•〇四	一〇•二六	二〇•一九		五•四九
膠東	開	一六•一六	一〇•三九	不停		不停
李哥莊	開	一六•二七	一〇•五一	不停		不停
藍村	開	一六•三七	一一•〇一	二〇•四六		六•二五
南泉	開	一六•五〇	一一•一五	二〇•五九		不停
城陽	開	一七•〇八	一一•三四	二一•一五		六•四二
女姑口	開	一七•一七	一一•四四	二一•二四		不停
滄口	開	一七•二九	一二•〇七	二一•三六		六•五九
四方	開	一七•四五	一二•二五	二一•五一		七•一九
大港	開	一七•五五	一二•三五	二二•〇一		七•三〇
青島	到	一八•〇〇	一二•四〇	二二•〇六		七•三五

隴海鐵路簡明客車時刻表

民國二十三年九月一日實行

向西上行車

站名＼車次	1 特快	3 特快	5 特快	71 混合	73 混合	75 混合	77 混合	79 混合
孫家山							9.15	
墟溝			10.05				9.30	
大浦				71.15				
海州			11.51	8.06				
徐州	12.40		19.39	17.25	10.10			
商邱	16.55				15.49			
開封	21.05	15.20			21.46	7.30		
鄭州	23.30	17.26			1.18	9.50		
洛陽東	3.49	22.03			7.35			
陝州	9.33				15.16			
潼關	12.53				20.15			7.00
渭南								11.40

向東下行車

站名＼車次	2 特快	4 特快	6 特快	72 混合	74 混合	76 混合	78 混合	80 混合
渭南								14.20
潼關	6.40				10.25			19.00
陝州	9.52				14.59			
洛陽東	15.51	7.42			23.00			
鄭州	20.15	12.20			6.10	15.50		
開封	23.05	14.35			8.34	18.15		
商邱	3.31				14.03			
徐州	8.10		8.40	10.31	20.10			
海州			16.04	19.48				
大浦				21.00				
墟溝			18.10				18.4	
孫家山							19.05	

北甯鐵路簡明行車時刻表

中華民國二十三年七月一日重訂

下行車

列車次數 \ 站別 開到時刻	北平前門開	豐台開	郎坊開	天津總站開	天津東站到	天津東站開	塘沽開	蘆台開	唐山到	唐山開	開平開	古冶開	灤縣開	昌黎開	北戴河開	秦皇島開	山海關到	山海關開	遼寧總站到
第四十一次 普通客車 中膳各等	五.四五	六.二〇	七.四五	九.一六	九.二五	九.三五	一〇.三八	一一.四六	一二.四七	一二.五二	一三.〇六	一三.三九	一四.二九	一五.三三	一六.一六	一六.四三	一七.〇五	停	
第七十一次 及七十五次 客貨混合 三等慢車	六.一〇	八.〇五	一二.三六	一六.〇八	一六.二五	停	第七十五次	自唐山起		六.三〇	七.一〇	八.二五	一〇.〇一	一二.三〇	一四.二五	一五.三三	一六.一〇	停	
第一次 平瀋特別快 膳臥各等	八.四五	九.一三	一〇.二一	一一.二八	一一.三六	一一.五〇	一二.四七	一三.四五	一四.三九	一四.四二	一四.五三	一五.一七	一五.四九	一六.三一	一七.〇四	一七.二三	一七.四〇	一八.四〇	六.二五
第二十三次 快車 膳臥各等	一三.一五	一三.四六	一五.〇一	一六.三〇	一六.三九	一六.五九	一八.〇三	一九.〇八	二〇.〇八	二〇.一一	二〇.二二	二〇.四七	二一.二一	二二.一一	二二.四六	二三.〇八	二三.二六	停	·
第三〇一次 平滬直達 特別快車 膳臥各等	一五.〇五	一五.三六	一六.四〇	一七.五〇	一七.五九	一八.二〇	開	往	上	海									
第五次 特別快車 膳車各等	一六.三〇	不停	不停	一九.〇七	一九.一五	停													
第三〇五次 平浦直達 特別快車 膳臥各等	一八.五〇	一九.二〇	二〇.二六	二一.三九	二一.四八	二二.二〇	開	往	浦	口									
第二十一次 快車 膳車各等	二〇.一五	二〇.四八	二二.〇八	二三.三八	二三.四七	二四.〇〇	一.一〇	二.一八	三.二七	三.三二	三.四七	四.二〇	五.一三	五.一二	七.〇七	七.三三	七.五五	停	
第四〇一次 平瀋直達貨 車及七十三 次客貨混合 三等慢車	二一.〇〇	二二.五〇	一.一四	四.〇三	四.二〇	六.四〇	九.四〇	一二.三三	一五.〇三	停									
第三次 特別快車 膳車各等	一〇.五五	一一.一四	不停	一三.三二	一三.四〇	一三.五〇	一四.四七	一五.四〇	一六.三四	一六.三九	一六.五.	一七.一四	一七.四六	一八.二八	一九.〇一	一九.二〇	一九.三七		

上行車

列車次數 \ 站別 開到時刻	遼寧總站開	山海關到	山海關開	秦皇島開	北戴河開	昌黎開	灤縣開	古冶開	開平開	唐山到	唐山開	蘆台開	塘沽開	天津東站到	天津東站開	天津總站開	郎坊開	豐台開
第四十二次 普通客車 中膳各等			六.〇〇	六.二五	六.五四	七.四[illegible]	八.四五	九.四四	一〇.一〇	一〇.二三	一〇.三〇	一一.四一	一二.四六	一三.四六	一四.〇〇	一四.一八	一五.四三	一七.二三
第四次 特別快車 膳車各等			九.四五	一〇.〇四	一〇.二七	一〇.五八	一一.三九	一二.一八	一二.三五	一二.四五	一二.五〇	一三.四八	一四.四五	一五.四〇	一五.五五	一六.〇五	不停	一八.一五
第七十六次 及七十二次 客貨混合 三等慢車			一〇.三〇	一一.五二	一二.五〇	一四.四八	一八.二六	二〇.三五	二一.三五	二一.五七	停	第七十二次	自天津起		六.〇五	八.五一	一一.四三	一五.三八
第二十四次 快車 膳車各等			一三.一五	一三.三五	一四.〇〇	一四.三七	一五.二二	一六.〇五	一六.二二	一六.三二	一六.三七	一七.二四	一八.五一	一九.五〇	二〇.〇〇	二〇.一一	二一.三四	二二.四八
第二次 瀋平特別快 膳臥各等	一〇.一五	二二.二六	二二.三〇	二二.五九	二三.三一	〇.一九	一.一八	二.一六	二.四一	二.五五	二.五八	四.〇八	五.一一	六.一五	六.三〇	六.三九	七.四五	八.四七
第七十四次 客貨混合三 等慢車及第 四〇二次瀋 平直達貨車											四.五〇	七.三八	一〇.〇九	一一.四五	一七.二〇	一八.二〇	二二.二二	〇.五五
第三〇六次 浦平直達 特別快車 膳臥各等									由	浦	口	開	來	四.五〇	五.二〇	五.三〇	六.四三	七.四九
第三〇二次 滬平直達 特別快車 膳臥各等									由	上	海	開	來	七.〇五	七.三〇	七.四〇	八.五〇	九.五四
第六次 特別快車 膳車各等															九.〇五	九.一五	不停	不停
第二十二次 快車 膳臥各等			二三.三〇	〇.〇一	〇.三九	一.二九	二.三二	三.三〇	三.五六	四.一〇	四.一五	五.二六	六.三一	七.三六	七.五〇	八.〇三	九.二六	一〇.五五

總會會計張孝基

(自民國廿二年十月一日起至廿三年九月卅日止)

收入

(1)上屆結存:—		
材料試驗所捐款	$18,671.82	
圖書館捐款	11.45	
捐款利息	4,651.80	
永久會費	13,486.89	
政府撥助材料試驗費餘款	6,381.25	
暫寄	108.00	
前中國工程學會應付而未付之賬	358.90	
朱母顧太夫人獎學基金	1,000.00	$44,670.11
(2)本年度收入:—		
(甲)出售楓林橋基地餘利(入捐款利息賬)		1,074.85
(乙)材料試驗所捐款		1,430.00
(丙)捐款利息		1,842.07
(丁)永久會費		3,600.00
(戊)朱母獎學金利息		100.00
(巳)入會費		1,705.00
(庚)常年會費:—		
上海分會	874.00	
南京分會	423.00	
杭州分會	52.00	
武漢分會	115.00	
唐山分會	48.00	
青島分會	77.00	
濟南分會	220.00	
梧州分會	35.00	
天津分會	121.00	
北平分會	42.00	
太原分會	5.00	
廣州分會	26.00	
蘇州分會	42.00	
長沙分會	52.00	
美洲分會	4.00	
其他各處	632.00	
補收會費	309.00	
預收會費	98.00	3,180.00
(辛)登記費		15.00
(壬)廣告費:—		
工程廣告費	4,018.14	
週刊廣告費	671.00	4,689.14
(癸)發售刊物:—		
機車概要	618.41	
工程二月刊	1,225.05	
工程週刊	253.83	
雜件	46.70	2,143.99
(子)存款利息		1,554.80
(丑)雜項收入		45.00
		66,049.96

支出

(甲)辦事費:—		
薪津酬勞		$ 870.00
(乙)印刷費:—		
工程二月刊	$ 4,989 21	
工程週刊	2, 90.06	
會員錄	239.30	
第三版機車概要	460.00	
機車概要再版版稅	200.00	
會證	180.20	
雜件	60.30	8.219.07
(丙)補助費:—		
補助修理北平會所經費		42.00
(丁)第四屆年會籌備費		300.00
(戊)各分會永久會員貼費		252.00
(巳)材料試驗所建築費		1,539.04
(庚)圖書費(會報雜誌及圖書費併結)		278.65
(辛)文具費		123.55
(壬)交際費		71.96
(癸)保險費		12.00
(子)郵電費		995.92
(丑)雜項		160.50
(寅)登記費		15.00
(卯)結存:—		
浙江興業定期	5,392.08	
浙江興業定期	1,949.46	
浙江興業定期	2,150.00	
浙江實業定期	3,754.12	
浙江實業定期	2,332.80	
浙江實業活期	25,612.64	
浙江興業活期	1,388.28	
金城銀行定期	2,700.00	
金城銀行定期	2,000.00	
上海銀行活期	1,252.96	
金城銀行定期	1,000.00	
現款	1,255.93	50,788.27
材料試驗所基地		2,000.00
濟南分會借款		50.00
北平分會借款		300.00
前中國工程學會應收而未收之賬		32.00
		$66,049.96

經常收支對照表

總會會計　張孝基

（自民國廿二年十月一日起至廿三年九月卅日止）

收入

(甲)收入會費		$1,705.00
(乙)常年會費：		
上海分會	$ 874.00	
南京分會	428.00	
杭州分會	52.00	
武漢分會	115.00	
唐山分會	48.00	
青島分會	77.00	
濟南分會	220.00	
梧州分會	35.00	
天津分會	121.00	
北平分會	42.00	
太原分會	5.00	
廣州分會	26.00	
蘇州分會	42.00	
長沙分會	52.00	
美洲分會	4.00	
其他各處	632.00	
補收會費	309.00	
預收會費	98.00	3,180.00
(丙)登記費		15.00
(丁)廣告費：—		
工程廣告費	4,018.14	
週刊廣告費	671.00	4,689.14
(戊)發售刊物：—		
機車概要	618.41	
工程二月刊	1,225.05	
工程週刊	253.83	
雜件	46.70	2,143.99
(巳)存款利息		1,554.80
(庚)雜項收入		45.00
		$13,332.93

支出

(甲)辦事費：—		
薪津酬勞		$ 870.00
(乙)印刷費：—		
工程二月刊	$4,989.21	
工程週刊	2,090.06	
會員錄	239.30	
第三版機車概要	460.00	
機車概要再版版稅	200.00	
會證	180.20	
雜件	60.30	8,219.07
(丙)補助費：—		
補助修理北平會所經費		42.00
(丁)第四屆年會籌備費		300.00
(戊)各分會永久會員貼費		252.00
(巳)登記費		15.00
(庚)圖書費(書報雜誌及圖書費併結)		278.65
(辛)文具費		123.55
(壬)交際費		71.96
(癸)保險費		12.00
(子)郵電費		995.92
(丑)雜項		160.50
還歷年虧耗		1,992.28
		$13,332.93

資產負債對照表

總會會計張孝基

(自民國廿二年十月一日起至廿三年九月卅日止)

資產	科目	負債
2,000.00	材料試驗所基地	
50.00	濟南分會借款	
300.00	北平分會借款	
32.00	前中國工程學會應收而未收之賬	
50,788.27	銀行存款及現款	
1,539.04	材料試驗所建築費	
	材料試驗所捐款	$20,101.82
	圖書館捐款	11.45
	捐款利息	7,568.72
	永久會費	17,086.89
	政府撥助材料試驗費餘款	8,373.53
	暫寄	108.00
	前中國工程學會應付而未付之賬	358.90
	朱母顧太夫人獎學基金	1,000.00
	朱母顧太夫人獎學金利息	100.00
$54,709.31	共計	$54,709.31

中國工程師學會會務消息

◉第十二次執行部會議紀錄

日期 二十三年九月十五日下午五時半
地點 上海南京路大陸商場本會會所
出席者 徐佩璜（代理會長）裘燮鈞 張孝基 王魯新 朱樹怡 鄒恩泳
主席 徐佩璜 紀錄 鄒恩泳
主席報告：—
會員張延祥君捐助本會工業材料試驗所壹千元。
討論事項：—
1.已發給杜光祖 任庭珊，林廷通，司徒錫，陳俊武，朱義生，莊智煥，火永彰，應寧書，葛益熾，陳琸，孫雲霄等技師登記證明書請予追認案
議決 通過
2.惲震君函稱南京石市長擬撥給基地供建築科學工程等各學會聯合會所案。
議決 函請惲震王崇植嚴宏溎三君代表本會向其他各學會先行接洽切實合作辦法
3.中國輪機員聯合總會組織名詞譯訂委員會擬與本會合作如予同意請示日期以便推代表參加討論案
議決 覆以電機機械兩門名詞本會業已編有專書可供參考至於造船學名詞正擬編訂如有意見請隨時見示。
4.預擬各委員會人選案
議決 工業材料試驗所籌款委員會人選照舊，工業材料試驗所設備委員會人選照舊，建築工業材料試驗所委員會人選照舊，職業介紹委員會請施孔懷君爲委員長並自聘會員若干人組織委員會，編譯名詞委員會人選如下：汽車胡嵩嵒造船周厚坤，紡織黃炳奎化工戴濟，飛機錢昌祚，土木茅以昇，礦冶胡博淵，電氣顧毓琇，機械楊毅，無線電朱其清，朱母獎學金委員會請徐名材爲委員長，並自聘會員若干人組織委員會，工程規範編纂委員會徵求會員中自願擔任者組織之

◉第十三次執行部會議紀錄

日期 二十三年十月二十日下午五時半
地點 上海南京路大陸商場本會會所
出席者 徐佩璜 裘燮鈞 王魯新 朱樹怡 鄒恩泳
主席 徐佩璜 紀錄 鄒恩泳
報告事項
京滬滬杭甬兩路管理局鍾桂丹君捐贈本會圖書室美國電工學會會刊 Journal of the American Institute of Electrical Engineers 六十册
討論事項：—
1.李屋身函辭擔任工業材料試驗所建築委員會委員長職務案
議決 挽留
2.廣西省政府來函歡迎本會明年第五屆年會在桂林舉行案
議決 由梧州分會與桂省政府先行接洽辦法
3.本會會針依照中國工程學會原舊式樣加一師字現擬定金質及銀質鍍金者兩種請決定案
議決 先製金質者二十只銀質鍍金者一百
4.已發錢鴻範，陳良輔，張惠康，劉孝懃，等四人技師登記證明書請追認案
議決 通過
5.籌募工業材料試驗所經費十萬元案
議決 請王魯新主持於本年十月底開始十二月底結束

◉更正

本刊第3卷第33期524頁載有（對於古利區君所著「中國之衛生工程」之討論）一文，原係鄒恩泳君所著誤刊爲鄒恩源，特此更正。

◉會員哀音

黃旨華 病故
趙 杰 病故
葉可堅 病故

17989

逕啓者查第四屆年會由會員張孝基君等提議修改本會章程第十八條年會改在春季舉行一案，經到會會員三分之二以上人數通過在案，依照會章第四十三條之規定交由執行部用通訊法交付全體會員公決。茲附奉表決票一紙，如會員中未曾接到此項表決票者即請於本年十二月底以前塡明寄回，以便彙集意見決定爲荷此致

會員先生台鑒

中國工程師學會啓 十月一日

第十八條原文：本會每年秋季開年會一次，其時間及地點，由上屆年會會員議定，但有必要時，得由執行部更改之。

表決票

每年年會在春季舉行

贊成

不贊成

◎◎注意「贊成」與「不贊成」二項必須劃去一項

投票人

通訊處

工程週刊

(內政部登記證警字788號)
中國工程師學會發行
上海南京路大陸商場 542 號
電話：92582
(稿件請逕寄上海本會會所)

本期要目

廣西南甯廣播無綫電台考察記
外負荷與內應力之關係的討論

中華民國23年9月14日出版
第3卷－第37期(總號78)
中華郵政特准掛號認為新聞紙類
(第1831號執據)

定報價目：每期二分，全年52期，連郵費－國內一元，國外三元六角。

國立四川大學歡迎中國工程師學會四川考察團紀念

設立各工程組

編　者

本會今年年會，有人提議將各項工程分組設立，以免本會會員另組各項工程學會，分散本會力量。編者以為此提案極有價值。在中國目下情形言之，工程師人數不多，另組各項工程學會，力量必至分散。如覺各項工程有各自特別聯絡之必要，分成各組亦可達到同一目的。卽使各組人數將來增加至一學會之規模，而集大成之中國工程師學會仍不可少；蓋任何一項工程必有賴於其他各項工程，卽是各項工程有一總組織之必要也。

廣西南寧廣播無線電臺考察記

錢鳳章

(一) 小引

作者奉廣西省政府黃主席電召到邕考察南甯廣播無綫電台，公餘之暇作此筆記，以供同好，幸祈海內學者暨南甯廣播無綫電台列位不吝加以指正。

南甯廣播無綫電台籌備多時，於本年1月1日開始播音，因所能播及之距離較近，不能達到政府所期望之目的，乃有擴大電台之議，而召作者前往考察，玆將考察所得，筆之如下：

以下記述計分三段，（1）現在機件之實况，（2）對於現在機件之意見，至於根據此次考察所得，對於該台擬議整理及擴充等辦法，另附擴充擬議於后。

(二) 現在機件之實况

現在機件之實况可分以下五節述之。

（1）電台位置及房屋　電台位於省政府側中山公園之中。房屋爲二層樓房一所。下層右後側爲播送機室，左後爲原動機及馬達發電機室，樓上爲辦公室，客廳，修理室等，（附圖一）。

（2）天綫　天綫懸於兩自支式鐵塔之間，鐵塔各高 250 英尺，相距 470 英尺。天綫爲T式，高 220 英尺，由 4 綫合成，頂部長120英尺，闊40英尺，現用波長爲280公尺，輸出電工率約200華特，最高輸出約800瓦特。天綫裝置如(附圖二)。

（3）無綫電機件　該台機件由上海亞洲電氣公司承造。玆分射電週率部份述之如下。其電力部份於次節述之。

該電台射電週率部份共分3級。(圖三)第一級爲三極管主振器，採用一個RCAuv 203 A 眞空管發振。第二級爲中間放大器，由一個 RCA u v 203 A 三極管放大，而同時由成音週率用定量屏流法調幅 Constant Plate Current Modulation 。第三級爲强力放大器，用一個 RCA u v 851 三極管放大之。天綫卽直接交連於此放大器閉電路中之感應綫圈，感受電力而散射於空間。（按該機中原另裝有天綫感應圈及變惑器Variometer, 現皆不用）。

成音週率聲電流由播音室經初步放大後，由鉛包電綫送至電台，經輸入變壓器後，由一個 RCA u x 841三極管放大，再經兩個並接的RCA u v 845調幅三極管放大後。經調幅變壓器而送至無綫電週率部份中間放大三極管之屏極電路中，乃將射電週率之電波調合聲波而輸入天綫以發射之。

（4）電力機件　原動機爲英國費緯公司 Veovil Co.彼得式柴油引擎Peter Oil Engine 一架，實馬力 18 匹，車頭轉數每分鐘 450 轉。此機直接配聯一直流發電機，爲英國通用電氣公司出品，工率 12 基羅華特，電壓 110 伏脫。其餘高低壓各電機如下：

强力放大三極管屏流供給機——該機爲上海亞洲電氣公司製造，1250伏脫，0.9安培，1450轉/分。此種發電機共同樣兩只串接而供2500伏脫。此兩機

17992

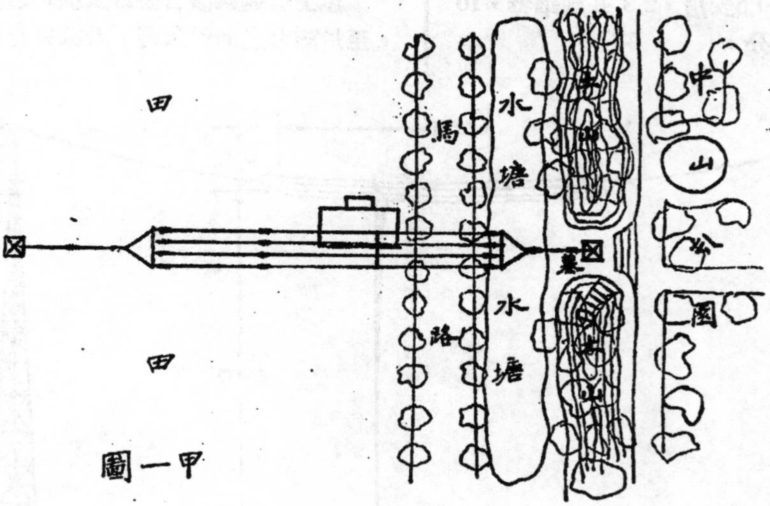

圖一甲

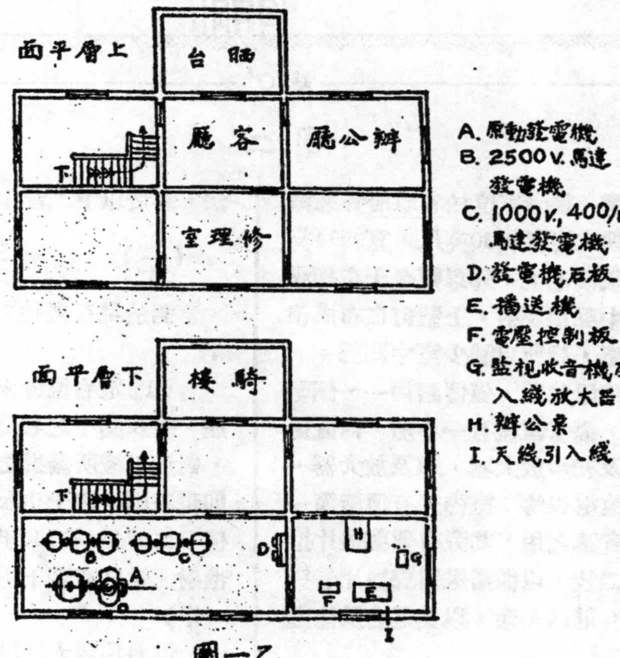

圖一乙

直接配聯於一直流馬達，德國 AEG 公司製造，110伏脫，30.5安培，2.8基羅華特，1080——1500轉/分。

一千伏脫電流供給機——該機爲上海亞洲電氣公司製造，1000伏脫，0.84安培，1450轉/分。

柵電流及燈絲電流供給機——該機爲上海亞洲電氣公司製造，400/15伏脫，0.15/40安培，1450轉/分。

以上兩機直接配聯於一直流馬達，

110伏脫，30.5安培，2.8 基羅華特，1060/1500轉/分。

以上所述爲該台全台及機件之現在實況，至於該台之如何欠善，及其應行補救等辦

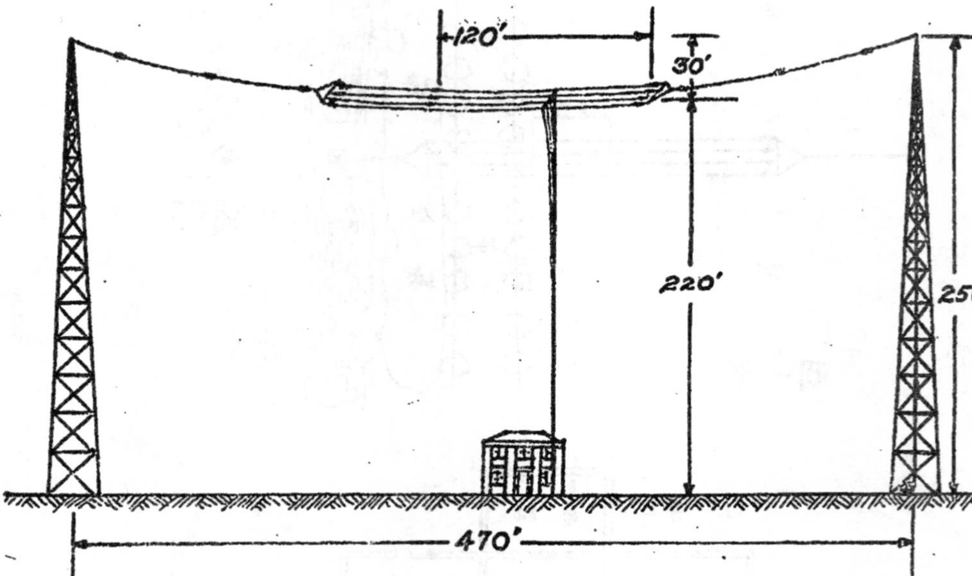

圖二

法，容於以下二段中述之。

（5）播音室　播音室位於省政府各廳總辦公大廈之三樓，室長約30英尺，寬約14英尺，四週墻壁敷油毛氈，外罩藍色土布摺疊成紋，以減室中聲浪反射，上壁釘白布成浪紋，地面敷草席，皆所以減少室中回聲。

播音室中佈置簡單，僅傳話筒一，鋼琴一，桌椅數事，播音室後有一小房，內置傳話筒放大器，及初步放大器，以及放大器，應需之各種電池電表等；室內又有傳話筒一，專備宣講員宣講之用，其旁有留聲機片拾聲器 Pick-up 二枚，以備播送留聲機片音樂之用，室內並有電話一架，以與電台及他處傳通消息。

因播音室與電台相距僅里許，聲電流經傳話筒放大器及初步放大器放大後，送至電台，其電流太強，故現在僅用傳話筒放大器即傳話筒放大器原爲三級放大者，現僅用二級，其餘皆擱置不用。

(三)　對於現在機件之意見

對於現在機件之意見仍分五節依次述之；

（1）電台位置太近中山公園，故有鐵塔1座，礙及園中之名墓，而將來園中樹木蓊鬱，對於天綫所發射之電波必有相當之影響，即現在園中之土山及土山上之樹木距離天綫僅一二波長(約200至600公尺)，對於電波之散射，當已有若干電力損失於其間矣。（圖一甲）

電台房屋太近馬路，而播送機適即在馬路之旁，故灰塵極易飛入播送機中，減少絕緣體之絕緣，倘不勤加清除，頗爲危險。

工人住宿似不宜在播送機室及發電機室之旁。原動機宜另裝他屋以減少播送機及馬達發電機附近之振動，而使電波稍加穩定。

17994

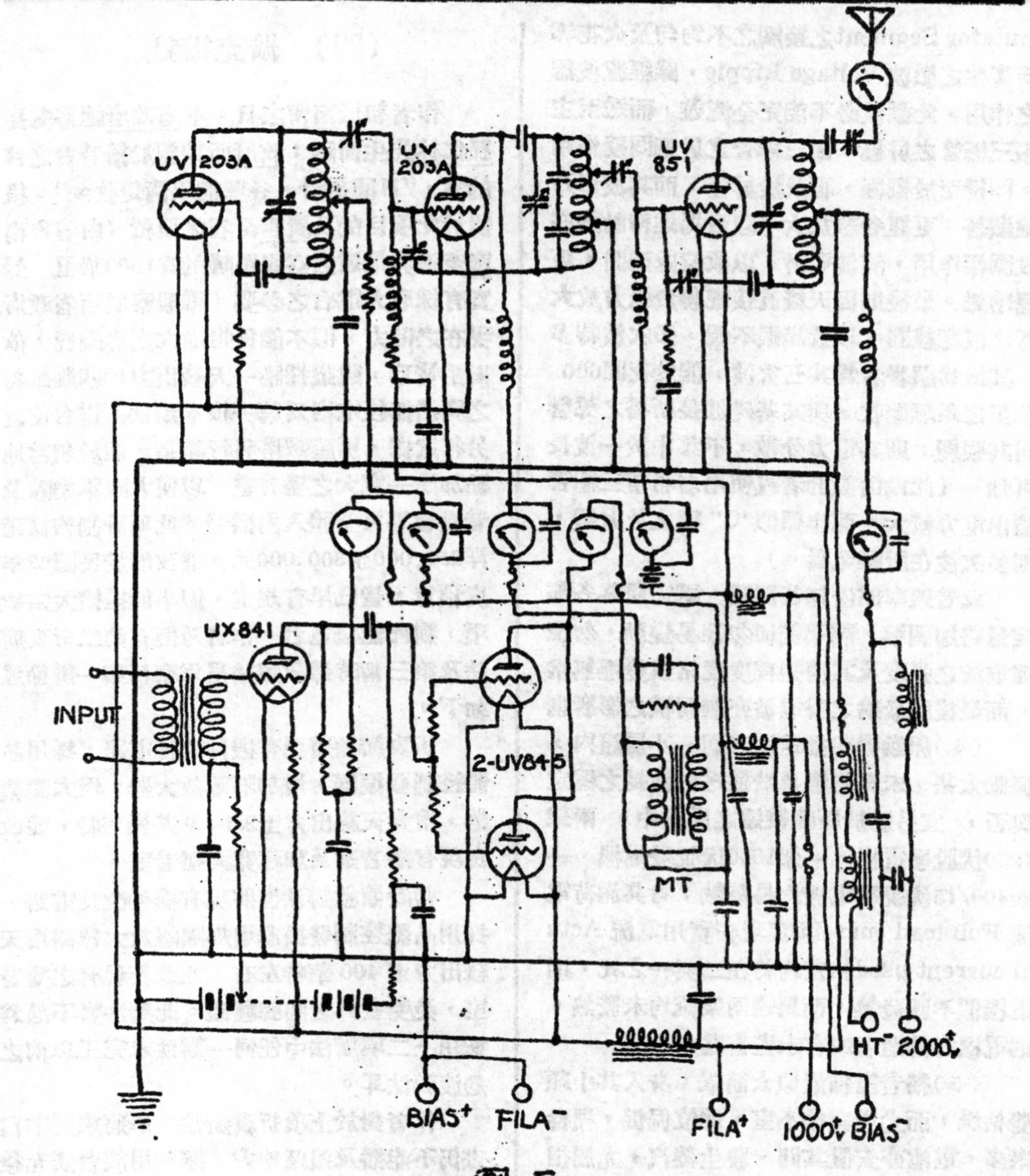

圖三

（2）天綫之引入綫裝置不佳，其下垂近屋部份離墻僅數寸，引入綫穿牆而入之裝置亦欠妥善，兩處損失電力必甚多。波長似嫌短，故日間有效射程較近。

（3）現在無綫電台無論發報或播音皆採用晶體控制發振器，而該台仍用三極管主振電路，且少隔離放大器，以致振盪週率不定，波長時有短長，故遠處聽聞，時患聲音高低不定之現象。且主振三極管之屏極電壓同與調幅三極管及中間放大三極之屏極電壓皆取給於1000伏脫之馬達發電機，則馬達發電機旋轉時之衝擊以及其炭精刷與變流板Com mutator Segment之接觸之不均勻及火花等所產生之微波 Voltage Ripple，雖經濾波器之作用，此微波必不能完全濾盡，而送至主振三極管之屏極；因三極管之屏柵回授作用，回授至於柵極，再及於屏極，而其波形乃益顯著，更經各級放大，以致馬達轉動聲亦成調幅作用，隨波發射，以故遠處聽聞，更覺嘈雜。最後則因天綫直接配聯於强力放大器之感應綫圈，以致諧振不銳，多次波特多，其最爲顯著者爲其三次波，能於夜間600華里之距離聽收，與其基礎波長所播之聲響同其强弱，則其電力分散，不集中於一波長可知。（此或由設計者或使用者希望三極管輸出電力較大，而作類似"C"類之放大器，則多次波在所難免焉。）

成音週率部份無甚問題，祗需將其各部定量略加調準，調準後切勿輕易變動，勿使聲電流之强度及其清楚程度度常致變遷無常，而最後所發射之聲電波亦無同樣之影響也

（4）原動機與播送機在同一小房屋內，振動太甚，未免影響及於播送機波長之穩定與否，宜另裝於距離較遠之房屋中。兩架1250伏脫發電機，一架1000伏脫發電機，一架400/15伏脫發電機均易發熱；考其滿荷電流 Full load current 與現在實用電流 Actual current used相差均約在二與一之比，則電機似不應發熱，而馬達兩架確均未發熱，則電機之構造容或有未盡善處。

（5）播音室佈置似太簡單，身入其中頗覺枯燥，而尤以室後小室，地位偪促，機件衆多，電池亦安置其間，發生蒸汽，尤屬損人害物，頗覺不取。播音室無通風裝置，故在此夏季播音，必需窗戶洞開，尤以總辦公大廈建築之特式，播音室外之回聲特大，是宜添加通風裝置，庶能閉戶播音，不受室外回聲之擾亂，而參觀者更應於室外略備一小小之參觀室，使參觀者勿入播音室，而不致擾及播音時之正確聲音也。

（四）擴充擬議

作者初抵南甯之日，奉省政府總務處長孫仁林先生面示：政府所期望於播音台之目的爲，"日間播音，各縣能很清楚收到"。根據於此項目的及廣西全省之面積（由省會南甯至邊界最遠之空間距離約爲1500華里　㕛實有採取大電台之必要。惟觀察廣西省政府現在之財力，似不能負担過大之建築費，故斟酌情形，建議採購一天綫出力10基羅華特之廣播無綫電機爲第一根本辦法。電台位置另行選擇，房屋鐵塔另行建造，並於相當地點加建一寬大之播音室，以便大隊軍樂隊及音樂會等可全體入內播音。此項計劃約需港洋250,000至300,000元。惟政府於民國23年度預算，皆已早有規定，似不能提撥大宗款項，辦此無綫電台。作者乃擬有第二折衷辦法及第三暫時補救辦法呈送察核玆一併節述如下。

折衷辦法將現有機件改善電路，採用晶體控制發振器，增加隔離放大器，增大調幅器，增大天線出力至2.5-3.0基羅華特，並改良現有播音室及加建寬大播音室。

暫時補救辦法僅將現有機件改良電路，採用晶體控制發振器增加隔離放大器略增天綫出力至400華特左右，並改善現有之播音室，免受室外之回聲騷擾。此辦法實不過爲採用上二項辦法中任何一辦法未完工以前之過渡辦法耳。

作者對於上項折衷辦法，恐將來夏季白晝仍不能播及邊遠地方，擬利用該台擴充後所餘剩之一部份機件，並添購一部份材料，以製造一短波廣播無綫電機，將來與長波機同時播送同一節目，近處聽長波，遠處聽短波，長短波並用，而可冬夏晝夜完全播及於全省各縣矣。

玆將各項預算列表如下；

第二項辦法擴充機力材料費預算表

17996

項目	材料名稱	預算上海大洋數
1	大小三極管，	13,042.00
2	發振晶體連保溫盒二副，	1,000.00
3	各種電表，	1,900.00
4	各種電容器綫圈耗阻等，	2,400.00
5	帶式及電容式傳話筒三只，	225.00
6	原動引擎發電機一座，B.H.P.122K.V.A.	8,800.00
7	各種高低壓馬達發電機，	5,280.00
8	信號及自動裝置各種開關，保險綫等，	950.00
9	工具，五金及絕緣材料等，	1,000.00
10	建築工程及修理費，	2,400.00
	共計材料費	36,997.00

以上預算表中預備費及備存材料費均未計算在內，日後需要時追加。

附加建播音室一座預算表

項目	材料名稱	預算上海大洋數
1	房屋建築及佈置費	3,000.00
2	傢具及通風裝置	500.00
3	聲電流輸送電纜約長4公里	1,000.00
4	電話裝置	440.00
5	傳話筒及初級放大器	2,000.00
	共計材料及建築費	6,940.00

第三項暫時補救辦法材料費預算表

項目	材料名稱	預算上海大洋數
1	大小三極管，	1,042.00
2	發振晶體連保溫盒二副	1,000.00
3	各種電表，	560.00
4	各種電容器綫圈耗阻，及絕緣五金等，	290.00
5	帶式傳話筒，	75.00
6	電池及充電器	810.00
	共計材料費	3,777.00

預備費及備存材料費未計在內，需要時另計。

附改善現有播音室預算

項目	材料名稱	預算上海大洋數
1	增加玻璃雙重窗	40.00
2	希令風扇兩把	200.00
3	通風風扇四把	200.00
4	傢具	200.00
5	增加參觀室一間	300.00
6	增加休息室一間	100.00
	共計材料及修理費	1,040.00

至於利用現在該台機件擴充後所剩餘之一部份材料以造成一架約220 華特之短波廣播機，需再添購約港幣一萬伍仟元之材料，即可從事製造。

(五) 結　論

作者於考察期間曾將上述情形分別造具報告書及計劃書等送呈黃主席核閱蒙面許先行採納第三項補救辦法，交電台照辦，其餘第一項及第二項辦法需款較多，須俟省府委員會會議再行決定。

作者於此次考察期間承該台副台長甘君霖工務主任韋君熊章，多方協助，並供給綫路圖等，特此誌謝。

民國23年8月21日於南甯宜園。

外負荷與內應力之關係的討論

李　挺　芬

設有水平桿(horizontal bar)如圖(1)所示，桿之自身無重量，但於常數之關係位置(constant relative position) a,b,c,d, …. 等點，各置有單位集中荷重 (unit concentra ted load)，此荷重反對運動之特性，謂之惰性，或曰慣性。(inertia)若使諸單位集中荷重移至新之位置，因須制勝摩擦（friction）而經過距離（distance），故須做相當之工作（work）。在同時間，若每單位集中荷重移動之距離相等，則所做之工作亦相等。

如第一圖之桿，若以"o"為軸（axis）轉至虛線所示之位置時，則每單位之集中荷重，因至"o"之距離，所作之工作亦異。故在a. b, c, d,…之等點之工作，各與移動距離成正

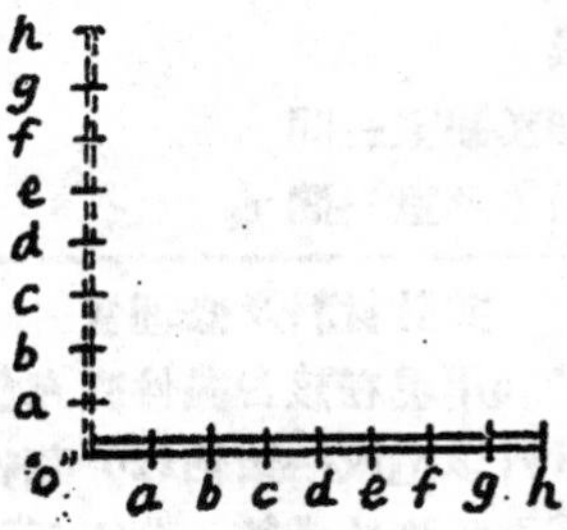

第一圖

比例，即與至"o"之距離成正比例也。在此地 oa,ab,bc,cd,…各為等長，若任取一點d，此點至o之距離，為a至o之四倍，同樣知h至o為a至o之八倍，故d點之工作為a點之四倍。同樣h點之工作為a點之八倍。

若d之工作為a之四倍，則d點之力亦為a之四倍，同樣h點之力為a之八倍。由是可知，使每單位集中荷重繞"o"轉動之力，與至"o"之距離成正比例，但此所示者為力，而非能率(moment)，蓋能率者，為力(force)與廻轉距離之積也。故能率與迴轉距離成正比例。由圖(1)知作用於單位集中荷重之力，與迴轉距離成正比例，故單位集中荷重之能率，則與迴轉距離之平方成正比例也。

由上所述之結果，可得惰性能率(moment of ineriat)之定律如次

凡物之惰性能率，等於各小部分之面積，與廻轉距離平方乘積之和。

若取同樣之桿，如第二圖所示，可得一矩形，其高為h，寬為b，且繞o-o軸迴轉。

距o-o軸h處，每單位寬之力為h(h×1=h)，b單位寬之力為bh，與第二圖之結果相同。同樣在此三角形所表示之水平線，即表示各種不同之力，各與迴轉距離成正比例，此三角形之面積，為$\frac{1}{2}(bh\times h)=\frac{1}{2}bh^2$，即諸力之和也。換言之$\frac{1}{2}bh^2$乃以h為高，b為寬之矩形，以o-o軸迴轉時之惰性能率，或在重心點之集中荷重也。

力$\frac{1}{2}bh^2$以o-o為軸轉動之能率，為$\frac{1}{2}bh^2\times\frac{2}{3}h=\frac{1}{3}bh^3$即矩形bh三分之一之面積與高h之平方乘積，亦為繞o-o軸迴轉之惰性能率

第二圖

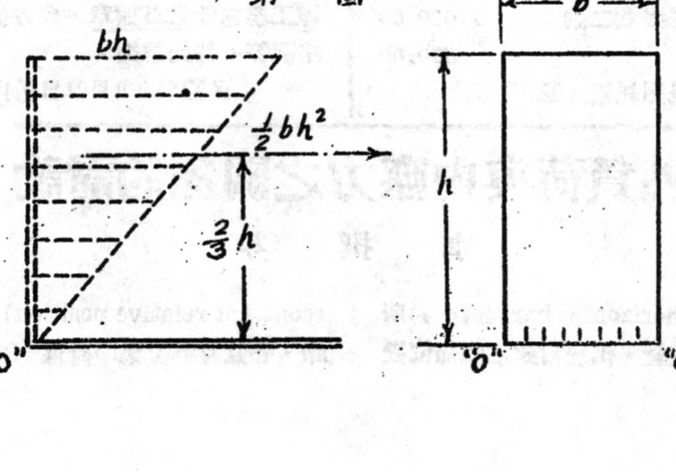

也。

通常材料橫斷面(cross-sectional area)之迴轉軸，多在重心位置 (center of gravity)，不在底邊。如第三圖所示，x-x 爲廻轉軸，於此吾人可當作兩個矩形計算之，各以其底邊爲廻轉軸，則第二圖中之 h，在此處爲 $\frac{1}{2}$h，故惰性能率爲 $2\times\frac{1}{3}b\left(\frac{h}{2}\right)^3=\frac{1}{12}bh^3$

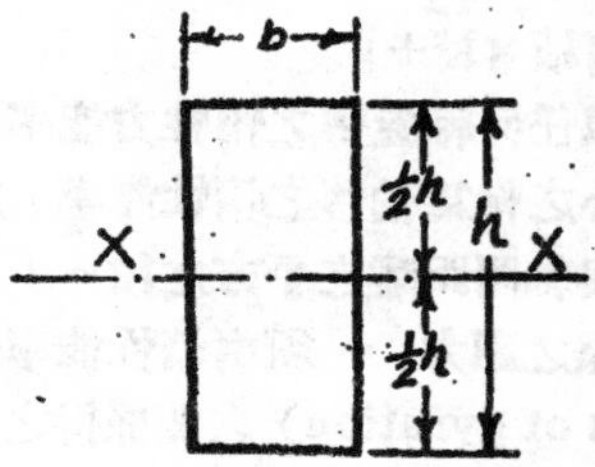

第三圖

作用於構造材料之應力 (stresses)，有伸張力(tension)，壓縮力(compression)或軸承力(bearing)，與剪斷力(shear)。伸張力，可使材料之長度增加，受力面之面積減少。壓縮力，可使材料之長度減短，受力面之面積增大。剪斷力，卽沿物體之一邊與其鄰邊之力，相對之作用。如板之衝眼，卽其適例。樑(beam)與支持物 (girder) 間，不僅有剪力存在，且有伸張壓縮二力，此二力合成之偶力 (couple)，可以抵抗彎曲之作用。

玆將伸張應力與縮應力所合成之偶力，及其作用之情形，述之如次：

如第四圖所示，爲一半端固定之樑，其高爲 h，寬爲 b，荷重 w 置於至 a-a 之距離 l 處，每平方吋之伸張應力或壓縮應力，設皆爲 p 磅。

荷重 w 可使 a-a 繞 x-v 軸順時針方向廻轉，僅伸張力與壓縮力，則阻止 a-a 廻轉。如圖中心上部之應力，爲伸張應力；在樑中心之下者，則爲壓縮應力：與第三圖之情形相似，應力之强度，與其至中心之距離成正比例。設最大應力爲平方吋 p 磅，則在外椽 (extreme fibre) 之總應力爲 bxp。在各椽之應力，不論是伸張應力或壓縮應力，都可由圖示三角形之面積示之。此三角形之高爲 $\frac{1}{2}$h，寬爲 bp，則面積爲 $\frac{1}{2}bp\times\frac{h}{2}=\frac{1}{4}pbh$

如圖所示，伸張應力與壓縮應力之大小相等，方向相反，其與外彎能率平衡之偶力，則爲逆時針方向作用。此兩三角形重心距離爲 $\frac{2}{3}$h，故偶力能率 (couple moment) 爲 $\frac{1}{4}pbh\times\frac{2}{3}h=\frac{1}{6}pbh^2$，又曰內應力之能率。(moment of the internal stresses)

但外應力之能率(moment of the external stresses) $M=W\times l$。

由此可得外應力之能率 $M=p\times\frac{1}{6}bh^2$。

吾人已知 $\frac{1}{6}bh^2$ 爲矩形 bh 之斷面係數 (section of modulus)，故外應力之能率，等於外椽每平方吋之應力，與斷面係數之乘積(通常以 S 表之)。

若斷面係數之值，乘以矩形之高之半或

第四圖

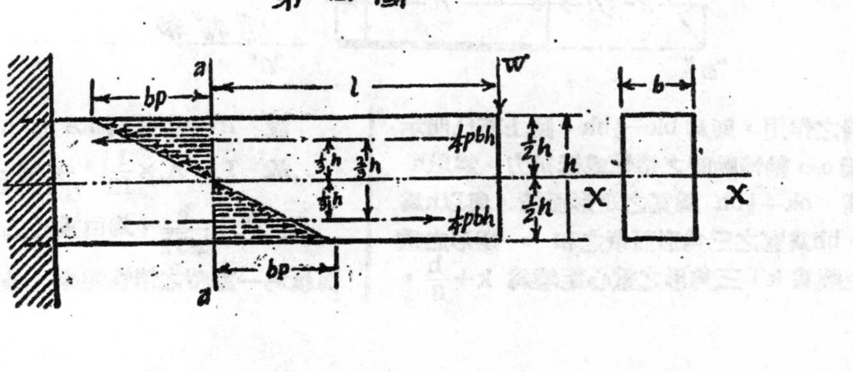

17999

$\frac{1}{2}$h，則得$\frac{1}{6}$ bh^2 × $\frac{h}{2}$ = $\frac{1}{12}$bh^3，即矩形bh之惰性能率。換言之，若惰性能率，除以$\frac{1}{2}$h力則得斷面係數。若斷面係數乘以外像之應力，則得外能率(external moment)。

有些書上，$\frac{1}{2}$h以y表之，或稱為c,吾人在此則以v等於$\frac{1}{2}$h。

由方程式$M=p\times\frac{1}{6}bh^2$，兩邊同以等量之數乘之，即左邊乘以v，右邊乘以$\frac{1}{2}$h。則$M\times v=p\times\frac{1}{6}bh^2\times\frac{1}{2}h$，即$Mv=p\times\frac{1}{12}bh^3$。但$\frac{1}{12}bh^3=I$，故$Mv=PI$。

如第五圖所示，為一矩形，高為h，寬為b，繞o-o軸廻轉，自矩形之重心至o-o界之距離為k，由o-o軸至矩形之頂邊之距離為$k+\frac{h}{2}$。吾人已知每單位寬之力，與此距離成正比例，即與$k+\frac{h}{2}$成正比例也。故b單位寬之力為$b\left(k+\frac{h}{2}\right)=bk+\frac{bh}{2}$，與圖示之結果相同。同樣b單位寬之力對於矩形繞o-o軸轉之惰性能率，等於矩形之面積乘其重心距離與三角形之面積乘其重心距離之和，若以式表之，

則　(矩形面積)×k+(三角形面積)×$(k+\frac{1}{6}h)$

$$=(bk-\frac{bh}{2})h\times k+\frac{1}{2}bh^2\times(k+\frac{1}{6}h)$$

$$=bk^2h+\frac{1}{12}bh^3$$

$$=\text{面積}\times k^2+I$$

故以任何軸旋轉之惰性力能率，等於以通過中心之軸為軸轉之惰性能率，加上矩形之面積與軸間距離之平方之積。

柱樑之應力，須由惰性能率曲率半徑(Radius of gyration)之關係得之，曲率半徑者，即其至廻轉軸之距離也。若全面積為集中一點時，則其對於廻轉軸之惰性能率，與其面積與散佈時相同。經過中心軸之惰性能率之公式為

$$I=\frac{1}{12}bh^3=bh\times\frac{1}{12}h^2$$

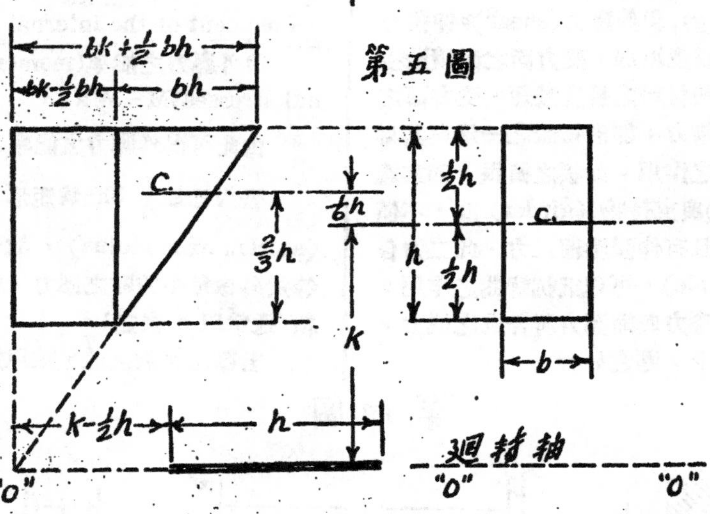

第五圖

底邊之作用，則為bk—$\frac{1}{2}$bh，圖上亦已明示。繞o-o軸轉動時之惰性或抵抗力，為以h為高，ok—$\frac{1}{2}$bh為寬之矩形面積，與以h為高，bh為寬之三角形面積之和。矩形之重心距離為k，三角形之重心距離為$k+\frac{h}{6}$，

設　A=面積，即A=bh，

故　$I=A\times\frac{1}{12}h^2=A\left(\frac{h}{\sqrt{12}}\right)^2$

上式中$\frac{h}{\sqrt{12}}$，為由重心之之距離，即全面積為一點時之惰性能率，必與為散佈時之

性能率相等，而$\frac{h}{\sqrt{22}}$則稱爲曲率半徑。若以 r 表之，

則　$r=\frac{h}{\sqrt{12}}$

$$I = Ar^2 \quad 或 r^2=\frac{I}{A}$$

$$故 r=\sqrt{\frac{I}{A}}$$

國內工程新聞

(一)閩省規劃建築鐵路

閩省三面環山，一面臨海，礦產豐富。該省當局規劃建築鐵路，初步規定路綫，由福州起點，經延平汀州，龍岩，漳州，至汕頭交界處爲終點。其支路或由延平接至玉山，與浙之浙贛路啣接。此項計劃實現後，閩浙，閩粵，閩贛四省交通，極形便利，不久卽開始測量云。

(二)津浦路擬修築蚌正支路綫

津浦鐵路擬築蚌正支路，蚌埠正陽關間，以便運輸懷遠一帶農產品及大通淮南煤鑛公司之煤斤。該路派工程師楊立仁前往測量兩次，將先由蚌埠至洛河一帶，計長 5.14公里，再築至淮南煤鑛，需 12,000,000 元。又派錢彬玉，王英保，等前往洛河一帶調查該支綫之農產鑛產。預估全年營業收入約爲3,000,000元， 而間接每年可增加該路收入4,000,000元，其圖案及預算，呈鐵部核示中。

北甯鐵路簡明行車時刻表 中華民國二十三年七月一日重訂

下行車

列車次數	北平前門開	豐台開	郎坊開	天津總站開	天津東站到	天津東站開	塘沽開	蘆台開	唐山到	唐山開	開平開	古冶開	灤縣開	昌黎開	北戴河開	秦皇島開	山海關到	山海關開	遼寧總站到
第四十一次 普通客車 中勝各等	五·四五	六·二〇	七·四五	九·一六	九·二五	九·三五	一〇·三八	一一·四六	一一·四七	一二·五二	一三·〇六	一三·三九	一四·二九	一五·三三	一六·一六	一六·四三	一七·〇五	停	
第七十一次及七十五次 客貨混合 三等慢車	六·一〇	八·〇五	一二·三六	一六·〇八	一六·二五	停	第七十五次	自唐山起		六·三〇	七·一〇	八·二五	一〇·〇一	一二·三〇	一四·二五	一五·三三	一六·一〇	停	
第一次 平瀋特別快 勝隊各等	八·四五	九·一三	一〇·二一	一一·二八	一一·三六	一一·五〇	一二·四七	一三·四五	一四·三九	一四·四二	一四·五三	一五·一七	一五·四九	一六·三一	一七·〇四	一七·二三	一七·四〇	一八·四〇	六·二五
第二十三次 快車 勝隊各等	一三·一五	一[illegible]·四六	一五·〇一	一六·三〇	一六·三九	一六·五九	一八·〇三	一九·〇八	二〇·〇八	二〇·一一	二〇·二二	二〇·四七	二一·二一	二二·一一	二二·四六	二三·一八	二三·二六	停	
第三〇一次 平滬直達 特別快車 勝隊各等	一五·〇五	一五·三六	一六·四〇	一七·五〇	一七·五九	一八·二〇	開	往	上海										
第五次 特別快車 勝車各等	一六·三〇	不停	不停	一九·〇七	一九·一五	停													
第三〇五次 平浦直達 特別快車 勝隊各等	一八·五〇	一九·二〇	二〇·二六	二一·三九	二一·四八	二二·二〇	開	往	浦口										
第二十一次 快車 勝車各等	二〇·一五	二〇·四八	二二·〇八	二三·三八	二三·四七	二四·〇〇	一·一〇	二·[illegible]八	三·二七	三·三二	三·四七	四·二〇	五·一二	五·一二	七·〇七	七·三三	七·五五	停	
第四〇一次 平滬直達貨車及七十三次客貨混合三等慢車	二一·〇〇	二二·五〇	一·一四	四·〇三	四·二〇	六·四〇	九·四〇	一二·三三	一五·〇三	停									
第三次 特別快車 勝車各等	一〇·五五	一一·一四	不停	一三·三二	一三·四〇	一三·五〇	一四·四七	一五·四〇	一六·三四	一六·三九	一六·五[illegible]	一七·一四	一七·四六	一八·二八	一九·〇一	一九·二〇	一九·三七		

上行車

列車次數	遼寧總站開	山海關到	山海關開	秦皇島開	北戴河開	昌黎開	灤縣開	古冶開	開平開	唐山到	唐山開	蘆台開	塘沽開	天津東站到	天津東站開	天津總站開	郎坊開	豐台開	北平前門到
第四十二次 普通客車 中勝各等			六·〇〇	六·二五	六·五四	七·四〇	八·四五	九·四四	一〇·一〇	一〇·二三	一〇·三〇	一一·四一	一二·四六	一三·四六	一四·〇〇	[illegible]	一五·四三	一七·二一	一七·五五
第四次 特別快車 勝車各等			九·四五	一〇·〇四	一〇·二七	一〇·五八	一一·三九	一二·一八	一二·三五	一二·四五	一二·五〇	一三·四八	一四·四五	一五·四〇	一五·五五	一六·〇五	不停	一八·一五	一八·四二
第七十六次及七十二次 客貨混合 三等慢車			一〇·三〇	一一·五二	一二·五〇	一四·四八	一八·二六	二〇·三五	二一·三五	二一·五七	停	第七十二次	自天津起		六·〇五	八·五一	一一·四三	一五·三八	一六·五〇
第二十四次 快車 勝車各等			一三·一五	一三·三五	一四·〇〇	一四·三七	一五·二二	一六·〇五	一六·二二	一六·三二	一六·三七	一七·二四	一八·五一	一九·五〇	二〇·〇〇	二〇·一一	二一·三四	二二·四八	二三·一七
第二次 瀋平特別快 勝隊各等	一〇·一五	二一·二六	二二·三〇	二二·五九	二三·三一	〇·一九	一·一八	二·一六	二·四一	二·五五	二·五八	四·〇八	五·一一	六·一五	六·三〇	六·三九	七·四五	八·四七	九·一八
第七十四次客貨混合三等慢車及第四〇二次滬平直達貨車											四·五〇	七·三八	一〇·〇九	一一·四五	一七·二〇	一八·二〇	二二·二二	〇·五五	[illegible]·〇〇
第三〇六次 平浦直達 特別快車 勝隊各等									由	浦口		開	來	[illegible]	五·二〇	五·三〇	六·四三	七·四九	八·一九
第三〇二次 滬平直達 特別快車 勝隊各等									由	上海		開	來	七·〇五	七·三〇	七·四〇	八·五〇	九·五四	一〇·二四
第六次 特別快車 勝車各等															九·〇五	九·一五	不停	不停	一一·五〇
第二十二次 快車 勝隊各等			二三·三〇	〇·〇一	〇·三九	一·二九	二·三二	三·三〇	三·五六	四·一〇	四·一五	五·二六	六·三一	七·三六	七·五〇	八·〇二	九·二六	一〇·五五	一一·二九

18002

膠濟鐵路行車時刻表 民國二十二年七月一日改訂實行

下行列車

站名	開到	五一次各等	二一次各等	七一次三等	七三次三等	一次各等
青島	開	七・〇〇	一一・三〇	一五・〇〇		二一・四〇
大港	開	七・一一	一一・四一	一五・一一		二一・五一
四方	開	七・二〇	一一・五〇	一五・二〇		二二・〇〇
滄口	開	七・三六	一二・〇六	一五・三六		二二・一六
女姑口	開	七・四八	一二・一八	一五・五一		不停
城陽	開	七・五七	一二・二七	一六・〇一		二二・三四
南泉	開	八・一三	一二・四三	一六・一八		不停
藍村	開	八・二七	一二・五八	一六・三六		二三・〇一
李哥莊	開	八・三六	不停	一六・四五		不停
膠東	開	八・四八	不停	一六・五八		不停
膠州	到	九・〇〇	一三・二五	一七・一一		二三・二八
	開	九・〇三	一三・二七	一七・一四		二三・三〇
芝蘭莊	開	九・一九	一三・四四	一七・三三		不停
姚哥莊	開	九・二八	不停	一七・四三		不停
高密	到	九・三九	一四・〇一	一七・五一		〇・〇一
	開	九・五〇	一四・一三	一八・〇三		〇・一三
蔡家莊	開	一〇・〇	不停	一八・一六		不停
塔耳堡	開	一〇・一四	一四・三三	一八・二八		不停
丈嶺	開	一〇・二四	一四・四三	一八・三九		不停
岞山	開	一〇・三五	一四・五三	一八・五四		一・〇三
黃旗堡	開	一〇・五三	一五・一三	一九・一三		[illegible]
南流	開	一一・〇一	一五・二一	一九・二四		[illegible]
蛤蟆屯	開	一一・〇九	不停	一九・三一		[illegible]
[illegible]		一一・二四	一五・四一	一九・四八		[illegible]
坊子	到	一一・三七	一五・五四	二〇・〇三		[illegible]
	開	一一・五三	一六・〇八	二〇・一一	六・三〇	[illegible]
二十里堡	開	一二・〇四	一六・二〇	二〇・二六	六・三四	[illegible]
濰縣	到	一二・一三	一六・二八	二〇・三五	六・四四	[illegible]
	開	一二・一五	一六・三〇		六・四九	[illegible]
大圩河	開	一二・二九	不停		七・〇四	[illegible]
朱劉店	開	一二・四〇	一六・五三		七・一七	[illegible]
昌樂	開	一二・五三	一七・〇六		七・三三	[illegible]
堯溝	開	一三・〇五	一七・一八		七・四六	[illegible]
譚家坊子	開	一三・一七	一七・三〇		八・〇〇	[illegible]
楊家莊	開	一三・二八	一七・四一		八・一四	[illegible]
青州	到	一三・四三	一七・五六		八・三三	[illegible]
	開	一三・四六	一八・〇〇		八・三六	[illegible]
普通	開	一三・五八	不停		八・五〇	[illegible]
淄河店	開	一四・〇八	一八・一九		九・〇一	[illegible]
辛店	開	一四・二一	一八・三六		九・一七	[illegible]
金嶺鎮	開	一四・三三	一八・五〇		九・三三	[illegible]
湖田	開	一四・四八	一八・五九		九・四四	[illegible]
張店	到	一四・五七	一九・〇八		九・五五	[illegible]
	開	一五・一二	一九・二三		一〇・一〇	[illegible]
馬尚	開	一五・二二	不停		一〇・三〇	[illegible]
周村	到	一五・四〇	一九・四八		一〇・四四	[illegible]
	開	一五・四三	一九・五一		一〇・四七	[illegible]
大臨池	開	一六・〇七	不停		一一・二二	[illegible]
王村	開	一六・一九	二〇・二四		一一・三六	[illegible]
普集	開	一六・二九	二〇・三四		一一・五八	[illegible]
明水	開	一六・四四	二〇・四九		一二・〇五	[illegible]
棗園	開	一六・五四	二一・〇〇		一二・一八	[illegible]
龍山	開	一七・〇八	二一・一五		一二・三五	[illegible]
郭店	開	一七・二三	二一・三〇		一二・五三	[illegible]
王舍人莊	開	一七・三四	二一・四一		一三・〇五	[illegible]
黃臺	開	一七・四七	二一・五五		一三・二〇	[illegible]
北關	開	一七・五四	二二・〇七		一三・二九	[illegible]
濟南	到	一八・〇〇	二二・一三		一三・三四	[illegible]

上行列車

站名	開到	五二次各等	七二次三等	二二次各等	七四次三等	二次各等
濟南	開	七・〇〇		一一・四〇	一四・四〇	二二・〇〇
北關	開	七・〇九		一一・四七	一四・四七	二二・〇八
黃臺	開	七・一六		一一・五四	一四・五五	二二・一五
王舍人莊	開	七・三〇		一二・〇八	一五・一〇	不停
郭店	開	七・四三		一二・二〇	一五・三〇	不停
龍山	開	七・五七		一二・三六	一五・三九	二二・四八
棗園	開	八・一三		一二・五三	一五・五五	二三・〇五
明水	開	八・二四		一三・〇三	一六・〇七	二三・二八
普集	開	八・五一		一三・二〇	一六・二〇	不停
王村	開	九・〇五		一三・三六	一六・三四	不停
大臨池	開	九・二〇		不停	一六・五四	[illegible]
周村	到	九・三三		一三・五六	一七・一三	[illegible]
	開	九・四〇		[illegible]	一七・一六	[illegible]
馬尚	開	九・四八		不停	一七・三五	[illegible]
張店	到	一〇・〇三		一四・二一	一七・四三	[illegible]
	開	一〇・一五		一四・三六	一七・五八	[illegible]
湖田	開	一〇・二四		一四・四九	一八・一三	[illegible]
金嶺鎮	開	一〇・三八		一四・五八	一八・二二	[illegible]
辛店	開	一〇・五七		一五・一二	一八・三一	[illegible]
淄河店	開	[illegible]		不停	一八・四四	[illegible]
普通	開	[illegible]		[illegible]	一九・〇八	[illegible]
青州	到	一一・〇一		一五・四四	一九・一九	[illegible]
	開	一一・一三		一五・四七	一九・二八	[illegible]
楊家莊	開	一一・一六		一六・〇二	一九・三五	[illegible]
譚家坊子	開	一一・四二		一六・一三	一九・四六	[illegible]
堯溝	開	一一・五四		一六・二七	一九・五九	[illegible]
昌樂	開	一二・〇七		一六・四一	二〇・一二	[illegible]
朱劉店	開	一二・一九		一六・五一	二〇・二六	[illegible]
大圩河	開	一二・三〇		一七・〇一	二〇・三七	[illegible]
濰縣	到	一二・四三		一七・一六	二〇・五四	[illegible]
	開	一二・四五	七・〇〇	一七・二〇	二一・〇四	[illegible]
二十里堡	開	一三・〇六	七・一〇	一七・三七	二一・一七	[illegible]
坊子	到	一三・二一	七・二三	一七・五一	[illegible]	[illegible]
	開	一三・三六	七・三七	一八・〇六		[illegible]
蛤蟆屯	開	一三・五〇	七・五四	不停		[illegible]
南流	開	一三・五七	八・〇九	一八・二四		[illegible]
黃旗堡	開	一四・〇八	八・一七	一八・三七		[illegible]
岞山	開	一四・二六	八・二九	一八・四四		[illegible]
丈嶺	開	一四・四三	八・四八	一九・〇三		[illegible]
塔耳堡	開	一四・五一	八・五八	一九・二二		[illegible]
蔡家莊	開	一五・〇二	九・〇八	不停		[illegible]
高密	到	一五・一四	九・二〇	一九・四三		[illegible]
	開	一五・二四	九・三一	[illegible]		[illegible]
姚哥莊	開	[illegible]	九・四三	不停		[illegible]
芝蘭莊	開	一五・四五	九・五六	[illegible]		[illegible]
膠州	到	一六・〇二	一〇・〇七	二〇・〇一		[illegible]
	開	一六・〇四	一〇・二三	二〇・一七		[illegible]
膠東	開	一六・一六	一〇・二六	不停		[illegible]
李哥莊	開	一六・二七	一〇・三九	不停		[illegible]
藍村	開	一六・三七	一〇・五一	二〇・四八		[illegible]
南泉	開	一六・五〇	一一・〇一	二〇・五九		[illegible]
城陽	開	一七・〇八	一一・一九	二一・一五		[illegible]
女姑口	開	一七・一七	一一・三四	二一・二三		[illegible]
滄口	開	一七・二九	一一・四七	二一・三六		[illegible]
四方	開	一七・四五	一二・〇七	二一・五一		[illegible]
大港	開	[illegible]	一二・二五	[illegible]		[illegible]
青島	到	一八・〇〇	一二・四〇	二二・一〇		[illegible]

18003

隴海鐵路簡明客車時刻表

民國二十三年九月一日實行

	站名＼車次	1 特快	3 特快	5 特快	71 混合	73 混合	75 混合	77 混合	79 混合
向西上行車	孫家山							9.15	
	墟溝			10.05				9.30	
	大浦				71.15				
	海州			11.51	8.06				
	徐州	12.40		19.39	17.25	10.10			
	商邱	16.55				15.49			
	開封	21.05	15.20			21.46	7.30		
	鄭州	23.30	17.26			1.18	9.50		
	洛陽東	3.49	22.03			7.35			
	陝州	9.33				15.16			
	潼關	12.53				20.15			7.00
	渭南								11.40

	站名＼車次	2 特快	4 特快	6 特快	72 混合	74 混合	76 混合	78 混合	80 混合
向東下行車	渭南								14.20
	潼關	6.40				10.25			19.00
	陝州	9.52				14.59			
	洛陽東	15.51	7.42			23.00			
	鄭州	20.15	12.20			6.10	15.50		
	開封	23.05	14.35			8.34	18.15		
	商邱	3.31				14.03			
	徐州	8.10		8.40	10.31	20.10			
	海州			16.04	19.48				
	大浦				21.00				
	墟溝			18.10				18.4	
	孫家山							19.05	

中國工程師學會會務消息

◉籌募工業材料試驗所設備費啓事

逕啓者查第四屆年會由上海分會提議擬請總會籌募現金十萬元，供採購材料試驗設備之需要一案，經議決通過；復提經本屆第十五次董事會議議決儘先向各會員募集，設備購置亟須進行，庶將來各界委託之件均有相當設備以應付之。本會天職所在，不容放棄。查本會會員現有二千五百餘人，每人認捐四十元巳足定額，凡吾會員，務望慨予捐認，共襄盛舉，如所認捐之數能超出預算，則經濟充裕設備方面更可擴大，除分函各會員並附認捐簽名單外 特再公告，倘望各會員踴躍將簽名單簽字寄回，至於繳款日期容再另行通告。認捐簽名單格式如下：

〇〇〇認捐材料試驗所設備費洋　　元正

此致

中國工程師學會　　簽名　　　年　月　日

◉武漢分會消息

武漢分會于十一月十六日(星期五)晚六時假漢口青年會映演工業及科學電影十六卷，到者甚衆。又該分會本屆第一次職員會議，議決本年度工作加緊，每月開會一次凡單月為交誼性質，如映演科學及工程影片，遊覽參觀，新年聯歡音樂會等，分別舉行，歡迎家屬參加。凡雙月為學術性質，請會員或會外專家以及外埠到漢會員，演講工程問題，報告新工進展等，互相討論，每次由本會供備便飯聚餐，不另收費，而求經濟。惟祗限會員及工程界同志參加。通函各會員踴躍到會，以達本會「聯絡感情，研究學術」之宗旨云。

◉永久會員踴躍

查本會永久會員年有增加，統計有二百餘人之多，最近新加入為永久會員名銜臚列於下：

薛桂輪君　戴　華君　周開基君　周　禮君
黃樸奇君　沈嗣芳君　唐星海君　黃元吉君
郭　楠君　朱益聲君　王逸民君　許厚鈺君
王士良君　劉鶴年君　庾宗溎君　呂謨承君
潘鎰芬君　高禩瑾君　劉峻峯君　任倘武君
劉元瓚君　馬軼羣君　王國勳君　張　鑫君
魏　如君　王德昌君　梁振華君　施求麟君
胡汝鼎君　徐善祥君　淡登青君　陳　琸君
盧文湘君　楊立人君　翟維澧君

◉會員哀音

本會會員潘保申君於本年九月三日病故特誌本刊，凡與潘君生前有舊者幸垂晉焉。

◉徵求工程人才

茲有下列四處欲聘工程人員各數人不論會員或非會員自認有下列資格之一者，均得應徵：

(一)某軍隊需用開山石與架木橋專家須具有土木工程素有經驗者，約須五人至十人，一面令其教學，一面令其實施建築，月薪約三百至六百元。

(二)某機關需要電氣及機械兩種工程人員二十員，應徵人應照下列各點詳細開明 1 應徵人姓名 2 籍貫 3 年歲 4 出身 5 專門研究 6 經歷 7 論文或著作 8 願担任工作 9 希望月薪數 10 通訊處。經過審核或調查認為合格者，由該處通知應徵人到某處試用或考試，試用期限以二月為限，在試用期內按照成績酌給月薪，成績卓著者呈請加委，惟須有二年以上經驗者為合格，如無高深研究與相當經驗者請不必應徵。

(三)國內最大某航空機關擬聘機械工程師數人，以國內外大學機械科畢業者為合格，待遇五十元至一百五十元，供宿不供膳。

(四)廣州某機關欲聘測繪員一人，專事測量土地清丈田畝，以富有測量經驗者為合格，月薪毫銀一百九十元。

應徵人請開明詳細履歷逕函上海南京路大陸商場五四二號中國工程師學會可也

中國工程師學會叢書

鋼筋混凝土學
發售預約

本書係本會會員趙福靈君所著，對於鋼筋混凝土學包羅萬有，無微不至，蓋著者參考歐美各國著述，搜集諸家學理編成是書，敍述既極簡明，內容又甚豐富，試閱下列目錄即可證明對於此項工程之設計定可應付裕如，毫無困難矣。全書曾經本會會員鋼筋混凝土工程專家李鏗李學海諸君詳加審閱，均認爲極有價值之著作，爰亟付梓，以公於世。全書洋裝一册共五百餘面，定價五元，在二十四年一月底出版。玆爲優待起見，發售預約劵，凡在本年十二月二十五日以前將預約單連同書費郵費塡寄本會者，概照定價七折計算，實售三元五角，由郵匯寄者，以郵局日期爲準，外埠須加每部書郵費三角。

鋼筋混凝土學目錄

玆寄上 匯票/現銀 ......元......角定購趙福靈先生著
鋼筋混凝土學......部請即查收書出版後並希寄交
......省......市/縣......鎮......路/街......號......君
收爲盼此致
中國工程師學會
上海南京路大陸商場五四二號

......啓
年　月　日

工程週刊

(內政部登記證警字788號)

中國工程師學會發行

上海南京路大陸商場 542 號

電話：92582

(稿件請逕寄上海本會會所)

中華民國24年1月15日出版

第4卷 第1期 (總號79)

中華郵政特准掛號認為新聞紙類

(第1831號執據)

本期要目

定報價目：每期二分，全年52期，連郵費，國內一元，國外三元六角。

新異佈置之水廠

美國梅利蘭省奔密爾 Burnt Mills 地方郊外某區新水廠中之清水池沉澱池濾池環繞於節制間之外成為同心圓形

業餘消遣

編者

工作時間之支配尚易為之，業餘時間之利用，實難能也。不識者以為業餘消遣，與工作無關者，其實不然，消遣亦正所以促進工作之效率，如視為消磨光陰則大誤矣。故正當消遣以有益身心者為上。以工程師而言

業務之餘，從事運動以健身體，或作遊戲以舒弛腦筋，或閱書報以調劑心思，或寫作文藝以發揮情緒，是皆有益身心之消遣也。然而世風日趨靡化，工程師之消遣其不能免於麻雀撲克者實繁有徒也。

18007

粵漢鐵路枕木問題

邱鼎汾

引言

本路路線北自武昌東郊徐家棚起，經湖南省而達廣州之黃沙止，爲揚子江以南之唯一南北大幹線，共約長680英里，合1094公里。除廣韶段（廣州至韶關，約140英里，合226公里。及湘鄂段（徐家棚至株州，約260英里，合418公里）業已完成通車外，其未成之株韶段（株州至韶關，約280英里，合450公里，內中韶樂一段，約32英里，合52公里，業已完成正式營業矣。）亦於民國22年，9月1日動工，設專局於衡州，限期4年完工，故相傳已久之粵漢全線通車，當不致再使吾人失望。惟完成後，對於軌道之維持，似應預爲綢繆。其最重要者，厥爲枕木問題，蓋粵湘鄂三省地屬溫帶，雨量較多，濕氣亦甚，若不注意木料性質，徒省經濟於一時，必致遺患於將來，殊非萬全之策。作者服務斯路有年，經驗所得，不計簡陋，敢將三省氣候，及過去之事實，補救之方法，分別縷述於后，幸垂察焉。

(一)枕木爲鐵路構造之重要原料

築路材料，除土工及機車車輛不計外，其次所用者，爲鋼軌，枕木，石渣，3項，連合而成，謂之軌道(Track)。其間佔用資本之成率，以1英里爲單位，鐵軌暨配件佔61.47%,枕木佔19.12%,石渣佔19.41%，其資本之分析，詳之於后。

鐵軌暨配件 每英里約重132噸最近價目每噸估英金8磅每磅合洋15元 等於 15840元=61.47%

枕木每英里2464根 每根估2元 等於 4928元 =19.12%

石渣 1000 方每方 5 元等於 5,000 元 =19.41%

每一英里需要軌道材料，合洋25,768元

但鋼軌耐久性約期40年。石渣除種添外，其耐久性爲永遠時期。惟枕木每若干年須抽換一次，今估擬5年，與鋼軌壽命兩相對消，須換8次，則枕木成率爲 8×19.12=152.96。其始也所佔百分率，表面上雖比鋼軌低少；其終也，枕木比鋼軌所佔百分率，約三倍之。耗費資本，及營業用款，爲數頗鉅。是選用木料，及枕木之重要，與用在地之氣候，殊有關係。茲將三省氣候，分別錄出，以資參考。

(二)枕木與地方氣候之關係

(1)湖北省氣候

地當北緯33度以南，又屬溢地，故其溫暖，雖四圍多山，而西北高聳，東南低落，適足阻北寒，而引南熱。惟夏季炎暑如蒸，常達華氏100度以上，江濱湖畔之地，夏季水漲，潮濕殊苦。本路路線經過湖北境內，全係江濱湖畔之地，方向屬於正南。

(2)湖南省氣候

地當北緯30度以南，全部溫和濕潤，適於穀類之種植。溫度平均，夏季華氏100度左右，冬季在40度上下，春季雨量最多，一雨輒逾十日，故湘人有春雨連綿之嘆。惟西南山地，夏苦潮濕，有類貴州。本路路線經過湖南全境，方向偏於西南。

(3)廣東省氣候

地當北緯25度以南，大部分已入熱帶，然以海洋風之調劑，即在夏日，亦無酷熱之患。風向，夏季爲西南信風，餘爲東北信風。又有颶風，往往拔木傾屋，人畜受害時有所聞。本路路線經過粵省，方向屬於正南。

本路路線，經過三省區域，由溫帶侵入

熱帶，白蟻叢生，隨處皆有。不獨枕木容易腐壞，即其他建築所用不適當之木料，亦易遭白蟻之蝕蛀。其進行程度，迅速非常，因關於地方情形，未能事前明察，以致公家損失甚鉅，殊可惜也。茲將白蟻紀載，擇要錄出。

(三)白蟻蛀蝕枕木及其他建築材料。

(1)白蟻之繁殖

白蟻為一種有害的昆蟲。(學名Termites bellicosus)在溫帶熱帶地方，滋生極速。身體白嫩柔軟，頭部很大，口前具有一鉗，裏面帶有鋸齒，全體長度約$\frac{1}{8}$"至$\frac{1}{4}$"。性喜蛀木，有時屋宇的梁柱，常被蛀空，終於倒塌。又喜蠹食木質用具，及衣服書籍等物；其經過之處，築一條黃土的通路，在裏面往來，俗稱為白蟻路。白蟻之組織，有蟻王，蟻

后，兵蟻及工蟻之別。蟻后每日能育子由一萬枚至二萬枚。每窠內僅有一蟻王及一蟻后，百分之一為兵蟻，其餘皆為工蟻。兵蟻和工蟻，雌雄皆備，但在窠內不能生殖。每于生翅後，成羣飛舞，俟翅脫落，方纔配合；另向粘木及土中覓新居處，生卵而繁殖新羣。兵蟻的頭上有黏液腺，能從孔或管泌出辛辣的粘液，其責任專在保護。工蟻為盲目。其任務在採辦食物，以養育幼蟻兵蟻及營生殖的王后。(參閱本頁放大白蟻照片)

(2)白蟻之蛀木法

白蟻之蛀木法，係沿木紋帶有油質者，先行蝕蛀。其他木紋非油質部份，仍然存在，僅存木殼。外表觀之，仍與好木無異。

(3)白蟻之預防劑。

白蟻之預防劑，略有數種；如水銀綠化鋁，瀝青油製炭酸，信石攪拌骨粉，或黑臭油醋酸。以上皆經試驗，無甚大效，數月以後，藥性一經消滅，照舊蛀蝕。故凡用軟性之木，必須蒸製兩頭木紋，用石油摻以信石粉塗抹。但必須放置于空氣乾燥之處，方能有效。否則木之汁液，與他物連接，隨即腐化；雖用水銀防蟻亦無甚效力也。

(4)避免白蟻之木料

避免白蟻之木料，以麻栗木及杉木為最著，詳後章。又有一種植物名蔗香者，經炮製後，亦能避免白蟻，其用法未詳。

(5)白蟻之侵害。

粵漢路湘鄂段，地處溫帶。路線經過之處，多係紅黃色土質，隨處皆有白蟻。軌道枕木，發生白蟻，多在山口附近紅黃色土與塡土銜接處。屋內地板，地龍木，門框，窗框，屋梁木，車站票房櫃台，票櫃，牆壁火爐木架等，凡係杉木所製者，兩三年後，多因木質被蟻蛀空，即須修理。惟長堤與黑色土壤，及有沙土之路基，則不生白蟻。

(四)枕木使用之經過。

湘鄂段自民國七年通車以後，干戈擾攘，損失甚大。兼之營業不旺，入不敷出。是以軌道修養，難得購存大批枕木，隨時更換，故蟻木朽爛程度，數年以來，已達至60%。行車速率每小時由25英里減至15英里，甚

至有減至8英里者，實開列車行程最慢之紀錄。考其原因，由于採購國產枕木，多非冬季所伐之木。蓋木之砍伐時期，宜在陽歷十月半以前，三月半以後。過此時期，木質細胞中，含有多量液汁，且多養氣。此項養氣，為微生蟲之養料，亦即發酵之原因。湘鄂路局，苦于經濟之不足。既不能用科學方法，取去木中液汁，而以防腐劑注入細孔中，以使病菌無由侵入。又不能隨時收買冬季所伐之木備用。雖于立約時，規定為冬季所伐之木。然以本路自秋至冬，湖水漸涸，營業收入，比較略豐。故每于秋冬呈請，公文轉呈，籌款備案，核准批示，及登報招標，各種手續全備，業已數月，迨經決定，已近春季矣。故包商交木，每以時間之限制，是否為冬季所伐之樹，亦不之計。路局方面，亦因待用至急，一經驗收，隨即發段應用。而外段應付更換，亦急不暇擇，即行使用。皆為軌道窳敗之原因也。玆將歷年以來，選用枕木之種類，及各項木料經用年期，分別詳之於后。

（1）嘉拉枕木即澳州紅木（jarrah）.（每立方尺重62磅）。

本路湘鄂段，在汀泗橋羊樓司站之間，約40英里，合60公里。凡軌枕締結處，概鋪紅木，其餘設普通雜質枕木。又各站場，由軌尖至軌岔止，鋪設專用岔道紅木，於民國7年鋪設，距今15年，完好如昔，至於其他雜質枕木業已三四換矣。

（2）洋松枕木（每立方尺重27磅）。

本路軌道整理甚急，國產枕木，不能一時大批購就，以應臨時救急之用，有時又因軍事緊張，本路無從應付，始由他路撥借應用，或由大部先行墊款購發，洋松枕木。因洋松木發育迅速，年圈紋寬，木質太鬆，且因用在地點情形不同，其耐久性亦因之各異。玆略述之：

洋松有粗細紋之別，白蟻喜蛀富於油脂之粗紋木。故細紋耐久性，較之粗紋者約倍之。更因年圈之關系，木紋朝下，順而置者耐久，木紋朝上，逆而置者次之，如圖所示。

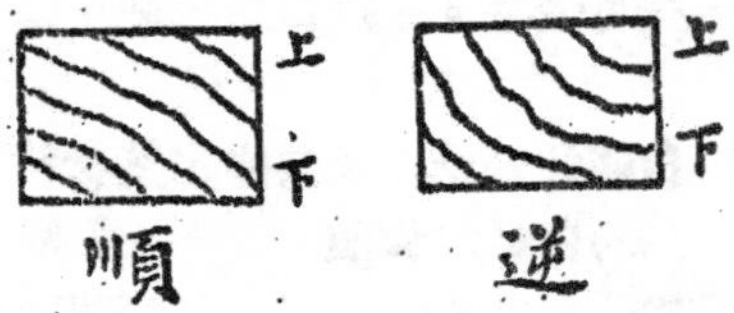

紅黃色山地附近，多白蟻滋生，木之耐久年齡，由1年至2年，木之被蛀成份，約5%至15%弱，參看附插照片。

填土方處，較諸開山處，白蟻滋生較少，木之經用年限約四五年。

上圖為徐家棚機廠大梁，木質係洋松，距地高約三十尺，被白蟻蛀空，—→指處係白螞蟻巢，換梁時，在該梁木內取出。

說明

枕木來源 隴海路撥來洋松枕木一萬根。

18010

用在地點　一小部份用在紙坊岔道。此處爲墳土路面，民國二十年十月鋪設。

取出時期　民國二十三年一月。

經用時期　兩年零三個月。

損壞程度　全枕木被白蟻蛀空。

上圖之說明

木之種類　洋松木枕

用在地點　本路羊樓司站以南英里119¼切土處

放入/取出軌道時期　民國二十一/二十三年十二月

經用時期　二年整

損壞程度　上部貼近軌座外觀尚好僅此木亮露之於外下部貼近石渣完全被白蟻蛀空不知者檢查軌枕時以爲好木其實上下兩邊情形迥乎不同

右爲枕木正面

左爲枕木反面白蟻蛀空

（3）蒸製枕木如本地油松，（每立方尺重42磅。）

本路於民國15年前，曾經購得國產枕木，多爲本地油松，送往平漢路劉家廟蒸木廠，用銅硫酸(Copper Sulphat)製過，除本價外，每根上下搬運，及蒸製費，額外約耗洋7角許。用在軌道上，不懼白蟻蛀蝕，亦不必計及開土與墳土路面，但其朽爛情形，由木之下級，貼近石渣處，逐層剝落，更因木之新陳老稚，及蒸製之透澈，互有關係，故被蒸之木，其耐久年限，亦因之各異，大約最短時期爲一二年，最長爲15年，分別說明於後；

（甲）收買時，各種枕木，未經發酵，蒸製之後，該木當然經久耐用，否則只一二年，與未製之木同樣腐化。

（乙）老樹幹作成枕木，一經蒸製，比諸小樹幹强，如小樹作成枕木，雖經蒸製，四五年後，逐漸剝落殆盡。

（丙）木之汁液，完全去盡，銅硫酸能以注射透澈，達到木之中心部位。木爲冬季所伐，樹亦老幹，經用年限，約15年上下。

（4）其他雜木未經蒸製如栗爲硬木之一種，（每立方尺重40磅）。

如係冬季所伐之木，經用年度，約6年上下，春夏季之木，細胞中含有汁液，一經放入軌道，木上發生紅白黑三色菌，菌出之後，木之堅結性完全消滅，隨即腐化如棉，即硬如麻栗木，其壽命亦不過年餘耳。

（5）杉木枕木，（每立方尺重25磅）。

本路由高家坊起至長沙止，約42公里，概用杉枕，來自湖南湘西，未經蒸製。自民國7年通車以後，截至今日，仍能維持行車速率20英里。其中抽換，間亦有之，然較諸其他一切枕木，經久耐用，具有天然防蟻性，其腐也由外而入內，木之內心有一份存在，仍能負一份重量。是此項枕木，對於三省氣候相宜，有明證矣。惜礙於規定枕木標準尺碼，（長8英尺，寬9英寸，厚6英寸，俗謂四面見線），木商須將木幹四圍鋸去，以致棄料多，得料少。故其價目高過一切其他國產枕木。現價每根約3元至4元，且不易得大批數量，且其壽命亦因木之段落互異，如木之下段，靠近根處，其性堅結，愈上則愈弱，平均約10年上下。蓋作者於民國11年，奉令調查枕木時，在醴陵車站，月台前見一半圓式之杉枕，自開路鋪設，未曾抽換，已經10年矣，尚可支持於軌道之下。

(五)杉木出產情形。

杉木學名 Cryptomeria joponiea Don 別名煔(音沙)，又名檠木。杉材今南中深山多有之，木類松而徑直，幹亦端直，高至數十尺，葉附枝生如針狀，略向上面彎曲。夏月開花，花單性，雌花與雄花同株。果實為毬果，呈毬形，如指頭大，果鱗尖裂，邊材白色，心材淡赤色，其中有呈暗黑色者，木

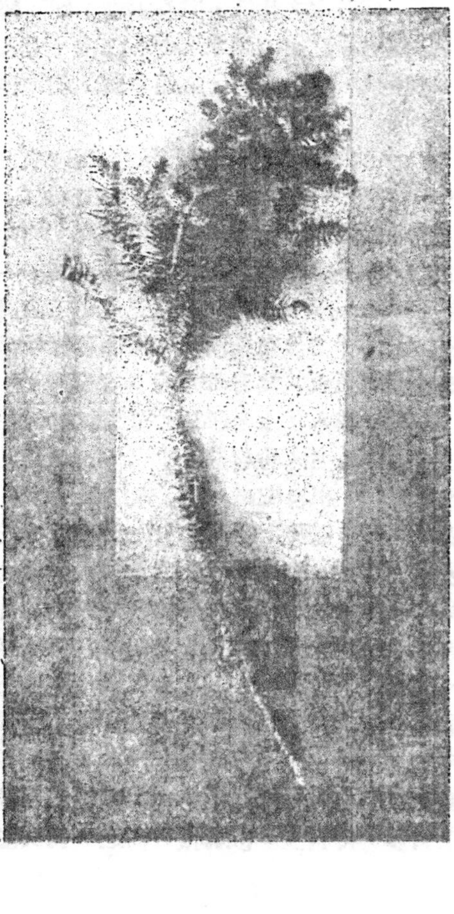

理通直，堅韌得宜，可供建築及器具之用。爾雅云，煔似松，生江南，可以為船及棺材作柱，埋之不腐。又人家常用作桶板，甚耐水。樹皮葺屋頂，葉作線香抹香等，枝葉為燃料，入藥須用油杉及臭者良。又此植物供觀賞之用，李時珍曰，杉木葉硬，微扁如刺，結實如楓實，江南人以驚蟄前後，取枝插種，出倭國者謂之倭木，並不及蜀黔諸峒所產者為良。其木有赤白二種：赤杉實而多油，白杉虛而乾燥。有斑紋如雉者，謂之野雞斑，作棺尤貴，其木不生白蟻，燒灰最發火藥。附照片圖中表現者，係杉木之一枝，葉附枝生，果實亦現，其下為一杉木段落帶有樹皮，湘人用以葺屋頂。

湘省有三大河流，為木產最著名區域。其西為沅水，俗名常德河，上游經過沅陵，(辰州)有酉水，與四川之秀山通，達瀘溪有武水，過辰谿有漫水，更上經洪江，銜貴州之青水。以上諸水，皆與貴州銅仁，玉屏。天柱，天柱，黎平，諸縣通。凡經沅水運出之木，多由川黔而來，謂之西路貨。駛至常德河洑市一帶此處為杉木薈萃市場，由小筏改編大筏，然後再出洞庭湖。其次為資水，上游與廣西聯界，凡湘省東安，新甯，武岡，所產杉木，與廣西所產者，同出此河。其薈萃市場，下為益陽，以上之木，亦名西路貨。至於湘省諸縣，如江華，嘉禾，甯遠，桂陽，桂東，汝城，資興，茶陵，攸縣，安仁，所產之杉木，由湘水運出，謂之南路貨。南杉性堅，根粗梢細；西路性嫩，由根至梢，大小平均，能多取材，而適於用，故其價目，略高於南路。杉之性嫩與性堅之別，因蜀黔桂諸崗，深山之中，林深箐密，人跡罕到，秋冬之際，落葉層層，無人採取，迨至年深日久，落葉漸變肥料，復因樹料叢密，只能向上抽長，故根至梢，大小平均。南路杉木，因土壤性質不同，故木之性質，亦異。贛省亦為產杉區域，行銷地點，多屬九

18012

江以下諸埠，木性易裂。

杉之採伐時期，不得而知。但知杉木伐後，隨即棄置於水，預備編成小筏，故置於近山支河中浸之。迨至山洪泛漲，冲入大河，更編大筏，輸運各地，以致樹內所含汁液，被水幾經浸入，隨以俱去，是以杉木汁液少，得能防腐也。

杉木樹汁甚少，且無餘汁，存在木中，既如上述，其汁水苦澀，其味辛澀，任何蟲類，不能蛀蝕。非若油松樹汁甚甜，又富脂液，與杉木性質相反，此杉木所以又能防蟻，是以大江南北兩岸，居民建屋木材，概用杉木，不用松料，是又一明證也。

(六)杉木作枕補救辦法。

杉木發育，向上抽長，已如上述，非似其他雜木身幹橫粗，能以鋸割。今欲求6寸厚9寸寬之杉枕尺碼，殊難辦到，長度則無問題，不如從權，因勢利導，因地制宜，逐條說明於後：

(1) 杉枕在貼軌處，既不能按規定寬厚，惟有在每條鋼軌之下，多鋪一二根，增其支力。譬如本路三十尺軌條，原用14根，可以改用十五六根。雖每根枕木，距離較近，但枕木爲鼓邊形式，不甚妨礙道工渣道工作也。

(2) 杉木厚度，仍照規定尺碼，鈎釘可改85磅爲60磅，以妨鈎釘量重致木紋爆裂，杉枕之上級，毋須全部取平，宜在貼軌處，用斧削平，靠近木之兩端，較比軌塗處，亦略爲削低，呈凸字形。其餘部份，仍宜保留木之外層，其用意不外瀉水易，則水分自難吸收，不致速其腐爛，如第一圖。

第一圖

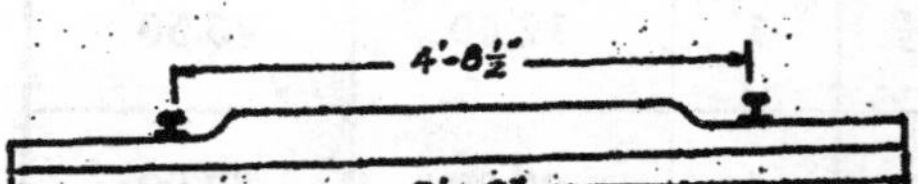

兩端稍低易於瀉水

中部保留杉之原狀，使行人在軌道中間，行於圓木之上，較比平木略感困難。一則使軌道內擋人之舉，可以減少，次則保長木之年度。編者數年前，視察湘鄂鐵路，軌道中之枕木，本爲方平式，屢被行人往來於其上，幾爲圓滑，更使木之强度大減，故此建議如上。

(3) 枕木之下級，毋須過於鋸平，只要放穩爲度。蓋杉木性柔，鋪在道上，用鐵鎬將石渣塡入，其木卽被石渣壓平矣。

(4) 杉木近根處，伐木人鑿有一眼，用以穿木而編筏，此木眼當鋸作杉枕時，應當保留。蓋杉木近根處，其性最堅，能以保存一份，卽添一份堅性也，如第二圖。

第二圖

(5) 杉木兩側面，毋須鋸平，保其原狀，俗謂鼓邊也。木之外層不去，因水分不能滲入，能堅防腐性，如第三圖。

第三圖

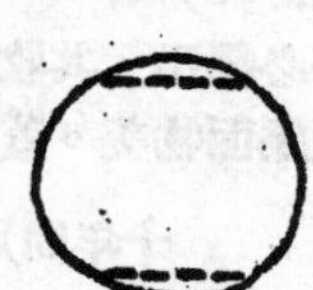

(6) 當十五六年軍事期間，每因事變，無有枕木。編者時在岳州工段，就地購

買枕木，按上述法則，鋸為杉枕，其効用之結果，與他木無異，故獻芻蕘，以供採納。

(7) 杉枕可以妨腐妨蟻，既如上述，其弱點在木性稍軟，常見杉枕接近貼軌處，鋼軌嵌深英寸二三分許，其在灣道處者尤甚。本路路線南北方位，今擬鋪用時，可將杉枕預先讓出地步，偏東或偏西各6寸許，待用數年後，貼軌處發見嵌痕，偏東者使之偏西，偏西者使之偏東，如此調劑，固不顧軌枕之整齊，其目的乃在節省經濟，使軌枕能以保持耐久性，如第四圖。

第四圖

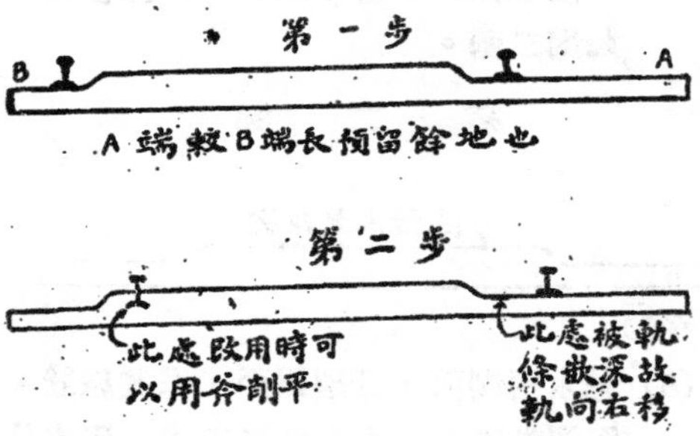
第一步
B
A
A端較B端長預留餘地也
第二步
此處欲用時可以用斧削平
此處被軌條嵌深故軌向右移

(七)杉枕松枕價值之比較（以每根鋼軌30尺長作單位計算）

鼓邊杉木，上下不必鋸平，其收買價，當然較諸鋸平之杉枕價廉而物美。蓋包工節省鋸工，容易採購大批，時間迅速，今假定鼓邊木枕。每根1.50元，85式30尺鋼軌，用木14根，計洋35元。上下鋸平杉枕，現在最低價目，每根3.50元，以每根鋼軌需枕14根合之，約洋49元。說者謂上下不鋸平之杉枕，豈不虞軌座處（Bearing 或 Rail Seat）之支力不足乎？如果發生上項情事，則每30尺鋼軌之下，不妨多用兩根，由14根加為16根。每根2.50元，約洋40元，仍較用鋸平之杉枕，每根鋼軌項下，節省9元，（49－40＝9）每英里節省1584元。

杉枕平均耐久性，最少可以保用10年，根據高家坊至長沙一段，使用杉枕之經過，今姑假定每30尺鋼軌，用上下鋸平杉枕14根，其數為49元。若用鼓邊杉枕，軌座處略為削平，由14根改加16根，每根2.50元，其數為40元。

松枕未經蒸製，每根時值估價1.50元，其耐久性，因用在地點略有差別，詳之於後。

用在無白蟻處，最多4年，若與杉枕壽命，兩相比較，杉枕用10年，松枕則須抽換兩次半，其數為14×1.5×2.5＝52.50元。

用在有白蟻處，最多2年，若與杉枕壽命，兩相比較，杉枕用10年，松枕則須五換之，其數為14×1.5×5＝105.00元。

按照上列數目，松枕價初步似覺公道，迨與10年壽命之杉枕比，則廉價之松枕，倘有超杉枕之勢，用表比較，更易明瞭。

十年間用費（每根30尺長85式鋼軌）

枕木用在地點	松枕價	上下不鋸平鼓邊杉枕由14根加至16根	上下鋸平杉枕用14根	抽換次數		10年間每根鋼軌項下節省用費	
				松	杉	用鼓邊不鋸平杉枕	用上下鋸平杉枕
無白蟻處	52.50	40.00	49.00	2½	1	12.50	3.50
有白蟻處	105.00	40.00	49.00	5	1	65.00	56.00

十年間節省用費表

說明	節省圓數			附註
	每30尺鋼軌	每英里計176節	全路680英里	
上下鋸平杉枕與鼓邊不鋸平比	9.00	1584.00	1,077,120.00	
松枕與鼓邊不鋸平比	12.50	2200.00	149,600.00	無白蟻發生處
松枕與上下鋸平比	3.50	616.00	41,888.00	同前
松枕與鼓邊不鋸平比	65.00	11440.00	不列	有白蟻發生處
松枕與上下鋸平杉枕比	56.00	9856.00	不列	同前

目前大勢，楊子江以南，發展鐵路建築，似有風起雲湧之勢。如杭江鐵路，建築玉山至萍鄉，江南鐵路公司，因蕪乍之完成，聯絡京南五省，承建京韶京閩鐵路，又最近宣傳之鄂灣鐵路亦有興築之議。

以上有在實在測量中者，有在計劃中者、皆係經過溫熱帶區域，與用木料，至有密切關係。雖購木料，屬於購料範圍，當事者，只顧木價之低廉，至於木之品質問題，有關地方情形及天時氣候者，如白蟻叢生，雨量多，燕濕氣甚，各種情形，每未曾顧及。蓋天時地利則異，適於北者，未必適於南，宜於東者，未必宜於西，作者因鑒粵漢鐵路湘鄂段之過去事實，木材一項，因不明瞭地方情形，以致糜費歲修，殊可惜也。

按諸上表，內列數目字，全路通車後，對於枕木一項，每10年可以節省百萬元上下，其他建築木料不計焉。當茲提倡國貨之際，杉木爲蜀黔湘桂諸省著名木產，適用於粵湘鄂三省，運輸至便，想當道諸公，亦所樂取，故搜集所得，不涉浮文，著或是篇，聊盡貢獻之意耳。

中國工程師學會二十二年度收入會費總報告

總會會計張孝基

民國廿二年十月一日起至民國廿三年九月三十日

(一)收工業材料試驗所捐款：

長沙分會捐	$430.00
張延祥先生捐	$1,000.00
	共計$1,430.00

(二)收永久會費：

高鑑君	第一期	$50.00
沈百先君	第一期	$50.00
周琳君	全數	100.00
孫繼丁君	第一期	50.00
曹竹銘君	全數	100.00
吳錦慶君	全數	100.00
沈怡君	第一期	50.00
鄒勤明君	第二期	50.00
裘燮鈞君	第二期補足	20.00

李國鈞君	全數	100.00
薩福均君	第一期	50.00
劉晉鈺君	第二期	50.00
鄭瀚西君	第一期	50.00
程志頤君	第二期	50.00
李樹椿君	第一期	50.00
葉秀峯君	第一期	50.00
邵鴻鈞君	第一期	50.00
吳競清君	補足第一期	25.00
黃炳奎君	第一期	50.00
余伯傑君	補足第二期	30.00
榮志惠君	第二期一部份	20.00
汪桂馨君	第二期	50.00
陸南熙君	第一期	50.00
陳端柄君	第一期	50.00
沈　誥君	第一期一部份	25.00
劉夢錫君	第二期	50.00
孫延中君	全數	100.00
凌竹銘君	第二期	50.00
倪尙達君	第二期	50.00
李世瓊君	第一期	50.00
盧炳玉君	第一期	50.00
陸法曾君	第二期	50.00
王修欽君	全數	100.00
劉振清君	第一期	50.00
董榮清君	第二期	50.00
許行成君	第二期一部份	10.00
李鴻儒君	第一期一部份	25.00
林廷通君	第一期一部份	25.00
孫慶澤君	第一期	50.00
陸邦興君	第一期一部份	25.00
王　璡君	全數	100.00
夏光宇君	第二期	50.00
程瀛章君	補足第二期	25.00
周　琦君	第二期	50.00
許貫三君	第一期	50.00
李良士君	第二期一部份	25.00
盧成章君	全數	100.00
凌其峻君	第二期	50.00
莊前鼎君	第一期	50.00
陳崢宇君	第一期一部份	25.00
薩本棟君	第二期	50.00
周仁齋君	補足第二期	25.00
陶葆楷君	第一期一部份	25.00
李葆發君	第二期	50.00
劉仙洲君	第一期一部份	$ 25.00
楊公兆君	第一期	$ 50.00
孫國封君	第一期一部份	25.00
林鳳岐君	第一期	50.00
王士倬君	第一期一部份	25.00
蕭　津君	第一期一部份	25.00
蔡方蔭君	第一期一部份	25.00
閻書通君	全數	100.00
林志琇君	第一期一部份	25.00
杜德三君	第二期	50.00
朱義生君	第一期	50.00
曾養甫君	第一期	50.00
藍　田君	第一期	50.00
薛楚書君	第一期一部份	20.00
蔡國藻君	全數	100.00
徐文泂君	第一期一部份	25.00
郭承恩君	全數	100.00
王　度君	第一期一部份	25.00
莊秉權君	第一期	50.00

共計$3,600.00

(三)收入會費

杜長明君	秦以泰君	周開基君	王逸民君
丁天雄君	夏寅治君	鄭家俊君	錢　毅君
陳世琛君	陸貫愈君	錢鴻威君	沈祥元君
韋增復君	邱志道君	唐子穀君	方季良君
李國鈞君	蔡東培君	金士蓋君	朱坣聲君
秦元澄君	周邦柱君	周鳳九君	曾仲淵君
金洪振君	陳憲華君	吳旦平君	梁禾青君
徐　驥君	耿　承君	歐陽崙君	盧成章君
秦文彬君	徐澤昆君	劉相榮君	吳　敬君

邱鴻邁君 丁績和君 杜毓澤君 黃受和君
張恩鐸君 馮 介君 許心武君 鄒汀若君
沈友銘君 俞 忽君 王正已君 艾衍嶠君
周煥章君 王野白君 宋自修君 傅道伸君
文燕蔚君 沈宗毅君 俞物恆君 李允成君
俞 亮君 龔 庸君 謝世基君 曹維游君
楊伯陶君 吳簡周君 嚴仲如君 陳蔚彝君
劉 夷君 倪桐材君 潘連茹君 顧汲澄君
李其蘇君 郭恆年君 沈同祖君 蔡光勛君
鄭保三君

以上73人每人$15.00　共計$1,095.00

高則同君 陳普廉君 張景文君 廖溫義君
李善樑君 張 鑫君 王熙績君 吳 訥君
吳世鶴君 何遠經君 章定壽君 徐 特君
李富國君 蔣日庶君 黃榮耀君 潘立夫君
朱振華君 應琴書君 火永彰君 史恩鴻君
孫紫筠君 陳受昌君 劉裔鐸君 胡 翼君
張文奇君 葉 彬君 盧瀚光君 張 橫君
宋汝舟君 門錫恩君 王樹芳君

以上31人係仲會員每人$10.00共計$310.00

張君森君 孔令瑢君 徐景芳君 李潤之君
李中軒君

以上5人每人一部份$10.00　共計$50.00

楊立惠君 潘鎰芬君

以上2人每人補交$10.00　共計$20.00

宋奇振君 徐堯堂君 卓文貢君 劉子琦君
陳賢瑞君 吳光漢君 霍嘉蘭君 蔣仲塤君
張貴奮君 葉良弼君 龔 埈君 黃 權君
葉明升君 李維一君 吳錦安君 林同棪君
董桂芬君 黃仲才君 王作新君 李次珊君
張善淮君 夏鴻壽君 胡福良君 朱曰潮君
石式玉君 潘 超君 楊毓年君 梁鴻飛君
譚頌獻君 王化誠君 張竹溪君 趙國棟君
李繼廣君 朱賓華君 林舉鈞君 沈鹿宜君
吳善多君 鄭寧遠君 范緒均君 葉 楷君

以上40人係初級會員每人$5.00　共計$200.00

金華錦君 曾孝葵君 吳均芳君

以上3人每人補交$5.00　共計$15.00

仲博仁君 滑建山君 張炘廉君

以上3人每人一部份$5.00　共計$15.00

(四)收常年會費(22–23年度)

劉孝懃君 姚福生君 唐兆熊君 徐文泂君
周樂熙君 嚴剛平君 胡嗣鴻君 董芝眉君
朱福馴君 錢鴻範君 朱寶鈞君 許厚鈺君
李開第君 顧會錫君 張承祜君 徐志方君
陳世璋君 張偉如君 李善述君 陳肇森君
孫雲霄君 許夢琴君 張琮佩君 周倫元君
余石帆君 胡礽豫君 林洪慶君 包可永君
壽 彬君 羅孝威君 陳正咸君 程景康君
程義藻君 王錫慶君 沈銘盤君 王繩善君
李謙若君 郁鼎銘君 庾宗溎君 湯傳圻君
施求麟君 李善元君 張承惠君 章書謙君
陳公達君 張其學君 俞闓章君 黃元吉君
鍾銘玉君 黃 雄君 柳德玉君 郁寅啓君
陸承禧君 楊樹仁君 袁丕烈君 王魯新君
葛學瑄君 顧耀鎏君 王昭溶君 顧鵬程君
濮登青君 陳思誠君 徐承礦君 陳嘉賓君
楊 棠君 高大綱君 陳 琸君 金龍章君
馮寶齡君 劉敦鈺君 張永礽君 顧會授君
莊 俊君 周庸華君 黃錫恩君 林天驥君
李 銳君 潘世義君 江紹英君 蘇樂真君
姚鴻達君 施德坤君 周厚坤君 黃 潔君
張本茂君 殷恩棫君 楊肇墉君 邵禹襄君
蔣易均君 楊樹松君 馬少良君 劉世盛君
郭德金君 許景衡君 許瑞芳君 孫孟剛君
曹 昌君 謝鶴齡君 陳 器君 劉宸偉君
龔 衡君 容啓文君 陳明壽君 葛文錦君
薛卓斌君 葉植棠君 董大酉君 李學海君
葉建梅君 林 燦君 沈 昌君 溫毓慶君
湯天棟君 任家裕君 汪岐成君 許元啓君
李祖賢君 胡汝鼎君 周志宏君 蘇祖修君
范永增君 曾省之君 鍾文滔君 章煥祺君
楊孝述君 盧賓候君 趙以廉君 郁秉堅君
朱立三君 徐世民君 金問洙君 施 瑩君

吳　卓君　朱學勤君　程鵬翥君　羅孝斌君
奚世英君　陸敬忠君　嚴元熙君　黃述善君
魏　如君　何德顯君　樂俊忱君　王元齡君
諸葛恂君　沈　瀶君　費福燾君　黃潤韶君
朱盎聲君　伍灼泮君　葛益熾君　陳良輔君
任士剛君　羅慶蕃君　秦元澄君　路敏行君
王士良君　江元仁君　崔蔚芬君　沈祖衡君
李祖彝君　王逸民君　馮寶龢君　鄒尙熊君
周　仁君　沈炳麟君　關耀基君　徐善祥君
何墨林君　汪仁鏡君　鄧福培君　王孝華君
俞汝鑫君　蕭賀昌君　殷源之君　王子星君
陳六琯君　譚葆壽君　孫廣儀君　陳俊武君
周銘波君　壽俊良君　鄭倩之君　沈鎮南君
吳南凱君　沈莘耕君　姚頌馨君　錢祥標君
曹仲淵君　金洪振君　李錫之君　陳福海君
黎傑材君　陶　鈞君　鄒頌清君　殷傳綸君
陸桂祥君　鄒恩泳君　馮汝錦君　朱有騫君
高尙德君　潘國光君　張廷金君　陳茂康君
康時清君　沈泮元君　曹孝葵君　黃季巖君
關頌聲君　施孔懷君　雷志璚君　戈宗源君
高祺瑾君　顏耀秋君　羅　冕君　倪慶穰君
韋榮瀚君　宗之發君　鄒汀若君　周維幹君
鄭達宸君　孔祥勉君　錢崇澍君　汪經鎔君
潘家本君　鄭日孚君　趙富鑫君　徐名材君
黃漢彥君　倪松壽君　譚聲乙君　陳育麟君
李宗侃君　霍寶樹君　賴其芳君　胡亨吉君
顏連慶君　陳雲漢君　李錫釗君　葉秉衡君
徐宗陳君　彭開煦君　楊耀文君　沈熊慶君
郭棣活君　謝雲鵠君　王元康君　傅道伸君
陸子冬君　黃　倈君　龔　庸君　卓　樾君
吳浩然君　胡嵩嵒君　馬就雲君　蔡有常君
陳石英君　盛祖鈞君　許復陽君　柯成楙君
潘承梁君　周　銘君　陳輔屏君　周贊邦君
鄭葆成君　杜光祖君　黃叔培君

以上267人係上海分會會員每人$6.00（半數已交上海分會）　共計$1,602.00

郭美瀛君　史久榮君　鄭汝翼君　章天鐸君
楊元麟君　郭龍驤君　孫光堉君　榮耀鏧君
任庭珊君　孫光墀君　卞勛壯君　吳世鶴君
潘祖培君　何遠經君　朱振華君　王樹芳君

以上16人（係上海分會仲會員）每人$4.00（半數已交上海分會）　共計$64.00

徐　樂君　王仁棟君　龔應曾君　徐躬耕君
陸景雲君　翁棣雲君　吳光漢君　吳錦安君
周庚森君　卞攻天君　潘永熙君

以上11人（係上海分會初級會員（每人$2.00（半數已交上海分會）　共計$22.00

翔華電氣公司　交通大學　同濟大學

以上3家（係上海分會團體會員 每家$20.00（半數已交上海分會）　共計$60.00

楊祖植君　汪胡楨君　陳祖貽君　沈覲宜君
翁　爲君　馮朱棣君　許　鑑君　黃育賢君
李英標君　陳瑜叔君　符宗朝君　章　祓君
吳琢之君　金耀銓君　劉敬宜君　石　瑛君
顧宗杰君　虞　愢君　王百雷君　楊家瑜君
陳耀祖君　胡竟銘君

以上22人（係南京分會會員）每人$6.00（半數待交南京分會）　共計$132.00

張　堅君　封雲廷君　陸貫一君　關富權君

以上4人（係南京分會仲會員）每人$4.00（半數待交南京分會）　共計$16.00

楊增義君　薛　鎔君　葉明升君　林同棪君
汪楚寶君　陳樹儀君

以上6人（係南京分會初級會員）每人$2.00（半數待交南京分會）　共計$12.00

秦　瑜君　王傳羲君　楊立惠君　陳宗漢君
許本純君　張可治君　陳　章君　孫保基君
陳裕光君　張輔良君　汪　瀏君　顧毓瑔君
吳　鵬君　梅福強君　朱葆芬君　莊　堅君
朱神康君　鄭葆經君　夏憲講君　陳和甫君
洪　中君　吳保豐君　沈樹仁君　陳懋解君
單基乾君　許應期君　戴居正君　譚友岑君
楊簡初君　丁天雄君　楊繼曾君　胡博淵君
朱維琮君　陳　琯君　朱起蟄君　張家祉君
鄭傳霖君　王　庚君　林平一君　吳文華君
柳希權君　朱　允君　黃修青君　朱大經君

陳紹琳君 倪則塤君 陳秉鈞君 盛祖江君
鈕因梁君 方仁煦君 吳欽烈君 熊傅飛君
王之瀚君 孫 謀君 汪菊潛君 趙世暹君
李經畬君 陸 超君 王景賢君 康時振君
馬軼羣君 尹國墉君 郭 楠君 陳中熙君
汪啓堃君 陸志鴻君 徐嘉元君 齊兆昌君
黃 炳君 莊 權君 顧毓珍君 徐節元君
毛 起君 吳啓佑君 陸元昌君 侯家源君
陸士基君 胡品元君 雷鴻基君 錢豫格君
張有彬君 陳松庭君 潘銘新君 陳鴻鼎君
歐陽崙君

以上85人（係南京分會會員）每人$6.00（半數已交南京分會） 共計$510.00

張鴻圖君 崔華東君 王九齡君 向于陽君
戴 祁君

以上5人（係南京分會仲會員）每人$4.00（半數已交南京分會） 共計$20.00

徐承祜君 萬 一君 黃 宏君

以上3人（係南京分會初級會員）每人$2.00（半數已交南京分會） 共計$6.00

浦峻德君 王壽寶君 朱光華君 程耀辰君
皮 鍊君 李紹惠君 陸逸志君 朱重光君

以上8人（係杭州分會會員）每人$6.00（半數待交杭州分會） 共計$48.00

曾 鴻君 （係杭州分會仲會員）$4.00（半數待交杭州分會） 共計$4.00

邱志道君 朱樹馨君 周唯眞君 吳國良君
王德滋君 李東森君 徐紀澤君 翁德鑾君
曹曾祥君 李國鈞君 邱鼎汾君 王寵佑君
俞 忽君 邵逸周君 郭 霖君 吳南勳君
王星拱君 魏文棣君 葛毓桂君 陳鼎銘君
袁至純君 陸鳳書君 邱鴻遒君 丁燮和君
吳均芳君 倪鍾澄君 鄭怡安君 錢鴻威君
繆恩釗君

以上29人（係武漢分會會員）每人$6.00（半數已交武漢分會） 共計$174.00

張 鑫君 （係武漢分會仲會員）$4.00（半數已交武漢分會） 共計$4.00

唐季友君 （係武漢分會初級會員）$2.00（半數已交武漢分會） 共計$2.00

宋奇振君 （係武漢分會初級會員）$2.00（半數待交武漢分會） 共計$2.00

饒大鏞君 沈友銘君 張錫藩君 何昭明君

以上4人（係武漢分會會員）每人$6.00（半數待交武漢分會） 共計$24.00

朱泰信君 黃壽恆君 林炳賢君 羅忠忱君
葉家垣君 張正平君 伍鏡湖君 華鳳翔君
石志仁君 劉寶善君 顧宜孫君 路秉元君
安茂山君 范濟川君 趙慶杰君 王 濤君

以上16人（係唐山分會會員）每人$6.00（半數已交唐山分會） 共計$96.00

魏菊峯君 崔肇光君 郭葆琛君 郭鴻文君
馮 介君 蘇瑄煌君 姚章桂君 朱 樾君
杜寶田君 孫寶墀君 王仁福君 易天爵君
葉 鼎君 劉兆濱君 宋鏘鳴君 趙培榛君
洪傳會君 鄭益光君 朱 瓛君 邢國棫君
黃曾銘君

以上21人（係青島分會會員）每人$6.00（半數已交青島分會） 共計$126.00

徐 特君 陸家保君 劉雲書君 王毓毓君

以上4人（係青島分會仲會員）每人$4.00（半數已交青島分會） 共計$16.00

龔以爵君 （係青島分會會員）$6.00（半數待交青島分會） $6.00

葛炳林君 陳憲華君 秦文彬君 曹明鑾君
關祖光君 曾廣智君 孫彝槪君 程國驊君
宋連城君 張 瑨君 孫振庚君 趙舒泰君
劉雯亭君 于皞民君 宋文田君 秦文錦君
張世耀君 徐名植君 陳長鉞君 王洵才君
孫鍾琳君 萬 邏君 俞物恆君 陳之達君
張君森君 王家鼎君 龐香法君 朱柱勳君
李中軒君 秦文範君 趙維漢君 錢福謙君
蔡民章君 潘鎰芬君 徐景芳君 滑建山君
宋子明君 胡升鴻君 陳 棻君 周 禮君
萬承珪君 劉增冕君 林濟青君 曹瑞芝君
趙 勍君 李冠熙君 周輔世君 曲鳴新君

棐俊元君 李荊樹君 李潤之君 陸之昌君
孫瑞璋君 姚鍾堯君 李 健君 彭道南君
沈文泗君
以上57人(係濟南分會會員)每人$6.00(半數巳交濟南分會) 共計$342.00
慶承道君 蔣日庶君 胡學楓君 戴 華君
姜次端君 邱文藻君 張舜亞君 馬汝郕君
馮光成君 胡學彝君 史安棟君 孫紫筠君
韋樹屏君 笛世循君 李象震君 張炘廉君
王繼仲君 陳同昌君 宋丕昌君 賈明元君
王熙積君
以上21人(係濟南分會仲會員)每人$4.00(半數巳交濟南分會) 共計$126.00
王作新君 李次珊君 張善淮君 胡愼修君
黃作舟君 李繼廣君 華 起君
以上7人(係濟南分會初級會員)每人$2.00(半數巳交濟南分會) 共計$14.00
秦篤瑞君 劉 夷君 嚴仲如君 陳壽彝君
龍純如君
以上5人(係梧州分會會員)每人$6.00(半數巳交梧州分會) 共計$30.00
零克嘻君 張 橫君 封家隆君 卓模森君
盧瀚光君 葉 彬君 張文奇君
以上7人(係梧州分會仲會員)每人$4.00(半數巳交梧州分會) 共計$28.00
梁鴻飛君 譚頌獻君 潘 超君 楊毓年君
朱日潮君 石式玉君
以上6人(係梧州分會初級會員)每人$2.00(半數巳交梧州分會) 共計$12.00
傅爾攽君 李賦都君 楊紹曾君 高鏡瑩君
袁伯箎君 董寶楨君 閔啓傑君 張 鑾君
周恩紱君 李廣琳君 蔡邦霖君 謝學濤君
周迪評君 薛代強君 劉鍾瑞君 劉錫彤君
華南圭君 徐世大君 張金鏻君 王華棠君
林景帆君 楊先乾君 盧 翼君 閻書通君
以上24人(係天津分會會員)每人$6.00(半數巳交天津分會) 共計$144.00
韋繼潞君 (係天津分會仲會員)$4.00(半數巳交天津分會) $4.00
陳昌齡君 陳汝湘君 首鳳標君 羅孝樁君
張蘭閣君
以上5人(係天津分會會員)每人$6.00(半數待交天津分會) 共計$30.00
湯雲臺君 顧鼎祥君 張翊璐君 陳三奇君
以上4人(係天津分會仲會員)每人$4.00(半數待交天津分會) 共計$16.00
段守棠君 (係天津分會初級會員)$2.00(半數巳交天津分會) $2.00
沈 昌君 (係北平分會會員)$6.00(半數巳交北平分會) $6.00
覃修典君 (係北平分會初級會員)$2.00(半數巳交北平分會) $2.00
丁 崑君 劉相榮君 張乙銘君
以上3人(係北平分會會員)每人$6.00(半數待交北平分會) 共計$18.00
北平大學工學院(係北平分會團體會員)$20.00(半數待交北平分會) $20.00
張 愷君 (係太原分會會員)$6.00(半數巳交太原分會) $6.00
趙文欽君 (係太原分會初級會員)$2.00(半數待交太原分會) $2.00
梁永鎣君 陳君慧君
以上2人(係廣州分會會員)每人$6.00(半數巳交廣州分會) 共計$12.00
劉子琦君 徐堯唐君
以上2人(係廣州分會初級會員)每人$2.00(半數巳交廣州分會) 共計$4.00
陳錦松君 卓康成君 張敬忠君
以上3人(係廣州分會會員)每人$6.00(半數待交廣州分會) 共計$18.00
陸同書君 洪嘉貽君 章祖偉君 裴冠西君
彭禹謨君 孫輔世君 王志鈞君 張寶桐君
劉東焯君 夏寅治君
以上10人(係蘇州分會會員)每人$6.00(半數巳交蘇州分會) 共計$60.00
潘詠棠君 (係蘇州分會仲會員)$4.00(半數

18020

已交蘇州分會)　$4.00
秦以秦君　(係蘇州分會會員)$6.00(半數待交蘇州分會)　$6.00
李善樑君　(係蘇州分會仲會員)$4.00(半數待交蘇州分會)
周邦柱君　周鳳九君　王正巳君　余藉傳君
任尙武君　王昌德君　曾維潞君　龍　乾君
袁葆申君　易鼎新君　童　凱君　劉基磐君
李蕃熙君　楊卓新君　楊伯陶君　張　光君
柳克準君
以上17人(係長沙分會會員)每人$6.00(半數巳交長沙分會)　共計$102.00
胡福良君　(係長沙分會初級會員)$2.00(半數巳交長沙分會)　$2.00
黃榮耀君　(係美洲分會仲會員)$4.00(半數待交美洲分會)　$4.00
于潤生君　周開基君　殷之輅君　張志成君
婁道信君　葛定康君　顧毅同君　勞乃心君
楊　偉君　陸增祺君　劉貽燕君　胡樹楫君
吳士恩君　徐萬清君　張靜愚君　方希武君
周賢育君　羅瑞棻君　丘　顏君　金猷澍君
尙　鎔君　曾昭桓君　李　協君　黃瑞芝君
李　儼君　張行恒君　甄雲祥君　張德慶君
彭會和君　賈占鼇君　王心淵君　梁禾青君
胡桂芬君　劉澄厚君　容祺勳君　桂銘敬君
唐子穀君　吳譜初君　李耀祥君　鄭家斌君
梁漢偉君　仲志英君　金士奎君　易俊元君
呂謨承君　徐鍾淮君　季炳奎君　何緒樸君
鄒忠曜君　梅暘春君　褚鳳章君　丁人鯤君
杜毓澤君　黃受和君　張恩鐸君　俞　暐君
陳崇晶君　顧世楫君　蕭子材君　毋本敏君
何顯華君　張勛基君　劉國珍君　張廣輿君
江博沅君　徐鳴鶴君　陳秉錡君　楊廷玉君
王淸輝君　范壽康君　鄺　華君　李嘉楠君
余翔九君　王野白君　宋自修君　錢鳳章君
龔繼成君　毛毅可君　徐寬年君　朱　偉君
韋臣梓君　陳澧榮君　鄭禮謙君　歐陽藍君
李鴻年君　劉宗照君　陳　振君　張　瓔君
吳慶源君　曹康圻君　鄭志仁君　顧公毅君
以上92人每人$6.00　共計$552.00
鄒茂桐君　耿　承君　張公一君　梁啓英君
王超鎬君　吳卓衡君　章定壽君　李富國君
沈智揚君　唐堯衡君
以上10人係仲會員每人$4.00　共計$40.00
藍駿驊君　彭樹德君　陳蔚觀君　趙祖康君
陳賢瑞君　周　新君　龔　埈君　馮天爵君
黃　樾君　卓文貢君　鄭海柱君　王竹亭君
孫　錦君　戚葵生君　蔣仲塤君　董桂芬君
丁淑圻君　陳志定君　榮伊仁君　陳克誠君
以上20人係初級會員每人$2.00共計$40.00

(五)補收會費

于潤生君　張時雨君　李　儼君　楊廷玉君
余翔九君
以上5人每人21—22年度會費$6.00共計30.00
唐之肅君　董登山君　馬開衍君　李銘元君
蘭錫魁君　邊廷淦君　郗三善君　曹煥文君
賈元亮君
以上9人(係太原分會會員)每人21—22年度會費$6.00(半數巳交太原分會)共計$54.00
柴九思君(係太原分會仲會員)21—22年度會費$4.00(半數巳交太原分會)　$4.00
高凌美君　呂煥義君　鄭家駬君　李東森君
陳崇武君　陸寶愈君　余興忠君　王蔭平君
石　充君　張壽嵩君　錢鳳威君　史　青君
陳厚高君　方博泉君　繆恩釗君　梁振華君
趙福靈君　陳彰琯君　李範一君　李壯懷君
朱家炘君　吳國柄君　范澤溥君　王文宙君
蔣光曾君　黃劍白君　劉震寅君　闕祖章君
倪鍾澄君　何　銘君　汪華陸君　汪禧成君
葉　强君　李東森君　陳大啓君　向　道君
李得庸君　袁開帙君　居慰曾君　翁德鑾君
以上40人(係武漢分會會員)每人21—22年度會費$6.00(半數巳交武漢分會)共計

$240.00
惲丙炎君 吳 敬君 高則同君
以上3人(係武漢分會仲會員)每人21—22年度會費$4.00(半數巳交武漢分會)共計$12.00
殷崇敬君 (係武漢分會初級會員)21—22年度會費$2.00(半數巳交武漢分會)
黃錫恩君 李祖彝君 鄒尙熊君 鄭倩之君 沈鎮南君 陳育麟君 杜光祖君 劉孝懃君
以上8人(係上海分會會員)每人21—22年度會費$6.00(半數巳交上海分會)共計$48.00
朱光華君 沈景初君
以上2人(係杭州分會會員)每人21—22年度會費$6.00(半數待交杭州分會)共計$12.00
潘鎰芬君 林濟青君 趙 訒君 蔡復元君 孫瑞璋君
以上5人(係濟南分會會員)每人21—22年度會費$6.00(半數巳交濟南分會)共計$30.00
潘銘新君 (係南京分會會員)21—22年度會費$6.00(半數巳交南京分會) $6.00
黃 宏君 (係南京分會初級會員)21—22年度會費$2.00(半數巳交南京分會) $2.00
吳 訥君 (係濟南分會仲會員)21—22年度會費$4.00(半數巳交濟南分會) $4.00
李維一君 (係濟南分會初級會員)21—22年度會費$2.00(半數巳交濟南分會) $2.00
朱 瓛君 (係青島分會會員)21—22年度會費$6.00(半數巳交青島分會) $6.00
王士倬君 鄧壽佶君 周家羲君 莊前鼎君 任鴻雋君 梅貽琦君 陶履敦君 郭世綰君 端木邦藩君 孫洪芬君 劉 拓君 曾世英君
以上12人(係北平分會會員)每人21—22年度會費$6.00(半數巳交北平分會)共計$72.00
袁翊中君 徐 清君 孔令瑢君 張含英君 趙舒泰君 于皞民君
以上6人(係濟南分會會員)每人20—21年度會費$6.00(半數巳交濟南分會)共計$36.00
戴 華君 (係濟南分會初級會員)20—21年度會費$2.00(半數巳交濟南分會) $2.00
胡寧蕭君 (係濟南分會仲會員)20—21年度會費$4.00(半數巳交濟南分會) $4.00
楊廷玉君 20—21年度會費$6.00 $6.00
沈景初君 (係杭州分會會員)20—21年度會費$6.00(半數待交杭州分會) $6.00
杜光祖君 劉孝懃君
以上2人(係上海分會會員)每人20—21年度會費$6.00(半數巳交上海分會)共計$12.00
楊廷玉君 19—20年度會費$6.00 $6.00
沈景初君 (係杭州分會會員)19—20年度會費$6.00(半數待交杭州分會) $6.00

(六)預收會費(23—24年度)

傅爾攽君 (係天津分會會員)會費$6.00(半數巳交天津分會) $6.00
李炳星君 王昭澄君 王錫慶君
以上3人(係上海分會會員)每人會費$6.00(半數待交上海分會) 共計$18.00
胡嵩嵒君 楊樹仁君
以上2人(係上海分會會員)每人會費$6.00(半數巳交上海分會) 共計$12.00
應琴書君 火永彰君
以上2人(係上海分會仲會員)每人會費$4.00(半數待交上海分會) 共計$8.00
魯文超君 (係上海分會仲會員)會費$4.00(半數巳交上海分會) $4.00
京滬蘇民營長途汽車公司聯益會(係上海分會團體會員)會費$20.00(半數待交上海分會) $20.00
夏鴻壽君 (係上海分會初級會員)會費$2.00(半數待交上海分會) $2.00
錢福謙君 (係濟南分會會員)會費$6.00(半數巳交濟南分會) $6.00
張竹溪君 王化誠君 趙國棟君 段守堂君
以上4人(係濟南分會初級會員)每人會費$2.00(半數巳交濟南分會) 共計$8.00
宋汝舟君 (係濟南分會仲會員)會費$4.00(半數巳交濟南分會) $4.00
謝世基君 (係長沙分會會員)會費$6.00(半數巳交長沙分會) $6.00
藍駿聲君 (係青島分會初級會員)會費$2.00(半數待交青島分會) $2.00
倪桐材君 (係唐山分會會員)會費$6.00(半數巳交唐山分會) $6.00
張粲如君 會費$6.00 $6.00
林璵鈞君 (係廣州分會初級會員)會費$2.00(半數待交廣州分會) $2.00
鄭保三君 會費$6.00 $6.00
鄭甯遠君 (係初級會員)會費$2.00 $2.00
寶瑞芝君 會費$6.00 $6.00

(七)登記費

錢崇澍君 登記費 $15.00(半數待交上海分會) $15.00

18022

工程週刊

(內政部登記證警字788號)
中國工程師學會發行
上海南京路大陸商場542號
電話：92582
(稿件請逕寄上海本會會所)

本期要目

中華民國24年2月11日出版
第4卷第2期(總號80)
中華郵政特准掛號認爲新聞紙類
(第1831號執據)

定報價目：每期二分；每週一期，全年連郵費國內一元，國外三元六角。

重慶市自來水廠嘉陵江河心進水頭

市政工程之先後

編　者

市政工程，除道路，橋梁，碼頭，渠溝以外，其次之刻不容緩者當推公用事業之工程。苟至一城市，食焉則無清潔之水，住焉則無電燈之光，行焉則無公共車輛，其不便孰甚。至於體育館，運動場，博物館，圖書館等等設備，其又次焉耳。故善於辦市政者，莫不權衡輕重緩急而定興辦各項工程之先後，違乎此者靡不失敗。

重慶市自來水廠實況

重慶自來水廠工務部

重慶爲西南重鎭，人多戶密，消防衞生均需自來水至急。故自潘市長任事後，着手創辦水廠，迄前年春初步完成，開始營業。茲將其經過情形及現狀，概披錄如下：估定水量係照重慶十七年人口統計，合常住來往

渾水池

兩項共約三十萬人。每人每日用水以30公升爲標準，每日約用水量10,000噸。準此計算，需用原動機馬力500匹。唧水機每日唧水10,000噸，平均每小時須唧水400噸有奇，方能敷用。至於廠基水池，因重慶形勢係兩江夾流，大小兩河水源均佳，爲省管道計，應以取水大河爲便。故擬定計劃，如在大河取水，則水池當建於打槍壩，倘在小河取水，則小池須築於大溪溝之張家花園。採用分級唧水，將淨水送入城內。嗣因採用外國工程師計畫，故由小河取水，並建水池於打槍壩。自18年2月開工至今，完成者：王爺廟起水區，計有進水礄及進水管，唧水站預備三部唧水機位置，動力廠預備安設兩部動力機位置，煙囪亦照兩部動力機共同應用，建築原水管亦可供兩部唧機同時送水；此外如修理廠之廠房煤棧，及原水管之保護設備等，亦均完竣；打槍壩製水區計有原水池一，約容3,000餘噸，接連原水池設有漏斗沉澱池14口，以沉澱泥沙，并於原水沉澱兩池間

迴冷噴水池

，建設礬站，以爲加礬之用，及接漏斗沉澱池，設長方沉澱池3口，共容6,000餘噸，均於池底裝置放泥開關及渠溝，并於水池側面設有暗溝，以爲清水時直入濾瀝池之用。水經沉澱後流入濾瀝池濾瀝後，經鹽素消毒，流入淨水儲蓄池。濾瀝池共計5口，每日能濾水量10,000噸，淨水儲蓄池共計2口，每口能儲蓄淨水4,500噸。以上各池沉澱及濾瀝之泥沙并沉池之廢水，特設總暗溝一道以排洩之。計由關監督署地腹鑿洞至城牆外，接管開溝，直達官塘。此外又於原水池側修建高壓水塔，以備反洗濾瀝池，及動力廠

沉澱池

鍋爐用水，幷供給打槍壩附近住戶之用。故高壓水池不大，僅能容水量150噸。因打槍壩位置據全市爲高，淨水池可直輸全城，故無特設較大高壓水池也。其餘辦公房。化驗室，材料庫，及圍墻等，亦經竣工。至於送水區全爲管道，由淨水池接安總送水管至火藥局，分爲三路幹管：即中城幹管，由火藥

快濾池節制間

局起經五福走馬街至較場，分左右兩路安設，左由木貨磁器街經大樑子半邊街至小十字右面魚市街關廟街小樑子木牌坊至小十字，與左段會合，經新街口木匠街至接聖街朝天門爲止。南城幹管，由火藥局分叉，經天官府馬蹄街南紀門灕壁街，經一二三四牌坊魚市街白象街陝西街至接聖街，與中城幹管會合。北城幹管，亦由火藥局分叉起，經通遠門定遠碑臨江門九尺坎姚家巷至接聖街與中城幹管會合。此三路幹管之間，視管道之長短，用水之多寡，設有8吋，6吋，4吋，各

快濾池水管及消毒設備室

種分管，形如網狀，全體相通。幷於各管每距100公尺內外，安設水樁，以備消防之用。又於專管未普遍以前，擇適中地點，設立售水站20所。此項全城水管，可供給每日送

蒸汽發電機

水20,000噸之用，原擬兩期竣工，嗣因材料不齊，未能如期安設。現在已安水管，計有總送水管，由淨水池至火藥局中城幹管，由大藥局至較場，分左右兩路，右段已安至大樑子朝陽街口，左段安至小什字經新街口至

高壓水池

接聖街；南城幹管因陝西街修建馬路，已由

接聖街經陝西街至模範市場；其他已安支管，計有北一支管，自火藥局經至聖宮至巴山街口；北二支管自五福街經水市街至騾馬店；北三支管，自五福街經潘家溝至存心堂，北四支管，自較場經百子街至會府；北五支

立式電動唧水機

管，自雜糧市經武庫后街沿馬路至黃家埡口；北七支管，自天官街經蒼坪街至大樑子；南一支管，自領事巷經仁愛堂至培德堂，南二支管，自管家巷經蔡家石堡至下迴水溝；南三支管，自五福街經上下迴水溝至日昇當；南四支管自較場經木梯至浩池街口；南五支管，自較場經黃土坡至長五間，南七支管，自神仙口至文華坡；南九支管，自小什字經打銅街陝西街，并由打銅街上段至模範市場等：均裝安完竣。售水站已設12所。住戶專管已通水者150餘戶。新市區街管段，由大溪溝古家石堡沿馬路經上清寺至曾家岩一段，水管，刻正安設中。此即已完各段工程之大概情形也。至未完工作：尚有唧水機之改善，第二發電機之添設，及全市街之裝安，均在着手進行。惟感經費困難，只能擇要次第施行。今冬及明春，擬完成改善唧機及安裝南北城兩路幹管，俟此項完成後再及其

在裝設中之輸水總管

他。又自去年三月開幕後，已完成之工程，即入經常使用期間。至今年二月為一年度，茲將各項數目統計成表，披露如下：

18026

二十二年全年度出水量統計表

重慶市自來水廠

月份	最多量 日期	最多量 數量	最少量 日期	最少量 數量	全月共計量	備考
1	23	1942 噸	2	1231 噸	49700 噸	
2	21	1875 〃	4	1403 〃	45404 〃	
3	29	2012 〃	11	1401 〃	54969 〃	
4	3	2272 〃	18	1550 〃	57374 〃	
5	15	2358 〃	18	1877 〃	66219 〃	
6	23	2651 〃	3	1974 〃	70254 〃	
7	29	3459 〃	7	2008 〃	89380 〃	
8	13	3793 〃	17	2591 〃	102636 〃	
9	23	3596 〃	29	2263 〃	87965 〃	
10	7	3397 〃	4	2103 〃	79987 〃	
11	9	2785 〃	15	2011 〃	74186 〃	
12	23	2673 〃	6	2352 〃	77507 〃	
		合計			855581 噸	

工程建設成本統計表

重慶市自來水廠

自民國18年2月1日起　　至22年2月28日止

行次	分段名稱	建設工程費 $	機器水管及物料 $	薪水及事務費 $	分段總額 $	備考
1	起水區	9,728.82	3,973.76	1,559.52	15,262.10	
2	進水礦	15,484.82	20,609.21	3,542.37	39,636.40	
3	唧水站	12,758.62	16,342.00	4,127.87	33,228.49	
4	唧水站機器		135,882.61	161.15	136,043.76	

18027

工程建設成本統計表

重慶市自來水廠

自民國18年2月1日起　　至23年2月28日止

行次	分段名稱	建設工程費 $	機器水管及物料 $	薪水及事務費 $	分段總額 $	備考
5	動力廠	18,879.60	22,384.85	6,487.57	47,752.02	
6	動力廠機器	7,008.39	208,810.42	12,988.42	228,807.23	
7	冋冷池	9,889.92	19,191.25	2,820.48	31,901.65	
8	煙囪	3,399.47	8,303.05	1,723.10	13,425.62	
9	工人寓所	1,500.92	1,310.01	499.23	3,370.16	
10	原水管	37,173.78	288,860.18	9,808.08	335,842.04	
11	打水電路	366.84	11,363.46	476.91	12,207.21	
12	製水區	18,529.72	5,020.50	1,923.86	25,474.08	
13	製水區辦公室	5,574.61	6,966.77	4.20	12,545.58	
14	原水池	22,646.26	9,186.61	3,846.25	35,679.12	
15	沉澱池	53,511.94	23,235.68	8,891.17	85,638.79	
16	速濾池	26,710.65	37,750.13	6,953.71	71,414.49	
17	淨水池	56,743.51	29,512.28	11,422.66	97,678.45	
18	高壓水池	15,896.28	16,748.65	4,090.12	36,735.05	
19	廢水暗溝	7,651.93	4,568.84	1,477.30	13,638.07	
20	送水區	1,039.68	3,480.01	1,341.62	5,861.31	
21	南一支管	1,808.65	4,442.29	1,186.54	7,437.48	
22	南二支管	4,566.42	15,354.29	3,459.47	22,380.18	
23	南三支管	1,379.70	6,362.54	822.27	8,564.51	
24	南四支管	528.86	2,274.15	394.09	3,197.10	
25	南五支管		130.00		130.00	
26	南七支管	1,045.42	6,126.86	33.75	7,206.03	
27	南八支管	41.53	507.89	32.09	581.51	
28	南九支管	591.50	3,294.60	380.25	4,266.35	
29	南十支管	331.60	4,169.94	.17	4,501.71	
30	南十一支管		2,123.32		2,123.32	
31	南十二支管		155.09		155.09	
32	北一支管	1,220.36	3,608.25	760.76	5,589.37	
33	北二支管	1,001.89	2,599.68	614.91	4,219.48	
34	北三支管	433.10	2,445.12	378.50	3,256.72	
35	北四支管	630.79	3,234.75	558.33	4,423.87	

36	北五支管	2,438.62	12,132.73	1,616.68	16,188.03
37	北六支管	75.64	946.45		1,022.09
38	北七支管	693.12	6,646.01	17.06	7,356.19
39	北八支管	1,302.50	7,695.69	1.39	8,999.58
40	北九支管		301.84		301.84
41	北部幹管	412.95	545.11		958.06
42	南部幹管	1,333.21	13,933.37	5.10	15,271.68
43	新市區幹管	4,762.71	17,821.38	29.40	22,613.49
44	中區幹管	4,248.46	22,035.51	2,781.83	29,065.80
45	賣水站	992.64	1,223.11		9,215.75
46	專管	653.25			653.25
47	總送水管	35,142.23	129,723.61	16,707.50	181,573.34
48	半邊街臨時街管	79.26			79.26
49	住戶安裝	4,935.62	299.30		5,234.92
50	修理廠		3,085.40	690.00	3,775.40
51	設計室	42.05	1,322.06	13.58	1,377.69
52	修理唧水機	1,868.46	11,397.33	21,086.11	34,351.90
53	翻沙廠	1,642.36	1,713.31		3,355.67
54	化驗室		5,716.91		5,716.91
55	物料庫		689.72		689.72
	合計	398,761.66	1,174,557.88	135,655.37	1,708,974.91

工程經常費用統計表

重慶市自來水廠

自民國22年3月1日起　　　　至23年2月28日止

行次	科目	現金 $	物料 $	科目總額 $	備考
1	薪工				
2	薪水	25,988.00			職員薪水
3	工資	13,807.96			工役工資
4	伙餉	1,515.80		41,311.76	特務隊伙餉
5	津獎	161.76		161.76	
6	特別費	1,098.16		1,098.16	
7	辦公事務費				
8	物料		232.80		
9	雜費	2,554.39		2,787.19	

10	機器水管修理費				
11	機器修理				
12	物料		312.47		
13	雜費	4.30			
14	水管修理				
15	物料		327.52		
16	雜項修理				
17	物料		1,495.01		
18	煤		114.50		
19	油		294.20		
20	雜費	30.00		2,578.00	
21	建築物修理費				
22	物料		332.10	332.10	
23	動力費				
24	物料		2,24.88		
25	煤		22,017.88		
26	油		7,651.42	31,912.18	
27	製水費				
28	物料		318.31		
29	藥品		3.539.60	3,857.91	
30	化驗費				
31	物品		511.90		
32	藥品		321.24		
33	雜費	11.15		844.29	
34	設計費				
35	物料		38.80		
36	雜費	5.48		44.28	
37	添置工具及配件費				
38	物料		417.82	417.82	
	合計	45,177.00	40,168.45	85,345.45	

鋼筋混凝土公路板橋設計圖解法

李 子 庶

近年以來，我國公路建設，應事實之需要，因當局之努力，得地方之合作，突飛猛進，已有相當發展，並獲相當效果。惟查公路上必需之橋梁工程，在我國內地各處，輒以財力關係，每多因陋就簡，而採用臨時式或半永久式，因此之故，鉅大橋梁，尙不多覯。鋼筋混凝土板橋，乃屬永久式橋梁之一，因其構造簡單，輕而易舉，尙多採用。年前作者服務粵西公路界，力爲提倡，其建造者頗多，於公餘之暇，曾製該項橋梁設計圖解法一則，對於設計或查驗上，尙切實用，並非有何深奧，不過爲節省時間而求迅捷計耳。

(一)設計標準：

S ＝橋板跨度(公尺)＝3公尺至7公尺。

R ＝橋面寬度(公尺)＝6 公尺(分橋中部與橋兩旁三等分設計)。

fc＝混凝土單位壓力(公斤/平方公分)＝42公斤/平方公分。

fs＝鋼筋單位拉力(公斤/平方公分)＝1260公斤/平方公分。

n ＝鋼筋與混凝土彈率比＝15。

r ＝fs/fc＝30。

p ＝鋼筋比率＝n/2r(n+r)＝0.0056。

k ＝中軸與有效厚度d之比＝n/(n+r)＝0.333。

j ＝抗偶力距與d之比 $=1-\frac{k}{3}=0.889$。

e ＝集中活重每輪重分佈之有效寬度(公尺)，以2公尺爲限。

c ＝平行二車之後兩輛中距(公尺)＝1.0公尺。

ω＝後輪之厚度(公尺)＝0.03公尺/每公噸車重。

D.L.＝固定載重：鋼筋混凝土＝2400公斤/平方公尺。鋪砂重＝70公斤/平方公尺。

L.L.＝集中活重：H.12(公噸)。

其標準貨車如下：——

其橋板之有效厚度爲

$$d=\sqrt{\frac{2M}{bfckj}}=\sqrt{\frac{2M}{100\times42\times0.333\times0.889}}=0.04\sqrt{M}\text{ 公分。}$$

即 $625\,d^2=M=75000\,S+(300d+2375)S^2$

由此式求得

$$d=0.24\,S^2+\sqrt{0.0576\,S^4+3.8\,S^2+120\,S}\text{ 公分}\quad\cdots\cdots(1)$$

又鋼筋面積爲

$$A_S=pbd=0.0056\times100\,d=0.56\,d\text{ 平方公分}\quad\cdots\cdots(2)$$

(二)橋中部(Inner zone)之設計。

因活重分佈有效寬度爲

$e'=\frac{1}{2}(e+c)=\frac{1}{2}(2+1)=1.5$公尺。

故其活重之最大彎力爲

$M_L=\frac{1}{8}\times4800\times S\times100\times1.25\times\frac{1}{1.5}=100,000\,S$ 公分公斤，

又其固定載重之最大彎力仍爲

$M_D=(300\,d+2375)S^2$

故總彎力爲

$M=M_L+M_D=100,000\,S+(300\,d+2375)\,S^2$ 公分公斤，

由是求得

18031

$625\ d^2 = M = 100,000\ S + (300\ d + 2375)\ S^2$

$\therefore\ d = 0.24\ S + \sqrt{0.0576\ S^4 + 3.8\ S^2 + 160\ S}$ 公分 ……(3)

又鋼筋面積爲

$A_S = pbd = 0.56\ d$ 平方公分 ……(4)

由上列(1)，(2)，(3)，及(4)各式，求得各曲綫圖解如下：(見次頁附圖)

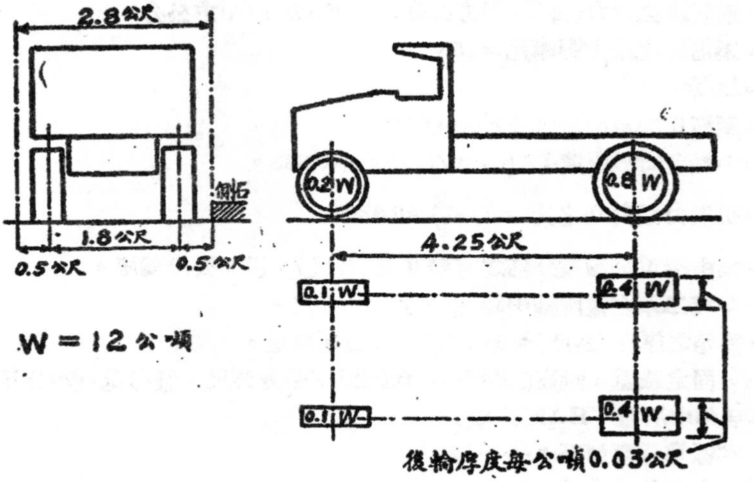

I＝衝擊力＝25%活重。(附註：一以上活重，係按鐵道部及全國經濟委員會之規定。)

(三)橋兩旁(Outer zones)之設計。

因活重之分佈有效寬度爲

$e = 0.7\ S + \omega$ 公尺，用 $e = 2$ 公尺

故其活重之最大彎力爲

$M_L = \frac{1}{8} \times 4800\ S \times 100 \times 1.25 \times \frac{1}{2} = 75000\ S$ 公分公斤

又因固定載重：

橋板重(假定七公分厚)＝24 t 公斤/平方公尺

鋪面重(預計)　　　＝ 70 公斤/平方公尺

共計＝ 24 t ＋ 70 公斤/平方公尺

普通假設橋板之有效厚度 $d = t - 5$，即 $t = d + 5$ 公分。

故　固定載重爲 $24(d+5) + 70 = 24\ d + 190$ 公斤/平方公尺。

由是求得固定載重之最大彎力爲

$M_D = \frac{1}{8} \times (24\ d + 190) \times S^2 \times 100 = (300\ d + 2375) S^2$ 公分公斤。

故總彎力爲　$M = M_L + M_D = 75000\ S + (300\ d + 2375)\ S^2$ 公分公斤。

18032

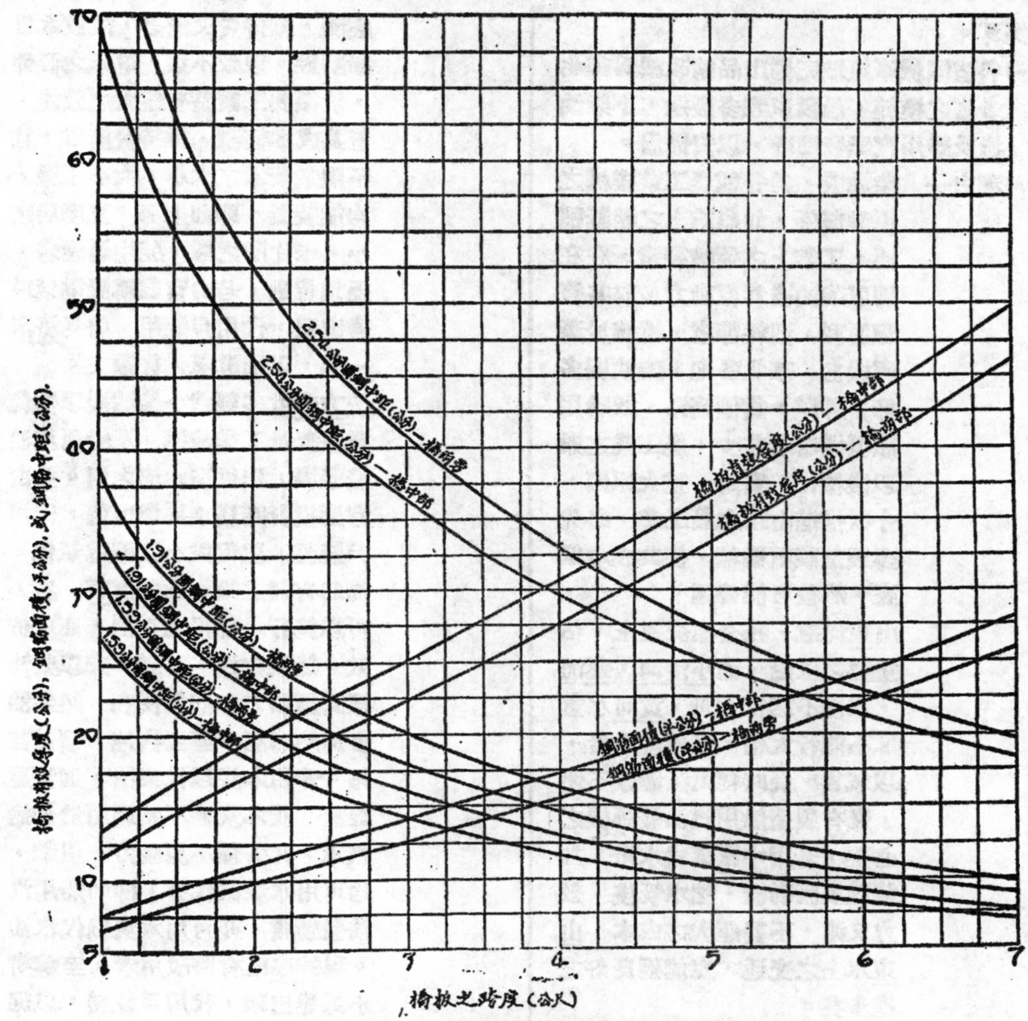

鋼筋混凝土板橋設計圖解法(公路用)

對於山東建設之我見

安徽省會電話局方希武

中國工程師學會本年在濟南開會，鄙人因奉派考察電話之便，而參加焉。對於山東建設進步之速，秩序之佳，實不能不令吾人驚羨。良以魯省在張宗昌軍閥時代，關於建設，毫無建樹，一切經濟，幾瀕破產。張建設廳長，在毫無辦法之下，而能措置裕如，使魯省建設，由黑暗而進光明，此尤不能不爲吾建設界慶幸者也。鄙人回皖之後，觀於各項工程之設備，因有所感而進一言，不啻管中窺豹，僅見一班，淺薄之文，聊供同仁一笑耳。

(一)魯省機械廠組織完備出品精改誠爲華北各省之模範，懇竊以宜多製造，小柴油機及船用汽鐵發動機，以資提倡。

理由一　柴油機，爲各種農工業機械之原動部份，如農業上之灌溉種植，工業上之運輸製造，在在均以柴油機爲原動力，取其管理便利，消耗節省，遠勝於蒸汽機也，華北各地，柴油機多仰自外洋，貨價高昂，故購用該項機器者甚少，農工業之難以機械化，實爲一重大原因，今欲推進山東之農工業，必先多製造該項機械，使其成本低廉，然後自能普遍。

二　山東河道，在全省交通上，佔重要之位置，而小清河，運河，水淺不能行大舟，黃河水急，不能行大輪，僅賴淺水舟，以載貨，費時耗財，諸感不便，幾有製造船用汽油發動機之必要，若用中國舊式木舟，加裝該項發動機，吃水既淺，效力又速，不費鉅大之成本，山東水上之交通，定能獲良好之進步矣。

(二)欲促成小工廠電氣化，應先設電氣指導委員會，以濟南爲實驗區，由官廳投資購辦，小馬達，代用戶裝用，只收租金，如此人民可獲電氣促進之利益，而官廳亦得投資之保障。

理由　查工廠之設立，以增加收入，減少支出爲標準而欲振興工業應先從小工廠起，欲振興小工廠，應先從電氣化起，吾國小工業不振之大原因，即以小工業之原動力，大多藉人力以發動，時間既不經濟，維持費又繁多，故成本日漸虧蝕，以致不振，電氣之設備，於振興工業實有鉅大之效能，蓋其成本輕微，維持費簡單，且不限於資本之大小，大小工廠，均能裝置，即如上海，豆腐店之小，卡片所之微，裝用馬達者，遍地皆是，若由官廳購置電氣馬達出租，代用戶裝用，將見濟南一隅，工業電氣化普遍矣。

(按方君欲多製造小柴油機以供農業灌漑及工業輸運。及船用汽油發動機，以供淺水河之用。並由官廳投資購辦小馬達出租，代用戶裝設，以促成小工廠電氣化。洵爲有識之論。匪特山東一省，可以施行，即推之全國，亦可仿效。然竊有進一言者，夫以柴油機爲原動力，固屬便利，然柴油多爲舶來品，運至內地，價值甚昂。若用木炭以代柴油，則當更經濟。蓋木炭機不特適用於長途汽車，凡各種小原動力，引擎，均可用木炭機代替，即如船用汽油發動機，亦可用木炭以代汽油。現蚌埠已有將改用者。至購辦小馬達出租，代用戶裝製，以促進小工廠電氣化，比在城市則輕而易舉。若在鄉村電力之所不能達，雖有馬達，亦無所用之。故欲使農工業機械化，應多製造木炭原動機，加以改良，推及全國，庶可收普遍之效。以質諸海內建設專家，

黃述善識于上海
二三，十，二九)

18034

國內工程新聞

(一) 導淮入海工訊

導淮工程，本定歸江歸海兩種路綫。玆江蘇省府方面，先就歸海工程着手，並已在淸江成立入海工程處，進行一切。關於測量部份，已實測完畢，計自淮陰之楊莊起，至阜甯之套子口入海止，長約160公里。並定從漣水七套以上遵用廢黃故道，七套以下抵海，另闢底寬35公尺之新河，共計出土66,600,000公方。其已發表各縣徵工人數及工程段長，淮陰二萬人，段長吳國賢，淮安二萬人，段長張鴻昌，漣水阜甯各二萬五千人，段長魯元煦，周保淇，鹽城一萬五千人，段長呂慶銓，高郵寶德興化泗陽各一萬人，段長管成，陳立惠，毛豐，潘繼文，江都泰縣東台各五千人，段長蔣興孝，鍾其文，高允昌。不過該項工程，原定10月10日正式開工，嗣以經費問題改至20日開工，復因各縣工程段事務所未能一律成立，而應徵工夫亦未備齊，遂再改至11月1日正式開工。

(二)錫滬公路工程明春完成

錫滬公路自開工以來，迄已半載，錫滬全部路基，現已完全竣工。自無錫至常熟段之橋梁，亦已完成，日內卽將開始舖築路面。自常熟至上海段，橋梁工程，則僅完成二分之一，一俟全部竣工之後，再行開始舖築路面。全路工程，預計須待明年二月開，始可完成云。

(三)錢江橋下月行開工禮

錢江鐵橋總工程師羅英談，鐵橋開工禮已預定11月10日舉行，如籌備不及，或將展緩一二星期。茅以昇處長日前赴京，對開工日期及工程合同簽約問題，向鐵部請示中，日內卽返杭。又鐵部推定夏光宇爲建築鐵橋代表後，浙省府亦推曾養甫爲代表，聞夏卽偕茅以昇來杭全權代表部方，與浙方會商開工進行事宜。

(四)贛江中正橋下月一日開工

南昌市橫貫贛江紀念蔣則赤之中正橋，定11月1日行隆重開工禮。橋長1,080公尺，寬8公尺，荷重量10噸。行營撥200,000元，南潯路，省公路處各撥200,000元。

(五)鐵部興築中央車站

鐵部以中央車站興築需徵用地畝，昨函市府，詢向例徵用手續，及各種價金數目等情形若何，及此次需用各地何者屬於民產，何者屬於公有，檢同中央車站地盤圖及和平門車站至中央車站路綫需用地畝圖各一紙，並謂將來一切徵收手續，希予協助，代爲辦理云。

(六)同蒲路明夏可告完成

晉省府興築之同蒲路，已舖就軌道二百餘公里，明夏可以完成，並與平綏接軌，南通隴海。該路路軌與正太路相同，較普通路軌狹20生的。

◉本會本屆年會地點決定

本會應廣西省政府電邀，歡迎本會本屆年會來廣西南甯舉行，並經本會第十六次董事會議議決准定本年秋間與中國科學社聯合在廣西南甯開年會。

◉「鋼筋混凝土學」書出版

本會會員趙福靈先生所著「鋼筋混凝土學」書業已出版，對於鋼筋混凝土工程包羅萬有，無微不至，誠爲研究專門學者唯一參考書，全書五百餘頁，計十四篇，洋裝一冊五元，外埠購買另加寄費三角。

隴海鐵路簡明客車時刻表

民國二十三年九月一日實行

向西上行車

站名＼車次	1 特快	3 特快	5 特快	71 混合	73 混合	75 混合	77 混合	79 混合
孫家山							9.15	
墟溝			10.05				9.30	
大浦				71.15				
海州			11.51	8.06				
徐州	12.40		19.39	17.25	10.10			
商邱	16.55				15.49			
開封	21.05	15.20			21.46	7.30		
鄭州	23.30	17.26			1.18	9.50		
洛陽東	3.49	22.03			7.35			
陝州	9.33				15.16			
潼關	12.53				20.15			7.00
渭南								11.40

向東下行車

站名＼車次	2 特快	4 特快	6 特快	72 混合	74 混合	76 混合	78 混合	80 混合
渭南								14.20
潼關	6.40				10.25			19.00
陝州	9.52				14.59			
洛陽東	15.51	7.42			23.00			
鄭州	20.15	12.20			6.10	15.50		
開封	23.05	14.35			8.34	18.15		
商邱	3.31				14.03			
徐州	8.10		8.40	10.31	20.10			
海州			16.04	19.48				
大浦				21.00				
墟溝			18.10				18.4[illegible]	
孫家山							19.05	

膠濟鐵路行車時刻表 民國二十三年七月一日改訂實行

下行列車

站名	到開	廿一次各等	三一次各等	七一次三四等	七三次三四等	一次各等
青島	開	七•〇〇	一一•三〇	一五•〇〇		二一•四〇
大港	開	七•一一	一一•四一	一五•一一		二一•五一
四方	開	七•二〇	一一•五〇	一五•二〇		二二•〇〇
滄口	開	七•三六	一二•〇八	一五•三八		二二•一六
女姑口	開	七•四八	一二•一八	一五•五一		不停
城陽	開	七•五七	一二•二七	一六•〇一		二二•三四
南泉	開	八•一三	一二•四五	一六•一八		不停
藍村	開	八•二七	一二•五八	一六•二六		二三•〇一
李哥莊	開	八•三六	不停	一六•四五		不停
膠東	開	八•四八	不停	一六•五八		不停
膠州	到	九•〇〇	一三•一五	一七•一一		二三•三〇
膠州	開	九•〇三	一三•二五	一七•二四		二三•三八
芝蘭莊	開	九•一九	一三•四四	一七•三三		不停
姚哥莊	開	九•二八	不停	一七•四三		不停
高密	到	九•三九	一四•〇一	一七•五一		〇•〇二
高密	開	九•五〇	一四•一二	一八•〇四		〇•一二
蔡家莊	開	一〇•〇〇	不停	一八•一六		不停
塔耳堡	開	一〇•一五	一四•三三	一八•二八		不停
丈嶺	開	一〇•二五	一四•四七	一八•三九		不停
岞山	開	一〇•三五	一四•五三	一八•五三		不停
黃旗堡	開	一〇•五二	一五•一二	一九•一三		一•〇三
南流	開	一一•〇九	一五•二一	一九•三二		不停
蝦蟆屯	開	一一•二四	不停	一九•四八		不停
坊子	到	一一•三七	一五•四一	二〇•〇三		一•四一
坊子	開	一一•五三	一五•五四	二〇•一一	六•三〇	一•五六
二十里堡	開	一二•〇四	一六•〇八	二〇•二六	六•四〇	不停
濰縣	到	一二•一二	一六•二〇	二〇•三五	六•四九	二•〇八
濰縣	開	一二•一五	一六•三〇		七•〇三	二•二六
大圩河	開	一二•二九	不停		七•一七	不停
朱劉店	開	一二•四〇	一六•五二		七•三三	不停
昌樂	開	一二•五五	一七•〇六		七•四六	二•五三
堯溝	開	一三•〇五	一七•一八		八•〇〇	不停
譚家坊子	開	一三•一七	一七•三〇		八•一四	不停
楊家莊	開	一三•二八	一七•四一		八•二四	不停
青州	到	一三•四三	一七•五六		八•三六	三•二四
青州	開	一三•四六	一八•〇〇		八•五〇	三•二六
普通	開	一三•五八	不停		九•〇一	不停
淄河店	開	一四•〇八	一八•一九		九•一七	不停
辛店	開	一四•二一	一八•三〇		九•三三	四•〇五
金嶺鎮	開	一四•三五	一八•四〇		九•四四	不停
湖田	開	一四•四八	一八•五九		九•五五	不停
張店	到	一四•五七	一九•〇八		一〇•一〇	四•四一
張店	開	一五•一二	一九•二三		一〇•二〇	四•四六
馬尚	開	一五•二一	不停		一〇•三〇	不停
周村	到	一五•四〇	一九•四八		一〇•四四	五•一三
周村	開	一五•四五	一九•五三		一〇•四七	五•一六
大臨池	開	一六•〇七	不停		一一•二三	不停
王村	開	一六•一九	不停		一一•三六	不停
普集	開	一六•二九	二〇•二四		一一•四八	不停
明水	開	一六•四四	二〇•四九		一二•〇五	五•五三
棗園莊	開	一六•五四	二一•〇〇		一二•一八	不停
龍山	開	一七•〇八	二一•一五		一二•三五	六•一五
郭店	開	一七•二三	二一•三〇		一二•四七	不停
王舍人莊	開	一七•三四	二一•四一		一三•〇五	不停
黃臺橋	開	一七•四七	二一•五五		一三•二〇	不停
北關	開	一七•五三	二二•〇七		一三•二九	七•〇二
濟南	到	一八•〇〇	二二•一二		一三•四五	七•一〇

上行列車

站名	到開	廿二次各等	七二次三四等	三二次各等	七四次三四等	二次各等
濟南	開	七•〇〇		一一•四〇	一四•四〇	二二•〇〇
北關	開	七•〇九		一一•四七	一四•四七	二二•〇六
黃臺橋	開	七•一六		一一•五四	一四•五五	二二•一五
王舍人莊	開	七•三〇		一二•〇八	一五•一〇	不停
郭店	開	七•四三		一二•二〇	一五•二三	不停
龍山	開	七•五七		一二•三六	一五•三九	二二•四八
棗園莊	開	八•一三		一二•五三	一五•五五	二三•〇五
明水	開	八•二四		一三•〇四	一六•〇七	不停
普集	開	八•四一		一三•二〇	一六•二〇	二三•二六
王村	開	八•五一		一三•三一	一六•三四	不停
大臨池	開	九•〇三		不停	一六•五四	不停
周村	到	九•二〇		一三•五六	一七•一二	〇•〇一
周村	開	九•三〇		一四•〇九	一七•一六	〇•〇四
馬尚	開	九•四〇		不停	一七•三五	不停
張店	到	九•四八		一四•二一	一七•四三	〇•二六
張店	開	一〇•〇三		一四•三六	一七•五八	〇•四一
湖田	開	一〇•一五		一四•四九	一八•一二	不停
金嶺鎮	開	一〇•二四		一四•五八	一八•二一	不停
辛店	開	一〇•三八		一五•一二	一八•三七	一•一〇
淄河店	開	一〇•五一		一五•二五	一八•五一	不停
普通	開	一一•〇一		不停	一九•〇三	不停
青州	到	一一•一三		一五•四四	一九•一六	一•三九
青州	開	一一•一六		一五•四七	一九•一九	一•四四
楊家莊	開	一一•三一		一六•〇三	一九•三四	不停
譚家坊子	開	一一•四三		一六•一三	一九•四六	不停
堯溝	開	一一•五四		一六•二五	一九•五九	不停
昌樂	開	一二•〇六		一六•三七	二〇•一二	二•二二
朱劉店	開	一二•一九		一六•五一	二〇•二六	不停
大圩河	開	一二•三〇		一七•〇一	二〇•三七	二•三九
濰縣	到	一二•四三		一七•一三	二〇•五四	三•〇一
濰縣	開	一二•五四	七•〇〇	一七•一六	二一•〇四	三•一〇
二十里堡	開	一三•〇六	七•一〇	一七•二五		不停
坊子	到	一三•二一	七•二三	一七•三七	二一•一七	三•三二
坊子	開	一三•二六	七•三七	一七•五一		三•四七
蝦蟆屯	開	一三•三六	七•五四	一八•〇六		不停
南流	開	一三•五〇	八•〇九	不停		不停
黃旗堡	開	一三•五七	八•一七	一八•二四		四•一八
岞山	開	一四•〇八	八•二九	一八•三五		不停
丈嶺	開	一四•二六	八•四八	一八•五四		不停
塔耳堡	開	一四•四三	八•五八	一九•〇三		不停
蔡家莊	開	一四•五一	九•〇八	不停		不停
高密	到	一五•〇二	九•二〇	一九•二一		五•〇一
高密	開	一五•一三	九•三一	一九•三三		五•一〇
姚哥莊	開	一五•二四	九•四〇	不停		不停
芝蘭莊	開	一五•四五	九•五六	不停		不停
膠州	到	一六•〇二	一〇•〇七	二〇•〇〇		五•三五
膠州	開	一六•〇四	一〇•二三	二〇•一九		五•四九
膠東	開	一六•一六	一〇•三九	不停		不停
李哥莊	開	一六•二七	一〇•五一	不停		不停
藍村	開	一六•三七	一一•〇一	二〇•四六		六•一五
南泉	開	一六•五〇	一一•一五	二〇•五九		不停
城陽	開	一七•〇八	一一•三四	二一•一四		六•四二
女姑口	開	一七•一七	一一•四四	二一•二六		不停
滄口	開	一七•二九	一二•〇七	二一•三四		六•五九
四方	開	一七•四五	一二•二五	二一•五一		七•一〇
大港	開	一七•五五	一二•三五	二二•〇五		七•二〇
青島	到	一八•〇〇	一二•四〇	二二•一〇		七•二五

中國工程師學會會務消息

◉本會等向管理中英庚款董事會請撥款建築聯合會所文

竊按學術團體為研究之中心，切磋觀摩，尤賴有固定之基礎。近年來我國各種科學工程學會，大都規定建築總會會所於首都，既足與政府中樞密切聯絡，而各個團體間復可收攻錯之助，惟以經濟不裕，實現為艱，各自經營，尤多靡費，敝會等再三集議，爰有建築聯合會所之計劃，擬向市政府領用基地，合建一三樓巨厦，其底層設演講廳，會議廳，圖書室，試驗室各若干間，二樓設各學會辦公室，研究室二三十間，三樓作寄宿舍，四周環闢草地，花圃，及網球場，其他設備，稱是敝會等如能有此固定會所，聯合工作，共圖深造，不僅足以增進學術研究之效能，卽外界有所諮詢，亦咸受莫大之利便，自呈請南京市政府准予撥地建造，去後業蒙石市長指定西華門外地基十畝，由市政府價買撥贈敝會等作為興建聯合會所之用，惟建築工程需款甚鉅，敝會等棉力微薄，勢難籌集，分頭捐募，收效尤微，夙仰　貴會主持文化，獎進學術。竊維敝會等研究宗旨，有關全國文化事業，各種學科均已包括在內，此種永久紀念性之建築，亦殊合乎　貴會息金用途支配之標準，用敢聯銜懇陳，謹請貴會撥款十五萬元，分三年支付，為敝會等聯合會所建築設備之費，祗希提交教育委員會　惠准通過，俾得及早興建，以利研究，建築圖樣已在研究繪製之中，隨後當再送呈，至希　審核，實為公感，　此上

管理中英庚款董事會。

中國工程師學會	代表	惲震	夏光宇
中國科學社	代表	竺可楨	
中國天文學會	代表	張鈺哲	
中國氣象學會	代表	竺可楨	
中國地理學會	代表	胡煥庸	
中國動物學會	代表	秉志	王家楫
中國植物學會	代表	錢崇澍	
中國物理學會	代表	魏學仁	
中國化學會	代表	吳承洛	
中華醫學會	代表	沈克非	
中國礦冶工程學會	代表	秦瑜	
中國水利工程學會	代表	汪胡楨	
中國電機工程師學會	代表	胡瑞祥	
中國科學化運動協會	代表	顧毓瑔	
中國建築師學會	代表	趙深	
中國經濟學社	代表	馬寅初	徐光溥

中華民國二十四年一月二十九日

◉上海分會常會紀事

上海分會於十二月八日晚七時，假座香港路銀行俱樂部，舉行二十三年度第一屆常會，計到四十餘人，聚餐畢，由前任會長徐佩璜報告分會經濟狀況，當經推定嚴礪平。裘燮鈞審查報告。次報告本屆新職員選舉結果，徐善祥當選為會長，王繩善副會長，施孔懷書記，馮寶齡會計，惟施孔懷因事告辭，現在請由次多數徐名材遞補。次以總會方面刻正募捐，置辦材料，試驗機器設備，頗請分會協助，旋卽請由新會長主席致辭，隨後推定新年交誼大會籌備委員，王繩善為籌備主任，馮寶齡朱樹怡為籌備副主任，金芝軒，黃炎，楊錫鏐，薛次莘，徐佩璜，盧成章等為各分組主任，旋請粵漢鐵路株韶段工程局局長凌竹銘演講該段工程情形，凌君略謂粵漢鐵路有三十八年之歷史，北段為湘鄂路，借英庚款建築，長四百十七公里，南段為廣韶路，由粵漢鐵路公司建造，長二百二十四公里，自韶州至株州一段，長四百五十餘公里，停頓者已十五六年之久，民國十九年鐵道部擬利用英庚款，完成此路，先由部籌款建築自韶州至樂昌一段，長五十一公里，二十二年八月告竣，是時借用英庚款，建造樂昌至株州一段，詳細辦法，亦已商妥，計庚款之用於英國採購材料為一百六十六萬金鎊，用於本國作為工料費用者，為國幣三千一百萬元，該段長四百零七公里，工程局設在衡州，工程分七個總隊，計二十一分隊，工作工人共計五萬八千餘人，由樂昌向北，衡州向南，株州向南，三個方向進行，本定二十六年四月全段工程完竣，後改為二十五年年底，照目下進行狀況，預料二十五年夏天，可以全部通車，該段最大坡度，規定為百分之一·二八五，較之平漢及隴海兩鐵路所用之百分之一·五為小，最小灣度，規定為二百四十公尺，該段山洞，共有十六座，最長者四百餘公尺，短者約一百餘公尺，有大鐵橋三座，最大跨度自三十公尺至四十公尺不等，該段經過之處多山，地勢陡削，運輸困難，同時沿路比較荒僻，找覓包工不易，工人既經找到之後，住食兩項，尤屬困難，局方設法為之解决，該段用八十五磅鋼軌，橋樑之設計，係根據古拔E五〇載重量，所用枕木一部份，由加拿大供給，一部份由澳洲供給，均經用藥製防腐，將來湖南或可供給一部份松木杉木，自後逐段工程完成，隨卽通車，已規定採用四八四式機車，載重量為古拔E三七·五，湘鄂路橋樑載重量為古拔E四十，廣韶路為E四十五，故所定機車，將來粵漢全路，均可通行，所定車輛為四十噸鋼車，湖南產煤產米，將來通車之後，能供廣東所需，關於經濟發展前途，未可限量云云，演講畢，各會員以凌君前任隴海鐵路靈潼段工程局長，成績卓著，此次擔任株韶段最偉大最重要最困難之工程，而能措置裕如，吾國之鐵路建築工程師，前有建築平綏鐵路之詹天佑，現有建築隴海鐵路及粵漢鐵路之凌竹銘，皆表示敬意，並詳加發問討論，興趣濃厚，散會已十一時餘。

工程週刊

(內政部登記證警字788號)
中國工程師學會發行
上海南京路大陸商場542號
電話：92582
(稿件請逕寄上海本會會所)

中華民國24年2月21日出版
第4卷 第3期 (總號81)
中華郵政特准掛號認爲新聞紙類
(第1831號執據)

定報價目：每期二分，全年52期，連郵費，國內一元，國外三元六角。

本期要目

閘北水電公司廠新添兩部清水唧機

工程名詞

編者

我國工程名詞幾皆譯自洋文，向不統一，應用維艱。現在國立編譯館對於審定各項工程名詞，辦法極爲縝密詳盡，將來成績必有可觀可以斷言。願名詞統一之後，實行問題即不得不更加注意，否則仍不能達到統一目的。大概學校教師授課之時應用統一名詞，則學生初次印象既深，變改不移，以後不至再用非標準之名詞。其次則凡關於技術的刊物須嚴格的應用統一名詞，使無數讀者可漸入標準的軌道。如政府運用其取締之權力，對於教本之審定，刊物之登記，俱以標準名詞爲核准之條件，應不難達到統一名詞之目的也。

電工譯名標準之商榷

朱一成　許應期　楊簡初　陳　章　黃茹左　林海明

(一) 引言

科學工程名詞標準之討論與審定，爲我國學術獨立之先導。顧倡議雖久，歲月蹉跎，除少數科學已由教育部正式頒佈外，工程名詞，迄今尙無正式審定標準。工程著述，無由準繩，儼然爲學術發展之一大阻力。同人等廁身電工界，因考電工學名詞，歷經各學術團體及行政機關之編訂，俱哀然成帙，蔚爲大觀，不可謂非我電工學術界前途之曙光。惟各社團所編名詞，對於全部電工名詞，往往有所偏重，而不免有所遺漏。且各家所編譯除一部份已爲電工著譯所習用者外，其他一部份，似尙不無商榷之餘地。同人等不揣愚陋，用敢在電工名詞尙未頒佈標準之前，提出本文，願我電工界同人不吝金玉，盡量批評，以期得一至善盡美之標準，則其受惠，又豈獨同人已哉。

(二) 電工名詞已往編訂之經過

電工名詞，雖至今尙無標準可循，而編訂之嘗試，確已有多年悠久之歷史，經若干學者之殫精竭慮。最遠所能溯及者，厥爲民國九年之交通部所訂電氣名詞彙編。內包含名詞，爲數奇少。十餘年來，電工技術，精進不懈，新名詞層出不窮，其不完備及不適用，事所當然。其次則有十八年工程學會所草擬之無線電及電機工程名詞，較爲完備。二十一年建設委員會編訂工程應用名詞，先後應用於所頒法規及條例，所譯名稱，大都恰當確切。具見編譯者之斟酌盡善，煞費苦心。惟因其所管轄範圍限於電力，故特偏重於電廠及配電工程，電信方面，仍付缺如。二十一年之物理學會名詞，注重全部物理，電磁僅其一小部份，而於電工名詞，所缺尤多。最完備而近期者當推二十三年工程師學會電工名詞再版增訂之草案，數量多至五千餘則，實爲空前巨構。但其所用譯名原則，如造新字以代單位，大小數命名等等，似尙不無討論之餘地。且關於電報電話，尤其是自動電話，遺漏尙多。至於二十三年物理學會所訂名詞，由國立編譯館頒佈，最近始告發行，其完備程度，更非昔比。其他如留美電工學會，實業部，鐵道部，對於電工名詞，亦均有一部之譯訂雖一隅之見，未及全豹，要亦不無參證之價値也。

(三) 同人編譯之旨趣及原則

同人等鑒於電工名詞標準化之重要，爰集一堂，不揣淺陋，於電工名詞尙未作最後審定頒佈之前，貢其一得之愚，一方向我電工界全體同人作虛心合作之商榷，一方貢獻於國立編譯館，作審定時之參考。其入手方法，先議定編譯原則若干條，然後擇歷次編訂之最稱完備及切當者凡六次。(即交通部、建設委員會、工程師學會第一及第二次，物理學會及國立編譯館)每一名詞書於一活頁卡片，盡列六次譯名於其上。其所以用活頁卡片者，爲便於隨意增刪，而不致妨及他片。然後集同人於一室，共同依次研究之。擇其六個譯名之一，共認爲最適當者，塡入於最後決定一欄。間有各名詞認爲未盡適當者，則由同人參考私人著述及定期刊物，或根據同人意見，擬一新譯，亦塡入於最後決定一欄。如是對於已往所訂名詞，不致有所遺漏，於電報及電話方面已盡量搜集，大致可稱完備。名詞總數，約在六七千以上。此項工作，繁重異常，迄今仍在進行中。以時間關係，未及印成卷帙，在本屆年會與本文同時發表，以就正於到會電工會員，殊稱憾事。但至遲一二月內可以竣事付刋，分發電工同志，作爲參考。且名詞繁多，即已付梓，亦勢不能盡將各名詞逐一提出，反覆辯證，是以雖未能將全部工作發表，亦無礙於商榷。緣編譯工作，重在原則，原則既定，譯名斯易。同人等謹將所擬定之原則若干條，臚列於後，願電工界先進，不厭求詳，加以指正也。

（一）科學工程名詞，貴在有統一標準。卽西文原名，亦間有未盡恰當者。然以統一之故全無阻礙。現今我國電工界名詞，雖尙無正式頒佈標準，而其最常用之一部份爲公私著述法規所習用甚久，同人等决一如其舊，以免標新立異，治絲愈棼之弊。此種情形，於無線電名詞爲尤甚。例如"Frequency"爲『週率』"Plate Electrode"爲『屏極』"Oscillation"爲『振盪』"Resonance"爲『諧振』等等皆是。

（二）同人等所譯名詞，均利用固有漢字，不造新字。其故無非以新字之定，漫無準則。且新字層出不窮，讀音印刷，益增糾紛。

（三）電工名詞，除人名地名及單位外，俱以譯意爲原則。

（四）電工各項單位，殊稱複雜，常爲譯者所苦。同人等所用，均採譯音而擇其字之已爲極通者。如"Ampere"譯作『安培』簡稱『安』"Ohm"譯作『歐姆』簡稱『歐』等等。至於磁電及靜電兩種絕對單位，擬加『磁』字或『靜』字於單位之前，雖多加一字，而文簡意備。例如"Abampere"譯作『磁安』"Statfarad"譯作『靜法』等等是。

（五）我國大小數命名方法，聚訟紛紜，迄無定論，在未奉到標準辦法以前，電工單位大小數之命名，擬以下例爲標準：—

10^{12}＝兆兆　10^{9}＝千兆　10^{6}＝兆　10^{3}＝千　10^{0}＝單位　10^{-3}千分　10^{-6}＝兆分　20^{-9}千兆分　10^{-12}＝兆兆分

按照上述標準，單位上下各有十二位，在電工學應用，似已足夠，更不必創造新字，以增困難。

（六）"Electricity"一字通俗譯爲『電氣』。惟電究非氣可比，稱之爲氣，易滋誤會。從學術界立場，殊有糾正之必要。（有時竟譯作『電汽』更屬非是）同人等所編譯『電氣』二字，一概避免。其他如"Transformer"均譯爲『變壓器』，而不譯作『方棚』"Volt"譯爲『伏脫』，而不譯爲『磅』亦本此義。

（七）所有與電工有關係之其他各項科學工程名詞之編訂，有待於其他學者之努力，毋待電工界之越俎，故以不列入爲原則。如"Lathe"之譯爲『車床』，"Economizer"之譯爲『省煤器』"Phosphorus"之譯爲『燐』等等。

（八）凡關於社會科學及一般通常各詞，與電工發生相當關係，範圍廣泛，漫無準則，擬另行編訂附卷，故亦以不列入爲原則。如"Depreciation"之譯爲『折舊』，"Accuracy"之譯爲『準確』，"Arrangement"之譯爲『佈置』等等。

抑又有進者，名詞編譯，雖屬要圖，究非難事。按字推敲，人人所能。同人等萬不敢自詡有何創作，僅本其熱忱，集前賢之精英，復貢以一得之愚，稍效區區之勞，其亦爲我電工界所許乎。

按本文所述之名詞卡片，已由楊陳諸君送交國立編譯館參考。目下審查電工名詞工作，將由該館函請本會推選委員若干人担任，一年以內，或可完成。至篇內所批評之『電氣』一名詞，余以爲並無不妥，蓋『電氣』卽是『電』，有時行文說話，需要兩個字，有時只要一個字，亦各適其宜耳。　懷霞附誌

18041

水管或是水流量計算法

鄒汀若

（上海四川路馬爾康工程事務所）

1.敍言

設計者每遇有計算冷水或熱水管直徑時，皆喜用簡易方法，以分配全管系之直徑。其唯一理由，因管中之水流量不能確知，其餘問題雖可詳加考慮，但返本歸原，仍無所裨補。反不如用簡易分配法較爲輕熟也。

雖然，正確之水流量誠難於推測，其「或是」值尙可設法求得。苟其求法並不若何繁難，極應取此簡易方法以代之。良以近年來衞生工程事業日漸發展，對於設計之安全，以及材料之經濟，尤當加以注意也。

2.管徑簡易分配法及其弊病

所謂簡易分配法者，或假定各管中之水流速度相等而使水流量直接與管之斷面積成正比；或假定水管在相等壓力消耗下，以水流量之多寡而定其直徑。前者歐洲大陸多採用之。後者則流行於美洲。但二者所得結果，頗有出入。非用種種圖說，決難互相一致。即此一端，亦可略見簡易法之難以運用而亟待於改革者也。玆爲節省篇幅起見，僅將等壓力法申述於下。

設有½"直徑管在某壓力消耗時水流量爲1，則在相等壓力消耗下之其他直徑管之水流量，可用Box公式[(1)]求得之。Box公式中之壓力與流量之平方成正比，與管之直徑五方成反比。

故 $\frac{G_1^2}{d_1^5}=\frac{G_2^2}{d_2^5}$，或 $G_2=G_1\times\left(\frac{d_2}{d_1}\right)^{\frac{5}{2}}$ ………… (1)

其中 G_1 與 G_2＝水流量，

d_1 與 d_2＝管之直徑。

由公式(1)求得¾"直徑之水流量＝2.8

1"直徑之水流量＝5.6

1¼"直徑之水流量＝10.0

1½"直徑之水流量＝16.0

2"直徑之水流量＝32.0

2½"直徑之水流量＝56.0

3"直徑之水流量＝88.0

3½"直徑之水流量＝128.0

4"直徑之水流量＝182.0

換言之，即¾"直徑管之水流量，在相等壓力消耗下，2.8倍於½"直徑者。4"直徑之水流量，182倍於½"直徑者。故苟有182個½"直徑管接入一總管時，其總管即需用4"直徑。（但事實上182個½"直徑管決無同時出水之理，故4"直徑管實不止供給182個½"直徑管也。）依據上述理論，若已知所接龍頭（Faucets）個數及各龍項之直徑，即可求得總管之直徑。法至便易。但其缺點，亦不容吾人忽視者。

設有浴室二，一離水源50尺，一離100尺。用簡易法則，兩處所用管之直徑相同。但吾人皆知距水源遠者應用較大之管；距離近者，應用較小之管。否則出水量即見差異。此簡易法之缺點一。

浴室增加，則總管直徑當亦隨之增加。此盡人皆知之事實也。其增加率應依環境而變遷。假定一私人住宅中之浴室總數與一公共浴場之浴室相等。則公共浴場同時需水機

(1) Box公式：$H=\frac{G^2L}{(3d)^5}$ 其中H＝水壓力，尺數；L＝管之長度，碼數；G＝水流量，加侖/分；d＝管之直徑，寸。

會較多，故管子直徑之增加率應比較巨大。但簡易法中無此分別，其缺點二。

同一浴盆龍頭(其他龍頭亦然)，在學校中或人數多而浴盆少之處，應使其出水量較為寬泛，以減少注水時間。至於普通住宅，可以較小。惟用簡易法頗不易操縱裕如。此其缺點三。

因此簡易算法，若由老成幹練之輩，審慎用之，當不致有若何不良之結果。但於經驗缺乏之新進技術人員，頗不宜貿然運用也。再觀上述三項缺點。第一項為管路中之阻力問題。但欲求阻力之消耗，須先明瞭管中之水流量。第二第三項則純係水流量之問題。是可知欲避免上述缺點，非先尋求計算水流量之方法不為功。

3.或是水流量之計算法

水流量之真正值，吾人無法求得，已經述明如上。現所可以求得者，或是值耳。設有龍頭10個，固無人能知10個之中有幾個同時出水。所可得知者，10個之中，2個同時出水，其機會極多。3個同時出水，則機會較少。若10個同時出水，則在尋常情形時不易見也。此種常識，實為或是水流量算法之基本知識。蓋以下所述理論，亦不過將上述概況加以整理而已。

茲為便利起見，姑以浴盆龍頭作為討論中心。在普通情形下，假定浴盆注水時間(Time of filling water)為2分鐘。第一次注水距第二次注水為40分鐘。今令龍頭依次注水25鐘；則在40分鐘內，共需龍頭20個。40分鐘以後，第一次注水之龍頭又復注水。如此周而復始，繼續不停，則總水管之流量，祇似等於一個龍頭所需者。事實上當然無此種規定注水之可能；但設想龍頭個數增至極大時，吾人即可見有如此情形：彷彿有若干組龍頭（每組20個）循環不息，按次注水(並非真正按次，意即每2分鐘必有若干組注水耳。)。且因其龍頭數目極大，故注水組數可信其必不超過於$\frac{龍頭總數}{每組數目}$也。

依據上述假定，我人即可求得龍頭總數甚大時之同時注水率。[2] 設有龍頭10,000個，則以每組20個計，有$\frac{10000}{20}$或500組循環注水，即等於500個龍頭繼續不停注水。其與總數相比，等於$\frac{500}{10000}$或5%。故5%即為龍頭總數在10,000個時之同時注水率。

龍頭總數漸減，同時注水率漸增以迄於龍頭祇有2個時，同時注水率即為100%，因2個龍頭同時注水，為極易遇見之事。其間一增一減之情形，設或縝密分配而製成一曲線，其軌跡略如雙曲線式(Hyperbolic type)。因此吾人可利用該曲線公式以表示龍頭數與同時注水率之關係。

$$p=ks^{-n} \qquad (2)$$

其中 p＝同時注水率，
s＝龍頭總數，
k＝係數
n＝指數(<0)。

今又設 G＝總管水流量，加侖/分，
f＝一個龍頭之出水量，加侖/分，

則 $psf=G$ 或 $p=\frac{G}{sf}$

代入公式(2)，$\frac{G}{sf}=ks^{-n}$

或 $$G=fks^{1-n} \qquad (3)$$

(2) 在本問題之情形下，至少限度之極大值，須用10,000方可。

於是吾人可由公式(3)，直接求得總管之水流量。

4.指數n之選擇

指數n，可用聯立方程式以求之。今取二個不同情形時之s與p各值，由公式(2)求其指數：

設 $s_1=2$時， $p_1=1.00$

$s_2=10000$時， $p^2=0.05$

$k_1=k_2$

則由公式(2)，知 $k=ps^n$

故 $p_1s_1{}^n=p_2s_2{}^n$ 或$0.05\times10000^n=1\times2^n$

$$\left(\frac{10000}{2}\right)^n=\frac{1}{.05}$$

$$5000^n=20$$

$$n=\frac{\log 20}{\log 5000}=0.35$$

以0.35代入公式(2)，$k=1\times2^{0.35}=1.274$

前節曾言及公共場所之同時注水率，應較私人寓宅稍爲巨大。至如學校中之雨浴室(Shower Bath)，其同時注水率應爲100%，蓋蓮蓬頭(Shower head)之注水時間長而學校中同時沐浴者多也。此時指數n即等於零。故設計者可於指數n自0.35至0之間，擇一合乎特情形之數，以供適當需要。(在尋常情形時，0.35極爲適當，不必因一二細故而減少)。

k之值，隨n之大小而變動。n等於o時，k卽爲1。因其變化甚小，可用其平均值$\frac{1.274+1}{2}$或1.14以代之。

5.各種龍頭之出水量及其當量　。(Equivalent Value)

各種衞生器具各有特殊效用，故其每分鐘所需之水量，互各不同，每種器具之同時注水率亦互各歧異。所以有二種以上效用不同之龍頭時，公式(3)即不能直接應用而須加以修改。下表略舉幾種重要器具之龍頭出水量，指數n及C當量。

器具名目	出水量(f) 加侖/分	C	n
浴盆	8	1	0.35
面盆			
公共處	4	0.5	0.35
私人用	4	0.5	0.43
雨浴			
6″蓮蓬頭	3	—	—
8″蓮蓬頭	6	—	—
水盤	5	0.625	0.37
飲水噴射器	2	0.25	0.35
洗衣盆	6	0.75	0.46
大便器(用水箱)	3	0.375	0.35
尿斗(自動冲水)	½	—	—

表中當量C，係以浴盆爲標準。當量分二種；一種爲固定的，即在同時注水率相等時某一出水量與其他出水量之比是也。故表中C，稱爲固定當量。第二種當量在同時注水率各異時隨龍頭總數而變動，稱爲變動當量。玆用算式表明如下。

設 G=s個數時之水流量，則由公式(3)

$G=fks^{1-n}$

又設 $G_1=s$個數時之水流量，則

$G_1=f_1k_1s_1{}^{1-n_1}$

若令 $s_1=s_1$　$n_1=n$

則 $\frac{G_1}{G}=\frac{f_1}{f}=c_1=$固定當量

若令 $n_1\neq n$,

則 $\frac{G_1}{G}=\frac{f_1k\,s_1{}^{1-n_1}}{f\,k\,s^{1-n}}=m_1=$變動當量

如有二種效用不同之龍頭時，即可由變動當量，求得二種龍頭之總出水量。

既知 $m_1=\frac{f_1k_1s_1{}^{1-n_1}}{f\,k\,s^{1-n}}$, $\frac{f_1}{f}=c$, $s_1=s$

並爲便利起見，亦令 $k_1=k$,

則 $m_1=c_1s^{n-n_1}$ ……………………(4)

在同時注水率相等時，由s_1求取s之相當值，其公式爲

$s=c_1s_1$

若同時注水率不等時，則換去固定當量

c_1 而以變動當量 m_1，代之。即

$$s=m_1s_1$$

以(4)式代入上式，得

$$\left.\begin{array}{l} s=c_1s_1^{1+n-n_1} \\ s=c_2s_2^{1+n-n_2} \\ s=c_3s_3^{1+n-n_3} \\ \cdots\cdots\cdots \end{array}\right\}\cdots\cdots\cdots(5)$$

同由，

以(5)式併入(3)式，得

$$G=fk(s+c_1s_1^{1+n-n_1}+c_2s_2^{1+n-n_2}+c_3s_3^{1+n-n_3}+\cdots\cdots)^{1-n}\cdots\cdots(6)$$

前表中舉例之出水量 f，若嫌其太少，可按照情形酌加之。但據者意見，至多勿過120%，過多無益也。若欲減省材料而使出水量稍爲薄弱，則不可低於表中諸值之70%。茲擬成二個例題以示公式(6)之用法。

問一　有浴室一，內有浴盆，面盆及大便器各一隻。求總管之水流量？

答．令　s＝浴盆隻數＝1

s_1＝面盆隻數＝1

s_2＝大便器隻數＝1

查閱表中，

$f=8$

$c_1=0.5$

$c_2=0.375$

$n=0.35$

由公式(6)

$$G=8\times1.14(1+0.5\times1+0.375\times1)^{1-0.35}$$

$=13.7$加侖/分

問二　有一公寓，內有浴室100間；每間置浴盆，面盆及大便器各一。廚房96間，每間置水盤一。男公用廁所一，內有面盆二，大便器二，及自動冲水尿斗一。女公用廁所一，內有面盆及大便器各一。僕役用大便器共20隻。總管由屋頂蓄水箱接出。管之可容阻力耗消每百尺8尺。求總水管直徑？龍頭出水量稍弱不妨。

答　浴盆100隻(s)　$c=1$　$n=0.35$

面盆103隻(s_1)　$c_1=0.5$　$n_1=0.43$

大便器123隻(s_2)　$c_2=0.375$　$n_2=0.35$

水盤96隻(s_3)　$c_3=0.625$　$n_3=0.37$

尿斗——因其繼續不停注水於水箱，另外計算。

$f=8\times.80=6.4$加侖/分

由公式(6)，

$$G=6.4\times1.14(10)+0.5\times103^{92}+0.375\times123+0.625\times96^{98})^{.65}$$

$$=7.296(100+35.55+46.13+54.76)^{.65}$$

$=254.7$加侖/分。

尿斗自動冲水箱用水管每分鐘水流量 $\frac{1}{2}$ 加侖，故總管水流量等於 $254.7+0.5=255.2$加侖/分

用 Box 公式 $H=\frac{G^2L}{(3d)^5}$（見注一）求總管直徑。

$H=8$尺

$G=255.2$加侖/分

$L=\frac{100}{3}$碼

因此 $8=\dfrac{255.2^2\times\frac{100}{3}}{(3d)^5}$

$$d=\frac{1}{3}\left(\frac{255.2^2\times100}{8\times3}\right)^{\frac{1}{5}}$$

$d=4.07''$ 或 $4''$

6.結論

本算法於實際應用時，宜將公式(3)與(5)等製成算表，俾可節省計算時間。迨一經運用純熟，其便捷當不亞於簡易法。著者因俗務紛繁，短期間未能備製各種算表，以供諸讀者，殊深歉仄，並祈諒之。

18045

北甯鐵路簡明行車時刻表 中華民國二十四年一月一日重訂

下行車

列車次數 \ 站別 開到時刻	北平前門開	豐台開	郎坊開	天津總站開	天津東站到	天津東站開	塘沽開	蘆台開	唐山到	唐山開	開平開	古冶開	灤縣開	昌黎開	北戴河開	秦皇島開	山海關到	山海關開	遼寧總站到
第四十一次 普通客車 中勝各等	五·四五	六·二〇	七·四〇	九·一六	九·二五	九·三五	一〇·三八	一一·四六	一二·四七	一二·五二	一三·〇六	一三·三九	一四·二九	一五·三二	一六·一六	一六·四三	一七·〇五	停	
第七十一次及第七十五次 客貨混合三等慢車	六·〇〇	七·五五	一二·〇〇	一五·三三	一五·五〇	停		第七十五次	自唐山起	六·三〇	七·一〇	八·二五	一〇·〇一	一二·三〇	一四·二五	一五·三三	一六·一〇	停	
第三次 特別快車 勝車各等	八·四五	九·一四		一二·二八	一一·三六	一一·五〇	一二·四七	一三·四五	一四·三九	一四·四二	一四·五三	一五·一七	一五·四九	一六·三一	一七·〇四	一七·二三	一七·四〇		
第二十三次 快車 勝車各等	一三·一五	一三·四七	一五·〇三	一六·三〇	一六·三九	一六·五〇	一八·〇〇	一九·〇六	二〇·〇六	二〇·一〇	二〇·二一	二〇·八六	二一·二〇	二二·一〇	二二·四五	二三·〇七	二三·二五		
第三〇一次 平滬直達特別快車 臥勝各等	一五·〇五	一五·三六	一六·四〇	一七·五〇	一七·五九	一八·二〇	開	往	上	海									
第五次 特別快車 勝車各等	一六·三〇			一九·〇七	一九·一五	停													
第三〇五次 平浦直達特別快車 臥勝各等	一八·五〇	一九·二〇	二〇·二六	二一·三九	二一·四八	二二·二〇	開	往	浦	口									
第一次 平瀋特別快車 臥勝各等車	二〇·一五	二〇·四七	二二·〇六	二三·三六	二三·四五	二三·五五	一·〇一	二·七〇	三·一二	三·一五	三·三〇	四·三〇	四·五三	五·五九	六·四七	七·一六	七·四〇	八·二〇	一六·四〇
第四〇一次平瀋直達貨車及第七十三次客貨混合三等慢車	二一·〇〇	二二·五五	一·三四	四·二〇	四·三七	六·五〇	九·四〇	一二·四〇	一五·四五	停									

上行車

列車次數 \ 站別 開到時刻	遼寧總站開	山海關到	山海關開	秦皇島開	北戴河開	昌黎開	灤縣開	古冶開	開平開	唐山到	唐山開	蘆台開	塘沽開	天津東站到	天津東站開	天津總站開	郎坊開	豐台開	北平前門到
第四十二次 普通客車 中勝各等			六·〇〇	六·二五	六·五四	七·四	八·四五	九·四四	一〇·一〇	一〇·二三	一〇·三〇	一一·四一	一二·四六	一三·四六	一四·〇〇	一四·一一	一五·四三	一七·二一	一七·五五
第四次 特別快車 勝車各等			九·四五	一〇·〇四	一〇·二七	一〇·五八	一一·三九	一二·一八	一二·三五	一二·四五	一二·五〇	一三·四八	一[illegible]·四五	一五·四〇	一五·五五	一六·〇五		一八·一五	一八·四二
第七十六次及第七十二次 客貨混合三等慢車			一〇·五〇	一二·〇〇	一二·五八	一四·四八	一七·五七	二〇·四〇	二一·四三	二二·〇五	停	第七十二次	自天津起		六·〇五	六·五九	一一·四五	一五·三八	一六·五〇
第二十四次 快車 勝車各等			一三·一五	一三·三五	一四·〇〇	一四·三七	一五·二二	一六·〇五	一六·二二	一六·三二	一六·三五	一七·四一	一[illegible]·四九	一九·四八	二〇·〇〇	二〇·一一	二一·三〇	二二·四四	二三·一五
第二次 瀋平特別快車 勝臥各等	一四·〇〇	二二·〇〇	二二·四〇	二三·〇九	二三·四二	〇·三一	一·三二	二·三〇	二·五五	三·〇九	三·一四	四·二五	五·二八	六·二五	六·三五	六·四六	八·〇五	九·一五	九·四五
第七十四次客貨混合三等慢車及第四〇二次瀋平直達貨車											四·五〇	七·三八	一〇·〇九	一一·四五	一七·二〇	一八·二〇	二二·〇三	一·〇〇	二·〇五
第三〇六次 平浦直達特別快車 臥勝各等									由	浦	口	開	來	四·五〇	五·二〇	五·三〇	六·四三	七·四九	八·一九
第三〇二次 滬平直達特別快車 臥勝各等									由	上	海	開	來	七·〇五	七·三〇	七·八〇	八·五〇	九·五四	一〇·二四
第六次 特別快車 勝車各等															九·〇五	九·一五		一一·二三	一一·五〇

18046

隴海鐵路簡明客車時刻表

民國二十三年九月一日實行

	車次 站名	1 特快	3 特快	5 特快	71 混合	73 混合	75 混合	77 混合	79 混合
向西上行車	孫家山							9.15	
	墟溝			10.05				9.30	
	大浦				71.15				
	海州			11.51	8.06				
	徐州	12.40		19.39	17.25	10.10			
	商邱	16.55				15.49			
	開封	21.05	15.20			21.46	7.30		
	鄭州	23.30	17.26			1.18	9.50		
	洛陽東	3.49	22.03			7.35			
	陝州	9.33				15.16			
	潼關	12.53				20.15			7.00
	渭南								11.40

	車次 站名	2 特快	4 特快	6 特快	72 混合	74 混合	76 混合	78 混合	80 混合
向東下行車	渭南								14.20
	潼關	6.40				10.25			19.00
	陝州	9.52				14.59			
	洛陽東	15.51	7.42			23.00			
	鄭州	20.15	12.20			6.10	15.50		
	開封	23.05	14.35			8.34	18.15		
	商邱	3.31				14.03			
	徐州	8.10		8.40	10.31	20.10			
	海州			16.04	19.48				
	大浦				21.00				
	墟溝			18.10				18.40	
	孫家山							19.05	

膠濟鐵路行車時刻表 民國二十三年七月一日改訂實行

下行列車

站名	到開	五一次各等	三次各等	七一次三等	七三次三等	一次各等
青島	開	七•〇〇	一一•三〇	一五•〇〇		二一•四〇
大港	開	七•一一	一一•四一	一五•一一		二一•五一
四方	開	七•二〇	一一•五〇	一五•二〇		二二•〇〇
滄口	開	七•三六	一二•〇六	一五•三八		二二•一六
女姑口	開	七•四八	一二•一八	一五•五一		不停
城陽	開	七•五七	一二•二七	一六•〇一		二二•三四
南泉	開	八•一三	一二•四三	一六•一八		不停
藍村	開	八•二七	一二•五八	一六•三六		二三•〇一
李哥莊	開	八•三六	不停	一六•四五		不停
膠東	開	八•四八	不停	一六•五八		不停
膠州	到	九•〇〇	一三•二五	一七•一一		二三•二八
膠州	開	九•〇三	一三•三七	一七•一四		二三•四〇
芝蘭莊	開	九•一九	一三•四四	一七•三三		不停
姚哥莊	開	九•二八	不停	一七•四二		不停
高密	到	九•三九	一四•〇一	一七•五一		〇•〇一
高密	開	九•五〇	一四•一三	一八•〇三		〇•一三
康家莊	開	一〇•〇	不停	一八•一六		不停
蔡家莊	開	一〇•一五	一四•三三	一八•二八		不停
塔耳堡	開	一〇•二五	一四•四三	一八•三九		不停
丈嶺	開	一〇•三五	一四•五三	一八•五三		不停
昨山	開	一〇•五二	一五•一三	一九•一三		一•〇三
黃旗堡	開	一一•〇一	一五•二二	一九•二三		不停
南流	開	一一•〇九	不停	一九•三一		不停
蛤蟆屯	開	一一•二四	一五•四一	一九•四八		一•二六
坊子	到	一一•三七	一五•五四	二〇•一二		一•四一
坊子	開	一一•五二	一六•〇八	二〇•二一	六•二〇	一•五六
二十里堡	開	一二•〇四	一六•二〇	二〇•二六	六•三四	二•〇八
濰縣	到	[illegible]	一六•二八	二〇•三五	六•四四	二•一六
濰縣	開	一二•一五	一六•三〇		六•四九	二•二八
大圩河	開	一二•二九	不停		七•〇四	不停
朱劉店	開	一二•四〇	一六•五三		七•一七	二•四〇
昌樂	開	一二•五三	一七•〇六		七•三三	二•五三
堯溝	開	一三•〇五	一七•一八		七•四六	不停
譚家坊子	開	一三•一七	一七•三〇		八•〇〇	不停
楊家莊	開	一三•二八	一七•四一		八•一四	不停
青州	到	一三•四三	一七•五六		八•二三	三•二四
青州	開	一三•四六	一八•〇〇		八•三六	三•三六
普通	開	一三•五八	不停		八•五〇	不停
淄河店	開	一四•〇八	一八•一九		九•〇一	不停
辛店	開	一四•二一	一八•三六		九•一七	四•〇五
金嶺鎮	開	一四•三五	一八•五〇		九•三三	不停
湖田	開	一四•四八	一八•五九		九•四四	不停
張店	到	一四•五七	一九•〇八		九•五五	四•二一
張店	開	一五•一二	一九•三三		一〇•二〇	四•四六
馬尚	開	一五•二一	不停		一〇•三〇	不停
周村	到	一五•四〇	一九•四八		一〇•四四	五•二一
周村	開	一五•五三	一九•五一		一一•〇七	五•三三
大臨池	開	一六•〇七	不停		一一•二二	不停
王村	開	一六•一九	二〇•二四		一一•三六	不停
普集	開	一六•二九	二〇•三四		一一•四八	五•五三
明水	開	一六•四四	二〇•四九		一二•〇五	不停
棗園	開	一六•五四	二一•〇〇		一二•一八	六•一五
龍山	開	一七•〇八	二一•一五		一二•三五	六•二九
郭店	開	一七•二三	二一•三〇		一二•五三	不停
王舍人莊	開	一七•三四	二一•四一		一三•〇五	不停
黃臺	開	一七•四七	二一•五五		一三•二〇	七•〇三
北關	開	一七•五五	二二•〇七		一三•二九	七•一〇
濟南	到	一八•〇〇	二二•二二		一三•三五	七•二五

上行列車

站名	到開	五二次各等	七二次三等	四次各等	七四次三等	二次各等
濟南	開	七•〇〇		一一•四〇	一四•四〇	二二•〇〇
北關	開	七•〇九		一一•四七	一四•四七	二二•〇六
黃臺	開	七•一六		一一•五四	一四•五四	二二•一五
王舍人莊	開	七•三〇		一二•〇八	一五•一〇	不停
郭店	開	七•四三		一二•二〇	一五•二三	不停
龍山	開	七•五七		一二•三六	一五•三九	二二•四九
棗園	開	八•一三		一二•五二	一五•五五	二三•〇三
明水	開	八•二四		一三•〇五	一六•〇七	不停
普集	開	八•四一		一三•二〇	一六•二〇	二三•二八
王村	開	八•五一		一三•三一	一六•二四	不停
大臨池	開	九•〇四		不停	一六•四四	不停
周村	到	九•二〇		一三•五六	一七•一三	〇•〇二
周村	開	九•三三		一四•〇九	一七•一六	〇•〇四
馬尚	開	九•四〇		不停	一七•二五	不停
張店	到	九•四八		一四•二一	一七•四二	〇•二六
張店	開	一〇•〇三		一四•三六	一七•五八	〇•四二
湖田	開	一〇•一五		一四•四九	一八•一二	不停
金嶺鎮	開	一〇•二四		一四•五八	一八•二二	不停
辛店	開	一〇•三八		一五•一三	一八•三七	一•一〇
淄河店	開	一〇•五一		一五•二五	一八•五一	不停
普通	開	一一•〇二		不停	一九•〇五	不停
青州	到	一一•一三		一五•四四	一九•一六	一•二九
青州	開	一一•二六		[illegible]	一九•二九	一•四一
楊家莊	開	一一•三一		一五•五七	一九•三五	不停
譚家坊子	開	一一•四三		一六•〇二	一九•四六	不停
堯溝	開	一一•五四		一六•一三	一九•五九	不停
昌樂	開	一二•〇六		一六•二五	二〇•一二	二•一三
朱劉店	開	一二•一九		一六•三七	二〇•一八	二•二九
大圩河	開	一二•三〇		一六•五一	二〇•二七	不停
濰縣	到	一二•四三		一七•〇一	二〇•四五	二•三八
濰縣	開	一二•四五	七•〇〇	一七•一三	二〇•五四	三•〇一
二十里堡	開	一二•五四	七•一〇	一七•一六	二一•〇四	三•一〇
坊子	到	一三•〇六	七•二二	一七•二五	二一•一七	三•二二
坊子	開	一三•二一	七•三七	一七•三七		三•三七
蛤蟆屯	開	一三•二六	七•五四	一七•五一		三•五三
南流	開	一三•三〇	八•〇九	一八•〇六		不停
黃旗堡	開	一三•五七	八•一七	不停		不停
昨山	開	一四•〇八	八•二九	一八•三五		四•一八
丈嶺	開	一四•二六	八•四八	一八•五四		不停
塔耳堡	開	一四•四三	八•五八	一九•〇三		不停
蔡家莊	開	一四•五一	九•〇八	一九•二二		不停
康家莊	開	一五•〇二	九•二〇	不停		不停
高密	到	一五•一五	九•三一	一九•三二		五•〇四
高密	開	一五•二四	九•四三	一九•四三		五•二五
姚哥莊	開	一五•三七	九•五六	不停		不停
芝蘭莊	開	一五•四七	一〇•〇五	二〇•〇〇		不停
膠州	到	一六•〇二	[illegible]	二〇•一七		五•三七
膠州	開	一六•〇四	一〇•二六	二〇•一九		五•四九
膠東	開	一六•一六	一〇•三九	不停		不停
李哥莊	開	一六•二七	一〇•五一	不停		不停
藍村	開	一六•三七	一一•〇一	二〇•四六		六•二五
南泉	開	一六•五〇	一一•一五	二〇•五九		不停
城陽	開	一七•〇八	一一•三四	二一•一五		六•四二
女姑口	開	一七•一七	一一•四四	二一•二四		不停
滄口	開	一七•二九	一二•〇七	二一•三六		六•五九
四方	開	一七•四五	一二•二五	二一•五一		七•一九
大港	開	一七•五五	一二•三五	二二•一〇		七•四〇
青島	到	一八•〇〇	一二•四〇	二二•一五		[illegible]

18048

工程

第九卷總目錄

科別	類別	題目	著（譯）者	號數	頁數
土木	橋梁	上海市輪渡	譚伯英	4	430
土木	橋梁	古柏氏E 50活載公制力率表*	孫寶墀	4	472
土木	橋梁	關係膠濟鐵路橋梁載重之圖表*	孫寶墀	4	476
土木	橋梁	鐵路與公路聯合橋	羅英	6	657
土木	橋梁	百年來橋梁建築之演進	余權	6	660
土木	材料	施華閣樁載重試驗	黄炎	2	226
土木	力學	圖解梯形重心之二十四原理及其證法	李書田	2	216
土木	力學	框架用駢堅量解析法	黄文熙	5	479
土木	力學	鋼筋混凝土圖解表*	茅以昇	4	473
土木	測量	航空攝影測量概述	施成熙	2	160
土木	其他	飛機場之設計	李崇德（譯）	5	503
建築		防空地下建築	劉定中（譯）	5	535
建築		普通房屋之防空辦法*	胡樹楫（譯）	6	679
市政		水電兩廠合併經營之利益	錢慕甯	2	203
市政		內地城市改進居住衛生問題之商榷	胡樹楫	2	212
水利	河工	治河經濟**	Dr. Chatley	1	33
水利	河工	揚子江水災與水位預測之商榷	白郎都	6	637
水利	其他	南京市防水辦法之商榷	張劍鳴	5	562
機械	機車	機車載重調整噸數法之計算	陳廣沅	1	44
機械	機車	機車之修理	張蔭煊	6	611
機械	造船	巡岸艇與國防	郭霖	1	89
機械	兵工	槍彈製造工作述略	王鶲雛	5	535
機械	其他	工廠管理法之原則	楊繼曾	1	121
機械	其他	檢驗銲縫之方法*	蔣易均（譯）	6	678
鑛冶		中國礦產在世界上之地位	王寵佑	1	1
鑛冶		株州設立鋼鐵廠之研究	胡庶華	1	15
鑛冶		冀北金礦創設六十噸工廠計劃之選冶試驗報告	毛子祐	2	189
鑛冶		礦區之測勘及礦業法施行之商榷	賈榮軒	6	601
電氣		電廠鍋爐給水問題	莊前鼎	1	103
電氣		電燈泡製造程序說略	王鄂韡	6	626
無線電		真茹國際電台之亞爾西愛式天線制度	宗之發	2	136
無線電		收音真空管的進展	朱一成	2	196
無線電		選擇發生高週波電流之真空管方法*	朱其清	6	676
雜項		介紹鄭著「河工學」**	編者	5	502
雜項		英倫之地下防空設備**	胡樹楫	6	600
雜項		樁端之新形式**	胡樹楫	6	636
雜項		中國蟹浸蝕北歐河海岸*	胡樹楫	6	681
雜項		宋代廣州之給水工程*	劉永楙	6	682

*短篇稿，編入補白欄內者。

**短篇稿，編入空餘地位者。

18050

新會員通訊錄

（民國廿三年十二月三十日第十六次董事會議通過）

姓名	號	通訊處	專長	級位
丁世昌	臚懷	(職)四川川東共立高級工科學校	機械	正
		(住)重慶會府月亮院		
方乘	攜華	(住)北平西四朱茀泊胡同七號	化學	正
周維豐	芭垣	(職)太原壬申製造廠	機械	正
		(住)太原大北門街東頭道巷十號		
周則岳	坦生	(住)上海海防路330號	採鑛冶金	正
邢契莘		(職)青島市工務局	造船	正
		(住)青島信號山路19號		
李鳳噦		(職)上海南京路沙遜大廈安利洋行麵粉機器部		正
		(住)武定路武定坊 580號		
熊天祉	介繁	(職)重慶鎮守使署電力煉鋼廠籌備委員會	冶金	正
陳煥祥	文侯	(職)重慶市自來水整理處	機械	正
		(住)重慶蓮花池前街三號		
陳慶澍	慰民	(職)南甯廣西道路局	土木	正
張丹如		(職)上海市工務局	水利	正(仲升級)
楊月然		(職)重慶棗園壩濃華油漆印墨廠	化學	正
趙履祺	仲綏	(職)南京全國經濟委員會公路處	土木	正
袁覲光		(職)重慶市市政府工務處	土木	正
		(住)重慶新市中區老兩路口停車場對面坎下筱隨園		
郭鳳朝	仲陽	(職)太原壬申製造廠	機械	正
許時珍		(職)北甯鐵路唐山工務段	土木	正
黃鍾漢		(職)南寧公安局	土木	正
		(住)南甯桃源路九號		
劉杰	靜之	(住)重慶下石板街32號內	土木	正
羅世襄		(職)南京建設委員會	電工	正
		(住)重慶蓮花池12號		
羅覺志		(職)重慶蒼坪街三益建築事務所	土木	正
魏樹勳	希堯	(職)北平華商電燈公司	電工	正
廖崧高	松雪	(住)上海霞飛路興業里21號		
		重慶臨江門外楊家花園武器修理所廖興漢轉	探礦冶金	正
宋澎	海涵	(職)太原同蒲鐵路北段工程局	土木	正
呂煥祥		(職)南甯中央軍事政治學校第一分校	電機	正
申以莊	叔舫	(職)重慶四川公路局	土木	正
許傳經	伯綸	(通)113Dryden Road, Ithaca N.Y.,U.S.A.	土木	正

王大洪	禹敷	(職)重慶市自來水廠	電機	仲
		(住)重慶觀音崖坎下美園		
王龍黼		(職)上海甯波路40號大昌建築公司	土木	仲
范鳳源		(職)上海愛多亞路一三九五號中國無線電工程學校	電機	仲
		(住)上海白克路新修德里60號		
邢桐林		(職)山東膠濟路張店工務分段	土木	仲
李大新		(職)南寧廣西道路局	土木	仲
吳吉辰		(職)湖南耒陽縣株韶局第五總段	土木	仲
潘翰輝	耀翠	(職)南甯廣西省經濟委員會	電機	仲
湯邦偉		(職)南甯廣西道路局	土木	仲
張大鏞	醒華	(職)甘肅平涼西蘭路工程處	土木	仲
		(住)開封遊梁祠西街二號		
張權武		(職)漢口徐家棚湘鄂鐵路局工務處	土木	仲
張鴻藻		(職)南甯廣西道路局	土木	仲
顧升騄	鶴皋	(職)重慶菜園壩濃華油漆印墨廠	化學	仲
徐錦章		(職)上海博物院路131號226號久泰錦記營造廠	土木	仲
謝子舉		(職)南寧廣西水利工程處	土木	仲
梁士梓	叔琴	(職)南寧廣西鑛務局	採鑛	仲
梁三立		(職)南寧廣西道路局	土木	仲
趙逢冬	筱三	(職)太原壬申製造廠	機械	仲
		(住)太原成方街29號		
貢學淵	鶴淵	(住)上海美租界塘山路454號	衛生	仲
關慰祖	安黎	(職)晉綏兵工築路總指揮部	土木	仲
		(住)太原新民東街10號		
栗書田	硯農	(職)南寧廣西道路局	土木	仲
哈雄文		(職)上海甯波路40號董大酉建築師事務所	建築	仲
		(住)上海愚園路愚谷邨45號		
王　進	贊一	(職)上海甯波路40號楊錫鏐建築師事務所	土木	仲
林同驊		(通)M.I.T. Dormitory, Cambridge, Mass, U.S.A.	土木	初級
吳　湖		(通)Cornell Univ, Ithaca N.Y.,U.S.A.	土木	初級
吳大榕		(通)M.I.T. Dormitory, Cambridg, Mass. U.S.A.	電機	初級
謝光華		(通)2?6College Ave. Ithaca N.Y.,U.S.A.	土木	初級
孫增爵	登伍	(通)M.I.T. Dormitory, Cambridge Mass. U.S.A.	化學	初級
夏勤鐸		(通) M.I.T, Dormitory, Cambridge, Mass. U.S.A.	化學	初級
劉恢先		(通)311Elmwood Ave. Ithaca. N.Y.,U.S.A.	土木	初級
黃延康		(通)Cornel Univ, Ithaca, N.Y.,U.S.A.	土木	初級
蔣葆增	南光	(通)M.I.T. Dormitory Cambridge, Mass. U.S.A.	電信	初級
衣復得		(通)CosmopolitonClub Bryant Ave.,Ithaca,N.Y.,U.S.A.	土木	初級

18052

胡曉園		(通)Cornell Univ. Ithaca, N.Y.,U.S.A.	土木	初級
王平洋		(職)上海南京路上海電力公司	電機	初級
		(住)上海金神父路華賢別墅2號		
王宗炳		(職)上海英商自來水公司	土木	初級
		(住)上海重慶路93弄10號		
朱立剛		(職)上海市工務局	土木	初級
石鋭礎	凌霄	(職)南甯廣西鑛務局	土木	初級
周祖武		(職)上海英商自來水公司	土木	初級
		(住)上海馬白路173弄6號		
李秉禰	鄒雄	(職)南甯廣西道路局	土木	初級
李文泰		(職)廣州粵漢鐵路南段管理局	土木	初級
		(住)廣州市東華東路332號		
錢鴻陶	甄儒	(職)上海英商自來水公司	土木	初級
		(住)上海天潼路646弄9號		
陳允冲	涵甫	(職)上海英商自來水公司	土木	初級
		(住)上海齊物浦路175弄22號		
張耀斗	炳南	(職)山東濰縣縣政府第四科	土木	初級
張世德	南郇	(職)太原山西壬申各廠料品審核處	機械	初級
張則俊	宋卿	(職 太原山西壬申各廠料品審核處	機械	初級
曾思榮		(職)南寧廣西道路局	土木	初級
唐慕堯		(職)南甯廣西省政府經濟委員會	土木	初級
莫迺炎	耀南	(職)南甯廣西鑛務局	採鑛	初級
秦忠欽		(職)南甯廣西省政府經濟委員會	電機	初級
黃寶善		(職)上海英商自來水公司	土木	初級
		(住)上海馬白路小沙渡路173弄4號		
黃 穆		(職)湖南耒陽粵漢鐵路第五總段測量隊	土木	初級
龔人偉		(職)上海英商自來水公司	土木	初級
		(住)上海巨籟達路437弄6號		
牛哲若		(職)重慶自來水廠	機械	初級
尹 政	治元	(職)南甯廣西水利工程處	土木	初級
		(通)南甯民國日報社		
李德復		(住)上海白利南路兆豐別墅15號	土木	初級
商辦蘇州電氣廠有限公司		蘇州胥門外棗市街	團體	

18053

中國工程師學會會務消息

◉大冶各廠鑛會員聚餐會議紀事

民國二十三年十一月四日下午一時，本會在大冶會員程行漸，張粲如，周子建，翁耀民，徐紀澤，羅毅之，六人招待當地技術人員暨新入會會員共二十八人，於大冶鐵廠俱樂部，除因事未到者外，計到二十人，席終攝影，並舉行演講及討論成立大冶分會事宜，臨時主席徐紀澤，紀錄羅毅之，三時開演講會，臨時主席介紹開會要旨，演講節目略謂大冶廠鑛林立，係內地一工業區，而在冶技術人員，亦復濟濟多士，惟各有職務，頗少聚談一室機會，匪特個人學術感情，難以砥礪連絡，卽對事業上亦不易互相提攜，今天開會(一)歡迎新入會會員諸君，並敦請未加入會諸公從速入會。(二)希望技術人員聯成一體，成立中國工程師學會大冶分會，次翁君耀民演講工程師學會歷史及現在會務狀況(詞長從略)次張君粲如演講四川考察團經過，首謂希望技術人員團結起來，勸請諸位入會，方可擴大力量組織大冶分會，至入川考察起緣，係劉湘在第三屆年會時卽敦促本會於去年在四川開第四屆年會，因種種關係，未能在川開會，故只組織考察團入川，團員共分九組，鄙人由總會指定爲水泥組，團員於五月起程入川至萬縣，民生公司派船迎候，以便溯江西上，同時商品檢驗局駐萬主任錢君引導，參觀油漆工業，早年外人在萬縣設有油漆廠，收買當地桐油，專售外國，壟斷經濟，幸有檢驗所後，國人經營油廠之油始可稍行輸出。我國實業須要政府加意保護，已可概見，抵重慶時正值川人開生產會議於成都，劉湘又電邀全體團員二十五人赴成都參加會議，於是全體團員分乘十輛汽車，由重慶至成都，全體同人遂得實地考察，沿途一千里公路，該路係四川長途公路最著名者，其路基以石作成，惟路面不平，乘客頗感不快，抵成都之第三日，始開生產會議，而各縣建設局長，教育局長亦均與會，得聞該省各縣大略情形，又值花會，故各地出品出產都得寓目，十日後始分組考察，水泥廠組無可多事調查，惟藥物組費時最久，故鄙人歸來特早，各組就考察所得，報告總會，當有印行諸君，重慶係川省中心，商務之盛，較漢口發達，其附近可設水泥廠，重慶有六七層之建築物，皆用磚木造成，且每層較普通房屋爲高，川人之建築，技術確可欽佩，惟水泥銷路有限，年僅數萬桶，開設水泥廠當較早耳。成都每桶水泥價最昂時四十五元，在重慶普通十五元，最賤時僅十二元，此次重慶之新電廠，全用水泥三合土造成，其餘雖有供用水泥，亦極少量也。次周君子建報告第四屆年會經過並討論大冶分會是否有成立必要，周君子建提議成立分會，翁君耀民附議，臨時主席付表決一致贊成無異議，周君子建提議推三人籌備分會事宜，宋君自修提議擴充至五人，張君粲如贊成五人議案，主席付表決一致贊成五人通過，黃君立時提議推定周子建，翁耀民，宋自修，程行漸，張粲如五人爲組織分會籌備員一致贊成通過。次主席報告原擬討論終止後，全體參觀利華煤鑛公司新成掛綫路，因時間已晚，不得舉行，旋請程君行漸講該掛綫路大略，次程君行漸報告該鑛掛綫路大要本鑛運煤掛綫由鑛山至江邊卸煤站台，全長四千四百零六公尺跨越，二百九十六公尺高山，沿路豎立二十一鋼柱，各柱間距離遠者五百三十五公尺，近者二十公尺，柱高長者二十七公尺，短者四公尺半，掛綫爲複綫式，大定綫徑粗三十六糎，小定綫徑粗二十二糎，走綫徑粗二十糎，煤桶容量六百三十公斤，走綫速度每秒鐘二公尺七五，每四十五秒鐘發桶一個，每小時可發桶八十個，計煤量五十噸，煤桶抓手係勃拉雪式，故雖越高山，可無滑走之慮。再大冶分會草擬章程，業經本會第十六次董事會議通過，並已敦促成立矣，併誌。

工程週刊

(內政部登記證警字788號)
中國工程師學會發行
上海南京路大陸商場542號
電話：92582
(稿件請逕寄上海本會會所)

本期要目

中華民國24年2月28日出版
第4卷 第4期（總號82）
中華郵政特准掛號認爲新聞紙類
(第1831號執據)

定報價目：每期二分，全年52期，連郵費，國內一元，國外三元六角。

蘇維埃宮模形(見本卷第57頁)

？年計劃

編者

自蘇俄首次創行五年計劃之後，我國各地舉辦建設事業，每效倣此新穎名詞，動輒曰幾年計劃；追究其實，所謂計劃多成紙上具文；所謂幾年，原亦無何意義。蓋聞蘇俄實行其五年計劃也，全國上下一致應付，不達目的不止。且能未到期限，即告成功。反觀本國之各計劃，能實行者有幾？即實行矣而不稽延者又有幾？

18055

撫順之煤氣發電廠

(原名爲 撫順第二發電所)

王善政

撫順煤礦，自日人攫去開掘以來，迄今已是有每晝夜20,000噸之高速率採煤率。爲增進生產功效計，舉凡掘煤，運煤，(起重機及電機車)削土，通風，排水諸機，幾全部改用電力。初設煤氣發電廠一，發電量爲12,000基羅瓦特(Kw)，供給電能。嗣以露天開掘古城子，楊柏堡煤區，又長距離的遼陽瀋陽兩滿鐵區域之送電，於1922年復增置30,000基羅瓦特發電量之煤粉發電廠一座。近來南滿鐵路公司，爲實現其「電氣化」之野心，擇定撫順爲中心發電區，以44,000伏打高電壓路線，與大連，長春，安東諸巨埠之發電廠取網狀之聯接，乃又於1930年添設50,000基羅瓦特發電廠一處，僅於10年間中，其發電量由12,000基羅瓦特，驟增至92,000基羅瓦特，約抵我國全國國人經營之電廠發電量總和四分之一。其重工業原動力之配備，經濟侵略之策畫，非僅始於"九一八"之夕也。

該廠創始於1914年冬，位於千金寨市街之東南，原名撫順炭坑發電所，於1922年始名爲第二發電所，初設孟德式煤氣發生爐(Mond's Gas Producer) 10座，1,500基羅瓦特發電機兩架，專供礦區用電，嗣以採煤率數量日增，乃繼續添設孟德式煤氣發生爐12座，萊門式煤氣發生爐(Lymn's Gas Producer) 14座，3,000基羅瓦特發電機三架。其全年耗煤及發電量，據1930年該廠報告爲261,398噸發電爲74 838,120度(KwH)。副產物之硫酸錏生產量據1927年之統計數字爲6,300噸，第一圖爲該廠之全景。

該廠在名義上雖名爲「發電所」，但實際實爲工業化學廠。因該廠在設備上，可分爲三部：卽發生煤氣廠(Producer Gas Plant)，發電廠，及硫酸廠。煤氣廠之煤氣，並不出售，而完全用以燃燒發電廠之鍋爐，使蒸氣轉動汽輪發電機。硫酸廠之硫酸，專用以中和煤氣廠中所生成之錏，而生成大宗副產品硫酸錏。

撫順第二發電所全景

煤氣廠

煤氣廠共設有煤氣發生爐36座。計孟德式22座，萊門式14座。氣化煤量每晝夜，孟德式者爲24噸，萊門式者爲20噸，現日夜所用者只33座，其餘3座，用爲準備有障礙時補充使用。耗煤量一晝夜約爲740 噸。所燃燒之煤爲撫順劣質硬煤(含熱量爲4,000至5,000 加路里，灰份約30%至50%，含氮成份頗高)。此種硬煤用碎煤機破爲一吋見方之小塊，經輸運器送至貯煤箱中，再由貯煤箱下落，分佈於各發生爐。孟德式者，則直接落於發生爐內，萊門式者，須先經過蒸餾爐，然後再落於發生爐中。

發生爐內之硬煤，與由爐底吹入之空氣及水蒸氣在高溫度下發生氣化作用，生成煤氣，銨氣及煤黑油(Tar)蒸氣等經總氣管輸

撫順第二發電廠之煤氣廠

出。殘餘灰份由迴轉爐底自動排出爐外。經過氣管輸出之氣體，先導入過熱器，利用其熱量，增高過熱器內鐵管中之空氣及水蒸氣之溫度；(普通由攝氏表85度昇至160至200度)出過熱器，煤氣等溫度，由攝氏表450 度，降至280 度，引入煤氣洗滌器中；煤氣過洗滌器內噴射之冷水，溫度再由280度降至90度，一部份之煤黑油蒸氣凝成液體流出；其餘之氣體，導入蒸氣吸收器，經過稀硫酸霧，銨氣與之反應得硫酸錏溶液；此時所剩留者，祇有煤氣及一部份煤黑油蒸氣引入第一冷却器及第二冷却器冷縮，令其所含之煤黑油蒸氣，完全凝結分離；其不能凝結之純煤氣(溫度冬爲攝氏表40度，夏爲攝氏表60度)流入調整器內，然後經過12公厘壓力之送氣機，送入發電廠之鍋爐內燃燒，同時更分一部份以高壓力送至大官屯發電廠。

由銨氣吸收器流出之硫酸錏溶液，以唧筒排入眞空蒸發器中，然後再入離心力脫水器中；使其水份蒸發分離，剩餘之固體，結晶成爲白色粒狀硫酸錏，裝袋出售。每日產量約爲20至22噸(1930時之產量額)

萊門式煤氣發生爐上部之蒸餾爐，係爲提煉多量煤黑油之用，利用發生爐內煤氣之高熱，蒸餾此爐內之硬煤，使煤黑油蒸氣在低溫下蒸發，過冷却器及轉式過濾器，凝結分離。再與在煤氣洗滌器，及第一，第二冷却器凝結之煤黑油匯合。送入煤黑油蒸餾廠中去水。

煤氣發生爐底吹入之空氣及水蒸氣之混合氣體，係將空氣先以55至60公厘壓力送氣機，吹入第一冷却器下部之飽和器內飽使空氣含水飽和；再與由發電廠汽輪機洩出之低壓蒸氣相匯合，經過熱器，入發生爐之底部，再與硬煤反應，其化學反應式爲：

$$C+H_2O=H_2+CO-29.0\ \text{Cal.}$$
$$C+O_2=CO_2+\quad 97.0\ \text{Cal.}$$
$$C+CO_2=2CO-\quad 39.0\ \text{Cal.}$$

所得之氣體除氫，一氧化炭，二氧化炭外，尙含有少量之氧氣，及多量之氮氣(係由空氣中剩餘者)及 CH_4, C_2H_6 等有機氣體。

普通氣化硬煤 1 噸，約需空氣2.5噸，水蒸氣2噸。

發電廠

發電廠位於煤氣廠之南部。分鍋爐室，電機室，凝水室，開關室等。鍋爐室設有英國"Babcock & Wilcox, Limited" 公司水管式鍋爐18只。計400馬力者8只，500馬力者4只

，800馬力者6只。分兩行相對排列。全部均設有專爲燃燒煤氣之裝置。發生煤氣及相當量之空氣，由噴管吹入鍋內燃燒。火呈淡紅色，通爐一致溫度高勻，發煙極少。鍋爐蒸氣壓力爲每平方公厘12.6公斤。過熱溫度爲攝氏表330度及270度。鍋爐用水，一部份由自來水廠供給，一部份爲凝水室之回水。燃料消耗，平均每磅蒸氣，需煤氣10立方呎。

電機室在鍋爐室之南，與鍋爐室隔壁相連。室內計：汽輪交流發電機5架，總發電量爲12,000基羅瓦特。其交流發電機中，2架係蔼益吉公司製，每架容量爲1,500 基羅瓦特 2,200伏脫，493 安培，3相，60 週波。其餘 3架係美國奇異公司製，每架容量爲3,000基羅瓦特，2,200伏脫，985安培，3相，60週波。每日在用者僅4只，發電量爲9,000 基羅瓦特；餘一係備爲修理他機時之用。變流機爲同期馬達發電機，三架平列，每架容量爲750 基羅瓦特，1,200伏打，625安培。專爲供給煤礦上之運煤機及電機車所用之直流電。

凝水室在電機室下層。凝水器計5只。4只爲面導凝水器，餘一只爲噴水凝水器，採用循環冷水制，用噴泉式冷却法，使循環冷水冷却。

開關室位於電機室之兩端，分4層。下層置發電機，磁場變阻器；及日本芝浦電機會社所製之油冷變壓器，凡3只，作△△連結。二層爲管理室，置開關板二部，前部控制電機，後部分配饋電。三層爲油開關室，四層爲避雷器室。室內並設有高速度（二千分之一秒）直流自動開關器。因直流電電流極强，發生意外時，須即時使電路斷絕，庶不致引起其他危險。發電機之電壓，用特里較正器自動校正之。發電除一部份自用外；一部分經變壓器(2,200↔11,000伏脫)由2,200伏脫變爲11,000伏脫，與第三第四發電廠平連外；其餘均饋送至附近市街及煤井等處，饋電用複路制。

硫酸廠

硫酸廠位於煤氣廠西，計共2廠。採用梅以爾鉛室法（Meyer's Tangential System）。燃燒硫化鐵礦。設置每晝夜300 公斤之英式塊礦燃燒爐138 座；及每晝夜3500公斤之何羅斯赫夫式粉礦燃燒爐(Herreshoff burner)1座。第一工場置有葛魯渥爾塔(Glover tower)1，鉛室(Lead chamber)3，(100×40×25呎；60×40×20呎；30×40×20呎）蓋陸司克塔（Gay-Lussac tower)1。第二工場置有葛魯渥爾塔 1，鉛室4(40×40×40呎；38×38×40呎；38×30×40呎；30×20×30呎）蓋陸司克塔1。硫化鐵礦由南滿線之鞍山礦區供給。在塊礦燃燒爐燃燒者，硫化鐵礦石之直徑在½吋以上；在粉礦燃燒爐燃燒者直徑在½吋以下。硫化鐵初入燃燒爐時，因爐內溫度極高，其雜

撫順第二發電所電機室

質先行蒸發，生濃厚黃色煙霧，燒成爲二氧化硫氣體(SO_2) 及鐵滓。其化學反應式爲：

$2FeS_2+110$(空氣中之氧)$=4SO_2+Fe_2+O_3$

導SO_2入除塵器，消除氣體中之灰粒及不潔雜質。繼引至硝室鍋之周圍，利用二氧化硫氣之熱量，增高硝石鍋內之硝石及硫酸之溫度。鍋內之硝酸鈉與硫酸起反應生成三氧化二氮氣體(N_2O_3) 及硫酸鈉，三氧化二氮受熱復分解一部份爲NO. 混合NO及SO_2引入葛魯渥爾塔中；再利用此混合氣體之高熱(約在華氏表800度至1,000度) 及一部份另加入之稀硫酸；使由塔端滴下之含有N_2O_3濃硫酸，分解爲硫酸及N_2O_3。一部份之N_2O_3復分解爲NO。NO混合SO_2及NO之氣流內；(溫度降至華氏表200至300度) 流入第一鉛室，在鉛室中，No做爲接觸劑，使SO_2(同時含有一部分之SO_3) 與空氣及霧狀水蒸氣做化學反應，生成稀硫酸，由鉛室底部流出。剩餘氣體復依次入第二，第三，第四鉛室中化合，(在第一硫酸廠中無第四鉛室) 因鉛室內之水蒸氣配合適量故所得之稀硫酸濃度約在50度上下 (Baume)。作接觸劑之NO在鉛室內亦自起反應成N_2O_3由最後鉛室導入蓋路司克塔內。(在第二工場中，尙須經過反應塔) 塔中裝塡有焦炭層。由塔之上端灑下濃硫酸。N_2O_3被濃硫酸吸集，變爲含N_2O_3之濃硫酸以唧筒送至葛魯渥爾塔上，以爲循環應用，稀硫酸每日之產量約爲100噸。大部份爲供給發生煤氣廠，及油頁岩廠，鞍山製鐵所等處大量製造硫酸銨，剩餘大部份經過鉛鍋蒸餾，變爲66度之濃硫酸出售，出售之濃硫酸每日產量約爲四噸。

該廠之經濟上的價值

孟德式(Mond gas) 煤氣廠，其特點即爲能生成巨量之副產物硫酸銨。故又有稱爲副產物煤氣廠者。撫順煤質，瑕瑜互見，其劣質硬煤含氮成份甚多，(平均約1.6。)在外埠市場上，價格既廉，且運輸時，車費復昂，正宜採用此制，就產地提煉煤氣及硫酸銨。此煤氣發電廠成立之主要原因，據1930年之生產計量，每日耗煤最多可740噸，硫酸錏產量最少可20噸。換言之，即每37噸劣煤，提取硫酸錏1噸，劣質硬煤在撫順之最高市價爲日金3.3至3.5圓；硫酸錏最低市價約爲日金150至170圓。是以硫酸錏售價之所得即足以償煤價而有餘。其電費將所有各項消耗，折舊，利金，工資等概算在內，平均每度電1926在年値日金0.00136圓，在1927年値0.00204圓。下表爲該廠歷年營業報告：

年份	原煤消耗量 單位噸	發電量 基羅瓦特時	副產物產量 硫酸銨噸	副產物產量 煤黑油噸	副產物收入 日金圓	落酸銨市價 每噸日金圓
1915	72,963	16,677,143	2,592	1,412	348,827	181
1918	142,151	43,484,889	5,629	1,990	2,052,532	510
1921	158,136	47,409,748	4,246	4,373	777,731	156
1923	169,679	53,026,934	5,097	3,947	792,045	230
1924	183,818	54,612,316	5,566	5,461	888,639	195
1925	201,330	61,237,261	6,149	6,081	1,027,723	195
1926	228,864	65,746,557	6,241	10,558	1,332,737	212
1927	247,794	67,901,984	6,280	12,820	1,084,424	175
1930	261,398	74,838,120				

按硫酸錏一物，近年來始引起國人注意，而日本之謀劃已遠在20年前。因硫酸錏在和平時期爲肥田粉，戰期中即國防上之基本原料也。無怪於田中奏章中，對此種國防產品，曾假農業肥料爲名，而極積設廠製造也。最近前幾年中日本曾擬以兩千萬日金圓資本在大連附近建設一硫酸錏廠，以每年產十八萬噸之硫酸錏爲目標。國人聞之將作何感想也。

實部於前數年曾擬與英國卜內門公司及德謨吉染料公司合資設立硫酸錏廠，後因條件不合而由永利製鹼公司接辦，聞近來正在積極進行中，望促其早日完成之。

近聞廣西之硫酸廠，因出貨過多，當地市場不能完全銷用，以致工廠不能全年開工。補救方法，最好能設立一孟德式 (Mond gas)發生煤氣廠，以製硫酸錏。所得之煤氣雖不能出售於市場但可用爲發電廠燃料也。苟能得廉價之發電則新式麵粉廠及榨油廠，甚至於電化學工業　，亦可以因之產生而發展。

再有設孟德式發生煤氣廠之可能性者爲山東之博山。山東近年來煤業不振，是以煤之消用，不得不另圖途徑。再者博山近來發現鋁石頁岩(Bauxite)。製鋁廠之設立爲中國所必需者，但事前必須建一大發電廠(至少須在 3,000基羅瓦特以上)。苟能得廉價之發電，若每基羅瓦特時之電費在國幣一分至二分之間，則博山設製鋁廠，則極有利可圖。山東地少人稠，肥田粉之施用，在事實上所必不可缺者，是以硫酸錏之市場問題可以解決，尚望國內資本家，銀行家，工程家，及政府諸公注意及之。

中國工程事業未能邁進之一因

陸　增　祺

事變報告，實可稱爲一種與實經驗之報告。其有裨益於工程之研究者大矣。但就個人之觀察，今日中國工程界中若干人之觀念，尙有不同，認爲「事變報告」是一件不名譽之事，因而每多隱而不宣。不知顏子之智，尙稱不二過。諺亦有云，失敗爲成功之母。「事變報告」足以自勵勵人，何隱之宜。且也就工程而言，其設計也，無所謂絕對的優劣。頭等工程祇可按照幾條原則做去，適應實際需要便是。亦即無論何項工程總有若干弱點之存在，總有事變之可能。時間之長短，事故之大小，有所區別耳。歐美科學之進展，如是其速，反觀我國瞠乎其後。西諺有云「工程經驗全由錯誤得來。醫生經驗，是由已被治死之人得來」之語，工程事變之不足恥也明矣。

茲舉鐵路而論，其歷史已有百餘年。事變之訊，直至今日，時有所聞。據某雜誌載稱美國在西歷1913年鍋爐爆裂之大事變，共計有 500 起之多。再查歷年統計，有如下表者：(美國記錄)

(一)機車事變統計表

西歷年份	事變次數	減少成數
1923	1348	100
1924	1005	25
1925	690	48
1926	574	57
1927	488	64
1928	419	68
1929	356	74
1930	295	85
1931	330	75
1932	145	89
1933	157	58

（二）機車鍋爐重要部份之失事報告統計

西歷年份	拱管	鍋胴	鍋頂螺撐	火箱板	焰管	斷螺撐	水表及附件	上項總計	減少成數
1925	198	1597	283	1152	524	3745	3713	11212	100
1926	204	1888	334	1129	556	3582	3621	11314	1(增)
1927	127	1422	235	796	465	2373	2973	8391	25
1928	103	954	164	730	464	1867	2115	6397	43
1929	104	841	129	657	334	1197	1816	5078	54
1930	87	579	95	471	254	1098	1501	4085	64
1931	60	430	96	341	187	738	955	2807	75
1932	54	220	50	235	120	552	676	1907	83
1933	51	296	67	246	150	368	716	1894	83

此項機車檢查報告統計，始於西歷1916年，至今僅21年耳。卽就以上二表觀之，可知機車及鍋爐之事變，十年之隔，竟能減去十之八九，不可謂不努力焉，不可謂無成績焉。於此可見事變報告之有益於工程之改進也無疑。

吾國創辦鐵路，已有五十餘年。照我國科學應迎頭趕上之意旨，理應於此種有重要性之事變報告，足以改進鐵路機務者，予以重視。但公佈之事變報告，不可多見。（註：因參考書太少或有記錄而未見耶）或將認為吾國鐵路對於機車等之保養及修理，較優於歐美乎。則記者不敢深信。吾國50年來，鐵路上幸而未發生極大事變者。或因行車速度尚低，運輸不忙，工作不求經濟等使然。亦有其他較小事變，未與發表者。姑將記者耳聞記憶之事件，報告數項如下。

1.停候在車房之機車，未上水卽行升火，以致燒成乾鍋。待發見鍋頂鈑燒紅，施行急救，幸免大禍。

2.有一機車巳燒乾鍋後，鍋頂螺撐有折斷者，竟卽換上螺絲閂（一枚），而仍行駛。其危險可知。

3.機車鍋爐爐火箱後鈑摺緣處，在起程時，巳發現裂口，滲漏甚烈，仍舊照常牽引列車行駛達350公里之遠。

4.又有一機車，火箱內有一孔隙漏汽，其聲甚大，坐在頭等客車之美國人（Fire box Co.代表某君）聞之異甚，同一位中國人上機車視察，據云已有二三日矣，司機言之泰然。

5.其他如固定鍋爐之爆裂，甚至整個鍋爐飛出者，有其事而未悉其詳，至少在三數以上。機車鍋爐因年老不堪再用，未加注意，在行程中爆裂者，亦有之。近年來報紙雖有登載上海香港等埠，動力鍋爐爆裂之慘禍，但亦不詳述其根源。

由前四條所述情形而論，鍋爐檢查，並不十分重要，統計更談不上。而鍋爐受傷，保養困難，修理繁重，固人所共知也。其不符「安全為上」主義，無庸贅述。再就另一方面而論，此種不合規程之事件，時有發見，而不介意。雖不盡由於缺少事變報告所致，要亦無驚人之警告，足以使人漫不經心。是乎否耶？

工程事業之大，機械構造之繁，一二人智能所不易盡力，非公衆研究不爲功。記者作此文之旨卽在乎此。希望負責工程事業者，將工程事變之事實原因及研究所得，隨時公諸於世，以供同志者之研究，或亦可得建議貢獻。遇有同樣事件有所戒心，事前預防，免遺大禍。總之，如是工程事業遂有改良邁進之希望。然乎否耶。質諸工程界諸公，有以指正之。

上海中華煤氣車製造公司二四甲型煤氣車之新改進

該公司過去之出品，巳蒙各地顧主極口稱譽，惟該公司仍在研究展進，茲屆廿四年歲首，由累積過去在製造及使用方面所得之經驗，及根據各顧主表示之意見，詳加設計，巳造成一種新型煤氣發生器，即定名為二四甲型。其改進之處甚多，茲將其重要之點略述於後：

(一)氣化方法　查煤氣之發生係由木炭與空氣及水蒸汽在高溫度時化合而成。其法甚簡，吾人日常煮飯之煤灶或用以取暖之火爐，常見有藍色火焰發生者，即煤氣燃燒之象。惟應用於汽車之煤氣生爐，其構造則不僅須使能發生煤氣，尙須具備下列三項條件，方足稱善：(一)能迅速發生煤氣以供應用；(二)煤氣之成份能維持不變，以便使用；(三)熱效率甚高，以謀經濟。新造之廿四甲型發生爐，其下部為夾層，預熱空氣，裝置爐底，亦有特別構造，能使氣流集中，燃燒迅速，同時可減少爐火結渣之弊，故對於上述三項要件，均能滿足。

(二)給水方法　駕駛煤氣車之司機常述及駕駛手續較為麻煩。查煤氣車之駕駛方法，其較汽油車所多之手續有二，即較準與煤氣混合之空氣門及給水量是也。較準空氣門之法另述於後。關於給水一點，在產生煤氣之理論上言之，實為變更煤氣成份及節制爐內溫度之主要因素。司機者就其經驗所得，亦巳習知其影響於動力之重大，而須時時為之調節之。此項不可避免之麻煩手續，現巳有法解決。即凡供爐內燃燒之空氣使先由一水面拂過，使之達一定程度之飽和狀態。其水面之高度雖受不斷之揮發損失，而有自動調節之裝置，可維持不變。故空氣中所含之水份，亦不至有若何之差額。司機者固可無須時時較準之煩。即開車與停車時之開水與關水手續，亦巳一併省去。此實足予使用者以甚大之便利。同時發動機亦可不至有因給水不合度而生障故之事也。

(三)自動調節空氣門　查煤氣爆發之力與所混合空氣之比例實有甚大之關係，為超過一最高或最低之限度時，則不僅其爆發力因而減小，直可至完全失去其爆發性，而成為慢性之燃燒狀態而巳。故欲使煤氣能發揮其最大之力量，則其與空氣混合之比例務使常能維持在一適當之數目，而不至時生差異。吾人欲使煤氣為各種比例以與空氣混合，其法固不甚難，惟應用於汽車之引擎者，其情況與應用於其他引擎者，頗有不同。其他引擎之負荷大抵無大變更，即引擎之迴轉數以及其發生之吸力亦均無大變更。故煤氣與空氣混合之比例，一經較準後，即可無須顧及。若汽車則不然，其車行之速度疾徐無定。司機者一按足一舉手之操縱，皆足使引擎之負荷發生變化，其吸力隨之亦生變動，而煤氣與空氣在供給時所生之阻力彼此不同，故在各種大小之吸力時，二者混合之比例，必不一致。換言之，即其混合之比率，適合於引擎在低迴數之狀況時，必不適合於高迴轉數時之需要。因此引擎不能達到其最大之動力。此司機之所以時需將其空氣門較準，而感覺頗爲麻煩也。常有一車當換一新司機駕駛時，其成績每覺不能如前者，其故亦卽在此。玆經該公司改進於煤氣混合之空氣門設有自動調節之構造，可隨引擎吸力之大小，而開閉自如，使引擎常可得適當之燃料，而發揮其最大之動力，卽司機者此後當亦可更感便利矣。

(四)除灰器及濾氣器　除灰器及濾氣器之構造歷據各地長期實用結果之報告，均尙認爲滿意。惟除灰器內所用之除灰材料爲金屬絲物，易受煤氣蝕化，不甚耐用。又如所用之木炭含水份過多，當天氣甚寒時，則有水滴凝結於濾氣器內之絨布套上，有阻礙煤氣流通之虞。現經設法改良，將除灰材料改用焦炭粒層，其耐用之程度遠非任何金屬可及。又其除灰效力因接觸之面積增大及較金屬絲爲粗糙亦大爲增加，誠一舉而兩得。濾氣器內則加有隔水夾層裝置，凡煤氣中浮游之水滴，均可於未達絨布套之前，卽行凝集落下，其應用之原理，與蒸汽除水法略同。惟此尙須注意其內外部份溫度之差異耳。如此改進後，在實用價值上，當較前更進一籌矣。

(五)零件之改進　廿四甲型發生器各部之零件，其改良之點甚多，如各處之蓋子，均用由外面壓緊之法，旣便啓拆，又可保險絕於漏氣之虞。各重要部份之螺絲，均改用合金鋼質，並車細牙三路考克之材料，改爲鎳銅合金，以免侵蝕爐內之火磚。其耐火程度亦使增高，由濾氣器達引擎之氣管，改用金屬軟管，各處蓋子壓口改用方形金屬絲合織之石棉綫，其他尙難盡述，使用後卽可知其詳而樂其便也。

國外工程新聞

世界最高房屋之蘇維埃宮

俄國將於本年動工建造一世界最高房屋，稱爲蘇維埃宮The Palace of the Soviets。宮址臨莫斯科河，宮頂裝置列甯雕像，房屋高度1,361 呎，約等四分之一哩。雕像係不銹鋼所鑄，高度260呎。房屋外面係用火山石，屋之下部則用大理石與花崗石。屋內有兩大會堂，一有二萬坐位，一有六千坐位。較大會堂爲圓式，坐位佈置成環圍形式，高達328呎，使會衆幾覺係在露天集會，此會堂專供大會議展覽會或音樂會等之用。較小會堂乃半圓形，供演劇會議等之用途。尙有圖書室及會議代表之辦事室等。1932年初次徵求設計時，收到116份之計劃。內中有11份係美國建築師所應徵者。最後政府主管委員會選擇依歐芬Boris M. Iofan之設計爲最後標準。此一設計實爲依歐芬赫佛萊許 Vladimir G elfreich 及蕭克 Vladimir Schuke 三位建築師共同之傑作，而構造工程師則爲尼古拉夫Vasily P. Nicolaeff云。(此屋模形照片見本期封面)　(沐)

18063

北寧鐵路簡明行車時刻表 中華民國二十四年一月一日重訂

下行車

列車次數 \ 站別 開到時刻	北平前門開	豐台開	郎坊開	天津總站開	天津東站到	天津東站開	塘沽開	蘆台開	唐山到	唐山開	開平開	古冶開	灤縣開	昌黎開	北戴河開	秦皇島開	山海關到	山海關開	遼寧總站到
第四十一次 普通客車 中膳各等	五·四五	六·二〇	七·四〇	九·一六	九·二五	九·三五	一〇·三八	一一·四六	一二·四七	一二·五二	一三·〇六	一三·三九	一四·二九	一五·三二	一六·一六	一六·四三	一七·〇五	停	
第七十一次及七十五次 客貨混合 三等慢車	六·〇〇	七·五五	一二·〇〇	一五·三三	一五·五〇	停		第七十五次	自唐山起	六·三〇	七·一〇	八·二五	一〇·〇一	一二·三〇	一四·二五	一五·三三	一六·一〇	停	
第三次 特別快車 膳車各等	八·四五	九·一四		一二·二八	一一·三六	一一·五〇	一二·四七	一三·四五	一四·三九	一四·四二	一四·五三	一五·一七	一五·四九	一六·三一	一七·〇四	一七·二三	一七·四〇		
第二十三次 快車 膳車各等	一三·一五	一三·四七	一五·〇二	一六·三〇	一六·三九	一六·五〇	一八·〇〇	一九·〇六	二〇·〇六	二〇·一〇	二〇·二一	二〇·四六	二一·二〇	二二·一〇	二二·四五	二三·〇七	二三·二五		
第三〇一次 平滬直達 特別快車 膳臥各等	一五·〇五	一五·三六	一六·四〇	一七·五〇	一七·五九	一八·二〇	開	往	上	海									
第五次 特別快車 膳車各等	一六·三〇			一九·〇七	一九·一五	停													
第三〇五次 平浦直達 特別快車 膳臥各等	一八·五〇	一九·二〇	二〇·二六	二一·三九	二一·四八	二二·二〇	開	往	浦	口									
第一次 平瀋特別快車 膳臥各等	二〇·一五	二〇·四七	二二·〇六	二三·三六	二三·四五	二三·五五	一·〇一	二·七〇	三·一二	三·一五	三·三〇	四·三〇	四·五三	五·五九	六·四七	七·一六	七·四〇	八·二〇	一六·四〇
第四〇一次 平瀋直達貨車及七十三次 客貨混合 三等慢車	二一·〇〇	二二·五五	一·三四	四·二〇	四·三七	六·五〇	九·四〇	一二·四〇	一五·四五	停									

上行車

列車次數 \ 站別 開到時刻	遼寧總站開	山海關到	山海關開	秦皇島開	北戴河開	昌黎開	灤縣開	古冶開	開平開	唐山到	唐山開	蘆台開	塘沽開	天津東站到	天津東站開	天津總站開	郎坊開	豐台開	北平前門到
第四十二次 普通客車 中膳各等			六·〇〇	六·二五	六·五四	七·四〇	八·四五	九·四四	一〇·一〇	一〇·二三	一〇·三〇	一一·四一	一二·四六	一三·四六	一四·〇〇	一四·一八	一五·四三	一七·二一	一七·五五
第四次 特別快車 膳車各等			九·四五	一〇·〇四	一〇·二七	一〇·五八	一一·三九	一二·一八	一二·三五	一二·四五	一二·五〇	一三·四八	一四·四五	一五·四〇	一五·五五	一六·〇五		一八·一五	一八·四二
第七十六次及七十二次 客貨混合 三等慢車			一〇·五〇	一二·〇〇	一二·五八	一四·四八	一七·五七	二〇·四〇	二一·四三	二二·〇五	停	第七十二次	自天津起		六·〇五	六·五九	一一·四五	一五·三八	一六·五〇
第二十四次 快車 膳車各等			一三·一五	一三·三五	一四·〇〇	一四·三七	一五·二二	一六·〇五	一六·二二	一六·三二	一六·三五	一七·四一	一八·四九	一九·四八	二〇·〇〇	二〇·一一	二一·三〇	二二·四四	二三·一五
第二次 瀋平特別快車 膳臥名等	一四·〇〇	二二·〇〇	二二·四〇	二三·〇九	二三·四二	〇·三一	一·三二	二·三〇	二·五五	三·〇九	三·一四	四·二五	五·二八	六·二五	六·三五	六·四六	八·〇五	九·一五	九·四五
第七十四次 客貨混合三等慢車及第四〇二次瀋平直達貨車											四·五〇	七·三八	一〇·〇九	一一·四五	一七·二〇	一八·二〇	二三·〇三	一·〇〇	二·〇五
第三〇六次 平浦直達 特別快車 膳臥各等									由	浦	口	開	來	四·五〇	五·二〇	五·三〇	六·四三	七·四九	八·一九
第三〇二次 滬平直達 特別快車 膳臥各等									由	上	海	開	來	七·〇五	七·三〇	七·四〇	八·五〇	九·五四	一〇·二四
第六次 特別快車 膳車各等															九·〇五	九·一五		一一·二三	一一·五〇

隴海鐵路簡明客車時刻表

民國二十三年九月一日實行

	站名＼車次	1 特快	3 特快	5 特快	71 混合	73 混合	75 混合	77 混合	79 混合
向西上行車	孫家山							9.15	
	墟溝			10.05				9.30	
	大浦				71.15				
	海州			11.51	8.06				
	徐州	12.40		19.39	17.25	10.10			
	商邱	16.55				15.49			
	開封	21.05	15.20			21.46	7.30		
	鄭州	23.30	17.26			1.18	9.50		
	洛陽東	3.49	22.03			7.35			
	陝州	9.33				15.16			
	潼關	12.53				20.15			7.00
	渭南								11.40

	站名＼車次	2 特快	4 特快	6 特快	72 混合	74 混合	76 混合	78 混合	80 混合
向東下行車	渭南								14.20
	潼關	6.40				10.25			19.00
	陝州	9.52				14.59			
	洛陽東	15.51	7.42			23.00			
	鄭州	20.15	12.20			6.10	15.50		
	開封	23.05	14.35			8.34	18.15		
	商邱	3.31				14.03			
	徐州	8.10		8.40	10.31	20.10			
	海州			16.04	19.48				
	大浦				21.00				
	墟溝			18.10				18.45	
	孫家山							19.05	

膠濟鐵路行車時刻表 民國二十三年七月一日改訂實行

下行列車

站名	開到	三一次各等	二一次各等	七一次三四等	七三次三四等	一次各等
青島	開	七•〇〇	一一•三〇	一五•〇〇		二一•四〇
大港	開	七•一一	一一•四一	一五•一一		二一•五一
四方	開	七•二〇	一一•五〇	一五•二〇		二二•〇〇
滄口	開	七•三六	一二•〇六	一五•三八		二二•一六
女姑口	開	七•四八	一二•一八	一五•五一		不停
城陽	開	七•五七	一二•二七	一六•〇一		二二•三四
南泉	開	八•一三	一二•四五	一六•一八		不停
藍村	開	八•二七	一二•五八	一六•三六		二三•〇一
李哥莊	開	八•三六	不停	一六•四五		不停
膠東	開	八•四八	不停	一六•五八		不停
膠州	到	九•〇〇	一三•二五	一七•一一		二三•二八
膠州	開	九•〇三	一三•二七	一七•一四		二三•三〇
芝蘭莊	開	九•一九	一三•四四	一七•三三		不停
姚哥莊	開	九•二八	不停	一七•四三		不停
高密	到	九•三九	一四•〇一	一七•五一		〇•〇一
高密	開	九•五〇	一四•一二	一八•〇三		〇•〇三
康家莊	開	一〇•〇	不停	一八•一六		不停
蔡家莊	開	一〇•一五	一四•三三	一八•二八		不停
塔耳堡	開	一〇•二三	一四•四三	一八•三九		不停
丈嶺	開	一〇•三五	一四•五二	一八•五三		不停
岞山	開	一〇•五二	一五•一二	一九•一二		一•〇三
黃旗堡	開	一一•〇一	一五•二二	一九•二三		不停
南流	開	一一•〇九	不停	一九•三一		不停
蝦蟆屯	開	一一•二四	一五•四一	一九•四八		一•二六
坊子	到	一一•三七	一五•五四	二〇•〇三		一•四二
坊子	開	一一•五三	一六•〇八	二〇•一一	六•三〇	一•五六
二十里堡	開	一二•〇四	一六•二〇	二〇•二六	六•三四	二•〇八
濰縣	到	一二•一二	一六•二八	二〇•三五	六•四四	二•一六
濰縣	開	一二•一五	一六•三四		六•四九	二•二八
大圩河	開	一二•二九	不停		七•〇四	不停
朱劉店	開	一二•四〇	一六•五三		七•一七	[illegible]
昌樂	開	一二•五三	一七•〇六		七•三三	[illegible]
堯溝	開	一三•〇五	一七•一八		七•四六	[illegible]
譚家坊子	開	一三•一七	一七•三〇		八•〇〇	[illegible]
楊家莊	開	一三•二八	一七•四一		八•一四	[illegible]
青州	到	一三•四三	一七•五六		八•三三	[illegible]
青州	開	一三•四六	一八•〇〇		八•三六	[illegible]
普通	開	一三•五八	不停		八•五〇	[illegible]
淄河店	開	一四•〇八	一八•一九		九•〇一	不停
辛店	開	一四•二一	一八•三六		九•一七	四•〇五
金嶺鎮	開	一四•三五	一八•五〇		九•三〇	不停
湖田	開	一四•四八	一八•五九		九•四四	不停
張店	到	一四•五七	一九•〇八		九•五五	四•三一
張店	開	一五•一二	一九•二三		一〇•一〇	四•四六
馬尚	開	一五•二一	不停		一〇•三〇	不停
周村	到	一五•四〇	一九•四八		一〇•四四	五•一一
周村	開	一五•四五	一九•五一		[illegible]	[illegible]
大臨池	開	一六•〇七	不停		[illegible]	不停
王村	開	一六•一九	二〇•二四		[illegible]	不停
普集	開	一六•二九	二〇•三四		[illegible]	[illegible]
明水	開	一六•四四	二〇•四九		[illegible]	[illegible]
棗園莊	開	一六•五四	二一•〇〇		[illegible]	[illegible]
龍山	開	一七•〇八	二一•一五		[illegible]	[illegible]
郭店	開	一七•二三	二一•三〇		[illegible]	[illegible]
王舍人莊	開	一七•三四	二一•四一		[illegible]	[illegible]
黃臺	開	一七•四七	二一•五五		[illegible]	[illegible]
北關	開	一七•五五	二二•〇七		[illegible]	[illegible]
濟南	到	一八•〇〇	二二•一二		[illegible]	[illegible]

上行列車

站名	開到	三二次各等	七二次三四等	二二次各等	七四次三四等	二次各等
濟南	開	七•〇〇		一一•四〇	一四•四〇	二二•〇〇
北關	開	七•〇九		一一•四七	一四•四七	二二•〇六
黃臺	開	七•一六		一一•五四	一四•五五	二二•一三
王舍人莊	開	七•三〇		一二•〇八	一五•一〇	不停
郭店	開	七•四二		一二•二〇	一五•二三	不停
龍山	開	七•五七		一二•三六	一五•三九	二二•四八
棗園莊	開	八•一三		一二•五三	一五•五五	二三•〇三
明水	開	八•二四		一三•〇三	一六•〇七	不停
普集	開	八•四一		一三•二〇	一六•三〇	二三•二八
王村	開	八•五一		一三•三一	一六•四四	不停
大臨池	開	九•〇三		不停	一六•五四	不停
周村	到	九•二〇		一三•五六	一七•一三	〇•〇一
周村	開	九•二三		一三•五九	一七•一六	〇•〇四
馬尚	開	九•四〇		不停	一七•三五	不停
張店	到	九•四八		一四•二一	一七•四二	〇•二六
張店	開	一〇•〇三		一四•三六	一七•五八	〇•四一
湖田	開	一〇•一五		一四•四九	一八•一二	不停
金嶺鎮	開	一〇•二四		一四•五八	一八•二一	不停
辛店	開	一〇•三八		一五•一三	一八•三七	[illegible]
淄河店	開	一〇•五一		一五•二五	[illegible]	[illegible]
普通	開	一一•〇一		不停	[illegible]	[illegible]
青州	到	一一•一三		一五•四四	[illegible]	[illegible]
青州	開	一一•一六		一五•四七	[illegible]	[illegible]
楊家莊	開	一一•三一		一六•〇三	[illegible]	[illegible]
譚家坊子	開	一一•四三		一六•一三	[illegible]	[illegible]
堯溝	開	一一•五四		一六•二五	[illegible]	[illegible]
昌樂	開	一二•〇六		一六•三七	[illegible]	[illegible]
朱劉店	開	一二•一九		一六•五一	[illegible]	[illegible]
大圩河	開	一二•三〇		一七•〇一	[illegible]	[illegible]
濰縣	到	一二•四三		一七•一五	二〇•三七	[illegible]
濰縣	開	一二•四五	七•〇〇	一七•二五	二〇•五四	[illegible]
二十里堡	開	一二•五四	七•一〇	一七•三七	二一•〇四	[illegible]
坊子	到	一三•〇六	七•二三	一七•五一	二一•一七	[illegible]
坊子	開	一三•二一	七•三七	一八•〇六		[illegible]
蝦蟆屯	開	一三•三六	七•五四	[illegible]		[illegible]
南流	開	一三•五〇	八•〇九	[illegible]		[illegible]
黃旗堡	開	一三•五七	八•一七	[illegible]		[illegible]
岞山	開	一四•〇八	八•二九	[illegible]		[illegible]
丈嶺	開	一四•二六	八•四八	[illegible]		[illegible]
塔耳堡	開	一四•四三	八•五八	[illegible]		[illegible]
蔡家莊	開	一四•五一	九•〇八	[illegible]		[illegible]
康家莊	開	一五•〇二	九•二〇	[illegible]		[illegible]
高密	到	一五•一五	九•三一	[illegible]		[illegible]
高密	開	一五•二四	九•四三	[illegible]		[illegible]
姚哥莊	開	一五•三七	九•五六	[illegible]		[illegible]
芝蘭莊	開	一五•四五	一〇•〇五	[illegible]		[illegible]
膠州	到	一六•〇二	一〇•二三	[illegible]		[illegible]
膠州	開	一六•〇四	一〇•二六	[illegible]		[illegible]
膠東	開	一六•一六	一〇•三九	[illegible]		[illegible]
李哥莊	開	一六•二七	一〇•五一	[illegible]		[illegible]
藍村	開	一六•三七	一一•〇一	[illegible]		[illegible]
南泉	開	一六•五〇	一一•一五	[illegible]		[illegible]
城陽	開	一七•〇八	一一•三四	[illegible]		[illegible]
女姑口	開	一七•一七	一一•四四	[illegible]		[illegible]
滄口	開	一七•二九	一二•〇七	[illegible]		[illegible]
四方	開	一七•四五	一二•二五	[illegible]		[illegible]
大港	開	一七•五五	一二•三五	[illegible]		[illegible]
青島	到	一八•〇〇	一二•四〇	[illegible]		[illegible]

中國工程師學會會務消息

◉第十六次董事會議紀錄

日　期　二十三年十二月三十日

地　點　上海南京路大陸商場本會會所

出席者　徐佩璜　惲　震　支秉淵　周　琦　胡博淵(徐佩璜代)　薩福均(支秉淵代)　顧毓琇(惲　震代)　張延祥(周　琦代)　黃伯樵出國請假

列席者　戴　濟　裘燮鈞　張孝基　王魯新　鄒恩泳

主　席　徐佩璜　紀　錄　鄒恩泳

報告事項

戴濟報告：

四川考察團各組報告大半收齊，現祇餘紡織與藥物兩項，及天然氣一項，前兩項何時寄來，尚無音訊，後一項因致察試驗費用大半出自國防設計委員會，如由中國工程師學會發表，尚有問題，關於報告書名稱曾擬有數種，經團長胡庶華圈定一種，卽「中國工程師學會四川考察團報告」，關於報告書形式擬採取會刊「工程」式樣，報告書內各組報告，均各另自第一頁起，故分別單釘或彙集合釘皆可，頁數共約四百，關於報告書內容除目次與照片外，為(1)籌備經過(惲震担任)，(2)總論(胡庶華担任)，(3)公路，(4)鐵道，(5)水利，(6)水力，(7)電力，(8)電訊，(9)鹽，(10)糖，(11)藥物，(12)紡織，(13)地質(14)煤，(15)天然氣，(16)石油，(17)鋼鐵，(18)銅，(19)水泥，(20)油漆，(21)結論(戴濟担任)，關於報告書刊印册數擬函詢四川方面再定。

裘燮鈞報告：

關於四川考察團報告書刊印經費，已函請四川方面速匯來二千元，如開支有餘仍當寄還。

惲震報告：

四川省政府主席劉湘，最近因公到京，本擬由南京分會公宴歡迎，因料劉主席公務過忙，故未奉行，但曾由總會正副會長出名去函申謝以前招待考察團盛意，並表示對於工程上如有垂詢之處仍當隨時貢獻意見。

主席報告：

(一)關於年會開會時期通函各會員表決後共收到344票，贊成在春季舉行者294票，不贊成者48票，重複者一票，空白者一票。

(二)材料試驗所認捐單截至本日止塡回52張，捐款總數1790元。

(三)工程週刊總編輯鄒恩泳，堅辭担任編輯事務，挽留無效，現在物色繼任人物。

(四)第四屆年會論文經複審委員會選定第一，二，三獎論文三篇如下，由執行部按照年會論文給獎辦法，給予獎金。

第一獎論文　曹瑞芝著「虹吸管之水力情形及流量之計算」。

第二獎論文　陸之順著「山東內河挖泥船設計及製造始末記略」。

第三獎論文　凌其峻著「瓷窰的進化」。

裘燮鈞報告：

工業材料試驗所工程包價 32,500 元，外加熱氣衞生及電氣設備以及添加工程共約40,000元，除捐得各項材料外，本會約需支出30,000元。現爲捐集材料關係，工程因而延緩，大約三月間可以全部完工。

討論事項：

(一)決定年會時期地點及年會籌備委員人選案。

議決：年會時期定在明年秋季，地點定在南甯，籌備委員會委員長由執行部與科學社會商選定之，推定惲震爲提案委員長，沈怡爲論文

18067

委員長，李運華爲副委員長。

(二)籌募工業材料試驗所設備案。

議決：除已募到1,790元外，再行分隊募捐；推請徐佩璜，裘燮鈞，王魯新三君擬定詳細辦法施行。

(三)審查大冶分會章程案。

議決：通過。

(四)審查編輯全國建設報告書辦法案。

議決：大綱通過，並函請各分會貢獻意見後，民國二十四年起實行。（二十四年之文稿須於二十五年一月內交進）。

(五)惲震提議請下屆年會修改本會章程案。

議決：將提議意見先在工程週刊發表，徵求會員意見，再由下次董事會議審查，交付年會討論，現並先請惲震，鄭家覺，康時振，張可治胡博淵，擬定土木，機械，電機，化工，礦冶五項專門組之委員會人選，以資試驗。

(六)顧毓琇提議由總會呈請教育部根據本會現有機械名詞電機名詞草案，召集國內機械電機專家決定大綱，再行指定專家委員會審訂公布案。

議決：先應國立編譯館之函請，推定電機工程專家十人至十三人，（本會暫先擬定李承幹，裘維裕，包可永，陳章，顧毓琇，惲震，趙曾玨，劉晉鈺，周琦，壽彬，楊簡初，鮑國寶，張承祜，張廷金，薩本棟，楊肇燫，楊允中等17人）參加審訂。至於機械名詞，俟國立編譯館編訂機械名詞時，再請機械工程專家參加審訂。

(七)顧毓琇提議呈請行政院召集度量衡專家會議，以便審訂度量衡各單位名稱與定義案。

議決：呈請行政院召集度量衡及科學與工程專家會議。

(八)顧毓琇等提議根據本會贈給榮譽金牌辦法之規定，由本會贈給侯德榜先生以榮譽金牌，因侯先生主持永利製鹼公司十有餘年，新著Soda一書，爲美國Chemical Society Monograph之一種，堪稱世界上對於蘇打工業唯一之巨著，查與上述辦法第四條甲乙兩項均屬相符，請審查公決案。

議決：請徐名材，徐善祥，吳蘊初，徐宗涑，丁嗣賢等五人組織委員會審查。

(九)國立編譯館來函爲教育部公佈之物理名詞與國府公佈之度量衡法，度量衡名稱不同之點請詳爲見復，以便呈報案。

議決：函復已呈請行政院召集物理學家工程專家及度量衡專家會議。

(十)審查新會員資格案。

議決：通過、李鳳噦 許時珍 邢契莘 廖崧高 趙履祺 周則岳 周維豐 方乘 宋澎 郭鳳朝 魏樹勳 呂煥祥 申以莊 熊天祉 陳煥祥 楊月然 劉杰 丁世昌 袁觀光 羅世襄 羅竟忠 黃鍾漢 陳慶澍 許傳經

以上24人爲會員。

仲會員張丹如升爲會員。

范鳳源 關慰祖 徐錦章 邢桐林 張大鏞 吳吉辰 哈雄文 王龍黼 趙逢冬 王進 張耀武 顧升駿 王大洪 潘翰輝 梁三立 湯邦偉 張鴻禧 李大新 謝子舉 梁士梓 粟書田 黃學淵

以上22人爲仲會員。

18068

黃延康	吳 湖	黃 穆
李憲復	張世德	龔人偉
錢鳴陶	陳允冲	黃寶善
周祖武	王宗炳	張則俊
李文恭	張耀斗	胡曉園
牛哲若	唐森堯	秦忠欽
石銳𤩽	吳迺炎	曾世榮
李秉福	尹 政	衣復得
劉恢先	吳大榕	孫增爵
謝光華	夏勤鐸	林同驊
蔣葆增	朱立剛	王平洋

以上33人爲初級會員。

蘇州電氣廠有限公司爲團體會員。

◉南京分會消息

(一)歡送王會長宴會

南京分會於一月七日晚，開第一次常會，歡送本屆當選會長王崇植君北上就任開灤礦務局總務處長，開會地點，在中華路老萬全，到會員七十餘人，爲歷屆常會所未有，副會長吳承洛臨時感冒未到，聚餐後由書記許應期主席致歡送詞，幷請王君演講開灤狀況，王君演講關於開灤之工程經濟及管理三方面，約歷一時餘，末復述及開灤之附屬工業，如玻璃廠等，王君演講之後，由會員胡博淵起述開灤之歷史，甚爲詳盡，聽者極爲滿意，最後則由總會副會長惲蔭棠君報告總會會務，散會時已在晚十時矣。

(二)籌備交誼會經過

南京分會於二月十七日開交誼大會，籌備經過已誌中央日報與其他各大報茲將中央日報所載新聞錄下

『中國工程師學會南京分會，二十七日在新安里十六號吳澗東寓開交誼大會籌備會，到劉夢錫，任國常，吳道一，吳承洛，尹國墉，朱一成，朱其清，陸貫一，胡博淵，惲震，許應期，主席吳承洛，記錄許應期，議決，大會日期決定二月十七日，時間，中午，大會籌備分節目，贈品贈彩，布置，招待，售票各組，節目請吳道一，劉夢錫兩先生接洽，贈品，任國常先生，贈彩，徐節元先生，布置，宋其清先生，陸貫一先生，聚餐，胡博淵先生，招待，朱一成先生，售票許應期先生，籌備主任由許應期兼，售票委員推請夏光宇，薩福均，吳道一，尹仲容，胡博淵，程孝剛，惲蔭棠，朱其清，楊簡初，陸貫一，楊繼曾，劉夢錫，孟廣照，高觀四，殷仲絜，許應期等先生，該日秩序，定一，開會，二，主席報告，三，聚餐，四，演講，五及六，遊藝節目，七，中央大學杜長明先生化學表演，八，兵工署技術司王建珊先生及中央大學王啓賢先生電機表演，九，楊畹農先生，陸默厂女士，王頌忱先生平劇，十，贈彩，地點由朱一成，胡博淵，朱其清，陸貫一，任國常，諸先生決定後，卽日印發通告，請會員預定入座劵，歡迎會員眷屬及會員親友參加，各會員務必早日預定，以免額滿見拒，楊畹農先生，陶默厂女士，及王頌忱先生，爲京中名票友，久已蜚聲遠近，得聆雅曲，機會不易，想該日到會者必甚踴躍也。』

開會地點，在中山北路鼓樓北華僑招待所，該屋建築極爲優美，內部佈置尤極煥麗，承中央黨部祕書處允許撥借。

◉職業介紹

(一)上海某大公司擬聘請機械電機工程師各一位，辦理檢查工廠及輪船各項機械電機暨研究改良汽鍋之省煤及發電機之効能等務，凡具有辦理以上各項之相當學識，而曾在國內大學畢業者，均可應徵，待遇視資格經驗而定。

(二)某工學院擬聘水利工程敎授一位，須國內外大學工科畢業，富有敎授經驗者，月薪約二百五十元。

(三)某水利機關欲聘鋼筋混凝土結構計劃工程師一位，須富有經驗者爲合格，月薪三百元。

以上三處，如願應徵一者，請開明詳細履歷寄上海南京路大陸商場五四二號本會可也。

◉編輯全國建設報告書辦法

（民國二十三年十二月三十日經第十六次董事會議通過）

(一)報告範圍：

(1) 凡與工程學有關係者。

(2) 凡在最近一年之內開工或完工或正在進行者。

(3) 凡計劃已有成議或經備案待舉辦者

(二)報告內容：

(1) 每種建設事項依下列次序敍述：

(甲)緣起。

(乙)計劃大概。

(丙)工程經過。

(丁)結論。

(戊)其他。

(2) 每種建設事項得有下列附件：

(甲)工程圖樣。

(乙)工作照片。

(丙)計算表格。

(三)編輯步驟：

(1) 先由各分會在下面(四)項規定區域內依照上面(一)(二)兩項之規定辦法，編就報告於每年一月內寄交總會。

(2) 次由總會聘定一人或數人將分會寄到報告彙集編就總報告送交每屆年會分發。

(四)各分會分担各區域之建設報告，茲將各分會及其所分担之區域列後：

杭州分會担任	浙江，福建。
武漢大冶分會担任	湖北。
長沙分會担任	湖南，貴州。
廣州分會担任	廣東，江西。
梧州分會担任	廣西，雲南。
濟南分會担任	山東，河南。
重慶分會担任	四川，西康，西藏，
蘇州分會担任	江蘇，安徽。
唐山分會担任	東三省。
北平分會担任	河北，熱河，察哈爾，外蒙古，北平市。
太原分會担任	山西，陝西，甘肅，綏遠，寧夏，青海，新疆。
南京分會担任	鐵道部，實業部，全國建設委員會，全國經濟委員會，水利委員會等機關辦理之建設情形，南京市。
上海分會担任	上海市各項建設。
天津分會担任	天津市各項建設。
青島分會担任	青島市各項建設。

【註】二十四年之文稿須於二十五年一月內交進。

18070

工程週刊

(內政部登記證警字788號)

中國工程師學會發行
上海南京路大陸商場 542 號
電話：92582
(稿件請逕寄上海本會會所)

本期要目

中華民國24年3月4日出版

第4卷第5期(總號83)

中華郵政特准掛號認爲新聞紙類
(第1831號執據)

定報價目：每期二分；每週一期，全年連郵費國內一元，國外三元六角。

密西西比河之埸工

徵工與水利

編者

自國民政府倡導建設，各省當局，利用農隙，試行徵工，舉辦各種簡單工事，成績已有可觀。但數載以來，每年之被徵者，是否心悅誠服，甘願效勞，其工作效率究至如何程度，但尙未得圓滿之答案。

去歲亢旱，農民首感其苦，經此教訓，擧國上下，頓覺水利之不容緩辦，因而各鄉區紛紛籲請濬河治水者，遍於受災各省。

夫我國水政之失修，巳非一朝一夕，範圍之廣，工事之大，捨徵工實難有補效之法。抑欲造成最大之成效，必須養成各地人民，此後能知切身關係，自動及自願濬河之習尙。際此農民正在感覺痛遭切膚之時，求達上述目的，事半功倍，理所必然。

至於應如何通盤籌劃，如對工程酌量先後緩急，對人事，支配各得其宜，養成徵工之紀律及組織，使能推行無阻而垂諸久遠者，則爲我輩工程師學能智慧之試金石！

舊工業應研究局部採用新技術

編者

我國未開海禁以前，凡衣食住行，日用所需，全仰國產供給，未聞或缺，可證當時國內工業之產額，遠非今日所能及。反觀今日，外貨充斥，國貨減少，顯明表示數十年來，舊工業之失敗破產者，已不知凡幾。

我國以前，雖無重工業或獨家巨額出產之工業，無獨資式或合資式之工業作場，散在各地，其範圍之廣及賴以生存者之衆，固未必少於新工廠。

新式工業，固應迎頭趕上去，但舊工業之在國內，本有其基礎與特長，合計其資產之鉅，依以謀生者之衆，正亦何容忽視，抑且我國，目前限於財力，新工業之勃興，既難望其速，是舊工業之維持，益覺切要。

如欲維持舊工業，使其產品能與外貨相抗衡，必先局部採用新技術之長，補我舊方法之短。此我工業界所應共同研究而不容或緩者。

本期中載有吳屏君設計五星酒精廠之經過，甚足表明舊工業採用新技術之一例，亟爲我工業界介紹之。

救濟農村旱災之我見

黃述耆

我國以農立國，南部尤多產稻之區。其灌溉方法。除附近河流，有用風力水力自動引水者外。至若鄉村內地，大抵墨守舊規。塞石填砂，乃成土壩。椎泥築土，卽是陂塘。水漲則任溢口宣流，水落則以水車吸引。若此者，行之百世而不易，推之內地則相同。卽偶遇旱災，尙可救濟。未若去歲之赤地千里，開百年來未有之現象也。蓋雖曰天時所致，抑亦人事有以招之。而論者多以農田溉灌機器，爲惟一救災之善策，亦所謂不揣其本而齊其末者也。緣夫旱災之烈，不僅灌溉之無方，實由水源之缺乏。其根本救濟辦法，當不出於下列五項。

一曰，培植森林，以調和雨量也。案森林與水利有密切關係。其樹根深入土壤，能使泥沙固結，不致因雨水冲刷，流入河道。且能吸收地中多量水分，由樹葉揮發至於空中，使雨量調和。故語曰『木奴千，無凶年。』良有以也。自近歲以來，工業勃興，農村破產。八口之家，耕田百畝，已屬不可僅見。於是自耕一變而爲佃耕，佃耕一變而爲販耕。一村之中，煙竈林立。一室之內，衆戶分居。而其炊爨之燃料，無不取給於山林。雖日提倡植樹，而聽者藐藐。日嚴禁砍伐，而砍伐者自若。昔時山林茂盛之區，今則皆爲牛山濯濯。豈無萌糵之生，實不勝斧斤之極耳。今欲培植森林。首當開採煤鑛，增加燃料。次當取締販耕，減少小戶。十年之內，森林勃興。雨量自然調和矣。

二曰，修理塘壩，以多蓄水量也。鄉村田畝，水有定額。一塘之水，注蔭不過百畝。一壩之水，灌溉不過十頃。故禾苗之興槁，全恃夫塘壩之盈竭。而塘壩之盈竭，則全在夫修理得宜與否。自民國以來，內戰屢起，加以赤匪横行。鄉村富室，挾其餘資，羣趨都市。視田產如敝屣，一委之於佃農。任塘壩之敗壞，不復加以歲修。平時蓄水量既少，一逢天旱，水源枯竭，徒喚奈何而已。今欲復興農村，首當勸告富室還鄉，俾其保守固有之田疇，修理原來之塘壩，以防旱於未然。則水量自然充足。故周禮荒政十二，保富居一。此亦其一端也。

三曰，改良水渠，以減少滲漏也。鄉村田畝，毗連水源者，以直接灌漑者爲多。水源稍遠者，則必須經過水渠，始能達到。舊式水渠，多係因地制宜，掘土成溝任其自然吸引。在平時雨量充足，土壤水分飽和，似無重大關係。然一遇旱災，水流斷絕，渠底乾裂。於時再用水車引水分佈，其所經過之地，滲漏之損失必多。故有車水盡日，而潤不終田，亦可哀矣。今欲改良，宜就原有水渠，裁灣取直，以愈短愈佳。其流量小者，可用水泥管或瓦筒埋入地下。其流量大者，可用磚石砌成方渠，與通常流水之深度略爲增高，周圍嵌以石灰沙漿。（不必用水泥）渠之上部兩側，用泥土築成斜坡，覆以草皮，使不致崩潰。如此，則水滿不致外溢，天旱全無滲漏。且其構造簡單，施工便利。材料節省，費用低廉。農民亦易於舉行也。

四曰，用人工鑿井，以增加水源也。按雨水降於地面之後，除流行，蒸發，及爲植物所吸收外。其滲入地內者，約爲百分之八十至百分之九十五。一小部份則被土壤吸收。一大部份則滲入下層岩石孔隙，或粘土與沙層之間。故地下之潛水量甚多。有掘土數仭卽得水者。然其水源甚淺，祇能爲灌畦種菜之用。若夫鑿井灌田，則非達至最深水源不可。年來機器鑿井，日益發達。然以所費不貲，殊難舉辦。故應提倡人工鑿井法，使農民均有鑿井之技能，自行開鑿。則可收鑿井灌漑普及之效矣。

五曰，多種早稻，以避亢旱也。我國之有早稻，自宋仁宗航海買早稻萬石於占城，分授民種始。王船山先生稱其有大德於天下。且曰『其種之也早，正與江南梅雨而相當，可以及時而畢樹藝之功。其熟也早，與秋深霜燥而相違，可弗費水而避亢旱之害』。去歲湘省旱災，不減於江浙二省。而一鄉之中，亦有全部收穫者，則以受早稻之賜爲多。然農民之所以不多種早稻者，則亦有故。蓋當禾苗結實之時，非經過長時期日光曝晒，其所穫不豐。而近山之田，每日受日光之時間甚短。故利用晚稻之遲熟，使得經過秋日之暴烈，再行割穫。因此卽非近山之田，亦多種晚稻，而種早稻者稀矣。今欲避免亢旱，宜令農民多種早稻。苟非田地之絕對不宜於早稻者，不得播種晚稻。則雖再遇旱災，亦可無憂矣。

以上五項，均屬輕而易舉。惟第一項，收效較遲。其餘四項，同時舉行，可收速效，誠爲救濟旱災之急務。不佞生長農村，久處城市。伏念稼穡之艱難，深覺農民之痛苦。爰舉所知，筆之於書，以供採擇。至若農田灌漑機器，祇宜適用於規模較大之農業，而非鄉村小農，所可與語也。値玆春耕伊始，當局者幸注意之。

北平五星酒精廠設計之經過

吳　屏

民十四，予在德攻讀化學，修業期滿，因特種關係，乃復研究發酵。在啓耳國立發酵微生物學院實習一年後，又赴柴晨揚附設之酒精廠實地練習數月。民二十，予在北京大學教授釀造工業，承院長劉樹杞先生及化學系主任曾昭掄先生之贊助，設一小規模的釀

18073

造實驗室及一酒精製造試驗廠，自製蒸溜器及酒精鍊淨器以應用（此層當另作專文報告）。在實驗室內，除教授學生以新法製造酒精外，並自行研究中國舊法產酒量較少之原因及其改良點。研究之結果，除產酒量增加外，並參照新式及吾國舊式之蒸酒設備，另製一種新式高粱酒蒸溜器，頗為適用。因此予得着一結論，即認為在吾國開辦酒精廠，除採用新式釀造法之外，尙可辦一種燒鍋式的酒精廠。此種酒精廠之產酒量雖遠遜於新式之酒精廠，但就吾國之社會經濟情形及補救吾國農業之危機起見，此種酒精廠實有存在之價值及提倡之必要，因此種酒精廠的設備甚簡單，且代價低廉，不用新式的及薪金較高之釀酒師，不用細菌培養及檢查之設備，不用代價甚昂之糊化糖化鍋，不用殺菌的裝置，不用鍋鑪，不用製造芽麥之設備也。總之，此種酒精廠隨地可以設立，任何無專門知識無專門技術之人士可以管理，輕而易舉，絕無有貨難銷之危險，因酒精需要不急時，可直將產品當作高粱酒以出售也。

北平五星酒精廠即本此意而設計。實行三月以來，技術及營業兩面均得滿意之結果。因該廠係商辦性質，而吾國工商人往往缺乏尊重他人權利之觀念，每逢某一廠或某家營業情況較佳時，即不惜設法誘聘其工人或偷竊其方法，從事仿製，（例如北平市上有千百個王麻子，旺麻子，汪麻子，眞王麻子，老王麻子，眞正老王麻子剪刀舖是也），故本文有許多地方，不能指出或細述，倘祈原諒。

該廠為九一八後數位逃入關內之東北籍同胞所創辦，但因缺乏釀造知識及技術，故曾經失敗兩次，不過其創辦之動機（抵制劣貨）及奮鬥之精神，則極堪欽佩。現時則為本年五月一日從新改組，從新招股後，由另一班人接辦。該廠第一二兩次失敗之原因，一方面係不悉鍊淨法及無適用之蒸溜器，致出品為濃度百分之九十的（偶爾達百分之九十二）高粱酒而非酒精，故無法銷售，另一方面則由組織管理皆不適當，故經常開支過鉅，結果不能維持。

予與該廠之接觸，係在去歲七八月間，北平大學農學院畢業生某君任該廠技師，因上述之困難，求予設計改良。在實地調查其失敗原因後，當囑其第一步添置酒精鍊淨器，俟出品之品質達到標準狀態及營業盈餘時，再作第二步之改革，即廢去燒鍋法，採用新法以增加出酒量。予之第一步計畫，幾得廠方之相信，向德國訂購酒精鍊淨器。今年六月初，北平禮和洋行經理海君赴予寓，懇請代為裝置五星酒精廠所購之酒精鍊淨器。該器為一種普通的備有篩底蒸柱之鍊淨器，係海經理根據予之選擇而訂購者。每小時約出濃度百分之九十六的酒精三十公升，附有惡醇(Fusel oil) 及醛 (Aldehyde)之分除器，故所產之中溜，幾無臭味，其品質視市上發售之日本酒精，自較優美，即與爪哇酒精相較，亦有過而無不及。試蒸後日出純酒精十八桶，已供不應求，自本月起，已增為月出三十五桶。該廠出品，除北平各學校各醫院，各藥房採用外，現已推銷至湖北河南山東諸省，前途頗有大發展之趨勢。

該廠之資本，暫定一萬五千元，出酒量約為實際應得量百分之六十左右，惜因酒稅過重（每桶五元），大受影響，而鐵路局對於運載一層，每次以兩噸為單位（兩噸計一百廿箱，每箱兩桶，共合二百四十桶），亦為該廠發展之最大的障礙。深望政府當局減輕捐稅（最高每桶祗納稅一元或二元），鐵路當局減少運載重量（務達一箱亦可運之目的），則此新興之國產酒精廠，庶有望焉。

酒精對於吾國國防及農工業之發展極重要，其理由已載「開發西北應注意的幾個重要問題」論文內，故應竭力提倡，至少須於每縣設一如北平五星酒精廠之酒精廠，俾能調劑糧價，輔助畜產。但因酒精關係國防及稅收，可由政府統制專賣之，但絕對不能禁止農民或私人設廠製造。以此，上海之實業部酒精廠因實業部取得十分之一的水股，卽准其有數省的專製權，實屬有害國防工業之發展及會害農村之復興。予深望實業部當局認識此意，取消與該酒廠所定之條件，以利國防，以利民生，則幸甚！

二十三年份電氣事業增加發電容量一覽表

（小量機器不列）

電廠名稱	擬購（瓩）	業經訂購（瓩）	在裝置中（瓩）	裝竣發電（瓩）
鎮江大照電氣公司		3,500（T）		
上海華商電氣公司	45,000（T）			
上海閘北水電公司		10,000（T）		
吳縣蘇州電氣廠		3,200（T）		
武進武進電氣廠				2,000（T）
南通天生港電廠				5,000（T）
江都振揚電氣公司		2,000（T）		
首都電廠		10,000（T）		
戚墅堰電廠			7,500（T）	
甯波永耀電力公司	3,200（T）			
安慶省會電燈廠				400（O）
南昌電燈整理處				1,000（T）
宜昌永耀電燈公司		1,000（T）		
重慶市電力廠				3,000（T）
成都啓明電燈公司				1,000（T）
福州電氣公司				3,000（T）
廈門電燈力公司				1,500（T）
鼓浪嶼中華電氣公司				570（O）
廣州市電力管理委員會		30,000（T）		
北平華商電燈公司		15,000（T）		

18075

開封普臨電燈公司				380(G)
中央軍校洛陽電廠			500(T)	
濟南電氣公司			5,000(T)	
青島膠澳電氣公司	15,000(T)			
太原新記電燈公司				3,000(T)
西安西京電氣公司	750(T)			
共　　計	63,950	74,700	13,000	20,850
外資電廠				
上海電力公司				22,500(T)
天津比商電燈電車公司			10,000(T)	

註：　T＝汽輪　　O＝柴油關　　G＝煤氣機

粵漢鐵路株韶段工程最近之狀況

凌鴻勛

粵漢鐵路株韶段（湖南株洲至廣東韶州）除韶州至樂昌一段已完成通車外，所餘株洲至樂昌一段，鐵道部係向中英庚款借用大部分工料款，並另籌的款建築，以期一氣呵成。其全段之路程，工款，工期之主要項目如次：

1.里　　程　由湖南株洲至廣東樂昌　406 公里

湘境　約85%　345 公里

粵境　約15%　61 公里

2.工款預算　國內工料各款　大洋35,511,200元

國外料欵　英金 1,645,000鎊

3.工　　期　廿二年七月動工限至廿五年底通車　3½年　(42個月)

株韶全段係分七個總段建築。除韶州至

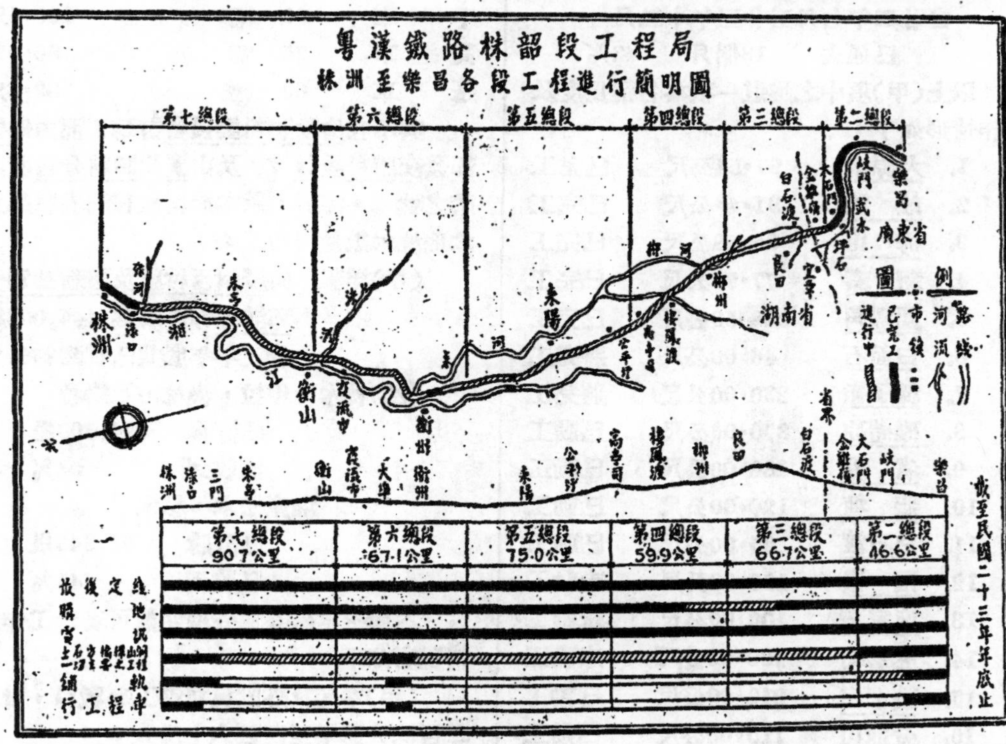

樂昌第一總段已完成外，其餘六個總段之里程及經過地點如附圖。圖內並表示廿三年年底，各段已完工，已動工，及未動工之各種情形。

茲將截至廿三年年底止全段所做成工作與工款及工期之比較如下：

(甲)　工　　程

1. 土石方　　54%

2. 隧道 50%
3. 禦土牆 85%
4. 大橋(連架橋) 15%
5. 小橋涵洞 35%
6. 站屋 5%
7. 鋪軌(已鋪41公里) 10%
8. 電訊(全線已通尚須整理)90%

(乙) 工款

由株樂段開工起至廿三年年底止。

本局直接領到14,048,900元

由部撥付購料委員會 2,539,500元

共 計16,588,000元

46·7%

(丙)。工期

自廿二年七月至廿三年十二月

已過去 18個月 43%

以上(甲)項中之隧道一項其名稱長度及工作情形如下：

1.	大源水	97·54公尺	已完工
2.	歧門	91·43公尺	已完工
3.	梅山	36·58公尺	已完工
4.	新秦	77·73公尺	已完工
5.	圓螺角	228·59公尺	已完工
6.	白面石	46·00公尺	將完工
7.	梯子嶺	230·00公尺	將完工
8.	碓硿冲	300·00公尺	已動工
9.	省界	180·00公尺	已動工
10.	燕塘	120·00公尺	已動工
11.	白石渡	65·00公尺	已動工
12.	摺嶺	180·00公尺	未動工
13.	廖家灣	100·00公尺	未動工
14.	虎形坳	100·00公尺	未動工
15.	婆婆崖	240·00公尺	已動工
16.	金龍山	110·00公尺	已動工
		2,202·87公尺	

全段英國材料訂購及到達數量價值約計如下：

名稱	數量		估計約值	收到約數
鋼軌	43,953	公噸	340,635鎊	64·4%
魚尾鈑	2,630	公噸	30,245鎊	71·5%
魚尾螺栓	275	公噸	4,150鎊	71·2%
道釘	1,026	公噸	15,055鎊	62·6%
墊鈑	1,004	公噸	11,042鎊	100·0%
道岔	238	副	11,679鎊	○
鋼橋	5,935	噸		3·2%
鋼筋	3,368	噸	26,270鎊	30·4%
鋪軌工具	4	批		50·0%
水櫃	18	具		○
抽水機	22	具		○
機車(4-8-4)	10	輛		○
機車(0-8-0)	4	輛		○
三等客車	16	輛		○
平車	90	輛		100·0%
高邊車	75	輛		66·0%
蓬車	60	輛		83·3%

其不在倫敦購料委員會訂購，而由鐵道部發交購料委員會，及由廣州購料分會所訂購之枕木，洋灰，及本局呈准在湘省收購之本地枕木數量約如下：

(甲)洋灰 向廣州西村廠及啓新公司兌那洋行等訂購共 445,000桶

廿三年年底共已收到約61%

(乙)枕木 甲拉，澳枕，及藥枕

已訂購 594,600根

已收到 64%

湘產松木，杉木

已訂購 61,340根

已收到 41%

本局一年來其他各項字數可表示工作之情況者如下：

(甲)本局及外段員司監工等數目，計由二百餘人遞增至四百六十餘人。

(乙)本局於廿三年一年內簽訂大小包料工合同及遞結，共335件。其中：

第二總段 119件；

第三總段 148件；

第四總段　9件；
第五總段　25件；
第六總段　123件；
第七總段　111件。

(丙)本局各段包判工工人數目，由廿三年一月份，平均每日 9,240人遞增至同年十二月份，平均每日74,900人，

本局一年來所感受之困難大別之可爲三種：

(甲)匪患　共匪兩次竄擾郴，宜。小股土匪復乘機到處活動，計員司在工次被綁架者，有工程助理員李榮漢，工程學生郭振華，及監工張步堀，田紹仁等數起，均經出險。此外副工程司鄭家斌遇匪一次，幫工程司唐靖華遇匪二次，均幸逃脫。工段公事房被匪搗毀者二處。其他包工公司及運料船隻被刦掠者，尤數見不鮮。工事雖無停頓，然員工咸有戒心。

(乙)洋料遲到　英庚材料多未能按照預定之期到達，其中尤以鋼筋，道岔，及運料機車待用最急。

(丙)料運遲滯　新工材料由湘鄂路運至株洲者，因機車及車輛缺乏，下半年又値軍運繁忙，以致料運甚滯。廿三年年底尙積存徐家棚各項材料達五萬餘噸，未能運達工次。而由株洲用民船溯湘江及耒河以上，以至衡州，耒陽，郴州者，在共匪竄擾之時，亦備受困難，以致工段常有停工待料之事。

茲計廿四年一年爲本路工作最緊張之一年。所有三總段第三分段在廿三年因匪患未得開工者，可於廿四年二月間一律動工。如此一年內地方安靖，而材料能源源到達不缺，則廿四年年底可望達到以下圖表所列工作之成數：

粵漢鐵路株韶段工程局
株洲至樂昌段預定廿四年年底工程進行狀況圖

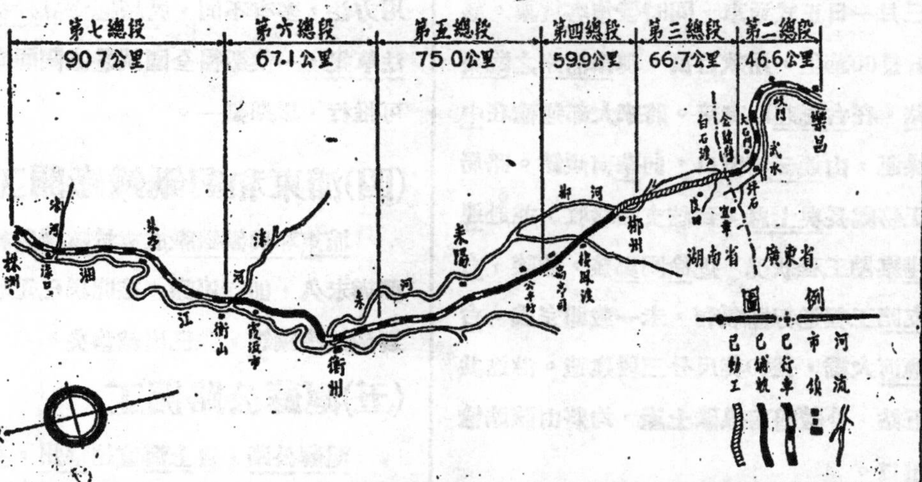

1. 土　石　方　95%
2. 隧　　道　100%
3. 禦　土　牆　100%
4. 大橋(連架橋)　85%
5. 小橋涵洞　95%
6. 各項防護工程　75%

18079

7.	站屋	55%
8.	鋪軌	75%
9.	鋪碴	25%
10.	電訊	100%

本路現在預備逐段鋪軌即逐段營業計：

1.北段　約廿四年四月一日可由株洲行車至三門，（淥河用駁渡）七月一日展至衡山，年底路軌可接展至衡州。

2.中段　約廿四年六月一日可由衡州行車至耒陽，年底路軌可接展至郴州。

3.南段　約廿四年四月一日可由樂昌行車至坪石，年內路軌可接展至湘粵省界。

依照以上計畫，本路當可於廿五年六月南北接軌，廿五年年內當可全線通車。

國內工程新聞

(一)台趙支路竣工

隴海路台趙支路工程，現已全部完竣，定三月一日正式通車，同時發售客貨票。該路計長60華里，用款百萬。與津浦路之臨東支路，在台兒莊取啣接。將來大部運輸在中興煤運，由連云港出口，向華南傾銷。路局派工務處長吳士恩，到該支路驗收，並赴連云港察勘工程狀況。返徐同鄭後，據談，台趙支路工程進行極順利，未一載即完成。台莊運河大橋，長60英尺分三段建造。沿途共設五站，今後魯南煤礦土產，均將由該路輸運出口。

(二)鄂省府趕築漢宜路

鄂省府遵蔣委員長令，趕築漢宜路，便利交通。全部工程，限開工三個月內完成。

(三)化學分析標準方法

中央工業試驗所以國內從事化學分析應用方法，多有不同，特積極修訂分析標準方法草案，一俟徵得全國試驗機關同意後，即可推行，以期劃一。

(四)浦東和興鋼鐵廠開工出貨

浦東和興鋼鐵廠成立於歐戰將終之時，開辦未久，即行停頓，茲聞現已重新開工，製造建築鋼等，並已出銷售矣。

(五)滬蘇公路開工

滬蘇公路，自上海直達蘇州，全路約長七十餘公里。全路除小橋外有大橋兩座，即青陽港橋及夏駕河橋，現在全路工程，已由江蘇省及上海市雙方同時開工，約於今夏可以通車云。

隴海鐵路簡明客車時刻表

民國二十三年九月一日實行

向西上行車

站名＼車次	1 特快	3 特快	5 特快	71 混合	73 混合	75 混合	77 混合	79 混合
孫家山							9.15	
墟溝			10.05				9.30	
大浦				71.15				
海州			11.51	8.06				
徐州	12.40		19.39	17.25	10.10			
商邱	16.55				15.49			
開封	21.05	15.20			21.46	7.30		
鄭州	23.30	17.26			1.18	9.50		
洛陽東	3.49	22.03			7.35			
陝州	9.33				15.16			
潼關	12.53				20.15			7.00
渭南								11.40

向東下行車

站名＼車次	2 特快	4 特快	6 特快	72 混合	74 混合	76 混合	78 混合	80 混合
渭南								14.20
潼關	6.40				10.25			19.00
陝州	9.52				14.59			
洛陽東	15.51	7.42			23.00			
鄭州	20.15	12.20			6.10	15.50		
開封	23.05	14.35			8.34	18.15		
商邱	3.31				14.03			
徐州	8.10		8.40	10.31	20.10			
海州			16.04	19.48				
大浦				21.00				
墟溝			18.10				18.45	
孫家山							19.05	

膠濟鐵路行車時刻表 民國二十三年七月一日改訂實行

下行列車

站名	二一次各等	三一次各等	七一次三等	十三次三等	一次各等
青島開	七•〇〇	一一•〇〇	一五•〇〇		一一•四〇
大港開	七•一一	一一•一四	一五•一一		一一•五一
四方開	七•二〇	一一•三〇	一五•二〇		一二•〇〇
滄口開	七•三六	一二•〇六	一五•三八		一二•一六
女姑口開	七•四八	一二•一八	一五•五一		不停
城陽開	七•五七	一二•二七	一六•〇一		一二•三四
南泉開	八•一三	一二•四三	一六•一八		不停
藍村開	八•二七	一二•五八	一六•二六		一二•五〇
李哥莊開	八•三六	不停	一六•四五		不停
膠東開	八•四八	不停	一六•五八		不停
膠州到	九•〇〇	一三•一五	一七•一一		一三•二八
膠州開	九•一〇	一三•二七	一七•二一		一三•三〇
芝蘭莊開	九•一九	一三•四四	一七•三四		不停
姚哥莊開	九•二八	不停	一七•四二		不停
高密到	九•三九	一四•〇一	一七•五一		一四•〇二
高密開	九•五〇	一四•一二	一八•〇三		一四•一二
康家莊開	一〇•〇〇	不停	一八•一六		[illegible]
蔡家莊開	一〇•二三	一四•二三	一八•二八		[illegible]
塔耳堡開	一〇•三三	一四•三三	一八•三九		[illegible]
丈嶺開	一〇•五三	一四•四三	一八•五三		[illegible]
岞山開	一一•〇一	一五•〇二	一九•一三		[illegible]
黃旗堡開	一一•〇九	不停	一九•二三		[illegible]
南流開	一一•二四	一五•二一	一九•三一		[illegible]
蝦蟆屯開	一一•三七	一五•四一	一九•四八		[illegible]
坊子到	一一•五二	一五•五四	二〇•〇二		[illegible]
坊子開	一二•〇四	一六•〇八	二〇•一二		[illegible]
二十里堡開	一二•二二	一六•二〇	二〇•二六		[illegible]
濰縣到	一二•三五	一六•二八	二〇•三五		[illegible]
濰縣開	一二•四四	不停		六•二〇	[illegible]
大圩河開	一二•五三	一六•五三		六•三四	[illegible]
朱劉店開	[illegible]	一七•〇六		六•四九	[illegible]
昌樂開	[illegible]	一七•一八		七•〇四	[illegible]
堯溝開	[illegible]	一七•三〇		七•一七	[illegible]
譚家坊子開	[illegible]	一七•四一		七•三三	[illegible]
楊家莊開	一三•〇五	一七•五六		七•四六	不停
青州到	一三•一七	[illegible]		八•〇〇	一五•三四
青州開	一三•二八	一八•〇〇		八•一四	一五•三六
普通開	一三•四六	不停		八•二三	不停
淄河店開	一三•五八	一八•一九		八•三六	不停
辛店開	一四•〇八	一八•三六		八•五〇	一六•〇七
金嶺鎮開	一四•二一	一八•五〇		九•〇一	不停
湖田開	一四•三五	一八•五九		九•二〇	不停
張店到	一四•四八	一九•〇八		九•三七	一六•四二
張店開	一五•一七	一九•二三		九•五五	一六•四六
馬尚開	一五•二二	不停		一〇•一〇	不停
周村到	一五•四一	一九•四八		一〇•五〇	一七•二二
周村開	一五•五七	一九•五七		一一•二〇	一七•三二
大臨池開	一六•〇七	不停		一一•四四	不停
王村開	一六•一九	二〇•一四		一二•一二	不停
普集開	一六•二九	二〇•三四		一二•二六	一七•五五
明水開	一六•四四	二〇•四九		一二•四八	不停
棗園莊開	一六•五四	二一•〇〇		一三•〇五	一八•一五
龍山開	一七•〇八	二一•一五		一三•一八	一八•二八
郭店開	一七•二三	二一•三〇		一三•三五	不停
王舍人莊開	一七•三四	二一•四一		一三•五三	不停
黃臺開	一七•四七	二一•五八		一四•〇五	一八•五二
北關開	一七•五五	二二•〇七		一四•二〇	一九•一〇
濟南到	一八•〇〇	二二•二二		一四•五五	一九•二五

上行列車

站名	二二次各等	七二次三等	三二次各等	十四次三等	二次各等
濟南開	七•〇〇		一一•四〇	一四•四〇	一三•〇〇
北關開	七•〇九		一一•四七	一四•四七	一三•〇六
黃臺開	七•一六		一一•五四	一五•〇〇	一三•一五
王舍人莊開	七•二〇		一二•〇八	一五•一〇	不停
郭店開	七•三二		一二•二〇	一五•二一	不停
龍山開	七•五七		一二•二六	一五•三九	[illegible]
棗園莊開	八•一三		一二•五二	一五•四五	[illegible]
明水開	八•二四		一三•〇三	一六•〇七	[illegible]
普集開	八•四一		一三•二〇	一六•二〇	[illegible]
王村開	八•五一		一三•三一	一六•三三	[illegible]
大臨池開	九•〇五		不停	一六•四四	[illegible]
周村到	九•二〇		一三•四六	一六•五四	[illegible]
周村開	九•三三		一三•五九	一七•一三	[illegible]
馬尚開	九•四〇		不停	一七•二六	[illegible]
張店到	九•四八		一四•二一	一七•三五	[illegible]
張店開	一〇•〇五		一四•三六	一七•四八	[illegible]
湖田開	一〇•一五		一四•四九	一八•〇八	[illegible]
金嶺鎮開	[illegible]		一四•五八	一八•二二	[illegible]
辛店開	一〇•二四		一五•一三	一八•三七	[illegible]
淄河店開	一〇•三八		一五•二三	一八•五一	[illegible]
普通開	一〇•五一		不停	一九•〇三	[illegible]
青州到	一一•〇一		一五•二五	一九•一六	[illegible]
青州開	一一•一三		不停	一九•一九	[illegible]
楊家莊開	一一•一六		一五•四四	一九•三五	[illegible]
譚家坊子開	一一•二一		一五•四七	一九•四六	[illegible]
堯溝開	一一•三二		一六•〇二	一九•五九	[illegible]
昌樂開	一一•四四		一六•一三	二〇•〇二	[illegible]
朱劉店開	一一•五六		一六•二五	二〇•一六	[illegible]
大圩河開	一二•〇九	七•〇〇	一六•三七	二〇•三七	[illegible]
濰縣到	一二•二〇	七•一〇	一六•五一	二〇•四〇	[illegible]
濰縣開	一二•三三	七•二三	一七•〇三	二〇•五四	[illegible]
二十里堡開	一二•四四	七•三七	一七•一六	二一•〇四	[illegible]
坊子到	一二•五四	七•五四	一七•二五	二一•一七	[illegible]
坊子開	一三•〇六	八•〇九	一七•三七		[illegible]
蝦蟆屯開	一三•一一	八•一七	一七•五一		[illegible]
南流開	一三•二六	八•二九	一八•〇六		[illegible]
黃旗堡開	一三•三〇	八•四八	不停		[illegible]
岞山開	一三•五七	八•五八	一八•二四		[illegible]
丈嶺開	一四•〇八	九•〇八	一八•三五		[illegible]
塔耳堡開	一四•二六	九•二〇	一八•五四		[illegible]
蔡家莊開	一四•四三	九•三一	一九•〇二		[illegible]
康家莊開	一四•五一	九•四三	一九•二二		[illegible]
高密到	一五•〇二	九•五六	不停		[illegible]
高密開	一五•一四	一〇•一七	一九•三一		[illegible]
姚哥莊開	一五•二七	一〇•三一	一九•四三		[illegible]
芝蘭莊開	一五•三五	一〇•五〇	不停		[illegible]
膠州到	一五•四二	一一•〇三	二〇•〇〇		[illegible]
膠州開	一六•〇四	一一•二六	二〇•〇七		[illegible]
膠東開	一六•一六	一一•三九	二〇•一九		[illegible]
李哥莊開	一六•二七	一一•五一	不停		[illegible]
藍村開	一六•三七	一二•〇一	不停		[illegible]
南泉開	一六•五〇	一二•一〇	二〇•四〇		[illegible]
城陽開	一七•〇八	一二•三五	二〇•五九		[illegible]
女姑口開	一七•一七	一二•四四	二一•一〇		[illegible]
滄口開	一七•二九	一三•〇七	二一•二四		[illegible]
四方開	一七•四五	一三•二五	二一•三六		[illegible]
大港開	一七•五五	一三•三三	二一•五一		[illegible]
青島到	一八•〇〇	一三•四〇	二二•一〇		[illegible]

工程週刊第三卷(42-78期)分類總目

18084

中國工程師學會會務消息

◉第十四次執行部會議紀錄

日 期 二十四年二月二日下午三時
地 點 本會會所
出席者 徐佩璜 裘燮鈞 鄒恩泳 (徐佩璜代) 張孝基
主 席 徐佩璜 紀錄 裘燮鈞
討論事項
(一)工程週刊總編輯鄒恩泳君以事冗不能兼顧函請辭職案
議決：鄒君一年來為會努力殊為感謝茲為變通起見請鄒恩泳蔣易均戴濟張延祥四君為週刊編輯四君依照上述次序輪流各編四期由鄒君總其成以一年為期
(二)工程雜誌總編輯沈怡君以公務纏羈懇辭編輯職務案
議決：沈君自主持本刊總編輯以來頗著成績深表感謝沈君所稱事屬實情所有總編輯職務請胡汝楫君繼任

本會執行部為總會所辦事室失火事報告各會員

本會賃租南京路大陸商場五樓五四二號房間為辦事室，已有數年之久，室內除僱用職員程智巨外，有僕役周奎發一名，最近尚僱用皇甫仲生為膳寫員，惟程與皇甫二君僅日間到會辦公，周奎發每晚寄宿室內。本年三月三日即失火前一日之晚，周奎發除出外泡水外，常在室中，就寢時將近午夜，次晨六點半起身，持面盆出室將門鎖閉，隨赴公用廁所約一刻鐘，追回至室，詎室內火烟彌漫，向門口風湧而出入，知係失火，遂奔至鄰近泰山公司辦事室用電話通知救火會，未久救火人員到場，詎本商場扶梯旁之救火龍頭無水，又本商場所備之救火唧水機與馬達間均被機匠所鎖住，而機匠又外出，房東所辦之救火器具遂不能利用，乃由二馬路消防龍頭裝接皮帶至五層樓開始滅火工作已多延二十分鐘，然室內書籍器具已被焚去不少矣。事後檢查結果書籍損失五千餘元，器具損失約五百餘元，室內生財書籍均保有火險八千元，現正在與保險公司交涉賠償，惟有許多書籍不易重置者竟付一炬，未免可惜，尚有最近二年檔案文件亦遭焚滅，幸賬簿銀錢無一殃及，當救火時執行部總幹事裘燮鈞暨會長各幹事先後聞訊趕到，火熄之後，經多人視察，對於起火原因均難確定，周奎發素不吸烟，自非香烟為禍，最近似者為室內小儲藏室頂板上電線走線，然本室已歷有多年似不至一旦走電，現本會暫租大陸商場五樓五三七號辦公，一切會務仍當進行如常，不受影響也，理合將此次失火情形報告 會員諸君，尚請 鑒督為幸。

◉發售會針

本會製有會針二種，一種銀質鍍金，每只貳元，一種14K金質，每只拾貳元，式樣仍照前中國工程學會所製者同，惟加一(師)字。會員購買者，甚為踴躍，凡會員未曾購買者，請向本會購買，惟款須先惠。

◉大冶分會成立

前有駐大冶會員翁德鑾等發起組織分會，草擬章程到會，經本會第十六次董事會議通過。即於本年二月二十四日正式成立。茲將該分會選舉職員名銜及成立大會紀錄以及章程誌之於下：

(1)大冶分會職員
會長 翁德鑾 副會長 周開基
書記 徐紀澤 會計 羅 武

(2)成立大會紀錄

民國廿四年二月廿四日下午二時，由分會籌備委員召集會員在漢冶萍俱樂部開大冶分會成立大會，計到會員翁德鑾•程行漸•張實華•周開基•王野白等十餘人，根據籌備委員議決每人捐洋貳元作為聚餐費用，由張實華收集，推舉周君開基為臨時主席，報告籌備經過，張君實華為監匭員，翁君德鑾為散票員，王君野白為唱票員，選舉分會職員，選舉結果如上，各會員歡迎新會員就職，由會長翁君致感謝詞，並演講希望各會員本會章第二條之宗旨發輝而光大之，鄙人亦當隨諸君之後努力從事，且謂大冶雖蕞爾小邑，但於工程方面，素著盛名，人才濟濟，今日成立斯會，能互相切磋，以圖進步，不獨可資他人摸仿，他日更進而考察他處工程，各臻完善，庶不負今日成立斯會之意旨云云。繼由副會長演講，大意謂謹當扶助會長發展本會一切業務云云。後討論會務，全體攝影，敘餐盡歡而散。

(3)大冶分會章程

第一條　組織　本分會遵照中國工程師學會會章第一章第四條之規定經總會董事會之核定後組織之

第二條　定名　本分會定名為中國工程師學會大冶分會

第三條　會員　凡中國工程師學會會員之在大冶或在附近者均為本分會會員

第四條　職員　本分會設會長副會長書記會計各一人其職務如下

(一)會長主持本會一切會務

(二)副會長襄助會長辦理本分會一切會務會長不能到會時其職務由副會長代行之

(三)書記掌管本分會一切文書事宜

(四)會計掌管本分會一切收支事宜

第五條　會費　本分會會員應遵照總會會章第五章第三十八條之規定照繳會費於本分會由本分會照第五章第四十一條之規定彙解總會

第六條　選舉

(一)本分會選舉事務應於每年年會以前最後一次常會時由出席會員公推司選委員三人辦理之

(二)司選委員推定候選人各三倍於應選職員人數通函各會員表決得票最多者當選若當選人因事離去本地或有不得已事故經常會議決認為理由充足時得准其辭職並以得票次多數者遞補

(三)選舉被選舉之資格遵照總會會章第二章第十二條之規定辦理之

第七條　開會　本分會每兩月舉行常會一次每年年終舉行聯歡會一次日期在前一次常會時決定之

第八條　修正　本會章程得有會員五人以上之提議及由出席常會會員三分之二以上贊成修正之並由分會報告總會覆核

第九條　附則

(一)本分會章程自總會核定之後發生效力

(二)其他事項均依照總會會章辦理

◉本會本屆年會地點決定

本會應廣西省政府電邀，歡迎本會本屆年會來廣西南甯舉行，並經本會第十六次董事會議議決准定本年八月初旬與中國科學社聯合在廣西南甯開年會。

◉徵求九卷三號工程雜誌

本會為完全九卷「工程」起見，凡會員或非會員，願將九卷三號工程，割愛者，本會以最近出版兩期工程互換，或每本八角代價收買，書請寄上海南京路大陸商場五四二號本會為荷。

工程週刊

(內政部登記證警字788號)

中國工程師學會發行

上海南京路大陸商場 542 號

電話：92582

(稿件請逕寄上海本會會所)

中華民國24年3月11日出版

第4卷 第6期（總號84）

中華郵政特准掛號認為新聞紙類

(第1831號執據)

本 期 要 目

定報價目：每期二分，全年52期，連郵費，國內一元，國外三元六角。

上海市輪渡北京路外灘鋼質雙層浮碼頭

長…………48,770(160′—0″)
闊………… 9,145(30′—0″)
深………… 1,678(5′—6″)
吃水………… 610(2′—0″)

上層……水上飯店特等候船處及辦公室
中層……長渡頭二等及對江渡候船處消費店
下層……鍋爐間及員工宿舍
容量……載客900人

職工保險與養老

編　者

在工業先進之國，均有職工保險及養老之制度，殘廢老弱得能無虞凍餒，因之服務者能安心任事，直接可以增加工作效能，間接足以安定社會秩序，其影響之大，非僅占於保險個人之福利。

考之我國，郵政員工，有養老卹金，鐵路員工，有儲蓄補助等辦法，名異而意實同。但除此外，似極少行有此種制度。

職工保險養老辦法，人人皆知為有益無弊之制度，在我國則仍推行不廣者，自當特有其原因。我學術界，研究此問題者，當不乏人，願能將研究之所得，貢之於社會。

交通部上海電話局近年概況

徐學禹　郁秉堅

(一)引言

略考電話事業，發明迄今，垂六十年。我國於前清光緒七年，始有倫敦東方電話公司，在上海敷設電話之舉，是為國內有電話之嚆矢。嗣經中日戰爭，庚子拳亂之後，國人乃力圖維新，對於電話事業，亦積極進行。於是平津滬漢等處，話局相繼成立。其間經過變遷，初則限於一城一市，藉人工以聯絡，近則擴至長途遠道，用機械以接綫，所經進展過程，雖不能與歐美相提並論，然亦均有可觀。但因迫於環境，限於經濟，以致因陋就簡，無進展之可言，較諸年來海外突飛猛進，不無相形見拙之憾。茲以上海電話局論，開辦迄今，雖有三十二年之歷史，但因地址偏僻，格於界限，致綫路不易推廣，收支時感不敷，又以租界電話，另有公司屹立，各自為政，不相干謀，以致改良舉肘，維持困難，日復一日，而情形之複什，更非他局所能比擬者。爰將近年來局務之概況，工程之進行，事務之改進，交涉之經過，以及整理意見，發展計劃約略述之。

(二)概況

甲·開辦經過及其沿革

上海電話局成立於前清光緒二十八年。初創時，規模極小，僅於新碼頭裏街，租賃民房三樓三底作為局址，裝磁石式交換機480門。當時用戶祇二百餘家，後逐漸增至四百餘家。至民國九年始購得基地於中華路大南門，遂自建辦公室及接綫間一所，材料房一所，職員宿舍一所，並向美國西方電氣公司訂購共電式交換機2000門，拖放地下電纜，改設架空綫路，及一切設備以臻完善。嗣後閘北南翔吳淞江灣龍華等分局，相繼成立，十四年與華洋德律風公司訂立華租兩界互通電話合同。南北暢通，市民稱便。十五年錫滬長途電話綫路完成，實為開始接通滬甯一帶電話之先聲。十八年交通部與美國自動電話公司訂立合同，又在閘北永興路及浦東爛泥渡添造閘北及浦東分局局址各一所，並將南市閘北浦東三處改裝史端喬式自動電話機件，計南市3000號，閘北 1500 號，浦東300號，合計4,800號。該項自動機，除浦東分局外，已於廿二年四月十五日午夜開始通話，從是接綫敏捷，聲浪清晰，至其能守通話祕密，尚屬餘事。

乙·組織系統

局中設局長一人，主任工程師一人，並分設工務事務兩課。

工務課長由主任工程師兼任，事務課長由局長兼任。

工務課置規劃設置修養材料交換長途分局等七股，每股各設主任一人，技術員一人或二人，餘如監工，書記，話務員，技工等等，皆由各關係股分別支配工作。

事務課置文書營業出納庶務等四股，每股主任一人，辦事員若干人，另闢醫室一間，設局醫一人。

丙·營業區域

上海電話局營業區域，分市內區域及鄉綫區域二種。市內區域包括南市浦東閘北三處。鄉綫包括龍華法華吳淞江灣大場寶山南翔閔行等處。合計營業區域，面積為870 方公里。

丁·商業狀況

18088

上海全市，約可分爲華界公共租界及法租界三大區域，各有市政機關之組織，而各自管理。以全市商業論，公共租界爲我國中部商業之集會處，法租界以美麗住宅區著名。該兩區之電話事業，前由華洋德律風公司經營，後出售與上海電話公司，共有用戶四萬以上。至話局營業區域內之商號住戶，遠不及租界之繁盛殷賽，故現在祇有用戶三千餘號，歷年以來，增加擴充，較爲遲緩。

一二八之役，閘北淪爲戰區，江灣吳淞南翔等區，相繼爲敵軍佔據，分局房屋機件綫路及材料，被炮火損壞不鮮。事平後，力圖恢復戰區電話，但裝機用戶，祇有四百餘家，較諸戰事以前之數，減少一倍，實爲業務上之一大打擊，處此地位，已屬不幸，但尙須在南市閘北浦東吳淞南翔龍華眞茹大場閔行等處， 870方公里內，負供給及維持電話綫路之責任，故裝一處電話，往往須接綫數十檔，方可蕆事，以致成本浩大，維持不易，此種情形，實爲他局所罕見。

(三)恢復吳淞寶山大場南翔電話

甲·吳淞

查吳淞鎭及寶山縣電話，向爲淞陽電話公司經辦，上海電話局祇在吳淞縣桂枝街賃租民房一所，裝設百門交換機一座，並放長途綫二對，通至上海，又中繼綫三對，通至淞陽公司話局，由吳淞通話至上海每次收費壹角，至租界收費壹角五分。

一二八之役，所有話局，及淞陽公司交換機，燬滅殆盡，局外綫路，損失亦鉅。自戰事結束，淞陽公司以損失過鉅，無力恢復，二十一年十二月間，該區市政委員辦事處，及淞滬警備司令部均以冬防吃緊，電話交通至關重要，紛紛向話局要求恢復舊現。話局當在吳淞桂枝街舊址，裝置50門磁石式交換機一座，設置新桿綫，將吳淞電話，接通上海，并將話費改作市內普通電話辦理，以資減輕民衆負担。工作二月，得於二十二年三月一日，全部通話。

乙·寶山大場南翔

自話局將吳淞電話恢復後，寶山南翔方面，亦相繼派員到局接洽，各該處通話問題，話局以三處均受戰事影響，市面蕭條，商業未振，另設局所，殊欠經濟，且寶山南翔均在市區之外，尤感未便。惟一方爲謀民衆便利起見，似亦不能漠然視之，當經考慮再四，始兌得一折衷辦法，在各該處裝置公用電話一具，規定每次通話費用，以資救濟，至今尙稱便利。

(四)南北兩局完成自動機通話工作經過

甲·編訂自動機用戶新號碼

人工電話用戶與自動電話用戶之號碼，完全不同。局中上次編訂新號，先將南市閘北所有用戶記錄最忙時間之呼數，並將住宅商舖機關用戶分門別類，然後將最忙用戶與次忙用戶，平均分配於自動新機之上，計每百號綫鍵中，裝有用戶綫六十五至六十八戶。閘北用戶較少，故每百號綫鍵中，祇裝有用戶綫二十八至三十戶。再南市閘北兩局，各裝有百綫鍵，專裝用戶裝有小交換機者，故該項用戶號碼，均須在此百綫中也。

乙·擴充南市閘北間中繼綫

南市閘北原有中繼綫十九對。此項綫路，係租賃租界電話公司綫路。自動機通話後，勢必不敷應用，復向公司添租十一對，合計三十對。惟公司每對需取年費二百兩，較之原租價每對五十兩增價四倍，局方萬難承認，壘經交涉多次，對方異常堅持。局中因一時無其他良策，祇得認痛允之，惟覺長此以往，旣欠經濟，尤感束縛，自非澈底解決不可，遂有沿中山路埋設南北兩區鉛裝中繼電纜一百對之舉。業經應用半載，尙稱妥善，惟以綫路距離較長，傳輸損失較鉅，現正計劃加裝負荷綫圈，俾資改進。

丙·改良華租兩界通話辦法

按照原有規定計劃，凡華界之用戶，欲與租界電話接通者，轉撥「二八」號以便通至集中南市之人工台而達租界公司之人工台。輾轉相接，殊欠敏捷。當經改良，將南市人工台之呼號「二八」二位數，改爲「〇」一位數，并將南市人工台之出中繼綫，直接公司之自動機，同時公司至南市閘北二局之入中繼綫，直接接至該二局之自動機，俾得免却司機生轉接之麻煩。故公司之人工台，亦於話局自動機啓用前略加改良，并添裝轉號器，以資應用。惟查電話局所間之通話設備，自應隨技術改進程序，採用完全自動接綫方法，敷設直達中繼話綫，方能根本解决。現雙方正在磋商進行。

丁．擴充南市閘北與電話公司中央間中繼綫

話局南市與公司中央間，原有出入中繼綫各 24 對。出中繼綫內，尙有6對移作長途之用。故該項同綫上，工作情形，原極繁忙。一旦自動機通話後，用戶增加，且閘北話務亦須南市轉接，勢必不敷應用。經與公司交涉數次始將南市中央間出入中繼綫，各增加至30對，中央至閘北添設 8 對。嗣後因華界至租界話務繼續增加，故話局出中繼綫，業已增至50對，最近將來勢必更事增加，爲未雨綢繆計，已在南市方面，沿民國路至吉祥街口，及閘北方面沿寶山路至界路口，分別添設中繼鎧裝電纜，以資應付，而免話務之阻滯。

戊．整理綫路

(1) 總局方面

總局自籌辦改裝自動電話計劃確定後，對於外綫工程，分期逐漸進行。地下管道，於二十年十二月開工，至二十一年六月工竣。地下電纜於十九年上半年動工，先將舊有地下電纜如新碼頭大東門老西門等處，設置年代較久者，重放新電纜，以資代替。其餘新設者，尙有多處，均於二十一年下半年工竣。至於架空電纜等項，亦經分別改良，以前所有舊式電纜，檢選其中接頭較多，時生障礙之處，悉行更換。尙有市內裸綫過多之處，亦加放電纜，以資整理，不但有壯觀瞻，即於障礙方面亦可銳減。

(2) 閘北方面

閘北區局外綫路，經一二八之役，幾乎全部破燬，已如上述。嗣因急於與南市總局之自動機同時啓用，故所有綫路，除地下電纜及幹線一律新放外，其餘架空電纜及明綫綫路，尙未及切實整理，且當時限於材料，僅將現有用戶劃入閘北新分局，而未能盡量擴充，致新用戶之待裝者，未能迅速辦理，話局與用戶兩受損失，殊非經濟營業之道。當經擬定計劃，將綫路腐敗者，擇尤修理之，綫路缺乏者，設法擴充之，務使通話無阻，供應不絕，并規定該項工作分三期進行。第一期擇電纜明綫障礙特多之處，修換改設，以增通話效率，第二期換立腐桿，先從市內着手，再將換下之舊桿，整理各處鄉綫。第三期增設地下電纜及架空電纜，以資擴充，業正次第進行，大部將告完竣。

(3) 江灣吳淞眞茹等各小分局方面

以上各局因未改用自動機，故外綫方面，除裸綫電桿稍有增加外，其餘如電纜等，並無若何擴充。

己．遷移長途台至閘北，並預備長途台至電話公司中央間中繼綫。

話局京滬滬杭長途台，原在閘北分局裝置磁石式交換機二座接用，一二八之役，乃將長途綫路移經潭子灣梵皇渡徐家匯龍華斜土路設綫，接至南市總局交換機，以資維持交通。上次改裝自動機，將民國八年向美國四方電氣公司訂購之共電式長途台裝用，經與公司交涉結果，長途台至中央間添設記錄綫一對，長途中繼綫 8 對。啓用時，兩路話務並未間斷。近以沿京滬公路，新長途話綫正在裝置，局中長途台設備亦經擴充，以資

18090

應用。

庚·開辦技工訓練班

話局上次改裝自動機，除技術員先行研究外，所有技工倘未能深悉內蘊，因此有技工訓練班之設立。課程分第一綫鍵總綫鍵第二綫鍵，第一第二第三選出器終接器重複器以及其他附件。訓練時間，則視機件之繁簡。以定時間之多寡，共計十二星期完竣。

辛·裝驗用戶自動機

用戶自動機之裝置及測試，實爲自動通話前之一大工作，首將話機予以測試，然後派工外出，分班裝置。南市局原係共電式，祇須將自動機換裝，即可應用。惟閘北原係磁石式，改裝時較爲複雜，再由測量員各施測驗一次，以察其綫路絕緣是否良好，轉號器速度是否準確，電纜對數是否無誤，以及振鈴聽話暨各項自動機動作狀態是否合乎標準。此項裝測工作，每日平均約五十家，故五十餘天方克蕆事。

壬·各小分局及小交換機添裝轉號器

各小分局，如江灣吳淞眞茹等區，及各用戶如救火會水電廠公共汽車公司等處，均裝有人工交換機。該項交換機，無論共電式及磁石式，均須改裝轉號中繼綫，方能適合自動之用。此項設備，事前亦由局中計劃裝置。

癸·規定修養工作

(1) 用戶修理

用戶修理之最注意者，爲維持綫路之良善及修養時間之迅速。惟欲維持綫路良善，故必須注意日常測試。話局規定，每日清晨令測量台將全局用戶逐一測驗，如有障礙發現，隨卽派工修理，并記錄障礙原由。如一月內，遇有同一障礙發生三次者，卽另派專工整理之。至綫路狀況，亦隨時注意，遇有傾斜寬鬆等項，均經迅予矯正，未敢稍涉遲延，至障礙修竣時間，曾予嚴格規定，除有特殊情形外，皆不得超過 24 小時。若過工作時間，而倘未修復者，亦以繼續修竣爲原則，不准藉辭延宕。以前南市綫路平均障礙，每月爲 526 次，閘北爲 470 次，嗣經切實整頓後，用戶數雖有增加，而南市平均障礙每月反減爲 405 次，閘北爲 220 次，足見維持狀態，已有特殊之進行。至於障礙平均時刻，約爲 4 小時38分。

(2) 電力管理

話局電力設備，總局閘北分局均裝有引擎發電機馬達發電機各一座，備充蓄電池之用。此外有交流馬達振鈴合組機及「直流馬達」振鈴合組機一座，備各項信號用，平時爲節省費用計，充電均用馬達發電機。引擎發電機每星期內僅開一次，各項信號交流馬達振鈴機，計開18小時，直流馬達振鈴機，計開 6 小時。所用直流電均由蓄電池放電而得。蓄電池分甲乙兩組，充電放電採用兩組並列對流法，電壓最高爲 52 最低爲 48 伏爾脫。電液比重最高爲 1214 最低爲 1208 相差6度。充電時間視用電多寡而變動，初則僅充 16 小時近已增至 20 小時。平均放電量，總局爲20安培，閘北分局爲 8 安培。用電最多時間，爲上午九時至十時，最少時經爲上午二時至五時。話局自動機並無呼數記錄表之裝置，故每時平均呼數，須由每日同時間內平均用電量計算。管理方面，規定機工在値班時間內，須按時抄錄蓄電池之電液比重，及校正電壓高低，幷於暇中令其清潔機件，不使塵垢有留存情形，免生障礙。各項記錄均製成圖表，以作參考。至於汽水流酸之增加，均由技術員指定，不容技工任意爲之。

(3) 自動機之管理

通話效率，欲求完善，必先注意機件健全。否則非特有誤話務，且將損及機件壽命。本局自動機裝置時，因各項機件，擱置已逾三四年，啓用前雖於短時期間曾加測試，予以調整，惟通話後，機件彈簧仍欠準確，

18091

致初次測試機件障礙，竟達全部百分之四十。曡經督促整理，始克修竣。至於日常測試及調理工作，均依標準管理法，一一規定實行。技工值班時間，亦視事實需要予以增減。對於機件整理，均由技術員指示技工，俾使諳習而克勝任。月來機鍵障礙，已漸減少，與各項障礙比較，約佔百分之二十至三十。惟自動機室，原無通風烘綫設備之裝置，故遇天氣陰濕時，綫圈卽感潮氣，時常發生碰綫斷綫障礙，嗣經次第裝置，故又改進不少。綜上所述，均系自動通話前後之重要手續，經趕工三數月，始得將南北兩區裝置數年而尚未使用之自動機件，於二十二年四月十五日午夜全部正式啓用。

(五)京滬滬杭長途電話概況

京滬長途電話，首先通話者，係滬錫一段。時在民國十五年五月至十七年三月，京錫一段開始通話。嗣後十八年七月十一日滬常段並蘇常(熟)綫相繼通話。十九年二月五日蕪湖木瀆兩處，亦開放通話。二十二年三月江陰綫得由無錫轉接通話。至本年（廿三年）四月揚州丹陽龍潭亦相繼通話。總計京滬段內通話地點，有崑山蘇州木瀆常熟無錫江陰常州丹揚鎮江揚州龍潭南京蕪湖 13 處滬杭滬松兩綫於十九年五月開於通話。二十二年二月青浦珠家角兩處及本年(廿三年)四月四涇七寶兩處亦由松江轉接開放通話。總計滬杭段內通話地點，有松江青浦珠家角四涇七寶嘉興硤石長安杭州等9處。京滬段內原有直達 200 磅銅綫一對，此外有 200 磅轉接銅綫兩對，均經蘇錫常鎮各局。平時一對供鎮江用，一對供無錫用，如直達綫發生障礙時，卽由以上兩綫轉接，惟經過局所過多，阻力陡增，通話不甚清晰，且以一線供給數處之用，尤覺擁擠。此外有 100 磅銅綫一對，經崑蘇而達無錫。平時供蘇州用。鎮錫兩綫間，復裝幻線一對，亦供蘇州用，但因綫路障礙與年俱增，該項幻線使用極少。常熟一綫由蘇州轉接。係 100 磅銅綫。江陰一綫由無錫轉接，係四百磅鐵綫。以上兩綫，均係報話雙用，至滬杭段內，現有 200 磅直達銅綫一對，此外有轉接鐵綫一對，經滬杭沿綫各局而達杭州。平時供松江嘉興硤石長安之用。惟因鐵綫阻力較大，如直達綫發生障礙時，欲由鐵綫轉接杭州，事實上極感困難。此外有十七號銅綫一對，經松江而達青浦珠家角，以綫號太細，障礙時生，亦覺不甚便利，近況京滬公路另設京滬直達200磅明綫四對及幻綫二對，一俟竣工啓用，京滬間話務當可改進不少。

(六)公用電話述略

查市內公用電話，原爲居民及旅客通訊便利而設。話局區域遼闊，管理困難，乃議訂定章自二十二年一月起，招請店舖代爲管理，並酬以相當代管費，以示優待而求推廣。詎民衆始未洞燭話局之至意，雖經竭力提倡，初竟無一應者，此爲公用電話之第一時期。嗣由話局妥派專員分赴各交通要樞及大小商戶詳爲解說，并負推廣職責。未幾社會對於該項電話，已略知梗概，於是店舖之函請裝置者，日必數起，經審查後，認爲店戶殷實可靠，位置適當，將來營業定可發達者，卽予照裝，此爲公用電話之第二時期。從此代管者及使用者均已深悉其便利，乃捷足爭先請予裝設，但以請求者過多，不得不稍加限制。最近南市閘北及市外各區已裝有八十餘架，堪稱疾舉，此爲第三卽最近時期。

公用電話機因自動式對於校對通話確數，不甚便利，故仍用人工機以資週密。其通話類別可分市內租界及長途三種，每月通話次數以租界爲最多，二十二年全年收入竟在萬元以上。

(七)話局與電話公司交涉摘要

查上海一隅，電話事業，除話局經營華界區域外，所有租界區域，則由美商上海電話公司經營，已如上述，雙方因營業與通話關係，事務工務交涉甚多，此亦爲話局特殊情形之一節，姑摘要分述如下：

甲•簽訂電話臨時合約之經過

話局曾與前上海華洋德律風公司訂有華租兩界通話合同，自十九年十二月期滿後，因永久辦法一時未能續訂。然在此過程中，不得不商訂臨時合約，以應華租兩界交通之需要，並將滬西滬北越界築路兩區域電話問題，籌議解决，是臨時合約之起因也。乃由話局會同市公用局徵得上海電話公司之同意，遂於二十年五月開始談判。至合約草案則由公用局擬定，其中條件與前述之合同逈異，經對方拒絕者三數次，及至十月始將合約草案簽字承認，旋以公共租界工部局未能同意及滬戰與起遂行擱置，迨戰事敉平復遭多方異議，以致延至二十二年四月十九日始克簽字，至是方將二年餘之懸案告一段落。

乙•話局將華租兩界通話費併入月租費計算

話局應市民之要求，有取銷華租兩界通話費五分之擬議，乃一方詳細估計，呈請核示，一方向公司當局誠意勸告，冀其同時取銷，以收指臂之效。惟公司方面始則以損失過鉅，繼則以合約爲辭，一再推諉，嗣雖由市政府公用局迭向公司作强有力之交步，亦尙未有圓滿結果。話局爲民衆便利計，爲業務發展計，已自二十二年八月一日起暫行單獨將通話費併入用戶月租費內，惟因限於合約及設備關係，對於通話次數，仍須加以限制，並擬於最短期間，設法改進，以直達自動通話而不受任何束縛爲標準。

丙•收回華界及越界築路區域內公司電話計劃

查電話臨時合約簽訂後，所有上海電話公司在南市閘北浦東三區內裝竣之電話，應卽設法一律收回，以符合約原旨。倘有北區及西區越界築路電話，雖暫歸該公司供給，使該兩區內用戶不致有電話斷絕之虞，然話局不能因此偷安片刻，須有根本準備，以免主權旁落。現話局對於南市閘北浦東三區電話，已利用空額電纜對數，次第割入總分各局外，如有綫路不到之處，則設法擴充綫額，故收回均不成問題。又對於北區越界築路電話，擬卽由閘北分局直接拖放地下電纜至寶山路虬江路口，增設地下管道至北四川路邊界，以便將該區用戶割入閘北分局，故收回亦有相當辦法。惟西區地面遼廣，用戶衆多，故須設立新局另裝自動機乃建設新電路方克有路。各項計劃正在擬議中。

丁，改訂長途合約。

查話局與租界電話公司訂立之華租兩界長途通話合同，業已期滿，自應根據提高傳話效率原則。商訂辦法業經開始磋商。

（八）整理總分各局房屋

甲，總局

總局房屋係於民國九年春間開始建築，十年夏工竣後，卽在三樓裝置共電式人工機九座。歷年相安無異，迨十八年間因改裝自動交換機由美商自動電話公司代爲設計，將內牆二座施以加力工程，不料自動機裝竣，三樓水泥樓板卽現裂縫，曾請建築師到局視察，據係樓板不勝負重所致。當經擬具計劃，將樓板托工字鋼樑，嗣因一二八戰事發生，未能實行，僅用木架支撑，作一權宜之計。故此項修理，實難容緩，俾求安全，其餘各部房屋門窗壁壘，亦覺陳舊不堪，爰卽一律加以修理刷新，藉壯觀瞻。

乙，閘北浦東兩分局

閘北浦東二局房屋原由美商自動電話公司包工承造，工竣未久，卽現損壞。當由該公司重加整理，繼以一二八戰事發生，閘北分局卽遭殃及，毀損甚多，雖曾修理，惟一經下雨頗多滲漏。至浦東分局，亦多失修之處，如樑現灣形，牆中漏水等等，均足影響及於內部機件，故閘北浦東二分局，亦加修理刷新以資安全。

(九)改進員工生活

員工生活之是否衞生安適，關係話局全部工作效能甚大，若不酌予改進，自難日臻完善，爰將年來整理經過分述如下。

甲·闢局醫室

話局向無局醫室，僅特約一醫師爲員工診病並給請假證明書。前年着手整理時，鑒於局中無局醫室及固定醫師，對於工員患病就醫者殊多不便，且無證明，請假易生流弊，於工作上頗受損失，故特於局中闢一局醫室，置備必需之器械藥品，委定醫師常川駐局辦理治療及證明病假事宜。凡局中工員，患病請假者，須就局醫診治發給證明書方得有效。倘員工臥病於家，不能來局就醫，則局醫按址往診，如是既便病者，且能查明其是否矯病怠工也。

乙·改善職工宿舍

南市總局大半工役，原居地層，空氣惡劣地方潮濕，加以辦公室及機器間等，均在上層，尤屬危險。閘北方面自遷入新分局後，以職工人數較多，房屋不敷分配，亦應另行設法。因將南市黃家闕路及閘北分局內所建鋼骨水泥料棧兩處，除樓下貯藏材料外，樓上均改作職工宿舍，陽光空氣均感優良。

丙·設娛樂室及籃球場

話局對於工員休息時間，素乏正當娛樂設備，長此以往，難免有染惡習而間接影響工務尤匪淺鮮。因在總分各局各設娛樂室一所，備有小說雜誌棋弈收音機乒乓球等色，以資戶內消遣，並在宿舍附近各設籃球場一方，俾作屋外運動，藉得操練體格，安心服務而不致發生無意識之舉動。

丁·播植花木

總分各局地位，雖不甚寬大，但空曠之處尙多。歷年以來，荒蕪不堪，既欠雅觀又乏整潔，亦非養生之道。爰略購苗種，酌予播植，藉可改進環境，煥發精神。

戊·設立書報室陳列室

員工在工餘之暇，閱讀書報研究技術，亦當有相當設備，以資鼓勵。話局有鑒於此，特闢書報室陳列室各一所，將各機關及廠行贈送之書報雜誌樣品機件等項，分別保存並在陳列室中裝置磁石式共電式人工機及艾端脫式自動機之模型說明等項。

(十)材料之管理及整頓

話局自動工程材料，數年來因經常維持材料，不能按時充量補充，多向自動材料項下移用，且因戰時損失及他局撥借，致短缺異常，既影響自動工程之完成，而維持所需，亦連帶有捉襟見肘之虞。故自二十二年一月份起，先將總局及閘北分局自動工程所需材料，充分補充，並將管理方法，加以整頓。

甲·收發材料辦法

話局收發材料辦法，向沿舊習，因陋就簡，各股間殊鮮連絡，稽核不便。近爲整頓計，將新收及拆回材料辦法，從新嚴密規定。復將領料實發退回等手續，用四聯單逐步限制，並須負責人員分別核簽，以明責任，稽核自易用料亦省。

乙·廢料之整理與利用

話局料棧，目前計有四所。在自動料湧進時，車站路閘北浦東三料棧，方在建築中，故多擁擠於總局料棧，未免積壓變亂。嗣因戰事及人員縮減關係，料棧存料難資整齊，年來已陸續將各棧存料，澈底整理，從新編定存儲號數，登記存儲單，以期便於檢驗。自動通話後，拆回舊廢料不少，除陸續整理，分別撥發他局留待應用或出售外，其中電纜一項，價值較鉅，內有尙可勉強應用者，大部份已加整理，裝設於綫路荒遠之處。

(十一)開辦技工養成班

話局修理技工，向分線工機工兩等。綫工專司設置及修理綫路障礙，機工則專司裝置及修理機件障礙。分門管理，雖尙妥善，惟對於距離較遠之小分局，所需修養人員，至少須派有綫工及機工各一名，且有時遠路發生障礙，有綫工不能修竣者，須重派機工前往修理，或有機工不能修理者，須另派綫工前往修理。往返跋涉，殊欠經濟，乃於廿二年十月間，招考初中畢業程度學習技工十名，開辦技工養成班，由技術員及技工工頭敎以修理測試綫路及機件障礙等工作，按月舉行考試一次，視察成績，酌予賞罰，以資鼓勵；規定今秋畢業，屆時即可分別派往各分局工作。

(十二)收回浦東電話

查上海華界內有租界電話，業經根據電話臨時合約先後收回，以維主權。浦東方面話局已在爛泥渡東昌路建設自動機分局一所，內部裝置，雖早工竣，但外線工程，尙少規定，且浦東原有電話，悉屬電話公司越界用戶，所有呼數，以往租界者爲多而至華界者少。幾經考慮，乃將浦東分局改裝共電式人工交換機，並規定將原有自動機件移往江灣市中心區新分局應用，以便簡捷而資經濟，所需人工交換機，當將南京舊機撿滬，由話局員工自行修理及裝置。卽蓄電池等項，亦向中國勝舶蓄電池廠購用，半年以來尙稱滿意。

浦東原有外綫，大半係公司越界裝置，間有少數爲話局敷設者。在租界三馬路外灘與浦東日華紗廠碼頭間，公司設有越界水底電纜七十五對兩條，原作公司中央間直接浦東用戶之用。話局對於收回自辦計劃，旣經決定，則對於是項水陸桿綫，自應根據合約擇其可以應用者，酌量估價收買，以資公允，曾與公司當局磋商再三，得以1,440元之代價，全部解決收回，堪稱低廉。

浦東分局之人工交換機，旣得利用，業經收買電話公司之水綫作爲該公司直達公司中央間之中斷綫，故對於浦租間之話務，雖極繁忙，亦可不生問題，惟該分局與南市總局及閘北等分局間亦應有相當中斷綫路設備，俾資應付。乃與市工務局及江海關會商，規定沿浦東路五十對架空中繼電纜，一條至烘業公棧碼頭銜接五十對水綫，而達南市高昌廟以至總局，藉可轉接各處，上項內外工程，均於本年(廿三年)二月十七日完全工竣，話務暢通。

(十三)龍華分局改裝自動機

話局自南市閘北自動機通話後，市民稱便，惟各小分局如龍華吳淞等處，仍係人工接線，機式陳舊，通話效力遠不及自動機，以致用戶方面，相形之下，不無煩言。話局乃有先將龍華分局先裝百五十門史端喬式鄉鎮區用自動機之規定。本年一月份向美國自動電器公司以美金一萬餘元之價格，訂購，三月間到貨，現正在斜土路分局原址另租自動機分局一所，從事裝置，五月間卽可開放通話。

(十四)擴充南市閘北自動機件

話局南市閘北自動機件，自開放以來，裝戶雖尙未達滿額容量，惟以收回華界原有租界公司電話及華租兩界通話次數，劇增關係，致原有設備，漸感不敷應用，爲增進通話效率起見，乃有擴充原有自動機件及改良華租通話設備之規定。當以美金三萬餘元之價格，向美國自動電話公司訂購，業已到貨，現正趕爲裝置，不久亦可正式啓用，屆時用戶，當可更爲便利。

(十五)建設江灣市中心分局

江灣附近已爲市政府劃爲全市之中心區，所有市府房屋大半均已完工，而市府各局均於本年一月一日遷入辦公，將來發展自難限量，話局原有之江灣分局，實不足以應付將來之需要，故卽在三民路國貨路口，建造新分局一所。將浦東拆卸之自動機，移往裝設，本年八九月間卽可完工通話。

(十六)整理大上海電話計劃及改進意見

查上海市區華租兩界各自爲政，交通公安，在在不便，已屬無可諱言，而以電話交通爲尤甚，乃因經濟與條約等種與關係，所有事權迄今未能統盤合作，實爲憾事。惟如能於最短時間及經濟可能範圍內，先將原有機綫詳加整理，再將越界築路區域電話依次收回，實樑當務之急。至將來華租兩界果能設法統一，則話務既無彼此之分，事業當可益形發達，玆姑就目前情形申述之。

甲，整理原有機綫

話局範圍接近租界電話機件之裝置綫路之設施，在在有比較競爭之觀念。自啓用自動電話機及改裝地下電纜後，工務業務均有相當進展，惟綫路方面仍以明綫過多，既欠雅觀，又難維持，而機件方面又乏修理及測試設備，致耗費甚鉅，虧損尤多，且各處之機件綫路，以及用戶小交換機，多因使用年久，維持不易，自應盡力整理，設法改進，俾得接綫靈敏，通話暢達。

乙•各分局改裝自動機

話局自南市閘北等區自動機通話後，接綫敏捷，聲浪清晰，市民稱便，惟各小分局如吳淞眞茹等處，尙係人工或交換機，機式陳舊，效力低弱，話局爲根本計劃起見擬將各小分局交換機，酌量情形，改用自動機，以資一律，並擬於最短時間促其實現。

丙。建設電話中繼總局

話局現有局所或偏南市或偏閘北實屬不便，將未越界問題解決，全部工商業發達，電話用戶定必劇增，原有局所勢必不敷應用，似宜擇一全市中心地點，建設電話中繼總局一所，將所有該處附近用戶電話，直接該中繼總局，並用中繼綫南北相接，再加原有局所加以擴充，則在大上海十年內發展中，話務亦可無難因之發展以免困難。

丁•滬南之擴充

上海縣政府近已南遷北橋鎭，故該區電話大有欲通上海之必要。附近之閔行鎭，爲蘇浙公路必經之地，亦有發達希望。該兩處雖有縣政府及長途汽車公司經營之電話，但均屬簡陋，該地官商聯名，向話局要求早日設綫擴充，以利交通。話局現正籌劃一切，俟有妥當辦法，卽擬進行。

戊•整理京滬滬杭長途電話

京滬滬杭長途話綫，近正改良擴充。誠以京爲政治中心，滬爲商業樞紐，而杭爲東南名勝，且係省府所在，政治消息之傳遞，商業交易之往來，求其秘密迅速，固舍電話莫屬。比年以來，天災外侮，歲不甯息，話務方面，影響綦鉅，但按歷年業務，加以統計，仍有進展。故將原有話綫，從事整理並加擴充，實爲急務，將來發達，定操左劵。

(十七)結論

綜上所述，皆上海電話局工務事務之犖犖大者，經過近年之努力，得將所需整理及擴充工作，導入正軌，稍有頭緒。卽一二八後，北區之損燬亦漸恢復舊觀，惟限於經濟，困於環境，時有顧此失彼之感，加以租界電話，另有公司，致話局發展，難免頓挫，影響所及，實匪淺鮮。將來果能籌有相當辦法，並將長途及國際電話注以全力，愼重推進，則前途希望，當無限量，尙祈電界先進有以敎之。

(民國23年4月)

試驗「離心鑄管法」製造水泥溝管之經過

蔣 易 均

本題所稱之「離心鑄管法」卽根據物理學中之離心力學理製造各種圓管之方法。此種方法在近代工業中，應用尚不甚廣，如在美已有用「離心鑄管法」製成之鑄鐵管，在歐洲大陸似尚未聞有，其所以應用不廣之原因，是否爲專利權縛束所致，則尚未得有引證。

用「離心鑄管法」製成之鑄鐵管或水泥管，其優點如下：

(一)管壁厚薄，全體一律相等，表面平滑且無接縫。

(二)管壁質料，緊密堅實，四周一律，無細孔沙眼之弊。

(三)管壁較薄，仍極堅固，製造時需要原料較少，成本較低。

(四)能任受較高之水壓力，無滲漏之弊。

本篇所紀，限於試驗製造水泥溝管試驗場所，係上海市工務局第四材料廠。蓋上海市工務局原用人工製造水泥溝管，近因外商，在滬創立「離心鑄管法」之溝管製造廠者，已有二家，製造方法均守秘密，而其出品確極優良，遠非人工管所能及，但售價過昂，如向採購，年增工費支出，當必極巨，不得不設法自行試造。

機器之設計：試驗之第一步，卽爲設計製造機器。首次造成之機器約如草圖第一圖

第 一 圖

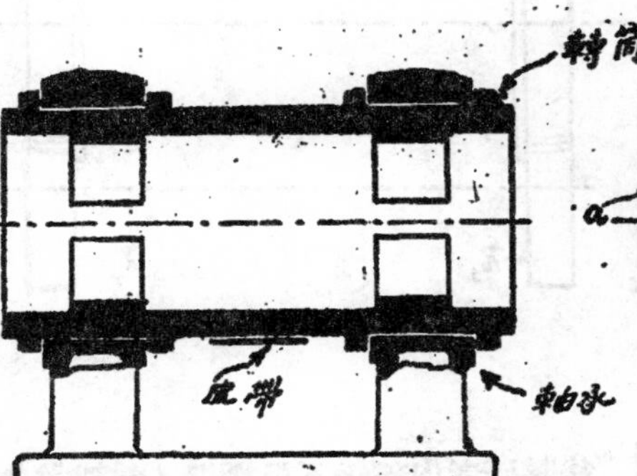

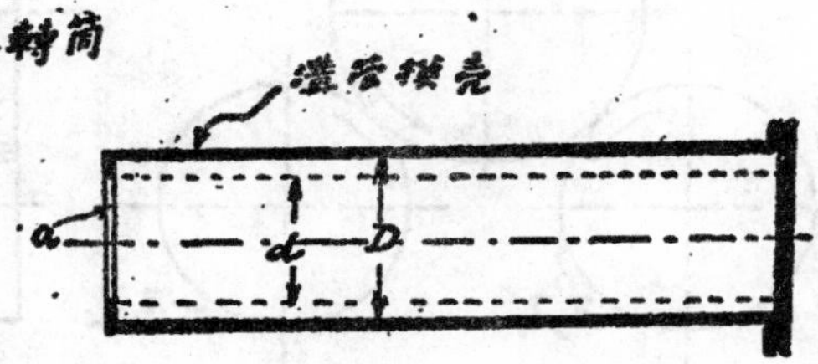

及照片第二圖，機器之主要部份卽屬轉筒，轉筒之內部可將溝管模壳插入，轉筒之外部卽作爲轉軸及皮帶盤之用，構造至極簡單，但模壳插入轉筒，必須極相密吻。該機之工作程序如下：先將混凝土原料灌入模壳，用木塞塞閉模壳a處，再將模壳插入轉筒，然後使轉筒轉旋。轉筒轉旋至一定轉數時，模壳中混凝土，因同在轉動而發生離心力，各個份子各自向模壳四周飛揚而緊貼其上，其分布至爲均匀，及至此時，卽速拔去木塞，使多餘水份由a口洒出。機轉愈速，質料擠壓愈緊，但亦不能過速，否則反足以毀壞混

18097

凝土之結合。

細考合法製成之品，混凝土之構結匀而緊密，且在管之內部表面，有細料一層，分布其上，使更形平滑。至所以能成此種構結之原理，據一再之研究，所得如下：

第　二　圖

粗料較重，輻射較速，故首先分布於外層。於是細料塡入各粗料之孔隙，使極緊密。除塡孔隙之細料外，所餘細料，復分布於內部表面。此外拌合混凝土之水分被粗細料擠出，分布於最裏之一層，(因水之比重輕）隨同滾轉。因水之比重輕，且屬流性，其滾轉速度，不能如已被粘住之混凝土細料者之速，因此原因，此層水層卽與細料表面磨擦而使細料表面更形平滑。

上述設計之機器，僅限於製造小管，若較大之管，重量增加，模壳之插入轉筒或由轉筒中取出，非僅恐人力所能辦到，故對較大口徑之溝管又復重新設計製造機器，其構造約如第三草圖，此機之工作程序如下：模壳M用吊車放置於機器之四輪$R_1R_2R_3R_4$之上，卽將一定數量之混凝土灌入模壳內。

第　三　圖

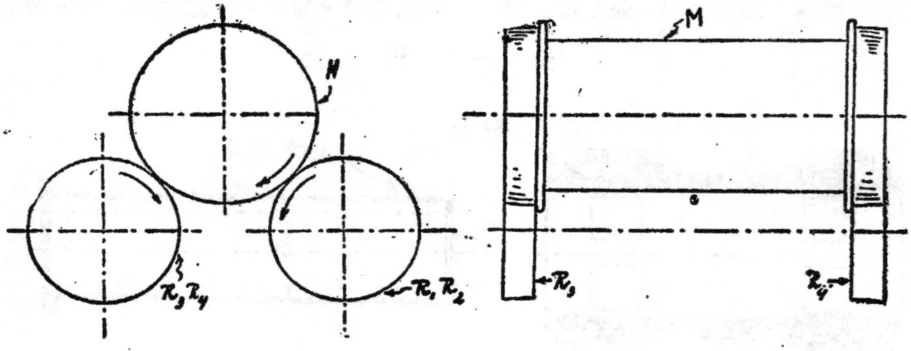

R_1R_2 爲動輪，R_3R_4 爲滑輪。R_1R_2 轉動時，模壳M亦隨之向相反之方向轉動。其餘製造之情形與上述之轉筒機同。

添設暖汽房　「離心鑄管法」製成之溝管，因其質料緊密，故新製成管，混凝土管壁中所含之水份不易發揮，據考驗所得，人工造成之溝管，無論如何於三星期後，混凝土之內部均已乾燥，但機器製造者，於三星期後擊碎者內部仍不免潮濕。爲補救此點使出品可以早日應用起見，因添設暖汽房。法將新製之品，陳置於一用不易透熱材料造成之屋內，將蒸汽用管放入屋內，蒸汽入室之後，一方面將室內溫度約增至攝氏90度，一方面將室內空氣濕度增加極多，不但使混凝土乾燥迅速，並使其於凝結時能得充分之濕量。

人工與機器製溝管之各項比較

類別	15公分口徑溝管			23公分口徑溝管			30公分口徑溝管			45公分口徑溝管		
	管厚壁度	重量	成本	管厚壁度	重量	成本	管厚壁度	重量	成本	管厚壁度	重量	成本
人工造溝管	30公厘	50公斤	0.61元	40公厘	65公斤	0.90元	40公厘	107公斤	1.35元	55公厘	168公斤	2.30元
機製溝管	25公厘	30公斤	0.50元	25公厘	47公斤	0.74元	30公厘	60公斤	1.00元	40公厘	131公斤	1.60元
說明	上項溝管混凝土成本均爲1:2:3溝管長度均爲1公尺											

機製溝管每平方英寸約能任水壓力至35磅，倘不滲漏，逾此限度則管壁破裂，人工溝管在平常水流已滲透管壁矣。

國內新聞

膠濟更換新橋

膠濟鐵路自經吾國接收，鑒於運輸日繁，橋樑載重能力，深感不足，故對更換橋樑積極從事，按年分批辦理，全部小橋在20公尺以下者，現已悉數換畢，大橋中尚餘淠及淄河兩橋未換，刻正河亦在着手進行，日內由鐵道部招標購買橋身，預定本年六月開始修築兩橋便道，全部工程當在明年五月中旬完竣，約計工料用款共需一百萬元。按淠河本爲開頂下承桁梁橋，計九孔，每孔跨度30公尺，新橋改用穿式鈑梁橋，跨度仍舊。淄河橋位於淄河店及辛店兩站之間，卽十九年八月間國晉兩軍隔河相持戰爭最烈之處，全橋11孔，計跨度40公尺者9孔，跨度35公尺者2孔，爲全路最長之橋，本係上承桁梁式，新橋橋式及跨度仍舊。兩橋均建自德管時代，當時旨在速成，且運輸不若今日之繁，載重能力約爲古柏氏第35級，此次新橋則概照古柏氏第50級設計云。

實部設計籌辦二種工廠

實業部現正設計二種工廠，(一)橡皮工廠，我國公路建築日多，汽車輪胎之需用量，亦隨之增加，每年橡皮及樹膠，車輪胎，入口達五百餘萬兩，若與其他所需橡皮材料之入口數統計，竟超過千萬兩以上，近以有增無已，實業部計擬辦橡皮廠一所，最近可將各項前提商定，(二)人造絲廠，近天然絲之衰落，原因不一，但受人造絲排擠爲最，救濟計劃，擬籌設人造絲製造廠，官商合辦，嗣據江浙綢商向實業部聲請願在政府指導之下，設廠製造，當可籌備，最近報載之江浙聯合絲廠，及浙省人造絲廠，均與此案無關。

膠濟鐵路行車時刻表 民國二十三年七月一日改訂實行

下行列車

站名	到開	五一次各等	三一次各等	七一次三四等	七三次三四等	一次各等
青島	開	七•〇〇	一一•三〇	一五•〇〇		二一•四〇
大港	開	七•一一	一一•四一	一五•一一		二一•五一
四方	開	七•二〇	一一•五〇	一五•二〇		二二•〇〇
滄口	開	七•三六	一二•〇六	一五•三八		二二•一六
女姑口	開	七•四八	一二•一八	一五•五一		不停
城陽	開	七•五七	一二•二七	一六•〇一		二二•三四
南泉	開	八•一三	一二•四三	一六•一八		不停
藍村	開	八•二七	一二•五八	一六•三六		二三•〇一
李哥莊	開	八•三六	不停	一六•四五		不停
膠東	開	八•四八	不停	一六•五八		不停
膠州	到	九•〇〇	一三•二五	一七•一一		二三•二八
	開	九•〇三	一三•二七	一七•一四		二三•三〇
芝蘭莊	開	九•一九	不停	一七•三三		不停
姚哥莊	開	九•二八	不停	一七•四三		不停
高密	到	九•三九	一四•〇一	一七•五一		〇•〇一
	開	九•五〇	一四•一二	一八•〇三		〇•一三
康家莊	開	一〇•〇	不停	一八•一六		不停
蔡家莊	開	一〇•一三	一四•三三	一八•二八		不停
塔耳堡	開	一〇•二三	一四•四三	一八•三九		不停
丈嶺	開	一〇•三三	一四•五三	一八•五三		不停
岞山	開	一〇•五三	一五•一二	一九•一二		一•〇三
黃旗堡	開	一一•〇一	一五•二一	一九•二三		不停
南流	開	一一•〇九	不停	一九•三一		不停
蝦蟆屯	開	一一•二四	一五•四一	一九•四八		一•一八
坊子	到	一一•三七	一五•五四	二〇•〇三		一•四二
	開	一一•五二	一六•〇八	二〇•一一	六•二〇	一•五六
二十里堡	開	一二•〇四	一六•二〇	二〇•二六	六•三四	二•〇八
濰縣	到	一二•一二	一六•二八	二〇•三五	六•四四	二•一六
	開	一二•一五	一六•三〇		六•四九	二•二八
大圩河	開	一二•二九	不停		七•〇四	不停
朱劉店	開	一二•四〇	一六•五三		七•一七	二•四〇
昌樂	開	一二•五三	一七•〇六		七•三三	二•五三
堯溝	開	一三•〇五	一七•一八		七•四六	不停
譚家坊子	開	一三•一七	一七•三〇		八•〇〇	不停
楊家莊	開	一三•二八	一七•四一		八•一四	不停
青州	到	一三•四三	一七•五六		八•三三	三•二四
	開	一三•四六	一八•〇〇		八•三六	三•三六
普通	開	一三•五八	不停		八•五〇	不停
淄河店	開	一四•〇八	一八•一九		九•〇一	不停
辛店	開	一四•二一	一八•三六		九•一七	四•〇五
金嶺鎮	開	一四•三五	一八•五〇		九•三三	不停
湖田	開	一四•四八	一八•五九		九•四四	不停
張店	到	一四•五七	一九•〇八		九•五五	四•三一
	開	一五•一二	一九•二三		一〇•一〇	四•四六
馬尚	開	一五•二一	不停		一〇•二〇	不停
周村	到	一五•四〇	一九•四八		一〇•四四	五•一一
	開	[illegible]	一九•五一		一〇•四七	五•一四
大臨池	開	一六•〇七	不停		一一•二二	不停
王村	開	一六•一九	二〇•二四		一一•三六	不停
普集	開	一六•二九	[illegible]		一一•四八	五•五二
明水	開	一六•四四	二〇•四九		一二•〇五	不停
棗園莊	開	一六•五四	二一•〇〇		一二•一八	六•一五
龍山	開	一七•〇八	二一•一五		一二•三三	六•二九
郭店	開	一七•二三	二一•三〇		一二•五三	不停
王舍人莊	開	一七•三四	二一•四一		一三•〇五	不停
黃臺	開	一七•四七	二一•五五		一三•二〇	七•〇三
北關	開	一七•五五	二二•〇七		一三•二九	七•一〇
濟南	到	一八•〇〇	二二•一二		一三•四五	七•一五

上行列車

站名	到開	五二次各等	七二次三四等	三二次各等	七四次三四等	二次各等
濟南	開	七•〇〇		一一•四〇	一四•四〇	二二•〇〇
北關	開	七•〇九		一一•四七	一四•四七	二二•〇六
黃臺	開	七•一六		一一•五四	一四•五五	二二•一三
王舍人莊	開	七•三〇		一二•〇八	一五•一〇	不停
郭店	開	七•四二		一二•二〇	一五•二三	不停
龍山	開	七•五七		一二•三六	一五•三九	二二•四八
棗園莊	開	八•一三		一二•五三	一五•五五	二三•〇三
明水	開	八•二四		一三•〇三	一六•〇七	不停
普集	開	八•四一		一三•二〇	一六•二〇	二三•二八
王村	開	八•五一		一三•三一	一六•三四	不停
大臨池	開	九•〇三		不停	一六•五四	不停
周村	到	九•二〇		一三•五六	一七•一三	〇•〇一
	開	九•二三		一三•五九	一七•一六	〇•〇四
馬尚	開	九•四〇		不停	一七•三五	不停
張店	到	九•四八		一四•二一	一七•四三	〇•二六
	開	一〇•〇三		一四•三六	一七•五八	〇•四一
湖田	開	一〇•一五		一四•四九	一八•一二	不停
金嶺鎮	開	一〇•二四		一四•五六	一八•二一	不停
辛店	開	一〇•三八		一五•一二	一八•三七	一•一〇
淄河店	開	一〇•五一		一五•二五	一八•五一	不停
普通	開	一一•〇一		不停	一九•〇三	不停
青州	到	一一•一三		一五•四四	一九•一六	一•三九
	開	一一•一六		一五•四七	一九•一九	一•四二
楊家莊	開	一一•三一		一六•〇三	一九•三五	不停
譚家坊子	開	一一•四二		一六•一三	一九•四六	不停
堯溝	開	一一•五四		一六•二七	一九•五九	不停
昌樂	開	一二•〇六		一六•三七	二〇•一二	二•一二
朱劉店	開	一二•一九		一六•五一	二〇•二六	二•二九
大圩河	開	一二•三〇		一七•〇一	二〇•三七	不停
濰縣	到	一二•四二		一七•一三	二〇•五〇	二•五八
	開	一二•四五	七•〇〇	一七•一六	二〇•五四	三•〇一
二十里堡	開	一二•五四	七•一〇	一七•二五	二一•〇四	三•一〇
坊子	到	一三•〇六	七•二二	一七•三七	二一•一七	三•二七
	開	一三•二一	七•三七	一七•五一		三•三一
蝦蟆屯	開	一三•三六	七•五四	一八•〇六		不停
南流	開	一三•五〇	八•〇九	不停		不停
黃旗堡	開	一三•五七	八•一七	一八•二四		不停
岞山	開	一四•〇八	八•二九	一八•三五		四•一八
丈嶺	開	一四•二六	八•四八	一八•五四		不停
塔耳堡	開	一四•四二	八•五八	一九•〇三		不停
蔡家莊	開	一四•五一	九•〇八	一九•一三		不停
康家莊	開	一五•〇三	九•二〇	不停		不停
高密	到	一五•一三	九•三一	一九•三一		五•〇四
	開	一五•二四	九•四三	一九•四三		五•一五
姚哥莊	開	一五•三七	九•五六	不停		不停
芝蘭莊	開	一五•四五	一〇•〇五	不停		不停
膠州	到	一六•〇三	一〇•二三	二〇•〇〇		五•四七
	開	一六•〇四	一〇•二六	二〇•〇七		五•四九
膠東	開	一六•一六	一〇•三九	不停		不停
李哥莊	開	一六•二七	一〇•五一	不停		不停
藍村	開	一六•三七	一一•〇一	二〇•四六		六•一五
南泉	開	一六•五〇	一一•一五	二〇•五九		不停
城陽	開	一七•〇八	一一•三四	二一•一二		六•四一
女姑口	開	一七•一九	一一•四四	二一•二四		不停
滄口	開	一七•二九	一二•〇七	二一•三六		六•五九
四方	開	一七•四五	一二•二五	二一•五一		七•〇九
大港	開	一七•五四	一二•三〇	[illegible]		七•一九
青島	到	一八•〇〇	一二•四〇	二二•一〇		七•三〇

隴海鐵路簡明客車時刻表

民國二十三年九月一日實行

向西上行車

站名＼車次	1 特快	3 特快	5 特快	71 混合	73 混合	75 混合	77 混合	79 混合
孫家山							9.15	
墟溝			10.05				9.30	
大浦				71.15				
海州			11.51	8.06				
徐州	12.40		19.39	17.25	10.10			
商邱	16.55				15.49			
開封	21.05	15.20			21.46	7.30		
鄭州	23.30	17.26			1.18	9.50		
洛陽東	3.49	22.03			7.35			
陝州	9.33				15.16			
潼關	12.53				20.15			7.00
渭南								11.40

向東下行車

站名＼車次	2 特快	4 特快	6 特快	72 混合	74 混合	76 混合	78 混合	80 混合
渭南								14.20
潼關	6.40				10.25			19.00
陝州	9.52				14.59			
洛陽東	15.51	7.42			23.00			
鄭州	20.15	12.20			6.10	15.50		
開封	23.05	14.35			8.34	18.15		
商邱	3.31				14.03			
徐州	8.10		8.40	10.31	20.10			
海州			16.04	19.48				
大浦				21.00				
墟溝			18.10				18.45	
孫家山							19.05	

中國工程師學會會務消息

◉第十五次執行部會議紀錄

日期 二十四年二月九日下午三時
地點 本會會所
出席者 徐佩璜 裘燮鈞 張孝基 王魯新 鄒恩泳
主席 徐佩璜 紀錄 鄒恩泳
報告事項
王魯新報告
本會工業材料試驗所募捐第一步由會員各自認捐總數計2090元現擬着手第二步由會員募捐所有募捐應用印刷品及繳款辦法採取交通大學此次建造庫書募款方法辦理
討論事項
(一)本會工業材料試驗所募捐第二步如何進行案
議決：(1) 對於已認捐各會員一律致函申謝並希望仍須努力向外勸募(2) 組織募捐隊以便競募請鐵道部會員組織鐵道隊募集款額二萬元請交通部會員組織交通隊募集款額一萬元請實業部會員組織實業隊募集款額五千元請國民政府建設委員會組織建設隊募集款額一萬元請全國經濟委員會會員組織經濟隊募集額款五千元請各省建設廳會員分別組織募捐隊每隊募集款額二千元請各市政府會員分別組織募捐隊每隊募集款額二千元(3)請王魯新君於下星期內速將各募捐信件發出
(二)發給會員陳祖光劉敦鈺二君登記技師之本會證明書請追認案
議決：通過

◉徵求無線電工程人才

某校現需添聘無綫電教官及助教各一人，月薪自七十元至壹百二十元，須大學電信科畢業及曾任電信工程職務者為合格，如願應徵者，請開明詳細履歷及服務機關證明書，連同文憑掛號寄至上海南京路大陸商場五四二號本會轉達可也。

◉鋼筋混凝土學出版啓事

本會會員趙福靈先生所著鋼筋混凝土學一書，業經出版，按鋼筋混凝土在土木及建築工程上，為最重要材料之一。數十年來，歷經歐美各國學者苦心研究試驗，其學理已差臻完全之域；書籍之編印亦不下數十百種。我國近年來，以建設事業蒸蒸日上，鐵路公路年有進展，市政工程逐漸興辦，故鋼筋混凝土之應用日益推廣，惟關於此項學科之著述，至今尚屬寥寥，其較完備足為實施工程及計劃之參考者尤屬絕無僅有。蓋著者有鑒及此，爰編是書，以作芻蕘之獻。惟此書著者在公務之餘倉促草成，錯漏在所難免，尚望 讀者暨諸先進時加指示，俾於再版時得以改正，是幸。

本書對於鋼筋混凝土學，包羅萬有，無微不至，蓋著者參考歐美各國著述，搜集諸家學理，編成是書，敍述既極簡明，內容亦甚豐富。此項工程設計，定可應付裕如，毫無困難矣。本書曾經本會會員鋼筋混凝土工程專家李鏗。李學海諸君詳加審閱，均認為極有價值之著作。全書洋裝一冊，共五百餘面，計十四篇，定價五元，外埠購買加寄費三角。發行處上海南京路大陸商場五四二號本會。

工程週刊

(內政部登記證警字788號)
中國工程師學會發行
上海南京路大陸商場542號
電話：92582
(稿件請逕寄上海本會會所)

本期要目

中華民國24年4月4日出版
第4卷第7期(總號85)
中華郵政特准掛號認為新聞紙類
(第1831號執據)
定報價目：每期二分；每週一期，全年連郵費國內一元，國外三元六角。

飛機場夜間飛機降落時所用之新式强光燈

物質生產

編者

享用物質，必先生產物質，換而言之，須先求物質生產，然後可講物質文明：試觀現今之蘇俄，全國人民，上自政治領袖，下至苦力工人，全在縮衣節食，寧願忍饑與寒，嚴禁國外消費貨品入國。其所以能上下一心，數年如一日者，無非其政府確在努力生產計劃，期望享受於生產之後耳。入超年達數萬萬元之我國，何可再不迎頭趕上去。

國立清華大學土木工程系水工實驗館設備及工作概況

施嘉煬 張任

國立清華大學水工實驗館，於民國二十三年春間完成，館爲二層樓建築，共長160呎，寬60呎，有地下水庫一座，可儲水10,000立方呎；高架水庫一座，可儲水1,000立方呎。戶外水槽一道，長300呎，寬10呎，深8呎，槽傍安置鋼軌及電車，（此項工程現尚未完工）爲艦艇模型試驗，大型河工模型試驗，及校正流量計等用。戶內有100呎長水槽一道，與容量1,500立方呎之量水池聯絡，爲河工試驗及精確堰流量試驗用。另有鋼製高架水糟一道，長7公尺，與水輪池相連，上設溢道，使水位固定。高架水槽下端設洋灰水槽一道，長26公尺，高寬各1.6公尺，承受水輪池內排出之水；槽頂安設鋼軌，上裝幕車，用電氣接觸法以推求槽中平均流速籍以測算流量。第一層樓地面共有排水池12處，分佈南北兩端，泥沙沉澱池一處，吸水井一處，均與地下水庫接聯。

抽水機共四座，低壓機容量爲每秒300公升（11立方呎），水頭8公尺。高壓機容量爲每秒26升公(0.78立方呎)水頭140公尺。低壓機可接連於高架水庫或高架水槽，供反動水輪試驗用。高壓機直接通衝動水輪，亦可接連高架水庫，抽水供其他實驗用。

與水輪池毗連處爲水輪試驗平台，長7公尺，寬3.5公尺。衝動水輪在台西，反動水輪在台東，中爲油壓調速器，兩輪均可接用。衝動與反動水輪之安置，均爲橫軸式。試驗時扭力用普朗尼制動機測量，速度用累積速度計及旋迴速度計紀錄，水量用幕車速率推算，水頭記載則取諸高架水槽及水輪水槽上所特設之差異浮標計。反動水輪共有五種，計佛蘭西斯式低速度，中速度及高速度各一具，推進器式一具，卡布蘭轉葉式一具。每種水輪均可用同一之水輪池與地基隨時掉換試驗。至水輪排水管則有圓形直立式或灣式，橢圓形直立式與灣式，卡布蘭式及水錐式等。

實驗室用水爲循環制，地下水庫所儲之水係由自來水管灌入，經儲滿後卽可永遠循環應用。水路如下：——

水工實驗館內部之一斑

（甲）由地下水庫流入吸水井，經抽水機抽送至二層樓上之高架水庫，然後分流於下列四處：

一 經10吋管至河工試驗水槽，下注量水池回歸地下水庫；或由量水池注入戶外水槽可洩至校外小溪。

二 經4吋管流入北面試驗廊，廊上共有引水閘九處，可供九種實驗同時舉行。引水閘所流出之水。經各個試驗儀器後，流歸地面之排水池，然後回歸地下水庫。

三 經4吋管流入南面試驗廊，該廊共有引水閘八處，可供八種實驗同時舉行

18104

。回歸水路與(二)同。

四　經4吋管至中部試驗場，注入各種活動之小型河工試驗水槽，洩入泥沙沉澱池，再回歸地下水庫。

(乙)自吸水井由抽水機抽送至高架水槽，流入水輪池供反動水輪實驗用，然後由水輪排水管洩入水輪試驗水槽，直接回歸地下水庫。

(丙)由高壓抽水機逕引間衝動水輪，經過水輪後洩入水輪試驗水槽，逕回至地下水庫。

水力機試驗平台

(丁)由小抽水機自吸水井引至一高架水桶，供水力學班上演講時表演用，此水亦流經排水池回歸地下水庫(此項設備正在裝置中)

各水路上均裝有范透里管，水表，筆托管，及浮標計等以供流量之測算。河工試驗水槽及量水池等，其設備足供最高流量每秒12立方呎之用。

水工館之設計，除適應於實驗課程方面外，並注重於研究工作方面，故儀器之安裝多採活動式，隨時可以掉換，安裝固定者不多。研究工作分下列數種：

(甲)精確流量測算方法之研究。

(乙)各式水輪及抽水機特性之試驗與其設計改進問題等。

(丙)河工，港工，及灌溉工程上各種問題之研究。

(丁)其他關於水力工程構造上之問題。

實驗課程方面，分初級水力實驗（三年級必修）及高級水力實驗(四年級生選修)。初級實驗包括河流流量測量，河床糙度測算，堰之試驗，范透里管水表之流速計之校正，筆托管之應用，水管水頭損失之測算，及抽水機與衝動水輪反動水輪特性之試驗等。高級水力實驗，注重精確之實驗方法與技術，及實驗資材之分析。所包括之問題，除初級實驗中之一部分，用較準確之方法試驗外。兼及模型試驗之理論與方法，如相似性問題，模型規律應用問題，泥沙選擇問題等。所作模型實驗如何底沙礫推進力之研究，水躍現象之研究，堰壩消力方法之研究等。

現在經實驗室內用模型實驗之工作，有以下二種：

(一)虹吸管設計問題。

(二)引河內之泥沙淤塞問題。

其他正擬進行之工作有下列數種：

(一)卡布蘭轉葉式水輪之特性試驗。

(二)包頭黃河泥沙之推動流速測驗。

(三)沉澱池設計之研究。

(四)滾水壩下游靜水池之設計及其與水躍之關係。

(五)河底流速對於沙礫運轉之關係。

(六)透水樾壩與不透水樾壩對於整理河道效能之比較。

18105

試驗鋸齒式軋花機報告

湖北建設廳技正張延祥　　技士陳志恆

湖北為產棉之區，去年產噸從全國第一位降至第二位，故對於推廣棉田，改良品種，減輕成本，提高信用各點，應積極提倡統制，以期恢復昔日地位。

棉花自收穫至運銷，中間須經軋花打包手續。軋花卽壓去棉子。棉子重量佔籽花68%—70%，皮棉僅得30%—38%。軋花方法，用皮輥軋花機 (Roller Gin)，有用人力者有用機力者，用機力者，湖北祗新溝，仙桃，沙洋，樊城，棗陽，蔡甸等一二十處，設立軋花廠，其餘大多數均用人力。

皮輥軋花機頗易損壞，出品不淨，費用極大，近有新式鋸齒式軋花機，(Saw Gin) 出品迅速，南通大生紗廠有二具，每具每小時可軋籽花600公斤 (1300磅)，皮棉清靜，為其特長。湖北建設廳為改良棉質，特購機試驗，研究此種軋花機，是否合用於湖北所產之籽花。自去年十二月起，得各方面之協助，成績甚佳，關係湖北將來軋花方法甚鉅，因將試驗經過，報告於此，備棉業界之參考。

機式：250公厘(10″)徑，18片手搖鋸齒軋花

第一圖　鋸齒軋花機

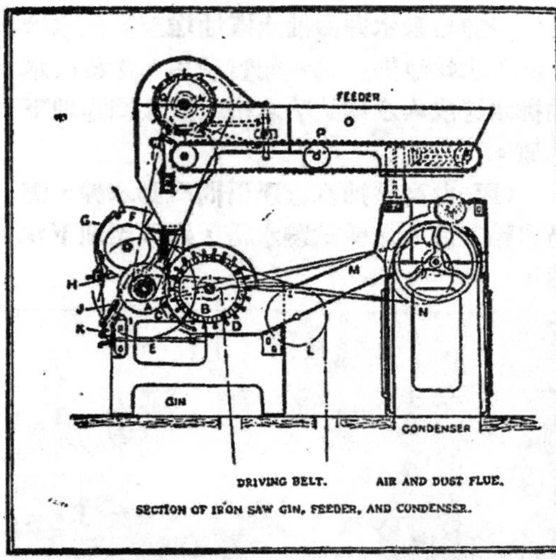

第二圖　鋸齒軋花機剖面圖

機，美國 Eagle Conteniental廠造，漢口愼昌洋行經售，價每具 126 元，改用皮帶拋動，每分鐘250轉，用3馬力電動機拖轉，電動機每分鐘 2400 轉。

構造：鋸齒軋花機小者鋸片(Saw)由10片至20片，大者可達70片至80片，鋸片直徑有250公厘(10″)及300公厘(12″)兩種。其外狀如第1圖，切面圖如第2圖。機構之組織，包括A鋸片，(Saw) B毛刷(Brush)，C毛刷導板 (Brush guard)，D除塵板，(Note Board) E除塵板活動螺絲(Note Board adjusting Screw)，F籽花調節棍 (Seed Cotton Roll Chamber)，G籽花箱曲板 (Curved seed Board)，H淨籽活動板 (Adjusting seed Cleaning plates)，I爐柵移動螺絲 (Set Screw Supporting grate Bar)，J爐柵(Grate Bar)K，升降爐柵鐵桿(lever for raising grate Bar)，L緊張輪(Diving tension Pulleg)，M皮花弄(lint flue)，N花籠(Condenser)，O給棉機(Feed Hopper)，P給棉簾子(Feed plate)，Q給棉調節剌棍(Feed Pipe Roller)。籽棉輸入O給棉機內，因P給棉簾子，及Q給棉調節剌棍之轉動，籽棉平均輸入籽棉箱，籽棉箱內以F調節棍之轉動，籽棉均勻附着於鋸片A，鋸片A轉動，將棉纖維鈎着，爐柵將棉籽阻隔，不能通過，因鋸片轉動之拉力，棉纖維乃與棉籽脫離。附着於鋸片之片棉，經B毛刷刷取，而達於M花弄，所有微塵，因自身之重量，由D除塵板處落下。D除塵板可視塵埃之清淨與否，或有棉花夾落跌下，可由E活動螺絲左右移動。花弄內之棉花，因N花籠之吸引，附着於花籠D由花籠轉動傳出機外，完成軋花工作。至於G籽花箱曲板，爲調節輸入籽花量，H淨籽活動板視軋下之棉籽，潔淨與否，移動其與鋸片之距離。如軋下之籽不淨，可使其距離接近，否則較遠，取一適當距離。K及I爲移動爐柵桿及螺絲，倘籽棉軋不淨，爐柵須略低。鋸片之鋸齒數與籽棉附着較大，軋花效率亦增，如棉纖有損傷情形，則將爐柵抬高，使鋸齒數附着於籽棉較少。C爲毛刷導板，L爲傳動緊張輪，以便使傳動皮帶鬆緊之用。此機特點，乃軋花產量多，工費省，且棉花中之微塵可以在該機內除去，輔助紡織機械效率之不及，惟粗絨花及特長纖維之棉，不宜用此機，恐棉纖維軋斷耳。此機係1794年美國 Eliwhitney 氏發明，美國完全採用此機，出品速率比皮棍軋花機快10倍。

出量：軋花機於二十三年十二月三日起試驗，每小時軋籽花55公斤（120磅），出棉勻淨，塵沙除淨，破籽棉均分出，逕留機內。皮花上無棉皮帶連。皮花纖維並未軋短，平均爲7分長。

皮份：此次向湖北棉業改良委員會借用脫字籽棉21包，計重2210公斤。孝感棉1包，計重99公斤，共計2309公斤。試驗結果，孝感棉因棉子甚小，皮花不能軋盡，效率稍差。脫字棉原係軟亮美種，棉子較大，出子比皮棍軋花機爲乾淨。總計共得皮花678公斤，算得皮份如下：

$$\frac{678}{2309}=29.4\%$$

上項比例，較皮棍車爲少，但灰沙棉子均除淨，且因籽棉有水份，故不十分可靠。玆再就棉子，皮花，及脚花三項重量，計算皮份如下：

皮份　678公斤

送檢驗局機花　3公斤

棉子　1560公斤

脚花　22公斤

$$\frac{\text{皮花}}{\text{皮花}+\text{棉子}+\text{脚花}}=\frac{678}{678+3+1560+22}$$

$$=\frac{678}{2263}=30.0\%$$

依此計算，得皮份爲30%。其餘損耗爲水份蒸發，及塵灰沙土之類。

損耗：上項皮花，打成九包，送交漢口申新第四紗廠，於一月六日起試驗損耗及短纖維。先劃出清花機一部，鋼絲車二部，刷淨舊有脚花，以資計算。於上述皮花試驗完畢後，得結果如下：

清花脚花	10.9公斤	合1.6%	} 4.0%
鋼絲脚花	16.3公斤	合2.4%	
斬刀回花	2.0公斤	合0.3%	

總共損耗　4.3%

18107

上項試驗，由該廠蕭工程師倫豫，及劉振周，會同辦理。

依普通情形，皮花在清花機及鋼絲車，須損耗7%—8%。今用鋸齒式軋花機之花，所得結果，雖皮份減少約3%，而損耗亦減少約3.%，在紗廠方面當甚歡迎。鋼絲車所出棉網，條份勻淨，毫無白點，在紡紗機上可免白蚤之弊。又可紡較細之紗，如脫字棉原爲紡20支之用，今可紡24支紗，不必攙用長纖維之棉。若攙用少許靈寶棉，可紡32支紗。此亦爲鋸齒機之一利益。

檢驗：合水百分率　9.54%

合雜百分率　0.68%

以上爲漢口商品檢驗局檢驗

編號	長度	長度整齊率	一公分長每根重量	每吋內撚曲數	強度
1	7/8吋	90.54%	.002050mg.	78.78轉	5.78g
2	7/8吋	90.93%	.002000mg.	72.28轉	5.00g
3	7/8吋	91.55%	.002150mg.	74.37轉	4.40g
4	7/8吋	90.46%	.002100mg.	75.60轉	4.65g

綜合上列結果，得知該種脫字棉長度爲7/8吋，長度整齊率在90%左右，一公分長每根纖維之重量平均爲.002075公絲，(與北方脫字棉粗細相彷)，每英寸內撚曲數約有75轉，强度平均約爲5公分，品級在中級次上級之間，(來樣太少，不肯定)。又按鋸齒軋花機所軋棉花，與皮棍機所得者，單纖維品質未有變更，惟於棉絲引拉機整理棉條時，似覺鋸齒機棉花絲圈較多，不另整理，此點於成紗時或有影響。

以上棉業統制委員會棉質檢驗室檢驗。

意見：申新四廠試用該項皮棉，於一月八日函本所云：「茲經敝廠試驗結果，該棉身分甚乾，並無籽屑，較用皮棍車所軋之花爲優，尙能合用，遵諭由敝廠收買，計淨重合市秤13担75斤，因其身分與河口細絨花相等，每担照市特別提高2元，作38元，合計洋522元5角，茲由機務科開具清單，隨函附呈」。

此次試驗結果可稱滿意，本省軋花打包廠計畫，已另擬辦理矣。

24年1月25日，武昌。

上海市體育場工程計劃概要

俞楚白

(一) 序言

上海爲商賈輻輳華洋雜處之區，根據市府及英工部局之調查，居民近三百萬，而修養心意鍛鍊體質之場所，祇有市府所設西門公共體育場，天文台路中華棒球場及工部局所闢之數公園。且天文台路中華棒球場地基租約已滿，而西門公共體育場佔地不寬設備不周，以致學校員生以及工商界人士休沐之日，每感修養場所之缺少，未能爲體質之鍛鍊，市府有鑒於此，遂有體育場之開闢。

(二) 概形

體育場位於市中心住宅區行政區間，毗連公園，處在國濟北路之東政同路之南國和路之西虬江之北佔地約300畝，由市中心建設委員會董大酉建築師設計，分運動場體育館游泳池以及棒球排球足球籃球等場。棒球場闢於國濟北路與政同路之轉角。該場之南沿國濟北路築硬地網球場一所，再南爲入體育場大道。路中設售票亭四處。大道之南近虬江之處爲排球場。由大道向東即爲運動場。該場大門直對大道。場爲橢圓形，南達虬江岸邊，北至政同路。運動場之東爲足球場與籃球場。再東靠近國和路之處，爲游泳池，折而北至國和路政同路轉角爲體育館。西沿政同路爲草地網球場。預計全體房屋建成後，在國濟北路觀望，有運動場之高大門樓，氣象莊嚴，其最高處有二巨煙突，高聳如巨鼎。在政同路眺望有體育館之崇樓，遙矚有游泳池之門樓，高度與運動場相彷，而建築方式較爲精巧，以地位稍異耳。

(三)　工程設計

凡工程師之對於各種建築之構造法，不僅對於建築物之安全問題確須留意，而對於經濟方面尤當攷慮周詳，不特中外之方程，亦古今之通則也。此次全部體育場之計劃，對於任何各點，均經詳細比較，以定取決，今特分類概述之於下：

(甲)看台　全部體育場建築，大部份爲看台及門樓。門樓構造法與普通水泥鋼骨樓房同，無庸贅述。看台之構造法，則稍有比較。若將踏步安置於下平樓板而承以樑柱，則非特混凝土與鋼筋在樓板中加增許多，且因樓板之死重加增，而樑柱及柱基亦因之加大，殊不合算。故現將踏步板擱於兩面小擱柵上，由小擱柵再擱於樑而承以柱及柱基，則不特將樓板可減薄許多，而死重亦因之減輕矣（見圖1）。其計算方法與普通混凝土計算法同。

(乙)游泳池　游泳池之四周牆身，用普通伸臂式牆計算之池底構造法，則大有研究。池之最深處爲3.35公尺。故加池底之厚度須在地面下3.66公尺。上海地勢較低，潮水高漲時，水幾與地面平。故3.66公尺下水之

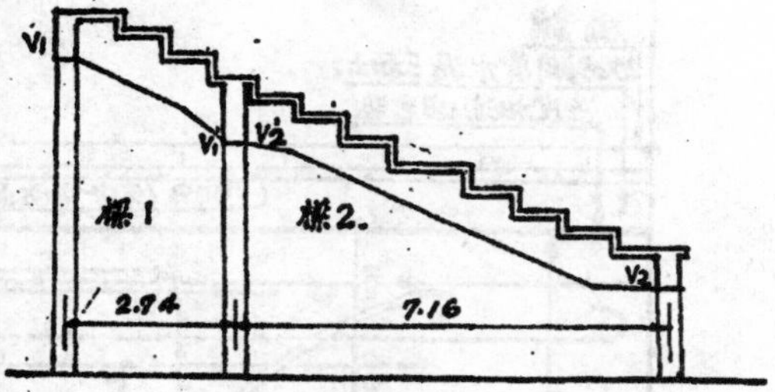

圖 1.

上升力甚大。若無他種設備，則池底之混凝土，須一公尺餘之厚度，方可平衡池身，殊不經濟。若將池底築高，則四周看台因視綫關係，亦將築高，面積甚大，更不經濟。惟有採用拉樁，較爲相宜。拉樁之大小，與長短之計算法，先將樁之中距決定，然後計算每樁所管轄之面積幾何，每單位面積之上壓力，因所掘之深度而各異。深度已知則每樁所担任之力，立可算出，而樁之大小長短，可由樁與泥土之法定阻力得之矣。今將池底最深處之拉樁計算如下：

池之最深處自地平綫下爲3.66公尺

水之上壓力 $=1000\times3.66=3660$ 公斤/方公尺

減去池底之本身重約　490公斤/方公尺

共3170公斤/方公尺

定拉樁之中距爲1.22公尺每樁所受之拉力 $=1.22^2\times3170=4700$ 公斤

用20公分方洋松樁頭部做成鋸齒形（見圖2）齒形最小部份爲10公分方。

該部所受之引力爲 $=\dfrac{4700}{10\times10}=47$ 公斤/方公分

洋松能勝任之引力=60公斤/方公分

泥土與木樁阻止爲……　980公斤/方公尺

木樁之長須 $\dfrac{4700}{4\times.2\times980}=6$ 公尺

樁與混凝土之如何連接，其法將木樁之頂做成鋸齒形，（見圖2）埋入混凝土內。鋸

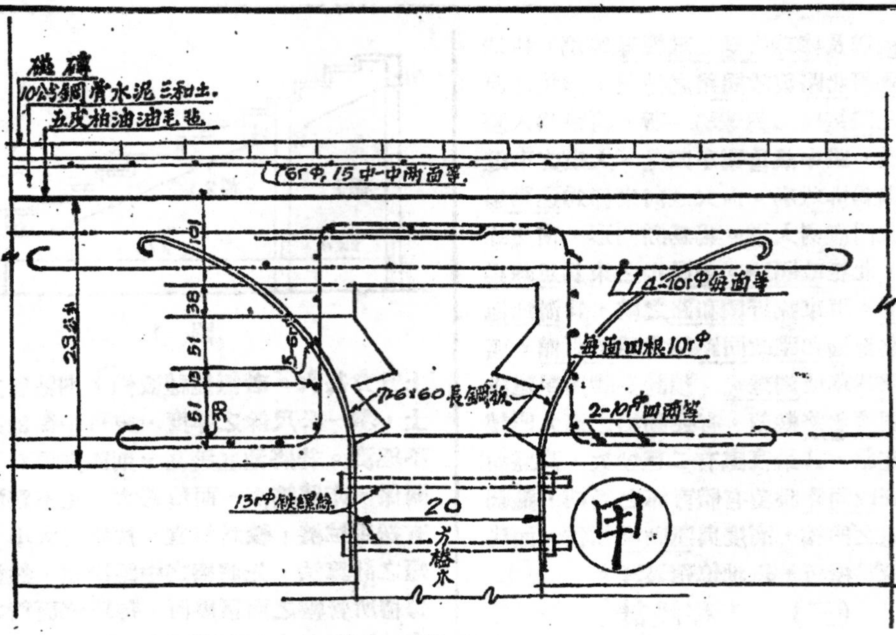

圖 2.

齒形之大小，以本材之順木紋剪力計算之。如樁頂之最小部份爲10公分，埋入混凝土內爲17.8公分，則：

木材之剪力爲$\frac{4700}{4\times10\times17.8}$7公斤/方公分

木材能勝任之順木紋剪爲7公斤/方公分

混凝土與木樁鋸齒之連接爲13公分，則：

混凝土之剪力$=\frac{4700}{4\times20\times13}=45$公斤/方公分

樁之四周用10公厘圓鋼筋箍牢，但木材或有漲縮，將來未免有腐蝕之虞，故木材與混凝土之黏合力不甚可靠，另用7公分寬6公厘厚之鋼板，一頭釘於木樁上，一頭灣入混凝土內(見圖2甲)。

鋼板與混凝土之黏合力爲5.5公斤/方公分

鋼板之長$=\frac{4700}{7.6\times2\times5.5}=56.2$公分

現用60公分長

如是構造，則木樁與混凝土聯合爲一體，則全面積水之上壓力，由混凝土運於木樁，使樁於泥土之阻力平衡之，藉免池內無水時，將池身頂起。池之較淺部份，用同樣木樁，但樁身較短小耳。樁頂上面爲10公分厚之鋼筋混凝土其計算法實同一倒置之無樑樓板耳。

(丙)體育館三支點鋼供屋架　除看台游泳池而外其餘工程上之足述者，惟體育館之

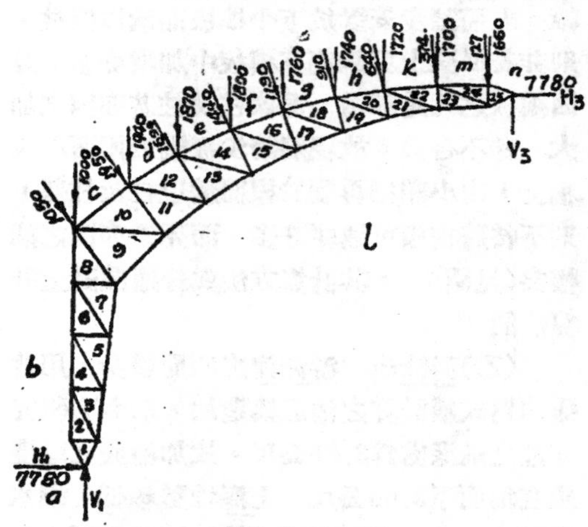

圖 3.

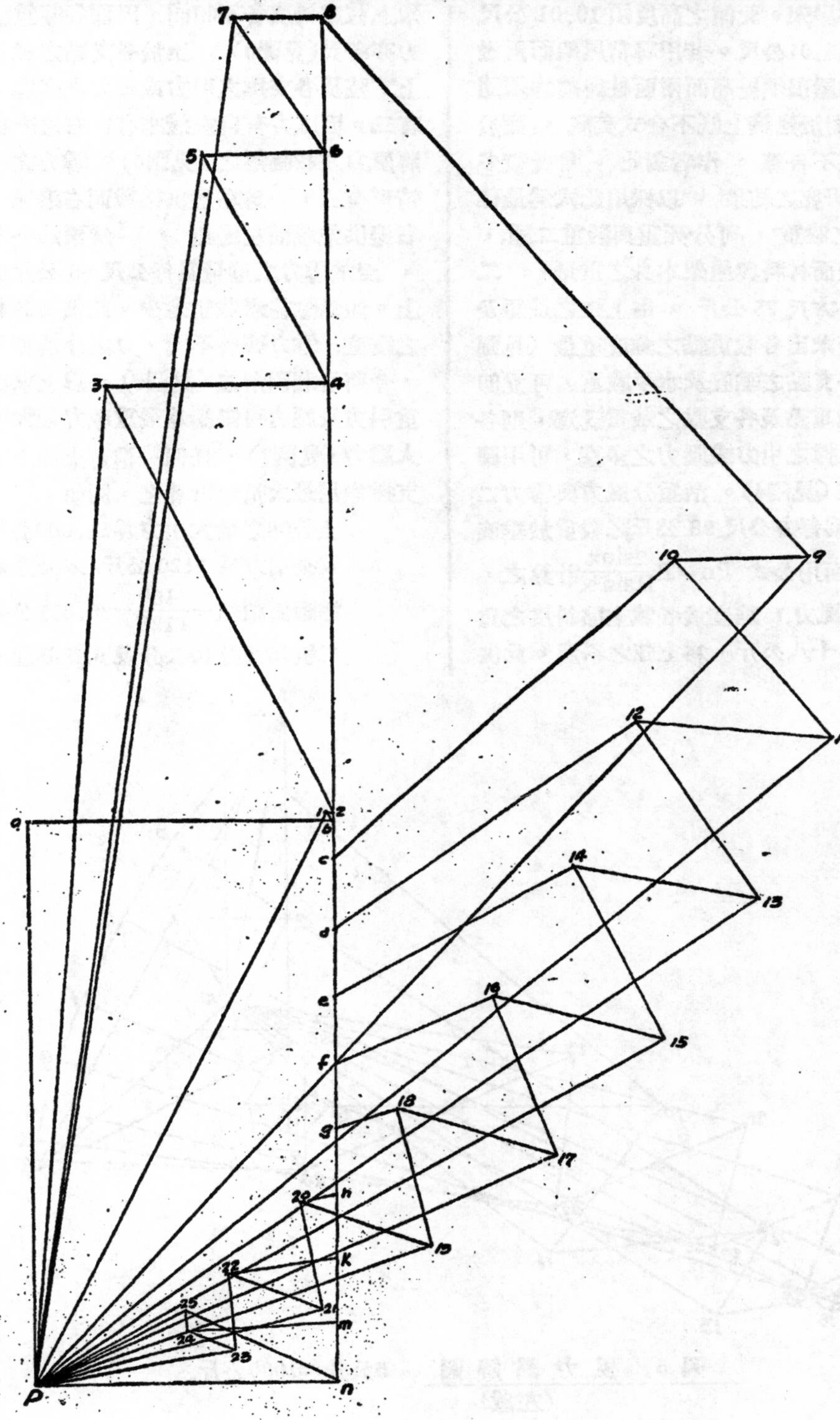

圖4. 死重力圖解圖
5公分=1000公斤

18111

三支點鋼供屋架。此館之高度須19.91公尺，跨度須四3.91公尺。若用尋常屋架而兩邊承以柱，則屋頂須提高而兩面柱與牆均須隨之加高。對於建築上既不合式美觀，而於經濟方面更不合算。作者對此，曾費較多之時間，研究之結果，以採用此式爲最佳。屋架上之載重，可分死重與活重二種，死重包括屋面材料與屋架本身之重量。二者約計每公方尺98公斤。由上弦之長短及供架之中距求出各載重點之垂直重量（見圖3），由是各支點之垂直及水平載重，可立即求出。各載重點及各支點之載重既定，則各上下弦各支撑之引力或壓力之多寡，可用圖解法求出之（見圖4）。活重分風力與雪力二種。風力爲每方公尺98公斤之載重於垂直面，於斜面用公式 $Pn=P\frac{2\sin x}{H\sin^2 x}$ 計算之，內中Pn爲風力，垂直於各載重點斜度之重量，P爲九十八公斤，爲上弦之斜度。此供架上弦之斜度各不相同，因而各載重點之風力亦各異（見圖3）。至於各支點之載重與各上下弦及各支撑之引力或壓力之多寡，情形有二。因風力有自左邊來有自右邊來也。今將風力左載圖解之（見圖5）。雪力之載重，情形有三，一爲左邊供架載而右邊無，一爲右邊供架載而左邊無，一爲兩邊全載是也。至於雪力之重量爲每公尺98公斤於平面上。傾斜愈甚者載重愈少。此供架各載重點之垂直，雪力亦各不同，力之分解亦分三種，今將全載圖解之（見圖6）。以上求出各載重引力及壓力可歸納爲最重載力最大引力最大壓力（見圖7）。任何一榫釘支座上下弦或支撑均用最大情形計算之，例如：

上弦68之最大引力爲41,000公斤鋼之安全引力爲1120公斤/方公分則鋼之淨斷面積須$=\frac{4100}{1120}=36.6$方公分，用二根15公分10公分及9.5公厘厚之三

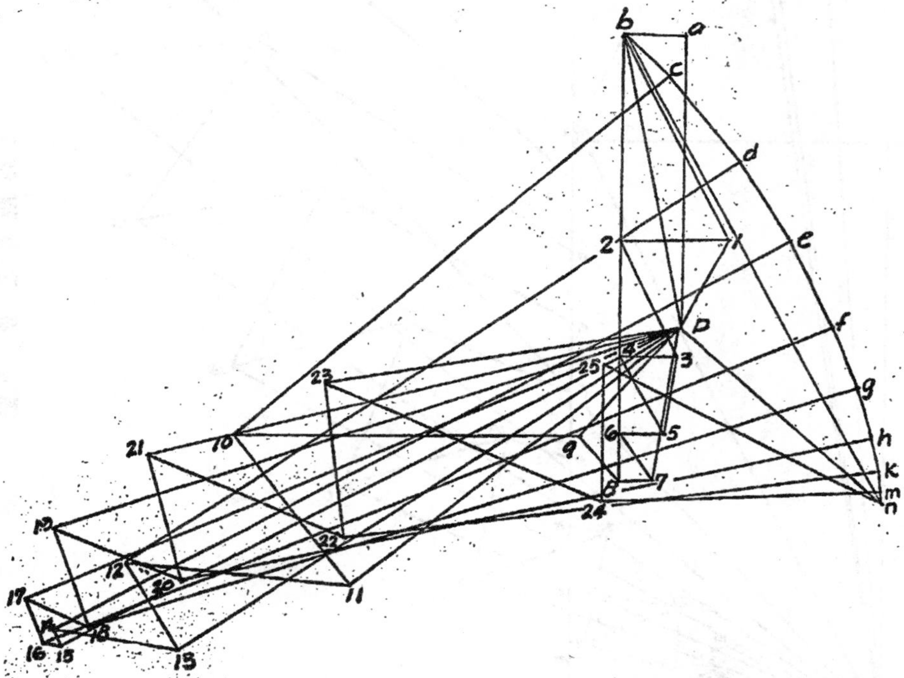

圖5. 風力圖解圖 5公分=1000公斤.
（左載）

18112

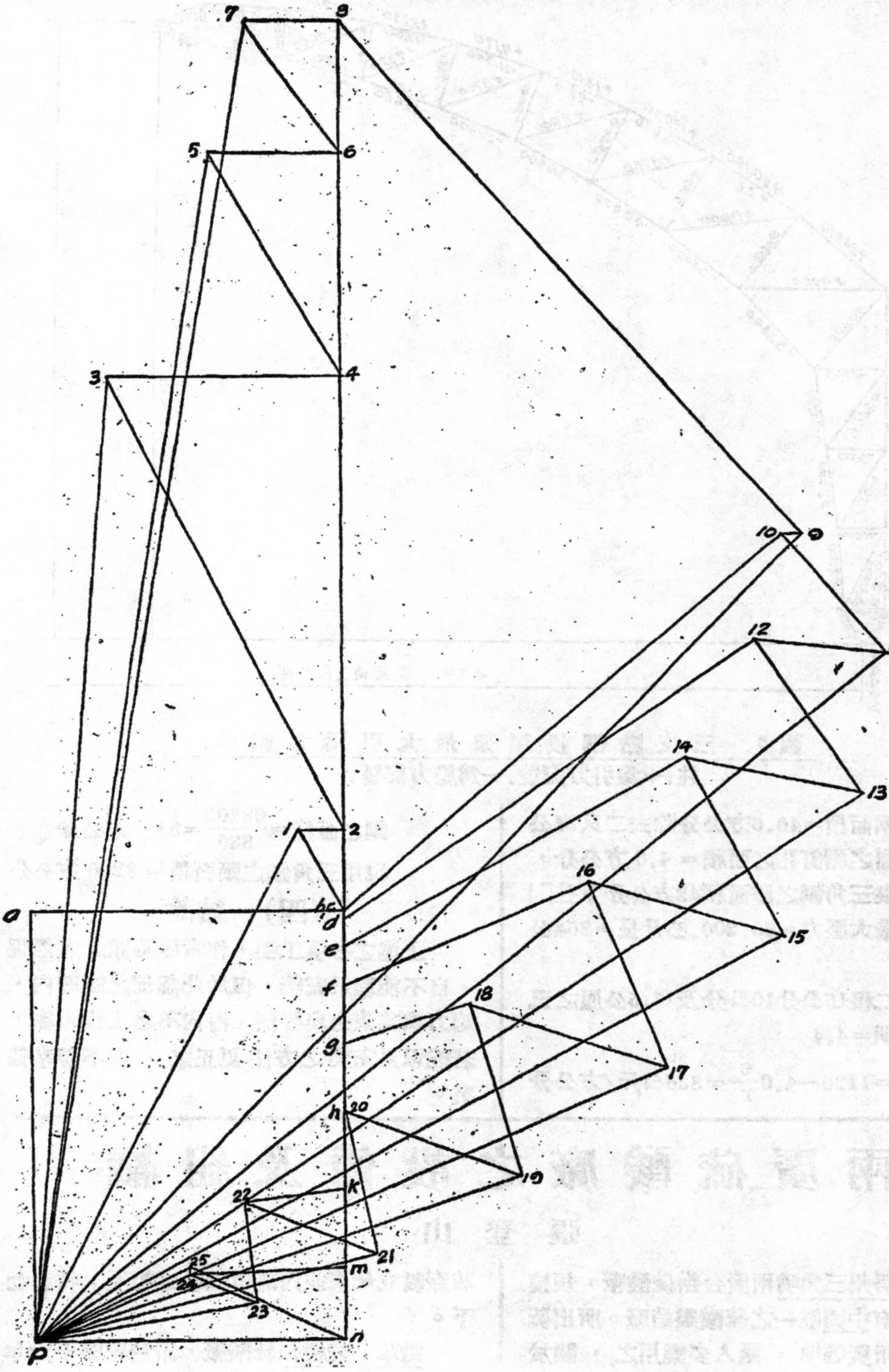

圖6. 等力圖解圖（兩邊全載）

5公分‖100公斤

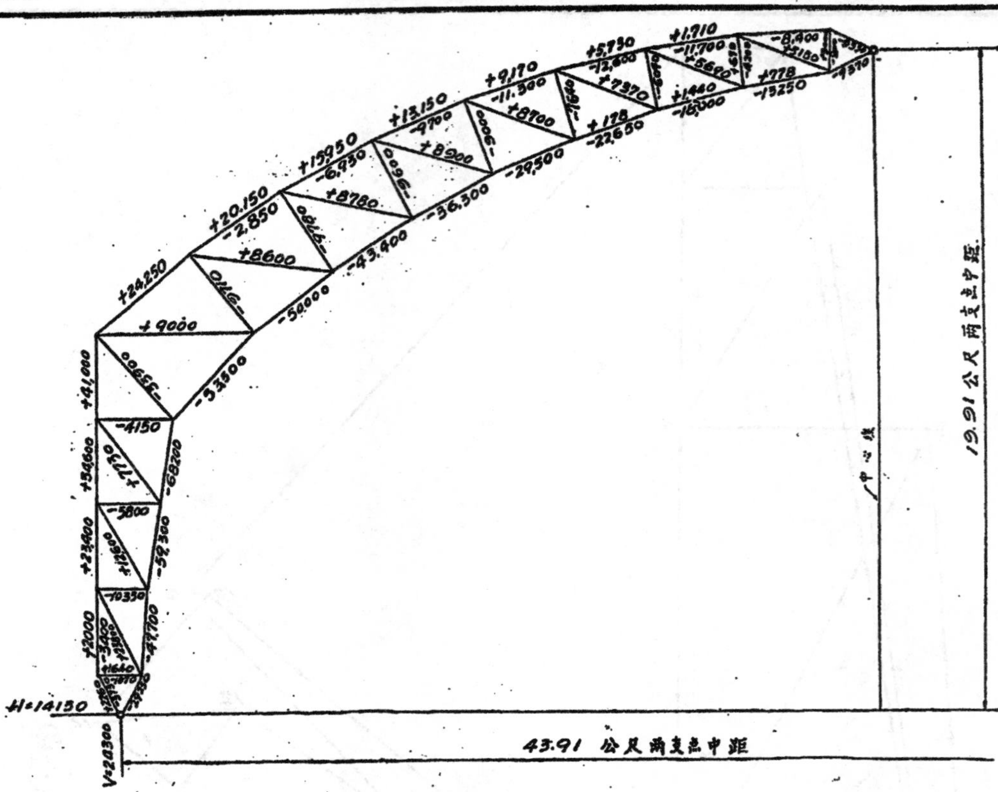

圖 7. 三支點鋼拱屋架最大引壓力圖式.

註.＋爲引力記號.—爲壓力記號.

角鋼面積＝46.6方公分除去二只24公厘圍之帽釘孔之面積＝4.6方公分，二根三角鋼之淨面積42方公分下弦「」之最大壓力＝68,200.公斤長＝254公分

用二根15公分10公分及17.5公厘之三角鋼＝4.4

$$p=1120-4.9\frac{e}{r}=836\text{公斤/方公分}$$

$$\text{鋼之面積}=\frac{68200}{836}=81.7\text{方公分}$$

現用三角鋼之斷面積＝82.6方公分

(四) 結論

上述之各項工程，作者因時間上之忽促，自不能臻於完美，但於此忽促之時間內，總力求其安全與經濟，海內不乏工程專家，若能以更完美之方法更正之，則不勝幸甚矣。

兩廣硫酸廠之設備及組織

張登山

廣西梧州三角嘴兩廣合辦硫酸廠，規模甚大，爲南中國唯一之硫酸製造廠。所出硫酸，行銷兩廣等地，國人多樂用之，關於該廠設立始末並內部組織製造等項，特誌如下。

沿革 查梧州硫酸廠，係於民國十六年

，由本省十五軍部撥款與辦，籌備者為德國人薛培，至十七年冬，建築完竣，先後斥資凡毫銀七十萬元，連原有建築物及地皮，計全部資產當在百萬元左右，十七年冬，薛氏請假回國，政府遂委李致化任副廠長，主持一切，至十八年四月，開始試機，忽發現機械粉礦爐灰塵太多，降塵室失效，古老華塔酸之冷却器效力不足等弊端，致無法繼續出酸，遂於五月間暫停工作，旋因政局告變，軍事發生，廠務乃無形停頓，迄二十一年春，軍事結束，省政統一，馬君武先生應當局命，出任硫酸廠規復事宜，嗣於五月間，改為兩廣合辦，由桂省府與粵當局簽定，「兩廣省辦硫酸廠協定大綱」。資本暫定為毫銀五十六萬元，再由兩省府各增加資本十萬元，為新資本，並會派馬君武為廠長，馬氏乃積極從事於改良及修理之工作，是年十一月，籌備就緒，十二月一日，遂正式開工出酸矣。

設備　硫酸工場之全部工程，係由德國巴梯公司按照最新式設計建築者，內有鉛室，古老華塔，第一反應塔，第二反應塔，解路撒塔，降塵室，機械粉礦爐，碎礦機各一座，蒸酸爐四，150匹馬力蒸氣發動機連發電機一架，抽酸機六架，吹送機二架，及電動機若干架。廿一年以後，並新添有電氣除塵器一副，及人工焚礦爐十六座，硫酸工場之外，並有料庫化驗室各一間，餘如辦公廳，職員宿舍，工人宿舍，貨倉，及附設之硝酸廠等，則均係十六年以前舊有之建築。

製酸大要　本廠製酸，係用鉛室法，照預定計畫，每日可出波美表六十六度硫酸十噸，其法先將硫鐵礦壓碎，置焚鑛爐內焚燒，發生二氧化硫氣體，在古老華塔內過硝酸，行蒸發及脫硝作用，即得六十度硫酸，然後將氣體道入鉛室，加給水份，而製成五十度鉛室酸，再經第一第二兩反應塔及解路撒塔，將硝酸吸回，其餘廢氣，則由煙囪放出。鉛室及古老華塔，製成之稀硫酸，流入蒸酸爐內，蒸發水份，即成為六十六度之濃硫酸矣。

硝酸廠　硫酸廠附有硝酸廠一間，所製出之硫酸，除供給製硫酸時所需外，並發售於市間，開工時，平均每日能出硝酸半噸云。

18115

北寧鐵路簡明行車時刻表 中華民國二十四年一月一日重訂

下行車

列車次數 \ 站別 \ 開到時刻	北平前門開	豐台開	郎坊開	天津總站開	天津東站到	天津東站開	塘沽開	蘆台開	唐山到	唐山開	開平開	古冶開	灤縣開	昌黎開	北戴河開	秦皇島開	山海關到	山海關開	遼寧總站到
第四十一次 普通客車 中膳各等	五・四五	六・二〇	七・四〇	九・一六	九・二五	九・三五	一〇・三八	一一・四六	一二・四七	一二・五二	一三・〇六	一三・三九	一四・二九	一五・三二	一六・一六	一六・四三	一七・〇五	停	
第七十一次及第七十五次 客貨三等混合慢車	六・〇〇	七・五五	一二・〇〇	一五・三三	一五・五〇	停		第七十五次	自唐山起	六・三〇	七・一〇	八・二五	一〇・〇一	一二・三〇	一四・二五	一五・三三	一六・一〇	停	
第三次 特別快車 膳車各等	八・四五	九・一四		一一・二八	一一・三六	一一・五〇	一二・四七	一三・四五	一四・三九	一四・四二	一四・五三	一五・一七	一五・四九	一六・三一	一七・〇四	一七・二三	一七・四〇		
第二十三次 快車 膳車各等	一三・一五	一三・四七	一五・〇二	一六・三〇	一六・三九	一六・五〇	一八・〇〇	一九・〇六	二〇・〇六	二〇・一〇	二〇・二一	二〇・四六	二一・二〇	二二・一〇	二二・四五	二三・一七	二三・二五		
第三〇一次 平滬直達特別快車 膳臥各等	一五・〇五	一五・三六	一六・四〇	一七・五〇	一七・五九	一八・二〇	開	往	上海										
第五次 特別快車 膳車各等	一六・三〇			一九・〇七	一九・一五	停													
第三〇五次 平浦直達特別快車 膳臥各等	一八・五〇	一九・二〇	二〇・二六	二一・三九	二一・四八	二二・二〇	開	往	浦口										
第一次 平瀋特別快車 膳臥各等	二〇・一五	二〇・四七	二二・〇六	二三・三六	二三・四五	二三・五五	一・〇一	二・七〇	三・一二	三・一五	三・三〇	四・三〇	四・五三	五・五九	六・四七	七・一六	七・四〇	八・二〇	一六・四〇
第四〇一次 平瀋直達貨車及七十三次客貨混合三等慢車	二一・〇〇	二二・五五	一・三四	四・二〇	四・三七	六・五〇	九・四〇	一二・四〇	一五・四五	停									

上行車

列車次數 \ 站別 \ 開到時刻	遼寧總站開	山海關到	山海關開	秦皇島開	北戴河開	昌黎開	灤縣開	古冶開	開平開	唐山到	唐山開	蘆台開	塘沽開	天津東站到	天津東站開	天津總站開	郎坊開	豐台開	北平前門到
第四十二次 普通客車 中膳各等			六・〇〇	六・二五	六・五四	七・四〇	八・四五	九・四四	一〇・一〇	一〇・二三	一〇・三〇	一一・四一	一二・四六	一三・四六	一四・〇〇	一四・一四	一五・四三	一七・二一	一七・五五
第四次 特別快車 膳車各等			九・四五	一〇・〇四	一〇・二七	一〇・五八	一一・三九	一二・一八	一二・三五	一二・四五	一二・五〇	一三・四八	一四・四五	一五・四〇	一五・五五	一六・〇五		一八・一五	一八・四二
第七十六次及第七十二次 客貨三等混合慢車			一〇・五〇	一二・〇〇	一二・五八	一四・四八	一七・五七	二〇・四〇	二一・四三	二二・〇五	停	第七十二次	自天津起		六・〇五	六・五九	一一・四五	一五・三八	一六・五〇
第二十四次 快車 膳車各等			一三・一五	一三・三五	一四・〇〇	一四・三七	一五・二二	一六・〇五	一六・二二	一六・三二	一六・三五	一七・四一	一八・四九	一九・四八	二〇・〇〇	二〇・一一	二一・三〇	二二・四四	二三・一五
第二次 滬平特別快車 膳臥各等	一四・〇〇	二二・〇〇	二二・四〇	二三・〇九	二三・四二	〇・三一	一・三二	二・三〇	二・五五	三・〇九	三・一四	四・二五	五・二八	六・二五	六・三五	六・四六	八・〇五	九・一五	九・四五
第七十四次客貨混合三等慢車及第四〇二次滬平直達貨車											四・五〇	七・三八	一〇・〇九	一一・四五	一七・二〇	一八・二〇	二三・〇三	一・〇〇	二・〇五
第三〇六次 平浦直達特別快車 膳臥各等									由	浦口		開	來	四・五〇	五・二〇	五・三〇	六・四三	七・四九	八・一九
第三〇二次 滬平直達特別快車 膳臥各等									由	上海		開	來	七・〇五	七・三〇	七・四〇	八・五〇	九・五四	一〇・二四
第六次 特別快車 膳車各等															九・〇五	九・一五		一一・二三	一一・五〇

隴海鐵路簡明客車時刻表

民國二十三年九月一日實行

向西上行車

站名 \ 車次	1 特快	3 特快	5 特快	71 混合	73 混合	75 混合	77 混合	79 混合
孫家山							9.15	
墟溝			10.05				9.30	
大浦				71.15				
海州			11.51	8.06				
徐州	12.40		19.39	17.25	10.10			
商邱	16.55				15.49			
開封	21.05	15.20			21.46	7.30		
鄭州	23.30	17.26			1.18	9.50		
洛陽東	3.49	22.03			7.35			
陝州	9.33				15.16			
潼關	12.53				20.15			7.00
渭南								11.40

向東下行車

站名 \ 車次	2 特快	4 特快	6 特快	72 混合	74 混合	76 混合	78 混合	80 混合
渭南								14.20
潼關	6.40				10.25			19.00
陝州	9.52				14.59			
洛陽東	15.51	7.42			23.00			
鄭州	20.15	12.20			6.10	15.50		
開封	23.05	14.35			8.34	18.15		
商邱	3.31				14.03			
徐州	8.10		8.40	10.31	20.10			
海州			16.04	19.48				
大浦				21.00				
墟溝			18.10				18.45	
孫家山							19.05	

膠濟鐵路行車時刻表　民國二十三年七月一日改訂實行

下行列車

站名	到開	十一次各等	二一次各等	七一次三四等	七三次三四等	一次各等
青島	開	七•○○	一一•三○	一五•○○		二一•四○
大港	開	七•一一	一一•四一	一五•一一		二一•五一
四方	開	七•二○	一一•五○	一五•二○		二二•○○
滄口	開	七•三六	一二•○六	一五•三八		二二•一六
女姑口	開	七•四八	一二•一八	一五•五一		不停
城陽	開	七•五七	一二•二七	一六•○一		二二•三四
南泉	開	八•一三	一二•四三	一六•一八		不停
藍村	開	八•二七	一二•五八	一六•三六		二三•○一
李哥莊	開	八•三六	不停	一六•四五		不停
膠東	開	八•四八	不停	一六•五八		不停
膠州	到	九•○○	一三•二五	一七•一一		二三•二八
膠州	開	九•○三	一三•二七	一七•一四		二三•三○
芝蘭莊	開	九•一九	一三•四四	一七•三二		不停
姚哥莊	開	九•二八	不停	一七•四三		不停
高密	到	九•三九	一四•○一	一七•五一		○•○一
高密	開	九•五○	一四•一三	一八•○三		○•一三
康家莊	開	一○•○○	不停	一八•一六		不停
蔡家莊	開	一○•一五	一四•三三	一八•二八		不停
塔耳堡	開	一○•二五	一四•四三	一八•三九		不停
丈嶺	開	一○•三五	一四•五三	一八•五五		不停
岞山	開	一○•五二	一五•一二	一九•一三		一•○三
黃旗堡	開	一一•○一	一五•二一	一九•二五		不停
南流	開	一一•○九	不停	一九•三一		不停
蛤蟆屯	開	一一•二四	一五•四一	一九•四八		一•一八
坊子	到	一一•三七	一五•五四	二○•○三		一•四一
坊子	開	一一•五二	一六•○八	二○•一一	六•二○	一•五六
二十里堡	開	一二•○四	一六•二○	二○•二六	六•三四	二•○八
濰縣	到	一二•一三	一六•二八	二○•三五	六•四四	二•一六
濰縣	開	一二•一五	一六•三○		六•四九	二•一八
大圩河	開	一二•二九	不停		七•○四	不停
朱劉店	開	一二•四○	一六•五三		七•一七	二•四○
昌樂	開	一二•五四	一七•○六		七•三三	二•五四
堯溝	開	一三•○五	一七•一八		七•四六	不停
譚家坊子	開	一三•一七	一七•三○		八•○○	不停
楊家莊	開	一三•二八	一七•四一		八•一四	不停
青州	到	一三•四三	一七•五六		八•二三	三•三四
青州	開	一三•四六	一八•○○		八•三八	三•三六
普通	開	一三•五八	不停		八•五○	不停
淄河店	開	一四•○八	一八•一九		九•○一	不停
辛店	開	一四•二一	一八•二六		九•一七	四•○七
金嶺鎮	開	一四•三五	一八•四○		九•三○	不停
湖田	開	一四•四八	一八•五九		九•四四	不停
張店	到	一四•五七	一九•○八		九•五五	四•三一
張店	開	一五•一二	一九•二三		一○•一○	四•四六
馬尚	開	一五•二一	不停		一○•二○	不停
周村	到	一五•四○	一九•四八		一○•四四	五•一一
周村	開	一五•四五	一九•五一		一○•四七	[illegible]
大臨池	開	一六•○七	不停		一一•二三	不停
王村	開	一六•一九	二○•二四		一一•三六	不停
普集	開	一六•二九	二○•三四		一一•四八	五•五三
明水	開	一六•四四	二○•四九		一二•○五	不停
棗園莊	開	一六•五四	二一•○○		一二•一八	六•一五
龍山	開	一七•○八	二一•一五		一二•三五	六•二九
郭店	開	一七•二三	二一•三○		一二•五三	不停
王舍人莊	開	一七•三四	二一•四一		一三•○五	不停
黃臺	開	一七•四七	二一•五五		[illegible]	七•○三
北關	開	一七•五五	二二•○七		一三•二○	[illegible]
濟南	到	一八•○○	二二•一二		一三•二九	七•二○

上行列車

站名	到開	十二次各等	七二次三四等	二二次各等	七四次三四等	二次各等
濟南	開	七•○○		一一•四○	一四•四○	二二•○○
北關	開	七•○九		一一•四七	一四•四七	二二•○六
黃臺	開	七•一六		一一•五四	一四•五五	二二•一三
王舍人莊	開	七•三○		一二•○八	一五•一○	不停
郭店	開	七•四二		一二•二○	一五•二三	不停
龍山	開	七•五七		一二•三六	一五•三九	二二•四八
棗園莊	開	八•一三		一二•五三	一五•五五	二三•○三
明水	開	八•二四		一三•○三	一六•○七	不停
普集	開	八•四一		一三•二○	一六•二○	二三•二八
王村	開	八•五一		一三•三一	一六•三四	不停
大臨池	開	九•○三		不停	一六•五四	不停
周村	到	九•二○		一三•五六	一七•一三	○•○一
周村	開	九•二三		一三•五九	一七•一六	○•○四
馬尚	開	九•四○		不停	一七•三五	不停
張店	到	九•四八		一四•二一	一七•四三	○•二六
張店	開	一○•○三		一四•三六	一七•五八	○•四一
湖田	開	一○•一五		一四•四九	一八•一二	不停
金嶺鎮	開	一○•二四		一四•五八	一八•二一	不停
辛店	開	一○•三八		一五•一二	一八•三七	一•一○
淄河店	開	一○•五一		一五•二五	一八•五一	不停
普通	開	一一•○一		不停	一九•○三	不停
青州	到	一一•一三		一五•四四	一九•一六	一•三九
青州	開	一一•一六		一五•四七	一九•一九	一•四一
楊家莊	開	一一•三一		一六•○二	一九•三五	不停
譚家坊子	開	一一•四三		一六•一三	一九•四六	不停
堯溝	開	一一•五四		一六•二五	一九•五九	不停
昌樂	開	一二•○六		一六•三七	二○•一一	二•二三
朱劉店	開	一二•一九		一六•五一	二○•二六	二•三九
大圩河	開	一二•三○		一七•○一	二○•三七	不停
濰縣	到	一二•四三		一七•一三	二○•五○	二•五八
濰縣	開	一二•四五	七•○○	一七•一六	二○•五四	三•○一
二十里堡	開	一二•五四	七•一○	一七•二五	二一•○四	三•一○
坊子	到	一三•○六	七•二二	一七•三七	二一•一七	三•二二
坊子	開	一三•二一	七•三七	一七•五一		三•三七
蛤蟆屯	開	一三•三六	七•五四	一八•○六		三•五二
南流	開	一三•五○	八•○九	不停		不停
黃旗堡	開	一三•五七	八•一七	一八•二四		不停
岞山	開	一四•○八	八•二九	一八•三五		四•一八
丈嶺	開	一四•二六	八•四八	一八•五四		不停
塔耳堡	開	一四•四三	八•五八	一九•○三		不停
蔡家莊	開	一四•五一	九•○八	一九•一二		不停
康家莊	開	一五•○三	九•二○	不停		不停
高密	到	一五•一四	九•三一	一九•三一		五•○四
高密	開	一五•二四	九•四三	一九•四三		五•一五
姚哥莊	開	一五•三七	九•五六	不停		不停
芝蘭莊	開	一五•四五	一○•○五	二○•○○		不停
膠州	到	一六•○二	一○•二三	二○•一七		五•四七
膠州	開	一六•○四	一○•二六	二○•一九		五•四九
膠東	開	一六•一六	一○•三九	不停		不停
李哥莊	開	一六•二七	一○•五一	不停		不停
藍村	開	一六•三七	一一•○一	二○•四六		六•一五
南泉	開	一六•五○	一一•一五	二○•五九		不停
城陽	開	一七•○八	一一•三四	二一•一五		六•四一
女姑口	開	一七•一七	一一•四四	二一•二四		不停
滄口	開	一七•二九	一二•○七	二一•三六		六•五九
四方	開	一七•四五	一二•二五	二一•五一		七•一九
大港	開	一七•五五	一二•三五	二二•一○		七•三○
青島	到	一八•○○	一二•四○	二二•一五		七•三五

工程週刊

(內政部登記證警字788號)

中國工程師學會發行

上海南京路大陸商場 542 號

電話：92582

(稿件請逕寄上海本會會所)

中華民國24年4月20日出版

第4卷 第8-9期

(總號 86-87)

中華郵政特准掛號認為新聞紙類

(第1831號執據)

本期要目

定報價目：每期二分，全年52期，連郵費，國內一元，國外三元六角。

行將落成之本會工業材料試驗所

本會執行部啓事

本會執行部接本會副會長惲震君來函，報告三月一日出席行政院秘書處審查度量衡標準制單位及定義會議之經過情形，並請將中國物理學會呈請改訂標準之原呈及全國度量衡局向行政院審查會之報告詞印刷成篇，徵求全體會員意見，以便五月中旬重行開會討論時，可以根據彙編答案等語。茲特將所有關於此事之文件刊登本刊，凡本會會員，如有卓見，務請於四月三十日以前函寄本會爲荷。

行政院祕書處致本會函

奉

院長諭：「中國物理學會呈請改訂度量衡標準制單位名稱與定義一案，應分別函飭北平研究院教育部實業部兵工署中國物理學會中國工程師學會各派專家代表一人至二人，於三月一日（星期五）上午九時，在本院會議廳開會審查」等因。除分函外，相應抄同原件函達

查照，此致

中國工程師學會

計抄送中國物理學會原呈一件

行政院祕書長褚民誼

中華民國廿四年二月廿七日

中國物理學會原呈

為我國現行度量衡標準制中各項單位之名稱定義未臻妥善，條文亦欠準確，有背科學精神，誠恐礙及科學教育之進展及科學實用之發達，用特臚舉理由，陳述得失，並擬具補救辦法，謹向鈞院請願，迅予召集科學專家，開修改度量衡法規會議，並成立永久組織，從事於規定權度容量以外各項物理量之標準單位名稱及定義，以促吾國全部科學事業之合理化，而利國家之進步，理合具呈，仰祈，鑒核事。

竊查吾國現行度量衡法規，規定以米制為標準制，並暫設與米制容量權度標準成一，二，三，比率之市用制，以為過度時代之輔制。輔制既係暫設，終當廢止，雖未能盡善，影響不至及於久遠，故可存而不論。若夫標準制之制定，乃國家之大經大法，所以永垂來葉，關係極為重大，自應求其完備美善，合乎科學原理。今現行度量衡法規，採用最科學之米制為標準制，以躋我國家於大同，用意至善，本會同人，絕對贊同。惟夷考其所加於各單位之定義，頗有疏於檢點之處，而其所規定各單位之名稱，又復狃於成見，不但未能貫澈其主張，且極易發生不良之影響。本會為全國物理學家所組織，深維度量衡制度，於國計民生有深切之關係，又為一切純粹及應用物理科學之基本，苟欠完善，本會在天職上應負指正之責任，爰經迭次開會討論，認為現行度量衡標準制各項名稱及定義，非重行改訂不可，謹就犖犖大端立論，為 鈞院陳之：

（1）度量衡法規定義之不準確及條文之疏誤。

查十七年七月 國民政府公布之中華民國權度標準方案載：

「（一）標準制 定萬國公制（即米突制）為中華民國權度之標準制

長度 以一公尺（即一米突尺）為標準尺

容量 以一公升（即一立特或一千立方生的米突）為標準升

重量 以一公斤（一千格蘭姆）為標準斤」

案上錄方案為度量衡之基本，乃其中一條之定義顯然不準確，一條之條文有疏誤，茲分別指正如下：

（甲）規定容量標準定義之不準確 查方

案中容量一條於「公升」下，加定義於括弧中，文爲：「卽一立特或一千立方生米突」，此語極爲不妥，依照原條文之意，則一「立特」卽等於一千「立方生的米突」，而實際上一「立特」並不等於一千「立方生的米突」。（參考一九一四年美國國立標準局報告第四十七號）依國際權度局一九二九年之報告一「立特」實等於一〇〇〇・〇二八「立方生的米突」。故方案中僅能規定一「公升」等於二種容量中之一種，卽或等於一「立特」或等於一千「立方生的米突」；決不能規定其與兩種容量均相等。此兩種容量相差雖微，然在基本方案之中，固不應有此含混之規定也。

又查民國十八年二月公布之度量衡法第三條末段云：「一公升等於一公斤純水在其最高密度七百六十公厘氣壓時之容積，此容積尋常適用時卽作爲一立方公寸」。是明明規定以「公升」爲「立特」，在尋常僅須近似值時，始作爲一「立方公寸」也。然何以不將方案所作斬釘截鐵之兩歧規定，加以修正而聽其自相矛盾？不特此也，試再查度量衡法第四條，其規定標準制及定位法各條中有一項爲：「公升單位卽一立方公寸」；第三條中「卽作爲」三字與此處之「卽」字，其意義決不相當，同法之中，條文之歧出如此，意義之抵觸如此，是度量衡法不特未能彌補方案之不準確，其本身亦不合理也。

（乙）規定「重量」標準條文之疏誤　度量衡制中之基本單位，除長度外，其應行規定者爲「質量」而非「重量」。各國法規皆作「質量」之規定（見法國一九一九年四月二日公佈之度量衡法及美國標準局第四十七號通告）。良以質量與重量爲判然不同之兩種物理量，表示物質之多寡者爲質量，而重量乃地球對於質量之引力，同一物體，此引力因其所處之地而異，故重量絕不宜用作基本單位之一。今方案中曰；「重量以公斤（一千格蘭姆）爲標準斤」，度量衡法第三條中又曰：「一公斤等於公斤原器之重量」，是明明規定「公斤」爲重要之單位，而方案公斤下加註「（一千格蘭姆）」，夫「格蘭姆」固質量之單位也，然則所謂「公斤」者，爲「一千格蘭姆」在南京之重量乎？抑在巴黎之重量乎？且卽令聲明一定之地點，倘須假定該地之重力加速度永久不變，是終不如規定質量之可免此譏也。若謂原意在規定質量。不過稱爲不同，條文中之「重量」，卽是吾人所謂「質量」，則其如與通常習知重字之意義大相逕庭何！孰若逕用「質量」，反不至發生誤會之爲愈乎？

（2）度量衡法規所定各單位名稱之不妥。

查法規所採用各種單位之名詞，長度單位詞根用「尺」，其十進倍數用「丈」，「引」，「里」，十退小數用「寸」，「分」，「釐」等，容量單位用「升」，其十進倍數用「斗」，「石」，十退小數用「合」，「勺」，「撮」等；重量（應作質量）單位用「斤」，其十進倍數用「衡」，「擔」，「噸」，其十退小數「兩」，「錢」，「分」，「釐」，「毫」，「絲」等；復於各詞根上，一律冠一「公」字，以勉強示其與舊名之含義有別。此種沿襲辦法，過於附會遷就，因之困難與流弊隨之而起，竊期期以爲不可，請列舉理由如下：

（子）度量衡各單位名稱之規定，在用十進制之條件下，最合理之辦法，厥爲先定主單位之名，然後規定大小數命名法，所有其他輔單位之命名，亦卽迎刃而解。米制之命名，卽完全採用此辦法者也。吾國舊制，既非純粹十進，而長度，容量，質量又各自分別命名，故度有丈尺寸，容有斗升合；權有斤兩錢，至於最小單位之下，倘須更小之數值時，卽不爲另立專名，而竟用「分」，「釐」；「毫」等不名數，以爲最小有名單位之十分一，百分一，千分一等小數，初無意於成一整齊劃一之系統，令各量於數值上具有毫無疑義之唯一單位。今我國權度標準制，既毅然

18121

擯棄原有不成系統之舊制，而採用國際制，此兩制原屬根本不侔，為免除誤會及表示革新精神起見，即應悉為制定新名，以正觀聽。或謂採用吾國原有名詞，即所以表示不忘國本。其實不然，米制本身已成國際制，為趨於大同起見，即應制度與命名一律採用。所以米制雖創自法蘭西，而其他國家，一經採用米制，莫不沿用法文之(Metre)，(Gramme)，(Litre)等名詞，而未聞有用各該國原有之名詞，加字首以代替之者。我國因文字之構製懸殊，既不能採用原文，則於無可如何時，採取最近似之譯音法，方為合理。查米制各單位，本有極妥善之定義，各國均已通行，載在典籍，斑斑可考，是以若逕用Metre, Gramme, Litre等名之譯音簡稱，即不煩自出心裁，重加定義。反之，若必欲保留舊名，遂至不得不冠以「公」字，更不得不加定義，因此遂發生上述(一)項所舉正之錯誤。由此可見「尺」，「升」，「斤」等等名詞實無襲用之必要。不甯惟是，沿襲舊名，更發生直覺想像之困難。例如今告人曰：現有一「立方公尺」之水，或一「公畝」之地。聽者之聯想必將先及於舊日之立方尺與畝，旋自覺其有誤，而自行糾正，又不免惴惴於市尺公尺及市畝公畝之混淆，此其在應用上徒耗之精力時間為何如？即在譯書，有時尚恐闌入不需要之涵義而引起誤解，不得不徵引原文，則吾人對於度量衡標準名詞之制定，更應如何審愼，方不貽害來茲耶？

(丑)「公尺」非「尺」，「公升」非「升」，「公斤」非「斤」，徒然引起錯覺，已屬自尋煩惱，而最大之不便，厥為「公尺」與「公斤」之小數命名。何則？既用「尺」矣，「尺」以下之「寸」，「分」，「釐」等即不得不隨之而存在。既用「斤」矣，「斤」以下之「兩」「錢」「分」「釐」等亦不得不隨之而存在。其結果遂至取原有本非成系統之名稱冠「公」字，以代表釐然自具系統之米制各單位，牽強實達極點，亦何怪其流弊之叢生也！夫「公斤」非「斤」，「公兩」非「兩」，已嫌多事；今如依舊制命名法，十六兩原為一斤，市用制中亦定十六「市兩」為一「市斤」，而標準制中又不得不規定十「公兩」為一「公斤」，豈非益增紊亂？此其一。舊制「畝」、「尺」、「斤」等之小數命名，多相同者。「畝」之小數有「分」，「尺」之小數有「分」，「斤」之小數亦有「分」。故新制「公畝」，「公尺」，「公斤」之小數，亦有「公分」，「公分」，「公分」之稱。然「公畝」之「公分」為其十之一，「公尺」之「公分」為其百分之一，而「公斤」之「公分」又為其千之一。雖同為十退，然其召致混淆之程度，較之十六兩為斤與十「公兩」為「公斤」，尤為甚焉。此其二。不甯惟是，長度，面積與質量之小數既皆有相同之名，例如分，則凡言若干「分」時，指長度乎？指面積乎？抑指質量乎？其在平日談話或尋常文字中，多半一時祗言一量，又往往可申言長若干「分」，地若干「分」，質若干「分」，故尚不致引起甚大之誤會。但一旦用及科學之導出單位時，往往須將數與單位聯合用之。例如言密度，則須聯合質量與體積，倘依現行度量衡制之命名，今言某種物質之密度為「每立方公分若干公分」，則詞意顯然不清，若必言某物質之密度為「每立方公分有質若干公分」，豈不繁瑣生厭？再如言運動量，須聯合質量及速度之單位，若依現行度量衡制，則必謂某物體之運動量為「每秒若干公分」，辭意尤為混茫；若必言「每秒若干公分長公分質」，則真累贅不堪矣！凡上所指陳之缺點，即在積學有素者，猶為之頭昏目眩，何況方在求學之青年，更何況髫齡之童稚，腦力未充足，經驗未成熟，方今學校課程已甚繁重，乃復橫加此可以避免之苛制，遂令教學兩方皆廢日耗精以赴之，佔據學習重要知識之寶貴時力。吾國科學本已落後，急起直追，猶虞不及，今乃自成障礙，作繭自縛，寧不痛心！全國度量衡局亦已深感此種流弊所至為害之烈也，則倡議凡長度面積質量小數之同名者，加偏旁以資識別，長度之「公分」書作「公厉」，面積之「公分」書作「公坋」，質量之「公分」書作「公份」，其他仿此。姑無論此種頭痛醫頭，脚痛醫脚之辦法，決不能絲毫救濟根本之不妥，即就導出單位一端而言，既加偏旁，筆之於紙者固可目察，然傳之於口者，又將何以耳辨乎？如讀音仍舊，勢須乞靈於筆談，是尤劣於畫蛇之添足！如讀音非舊，則厉，坋，份，皆須異讀；是根本上與法規採用分，釐，毫之原意相違矣。

（寅）標準制既襲用舊名而冠以「公」字，度量衡局復有「特種單位標準及名稱草案」之作，舉凡一切導出單位名稱，皆譯音節取首音，而又一律冠以「公」字。該草案未妥之處已有較詳之批評（見大公報二十二年十一月十七日科學週刊），茲不具論，但言冠「公」字之不當。查「公」字本為遷就舊有名詞而來，曰「公尺」，所以示其非「尺」或「市尺」也；曰「公斤」所以示其非「斤」或「市斤也」。為求表示區別起見而冠一「公」字，猶可說也。又何取於任意推而廣之，將「公」字加諸一切釐米克秒制之導出單位之上乎？例如力之釐米克秒單位，音譯為「達因」，依照草案之原則，則定名為「公達」矣！試問既諄諄告誡青年學生以「公尺」，「市尺」，「公斤」，「市斤」之迥然有別，將毋引起其疑於「公達」之外尚有其他非「公」之「達因」乎？是不妥之甚矣！復次，釐米克秒制之導出單位，乃由基本單位推演而出之理論單位。其中多種除此理論之單位外，尚有所謂國際制單位，國際制單位者，乃為應用起見，根據釐米克秒單位之理論，所製成之具體的應用單位也，此具體單位製成之後，往往與理論的釐米克秒單位，有微小之差別，但為應用起見，祇得依然保存，經國際之認可而別名之曰國際單位。例如「安培」為釐米克秒制中實用電流單位也，而「國際安培」則為實際應用之國際電流單位矣。（案一國際安培等於〇．九九九九七釐米克秒制安培）。今草案定電流單位之名曰「公安」，不知究何所指？釐米克秒制之安培乎？抑國際制之安培乎？若謂「公」字僅指國際制，則釐米克秒制實國際制之所從出者，將反為非「公」，豈非數典而忘祖乎？若謂兩制皆冠「公」字，則有別者反無別，人方孜孜於精密量度以測定兩制之差別，而我乃隨意混而同之，得無抹殺事實過甚乎？凡此疵累之生，皆可溯源於標準制之襲用舊名而冠「公」字，誠哉創始者之不可不慎也！

總觀上陳諸端，現行度量衡法規關於標準制所作之規定，在根本上已發生嚴重問題，容量定義不準確，重量條文犯疏誤，而所採命名方法，在教學及應用上，發生極有害而影響及於久遠之困難，其應急予修正，已無猶豫之餘地，竊維修正應循之途徑，初非曲奧，爰標舉如下，以供　採擇。

（一）絕對保持原定國際權度制為我國權度標準制之精神。

理由　國際權度制係經各國專家悉心規定之制度，最合科學精神，其應完全採用，已無疑義。

（二）標準制命名方法，悉予改訂。最簡當之改訂辦法可分兩層：

（甲）　根據民國二十二年四月教育部所召集之天文數學物理討論會議決案規定（metre）之名稱為「米」，（gramme）之名稱為「克」，（litre）之名稱為「升」。

理由　「公斤」，「公分」；「公錢」，「公分」等名之不妥，前已詳言，自應廢棄。此二量在各國通行之名稱，均採自法文，惟略變拼法而已。今師其意取音譯，但嫌累贅，故節取首音。至於（litre）之仍用「升」字者，一因「升」之上下

18123

皆以十進退，「斗」「合」等名無「公分」等名之害；二因「市升」與litre之比爲一；三因法國規定之容量單位爲立方米，吾國如仿行之，則(litre)無關重要也。

(乙) 規定大小數之命名法：大數命名，個以上十進，爲十，百，千，萬，億，兆；兆以上以六位進，爲十兆，百兆，千兆，萬兆，億兆，京，十京，百京，千京，萬京，億京，垓等；而十萬，百萬，千萬，萬萬，得與億，兆，十兆，百兆並用。小數命名，個以上以十退，爲分，釐，毫，絲，忽，微；微以下以六退，爲分微，釐微，毫微，絲微，忽微，纖或微微。

理由 大小數之命名，應守二原則，一爲須不背各國通行之三位或六位進節制，一爲須與吾國習慣不相差過甚。吾國大數，萬及億，兆等本有十進，萬進：萬萬進，自乘進諸說，迄未有一說通行，並無定論。十進字數有限，不敷應用。萬進，萬萬進及自乘進皆不合第一原則，後二者尤嫌冗長，故不取。三位進節，則應以千千爲萬，與日常所用萬字意義懸絕。今取六位進節，萬，億，兆以十進，兆以上以兆進；億，兆仍不失其原意之一，復聽十萬，百萬等並存，亦無與習慣相戾之處。雖京，垓之意義非舊，然爲用本罕，並無一定習慣，不妨稍爲變通，以達六位進節之旨也。至於小數，則分，釐，毫，絲，忽，微本經習用，大數命名之辦法已如上定，則小數亦隨之定矣。

各主單位之名稱既定爲「米」，「克」，「升」復採(乙)大小數命名之規定，則一切十進十退輔單位之名稱已迎刃而解，但須列表，卽朗若列眉矣。例如：

(子) 長度單位名稱表

仟米	佰米	什米	米	分米	釐米	毫米
kilometre	hectometre	decametre	metre	decimetre	Centimetre	millimetre

(丑) 質量單位名稱表

仟克	佰克	什克	克	分克	釐克	毫克
kilogramme	hectogramme	decagramme	gramme	decigramme	centigramme	milligramme

(三)度量衡法規中標準單位定義之不準確及條文之疏誤者，悉予改訂。

理由　條文中之不妥者，已如上所述，其須改訂，了無疑義。

(四)原定市用制與標準制之比率，及原定市用制諸單位之名稱及定位法，不妨仍舊。

理由　現行市用制雖未愜人意，然因係「暫設之輔制」，僅供過渡，故仍採用，且既有(二)(三)兩項之修訂，原定市用制諸單位名稱及定位法，尚不至有引起誤會混淆之弊，故亦可予以保留。

以上修改度量衡法規之建議，事體重大，應請

鈞院於短期內召集修改度量衡法規會議，作詳審徹底之修正，以昭矜愼。猶有應爲

鈞院鄭重言之者，現代度量衡標準法規之制定，實係科學之事業，應以科學專家之意見爲準繩。查米制之制定與改進，以及各國之審訂採用與國際間之合作，無不出諸物理學家之手。最近關於特種度量衡單位之增訂，由世界物理協會組織委員會主持之。本會爲全國物理學者集團，在國際上又爲世界物理協會之會員，以爲度量衡標準及命名，關係吾國科學事業者至遠且大，對於吾國度量衡標準及命名之釐訂，及其如何增修改善，應由政府廣延科學專家，悉心考量，庶權度大法，獲歸於至當。至於基本單位以外之各種導出單位，在學術及應用上，均有重要之關係，其標準，單位及名稱之規定，非可於短期內從事，應即由該會議產生一純粹專家之永久組織，從長規劃，以期制定之法規，燦然美備。

本會對於度量衡法規，業經再三考慮，確認爲有修改之必要；對於各種導出單位之規定，亦認爲宜循正當之途徑，着手進行，責任所在，不得不剴切上陳，倘蒙　採納施行，吾國科學教育及其他一切科學事業發展之前途，實利賴之。謹呈

行政院院長

中國物理學會會　長
副會長

上海民報登載行政院關於改訂度量衡標準之開會情形

行政院爲改訂度量衡標準事，召集有關係部會開會等情，略誌報端，日內將由院將開會詳情及改制要點，分發有關係機關團體徵詢意見，茲將度量衡標準制單位名稱與定義審查會詳細審查情形，採錄於下。(甲)參加會議之團體，爲中央研究院丁燮林，教部孫國封，陳可忠，實部劉蔭茀，吳承洛，兵工署江大杓，嚴順章，中國物理學會胡剛復，楊肇燫，中國工程師學會惲震，由行政院岑德彰主席，任樹嘉紀錄，(乙)審查意見，關於度量衡標準之名稱者，僉以有修正之必要，擬請行政院將現行度量衡法及物理學會所擬方案，連同本會審查意見送全國有關係之政府機關及學術團體儘五月半以前簽注意見，送院以便召集審查會議從事研究，關於度量衡標準之定義者，僉以度量衡標準制如單位之規定，似應予以修正，其主要之點如下。(一)以長度及質量爲度量衡基本項。

(二)以面積體積(容量)爲導出項目。(三)以米突爲長度之主單位，規定一米突等於米突原器溫度爲百度，溫度計零度時，兩端中線間之距離。(四)以啓羅格蘭姆爲質量之主單位。規定一啓羅格蘭姆等於啓羅格羅格蘭姆原器之質量。(五)以平方米突爲面積之單位。(六)以立方米突爲體積（容量）之單位。(七)以立脫爲容量之應用單位，規定一立脫等於在標準大氣壓下一啓羅格蘭姆純水密度最高所佔之體積在所需要之精密度，無須超過三萬分之一時，一立脫得認爲等於一立方米突之千分之一。

法定度量衡標準制單位定義與名稱確立之緣由

（實業部全國度量衡局向行政院審查會報告書）

查標準制即萬國公制度量衡之傳入我國，在前清末年，初以其制度之標準長度重量及容量確定我國舊制之長度重量及容量，而萬國公制始在我國佔有法律上之根據。及至民國初年歷經工商會議及其他專家性質並法律性質之會議始於民三年，草爲法案，四年公佈權度法，以公制定爲乙制，與營造庫平制之定爲甲制者並行。而萬國公制之在我國，始有法律上之確定地位。及十七十八年間國府先後公佈中華民國權度標準方案與度量衡法，以公制爲標準制，使與由標準制導出之市用制，且合於我國民間習慣者相輔而行。自十九年推行以來，仰仗中央政府之威信，並人民望治之殷，與地方政府之嚴厲執行，乃能推行普及於全國，凡屬國民一份子，無不具有莫大之希冀，使數千年來，我民族對於度量衡之浪漫積習，可於最短期間，一掃而空，固不應有任何之障礙與阻力，且就情形觀察，似亦不致再有任何之障礙與阻力之發生。惟近來學術界亦頗注意於度量衡問題，對於政府具有具體之貢獻，實爲良好之現象。當初立法原意，對於單位定義之何以如此規定，名稱所採用之原則與實施上有何困難之點，似有詳爲解釋與聲述之必要。茲承本審查會之囑議就立法之經過與執法之過程，將疑難各點分別剴切陳之幸垂察焉。

◉第一法定標準制單位定義之意義

(一)法定容量標準定義之意義

查容量爲導出之計量制度，其導出之方法，可分爲二種。其一由度制計量而出，其二由衡制計量而出。蓋計量之基本原器，在現代科學最發達之時期，均一致確認度制本位之國際公尺及衡制本位之國際公斤爲最高之標準原器。就原則而言，容量本位公升，當由度制計量導出時，即爲以一公寸爲邊之立體容積，故卽爲一立方公寸或一千立方公分。如以一立方公寸體積所容純水，在規定之標準溫度及氣壓時，以精確之天平衡之，應得一公斤。今苟以一公斤爲起點，卽由衡制計量本位公斤導出容量本位公升，則以一公斤純水，測其在規定標準溫度及氣壓時所得之容積，應卽爲一公升。十七年國府公布之中華民國權度標準方案(一)項載

「容量以一公升(即一立特或一千立方生的米突)爲標準升」

所稱「立特」卽爲公升之西名。此容積係由衡制標準導出。所稱一千立方生的米突卽爲一千立方公分之西名，亦卽一立方公寸，此容積係由度制標準導出。由度制標準導出之一千立方公分容積應等於由衡制導出之一

18126

公升容積。標準方案係規定度量衡標準之制度與其原則，故公升標準之條文，於公升之下有「即立特」三字，係指公升即爲西文之「立特」，與上文「一公尺即一米突尺」及下文「一公斤即一千格蘭姆」相對立，並非謂一公升乃等於一「立特」。若然則誤認「公升」與「立特」爲兩物矣。至緊接「或一千立方生的米突」者，蓋在原則上一公升應合此數，但未言其絕對相等也。

至一公升所以在科學上最精密之計量，並不絕對等於一立方公寸者，實因當初由度制本位導出容量本位，再由容量本位導出衡制本位時，因須用水爲中間物，而水之爲物不易處理，以致由衡制本位原器倒反導出之公升本位容積，與由度制直接導出之立方體，有幾微之差異。此差異究爲若干，歷經精確計量家之比較，結果互異，其最高數爲1.000457 最低數爲0.999750，相差竟至0.000707，幾及一立方公分之四分三，足見此種精確計量之不易。最近國際度量衡局，始據會議結果，姑以一公升合1.000028立方公寸爲近似之值，而仍難認爲準確之值，蓋最準確之值因種種困難實無確定之可能。各國法規中，均不將此項關係列入，蓋恐徒亂人意，無補實用，惟法國一九一九年公佈關於工商業單位附表，有一筆之附註，即：

「計量學家所定之公升，爲1公升水，當攝氏四度溫度及水銀柱高 76 公分氣壓時之體積，比一立方公寸較大約三萬分之一而弱」

在十八年國府公布之度量衡法，即已顧及此幾微之差異，故本法第三條末段以；

「一公升等於一公斤純水在其最高密度七百六十公厘氣壓時之容積，此容積尋常適用時，即作爲一立方公寸」

下半段所稱「即作爲」者，即爲科學家在實驗室中絕對精確計量留地步，此條係公升之定義，定義固應保持準確之態度，至方案中所定之原則，如果將其依照定義以修正，則失去原則之意義矣。蓋原則與定義之用意與界限有不同。但如果將來欲將此定義加以更爲精確之限制，則亦只能依照法國法規中之附註，將公升定義下半段「此容積尋常適用即作爲一立方公寸」改爲「此容積在尋常適用無須超過三萬分一之精確度時，即作爲一立方公寸」，亦斷不能規定一公升之容積爲等於1000.028立方公分之定數也。

至於度量衡法第四條標準之名稱及定位法，容量一項有「公升單位即一立方公寸」，則指實用而言。蓋公升爲實用單位，各國法規，莫不如是。規定一公升即一立方公寸，以供實用，即在最需精確之化學定量分析亦莫不皆然。近來雖有改用公撮以代立方公分，使其與公升可以絕對一致之趨向，雖欲力求其合理，而在實際則公撮與立方公分莫不混用，絕無傷於精確。故各國法規未有不列一公升之等值爲一立方公寸，一公撮之等值爲一立方公分，以及一公秉之等值爲一立方公尺者，即最新之法國法規，亦莫不如是也。

故標準方案之條文，係規定原則，度量衡法第三條係規定定義，而第四條則規定實用之等值，地位各有不同，故措詞稍爲區別。立法院最初訂定條文時實經審慎考慮，既無歧出，亦無抵觸，既無不準確，亦無不合論理之處。如果將各國度量衡法融會貫通加以研究，並將萬國度量衡局所發表關於容量標準之研究與精確計量結果加以探討，自可了然於公升與立方公寸相關係之最精確數值，尚應待之將來，故即在法國，亦未敢貿然將此差數作爲條文，列入其最新改訂之度量衡法中，蓋謂此也。

(二)法定重量標準條文之意義

重量之與質量，在科學上與工程上頗有不同，在中學教科關於物理學第一課，即已詳言之。試舉王兼善氏物理學爲例曰；「物質多寡之量，謂之質量，物質爲地心吸力所吸引，則顯有輕重之別，謂之重量。質量不隨地改而變易，而重量則常隨地以更改。故同一若干之質量，或置地球之赤道，或置地球之北端，其質量仍毫無變易，而其重量則改變。蓋赤道及北極二處之吸力大小不同，故重量亦不同也。然二物質同在一地時，則其質量之比例，可以重量表之，蓋既同在一地，則每若干質量所受之吸力相同也」。

然則我國之權度標準方案與度量衡法均只有重量之標準與單位而無質量之規定，豈立法者尙無初中學生之常識，並重量與質量而不能區別，以致發生錯誤，抑或立法者草率疏忽，謬然從事至於此極耶？雖然必有故焉。蓋度量衡爲全民所需要，民間習積相沿，莫不以重量爲最重要之計量，物體之可以容量計量者且均可以重量計量之。卽在工商業上實用之需要，亦均爲重量，惟工程應用上間有用質量者。故各國關於度量衡之稱謂，尙以重量爲主，英文曰 Weights and Measures，法文曰 Poids et Mesures，均以重量居首。而法國最初公佈之十進公制基本條例，亦以「格蘭姆」爲「絕對重量」之單位。「格蘭姆」一字導源希臘，卽爲「小重量」之意，是「格蘭姆」在最初定義上，實爲重量之單位，而非質量之單位也。俟後質量之觀念愈廣，而「格蘭姆」乃兼爲質量之單位，但仍爲重量之單位也。法國法規，初將質量名詞，引入法律中，始於一九〇三年七月二十八日之法令：但係以「質量或重量」並列。更特爲注解曰；

「在地面上同一地點，物體之質重與重量互成正比，故在尋常稱謂中，重量名詞，亦可作質量之用」。

此非重量名詞，亦可作質量之明證乎？卽在高等物理學中，如康梯氏物理學「質量與重量二者之計量，可由同一之計量器具得之，卽天平是，即可由同一之手續得之，卽權衡是。尋常謂某物體權得若干重量時，其實所指卽爲若干質量。故在尋常稱謂中，吾人恆用重量以替代質量，惟重量爲力所產生，言力時則不得用質量而用重量。」故在實用上之稱謂有稱重量者，有稱質量者，有稱重量或質量者，亦各隨民間之習慣，與使用之情形而定可也。若因顧全科學之理論，而採用不通俗之科學術語於法律中，則非但於實用方面，無所增益，反使法律發生障礙。各國度量衡法，以英美爲最重習慣與實用。故其度量衡法規，雖每經數年歷有補充，但尙採用「重量」。亦並不爲科學之發達，因重量有應改爲質量之處，而修改法規以副之。其質量本位之定義只由標準局公佈，作爲參考，而非法律也。

民四立法原意，以我國科學教育，尙未發達，若驟以質量之名詞，加入法律，反恐民衆對於度量衡之意義，予以懷疑，民十七與十八年因之，蓋當時只在圖謀度量衡之如何可以迅速達到劃一。而不顧及科學絕對稱謂之有所區別也。是不規定質量，而只規定重量者，立法者原具有深意，豈知不爲學者所諒解，而反受疏誤之咎耶。」

以上之說，並非謂重量二事，卽將永遠作爲包含質量之名詞。質量名詞將來在相當時期中，卽於全國度量衡將次劃一後，爲免除科學上觀念之誤會，自應予以法律上相當之地位。但若將度量衡法中所有「重量」二字均改爲「質量」，則有不可。所謂相當地位者，卽謂在「公斤」之定義條文。可定「公斤爲國際公斤原器之質量」以下再緊接一項爲「此質量在普通應用，卽可稱爲重量」如此規定，正與公升定義下「此容積尋常適用卽作爲一立方公寸」互相對照，使民衆亦知有此區別，但欲其實際應用時，不必多所顧慮，反致發生錯誤與誤解之處。

苟欲進一步而更加以明顯之區別，可於

公斤定義下再加一項，即；

「此質量乃表示物質多寡之量，不隨地而變易，其由地心吸力對於物質所顯出之輕重，謂之重量。重量之大小，與物體距地心之遠近成反比例。但同在一地點，相同之質量，所受之吸力相同，故其質量之比例，可以重量表之」。

至於欲指定一地點，或更規定其重力加速度爲若干或即每秒每秒爲九百八十公分距整數時之地點，以單位質量在此地點之重量爲單位重量之標準，作爲條文加入於度量衡法，似可不必。蓋此只能作爲一種「計量常數」而非所以語於度量衡之單位標準。

至於定義以外之其他條文，則凡屬絕對之質量，或屬絕對之重量者，自應分別用質量或重量。其泛言制度定位，數值者，則用「衡」字，至於法碼，稱錘，稱量等則應用重量，故以度量衡法中，只應規定質量而不規定重量者，似亦不免近於偏激之論也。

◉第二法定標準制單位名稱之意義

欲知法定標準制單位名稱之如何確定採用中國式命名及其意義，須先將其他各式命名不合用之情形予以說明。

一 非法定名稱不合用之情形

未經民四及民十八兩次立法程序所採用之名稱，計有數種，分述於下。

（1）漢字音譯名稱之繁冗

標準制名稱，在最初時期，卽用西文原名音譯。大抵譯自法文者稱邁當制，譯自英文者稱密達制，譯自日文者稱米突制。不特制度用漢字音譯，卽各單位亦然，如稱度制公里爲啓羅密達，公分爲生的密達，量制公升爲立脫耳，公石爲海克脫立脫耳，衡制公斤爲啓羅格蘭姆，公分爲格蘭姆，公鐓爲脫因之類。正如當時之英尺稱幅地，英寸稱因制，而英升尙稱瓜脫，英重量之喱，尙稱克冷。此種漢字音譯之名稱，太爲繁冗，且不易準確，佶倔聱牙，奇瑰絕倫，卽以習西文者視之，亦有難於成語之感，況在渾渾噩噩之民衆乎。昔者郵政用格蘭姆，軍隊用密達，今已逐漸改正採用法定名義。漢字音譯名稱不爲各界之所樂用也明矣 。 玆列表以示之；

度量衡標準制單位之漢字音譯名稱表

度制		容量		衡制		地冪	
法定名稱	漢字音譯名稱	法定名稱	漢字音譯名稱	法定名稱	漢字音譯名稱	法定名稱	漢字音譯名稱
				公絲	密理格蘭姆		
				公毫	生的格蘭姆		
公釐	密理密達			公釐	底西格蘭姆	公釐	生的阿耳
公分	生的密達	公撮	密理立脫爾	公分	格蘭姆		
公寸	底西密達	公勺	生的立脫爾	公錢	特卡格蘭姆	公畝	阿耳
公尺	(適當米突)密達	公合	底西立脫爾	公兩	海克格蘭姆		

18129

公丈	特卡密達	公升	立脫爾	公斤	基羅格蘭姆	公頃	海克阿耳
公引	海克密達	公斗	特卡立脫爾	公衡	邁里格蘭姆		
公里	基羅密達	公石	海克立脫爾	公擔	貴里特		
		公秉	基羅立脫爾	公鐓	脫因		

(2)漢字新義名稱之生疏

民初立法時，既因漢字音譯名稱之太繁冗，故有漢字新義名稱之擬訂。卽搜尋古書中關於有度量衡意義之字，而未爲現在習慣上所沿用者，取意譯而有時兼諧音之辦法。如命公尺爲「墨」，公畝爲「野」，公升爲「歷」公鐓爲「鐓」，則意與音兼顧，其他則多取意。但舊字新義，欲於短期間，將二十七舊字之新義名稱，灌輸於學子及民間，殊非易易，故亦未蒙通過，恐其過於生疏，反礙新制之推行也。列表以示之；

度量衡標準制單位之舊字新義名稱表

長度		容量		重量		地幂	
法定名稱	新字名稱	法定名稱	新字名稱	法定名稱	新字名稱	法定名稱	新字名稱
				公絲	涓		
				公毫	累		
公釐	麽			公釐	錙	公釐	方
公分	么	公撮	微	公分	瓦		
公寸	仂	公勺	注	公錢	溢	公畝	野
公尺	墨	公合	掬	公兩	重		
公丈	繩	公升	歷	公斤	硾	公頃	畖
公引	延	公斗	程	公衡	磊		
公里	彌	公石	遜	公擔	鈞		
		公秉	埒	公鐓	鐓		

(3)創造中國新符號之無需要

因一名一字之新名稱，其數太多，不易推行，故有另創中國新式簡名之議，如以度字之「广」衡字之「行」與「量」字爲偏旁於是公尺爲「㡯」讀曰「個度」，公寸爲「庍」讀曰「分度」，公里爲「庘」，讀曰「千度」，公斤爲「衎」，讀曰「千衡」，公斗爲「𨤲」，讀曰「十量」。此種新式簡名，用意甚善，但一字須讀兩音，亦難作爲名稱，故未被採用，亦似無此需要。列表以示之。

18130

度量衡標準制單位之中國符號式名稱表							
度制		容量		衡制		地積	
法定名稱	中國符號式	法定名稱	中國符號式	法定名稱	中國符號式	法定名稱	中國符號式
				公絲	衎		
				公毫	衜		
公釐	尾			公釐	衚	公釐	畞
公分	廬	公撮	毪	公分	衯		
公寸	㕆	公勺	龥	公錢	衍	公畝	畆
公尺	庍	公合	𠠦	公兩	衙		
公丈	庄	公升	𣁷	公斤	衎	公頃	畂
公引	庴	公斗	𣂁	公衡	衖		
公里	庢	公石	䂖	公擔	衟		
		公秉	𣂃	公鐓	衛		

（4）日譯漢字略名之不適應用

當時日本於度量衡法施行令，因其母法中只用和文字母音譯之名稱，恐有一時難於認識之勢，故特補充一種漢字略名，使得與西文縮寫並行。我國留日學生為數衆多，翻譯東籍，多本此類之名稱，即西籍亦苦無適當之譯名，故現用此項縮寫者，頗盛一時，惟日本稱公尺只為「米」，稱公升只為「立」，其在中文，殊易誤會，故改「米」為「粎」，「立」為「竏」，以便發生聯想關係。又因「瓦」字似係譯音，格蘭姆之「格」音，我國簡寫，似應為「克」，而不知「瓦」字亦有漢文之古義，參閱前表所擬漢字新義命名法，且採用「瓦」之一名，即為此故。又日本原意，只取數種常用單位，給以縮名，合計二十七名稱中，只定十三個縮名，而我國學者，則完全為之補充。日本雖用漢字，而讀法仍用西音，殊與字義有背，故不提倡，全部法規中，不見有第二次之採用，且各名現在已有漸漸減少應用之趨勢。此種名稱之在中文，更不易音讀，如一字一音，則粎讀為「尺」，粉讀為「分」，粁讀為「千」。如用雙音，則粎讀為「米尺」或「尺米」，粉讀為「米分」或「分米」，而粁讀為「米千」或「千米」，均感不便。是此項之名只能作為一種符號，而非能作為實際應用之名稱，故法律上無所取焉。且公制本欲推行於民衆，今擬此不合民衆應用之縮名，是不嘗見拒於民衆也，列表以示之。

度量衡標準制單位之日本式漢字略名表											
度制			容量			衡制			地冪		
法定名稱	日本式略名	日本原定略名	法定名稱	日本式略名	日本原定略名	法定名稱	日本式略名	日本原定略名	法定名稱	日本式略名	日本原定略名
						公絲	兞	瓱			
						公毫	兣	—			
公釐	粍	粍				公釐	兝	—	公釐	[illegible]	—
公分	糎	糎	公撮	竓	竓	公分	克	瓦			
公寸	粉	—	公勺	竰	—	公錢	兙	—	公畝	[illegible]	—
公尺	粎	米	公合	竕	竕	公兩	兡	—			
公丈	籵	—	公升	竔	立	公斤	兛	瓩	公頃	[illegible]	—
公引	粨	—	公斗	竍	—	公衡	兢	—			
公里	粁	粁	公石	竡	竡	公擔	兤	—			
			公秉	竏	竏	公鐓	兞	瓲			

（5）改日本式單字符號為雙字名稱之易混淆

創造中國新符號，似無需要，而沿用日本式符號，亦不適用於實際，原因於音讀之不便，故又提議，將日本式單字符號改為雙字名稱。此項命名法，可有兩種，其一依漢字書法順序，即粉為「米分」，粁為「米千」。其二依西字書法順序，即粉為「分米」粁為「千米」。主張漢字順序，因主單位名稱在上而倍數分數之字在下，則用時不易與數字相混，如是則一千公里為一千米仟。主張西字順序者，以仟米係直譯 kilometre 與西字最為吻合，惟一千仟米應用時數之「千」與倍數單位之「仟」相混淆，故非讀曰「一千個仟米」而加「個」字以區別之不可，稍不留心，則貽誤非淺，此就倍數而言。至於分數各位，則均兩字一名，如與一字一名之所謂主單位相並用，則如 C.G.S 制應稱為釐米克秒制，其中不啻為釐，米，克，秒之四單位，但如保留單字符號，可稱為糎克，制，其中所含三個單位，絕無混淆之處。且社會上習用之單位如公里，公尺，公石，公斗，公斤，公擔，如改用此項之雙字名稱，均將改稱為仟米，米，佰，升，什升，仟克，佰克，其佶倔生硬，比西文原名，有過之無不及。即在科學上應用，亦遠不如單字符號之簡明而不易發生錯誤。在創議此項完全依照西字直接譯成中名者，以為有莫大之發現，而不知乃係舊事重提早經民四認為無濟於事，且有每況愈下之勢。要知西名之基羅(Kilo)海脫(Hecto)特卡 (Deca) 雖有千百十之意義，而與各國所用滔星特 (Thousand) 恆特得(Hundred) 參因 (ten) 即千百十各字原有切音不同而字體亦異者，本有天淵之別。而在我國則十什，百佰千仟，本係兩字同音同義而通用，決不能相提並論。且以此項字首加於主名之上、則此字首卽失去其獨立之性質，正如科學所最習用之Certimetre尋常雖縮寫爲「Cm」，而在C.G.S.制之名稱中，則再縮爲「C」可也。苟依照譯爲「厘米」，如欲縮寫爲「厘」，則此「厘」未知何所指。若用單字符號爲「粴」，則無此弊病矣。且「米」「克」字之本身，毫無度量衡之意義存焉，若立字雖尙有由立體而生之意，但係形容詞，故「米」之與「立」，反不若「粄」與「竔」之爲愈，若「克」字欲使其含有重量或質量之意義，則無法可想，除非加以衡字之偏旁而爲「�千」，庶乎其可，不然，則「克」字反不如日本原定「瓦」字之爲愈也。故此種名稱，亦屢經立法者之拒絕不用，非無故也，茲列表示之；

度量衡標準制單位將日本式單字符號改為雙字譯名法								
度制			容量			衡制		
法定名稱	漢字順序雙字譯名法	西字順序雙字譯名法	法定名稱	漢字順序雙字譯名法	西字順序雙字譯名法	法定名稱	漢字順序雙字譯名法	西字順序雙字譯名法
						公絲	克毫	毫克
						公毫	克厘	厘克
公釐	米毫	毫米				公釐	克分	分克
公分	米厘	厘米	公撮	立毫	毫升	公分	克	克
公寸	米分	分米	公勺	立厘	厘升	公錢	克什	什克
公尺	(米) 米尺	(米) 尺米	公合	立分	分升	公兩	克佰	佰克
公丈	米什	什米	公升	立升	升	公斤	克仟	仟克
公引	米佰	佰米	公斗	立什	什升	公衡	克仿	仿克
公里	米仟	仟米	公石	立佰	佰升	公擔	克億	億克
			公秉	立仟	仟升	公鐓	克佻	佻克

（6）採用日本式名稱分厘毫順序之易紛歧

以上所述日本漢字略名以及改單字爲雙字之譯名法，其本身不適用情形業已詳述，其間尙有一公同之點，原於分厘毫之應用與中國式分釐毫之次序不能相當，可列表以明之。

18133

制　　度	中國式法定名稱	日本式名稱
度	公釐	毫米，粍
	公分	厘米，糎
制	公寸	分米，粉
衡	公絲　（公係）	毫克，瓱
	公毫　（公仛）	厘克，甅
制	公釐　（公俚）	分克，瓰
	公分　（公份）	克，瓦

故公寸與分米，公分與厘米，公釐與毫米，公分與克，公俚與分克，公仛與厘克，公係與毫克，其分厘毫之次第均屬相差一位，卽相差十倍，最易發生混淆與錯誤。故日本名稱如果任其並用，則恐因混淆與錯誤所發生直接或間接之損失，必至不可以數量計也。

（7）避免分厘毫直譯法之無必要

原因於以上所舉各種日本式之譯名，均不合用，且至易於本國習慣及法定名稱，發生紛歧，故近來學者頗有種種研究，一方面欲符合西文原名，另一方面使不與法定名稱分厘毫之位次相衝突，用意甚善。此種避免分厘毫之分數及倍數命名法，將來在特種計量中，似可予以相當之採用，但在普通度量衡中，尙無必要，列表於下以示之：

度量衡標準制單位名稱避免分厘毫之西名直譯法表				
度		制		
法定名稱	總折數字譯名法	分數命名法	西文定名原則意譯法	中文音譯縮法
公　釐	吉　米	份　米	扣　米	密　米
公　分	𠦃　米	盼　米	折　米	珊　米
公　寸	廿　米	扮　米	成　米	息　米
公　尺	积	积	积	积
公　丈	十　米	什　米	秩　米	卡　米
公　引	卄　米	佰　米	紀　米	赫　米
公　里	卄　米	仟　米	串　米	基　米

衡		制		
法定名稱	總折數字譯名法	分數命名法	西文定名原則意譯法	中文音譯縮法
公絲	⿱十三克	份克	扣克	密克
公毫	⿱十二克	阶克	折克	瑚克
公釐	⿱十一克	协克	成克	息克
公分	克	克	克	克
公錢	⿰十一克	什克	秩克	卡克
公兩	⿰十二克	佰克	絕克	赫克
公斤	⿰十三克	仟克	串克	基克
公衡	⿰十四克	仿克		
公擔	⿰十五克	億克		
公鐓	⿰十六克	佻克		

二·法定名稱合用之情形

在民國四年與民國十八年兩次公布之法，均採用同樣之中國式名稱，而摒棄所有其他之提議者其理由散見於舊卷中所得之材料，與時賢之研究，並近年來全國普遍推行之各項報告中。關於非法定名稱之不合用情形，前已詳述。茲欲討論法定名稱之何以合用，吾人要知中國名稱之是否有其系統，要知中國名稱之是否有其便利，要知中國式名稱是否有無缺點，如有其缺點，是否有補救之方，並要知歐化式名稱之是否有其缺點，要知西名之缺點，中名是否可以補救，更要知中國式名稱，是否可永遠採用，要知中國式普通度量衡之名稱系統是否可以貫澈於一切之計量，夫然後可以決定法定名稱之是否完全合用，抑尚須稍有修正之處，方可以稱完善，方可以垂久遠，試分述之。

(1)法定中國式名稱有合理之系統

世之論中國度量衡名稱，恆以不合理或不科學三字抹殺之。其主要之原因即爲分厘毫之複出。分厘既隨處可用，則原來定名無一定之系統，可想而知，其實不然。舊法計量單位名稱，至相當微小時，始無專名，以下概用分厘毫者，指下數也。故非至相當之小數時，決不用小數之名稱，度制命至寸而止，寸以下爲分，衡制命至錢而止，錢以下爲分，銀圓命至角而止，角以下爲分，均有至理存焉。蓋普通應用至寸錢，及角而止，一寸，一錢，一角以下，即無實用之整數。至畝以下即爲分者，因八口之家，或一人耕種之地，至少以畝起點。而圓周與時間，於角度與小時之下亦爲分，均因小至習用整數以下時而始爲分，決非任意從事也。我國制度用分厘毫之意，正如法國制度，用十進十退之名，期減少各位之專名，決非無系統者可比。茲列表以明之。

18135

數位	標準	法定度制名稱	法定衡制名稱	其他名制名稱			
				圜周	時間	幣制	地罧
10^{-5}	絲	公絲					
10^{-4}	毫	公毫	公毫(公[illegible])				
10^{-3}	厘	公厘	公厘(公[illegible])	(角)秒	(時)秒	(銀)厘	厘
10^{-2}	分	公分	公分(公份)	(角)分	(時)分	(銀)分	分
10^{-1}	成	公寸	公錢	(角)度	小時	(銀)角	畝
10^{0}	個	公尺	公兩	(圜)周	日	銀元	
10^{1}	十	公丈	公斤		月		
10^{2}	百	公引	公衡		年		
10^{3}	千	公里	公擔				
10^{4}	萬		公鐓				
備註	小至相當程度始名爲分						

（2）法定中國式名稱並不繁瑣

中國式名稱一位一名如英制然。論者病之，謂其不若標準制法國原名，只先定主單位之名，而後定倍數與分數之名。其大於主單位者用倍數加於主單位之上，其小於主單位者，用分數加於主單位之上，故名稱不多，若中國則甚繁瑣，弄得學子無法記憶苛厲已極，其爲是言者，是亦未嘗將西名與中名細加比較之故。查法定名稱，度制自公里至公釐計七名容量自公秉至公撮計七名，衡制自公鐓至公絲十名，地罧自公頃至公釐計三名，合計二十七名稱，除去分厘毫之複出者不計外，只有二十名。而此二十名稱中，大部分爲孩童所不學而知。所稱爲生疏者只引，秉，鐓，勺，撮之五字耳，故教學上決無多少困難。以中國孩童學中國度量衡名稱，在小學中已能了解。反觀西文原名則有主單位四字 metre, litre, gramme, are 倍數字首四字 myria, kilo, hecto, deca 分數字首三字 deci, Centi, milli 文特名 tonne, quintal二字，亦有十三名稱之多，以之互相掺用，在初學者，亦殊覺其易於紛亂也。苟於中國式名稱之外，又加以外國式之名稱，則更不免繁瑣，此法定標準制名稱，所以採用中國式名稱取其大部分可以不學而知也。且實用時，每類事業，只採用數種單位，則尤爲易趨於簡單化矣。

（3）西文原名位次之不整齊

西文原名之位次至不整齊，其度制命名之主單位爲「密達」（公尺）而衡制命名之主單位爲「格蘭姆」（公分）但度制之原器爲「密達」本位，而衡制之原器，則爲格蘭姆本位之千倍卽啓羅格蘭姆（公斤）以密達與格蘭姆並列，則度制主單位嫌太大，而衡制主單位嫌太小。以密達與啓羅格蘭姆並列，大小本可相稱，惟名稱則不與相稱，直譯之爲「米」與「仟克」，其不相稱也甚明。如果以與格蘭姆相當之生的密達並列，則大小本可相稱，但名稱上則不相當，蓋一爲命名之主單位，一爲命名主單位之百分一，直譯之爲「克」與「厘米」，其不相稱也亦明甚。又由度生量，由量生衡，由生的密達而得密理立特，由密理立特，而得格蘭姆，則一爲百分一主單位，一爲千分一主單位，一爲主單位果如雙名直譯，則與「厘米」「毫立」與「克」是又命名上位次之不相稱也。其在特西密達所生之立特，與由立特所生之基羅格蘭姆，本亦爲相當之單位，乃一爲十分一主單位，一爲主單位而一又爲千倍主單位，如果用雙名直譯，則爲「分米」「立」與「仟克」，是其命名上之位次又不相稱也。又由密達所生之基羅立特與由基羅立特所生之脫因，本亦爲相當之單位，乃一爲主單位，一爲千倍主單位，又一爲有特定之名稱，是又命名不能整齊相稱。此種弊病，均導源於最初取名如衡制以格蘭姆爲主單位，則度制不應以密達爲主單位，又如度制以密達爲主單位，則衡制不應以格蘭姆爲主單位。因此兩主單位之不能相稱，而致所有主單位導出之任何輔單位，均不能使其得名稱上之整齊劃一，而原意命名之優點，已失其依附矣。此種名稱上位次之不齊，其在西文原名與日本縮寫符號名稱，尙不十分顯明，但若予以雙字命名法之試用，則其不整齊之處，更爲了然矣。

（4）法定名稱可救濟原名之弊

西文原名本身之不整齊前已詳述，學者恆歸咎於創始者之不愼，雖欲救濟，而苦於通行已久，不便更張。歐美各國，均係同文，故不能救濟。惟中文有其特性，正可乘時變更其原來命名之系統。取用中國式之命名則名稱不整齊之弊，均可避免，試舉下表實用度量衡單位組別表爲證：

實用度量衡單位組別表

組　　別	C G S	D K S	M K S	M T S
西文原名	Centimetre Gramme Second	Decimetre Kilogramint Secand	Metre Kilogramme Second	Metre tonne Second
原名意義	度主單位百分一與衡主單位及時秒	度主單位十分一與千倍衡主單位及時秒	度主單位與千倍衡主單位及時秒	度主單位與衡特大單位及時秒
日本式符號譯法	糎克秒組	粉瓩秒組	米瓩秒組	米瓱秒組
日本式雙字譯法	厘米克秒組	分米仟克秒組	米仟克秒	米佻克秒組
法定譯名	公分公份秒組	公寸公斤秒組	公尺公斤秒組	公尺公鐓秒組

根據上表，則用日本式雙字譯名時舉凡西文原名不相稱之弊病，完全存在，而其混淆且加甚焉。何也，如厘米克秒組米仟克秒組及米佛克組均不知其爲三個或四個單位也，分米仟克秒組更不知其爲四個或五個單位也。若用日本式單字符號，則其位次不能相稱之弊雖仍存在。然其爲若干個單位則甚明顯至若用中國式法定名稱以譯之，則位次不相稱之弊完全免去且公分公份，同居分位，度制與衡制之分，均小至相當程度，如是則在原則上理論上，與實用上，均能切實相稱矣。然何以定要將西文原名之弊，必予遺傳於我國，取人之制度，要其精神，又何必斤斤於其皮毛哉。我國名稱，既有此種優點，又何必棄之如敝屣耶？

（5）法定名稱公分公分問題之易解決

查民四權度法草案，關於度制公分公釐，與衡制公分公釐公毫公絲有複出之處，早經慮及，故草案擬改衡制之分釐毫絲爲錙銖絫黍，至十八年此種變更之議，又復提出，但均未蒙採納者，蓋當時正有充分之理由，其一以標準制既以採用已有之名稱爲原則，則在標準制既有此四字之變更，市用制亦須因之而變更，是反予民衆以不便且增加四個一字一名之新名，反背逐漸設法減少獨立名稱之原則。其二以度制公分與衡制公分，均居相當小數之分位，正合於科學上，最小基本單位系統之論理，是其本身本非漫無系統者可比。第三在現代科學上通用之計量單位中以不同之單位用同一之名稱者，尙不僅此兩個公分，公分，如角度之「分」與「秒」與鐘點之「分」「秒」，其在西文亦均爲 Minute與Second與溫度之「度」與浮度之「度」，其在西文亦均爲degree其符號亦均爲「○」，且溫度有各種之溫度制，浮度又有各種之浮度制，故習慣相沿之重複名稱可以無須更改如用之得宜，何致混淆。第四以標準制之原名縮寫，本亦有相同之字母，代表不同之單位，如度制公寸 (decimetre) 與公丈 (decametre) 之縮寫均爲 dm. 又公釐 (millimetre) 與十公里 (myriametre) 均爲 mm 以及衡制之公厘 (decigramme) 與公錢 (decagramme)，又公絲(milligramme)公衡 (應爲公鈞 myriagramme) 之縮寫均爲 mg 但實際應用，乃以大寫起首字母與小寫起首字母以區別之，如 dm, Dm; mm, Mm; dg Dg; mg, Mg. 是。今度制之分厘，如欲別於衡制之分厘，亦可採用一種簡單辦法，其時提議甚多，而最扼要者則爲於衡制分厘加衡字之偏旁，初擬爲「行」，復簡爲「彳」如是「公分衡」作爲「公⿰彳分」「公釐衡」作「公⿰彳釐」，「公毫衡」作爲「公⿰彳毛」，「公絲衡」作爲「公⿰彳糸」，⿰彳分⿰彳釐⿰彳毛⿰彳糸均讀去聲，以別於長度公分公釐之原讀平聲。至地幕所用分厘，亦擬以「土」字偏旁別之，但讀音可以仍舊平聲，或改爲上聲，因在理工複語公式上，很少應用。又度制不加偏旁，仍爲公分市分公厘市釐，因其應用比衡制分厘更廣，且分厘之上已加有公字或市字，則不名數之分厘已變爲名數之公分市分公釐市釐矣，惟可惜當時未將此案正式列入法規，以致後來學者藉口公分公分之無顯區別而多所指摘，因之引起不少奇異之方案，而欲以謀替代法定之名稱，雖其熱誠爲公至爲可感，但今後之解決此問題亦惟有早日公布此項區別之方法以便學者有所適從耳，玆列表於下以明之：(見133頁)。

（6）法定名稱之系統可以推及於一切計計量

公制之公字，有積極與消極兩方面之意義。其積極之意義，則爲凡屬國際間所實際承認爲萬國公用之計量制度與其單位，應一律以公字名之，使學子與民衆，可以了然於其制度與單位之屬於萬國所公認之標準制，用之毫無疑慮，固不必問其於此公制中之公字系統單位以外是否尙有其他非屬公制之單位與否也，再就消極之意義而言，公尺不僅

衡制地畝加偏旁區別法表

度制	容量	衡制	地畝
法定名稱完全仍舊分釐原讀平聲	法定名稱無複出	法定名稱分厘絲毫加亻旁讀去聲	法定名稱厘字加土旁讀上聲
		【公係】(絲去聲)	
		【公𠇖】(毫去聲)	
公釐 (釐平聲)		【公𠐘】(釐去聲)	【公厘】(釐上聲)
公分 (分平聲)	公撮	【公份】(分去聲)	
公寸	公勺	公錢	公畝
公尺	公合	公兩	
公丈	公升	公斤	公頃
公里	公斗	公衡	
	公石	公擔	
	公秉	公鐓	

用以別於我國之市尺，并以之別於英尺，日尺，俄尺等。公升不僅用以別於市升，并以之別於英升日升俄升等。且不僅別於現在各國之尺與升并以之別於所有我國各地以前之廢尺與廢升。又曰公鐓所以別於英噸與美噸或長噸與短噸。曰公里所以別於英里與海里。此種區別，實屬必要。查熱單位有英國熱單位 (B.T.U.) 而公制中又有一種熱單位稱爲 Thermie, 及其千分一之 Calorie 均係熱字之意，故可區別之爲英熱單位與公熱單位，公熱之名稱，雖尚未制爲法案，但已通行，此大勢所趨，理應如此。馬力亦有數種，有英制之馬力 (horsepower) 有法制之馬力(Cheval-Vopeur) 但均不能合於十進制度，故不列爲公制，而合於一百公斤尺每秒之十進工率單位稱「龐士勒」Poncelet 遂於以產生，故有擬稱爲公馬力，(暫音勒取西字第三音)者。至「達因」(dyne) 之可稱爲公達者，又可以別於非公制之磅達 (Pountai) 也。溫度計有數種，如採用百度表又稱攝氏表爲公制，又有稱「公溫計」以別於華氏表列氏表之非公溫計者。至「國際安培」國際歐姆等。如安培可定名爲公安，歐姆可定名爲公歐，則國際安培國際歐姆，可定名爲「國際公安」「國際公歐」甚爲明顯，正如公尺公斤之外，又有「國際公尺」與「國際公斤」絕無絲毫之含混也。故公字之系統，並非遷就舊制而來，不僅可以適用於普通度量衡，并可推及於一切計量，關於所有計量標準，前經擬有特種度量衡標準草案，徵求各方批評，茲已接得多數意見，另編爲「度量衡及特種計量標準第一次修改草案」，可供參照。

(7)法定中國式名稱可以垂之久遠

標準制度採用中國舊名而冠以公字因可易爲民衆所接受，且其本身亦有系統可尋，舍此別無優良之辦法，前已分別詳述。世人每有誤會，謂參照法規，市用制係屬輔制，乃遷就民衆巳往之習慣而設，今標準制既用舊名，使與市用制名稱並列，豈非遷就市制。以根本之制度，而遷就輔助之制度，以久遠之制度而遷就暫時之制度，毋乃不合論理。是亦不然。標準制之採用舊名既加公字，實已變更其義，但此義與市用制有最簡單而連鎖之關係，因之易於推行。今假使市用制已爲達到廢止之日，則標準之法定名稱正可仍舊，因其各單位之名稱，已早具有獨立之意義。且正因市用制可以有廢止之一日，而標準制法定之名稱，更可垂之久遠。而公字之名首，並應保留，使其在歷史上不與以前各種度量衡單位相混淆，而使考古者有所依據，此法定中國式名稱所以自始卽作爲永久性之名稱也。

(8)法定名稱之外無另定符號名稱之需要

有因法定名稱分厘之複出，且每名均係兩字，故有主張依照中國式名稱之順序，採用西名簡字音譯如米，立，克以與偏旁者有如用表。此種符號名稱中分厘毫之次第，正與法定名稱分厘毫之順序相符故度制公尺爲⿰米尺，公寸爲⿰米寸，公分爲粉。公釐爲糎，衡制公斤爲⿺克斤，公兩爲⿺克兩，公錢爲⿺克錢，公分爲兝，公釐爲兣，公毫爲兞，公絲爲⿺克絲之類。此項辦法民十七主張者甚多，但亦不免多此一舉。蓋度量衡應絕對統一，只有單一之名稱，方稱便利。故實際上如有縮寫二字爲一字之必要時，則公尺寫爲⿰公尺，公寸寫爲⿰公寸，公里寫爲⿰公里公斤寫爲⿰公斤，公份寫爲⿰公分亦至便利，且已有通行者，故無另立他種符號名稱之需要，因所有法定名稱其本身均可縮寫爲符號也。茲將此兩種縮寫法，列於下表，以資比較，則以法定名稱兩字縮寫爲一字，固至便利簡易也。

法定度量衡標準制單位名稱之兩種縮寫法比較表

度		制	容		量	衡		制	地		畝
法定名稱	法定名稱縮寫爲一字法	依照法定名稱順序加西音簡字縮寫法	法定名稱	法定名稱縮爲一字法	依照法定名稱順序加西音簡字縮寫法	法定名稱	法定名稱縮寫爲一字法（可採用）	依照法定名稱順序加西音簡字縮寫法可不採用	法定名稱	法定名稱縮寫爲一字法	依照法定名稱順序加西音簡字縮寫法
	（可採用）	（可不採用）		（可採用）	（可不採用）	公絲	⿰公絲	⿺克絲		（可採用）	（可不採用）
						公毫	⿰公毫	兞			
公釐	⿰公釐	糎				公釐	⿰公釐	兣	公釐	⿰公釐	[illegible]
公分	⿰公分	粉	公撮	⿰公撮	⿰立撮	公分	⿰公分	兝			
公寸	⿰公寸	⿰米寸	公勺	⿰公勺	⿰立勺	公錢	⿰公錢	⿺克錢	公畝	⿰公畝	[illegible]
公尺	⿰公尺	⿰米尺	公合	⿰公合	⿰立合	公兩	⿰公兩	⿺克兩			
公丈	⿰公丈	⿰米丈	公升	⿰公升	⿰立升	公斤	⿰公斤	⿺克斤	公頃	⿰公頃	[illegible]

18140

公引	[illegible]	粌	公斗	[illegible]	[illegible]	公衡	[illegible]	[illegible]			
公里	[illegible]	粴	公石	[illegible]	[illegible]	公擔	[illegible]	[illegible]			
			公秉	[illegible]	[illegible]	公鐓	[illegible]	[illegible]			

(9)法定名稱誤用處之可易糾正

查容量之石，與重量之擔，以前常爲混用，卽查舊卷亦有不定者。近年已確定「石」爲容量，而「擔」屬重量，但亦尙有不少混用之處，亟應澈底改正而免除紛亂也。

又市用制斤之十倍卽十市斤與其千倍卽千市斤不列專名，因普通均稱幾十斤與幾十擔。惟標準制原名有 myriagramme與tonne，故法上命名爲公衡與公噸又作爲公鈞與公鐓，卷上查考，常有差異。玆因「衡」字與「度量衡」制度之「衡」字相衝突，應用「鈞」字，而噸字無意義，原係音譯通用於英制之「噸」，應用「鐓」字。故「公衡」應澈底改爲「公鈞」，而「公噸」應澈底改用「公鐓」，所有「公衡」與「公噸」之名，應予完全放棄，以符劃一之旨。

(10)法定名稱應可澈底劃一之理由

就以前所述歐化式日本式名稱之不合用，與中國式名稱合用之情形而推之，則標準制之採用中國式法定名稱，不僅可供一班公務上之應用，並可供一般民衆之應用。不僅可供普通之需要，並可供各種專門技術上與科學研究之需要。時賢所認爲公分公分複出之問題，豈知當時立法者早巳計及其區分之方法，而此兩個科學上基本小單位，可以同居小數之分位，正是中國度量衡系統之優點，曰公分(fen)曰公份(fain)寫別與讀別，均至明顯。同時應用中國式之名稱，可以救濟西文原名大小不相稱之弊，實用時無論用公尺公鐓秒制，公尺公斤秒制，公寸公斤秒制，公分公份秒制，其名稱上毫無西文原名大小不能相稱弊病之遺傳。吾人採用西洋文化，設採取其精神。法定中國式之名稱，並未變更萬國公制之精神與其實用，正因其精神與其實用，均有長處故完全採用。惟命名上次第大小之不相稱，實其短處，中外學者，類能言之，所以不欲使其遺傳於我國。採用此項中國式名稱，寫爲二字時如「公尺」之類，音讀明顯，如有縮寫爲一字時，如「[illegible]」之類字義明顯，無論作爲二字之名稱，或一字之符號，均可通用，故無論在何處何地，何項事業，何種科學，何類人員，自孩童以至鄉老，自負販以至巨商，自工藝者以至科學家，自「老學究」以至「洋博士」，可同用此種名稱，同享標準制之利益，而期名稱上可以澈底劃一也。

(11)確定大數標準之趨勢

查大數標準，在萬以上，卽有歧出，就數之本身而言，亟應確定。近經學者研究，似已有定論，(參閱本局大數小數命名標準研究意見書」又其「補充意見」)卽命位爲個十百千萬億兆，再上則三位一節依京垓秭壤溝澗正載極等名遞進，再大不名，將來卽在度量衡法中另立一條予以規定。似無多大問題。惟尙有主張用六位一節者，亦可與三位相通，要之世界趨勢，均重在三位制，因萬國公制之度量衡，係採三位一進而非六位一進之故。惟在特種度量衡本身言，則以Kilo居千位 mega 居兆位，再大巳無需要。而在普通度量衡而言，則西文原名之在千位者，巳各有通用之專名，如公里(Kilomtre)公秉(Kilolitre) 公斤 (Kilogramme) 其居兆位

18141

者(Tonne)已有公噸之專名，固無須另以大數拼合命名，別生枝節，如仟米，仟立，仟克，佻克等不合用之名稱也。

(12)確定小數標準之徑途

近來學者，每爲「成分厘毫」之系統與「分厘毫」系統之爭，均各有其理由。「成分厘毫」者，以可使數字之小數，與度量衡及各計量制之小數位次相稱，如是則度制，衡制，幣制，角度，時間，等之「分」位，均可相當，同時其本位無大出入。而「成」位則在各制中常另有專名，如寸，錢，角，度，時等。曰「分厘毫」之說者以中國各制，無專名可名時，則繼之以「分厘毫」。蓋均各有所指，以之應用於中國已有之各制實無出入，亦不必拘拘於此無謂之爭。至於絲忽以下有主張用分微，釐微，毫微，絲微，忽微，微微等複名，實可不必，因最易發生混淆，不如逕稱爲絲忽微纖沙塵埃渺漠而止，再小不名。惟有一點須注意者，則以分厘毫直譯西文 deci, centi milli 則有不可，日本用之，已發度制缺少寸位(即成位)之不便，至今爲國人所詬病，且在衡制又發生西文原名主單位之「格蘭姆」，應居「分」位與以「分」直譯「底西」者不合。故多數學者主張西文計量制中之十分一，百分一，千分一，兆分一等名，不予任何之小數分厘毫或成分厘毛之譯法，而竟稱爲十分一，百分一，千分一，兆分一，縮寫爲份，𠆩，𠆪，𠆫，讀音爲成，本，清，狀，乃至合理之辦法。列表如左。

分數	西文分數	縮寫	讀音
兆分一	micro	𠆫	狀
千分一	milli	𠆪	清
百分一	Centi	𠆩	本
十公一	deci	份	成

依此辦法，則micron(公忽)即爲兆分公釐或𠆫公釐(讀曰狀公厘)microl即爲兆分公撮或𠆫公撮，micromilligramme 即爲兆分公𠆪或𠆫公𠆪microforad即爲兆分之「法拉」或𠆫「法拉」苟若拘泥于日本用分厘毫于符號名稱辦法，是又取人之長，而不去人之短，眼看他人因此發生不少之糾紛，而竟蹈其覆轍也。

◉第三 結論

綜合上述歐化式及日本式度量衡標準制命名之不合用，與中國式法定名稱之合用情形及其原來單位定義之緣由，可作下列之結論。

(一)法定標準制之名稱，經兩次立法程序之訂立，其所以採取中國式名稱者，必有重大之理由與其用意之所在。

(二)吾人後知後覺，對於中國已有之事物，必先加以詳密之研究，而後能作予去予存之意見。

(三)吾人力求現代化，對於東西洋已有之事物，亦應體察本國國情與語言文字習慣之特殊，加以審慎之考慮，而後能下是從是否之決心。

(四)中國過去之發現，決非完全無系統之可尋，要在虛心探討，以科學方法，加以整理與闡明。

(五)外國科學之結晶，亦決非絕無其疏誤與缺點之可尋，至外人已公認其疏誤與缺點之所在者，吾人更應力爲避免。

(六)我國吸收外國新文化，要能吸收其精神，而不斤斤其形式，與原來稱謂。

(七)本此原則以研究中國固有度量衡名稱之順序，已能發現其系統之所在。

(八)本此原則以研究中國固有分厘毫之應用方法，已能知其「非小至相當之情形」時，決不起始應用此項小數名稱。

(九)中國各制度中分厘毫之重複應用，蓋欲以減少普通應用上無需要之獨立名稱，不特非其短處，更是其長處。

(十)以中國度量衡名稱應用于標準制，不特可以便於應用，並可補救西文原名大小位次錯誤之缺點。使度制公分衡制公分同居

18142

分位，形成科學上之基本小單位組。

(十一)西文中亦有「分」「秒」「度」之複出，正與我國「分」「厘」「毫」之複出，同其情形。

(十二)度制公分公厘與衡制公分公厘同時並用之處最多，在最初立法者，早已顧及，并已規定衡制於必要時可加偏旁爲公份公𠩵諒去弊，此種辦法，并不失去立法時保留分厘毫之原意，理工上應用至爲便利，只須補行公布手續，即可免去疑難與糾紛。

(十三)名稱上誤用之處，有容量應用公石，重量應用公擔，公噸應改爲公鐓，公衡應改爲公鈞，似應以命令更正。

(十四)至「公」字命名之系統，有其獨立之意義，並非專用之以別於「市」字，不特可以應用於普通度量衡，并可推及於一切計量單位，不獨可供現時之需要，并可垂之久遠，其在消極方面之區別，不特用以別于市用制，并用以別於英制及其他各國制度，更可別於法國制度之向不能認爲公制而我國不採爲標準制者。

(十五)公制之西譯爲 Metric System，而 International 之中譯則爲「國際」，故 "International ampere" 可稱「國際公安」與 Irnternational metre 之可稱爲「國際公尺」者同。

(十六)取「天下爲公」之「公」字爲名稱之字首，實足以表示革新之精神，而使國人之「公同遵守」。

(十七)曰公尺即聯想及於市尺，曰公斤即聯想及於市斤，正是法定名稱之優點，因民衆先有市尺長度市斤重量之觀念，由三與二之比率，遂能推及於公尺與公斤之長度與重量。

(十八)即在慣用西文者，如果先有公尺公斤之觀念，亦可由之而推及於市尺市斤之長度與重量，庶幾不至離中國社會太遠。

(十九)市用制有二市里爲一公里，一市斤爲十六市兩，六千平方市尺爲一市畝之變例，有認爲改革不澈底者。要之無論何制均有變例，即標準制中以二・八三即三百五十三分之千立方公尺爲一船舶噸，一千八百五十二公尺爲一海里，二百公絲之重量爲珠寶之計量單位，在實用方面，亦不能絕對十進，均有特殊之原因。正因有此變例，而醫藥上可接受市衡制，農民可接受市畝制與市里制，乃能切合國情。

(二十)或又有以三分一公尺爲一市尺，係除不盡之數，不能精確爲病者。要之在「數學」觀點上，雖屬循環無窮，而在「幾何」及機械觀點上，則三分一尺，並無問題。

(二十一)市用制爲標準制之一種應用方法，並非可以離標準制而獨立之制度，此種觀念，應當認清。

(二十二)故標準制雖採用中國式名稱，而其原來之精神與其制度之實用方面，均完全保持，並無變更。

(二十三)舊制度量衡之弊病，並非系統之未備，乃係器具無可靠之標準。

(二十四)由度生量，由量生衡，由度衡而生其他一切計量，中外一律。我國已有之制度，以及度量衡標準制，均不外此最高原則，並非根本有不同之處。

(二十五)東西洋科學名詞與術語，變爲中文，重在譯義，有時諧音則可，完全譯音或只取音譯首字，而未具有字形之意義，如「米」「克」者必不可用，用之發生誤會與不便至大。

(二十六)譯音只便於少數諳西文之人士，譯義則適於全體之民衆，並非不便於通西文之人士。

(二十七)度量衡以及一切科學名詞，其最終目的，均爲全民之需要，故只好請通西文之人士，遷就不通西文之人士。

(二十八)爲習用西文而不熟悉中文之人士，施行細則上，本許其沿用西文縮寫，可作暫時救濟。

(二十九)現在有人條陳政府之名稱，原係日本縮寫名稱之變相，早經兩次立法程序認爲不適用，並經前文詳爲解釋其不合用之緣由。

(三十)教科上絕對採用法定名稱，可使科學知識易於傳授。

(三十一)科學研究，絕對採用中國式法定名稱，可使其研究之結果，傳達於一切民衆以廣布科學種子。

(三十二)標準制法定名稱在任何方面，絕無發生有害而影響及於久遠之困難。

(三十三)法定容量條文已可包括法國最近之方式，尙無不準確之處。

(三十四)法定重量條文，本係根據各國法規而來。惟在定義上可將質量定義納入，但並不可將「重量」均改稱「質量」。

(三十五)度量衡器具與標準之檢較，雖爲技術上事，而此技術包括化學物理電氣機械之各項科學及各種工程，至其名稱與制度之當否，與推行有密切關係，應兼由政治，社會與經濟各方面予以種種之觀察。

由於以上之結論，當更爲下列之聲明：

(一)度量衡法不論其爲標準制與市用制，現已普遍推及全國。如予以不必要之紛更，其危害國民經濟，擾亂社會秩序之情形，實有不堪設想者。

(二)度量衡法定名稱受攻擊之起點，原因於公分公分之複出，有無最簡單而在字形上與音讀上均可以區別之方法。如有方法，則無論何方面均可採用無疑。關於此點，在民初立法，早已擬有具體之方案，如能再加研究，使其盡善，則糾紛自可解決。

(三)吾人對於民初學者及政界先進所定名稱之見解，不可遽以當時對於科學研究博學深邃之人士不及今日之多，而卽認其不備科學。反之今日吾人國學觀念之透切實不及當時之人士，故應再以冷靜之態度，加以詳審之研討，視其是否具有不合於科學原則之處。

(四)標準制爲獨立的制度，而市用制則爲標準制之一種應用方法，卽在法國德國亦有之，決不能以獨立制度之眼光批評之，但比舊制日制及英制俄制實進步甚多，已爲國內外學者所公認。

(五)全國度量衡局係於十九年度量衡法開始施行後，始行奉令成立，主持推行劃一事宜，法定名稱，並非本局所草擬。

(六)本局職責，當然應依法執行，但對於法定名稱，亦並非因地位之關係，或故爲袒護，惟因地位之關係，對於法律條文，比較有相當之見解。

(七)本局並無曾經參加規規名稱之人員，對於法定名稱之認識，並非本局全人有任何之成見，實上承三十年來所遺留之檔案，與旁搜外國及全國各地所得之實況，與國內專家之研究結果加以歸納，始敢作此具體之報告。

(八)現在一部份學術界人士，因法定名稱之是否科學化與其在應用上之是否可免混淆，提出疑問，並種種補救之方案，且對於標準制與市用制之認爲可以確定不易，已引起全國人士對於度量衡之注意，實與劃一度量衡前途，有深遠之影響不僅可以促其早日完成，並可爲科學事業發生異彩。

(九)度量衡之範圍至廣現在法律上所定之標準，只限於一部份，苟因此次廣遍之徵求意見而所有計量標準，均得可行之方案，並將整個度量衡法，予以比任何國家更爲合理化之規定而博得國際上之地位亦國家之幸也。

(十)最後更當爲尙未採用法定名稱於其著作或教學者貢獻，卽請先行假爲嘗試，俟稍諳熟，必覺其有深長之意味與便利。

(十一)尙有請求於各機關各團體及各界者，則請對本報告所提出各點予以任何之貢

難，並深刻之批評，務使眞理愈明，果能有比法定更妥善之方案亦不惜任何犧牲，謹當虛心接受呈請
政府採納施行。

(十二)關於本問題討論之資料，本局印有各項研究請隨時指示應用，如蒙垂詢謹當拜答。

(1)研究度量衡問題應取之徑途。
(2)大數小數命名標準研究意見書。
(3)大數小數命名標準研究意見業補充意見書。
(4)度量衡標準制中國式法定名稱在科學上之系統。
(5)歐化式度量衡標準制單位譯名之系統的檢討。
(6)三十年來國人對於度量衡標準制單位名稱意見紛歧之情形，及法定名稱確立之經過與今後問題之焦點。
(7)度量衡標準制歐化式非法定名稱與中國式法定名稱之論戰。
(8)中國物理學會請求改訂度量衡標準制單位名稱與定義一案研究意見書。
(9)中國分厘毫之科學的概念。
(10)度量衡法定名稱在科學上之應用。
(11)中小學度量衡補充教材。
(12)度量衡及特種計量標準第一次修改草案。
(13)研究地理與里制標準之研究。
(14 海用度量衡標準之研究。
(15)市用制三種變例之意義。
(16)市用制衡制標準之科學觀。
(17)市用制與特種計量之關係。
(18)其他散見於『工業標準與度量衡』月刊。

(二十四年一月)

國內新聞

自造『平海』軍艦

海軍部前向日本播磨造船所訂造『甯海』軍艦，後依式在上海江南造船所訂造『平海』軍艦一艘，排水量爲3,000噸。該所聘日本播磨造船所之理事，戶代中本，及熟練工人16人，來華協助建造該艦事務云。

浙贛路局勘查南萍段線

浙贛鐵路南昌至萍鄉一段工程，現巳着手計畫，由該局組織南萍路勘測線隊，並派藍田爲踏勘主任，李昭德爲調查主任，出發該路沿途實地勘查，刻經省府分令南昌・新建・豐城・淸江・新喩・分宜・宜春・上高萬安・萬載・萍鄉・各縣政府及駐軍，切實保護，協同該隊踏勘調查，該段梁家渡橋樑，亦經浙贛鐵路局與省公路處商定，在梁家渡建築鐵路公路聯合橋樑，所需經費，近經省務會議決定，由公路處建築費項下撥付，巳向浙贛路局訂購材料，日夜興工修建，至由玉至南昌一段，前經總局限期於雙十節完成通車後，該段各部工程，均在積極進行中，全段土方，業巳完成，預料此段工程，本年十月內，可望趕築工竣。

川黔公路定期開工

川黔公路工程處設重慶對岸海棠溪，定二十六日午舉行開工典禮，接通黔省之公路

，第一步由南岸修至綦江，卽行開工。

魯南台濰路沂河大橋完成

由嶧縣台兒莊至濰縣之台濰汽車路，爲魯南幹綫，路綫最長，於土工完竣之後，卽已開始營業，其橋樑涵洞，則繼續修築，並組織橋樑工程處，將全路劃分六大段，監督施工，全部工程費八十萬元，各段較小之涵洞橋樑工程，均已次第竣工，惟第二段臨沂東關外沂河大橋，工程頗大，長1,300公尺，爲鋼筋混凝土漫水橋，在本省汽替路中爲最大橋樑，工程費計十八萬元，經該路段工師劉渡哲，分段工程師陳夰恭，門錫恩督工，於二十二年十月間動工，歷時一年又四個月，至現在始全部完成，建設廳據報後，當派土木組技正胡學鑭前往工次驗收矣。

台趙支路竣工

隴海路台趙支路工程，現已全部完竣，定三月一日正式通車，同時發售客貨票，該路計長六十華里，用款百萬，與津浦路之臨棗支路，在台兒莊取啣接，將來大部運輸在中興煤運，由連雲港出口，向華南傾銷，路局特派工務處長吳士恩，到該支路驗收，並赴連云港察勘工程狀況，十九日晨返徐回鄭，據談，台趙支路工程進行極順利，未一載卽完成，台莊運河大橋，長60英尺分三段建造，沿途共設五站，今後魯南煤礦土產，均將由該路輸運出口。

鄭海公路今春動工興築

蘇豫兩省府會築之鄭海公路，已分別勘測：今春同時動工，蘇省建設廳已將徐海段測量過半，該公路計長550公里，路面寬闊與江南各公路相等，在蘇境由東海吳集起點，經過沭陽·宿遷·睢甯·邳縣·銅山·在豫境經夏邑·歸德·甯陵·睢縣·杞縣各縣，而至鄭，預計兩年內決可完成。

隴海西展甚速

隴海路自西安西向展築，以地勢平坦，工程進展甚速，雙十節前，卽可通車至咸陽，自咸陽繼展至蘭州段，已開始計劃，惟工程浩大。非一二年不能竣工。

鐵部擬建武漢間長江鐵橋

鐵部擬借款建築跨長江武漢間大鐵橋，令平漢路局與粵漢路湘鄂株韶兩段路局研究此項計劃完成後，所增收入能否如期還本付息。

18146

中國工程師學會會員公鑒

茲因中國物理學會呈請行政院修改度量衡標準制單位名稱，行政院及教實兩部會函請本會發表意見，用特擬具下列各問案，請各會員簡單答復，以便製成統計，答復行政院及教實兩部。

（一）是否主張保留現行度量衡法之單位名稱而加以一部份之修改？

（答）

（二）是否贊成物理學會所議之原則即（1）主單位用單字之定名（2）其餘輔單位用主單位及大小數（不名數）之聯合名稱？

（答）

（三）主單位是否贊成用公尺　公斤，公升：抑贊成用譯名，如米，克，立；或贊成另造新字？

（答）

（四）大數是否贊成用十百千萬億兆三位一進制，抑六位一進制？

（答）

（五）小數是否贊成用分厘毫絲忽微，抑贊成用成分厘毫絲忽或贊成用㑣㓒㕯㽰㝴粉？

（答）

以上五問務請全答　填寫後請寄還總會。（上海大陸商場五樓）參考書列舉如下：

（1）東京全國度量衡局出版各刊物

（2）東方雜誌第三十二卷第三號及第七號

（3）工程週刊四卷八九期合刊

中國工程師學會謹啓

工程週刊

(內政部登記證警字788號)

中國工程師學會發行

上海南京路大陸商場542號

電話：92582

(稿件請逕寄上海本會會所)

中華民國24年4月30日出版

第4卷 第10期

(總號 88)

中華郵政特准掛號認為新聞紙類

(第1831號執據)

定報價目：每期二分，全年52期，連郵費，國內一元，國外三元六角。

本期要目

本會武漢分會開會攝影

度量衡制度

編者

度量衡制度之宜有標準固無容疑。顧其所以成為標準制度乃有種種要素在焉：合於科學原理一也，適於實際應用二也，宜於普通習慣三也。惟其合於科學斯乃準確，適於應用斯乃永久，宜於習慣斯乃普及；三者俱備始有成為標準希望。現此問題各方正在論辯，本會亦在徵求會員意見；甚望各會員於考慮時，對於上述各點注意及之。

廣東恩平金礦

余安禮

（廣東恩平縣於去年四月間發現金礦，喧傳一時，隨經廣東省政府封禁，派經理龍思鶴，技正余安禮，設局開採，茲得余技正等之詳細報告，刊廣東省政府公報280期〔民國23年12月 20日〕，特摘要錄下，為工程界之參考）。

（一）鑛區，本礦礦區以恩平大肚婆山為中心點，現經測定東至白石坑，西至田畔，北至蓮塘村，南至清灣仔，面積共計87.166公畝，

（二）沿革，大肚山隆起於羣山之中，北與大人山脈相連，迤南之清灣仔，西之田畔黃金洞，東之黃金塘，大坡塅，金坑，灣弓，金雞水，白雲山，五點等處，均產砂金，石脈金，其礦苗遍佈百餘里，經辦各公司前後開採，土人亦於該處淘採砂金。前清嘉慶年間第一區覲首堡（即今之灣弓）始發現砂金，道咸間土人業淘金者盛極一時，而石苗金之發現，則自大肚婆山始。山之北有坑名䘵仔坑，以前多產砂金，土人每於田事之餘，相率入山淘採。迨至本年四月中旬，有梁某在水坑邊淘得石苗金一塊，內含金3兩餘，當時傳播遐邇，附近土人往該坑採金者日衆，先由坑口開採，繼而擠入半山，竟於6月8日為蓮塘村蔡世明，於此山發現石金大苗，採金者每日約有 4000 餘人，最多達至10,000餘人，遂至爭端迭起，山之上下鑁鋤並舉，土泥傾塌，時有一村農活埋土中，其慘可憫，土人採獲礦砂，用碓舂碎，淘取其中天然金，計以一月之短促時間，竟採獲1,000,000 餘元之巨值，附近蓮塘村人，所得約 300,000餘元，其他各村亦有數萬元，至數百元者，迨至礦山封禁後，偷採者如鳥獸散。

（三）地質，本礦山為恩平金礦中之一小部，就地質而論係屬砂岩，其一部份為副成份之花岡岩，而石英礦脈多胚胎於砂岩之中，成為片狀。其山面傾斜度，為40至50度，在中古時代受地心熱力劇烈之震動，故露出苗石，俱成斷層之狀，察覺散苗頗多，現產出者為天然金，因上層礦脈受氧風化所致，再觀其斷成苗脈散礦囊等，如此之多，故其蘊藏於水平綫下當甚豐富。山之上層有無數小石英結聚於泥中，石英中之金或受化學的溶解，及機械的侵蝕，將金粒冲離石英，流至山下或山坑，故又成為金砂冲積層，查土人所淘採之金，其成色為強，足徵所產金砂係屬天然金。惟本礦山之東有截然純粹之花岡岩，山之北距離2 公里許，有極高度硫質之溫泉二處，均足徵明本礦為火成岩。其金苗向南延生者，蘊結於青灣之一帶；向西延生者，及於分水坡田畔一帶。以是處為硫化鐵硫化銅較多之結果，并可測其沈澱蘊藏可達至 600 公尺。至於大人山方面，硫化礦質頗多，亦同一礦帶構成之象徵也。

（四）礦床，本礦先從大肚婆礦山開採，就該礦山而論，山面為斷層散金囊，山下為冲積層，近年雖被土人偷採有 3%，但以地質論，儲金分量尚屬不少，然既缺少硫化物，可斷礦床下深不能過60公尺，復查土人採出之山脈礦砂，其佳者每噸礦砂內含天然金25公斤（6720兩），成色為80%，照現在金價每兩100元換仲算，合毫洋784,000元。至其苗旁之浮土砂泥內含砂金若干，因該山經不規則之偷採，破碎凌亂，無從考驗。

（五）探採，此礦經土人採掘，地層礦石多有顯露，惟被掘處，已受風雨剝落，所有以前之露頭礦脈，苗層礦牆，均失其本來面

18150

目。在機器未有大規模設備以前，祗先將礦區內大肚婆山上層泥石分段採驗其含金份量，以定去取。如含有金質者，先用人力開採，採得石英，則用碎石機研究機磨細成粉，提取幼金。此礦之採取與別礦不同，砂石皆含有金質，而石金含量尤大，不必俟大礦苗之採得，便應施工發掘，早得成績。同時為尋覓大礦苗計，須開掘若干度，再求大規模之設備。此宜於探採兼施者也。

(六)礦場設備，(甲)建築棚寮，本礦場距縣城29餘公里，沿途村落寥寥，人口稀少，在測繪區圖時，員役欲就近借宿地方已覺其難，當建辦事處一所，工人宿舍一所，可容100 人兵房一所，糧食儲蓄室一所，工人廚房一所，工人廁所一間，俾便各職工住宿從事施工。

(乙)水量儲蓄，距礦場之北約2 公里，有石灣角潭之大溪流，可用抽水機吸引至礦山，現在礦場四周皆童山濯濯，水源蓄量甚少，每小時僅達18立方公尺(4,000加倫)，時屆隆冬，水源日涸。今勉為應付工程計，於小坑上流先築一蓄水池，並配置 6 公分(2½)水泵一具，以供淘金溝之用。在坑之下流，再築一度，以儲經用流下之水，循環供給，以資救濟。

(丙)提煉金砂，將礦砂用碎石機硬碎，再由磨石機磨成粉末，納諸淘砂機，衝洗泥沙，及一切非金屬。餘留之金，復經水銀吸收，以採取天然金。

(丁)礦工編配，礦工之編配，分25人為1組，每組設組長1人，依照本處規則，監督本組工人工作，及整飭內務衞生。現於第一期開始探採時，先開一硐，日用泥工14名，窿工4名，井窿一處，窿工6人，泥工 2人，日分2班，每班工作8小時，循井窿以跟苗探砂，視礦之分佈若干，乃定礦工之配備。又開小窿3處，每處配置窿工2名，泥工 3 名，又淘金溝一度，溝工4名，坭工6名，所有坭工每日人任工作 9 小時，在第一期開始工作時，合共僱用工人約 100 名，以後察體情形，隨時增加。

安南機械灌溉之例

張 延 祥

安南 Sontay 地方，有一灌溉區，其數字可為我國之參考者。茲從 Sulzer Techanical Review 中摘要列表如下：

灌溉面積	1,000,000公畝	(24,700英畝)
需水量每分鐘	每公畝0.005立方公尺	(每英畝4.25加侖)
水位高低相差	5.0公尺	(16″—6″)
總水渠長	25.8公里	(16英里)
支渠9條共長	64.4公里	(40英里)
分渠260條，共長	282公里	(175英里)
挖渠土方，總共	950,000立方公尺	(1.250,000立方碼)
總渠面寬	1.83—4.58公尺	(6′—15′)
總渠深度	1.37—2.44公尺	(4½′—8′)
總渠坡度	0.0063%—0.01%	(每英里4″—6½″)

18151

動力(共3座)總	750馬力	
抽水機(共3座)每分鐘各	159方立公尺	(35,250加侖)
抽水機進水管直徑	1.68公尺	(66″)
抽水機出水管直徑	1.22公尺	(48″)

蒸汽機車如何省煤

王樹芳

舉凡用蒸汽機車之鐵路，其行車方面之開支，煤斤所費，約佔半數，故用煤之應如何節省，實爲一重大問題。計自加煤，升火，進水，出灰，在在均有研究之價值。茲略述數端，以供參攷：

(一)爐門不宜久開，以免冷空氣衝入火箱之內。倘加煤時開門過久，則火箱內之熱度驟然降低，煤料未克燒淨，則成黑煙送出煙囪，耗煤甚多。

(二)煤鈎不宜多用。常用煤鈎，則未燃淨之煤塊，易落入爐柵之下。

(三)機車在車房停候時，爐水不宜高過水表之半。汽壓不宜過50磅。

(四)機車停站時，汽壓不宜過高，致啓保險閥；在行車時亦然。蓋每次保險閥放汽，如達一分鐘之久，當耗煤15磅，不可不加注意。

(五)加煤宜少而勤，煤火宜勻而薄，中間稍低，火光淺白，方爲合度。

(六)總汽門關閉時，不可進水，以免鍋爐管子及管板受驟速之冷縮，致成滲漏。

(七)灰斗之風門，應常開閉適宜，以燃燒情形合度爲目標。

(八)爐門內上面之檔板Baffle plate不應取下，以免冷空氣衝入爐管，並可免加煤于拱磚(俗名矮牆)之上。

(九)爐內拱磚arch brick應常齊備。

(十)爐柵應各玲瓏整齊。

以上各項，司機及火伕，尤應特別注意。此外尚有車房應宜注意各點如下：

(一)汽門調整，應無差誤，proper Valve Setting 有時機車汽閥不整，雖行駛時不至誤點，其多耗煤斤，可達四分之一，故其關系甚大。

(二)煙囪與洩汽管應對中線，以利風引之力Better Blast。

(三)洗爐亦應絕對乾淨，凡爐管積垢Scale 至半分厚時，(1/16吋)則須多耗煤斤百分之十五。

(四)洗爐時應將所有爐門爐塞全行卸下，方能洗滌清楚。

尤有進者，欲求用煤之經濟，管理方面亦應注意下列之各點：

(一)監工及稽查，應常切實負責指導及管理火伕，並隨時糾正其錯誤。

(二)設法獎勵或重賞成績優良之火伕。

(三)任何人能改良及發明省煤之方法，應儘量保舉及加薪。

(四)用煤應有確切之統計及比較。

參加廣西年會之價值

吳承洛

（按本篇收到之後曾披露於科學社之「社友」但以年會關係故特刊登　編輯者識）

路程概要

上年秋冬之間承洛因視察西南度量衡劃一情況，由上海出發乘郵船前後三日抵香港，（輪價頭等100元至三等30元）次日由九龍上廣九火車約三點鐘時間，可抵廣州，（車費約3元）住七八日在省城及附近視察，並考查工業後，由南堤廣三火車輪渡，至廣三鐵路車站，乘車至三水，約早十時上渡，下午三時抵三水，卽由車站遷往小船，每日由香港上駛，下午五六時開駛，次午則已抵廣西最大商埠梧州矣。（由廣州至梧州約費3元至10元）住二三日，乘汽車至廣西省城邕甯（第一日宿鬱林次日下午三時到。）（大車每人十六七元包用小車可坐五人約13)元 桂幣1元3角值國幣一元）省政府在焉。在此可勾留一週。至由邕甯北行汽車，一日抵柳州，爲內地工業區，再一日抵桂林爲以前省會，風景甲天下卽在此處。時值肅匪西竄，桂軍集中焉。由桂林可乘汽車回梧州。若由柳州乘汽車兩日可達貴州之貴陽，黔省本爲洛之目的地，奈因調兵遣將，致路塞不易通過，故折回省城轉道安南往雲南。有三道，其一回梧州經香港，乘法國郵船約三日至安南之海防，（每週一次，約費30元至70元。）可參觀各工廠，居三日改滇越鐵路經東京之河內（法總督所在地）至老街住宿，次日過界至河口上車，河口對汎督辦駐節于此辦理過境事宜，晚宿阿迷州。第三日車行至下午五時，卽抵雲南省城昆明。其二由廣西省城乘汽車一日至龍州，龍州對汎督辦在焉。次日乘火車過境，仍經河內亦三日到昆明。其三由省城乘汽車經百邕轉道於雲南所擬修之汽車道相聯接，俟通車後，二日以至三日亦可抵昆明。此行程之概要也。至在途中每日膳宿開支，由 3元以至10元不等。惟此次廣西年會其在梧州邕寧桂州等處，廣西省府均備有共公住所，而公路局汽車必可供到會者之便用。只就赴年會而言，有100 元之準備，卽可大膽前往，多則三百五十元甚足敷用，惟時間至少須3星期，卽去1星期，會1星期，回1星期可耳。至承洛此次碌碌道途，則費兩個月又半，倘覺走馬看花，則所經之處，爲較多之故。

民情風俗　入境問俗旅行至關重要。西南民情，照洛之觀察，則廣東以快幹勝，廣西以苦幹勝，雲南以要幹勝，各有特長，均足爲吾人之模範。因其快幹，故廣東之新鮮空氣最爲濃厚，而建設事業，比任何省爲猛進。卽就廣州市而論，自　大元帥時代之經營，只十零年間，其雄壯之氣魄，已爲中國現今最大之都市，上海之租界不及之，天津漢口之租界不及之，卽香港與青島亦不及之，蓋廣州之潛隱勢力，實有過之之處，惟將來之南京與大上海及北平，則其潛隱之勢力，與雄壯之氣魄，庶幾可與並駕齊驅。其內地各縣，除商埠外，亦頗多新的鄉村，此皆飽吸泰西物質文化之結果。卽就遊藝與飲食而論，亦有其特殊之性情，似非有孤注之一擲，不足以快其意，非有奇異之絕味，不足以悅其口者。廣西之梧州其市面情形，很似汕頭，不啻爲廣東之一部分，桂南桂東操粵音，至桂北桂西始澡國音，蓋與黔滇接近。桂風俗樸厚，能服從，守紀律，故民治易爲力。且因貧乏，故女子多務勞力，上下均能苦幹，乃有今日之成績。政令一致，軍紀謹嚴，民團組織，治安無虞，而各縣道路之建設，雖不及廣東之多，但路平則過之，蓋有路面者較多也。生產建設雖不及廣東之繁，而亦井井有條，尤能從事於基本之統計工作與度量衡劃一，以奠生產之基礎，自外表觀察，則自主席以至汽車司機，多一律着布裝中山服，與布衣布鞋，此種儉樸平等情形，惟山東倘可近之。至於雲南則為完全內地習慣，文雅有儒者風，而諸葛孔明先生之遺教，更為當道。基督傳教，至謂耶穌為孔明之後身，以資召號，拜基督，即拜孔明，為雄辯已。大土有一定之物價，更不似他省之禁煙其名而勒索其實。此種直率之風，誠有足多者，固未可因烟毒之故而厚非之。全省治安甚佳，近年休養生息，藥以前之武功，（回憶唐繼堯副元帥時代）而從事於建設之途徑。金融本甚複雜，紙幣跌價，比之奉票與盧布，近來新省幣已能確立舊滇幣之折合率，無論新票舊票，均有一定之定價，故信用至佳。該省上下要幹之情形，實不亞於他省，而實事求是則過之。惟因法屬之滇越鐵路，為蛇毒之攻心，且貨物出入非經安南不可，人民經過，備受苛刻。余有友人送錫器數件，並標本幾種（雲南產錫名天下）由河口過境至安南，余因欲作平民一試，囑旅館接客者（每至一處例有中國旅館派人來接，每地三數家。）任其檢查勿拒，並不告以是政府官員，結果，法關員將礦砂及各種錫樣，連同錫器一併上秤，且故為種種質問，適箱內有度量衡刊物一冊，照例全國度量衡局出版物，均有中國三色地圖，分全國為三期劃一，當然廣州灣不另標出，彼關員以手指問，何以廣州灣竟入中國版圖，予注視之，不復可言。繼云：各器稱得重量，應納稅，越幣20元（合國幣18元）旅館接客，係屬老板，能法語越語，不勝駭然，乃云彼係政府官員，應當優待，彼云何以不早說，乃以半價十元付之而畢，此自己討苦之經歷也。吾人養尊處優者誠不知民間之疾苦，一路過境四次，中有三次，彼先知我是官員，同行者且曰：「叨光不少，不然又要多停一日」蓋檢驗護照與行李故為留難，或謂係為商業蕭條，留客多化幾元錢而已。安南本漢族，有江南風味，皇族尚能袍漢冠，蓋明制也。語言似粵音，以前亦以三字經千字文百家姓幼學為啓蒙之工具，實完全內地色彩，文字完全為漢體，婚喪風俗，喜聯喜幛，題字匾額，寺廟祠堂，文宮武宮固莫非與我一律也，而今河如哉！漢字已為法國字母拼音之越語所替化，漢字為用之廣，已不及我國各地商店之英文招牌，青年男女，均用此非驢非馬之拼字，不復能識漢文，亦有不識法文，此項拼字同音單音者至多，故安南人之文化卽將落後至於只能說出淺近之事物，我國之提倡羅馬字化者，可為殷鑒也。安南設有總督，其權至大，但為懷柔起見，現任保大皇帝皇后之照片，固家家懸掛者，而最小之方孔銅錢卽銅元以下之單位，尚鑄「保大通寶」為特色耳。安南鄉間農民之苦況，無異我國，火車有一，二，三，四，項（稱等為項）其乘坐三項者，已不可多得，大都只坐四項，我國商人亦然。貧苦女子勞動女子，均尚黑白棕三色，富家女子，始有各色之服裝，而娼妓之風亦甚盛，此不過略提其概而已，實多有欲言而不勝言者。

研究資料　吾人從事物質科學者，第一對於自然發生興趣，山川之形勢，土地之高低，氣象之變遷，草木花卉，禽獸虫魚，莫非吾人研究之資料。廣州珍味如山瑞蛇膽，固多出自桂省，故在桂省考察動物，最為相宜。廣西省府，新設家畜保育所，一切最新設備，直隸省府，其重視可知。鳥類最為豐富，因山水清秀，行路遼遠，如有登眺，而禽之生長，乃以特色，但蚊虫亦頗豐富，故出席年會，必帶蚊帳，不可疏忽。植物則桐油出產為大宗。廣西工商局在梧州設有桐油煉廠，以供出口之需要。其他苗油爲重要出品，但銷路不暢，正在另覓用途。藥材種類亦不多，如何首烏已爲出口大宗。糖產本亦多，現已在柳州設新式煉糖廠，該處尙有機械廠及酒精廠，又省城新式印刷所及製革廠均屬省營。又於省府下設化學試驗所，主辦者爲李運華先生，期以研究改善土產，創設新廠，將來成效必甚可觀。又民衆敎育館，及物產陳列所，均足資研究，省府建設廳已取銷，另設全省經濟委員會外設礦務局工商局及統計局，後兩局，均楊綽菴先生主持，各項統計材料，甚爲整齊，故在桂省最易得本省資料，卽在粵省亦殊困難，因粵省始於最近設專局也。至礦業則有富川，賀縣，鐘山，南丹，河池，各縣之省營錫礦區，各種礦產以錳，錫，金，鎢，煤，鉍，銻，銅，鋁，等爲最富。林墾區則分爲柳江，南甯，桂林，龍州，百色。柳州尙有省立農林試驗所。梧州工廠最多，計20家，多爲民營，以火柴煙草鋸木爲盛。省立兩廣硫酸廠并有由煙氣中用電汽沉澱法收集有用之顏料粉爲特殊之設備。梧州電廠亦甚可觀。中山紀念堂建築尙偉大。而最足羨慕者爲廣西大學經馬君武先生之經營，設備及建築與學風及成績，均爲難能，人才亦濟濟，此外賓陽之瓷業爲著名，而廣西銀行，爲該省惟一之銀行。該省各廠多由工商局經營，該局之度量衡檢定所，經營訓練三班學員分發各縣，而度量衡製造廠亦爲重要工廠之一，所製各器由縣府分銷，以期劃一。廣西省尙有苗猺獞猓四族，各縣名稱昔皆爲「反犬」旁，今均改爲「雙人」旁，以期同化並平等待遇，亦革新之要道也。省主席黃旭初先生以嚴肅樸實之軍人，而主持政治，對於科學工程及建設，抱有雄心，所以特爲歡迎各學術團體，在該省舉行聯合年會，惟恐吾人之學識，有不足以應付其需要耳。

夷人問題，雲南爲最，沿鐵路旁，均可常見，所不同者，卽服飾較爲繁華耳。雲南工業，以錫礦爲最，而錫礦以省營個舊錫公司爲第一，已有二十餘年之歷史，近來又復添設新式煉廠，所出之錫達九十七淨，可直接在倫敦紐約有市價，爲難能已。私營土法開辦，達數百家，爲雲南惟一富源所在，則經雲臺陶鴻燾先生之力也。其次則耀華電燈公司，用瀑布水力發電，爲中國最大最新式之水力電廠，係華祝封先生所經營。此外有省城有兵工廠造幣廠，鎳幣惟雲南實行鑄造，尙有半圓之銀幣一種，亦他處所罕見。又有建設廳主管之製革廠，實業廳主管之模範工藝廠，及附設之五金器具工廠，除木工漆工秤工外，正在佈置糖磁工廠。此外屬民間小工藝，以各種美術銅器，美術陶器，土織美術氈爲最，次爲象牙製品。欲研究土產古物及夷人風俗及邊疆問題，應問昆華民衆敎育館，昆華圖書館，及實業廳之產物陳列所。英屬緬甸未定界，爲最大問題，西南金礦區，多爲所奪去。安南方面之界線問題尙不大。雲南夷人種類之多爲各省冠，而土司亦成重大問題。土司本漢族，因軍功世襲關係，遂成諸侯之勢，且敎育漸衰，又有土地所有權，常爲外人所利用。至安甯之溫泉，無硫氣，池中石上有碧綠色，想係炭酸銅，古人云下有丹砂，其此之謂歟。至最高學府有東陸大學，現爲省立雲南大學，設備亦甚豐富，辦理得宜，現任校長何瑤先生，省府工業建設并多由主持焉。近來省主席雲龍先生特注意於整個工業建設，有創設紅毛泥（即水泥）紡織廠造紙廠及新水電廠大計劃，正在積極進行中。滇省爲天府之國，寶藏之富，甲于全國。而氣候之佳，適於農產，亦全國冠，惟交通亟待國營鐵道耳。

滇越鐵路，入雲南境，經兩日之路程，常在半山中，穿山洞百餘個，既入復出，出後復入，懸崖絕壁，遠望蜿蜒，爲奇觀已。其高出海面情形，係由安南邊境約90公尺漸至

18155

2030公尺，即昆明亦有1895公尺，而路程則係469公里，是每公里之路程升高 4 公尺，凡學鐵道者所必實地考察者也。自本年一月起，已另備保險新車，夜間可開，以前由海防日程三天，至少可以縮短爲二天，交通更爲方便，而法人吸收雲南之脂膏，當更非從前可比。由「外國到中國」之謎語，除新疆，西藏外，雲南可鼎立而三矣。至安南之研究資料，如過其開賽會時，多在河內，則各縣物產，均集中焉。余適逢冬季大會，見其所得獎狀，一邊爲法文，一邊爲漢文，均有璽印。我國國產以茶爲最受歡迎，得獎至多。近來米之進口於廣州稍少，故安南有「農村破產」之感，而華僑之商業，亦逐漸蕭條，是吾人所應特予注意者也。

廣東爲最富而近代人才最多之區，中山紀念堂及廣州市政府之重大建設，如電廠自來水廠，海珠橋，海珠堤，市政府新署，平民宮等，均由市長劉紀文先生繼續前市長林雲陔先生主辦成功，廣東省政府，最近數年，採取經濟統制政策，由西南政務委員會設立國外貿易委員會，主辦國貨推銷處，并管廣州商品檢驗局，另有生絲檢查所，蠶桑改良局，調查統計局，農林局，血清製造所，兩廣地質調查所，土壤調查所，工業試驗所，成績甚可欽佩。而關於工業建設則爲省主席林雲陔先生兼建設廳長時所創設，而由現廳長何啓澧先生繼之主持，其最成功者，爲西沙新士敏土廠，獲利甚豐。又河南新紡織廠，分棉毛絲麻四部。又接觸法硫酸廠，電化苛性鈉廠，均已開工，出品優良。淡肥廠，燐肥廠，紙廠，均在建築中。新水電廠，鋼鐵廠則設計完成。又糖廠除由農林局主辦者外，尚有軍墾處所主持之新造糖廠，及惠州平潭軍墾第一糖廠等，將來中國新式糖業之興盛，胥是賴之。廣東政府中工業專門人才濟濟，如劉鞠可，羅懋除，何致虔，陳宗南，黃新彥，鴻銳，林繼庸，何慶曾，程耀椿，吳卓，林士祥，曾心銘，梁承廈，劉寶琛，等固一時之選也。關於教育方面，則中山大學經鄒海濱先生之擴充，石牌新校，正於承洛在粵時遷入，農場之大，校址之寬，在中國當稱第一矣。附設之化學工業研究所，主持者爲康辛元先生，已具有規模。此外有嶺南大學，勷勤大學，及仲愷農工學校，爲必考察之教育機關也。

年會價值　此次廣西歡迎全國各科學術專門團體，前往開聯合年會，黃主席主張最力，而李運華先生實主辦其事。以西南各省努力建設事業，以與中央合作，鞏固國基，凡屬專家，均應盡其應有之義務，以實地研究考察所得，舉行貢獻。同時廣東乃廣西必由之地，其已有成績足爲吾人學術上之資料者，又不可以數計，以上略舉其概，實不足以當其萬一。承洛雖已周歷一遍，或尚能於本年年會，抽暇成行，以隨諸公之後，此一個月之時間，實比進任何之暑期學校爲合算。此次在桂爲年會事，承黃李及當地諸先生之熱誠，多予教言，復諄諄吩咐，在京滬及北部各處，多約會友來遊，用略陳一二，敬希即早準備前往，以免臨時抱佛脚，如因事不能成行，恐不免予歡迎者以失望也。

工程新聞

(1)錢塘江橋工程近訊

材料與工人集中
工作有顯著進步

錢塘江橋，自去年十一月間開工以來，閱時四月，工作頗爲緊張。現在已成之設計圖及計算表，有二百十餘件。橋址兩岸施行大三角測量，包括面積約二平方里。鑽探工事，迄本年三月九日止，先後鑽探二十七穴，共鑽深度二千三百二十一呎七吋，最深之穴，達江底下一百五十六呎。正橋橋墩工程由康益洋行承包，第一次試樁在第八號橋墩附近，用汽錘試打，入地約八十呎；第二次試樁，係在南岸，入地深一百三十五呎四吋；與鑽探所得結果，尚屬符合，堪作核計木樁載重之用。圍堰工程，第一號橋墩處用鋼鈑樁築圓形圍堰，直徑七十六呎，用那生第三號鋼鈑樁長五十呎者一百八十三根，長六十呎者一根，均用汽錘打入江底，平均深度約三十呎鋼鈑樁高出高水位約二呎。第十五號橋墩處所築圍堰，形式及直徑，均與第一號橋墩相同，用那生第二號鋼鈑樁長三十三呎者一百七十六根，第三號鋼鈑樁長四十呎者八根。北岸工場建築臨時碼頭一座，爲起卸材料及工具之用，長二百四十二呎，寬七呎半，共打木樁八十五根，樁長十五呎至二十呎。由北岸至第一號橋墩建築便橋，共打木樁五十八根，樁長約四十呎。南岸沉箱工地舖築碎石路兩條，爲澆築及起運墩底沉箱之用，每條長約三百呎，寬八呎。周圍土堤土方工作約三千方。倉庫一所，長七十四呎，寬二十八呎。辦公房一所，長四十五呎，寬二十呎。又辦公房一所，長四十五呎，寬二十呎。辦公樓房一所，長一百三十四呎，寬二十六呎。工人住處一所，長二百三十呎，寬二十五呎。又工人住處一所，長一百〇六呎，寬十五呎。工作人數，平均每月約共二千九百六十工。正橋鋼梁由英國道門朗公司承包製造，現正繪製各部詳圖，準備鋼料，共需鉻鋼三千二百餘噸，炭鋼約一千噸。引橋部份，北岸由東亞公司承包，南岸由新亨營造廠承包，均於本年二月十一日開工。北岸護堤木樁共打三百八十根，樁長約二十呎，徑約六吋。護堤面積約一百七十方，已填土方約八百五十方。南岸護堤木樁共打二百八十一根，樁長約十七呎，徑約五吋，土方約一千五百方。北岸木板臨時工房棧房一所，長一百四十呎，寬十八呎，現已築成。南岸木板棧房一所，長六十一呎，寬十六呎，亦將竣工。工作人數，平均每月約有二千二百九十工。各項材料與工具，現正陸續運達工地，工人亦逐漸加多，故工作進度甚速。若無意外事故發生，工程當不至愆期云。

(2)廣東紗廠之機械

廣東省政府建設廳創設紡紗廠，織布廠，及織呢廠各一所。紗廠計10,000錠，呢廠計1200錠子，均向英國Platt Bros & Co. 廠訂購機器，大部分均已運到。P.B.8/9.34.(詳譯)

(3)廣東毛織廠之機械

廣東省政府建設廳，近創辦毛織廠一所，向英國 Prince. Smith & Stells. Ltd. 廠訂購機器，約值120,000元，又向英國 George Hattersley & Sons Ltd. 廠訂購毛織機及整理機器，約值60,000元。按毛織廠在我國爲新興工業，現僅有11廠，除廣州建設廳之一廠外，餘多在上海及平津一帶，詳細名稱如下：

北平清河製呢廠	上海毛織廠公司
天津東亞毛呢紡織公司	上海安樂紡織廠
天津祥和紡毛廠	上海怡和紗廠
太原省政府廠	上海紡織株式會社
無錫協新紡織廠	上海博德運公司

(C.E.Q.R. 10.34/1.35.詳)

(4)九江飛機場建築工程

民國二十三年三月，軍事委員會委員長南昌行營令擴大九江飛機場，由九江警備司令部，九江縣政府，航空處，建設廳，水利局，經理處，航空站等七機關，組織工程委員會，負責進行。至九月十五日全場工竣，交九江飛行場場長汪先倫接收。飛機場爲航空設備之一部份，爲我工程界所應研究者，本會『工程』二月刊第9卷第5期，載有李崇德譯之『飛機場之設計』一文，今槪九江之場，不及甚遠，然亦不可不記，以明我國現在之情形也。

九江飛機場之擴大建築，僅築堤，平場，滾壓三種工作，徵發民夫從役，計九江縣徵民工10,500人，湖口縣1100人，星子縣970人，彭澤縣600人，共13,170人。於3月21日開工，中經陰雨漲水，復值三伏炎熱，種種困苦，至7月15日大部告竣，遣散民工還鄉。工程委員會之組織，內分5股，爲文書股，會計股，工程股，招募股，管理督工股，每股設主任1人，其辦事員及監工等，均由各機關調用。

九江飛機場在久興紗廠之後，龍開河之南，原場於民國18年建築，耗60,000餘元，約700公尺見方對於大機起落，尙嫌不足，惟場北限於南潯鐵路綫，東南兩面逼近新開河，均無法展開，祇能向西擴大300公尺，成爲東西寬1100公尺，南北仍750公尺。面積825,000平方公尺。

機場因地勢低窪，堤身低於民國20年之洪水位數尺，故今將舊堤1700米加高培厚，另築新堤2300米。堤之標高定爲52公尺，比民20年之洪水位高0.8公尺，堤面寬4公尺，堤外坡1:3，加舖草皮，堤內坡分兩種，(1)堤身高於3公尺者，上爲1:2，下爲1:5，(2)堤身高在3公尺內者，爲1:3。場內水溝離堤脚6公尺，溝面寬8公尺，兩側斜坡爲1:1，溝底高度一律挖至標高44.5公尺，以便場內雨水由溝內流通至西南角，用抽水機排出堤外河內。全堤土方共80,600方，築堤費共55,900餘元，爲全數之41%。

全場地勢，北高于南，且中有大塘數，積水不少，乃先測量全場50公尺方格水準，繪成縱斷面圖，就全場形勢設計，向西南傾斜，皆成坡度爲0.2%，最急坡度爲0.4%，使全場雨水朝西南方向，流入水溝內，在西南堤脚，設置36匹馬力柴油引擎，及20公厘(8")口徑之抽水機，吸出場外。

平場工程卽依此設計工作，核算土方，計挖不計塡，共48,000方，平均費連滾壓在內，共50,900餘元，爲全數之38%，外加抽水機約5350元，車水工費約1300元，機旁一棟約1100元。滾壓在八月份天雨之後行之，用3噸重之鐵筋洋灰輥2個，每班50人拖1輥，共有3班，以二班拖輥，一班休息，原有草皮，亦仍舖上。

當工作進行時，民工萬餘人，住宿飲食，衛生管理，均成問題，搭工房80間，餘安插於空民房內。指定醫官6人，診治疾病，又指定九江協和醫院廣州醫院二處診治，備大批施藥分送，無如六七月間天氣異常炎熱，溫度達100以上，民工渴死者日有所聞，總共死傷38人。加以今年旱災，農忙之時，民夫逃回甚多。彭澤縣又一度遇匪警，接濟斷絕，民夫缺食。九江縣同時奉令趕完九星公路，兩方徵調，殊疲於奔命。

全場擴大工程，共用133,973.23元，由南昌行營補助73,000元，餘數在九江抽收房舖捐一個半月，約53,000元，自由捐約15,000元。(祥)

(5)青島海軍船塢

青島海軍船塢於去年10月20日落成，是爲華北第一船塢，建築經費計280,000元，加機器設備80,000元，總共360,000元。承造者爲上海陶馥記營造廠。船塢尺寸列下：

全長	146公尺(480′)
入口處寬，上部	22.8公尺(75′)
底部	18.0公尺(59′)
水深，在高潮時，	7.0公尺(23′)

該船塢與日本長崎船廠之第3處船塢比較，尺寸如下：

18158

全長	222公尺(728′)
入口處寬，上部	29.5公尺(96′ 7″)
底部	27.0公尺(88′ 7″)
水深，在高潮時	10.5公尺(34′—6″)

該船塢與上海江南造船所新造第3號船塢比較，尺寸如下：

全長	195公尺(640′)
第一期完成長度	118公尺(386′)
入口處寬	24.4公尺(80′)
水深，在高潮時	8.25公尺(27′)

(6)廣東糖廠

廣東省政府建設廳，創設廣州區第一蔗糖營造場，所轄新造及市頭兩糖廠，業經次第完成，機械係向檀香山機械公司(Honolulu Ironworks) 訂購。該場經理爲馮銳，監理林廷熙，駐省辦事處在廣州市山沙地農林局內。

廣東建設廳除設立上述廣州區第一蔗糖營造場外，又設潮汕區第一蔗糖營造場，勘定汕頭市上游30公里之揭陽縣曲溪鄉圭頭村，收用123畝民田及官荒爲場址，機械亦已向檀香山機械公司訂購矣。(廣東省政府公報280期，祥)。

(7)X光機

世界製造X光綫機器之工廠，以德國柏林之Electricitats-Gesellschaft "Sanitas"廠爲最大。(Echo. 12, 34祥)

(8) Katadyn殺菌器

上海西門子洋行推銷一種殺菌器，名爲加太定 Katadyn，形如普通之沙濾缸，注水其中，水中微菌卽被殺死。該器裏面係塗上一層銀粉，銀有殺菌之力，惟此種銀粉係德國 Dr. G.A.Krause 氏所提煉發明者。稱爲 Katadyn 銀，係從 Katalytic-oligodynamic 一字縮寫而得，譯意爲"接觸的微力"。取1公升之水留置殺菌器中，經2小時，有13—20/1,000,000格蘭姆"加太定"銀溶於水中，將一切傷寒霍亂痢疾等細菌均殺死。倘有一種用電力者，以"加太定"銀製成二個電極，通以直流電，放置水中，僅1分鐘，即可殺菌，蓋放置3分鐘，則該水可有消毒之能力云。(Echo 12.34.祥)。

(9) PARSONL 透平發電機在華之新機

英國派生氏(Parsons) 廠所製之透平發電機，由上海信昌機器工程公司經理，近二年內裝置山東周村電廠一座，計500瓩，於去年12月開機。又裝置南昌市電燈整理處一座，計1000瓩，亦於去年12月開機。此外山東濟南電廠定5000瓩一座，尙在裝機中。最近嘉興民豐造紙廠亦定一座，計1600瓩，尙未運華。嘉興之機可接出蒸汽，以備造紙之用云。(C.E.Q.R. 1.35.祥)

(10)南京龍潭間通電工程

南京首都電廠近與龍潭中國水泥廠訂立供電合同，架設高壓輸電綫，電壓爲66,000伏，距離約30公里(50英里)，採用美國Ohio Barss Co.之礙子，每個直徑250公厘(10″)，5個礙子連成一串，將爲中國最高電壓之輸電網。

(C.E.Q.R. 1,35祥)。

(11)其他

國營招商局新造之"海元"等四輪，係英國 Barclay Curle & Co. 船廠所造。用三聯漲式蒸汽機，速率每小時23.6公里(13海里)。

英庚款管理委員會倫敦購料委員會，近向英國利物浦 Francis Morton & Co. 訂購粵漢鐵路黃州機廠之建築鋼料，計重1,500

噸。

倫敦購料委員會又向The Barrow Haematite Steei Co., Barrow-in-Furness 訂購鋼軌甚多。

上海濬浦局挖濬神灘，向德國Schichau廠訂造之挖泥機，爲最新發明之一種，係德人 Frenhling 氏所發明。船在行駛時即可挖泥。船行駛速率每小時約 3,5 公里，吸泥管在船底隨之行動，每小時可出泥3,000 噸，約2500立方公尺，挖出之泥輸送至 3 公里遠之處。該挖泥船長110公尺(360')，寬18.3公尺(60')，吃水5.5公尺(18')。造價英金151,800 鎊，合華幣每鎊15元，共約2,280,000元。

天津法國電車公司所裝之250公厘(10")深井軸式抽水機，(Borehole axial pump)，想爲我國之最大者。自民國20年12月26日開機以來，據報告並未停頓　該機係瑞士國 Sulzer Bros 廠所造。

(E.E & C. 11, 34耕)，

中國工程師學會各專門組委員會組織章程

第一條　本會依據會章第十七條設立土木機械電機鑛冶化工五專門組委員會

第二條　各專門組委員會之職務如下：

一・各組會員工程研究工作之推進

二・論文之徵集及審查

三・會刊編輯方針之決定

四・工業試驗所工作之推進

五・工程教育之推進

六・專門名詞之審訂

七・標準規範之選擬

八・各種專門學會之合作

九・其他關於專門技術事項

第三條　土木組委員會設主任委員一人委員八人至十四人其餘各組委員會各設主任委員一人委員六人至八人均由董事會選定之任期一年連選得連任

第四條　各組委員會主任委員掌理日常組務開會時爲主席並得以通信方法徵求委員意見

第五條　各分會應將當地會員分作五組每組推定或由分會會長指定組長一人協助各該組委員會辦理專門事務並分組舉行學術演講會及討論會

第六條　各組委員會及各地分組組長應與已成立之各專門工程學術團體聯絡合作

第七條　本章程自董事會通過之日施行

隴海鐵路簡明客車時刻表

民國二十三年九月一日實行

向西上行車

站名 \ 車次	1 特快	3 特快	5 特快	71 混合	73 混合	75 混合	77 混合	79 混合
孫家山							9.15	
墟溝			10.05				9.30	
大浦				71.15				
海州			11.51	8.06				
徐州	12.40		19.39	17.25	10.10			
商邱	16.55				15.49			
開封	21.05	15.20			21.46	7.30		
鄭州	23.30	17.26			1.18	9.50		
洛陽東	3.49	22.03			7.35			
陝州	9.33				15.16			
潼關	12.53				20.15			7.00
渭南								11.40

向東下行車

站名 \ 車次	2 特快	4 特快	6 特快	72 混合	74 混合	76 混合	78 混合	80 混合
渭南								14.20
潼關	6.40				10.25			19.00
陝州	9.52				14.59			
洛陽東	15.51	7.42			23.00			
鄭州	20.15	12.20			6.10	15.50		
開封	23.05	14.35			8.34	18.15		
商邱	3.31				14.03			
徐州	8.10		8.40	10.31	20.10			
海州			16.04	19.48				
大浦				21.00				
墟溝			18.10				18.45	
孫家山							19.05	

膠濟鐵路行車時刻表 民國二十三年七月一日改訂實行

下行列車

站名	到開	五一次各等	三一次各等	七一次三等	七三次三等	一次各等
青島	開	七•00	一一•三0	一五•00		二一•四0
大港	開	七•一二	一一•四一	一五•一一		二一•五一
四方	開	七•二0	一一•五0	一五•二0		二二•00
滄口	開	七•三六	一二•0六	一五•三六		二二•一六
女姑口	開	七•四八	一二•一八	一五•五一		不停
城陽	開	七•五七	一二•二七	一六•0一		二二•三四
南泉	開	八•一三	一二•四五	一六•一八		不停
藍村	開	八•二七	一二•五八	一六•三六		二三•0一
李哥莊	開	八•三六	不停	一六•四五		不停
膠東	開	八•四八	不停	一六•五八		不停
膠州	到	九•00	一三•二五	一七•一一		二三•二八
	開	九•0三	一三•二七	一七•一四		二三•三0
芝蘭莊	開	九•一九	一三•四四	一七•三三		不停
姚哥莊	開	九•二八	不停	一七•四三		不停
高密	到	九•三九	一四•0一	一七•五一		0•0一
	開	九•五0	一四•一二	一八•0三		0•一二
陳家莊	開	一0•0	不停	一八•一六		不停
蔡家莊	開	一0•一五	一四•三三	一八•二八		不停
塔耳堡	開	一0•二五	一四•四三	一八•三九		不停
丈嶺	開	一0•三五	一四•五三	一八•五三		不停
岞山	開	一0•五三	一五•一二	一九•一三		一•0三
黃旗堡	開	一一•0一	一五•二一	一九•二四		不停
南流	開	一一•0九	不停	一九•三一		不停
蛤蟆屯	開	一一•二四	一五•四一	一九•四八		一•一八
坊子	到	一一•三七	一五•五四	二0•0三		一•四一
	開	一一•五三	一六•0八	二0•一一	六•三0	一•五六
二十里堡	開	一二•0四	一六•二0	二0•二六	[illegible]	二•0八
濰縣	到	一二•一三	一六•二八	二0•三五	六•四四	二•一六
	開	一二•一五	一六•三0		六•四九	二•一八
大圩河	開	一二•二九	不停		七•0四	不停
朱劉店	開	一二•四0	一六•五三		七•一七	二•四0
昌樂	開	一二•五五	一七•0六		七•三三	二•五三
堯溝	開	一三•0五	一七•一八		七•四六	不停
譚家坊子	開	一三•一七	一七•三0		八•00	不停
楊家莊	開	一三•二八	一七•四一		八•一四	不停
青州	到	一三•四三	一七•五六		八•二三	三•三四
	開	一三•四六	一八•00		八•三六	三•三六
普通	開	一三•五八	不停		八•五0	不停
淄河店	開	一四•0八	一八•一九		九•0一	不停
辛店	開	一四•二一	一八•三六		九•一七	四•0五
金嶺鎮	開	一四•三五	一八•五0		九•三三	不停
湖田	開	一四•四八	一八•五九		九•四四	不停
張店	到	一四•五七	一九•0八		九•五五	四•三一
	開	一五•一二	一九•三三		一0•一0	四•四六
馬尚	開	一五•二二	不停		一0•二0	不停
周村	到	一五•四0	一九•四八		一0•四四	[illegible]
	開	[illegible]	一九•五一		一0•四七	五•二一
大臨池	開	一六•0七	不停		一一•二二	不停
王村	開	一六•一九	二0•一四		一一•三六	不停
普集	開	一六•二九	二0•三四		一一•五八	五•五五
明水	開	一六•四四	二0•四九		一二•0五	不停
棗園莊	開	一六•五四	二一•00		一二•一八	六•二五
龍山	開	一七•0八	二一•一五		一二•三五	六•二九
郭店	開	一七•二三	二一•三0		一二•五三	不停
王舍人莊	開	一七•三四	二一•四一		一三•0五	不停
黃臺橋	開	一七•四七	二一•五五		一三•二0	七•0三
北關	開	一七•五五	[illegible]		一三•二九	七•一0
濟南	到	一八•00	[illegible]		一三•四四	七•二五

上行列車

站名	到開	五二次各等	七二次三等	三二次各等	七四次三等	二次各等
濟南	開	七•00		一一•四0	一四•四0	二二•00
北關	開	七•0九		一一•四七	一四•四七	二二•0六
黃臺橋	開	七•一六		一一•五四	一四•五四	二二•一三
王舍人莊	開	七•三0		一二•0八	一五•一0	不停
郭店	開	七•四三		一二•二0	一五•二三	不停
龍山	開	七•五七		一二•三六	一五•三九	二二•四八
棗園莊	開	八•一三		一二•五三	一五•五五	二三•0三
明水	開	八•二四		一三•0三	一六•0七	不停
普集	開	八•四一		一三•二0	一六•二0	二三•二八
王村	開	八•五一		一三•三一	一六•三四	不停
大臨池	開	九•0三		不停	一六•五四	不停
周村	到	九•二0		一三•四六	一七•一三	0•0一
	開	九•二三		一三•四九	一七•一六	0•0四
馬尚	開	九•四0		不停	一七•三五	不停
張店	到	九•四八		一四•二一	一七•四三	0•二六
	開	一0•0三		一四•三六	一七•五八	0•四一
湖田	開	一0•一五		一四•四九	一八•一二	不停
金嶺鎮	開	一0•二四		一四•五八	一八•二一	不停
辛店	開	一0•三八		一五•一二	一八•二七	一•一0
淄河店	開	一0•五一		一五•二五	一八•四一	不停
普通	開	一一•0一		不停	一九•0三	不停
青州	到	一一•一三		一五•四四	一九•一六	一•二九
	開	一一•一六		一五•四七	一九•一九	一•四一
楊家莊	開	一一•三一		一六•0三	一九•三五	不停
譚家坊子	開	一一•四三		一六•一三	一九•四六	不停
堯溝	開	一一•五四		一六•二五	一九•五九	不停
昌樂	開	一二•0六		一六•三七	二0•一三	二•二三
朱劉店	開	一二•一九		一六•五一	二0•二六	二•三九
大圩河	開	一二•三0		一七•0一	二0•三七	不停
濰縣	到	一二•四三		一七•一三	二0•四0	二•五六
	開	一二•四五	七•00	一七•一六	二0•五四	三•0一
二十里堡	開	一二•五四	七•一0	一七•二九	二一•0四	三•一0
坊子	到	一三•0六	七•二三	一七•四七	二一•一七	三•二七
	開	一三•二一	七•三七	一七•五一		三•三七
蛤蟆屯	開	一三•三六	七•五四	一八•0六		不停
南流	開	一三•五0	八•0九	不停		不停
黃旗堡	開	一三•五七	八•一七	一八•二四		不停
岞山	開	一四•0八	八•二九	一八•三八		四•一八
丈嶺	開	一四•二六	八•四八	一八•五四		不停
塔耳堡	開	一四•四三	八•五八	一九•0三		不停
蔡家莊	開	一四•五一	九•0八	一九•一二		不停
陳家莊	開	一五•0三	九•二0	不停		不停
高密	到	一五•一四	九•三一	一九•三一		五•0四
	開	一五•二六	九•四三	一九•四三		五•一五
姚哥莊	開	一五•三七	九•五六	不停		不停
芝蘭莊	開	一五•四五	一0•0五	[illegible]		不停
膠州	到	一六•0三	一0•二三	二0•一七		五•四七
	開	一六•0四	一0•二六	二0•一九		五•四九
膠東	開	一六•一六	一0•三九	不停		不停
李哥莊	開	一六•二七	一0•五一	不停		不停
藍村	開	一六•三七	一一•0一	二0•四六		六•一五
南泉	開	一六•五0	一一•一五	二0•五九		不停
城陽	開	一七•0八	一一•三四	二一•一五		不停
女姑口	開	一七•一七	一一•四四	二一•二四		六•四三
滄口	開	一七•二九	一二•0七	二一•三六		不停
四方	開	一七•四五	一二•二五	二一•五一		六•五九
大港	開	一七•五五	一二•三五	[illegible]		七•一九
青島	到	一八•00	一二•四0	[illegible]		七•三0

18162

中國工程師學會會務消息

◉第十六次執行部會議紀錄

日 期 二十四年三月六日

地 點 上海南京路大陸商場五樓南洋同學會會所

出席者 徐佩璜 裘燮鈞 張孝基 王魯新 朱樹怡 鄒恩詠

主 席 徐佩璜 紀 錄 鄒恩詠

報告事項

主席報告

本人於三月四日上午八時接到裘總幹事電話報告本會辦事室失火消息比卽趕赴會所到時約在八時一刻火已熄滅視察之下頗覺火係起自室內之小房間架子上損失部份則以小房間內及附近處之書籍物件為最鉅其餘情形可請裘總幹事報告再由辦事室僕役周奎發答復問話

裘燮鈞報告

是晨七時前得到周奎發電話報告會所着火比到會時見救火會人員已在場即由本人向救火隊及巡捕說明本會狀况僕役周奎發係在會議桌上設舖而睡起身後將被捲塞鐵箱之上事後將被展開檢察並無香烟等物當非香烟起禍詳察之下似係小房間內電綫走火救火隊西人謂當時屋內救火龍頭無水下面抽水機間亦經鎖閉一時不能打開故遂由街中龍頭取水不免稍費時間屋主對於救火設備如此疏忽似不能辭其咎云本人初頗疑周奎發煮飯不愼惟事後檢察煮飯鍋爐尙完好存在周奎發係食包飯有時偶然自煮但此次未自備膳則顯然本會保有火險八千元損失估計之下器具約三百餘元書籍約五千餘元最近二年檔案信件均被焚毀惟賬簿銀錢未蒙殃及

周奎發答復問話（以下係周奎發答復徐會長問話者）

失火前夕除泡水外未到外面平常係包膳是夕六點晚膳十二點就寢並無他人寄宿次晨六點半起身將被捲置鐵箱上面持面盆出室將門鎖閉即赴如廁惟經新金記時曾扣門喚醒其役人約一刻後由廁回室甫啓門距室內火烟湧出竟不能入知係失火遽赴南洋同學會借用電話通知救火會因該電話為本會電話之延長綫未能接用又赴泰山公司用電話告救火會始達目的後又藉此電話報告裘先生失火消息救火隊到時先在樓上接裝龍頭射水而竟無水流出乃復至下面引水撲滅

討論事項

1.火患損失如何彌補案

議決： 由裘總幹事依照估定器具書籍損失價值向保險公司交涉賠償

2.本會辦事室應行另賃案

議決： 另賃大陸商場五樓537號房間為辦事室應需裝修費用以三百餘元為限由裘總幹事接洽辦理

3.本會添用繕寫員皇甫仲生待遇案

議決： 暫先支給月薪二十五元

◉第十七次執行部會議紀錄

日 期 二十四年三月二十五日下午

地 點 上海南京路大陸商場五樓南洋同學會

出席者 徐佩璜 裘燮鈞 張孝基 王魯新 鄒恩泳

主 席 徐佩璜 紀 錄 鄒恩泳

報告事項

主席報告： 本會所辦事室失火損失經與保險公司一再交涉賠償費由二千元增加至三千元嗣托會員薛次莘君再與商洽又增加二百元最後本人又與該公司經理接洽始增加至三千五百元此數似已達最後款額不易再有增加希望且該公司表示如我方仍不滿意

18163

儕請公證人公斷估價估價結果比較此數或多或少難以預料

討論事項

(一)失火損失賠償費三千五百元應否接受案

議決：　應予接受並報告下次董事會議

(二)本會所辦事室原有房間542 號失火後已經房東裝修將該租金較 537 號為低應否遷回 542 號案

議決：　遷回542 號房間

(三)失火損失賠償費三千五百元應如何分配案

議決：　先按原有情狀購置必要器具修釘可用書籍餘款用於添補已火燬之寶貴圖書再有餘款可用以另購新書

(四)各學會聯合年會籌備會上海方面本會應推定代表參加案

議決：　公推裘燮鈞鄒恩泳代表參加

(五)梧州分會擬請龍純如何棟材沈錫琳嚴仲如零克嗜等五人為本屆年會籌備委員案

議決：　通過

(六)推舉本屆年會論文委員會委員案

議決：　聘請　凌鴻勛　沈百先　茅以昇
黃　炎　趙祖康　孫寶墀　李賦都
張含英　須　愷　曹瑞芝　鄭肇經
許應期　王崇植　惲　震　陳　章
徐宗溙　陳廣沅　楊繼曾　張延祥
陸之順　徐學禹　朱其清　錢昌祚
胡博淵　胡庶華　王寵佑　顧毓珍
顧毓琇　胡樹楫　龍純如　陳壽蓀
君等為年會論文委員

(七)團體會員應否亦有永久會員之規定案

議決：　提出下次董事會議討論

(八)本會會員擬向實業部請求登記技師技副本會為出證書應以何種會員為限案

議決：　應以會員與仲會員為限

◉本會圖書室消息

美國康乃爾大學教授 Henry S. Jacoby. 陸續捐贈本會圖書甚多最近承該教授捐贈下列工程專書五册特此誌謝。

Transactions of the American Society of Civil Engineers Vol. 99 (1934)

Indea to Transactions Vol. 84-99 (A.S.C.E.)

Proceedings of the American Railway Engineering Associations Vol. 35 (1934)

Report of the Investigation of Engineering Education 1923-29 Vols. 1 & 2. (Society for the Promation of Engineering Education)

◉杭州分會消息

杭州分會會員於四月三日晚七時，假座青年會舉行聚餐。到者二十餘人，來賓有江西建設廳長龔伯循及德籍工程師留麥爾Karl Neumaier 氏。餐畢，由主席茅以昇報告，繼請留麥爾氏演講，題為「航空測量」，闡述極稱詳盡，且備有掛圖及幻燈片多幅，到者莫不盡興而散云。

工程週刊

(內政部登記證警字788號)
中國工程師學會發行
上海南京路大陸商場542號
電話：92582
(稿件請逕寄上海本會會所)

本期要目

中華民國24年5月10日出版
第4卷第11期(總號89)
中華郵政特准掛號認爲新聞紙類
(第1831號執據)

定報價目：每期二分：每週一期，全年連郵費國內一元，國外三元六角。

修理工作中的都江堰

建設與財政

編者

建設不難，財政難建設斯難耳！我國近數年來，政府方面常欲銳意建設，然每因財政無辦法，有心無力，祇可束手不辦，或辦而不能完成，誠可歎也。尤可恨者。財力本甚充裕，徒以主其政者處理不循正軌，以致經濟拮据，結果建設受其影響，斯固誰之咎耶？

西川水利調查

稅西恆

一、西川平原

四川山國，全省皆山。惟成都附近得一平原，以其舊屬西川道管轄，故稱西川平原。平原內包括灌、郫，彭，崇甯，新繁，新都，廣漢，什邡、金堂，成都，華陽，崇慶，溫江，雙流，新津，等縣及簡陽，大邑，之一部。東西寬約七十餘公里，南北長約八十餘公里，面積約五千平方公里，成一三角形，三邊皆山，三角點爲三口，爲水流進出之道。其西北角在灌縣，爲入水口，卽岷江流入平原之處也。岷山流入平原後，枝流甚夥，散佈全面，及其歸結，復匯爲巨流，二自西南東南兩角流出；西南角在彭山境，曰江口，卽岷江出口，東南角在金堂曰金堂峽，爲沱江出口，據地理學家之斷定，西川平原原係湖泊，岷江之水自灌縣流入此湖，湖水復自東西二口流出，與洞庭，鄱陽類似，因岷江自岷山發源後，所經皆崇山峻嶺，水流湍急，水中攜帶粗細沙石甚多，悉流入湖中，漸次沉澱，以成陸地，此種冲積地土，

都江堰全境

肥沃而濕潤，宜於農業，與埃及之尼爾河，巴比侖之阿富拉及地革理二河情形正同。故西川平原不但爲四川最富庶之區，並爲四川繁殖最早，文化最先之區，古稱蜀中沉野千里，天富之國，蓋指此地而言，人口約有五百萬，平均每一平方公里有一千人；人口密度，爲全國之冠。因地係平原，除道路河流房屋之外，皆可種殖，農田之外，林木亦多，惟皆在河流岸邊，或房屋四週零植，而無大塊森林，玆估計作地面之分配如下表：

分類	畝數	百分比
總面積	7,000,000	100
農田	5,040,000	72
房屋	700,000	10
河渠	490,000	7
森林坟地	420,000	6
道路	350,000	5

全區每年出產亦估計如下表：

品名	數量	平均價值
米	5,000,000石	70,000,000元
麥	1,000,000石	12,000,000元
雜糧類	2,000,000石	20,000,000元
油菜子	400,000石	4,800,000元
絲棉		1,000,000元
菸葉	5,000,000斤	1,000,000元
藥材		1,500,000元
木材		500,000元
燃料穀粱桿		1,500,000元
蔬菜		2,500,000元
家畜及野禽魚類		8,000,000元
總數		122,800,000元

西川平原每年農業出產總值達一萬二千二百餘萬元，以五百萬人口平均，每人收入爲二十四元五角。

18166

二、西川水利

西川水利可分爲灌漑及水力二種，皆行之有攸久之歷史，而收良好之效者也。良以西川平原地理形式，天然便於利用故也。蓋西川平原係由湖泊沉澱而成已如上述，而沉澱之來源實由岷江自西北角之灌縣一隅輸入，其初入湖之段流勢驟緩，故承受沉澱物特多，迄較遠則水中粗巨之物愈少，沉澱者愈細微，而爲量亦愈少矣。是以形成西北高而

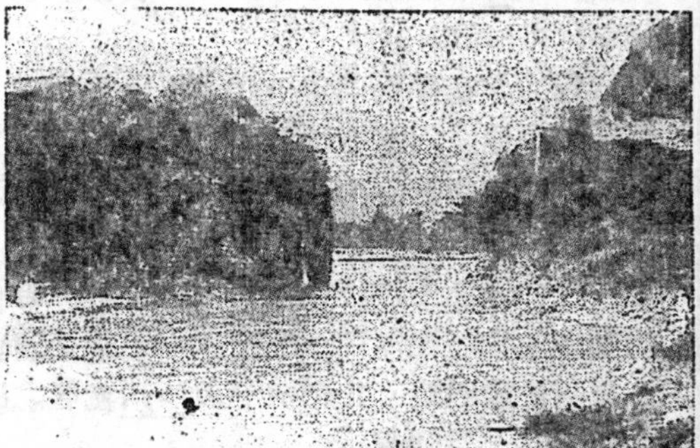

離堆水口

東南低，迄已成陸地後，岷江仍不斷輸來泥石，大部仍停滯於西北，而西北愈高，故西川平原成一種自西北而傾向東南之傾斜平原，且其傾斜度甚大。據近年測量成都灌縣間之距離爲五十餘公里，而灌縣地平高於成都者達二百公尺，即平均有千分之四之傾斜度。吾人利用此種巨大之傾斜度遂作灌漑之渠堰，及輾磨之水力。今先言灌漑：查西川灌漑除小部份外，皆自由流入農田，毫不藉車挽之力，其田餘水則又自由流入泙水渠中，亦無需挑洩之勞。如渠堰整理得當，且永無水量過多過少之患，在吾國農田中實爲罕見。凡此皆巨大傾斜度之功也。又岷江流經灌口離堆後，分爲支流甚夥。記其大者共八支，小者無數，故分配甚勻，無地無河，卽無地無水。但凡河庳均較陸地爲低，欲使渠水上陸自由流入稻田，卽須作堰。其法：在較上流之處橫斷河身，作一垻，曰堰口。旁岸則掘作深渠垻，沥水高流入渠內，雖初段渠水較陸岸爲低，不能引用，但因陸地傾斜度大，(千分之四)溝渠傾斜度較小，故水流不遠，渠身遂高出平地之上。於是可任意引水入田，順河岸兩旁遠行，在適當處，又復作堰引水入陸地，以灌下段之田，如此錯綜羅列溝渰盈野，故同一地段，常有高低之渠二種至三種，引用高渠之水灌田，田中餘水則放之流入低渠，故低渠爲本段之泙水渠，而同時復爲下一段之引水渠。高渠爲本段之引水渠，同時更爲上一段之泙水渠矣。故水之取引排洩，皆利用地形作用，毫不加人力之車輓，又因岷江水量充足，自四月起農田需水時，至秋季八月五個月中最小水量，常在每秒二百噸以上，平均水量約每秒四百噸。以四至八月五個月計算，五百萬畝農田平均有一公尺六寸之灌漑水深度，而天雨量尚不在內，故常有餘剩，不虞不足。且西川平原傾斜甚大，河渠復密，故過量之水，排洩甚

離堆李冰碼

速，不致瀦集爲災。故如渠堰整理得法，永無水旱土患，其有以災聞者，皆渠堰敗壞之故也，渠之建築，皆就地開成，岸邊悉爲土質，略種榿柳等樹，以謀鞏固，除少數衝要之地，以碎石保護外，餘均天然土質，未加人工。遇高低二渠橫過處，則高處以長石爲槽，橫跨低渠之上，以通流水。大抵高渠小而低渠大，故此法亦易建築。堰口之建築，大者悉用竹籠，裝石橫置河中，更加木樁以穩固之，用水之季加高數籠，則水入較多，不用時則搬去數籠，水自洩出。小堰則多有以石或三合土作閘門形式，而以木板爲門者，計此種渠堰灌溉之利益有四種：

四川西川都江堰總分水魚嘴

（甲）稻田得水容易，故冬季皆去水作旱田，以種麥荳油菜等，冬季作物，一年可得二熟，（川中他處因得水不易，皆蓄冬水，每年只得一熟）

（乙）永無旱田荒年，常得十足收獲。（在川中他處因常有水旱等荒，收獲不足，集多年平均之計算，不過得百分之七八十而已。）

（丙）岷江上流經過之處，多森林原野，故腐敗生物隨泥河而下混河水中，以之灌溉，無異於施肥料。此種田畝與西川無堰之田相較，其土質頓異。

（丁）取水不用人力，故需用人工少，而作物成本較低。

西川平原中亦有較高之地爲堰水所不能達到者，在東北東南兩方近山之處尤多，中心各縣皆有。大致由灌溉時陸地沉澱加增，而地愈高，同時河流益深，故而堰水不能自由流入。此種高地可分爲人力汲水堰，塘堰，冬水田，三種。據調查所得，高地約佔全面四分之一，卽一百二三十萬畝，其價值較河堰田相差甚遠。河堰田每畝約值洋一百四十至一百元， 高田每畝僅八十元至五十元，如能加以機械力量 ，悉變爲河堰，則爲利甚大，且高度不過較低田高出一二十公尺，用機械力量並不困難。現在金堂方面有青飛，如提倡辦一小水力電廠，可用電力唧水灌溉金堂境內高田。將來如灌縣水電有成功之日，對此一百二三十萬畝之高田，必有辦法。埃及泥爾河上古時悉能得河水灌溉，但爲時久而沉澱日高，灌溉不及之地日多，近世紀英國人在彼施用人工，方仍復河堰之效，吾西川如不計劃及此，恐久後高田愈多矣。

次言水力：西川平原因河渠多，水量足，而頃斜大，故水力亦富。西川農業之利用水力亦甚普遍而久遠。計有水輾，水磨，水車三種：輾以輾米及菜子，磨以磨麵粉，車以吸水。在西川平原輾磨二項，蓋無一用人力者，惟規模皆不甚大，每處不過十四馬力上下而已。其辦法雖限於當時工藝幼稚，不能完善，但按其原理及形式，固儼然一具體而微之水力機也。其法就較小之河渠，擇適當地點，築垻以作水頭，或即用灌田之灌口，或用一舉兩用垻，側開一小引水溝，溝中置一小閘門，以司啓閉，溝末端接以斜置木槽，引水以冲水輪。其廠房之構造，率二層，下層爲水力機室，上層爲工作機室，（即輾磨本身）水輪平臥下層，其軸竿垂直上穿入上層室中，同時卽爲工作機（輾磨）之軸竿，水輪動則直接傳動於輾磨。水輪以木製成，爲一種輻狀輪葉式，葉微帶凹形，水入之方向稍斜，雖不能與輪葉曲綫恰成截線，但已初具其意。水之衝力及反動力均得利用，故其原理並不十分簡陋。至水輾之形式，其輾槽爲一圓圈，石槽直徑約有二至三公尺。輾轂亦以石製成，形如車輪，直徑約八十公分至一公尺之輾轂軸竿橫貫於水輪軸竿上，故水輪軸傳，而轂軸作輻狀旋傳，同時輾轂在轂槽內不旋轉，而輾之工作成，穀被輾去後之糠殼，則用人力風車，不復用機械之力矣。水磨之構造，則上下磨盤皆以石製成，直徑約有七八十公分，上盤用純懸空而略能上下活動，下盤之軸竿卽爲水輪軸竿，故水輪動，下磨盤亦動，於是磨之工作以成。麵粉之篩淨，則用另一小水輪牽動拐手以震動之，不假人力也，水車之構造，以竹竿作一大輪，直徑約在八公尺至十餘公尺之間，輪週附以無數竹筒及葉片。側置水輪於水溝中，則水冲葉片而輪轉，同時竹筒各汲水而上，以注入高槽中流出應用。又近五六年中，漸有人利用此項水力以爲新式工業之用者，在

分水魚嘴之一

成都附近青羊冰廠有馬力二十餘匹之水力機一部，光華發電廠有五十四馬力之水力機三部，東門外中興場有發電廠二十四水力機一部，金堂縣之發電廠約用馬力五十四，現在尚未完工。總計每年水力之利益如下：

種類	數量	當人工	當工資
輾米	5,000,000石	100,000,000工	3,000,000元
磨麵	400,000石	4,000,000工	1,200,000元
雜粱	200,000石	3,000,000工	600,000元
總數		16,000,000工	4,800,000元

利用水力一項，每年可節省人工一千六百萬工，等於長年工五萬人，節省工資每年至四百八十萬元之多，且已經利用之水力甚少。未經利用者，尚有百分之七十以上，將來全數作爲工業之用，其利益誠無限量矣。

三、都江堰

如上文所述西川平原因地理關係，利用灌溉及水力，甚爲普遍，收效亦大，而水源之調節分配，其關鍵全在都江堰。都江堰在灌城附近，當岷江出山口而初入平原之處。顧都江堰範圍甚大，非僅指一建築物而言，實包括下列各部：

（甲）都江堰本身

(乙)分水魚嘴
(丙)金剛堤
(丁)飛沙堰
(戊)離堆水口(寶瓶口)

岷江山口在灌縣城西約十里之關口，江水出山後，河身漸廣，迄近城之玉壘關附近，愈益寬廣散漫，遂在此處用人工分爲南北二派，(內外二江)其法係在河心作一長埧，以爲分水界限，埧之南爲外江，埧之北爲內江，埧之上端作一尖銳物，名曰分水魚嘴，魚嘴之後緊接長埧，首段曰金剛堤，次段曰飛沙堰，以接離堆。故外江流於離堆之南，內江流於離堆之北，所謂都江堰本身者交在魚口之上爲一可以開關之滾水埧，其一端緊接魚嘴，他端偏向北岸，而與北岸相合，故都江堰關則水全流入外江，而內江之流斷，都江堰開則分水之一部份以入內江。至於分水之多少，則以開堰之寬窄定之，然因舊時工藝未精，欲堰之開閤如意實不可能。在春末初開堰時，分水調節尙有功效；一至夏季水大，都江堰之調節完全實效，惟將離堆堰水口爲調節分配之保障，使內江之水不至過多而已。所謂離堆者原爲玉壘山之一角，原與陸地相連，後於土頭處開鑿爲壕，而離堆與陸地相離，中隔一壕，與陸地對峙，其壕寬約七八丈，長約二十餘丈，即所謂水口也。且其處岸石堅固，不易改變，口窄水緊，無淤塞之虞，誠一良好之開口也，分水長埧之近離堆一段曰飛沙堰，此段之高度較金剛堰爲低。如分來之水經離堆水口時，水量適中，則流入內江供用，如盛夏水量過大，則因離堆水口狹溢，水位必陡漲，高於飛沙堰，此時則水之一部份遂滾出飛沙堰上而外溢，復流入外江，於是內江之水不至過大，而生水患。故大水時之調節，不在都江堰本身，而在離堆水口，雖因舊工業方法不精，不能作閘門爲精確之調節，但用此法亦能收相當效果，在舊時工業上亦可謂盡巧妙之能事矣。由是觀之，內外江之分，雖始於都江堰，而實成於離堆水口，一班人直認離堆爲分水關鍵，誠不爲過。內外江旣分後，又各分爲數支。計內江分爲蒲陽北條走馬三支，外江分爲江安正南（卽岷江正流）羊馬黑石沙溝五支，共分八支，此皆離都江堰不遠分出，至較遠尙有分合錯綜不一，數爲尙多，以分溉西川平原農田，諸河中究竟孰爲天然，孰爲人開，已不易考，但就形勢觀之，外江諸河，人工較少，內江諸河，人工較多，大概離堆鑿後，內江首段必爲人開，以至沱江舊流而止，其餘因勢利導，半因天然，半用人工以成此巨大事業，但內外兩派河流不論其爲天然或人工開確，曾經人工整理，及至現代仍在人力控制管理之下，此則異於吾國他處河流，而近於科學昌明之國家矣。以灌溉之田畝計算，內江流域約佔百分之七十，外江流域約只三十。以分水情形言，則岷江之水灌此五百萬畝之田只有剩餘，不虞不足。而外江原爲岷江正流，河身寬廣，容納餘水較易；內江則爲人工開鑿河身較窄，設使水量過少，則乏水而旱災見，水量過多則田被冲毀，以水災聞，故都江堰之設也，內江流域之利，多於外江流域，而治堰之工亦重在內江，而不重外江，用水之時，內江不足則取之外江，內江有餘則洩於外江，而外江亦得不因此受害也。在清明節農田需水至切，江水尙未大漲，則水分外四內六；待盛夏水漲時，農田用水較少，則內四外六，此爲來分水定則，但亦只憑眼力觀察，而無精確壓之調節，且只就每年冬季修堰淘河之時，在高低深淺上盡力，待水漲後，則人力已窮，不能再爲控制分配矣，故歷來常因冬季修淘工作不善，夏季生出水旱之災者，以此也。

四、都江堰之建築及修理

欲知都江堰建築修理，當先明瞭當地地

理情形。查都江堰位置在岷江山口之外，距玉壘山脚稍遠，故堅實地基甚深，其河床表面爲粗沙及巨細卵石所組成，究其深淺而無試驗，惟往年修建魚嘴，曾掘下一丈七尺，未見實基。試以兩岸情形觀之，堅實之底，必在一二十公尺之下，以爾時工業方法，欲在水中掘深一二十公尺，以謀建築，實不可能，故向來建築堰埧，皆在冲積層上，而未及實基，此其一，又其地因河身傾斜甚大，故水流速度，每秒鐘至二三公尺之多，離堆水口一段至三四尺，欲在水底工作甚難，此其二。夏天水深約五六公尺，冬季水深一二公尺，故一切工作皆在冬季，此其三。水量只有餘剩，無虞不足，故不懼水量之洩漏與消耗，此其四。故其建築與修理之法，皆與以上四項切切相關，玆分段述之如次：

(甲)長埧本身：(卽金剛堤飛沙堰二段)長約三百丈，闊約四五丈，至十丈不等，高約一丈餘。純用竹篾編籠，中納碎石，名曰𥫗兜。每籠長二三丈，大一尺餘，橫順架壘，以成巨埧。在重要之處，加立木樁，使更穩固，其用此法之原因，係因地基不固，(見上文)如用石塊堆砌，則一處動搖，隨身裂縫，水浸冲刷，遂至全局破壞。而此等𥫗兜則富有彈性，旣不懼破裂，而又重大互相牽連，不致崩潰。現時外國水利工程，尙多有用此法者，吾國在二千年前早已發明矣。

(乙)分水魚嘴：舊時亦用竹𥫗。但因其地當衝要，易受損壞，在元淸二代，常改用鐵鑄及石砌，皆未成功。民國時復用石砌，其基礎深掘至一丈七尺，經七八年之久，於今年大水仍被冲毀。

(丙)都江堰本身：夫分水作用，長埧，魚嘴，及離堆水口爲已定，故都江堰本身僅爲每年修理整治而設。蓋以舊時工業方法不精，以上各建築物每年皆有損壞，必須修理。又因此段河面較寬，每年沉澱沙石甚多，淤塞河道，致失分水作用，每年皆須淘治。此種修理淘治，皆須斷水乃能工作，而都江堰本身卽所以斷水者也。每年在十一月初，先將外江河流截斷，使水全部歸內江，此時僱工入外江江面，將冲積過高之沙石淘去，河岸如有損壞，亦予修治，完工後，卽將斷流工事撤去，而更阻斷內江河口。使內江斷流而水全入外江，隨卽淘治內江，同時並修理魚嘴及長埧各建築工程。此工竣後，約在次年二三月之際，底俟四月初即將都江堰全撤，則水仍分內外兩江。至其建築形式，係用木桿連系爲三叉形，用船載至河心推置河中，密排成列，並聯繫各叉，使其穩固，叉之後密布以木板篾蓆，再堆泥土，於是水流以止。此堰告成，雖不能完全緊密不漏，但所漏之水已不足妨害淘治工程矣。至於開堰之法，則將連系木叉之繩索割斷，叉倒而堰以開，在初開堰時，則斟酌用水份量，多去數叉或多留數叉，以爲分水多少之調節。

(丁)離堆水口本無建築物，惟旁上之石碑上刻水碼以計水之高低大小。相傳爲李冰遺法，但舊碑已壞，今日之碑，係明代所置，崖邊懸鐵鍊甚多，爲援救溺水之用，世人訛傳下鎖毒龍。

五、西川水利之歷史

灌縣邑志及各碑記因禹貢有岷山導江東則爲沱之語遂認岷江疏導肇始於禹。彭縣邑志更據史稱黃帝之孫昌億封於彭，禹爲昌億之孫，遂謂昌億所封之彭卽爲彭縣，而禹生於彭，在今之汶川縣。實則巴蜀於周秦之時始通中原，而禹之治水，僅黃河及淮漢流域而止。卽長江南岸且未必至，而謂其功及於西蜀之邊陲，恐不足信。就岷山導江二語而論，離堆鑿於秦，當禹之時離堆未鑿，岷沱二江之源各別，東別爲沱之謂何？故謂禹導岷江者，必附會之說也。其次因馬班二氏志李冰鑿江治水事，復定西川水利創始於李冰，然野史所傳有望帝（卽杜宇）治水之事，及今崇甯縣尙有望叢二帝之陵，載入治水先賢祀典之內，雖野史之確否不可知，然觀西川平原之地理，引水灌田實受自然界之啓迪，非必有聖人出而後民知利用也。更證以司馬錯說秦惠王伐蜀之利，有曰，蜀中沃野千里，天府之國，其時在李冰之前，足見當時西川農業已臻發達，人民各就外江及舊沱江流域利用地勢以謀水利，必發端於李冰之前。不過離堆未鑿，利不普遍，李冰特爲有統系之治理，爲水利之集大成者而已，按記載當秦惠王時，蜀郡水患，因沫水爲災，田廬荒廢，且產水怪爲民害。秦王問治水之法於羣臣，張儀舉蜀人李冰以對，秦王以冰爲蜀郡太守。冰表其子二郎爲蜀郡從事，專司治水之責。蓋沫水卽今之大金川，發源青海，至嘉定流入岷江。其匯流之處，嘉定附近地勢平坦，大水時潴集甚高，當時岷江之水，全部流經嘉定兩河相會排洩不及，以故爲災。冰遂鑿離堆治都江，更鑿二江，分岷江之水一部北流以入沱，江水旣分，沫水之患息，而北江水足，灌漑之功亦成，實一本二利。所謂水怪當係野獸耳。二郎更射而殺之，蜀民以安，以今觀之，外江流域，崇慶溫江新津各縣，遇雨量過多之年，尙有冲沒田廬等患，則當時內江未分，其患更大，必不止嘉定一處爲然，惜記載未及耳。所言鑿離堆，卽今之離堆水口；治都江卽都江堰，及魚嘴長堤各部；鑿二江卽蒲陽白條分水之處。今觀其遺跡，離堆水口崖石堅固，仍爲冰時舊跡。其都江堰及蒲陽白條河口則年有修換，改變必多，但其規模具在，舊址猶存，歷來治水者多遵冰之遺法，則當時形式方面法，與今相差必少。此外明正德間水利簽事盧翊治堰時，在水中得李冰水則石碑，並旁刻六字曰深淘灘低作堰。水則之用，所以觀水過離堆水口之深處，同時知水量之盈絀。如水至某劃，則灌漑區域內水正適中，過則爲害，不及則水量不足，其六字之意，純爲都江治堰最有經驗之言。蓋築堰（卽長堤）於地基不固水流甚急之地高，其堰低非特費貴，並且必敗故曰低作。但堰則慮水道過小，而所分之水不足，是須往下深淘，以大其道，故曰深淘云云，且因此處河道傾斜甚大，不虞深淘之成坑水滯不進也。故今觀都江堰分水後，其初段內江河面常較外江低下數尺，此皆深淘之故也。此法至今仍爲該地之金科玉律，奉行甚謹，但亦只能適用於該地，非可用於一般治水之工程也，由此觀之，李冰以前治水者無顯著之切，冰以後治水者皆師冰遺法，故曰冰集大成者也。李冰之後，蜀相諸葛孔明特設堰官，調丁守護，但未詳其有無改變。魏晉宋六朝無記載，唐有高士廉向敏中宋則有張詠，皆嘗治水，但皆師冰之遺法．無甚更張。迄至元間，有廉訪簽事吉當普，見分水魚嘴每歲修理之事繁而費貴，遂以鐵鑄之里六萬斤曰鐵龜置水中。但因地基不固，久之被水淘空，龜覆而工敗，弘治中灌縣知事胡光復，用石以代竹籠，連並長堤悉用石工費至二十餘萬兩，未久復以敗聞，後遂仍用竹籠之法，而每年修治，明末流寇之亂，堰工荒廢，清季順康中數次淘治，復得舊堰遺趾而規復之，至光緒初年，川督丁葆楨復用石替代竹籠，仍未成功，此經過大槪情形也。

六、西川水政之組織

西川水政組織約可分爲三種：都江堰爲全區所共用，故爲常設總機關。其下有關於一縣之水利，及一區之水利，則一縣或一區共同治理，但無常設機關，有事方爲會商，如放水關水修理之類。各處率皆有舊章及習慣法律，大同小異，未能一律。茲但記都江總堰。堰始於秦，而秦人重法，當時水政必有較完善之組織，惜無記載可考。漢興立法院，更無可記。洎蜀漢取法復嚴，故設專官以主堰政。蜀漢而後，迄於明代中葉，皆統其事於縣尹之下，未設專官。然如唐之節度使，宋之廉訪使，皆當於今之省府，有時亦親爲治理，則當時亦有認爲全省事業之趨勢，但未具體規定耳。明弘治間始仿蜀漢制，復設專官，曰都江水堰利簽事，但屬於按察司之下，則爲可異。清初置水利同知，而最高執行者爲成都府知府，乃統其事於布政使之下。但遇特別大事，如堰敗時之救濟大修等事，歷任巡撫總督皆親臨督治，尤爲重視其事也。民國元年改爲水利委員，八年復改爲水利知事，屬於西川道尹之下。十八年廢道制，遂劃入建設廳模範圍之內，並改稱水利監督，下設技正技士等員，皆爲久任之職。至修治之工匠，則有堰長堰夫等人。都江堰經費分歲修費大修費二種。其來源在清乾隆以前，小修純由用水各縣担負，大修則臨時籌措，其大部份仍出自用水地方。蓋在當時吾國稅法本不一致，人民負担除錢賦而外，更有工役，工役不足，更徵物品，故値大修之際，除政府設法籌款一部份外，其工役材料則就地取材，純仰給用水地方且當叔季政治腐化時代，弊病叢生，擾民特甚，據元代碑記謂，每年治堰役民夫至萬人，經七十日不得息，不充役者日納三緡，則每年糜費當在百萬緡以上。按當時緡爲紙幣，價値低落，然合銀亦在十萬兩以上。明初猶定爲役民夫五千，竹木工料按田均輸，此等辦法，易滋流弊而且擾民。計當時每歲糜費亦不與元代相伯仲耳。迄清乾隆時始定，此費完全由國庫(卽藩庫)支出，且免除一切徵役徵料定例，純以銀爲單位，僱工購料辦理，以前積弊一掃而空。每歲用款少者總五六百兩，多不過千兩，與元明相去何只天壤。延迄咸豐時，生活漸貴，政治漸變，然每年所費亦不過二千餘兩，至後有不足又復徵取地方竹捐銀六七百兩，合共統三千兩，光緒初丁葆楨督川，鑒於竹捐之破壞，統支辦法，而啓擾民之端，復將竹捐取消，一切費用概在運署提用，仍爲國庫。民國八年以後，川中割據勢成，國庫無款，不得已仍定由用水各縣分担，每年歲修定爲一萬六千元，至十一年復增加至二萬四千元，而水利署常年行政經費包括在內。至大修經費，每次情形不一，明胡光用至二十餘萬兩，清丁葆楨用至十餘萬兩，其他未詳。民國以後，並未舉行，蓋國家既置而不顧，用水地方又無力担負，只得苟延度日，不知何時總崩潰耳。

七，結論

自歷史文化上觀察西川平原，因具此水利，遂爲全川文化發展最先，繁殖最早之區，正與埃及巴比倫相似。而川中最早之君主蠶叢魚鳧杜宇，皆出自彭崇之間，更可爲證其在周秦之世，已成天府之國，沃野千里。則其文化之發展，雖不能並駕中原，要不在吳楚之下。自經濟方面觀察，秦滅蜀而愈富强，可以秉併六國。蜀漢據此六出祁山，九伐中原，費用不竭。晉以樓船東下而滅吳，王健孟昶藉此稱帝。此經濟力過去之表現也。更以現在調查表證之，每年有一萬二千萬元以上之出產，則西川平原於四川歷史文化經濟上，皆佔最重要地位矣。

次觀都江堰之建設，李冰立法於二千年前，而至今仍可適用，實爲工業上所罕見。其惠澤人民，在經濟文化所生影響，亦如上述，可見李冰父子之偉大，而蜀人對於李冰父子之尊仰感戴，尊曰川主，若爲四川省之符號，曆朝皆封入祀典之內，至今川人無論婦孺，誰不知川主之名。此正可爲吾國人之尊崇事業家之表現。

再觀以後吏治腐化，對於社會秩序，不但無補，且更破壞，獨此水政秩序井然，用水之分派，修理之合作如故，更可表現吾國人自治之能力，社會組織之堅强。

自李冰以來皆用舊工藝方法。如以現世工藝眼光觀之，尙有應改良之點數端：(一)

舊時堰工易於損壞，故每年皆須修理，如以鐵骨洋灰改建，則可一勞永逸。(二)水量之分配調節，不能如意，常有水量過多過少之患，如用新式工藝建築，則可任意分配調節。(三)歷年久遠，平原中有一部份陸地增高，現在不能灌溉，應採機械灌溉之法。

修正度量衡標準制單位名稱方案

建設委員會擬

(甲)原則

(一)度量衡標準制，每種祇應採用一個名數。

說明：查長度用 meter，容量制用 liter，質量用 gram，每一種單位系統用一個名數為 metric system 之特點。現在吾國度量衡法之標準制，名數太雜，如長度用里引丈尺寸分厘七個名數，重量用鐓擔衡斤兩錢分厘毫絲十個名數，容量用秉石斗升合勺撮七個名數，似覺不合科學方法。再在長度制中有公分公厘，或則為主單位之百分之一，或則為千分之一，名數既覺混淆，系統亦不一貫。

(二)名數字應採用吾國習慣常用之字，以便推行。

說明：單位名數，有主張用米克等譯音之字，或另造新字者，不無相當理由。惟吾國固有之「尺」「升」「斤」等字，意義既極明瞭，運用亦較通俗，用為度量衡之名數，似覺易於推行。今為免與市制混淆起見，冠一「公」字，以示區別。且公斤公尺公升之名稱，沿用已久，今卽採用，似較便利。

(三)質量用公斤 Kilogram 為主單拉，不用克 gram。

說明：查Metric system中以meter為長度之單位，以 Kilogram 為質量之單位。已為世界文明各國一致採用，亦由國家以法律公布，在萬國權度會議報告中，Rapport presente a La Cinguieme conference Generale des Poids et Mesures, Paris, 紀載甚詳。雖其主單位名數為 gramme 然其標準質量 etalon de masse 則為 Kilogramme，所謂 Kilogramme Prototype 是也。吾國度量衡制，如採用公斤 Kilogram 為質量之主單位，而以毫斤為副主單位，則既與國際權度之單位趨於一致，而工商業及科學方面之應用，亦極便利，且與公尺(meter)公升(liter)一貫而下，在大小數命名方面，尤有整齊劃一之秒。

(四)大數用「十，百，千，萬，億，兆」六字，小數用「分，厘，毫，絲，忽，微」六字。採三種一進制，以適合國際習慣。

說明：現行度量衡之中，所用大小數字，極不明顯，且無一貫之系統。今吾國常用之「分，厘，毫，絲，忽，微」等字為小數不名數，以代表單位之「$10^{-1}10^{-2}10^{-3}10^{-4}10^{-5}$

10^{-6}」等數字，在度量衡各制中，完全一致，似較適當。至於大數用「十，百，千，萬，億，兆」等字，早巳為各方所同意，億為十萬，兆為百萬，其他歧義，均應取消，以免混淆。

(五)主單位之外，採用若干副主單位，以應科學及工業上之需要。

說明：在 metric system 中，如重量過小，則不以 gram 為單位，而以 miligram 為單位；如長度過小，則不以 meter 為單位，而以 Centimeter或 milimeter 為單位。此為習科學者所稔知，故現在度量衡制中，亦應採取若干副主單位，以應需要。

(乙)方案

依據上述原則，列表如下：

附註：▣為主單位，□為副主單位。

指數	大小數命徵	基本單位 長度	基本單位 質量或重量	導出單位 容量
10^{-6}	微	微公尺 簡名 微尺	微公斤 簡名 微斤	微公升
10^{-5}	忽	忽公尺	忽公斤	忽公升
10^{-4}	絲	絲公尺	絲公斤	絲公升
10^{-3}	毫	毫公尺 簡名 毫尺	毫公斤 簡名 毫斤	毫公升 簡名 毫升
10^{-2}	厘	厘公尺 簡名 厘尺	厘公斤	厘公升
10^{-1}	分	分公尺	分公斤	分公升
10^{-0}	單位	公尺	公斤	公升
10^{1}	十	十公尺	十公斤	十公升
10^{2}	百	百公尺	百公斤	百公升
10^{3}	千	千公尺 別名 公里	千公斤 別名 公屯	千公升
10^{4}	萬			
10^{5}	億			
10^{6}	兆			

(丙)提案

(一)嗣後編訂其他科學工業單位名稱時，擬亦採取上項大小數命名及主單位副主單位方法。

(二)擬採取秒 (Mean Solar Second) 為時間主單位，規定於基本單位之中。

18175

第十七次董事會議紀錄

日　期　二十四年三月三十一日上午

地　點　上海南京路大陸商場五樓537號臨時辦事室

出席者　徐佩璜　胡庶華(徐佩璜代)

薩福均　淩鴻勛(薩福均代)

支秉淵　張延祥(支秉淵代)

惲　震　顧毓琇(惲震代)

周　琦　胡博淵(周琦代)

列席者　戴　濟　裘燮鈞　張孝基　鄒恩泳

主　席　徐佩璜　　紀錄　鄒恩泳

報告事項

主席報告：

(一)出席者已過半數現可開會

(二)本會辦事室失火經過約略如下：　三月四日(星期一)上午八時本人接得裘總幹事電話報告會所失火比趕到場裘總幹事已到而火亦已滅熄嗣張孝基君亦來查辦事室役人於星期晚尚在會所星期一早晨六時半起身出外盥洗約半小時(四卷五期工程週刊所登一刻鐘係半小時之誤)回室發現失火乃即通知救火隊當救火時屋內消防龍頭竟無水流後由馬路消防龍頭引水入屋始獲滅熄(惲震表示此次失火雖無證據可以證明確係該役人之失愼然此人究難全辭其咎姑念其平日尙能努力工作仍予留用惟應由裘總幹事略加警誡俾以後知應特別謹愼)本會保有火險八千元其中屬於器具者五百元火患損失經執行部估計約五千九百元依照此數與保險公司屢次交涉始由二千元增至三千元又經會員薛次莘之商洽增加二百元後由本人與之接洽始達三千五百元之數似無再加希望且該公司表示如我方仍不滿意儘請公證人公斷估價云云現執行部擬即具領三千五百元以便裝修佈置恢復辦事會所

(三)工業材料試驗所籌備設備報告已由康時清沈熊慶施孔懷三君編就送會報告內容摘要如下：

(1) 100噸量通用試驗機		
	1座約	30,000元
	附件約	10,000元
(2) 60,000磅扭力試驗機		
	1座連附件約	5,500元
(3) 試驗機較準器		
	1具約	1,000元
(4) 40,000磅量滯筒試驗機		
	1座約	2,500元
	水泥實驗室儀器設備約	9,000元
	其他零件設備約	5,000元
(5) 化學試驗用重要儀器		
	藥品等約	11,000元
	其他化學試驗設備及書籍等約	2,000元
		共75,000元

報告書中提議先函各洋行估價以資比較一俟款項有着再行補擬詳細條件(Specification)又第一項100噸通用試驗機之容量按照上海建築工程發達之趨勢而論尙嫌太小卽較東西各國大學設備亦不算大最好添購500噸或更大之壓力試驗機一座以備試驗大塊水泥三和土石礫構柱等等是項壓力試驗機構造簡單500噸量者市價僅九千美金再道路材料試驗設備約共25,000元似可緩置至於其他研究學術上需用儀器報告內亦未備載依此報告則似非十萬元不辦

(四)工程雜誌總編輯沈怡以事繁辭職已請胡樹楫君繼任

(五)工業材料所募捐原定每位會員以四十元爲標準如自捐不及此數則請其募足此數現經認定捐募者已達二千餘元茲仍在進行之中

副會長惲震報告

關於南京學術團體聯合會會所之籌備仍在進行之中前所向南京市政府請領之地約有八畝在中山路中央醫院與全國建設委員會之間地形狹窄而長惟礦冶工程學會表示如此地請領不成願將漢西門該會基地捐贈聯合會云云現在巳要求南京市政府速予批准聯合會之請求至於建築會所問題巳蒙各方應允援助亦正在接洽之中

戴 濟君報告

關於四川考察團報告文稿尙有紡織一項未經收到其餘則有文已收到而圖未寄到者亦有圖已到而文未到者故一時合訂全册頗感困難而分訂則較易辦到且可先行出版（經衆討論應刊印二千本加製紙板以便添印至二千本中合訂本與分釘本應各佔若干卽由戴君酌定）

討論事項

（一）關於顧毓琇等十人提議侯德榜先生主持永利製鹼公司十有餘年頗着勞績並著有製鹼工一書爲美國 Chemical Society Monograph 對於工程界確有特別貢獻本會應給以榮譽金牌一案經本會交由吳蘊初徐善祥丁嗣賢徐宗涑徐名材五人審查認爲應贈榮譽金牌以彰勞勛仍請公決案

議決： 通過

（二）審議各專門組委員會組織章程及選聘各專門組委員案

議決： 章程修改通過（原文如下）各組委員推定如下

土木組

主任委員 沈 怡

委　員 李儀祉 薩福均 顏德慶 須 愷 陳體誠 華南圭 沈百光 趙祖康 夏光宇 凌鴻勛 茅以昇 汪胡楨 莊 俊 鄒恩泳

機械組

主任委員 張可治

委　員 唐炳源 黃炳奎 錢昌祚 支秉淵 程孝剛 吳琢之 莊前鼎 顧毓瑔

電機組

主任委員 李熙謀

委　員 許應期 朱其清 陳長源 惲 震 顧毓琇 趙曾鈺 裘維裕 張惠康

鑛冶組

主任委員 曾養甫

委　員 胡博淵 王寵佑 胡庶華 楊公兆 秦 瑜 黃金濤 張軼歐 孫昌克

化工組

主任委員 徐善祥

委　員 侯德榜 徐佩璜 洪 中 戴 濟 吳蘊初 吳承洛 徐名材 吳欽烈

（三）聘請年會籌備委員案

議決： 除原有龍純如何棟材沈錫琳殷仲如零克嘻等五人以外加聘李運華爲籌備主任再加南甯會員五人爲委員此五人卽由梧州分會自行推定

（四）團體會員應否有永久會員之規定及永久會費應定爲若干案

議決： 應有永久會員之規定永久會費定爲三百元應提議年會將本會章程照此補充

（五）組織廣西考察團案

議決： 推定顧毓琇爲籌備主任

（六）徵求全體會員關於度量衡名稱意見案

議決： 由惲副會長擬定徵求會員意見表格分發全體會員塡覆

（七）工業材料試驗所籌備報告書所述各項應如何進行案

議決： 將報告書交薩福均李法端沈怡顧毓琇張可治趙祖康張效良杜光祖八人

加作報告書者康時清沈琪慶施孔懷三人共十一人先行審查再行討論進行辦法

(八)審查新會員資格案

議決：　通過

正會員　楊永泉　馬耀先　朱汝梅　劉永懷　羅　錦　徐　篋　盧開椿　許國亮　利銘澤　張鴻圖　祁玉麟　盧　伯　陳　琮　胡佐熙　陳自康　劉肇龍　李忠樞　趙國華　易榮度君等共十九人

仲會員　葉良弼　劉以和　田　澈　陳昌賢　周　旬　茹譽勢　吳雲綬　曾廣英　洪孟孚君等共九人

初級會員　俞調梅　楊志剛　戴　顯　孫成基　黃朝俊　周海衣　石麟炳　張季勤　王蘊璞　邢維堂君等共十人

新會員錄

(廿四年三月卅一日第十七次董事會議通過)

姓名	字	通訊處	專長	級位
楊永泉	覺成	(職)九江南潯鐵路工務處	土木	正
馬耀先	伯超	(職)太原同蒲鐵路北段工程局	土木	正
朱汝梅		(職)上海電力公司 (住)上海極司非而路22弄十九號	電氣	正
劉永懷	石生	(職)北平交通部電話局 (住)北平小大部口17號		正
羅　錦	如平	(職)北平電話局 (任)北平虎坊橋湖廣會館	電機	正
徐　篋	士達	(職)北平電話局	電業	正
盧開椿	子年	(職)北平電話局 (住)北平東城史家胡同12號	電機	正
許國亮	中山	(職)香港廣九鐵路英段	土木	正
利銘澤		(職)廣川市政府 (住)香港堅尼地道74號	工程	正
張鴻圖	雨峯	(職)交通部電料儲轉處 (住)上海文極司脫路129號	電機	正
祁玉麟	佛青	(職)湖北省政府建設廳	電氣	正
盧　伯	平長	(職)湖北武昌建設廳	採鑛冶金	正
陳　琮	紀綬	(職)湖北省政府建設廳 (住)武昌曇花林25號	土木	正
胡佐熙		(職)膠濟鐵路工務處	土木	正
陳自康		(職)廣州市政府 (住)廣州東山保育路五號二樓	土木	正
劉肇龍		(職)四川金堂縣水力發電廠 (住)四川成都學道街工學院	電機	正
易榮度	法陔	(職)河南省第二水利局	土木	正
李忠樞	國偉	(職)漢口福新麵粉廠 (職)漢口申新紡織廠	土木	正
趙國華	旭旦	(職)河南省政府建設廳	土木	正
葉良弼		(職 廣州市自動電話所河南分所 (住)廣州市都土地巷八號	電機	仲
劉以和	致中	(職)太原西北煉鋼廠煉鐵部	冶金	仲

田 激	立先	(職)上海浦東電氣公司	電機	仲
陳昌賢		(職)上海愼昌洋行	土木	仲
		(住)上海閘北恆通路		
周 旬	紹宣	(職)唐山啓新洋灰公司	機械	仲
茹晉務		(職)唐山啓新洋灰公司	電機	仲
吳雲綬	珮紳	(職)開灤礦務局(天津)	工程	仲
曾廣英		(職)廣州粵漢鐵路南段管理局工務處		仲
		(住)河南同福上街13號		
洪孟孚		(職)成都啓明電燈公司	機械	仲
兪調梅		(職)東亞工程公司	構造	初級
		(住)蘇州殿街前打線弄5號		
楊志剛		(職)上海西門子洋行	土木	初級
		(住)上海愚園路愚谷邨15號		
孫成基		(職)揚子江水道整理委員	土木	初級
戴 顗	敬莊	(職)揚子江水道整理委員會	土木	初級
黃朝俊		(職)南京鐵道部設計科	土木	初級
周海衣	匯川	(職)開灤礦務局(天津)	採冶	初級
石麟炳	文炎	(職)楊錫鏐建築師事務所(上海銀行40號)	建築	初級
張季勤		(職)膠濟鐵路工務處	土木	初級
王蘊璞	潤甫	(職)啓新洋灰公司唐山工廠	機械	初級
邢維堂		(職)武昌武漢大學工學院	土木	初級

◉會員住址待查

近查會員通訊處，往往因職務變更，或更易居址者，爲數頗多，而未向本會通知，以致發出函件無從投遞，時被郵局退回，茲爲調查正確起見，特將住址待查名銜彙列於下，如會員中能知其確實通訊處者，請隨時通知本會，以便更正，至爲盼荷。

于羅翰	于述世	于志和	于鎭藩	方於桐
方璡融	方家瑜	方燊顯	王 咸	王 鎔
王文鈞	王雲海	王伊曾	王家斌	王永清
王家駿	王洪恩	王清鑾	王鴻逵	王鴻恩
王通全	王希平	王壽祺	王蔚文	王懋官
王恩涵	王世煒	王力仁	王中賀	王貴循
王學禮	王錫藩	王光第	仝書德	包 鎔
史 翼	史 通	田鴻賓	白汝璧	白寶超
任道鈞	朱 端	朱 偉	朱 墉	朱天秉
朱廷照	朱良佐	朱漢爵	朱漢年	朱鴻德
朱有騫	朱大經	朱惠照	江 昭	牟同波
何 岑	何 想	何瑞棠	何求鼐	何壽祥
何恩昭	余 騏	余立基	余仲奎	余伯傑
余家璆	余頌堯	余懷德	初毓梅	吳 卓
吳文烺	吳承鼎	吳永修	吳培孫	吳去飛
吳華甫	吳拖哥	吳國賢	吳思豪	吳思度
吳思瀚	吳毓驤	吳欽烈	吳筱明	宋熉章
宋建勳	宋麟生	宋國祥	李 昶	李 援
李應楠	李維國	李維第	李壯懷	李德晉
李廣琳	李文邦	李文焱	李端士	李建斌
李經畬	李維城	李家騏	李宗侃	李兆桌
李祖賢	李祥亨	李道陔	李璣安	李奎順
李志仁	李壽彤	李藩昌	李材棟	李如沅
李相愷	李金沂	李雁南	李巽行	李義順
李善元	李範一	李炳瑞	李耀煌	李清泉
杜文若	杜殿英	汪應翰	汪菊潛	沈 琨
沈 珣	沈 琪	沈震鵠	沈孟欽	沈江盥
沈寶鑾	沈壽樑	沈莘耕	沈增笏	沈星五
沈同庚	辛耀庠	周 昱	周可寶	周理勛
周鼎元	周恆謀	周保淇	周維幹	周祖仁
周家義	周楚生	周明衡	周錫祉	易 巽
易昌淦	林 筍	林碧梓	林紹楷	林永熙

林永輝 林祺合 林澄波 林士模 林國棟
武作哲 邵德輝 金 銑 金慶華 金華錦
侯振藩 俞 瀾 俞子明 俞思源 姚士海
姜鳳書 封祝宗 施炳元 柯毓璇 段 緯
段茂翰 段毓靈 洪文璧 胡承志 胡天一
胡儒行 胡衡臣 湯儀九 胡兆輝 胡鴻澤
胡先澄 范慶涵 范其光 范熙敬 韋允裕
韋國英 韋鏡梧 原景德 唐 英 唐瑞華
唐慶麟 唐寶桐 夏 炎 夏彥儒 夏循鏗
孫立人 孫亦謙 孫寶勤 孫連仲 孫世璞
孫駿方 孫同人 徐 瑛 徐 清 徐 策
徐 熉 徐慶春 徐宗溥 徐芝田 徐振墉
徐升霖 時昭澤 殷受宜 殷祖瀾 浦應籌
翁可立 耿 承 袁 通 袁翊中 袁家融
袁振英 郎鏖琳 馬德建 高 華 高文蔭
高憲春 高澤厚 晏才英 崔龍光 常作霖
張 毅 張 任 張 超 張 鎮 張 橫
張言森 張元增 張承烈 張瀚銘 張承怡
張俊波 張仲平 張象賢 張鴻誥 張大椿
張志禎 張志銳 張孝敬 張銘成 張成儉
張國偉 張時行 張光甯 張恆月 戚孔懷
曹萬鶴 梁 勁 梁 強 梁 惠 梁汝棣
梁啓壽 梁錫璦 梅福強 章 祓 都興鎬
許 偉 許 逸 許寶農 許起鵬 許炳熙
郭瑞鵬 郭守先 郭嘉棟 郭則溉 郭養剛
陳 侁 陳 瀚 陳 恕 陳慶宗 陳三才
陳正熙 陳烈勳 陳廷輝 陳步韓 陳崇法
陳崇晶 陳繼善 陳贊臣 陳傳瑚 陳紹棻
陳維翰 陳福習 陳祖琨 陳冠羣 陳寶祺
陳裕華 陳壽維 陳來義 陳輔屏 陶芝蓀
陸士基 陸成爻 陸顯璜 陸錫恩 傅學叢
喬文壽 彭官贊 彭道中 彭會和 曾廣聯
曾子模 曾仰豐 溫文緯 溫維清 溫維湘
湯俊哲 湯心濟 焦綺鳳 盛叔潛 程立逵
程潤全 程式峻 華允嘉 費相儀 項益松
馮 蔭 馮元輔 馮天爵 馮桂連 馮劍瑩

黃 奎 黃 中 黃慶沂 黃敦慈 黃香海
黃秉政 黃富謙 黃澄淵 黃有書 黃召球
黃 人 黃昌穀 黃殿芳 楊 偉 楊 保
楊 源 楊元熙 楊衍材 楊衍恩 楊永棠
楊肇輝 楊竹祺 楊士昌 楊本适 楊柳溪
楊景燧 楊金綸 楊鑫森 楊毓楨 黃文匯
萬斯選 萬保元 萬孝駿 萬樹芳 葉熙春
葛 宜 葛雲章 葛祖良 董 綸 董 惇
董繼瀋 董鍾林 裘名興 解潔身 賈書河
過祖源 過銘忠 鄒 章 鄒國基 雷 煥
雷文銓 蔣紹彭 廖灼華 熊夢周 甄 沂
管冠球 翟鶴程 臧贊鼎 蒙諮徵 裴慶邦
趙 訒 趙 英 趙新華 趙福基 趙志游
趙壽芳 趙松森 趙忠瑾 趙會午 趙鍾溎
趙愼樞 齊蔭棠 赫英舉 劉 導 劉 錡
劉正炯 劉云山 劉秉璜 劉鍾仁 劉德芬
劉保禎 劉勳略 劉祖元 劉潤華 劉鶴齡
劉家俊 劉家駒 劉蕙疇 劉樹鈞 劉如松
劉松儔 劉盛德 劉恩毅 劉景訓 劉隨藩
劉錫晉 劉燮勳 歐陽沂 歐陽渫 潘廉甫
潘祖馨 潘振德 潘學勤 潘鍾秀 蔡 湘
蔡傳書 蔡名芳 蔡世琛 蔡世彤 蔡國葆
蔣尊範 鄧 康 鄧士韞 鄭允衷 鄭傳霖
鄭達宸 鄭澤愷 鄭瀚西 鄭裕堯 鄭大和
鄭足簡 鄭曜先 黎庶公 黎光筠 盧 翔
盧元駒 盧衡若 盧允升 盧祖檀 盧景鏶
盧鉞章 穆繼多 蕭 瑾 蕭 勉 蕭子材
蕭卓顏 錢宗賢 錢啓承 錢國鉦 錢昌時
錢頤格 錢智來 霍慶榮 駱家本 閻 偉
薛礪曾 薛迪彝 薛溫厚 薛炳蔚 謝 中
韓朝宗 戴壽彭 瞿寶文 聶增能 鄺公主
鄺耀原 鄺榮光 魏祖庠 魏樹棠 魏振鑄
羅庶廷 羅清資 羅葆寅 羅世翼 譚天選
譚永年 關承烈 關衛麟 關恆權 龐曜龍
嚴 琇 嚴迪恂 蘇以昭 顧詔燕 顧振權
顧曾祥 顧惟精

工程週刊

（內政部登記證警字788號）
中國工程師學會發行
上海南京路大陸商場 542 號
電話：92582
（稿件請逕寄上海本會會所）

本期要目

中華民國24年5月24日出版
第4卷第12期（總號90）
中華郵政特准掛號認為新聞紙類
（第 1831 號執據）

定報價目：每期二分；每週一期，全年連郵費國內一元，國外三元六角。

公用局在廿四年所造公用汽車攝影

工程之危機

編者

凡事有危機，而工程之危機多為政治作用。工程之推進有藉政治力量而成功者，是促成工程也。因工程之關係而供政治作用，則目的原不在工程，工程乃成為藉口之犧牲品，危險孰甚焉！

上海市公用局公共汽車之車身構造

秦志迥

一　引言　上海商辦滬南公共汽車公司創辦於民國十七年十月，行駛公共汽車於南市龍華及虹橋飛機塲一帶，以經營不善，管理乏人，營業逐年虧折，加之車廠一度失愼遭火，車輛大部被焚，又值一二八之役，停業許久，一再損失，不能支持，遂於廿一年五月歇業，宣告清理，終以虧累過多，不能恢復。而滬南交通則需要頗亟，公用局乃呈准市府收歸市辦，於廿二年底開始籌備，購置汽車底盤16輛。其裝配車身則由局設計，繪製圖說，交廠製造。於廿三年四月開始營業，行駛路綫，一仍舊貫，以車輛較商辦時爲佳，而票價反較商辦時爲低，適合乘客需要，營業頗爲發達。乃於廿三年底更擬添駛新綫，並擴展至浦東等處，添置汽車底盤17輛就舊車一年來使用之經驗設計新車，車身構造方面，更求改良，以期完善，於廿四年四五月間陸續告成，開始駛用。是爲公用局開辦公共汽車並二次構造車身之經過也。

先是在十七年滬南及華商兩商辦公共汽車公司創辦之時，以及此後與各商辦長途汽車公司添置新車時，每多請由公用局代爲設計車身圖樣。初因公用局本身對於公共汽車車身構造尙鮮經驗，次則各商辦公司多資力薄弱，對於車身構造但求能載客營業，每不肯研究改善以是雖屢次添造新車，而成績殊鮮進步。嗣於二十年二月公用局市輪渡（其時輪渡屬於公用局尙未移屬興業信託社）航綫展至高橋，而自高橋碼頭至高橋鎭尙有3公里餘之距離，爲便利乘客計，乃擬舉辦公共汽車與輪渡聯絡，以爲輪渡之副業。初次製備汽車二輛，後又添製二輛，二次製造車身，鑒於商辦公司汽車之簡陋，頗欲力求精美以爲表率，祇以經費不充成效無幾，比正式市辦公共汽車時更本以往歷次構造車身之經驗，益求完善，而仍以市府經濟困難，公共汽車所需經費悉須本身自行籌劃，草創之始，窘迫萬分，自不待言。即二次添置新車時，仍以根基未固，能力有限，雖欲更求進步，而限於經費，不能悉如所願，僅得爲相當程度之改進而已，距本身滿意之目標尙遠，即較之商辦各公司之汽車，亦不敢謂有幾多之進步。本文之作，不過記其前後二次構造車身情形，並略述將來希望，以備同業者之參考而已。

前商辦滬南公共汽車攝影

二，廿三年構造車身之概況　此項車身長5975公厘，寬2032公厘，內高1880公厘，可容坐客20位，立客15位，共35人，車身淨重約1450公斤，各部分之構造，分述如下：

1.底盤　因經費關係，無力購置正式公共汽車底盤，仍以運貨汽車底盤代用。此種底盤鋼架距地之高度頗高，且前後並不平行，後部較前更高，避震設備亦不完備，軸距爲167吋亦嫌稍短，均不能完全適合公共汽車之需要，故欲求完美之車身構造，以配合於此種底盤之上亦更爲困難。

18182

2.擱柵 擱柵爲車身之基礎，任力最鉅，如純用木材，則嫌過於笨重，故用較小之木材，而兩面夾以吋半角鐵，再以騎馬螺絲裝於底盤鋼架之上。

3.底板 擱柵上鋪釘1吋企口板，板上再釘踏條。

5.車架 車柱橫條及頂梁等均以木料爲主，而於各連接點以鐵料加固之，在重量方面，較之純用輕金屬如鋁質者，因須用多數搭鐵之故，反更笨重，至於寒暖燥濕之漲縮走動及易於腐爛不能經久等性，自更遠遜矣。

5.外形 車前平面及側面形均作向後傾斜式，車頂四週均無突出之處，通風器亦用向後伸出式，以減少行車時空氣之阻力。

6.包板 車外上部用白鐵皮包釘於車架之外，其各窗口空洞，均自整塊鐵皮內挖出，以免鑲拚接縫之走動，下部則用十六號鋁皮，分塊用小螺絲整於各車柱小角鐵之上，取其輕而堅固，且偶有撞損時，僅須將已壞者拆下調換，不致牽動其他未損壞者，在修理方面較爲簡便。

7.車頂 內面用白鐵皮裝釘於頂梁之下，外面則內層釘三夾板外層包以帆布，以求輕而不易傳熱。

8.客座 爲兩行直立式，使中間走道寬廣，以便乘客之站立及進出。其坐墊及靠背均內裝彈簧及馬棕，外包眞牛皮，柔軟而具彈性，俾乘客減少車行震跳之感覺。

9.車窗 均裝銅邊及活絡把手，以求上下啓閉之便利，其窗邊鑲嵌於車柱絨槽之內，使車行時不生震動弊響。

10.拉門 開於車身前部，因底盤鋼架前部較低，可使門口踏步較爲低平，而便乘客之上下，門上裝鋼珠軸領，啓閉拉動極爲輕便，內外均裝橡皮滾輪，維持車門在一定之位置，不使因車行之震動，而與內外車柱相碰，發生弊響。

11.另件 電燈拉手及窗簾架等，均用銅質鍍鉻，以免銹損，其他如汽刮水迴光鏡滅火機等，亦均配備齊全。

12.油漆 車身外部均用噴漆，以求鮮明光潔，較爲美觀，內部三夾板及其他木料上均漆泡立司，車頂則亦用噴漆。

公用局在廿三年所造公共汽車攝影

三，廿四年構造車身之概況 此項車身因所用底盤之軸距較前稍長，故其長寬及內高亦均較前稍增，可容坐客26位，立客約19位，共45人。車身淨重約1650公斤，其構造較前修改各點，略述於下：

1.底盤 仍用與前同式之運貨汽車底盤，惟軸距則加長至 179吋，後輪軸加裝避震器兩具，惟鋼架之高，則與前相同。

2.擱柵與底板 上次之擱柵裝於底盤鋼架之上，木質底板更鋪釘於擱柵之上，底板上再加釘踏條，故踏條面須高出鋼架80公厘，因之上下車踏步及車身全部，均隨之加高，故前此車門不得不開在車前鋼架最低之處，以爲調劑。此次則因求前後乘客進出均不致擁擠起見，將車門改開於車身中部，惟中部鋼架較前部距地更高，若擱柵及地板裝置仍照前式，不特車身過高，在形式方面不甚美觀，重心亦將過高，而致行駛不穩。且上下車踏步更須加高，每踏步將在450公厘以上，如非將原有之二踏步改爲三踏步，將使婦孺上下車時極感困難。惟多一踏步，乘客上下時間亦必增多，間接卽有增加每班行車時間之弊。故此次將擱柵改爲純用鋼質，其裝置並使其與底盤鋼架相平，木質底板與踏條則改用5公厘厚之鋁板，與地板紙由此底板面高出鋼架僅16公厘，較前式減低64公厘，以之抵除鋼架中部較前高出之數而有餘矣。

公用局在廿四年所造公共汽車內部攝影

3.外形　車身前部形式與前相彷，惟全車平面形則中部較爲寬廣，而前後較狹，使中部車門處地位寬大，乘客站立及進出較爲便利，且外表形式亦可較爲美觀。

4.包板　車外下部包板仍用鋁皮，其裝置法與前相同，惟上部原用白鐵皮包釘者，此次改用亮鐵皮，因白鐵皮上油漆易於剝落，亮鐵皮則既不落漆，又不易腐爛也。至車內包板原用三夾板者，以其不能經久，且一經折修，即致損壞，不便於修理，故亦改用鋁皮，而以銅質圓頭木螺絲釘於車架之上，以便隨時折卸修理。

5.車頂　前式車頂因用木架關係，不能採用通風式頂之構造，以致在夏季時車內頗爲悶熱，乘客每感不適。此次仍爲經費關係熱材料，以求車內較爲陰涼，雖須增加一部，車架仍用木材，惟於車頂夾層內加裝不傳熱材料，以求車內較爲陰涼，雖須增加一部重量，亦屬不得已也。

6.客座　仍爲兩行直列式，惟坐墊及靠背內裝之彈簧及馬棕，則改用橡皮絲筋，俾重量可以減輕，且更爲柔軟而不易損壞，至外包之眞牛皮則選用不落色者，以免染及乘客衣服。

7.車窗　前此所用活絡，把手，銅邊窗，每因乘客使用不得其法，以致玻璃常受震碎，故此次改用手搖升降窗，窗之啓閉，司之於售票員，俾免前弊。

8.前角窗　前本裝置固定玻璃，此次則改用旋轉式玻璃窗，俾可開啓，在夏間通風，可更暢快，較爲涼爽。

9.拉門　開於車之中部，使前後乘客，均便於進出，所用材料，因前此木料易因氣候關係而漲縮走動，每致阻礙啓閉，故此次改用鋼架，外面包鋁皮，此外移動機件與前相彷，惟前用鈎式門鎖，常致鈎破乘客衣服發生糾紛，故此次改用上下插銷式開關。

10.頂燈　前用之車頂電燈每車裝五盞，每盞用廿一支光燈泡，而車內仍嫌暗淡，此次因將燈泡裝置及燈罩式樣加以改良，並將各燈裝置地位略移向邊，車內漆色改稍淺淡，以求反光較强，結果則每燈改用十五支光燈泡，而車內反較前明亮，且較前省電。

11.路牌　前用布質捲動式，以易於破碎，不能經久，且承受灰塵，則顏色即嫌汚舊，常須更換，甚爲麻煩，故此次改爲轉動玻璃式路牌，可以隨時揩洗，且夜間燈光照出，亦更明亮，較爲醒目。

12.其他　以上各點均舉其稍重大者，此外尚有加裝護欄木條，以防碰撞，通風器加多放大，以利通風，如裝風窗罩簷，以避雨水等，修改各點尚多，惟均屬細目，不復備述。

公用局在廿四年所造公共汽車前部攝影

四，結語　按之公共汽車之駛用情形與乘客之需要而言，則凡可稱爲完善之公共汽車者，必須具備下列之各條件：

1.構造堅固而修理便利，以減省折舊與維持費；

2.重心低平，使行駛平穩而無傾覆之危險；

3.外形流綫化，減少空氣阻力；

4.載客地位寬大，所以多載乘客，而增加收入；

5.車身重量極輕，積極方面可以多載乘客，消極方面則減少過載，延長底盤壽命，同時且可減少燃料消耗；

6.座位寬敞，坐墊靠背極爲柔軟，使乘坐舒適；

7.門窗等裝置靈便而緊密，車行時絕無震動聲響，以免擾亂乘客聽聞；

8.走道及踏步寬大而低平，使乘客上下車敏捷便利；

9.通風及遮陽等設備齊全，使冬夏無過寒過熱之弊；

10.夜間燈光明亮；

11.色彩調和而美觀；

12.司機地位適宜，前後視境完全。

德國新式公共汽車攝影

以上列之各條件，衡諸公用局二次所製之公共汽車，則可見於2,3,5各條均未能完全符合。此數條適均爲最近歐美各國新式公共汽車所最致力改良而求其完備者，其究竟一則因所用之底盤不合於正式公共汽車之需要，二則因車架不能採用輕金屬而仍用木料，二者均完全受經濟困難之影響所致，將來之希望，惟有在公共汽車根基稍固經濟較寬時或能完成其目的耳。

美國新式公共汽車攝影

我國度量衡標準之商榷

朱詠沂

度量衡之宜有盡善盡美之標準，夫人而知之。蓋小如家庭日用，大至國家之計政，工商業之發展，文化學術之進步，在在皆繫焉。故標準之完善與否，關係甚大。我國度量衡舊制素未盡善，無可諱言。年來政府採取公尺，公斤，及公升，爲標準並爲公制。並以公制三二一之比例爲市用制。雷厲風行，力求標準化度量衡之實現，似乎可以爲盡善盡美矣。但二制並存，不如專用一種，而況更各有必需改良之缺點，請略言之。我國之所以不振者，原因雖多，要亦科學落後，工商業不發達爲主因。故欲救國富民，誠宜如孫總理所訓，迎頭趕上。最好將教育普遍科學化，凡受教育者，人人皆爲科學工業份子，斯乃爲急要之圖，今主張採取公制爲科學工程學術之標準，同時又以社會習慣關係概廢舊制而易以新制爲不可能。故取其近似值，即以公制三二一之比值爲市用制，以爲過渡。將來仍皆以公制爲標準。此實分學理與應用爲二途，計算所得者爲一數。應用者又爲一數，有如用英尺者計算所得者爲十進，(例如1.04875")實用尺寸則均惟一整數而附以分數，(例如 $1.04875=1\frac{3''}{64}$吋）。不便已甚，且使社會民衆與科學工程多阻隔之處，教育科學化之謂何，豈爲迎頭趕上之捷徑乎。此其弊一也。至今日廢除舊制，改用市尺市斤，已非易易，豈謂將來市尺市斤，完全普遍採用之後，又欲廢之而改用公尺公斤，則易如反掌乎。此其弊二也。更重要者，今日既力求改正民衆日用之標準爲市尺市斤，教材課本，文契收據，亦均採用，全國青年學子，皆習而知之矣，及其進習科學之時，又須廢市尺市斤而用公尺公斤爲標準。如此是非莫定，爲害已大，且示以吾國自己之度量衡乃非標準，即不啻示以我國學術不能獨立，而長其依賴之心，其損失豈可計耶。此其弊三也。且言度量衡者，莫不以公制優於英美制者，謂一爲十進而各單位間彼此有相互之關係，一爲非十進各單位間彼此無相互之關係也。今市用制一斤爲十六兩，一畝爲六千平方尺，一里爲千五百尺，一升爲廿七立方寸，均不以十進。缺點四也。更照公制言，在攝氏四度及大氣壓力 760m.m.時一立方寸水之質量當爲一兩，即

$$1\text{立方寸}=\left(\frac{10}{3}\text{Cm}\right)^3=\frac{1000}{27}(\text{Cm}^3)$$
$$=37.037\text{Cm}^3,$$

或市尺一立方寸之水重應爲 37.037 克(grams)。

$$\text{但市斤一兩}=\frac{500}{16}=31.25\text{克(grams)},$$

則知一立方公分(Cm^3)之水重爲一公分(gram)。 但市尺一立方寸水之重並非一兩。即長度，面積，容量，質量各單位間無相互之關係。缺點五也。試觀市用制與英美制相比，高下何在，較公制爲何如乎。故實行市用制之度量衡後，謂可得到一標準則可，謂可得一盡善盡美之標準則不可。至公制本身，自有其盡善盡美之單位，與相互之關係，故爲世界各國科學界所公認之標準。但不適合於我國之習慣，用之勢難推行。若用爲科學之標準，固無不可，但均冠以公字而示與市制別，是名同而二制各數之大小實不相同，原求便利，而反易誤會。缺點六也。一公尺百分之一爲公分，一公斤千分之一又爲公分，公分公分，二者既異義而同名，顧名而不得其義，不合科學之原則。缺點七也。市升即公升，同一容量，而名稱有二種。缺

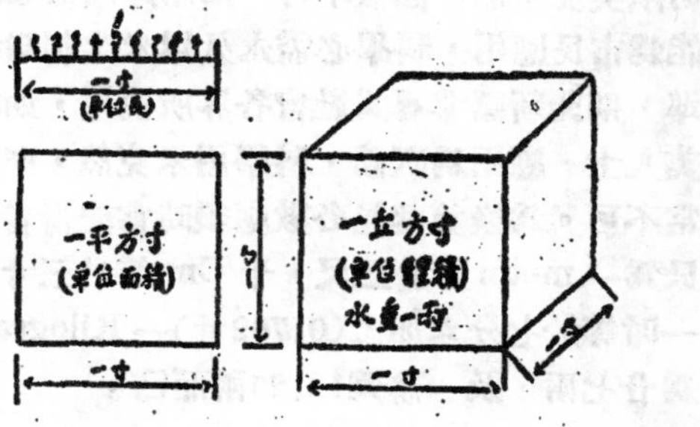

點八也。旣以公制三二一之比例爲市用制，卽以一公尺爲三市尺，一公斤爲二市斤矣。又何以一公里等於二市里，及一公兩爲三．二市兩，自相矛盾。缺點九也。總上以觀，二制並用之弊，如一，二，三，八，九各點，市用制之弊爲四五等點，用公制之弊爲六．七各點。

夫制旣貴有標準，尤貴有盡善盡美之標準，且必用便者始能行，自立者天地間萬物必需之要素，度量衡爲家常日用，以至文化科學及工程學術之基礎，則其標準必須適合於國民之風俗習慣，一也。應將學理與應用合而爲一，二也。各種單位間有相互之關係，三也。與國際標準換算便利，四也。一國之標準，與他國有簡便之比例，固佳，而一國之文化學術依人而不能自立者恥也。故今日民窮財盡，國辱家危，文化落後，學術依人之我國，吾人應認爲民族之大恥，沒世之奇羞。度量衡之選擇，不留以販運歐美之科學爲已足，應以將來全國民衆學習科學與應用，及創造中國自立而不依人之學術爲原則。故度量衡之標準旣以公制不適合於國民之風俗習慣，乃以一米突三分之一爲一市尺，使與舊制之長度相近，比率簡便，而易於推行，則長度旣可有標準矣，吾人更當根據前項原則，而求其盡善盡美，切合實用之標準。標準惟何，則以市尺一寸之平方爲單位面積，立方爲單位體積，或單位容量，及以一立方寸(或單位容量)水之質量，在攝氏四度及大氣壓力760m.m 時爲一兩，並一切均以十進位是也。各單位之標準如圖所示。

何幸由此標準所得之一兩，實際卽爲舊庫平一兩。表式如下：

$$一立方寸=(\frac{10}{3}Cm)^3=37.037Cm^3$$

換言之卽4°C及 760m.m. 氣壓時，一立方寸水之質量應=37.037Grams。但庫平一兩爲 37.301 grams 或庫平一兩比新標準兩重 0.264 gram，或庫平兩等於1.0075新標準兩，或庫平.9929兩等於新標準一兩。故此新標兩與庫平兩相差甚微，(僅千分之七．五)實際應用上，可說相等。由此可見我國實用市尺之後，不宜採用市斤。應以一立方寸容量水之質量在4°C及760m.m. 壓力時之重爲一兩，並仍可以利用舊有之庫平兩爲民間一般之應用，惟改十兩爲一斤耳。

原來我國之斤無標準，普通名爲十六兩，實際則由八兩至四十八兩者。而兩則實有定數，證以七錢二分之銀幣，到處通行，二廣銀幣通行於平津東北，東北之私幣通用於江南，二湖蘇皖浙閩各地之銀幣無論矣，誠以各地對於銀幣之通用與否，定其眞僞，通常於聲色以外，莫不以其重爲七錢二分爲準。然則七錢二分旣皆同，則一兩亦必皆同，故知庫平兩在中國各地有一定之標準。旣有標準，則舊制不足非，去之無所取。今若改一斤爲十兩，用之便利，推行不難。舊兩爲 37.301 Grams 實際社會上，仍可應用，無改制之煩。祗要新兩爲 37.037 Grams，則合標準。則成爲盡善盡美之標準，爲合理而各單位間互相有關係之優良標準，爲適合國情而能致科學自立之標準。有米突制之長處，而無呎磅制之缺點。玆將建議我國度量衡之新標準列如附表。

附表之特點爲新標準乃係舊制之改良，各單位均以十進，（括弧內示英法二制之比位。)以長一寸等於十Cm三分之一爲基礎，一寸平方爲面積單位，立方爲體積或容量單位，立方寸水重單位重一兩。與米突制之比值長度爲三，面積爲九，容量及重量爲二七。簡單易記，計算甚便。至吾人若能利用各物質之比重，則凡物有尺寸者，得知其體積，則知其重量。永無如應用呎磅制時，各單位間盡換算麻煩之苦矣。今日由應用以至科學均是依人之中國，此後以此新標準替代一切歐美度量衡，固無不可。即謂此新標準祇能爲市民應用，科學必需永久以米突制爲標準，則此新標準專爲社會各界所使用，如英美人士，應用爲呎磅，科學用米克然，亦未常不可。爲換算起見各數應須時常記得者。只爲一meter等於三尺，十Cm等於三寸，一吋等於七分六厘二(0.762寸)一Kilogram爲廿七兩，及一磅爲12.25兩而巳。

建議我國度量衡之新標準

長度	面積	容量	重量
小者以寸爲單位 大者以里爲單位	小者以方寸爲單位 大者以方里爲單位	小者以立方寸爲單位 大者以石爲單位	小者以兩爲單位 大者以萬斤爲單位
1里＝100丈	1頃＝(1里)^2＝1方里	1石＝10斗	1斤＝10兩
＝$\left(\frac{1K.M.}{3}\right)$	＝100畝	1斗＝1立方尺	1兩＝10錢
＝1000尺	1畝＝(10丈)^2	＝10升	＝(37.037 Grams)
1丈＝10尺	＝100方丈	1升＝100立方寸	
1尺＝10寸	1方丈＝100方尺	＝10合	
1寸＝10分	1方尺＝100方寸	＝(226立方吋)	
＝$\left(\frac{10}{3}Cm\right)$	1方寸＝(1寸)^2	(約1加侖) (23 In^3)	
＝(1.3123吋)	＝1寸平方	1合＝10立方寸	
或＝$\left(1\frac{5}{16}吋\right)$	＝$\left(\frac{10}{3}Cm.\right)^2$	1立方寸＝(1寸)^3＝1寸立方	
1分＝10厘	＝(11.11cm^2)	＝$\left[\left(\frac{10\ cm}{3}\right)^3\right]$	
1厘＝10毫	＝(1.722方吋)	＝(37.037Cm^3)	
1毫＝10絲		＝(2.26立方吋)	
1絲＝10忽			
1Meter＝3尺	1Cm^2＝0.09方寸	1立特＝0.27升	1公噸＝2700斤
10Cm＝3寸	1方吋＝0.58方寸	＝27立方寸	1Kg＝27兩

1英尺(呎)=9.144寸		1加侖=1.022升	1磅 =12.25兩
1英寸(吋)=0.762寸		=102.2立方寸	

更由 $$\frac{斤}{平方寸}=\frac{\frac{Kg\times 2.7}{Cm^2}}{\left(\frac{10}{3}\right)^2}=\frac{Kg\times 2.7}{Cm^2}$$

$$\times\frac{100}{9}=\frac{Kg}{Cm^2}\times 30$$

及 $$\frac{斤}{平方寸}=\frac{\frac{磅\times 1.225}{平方吋}}{\left(\frac{1}{.762}\right)^2}=\frac{磅\times 1.225}{平方吋(.762)^2}$$

$$=\frac{磅}{平方吋}\times 2.11$$

若全國各界一致贊助，實行採用新標準·與夫科學工程之書籍及教者學者均利用，

每平方吋磅數×2.11=每平方寸斤數 $\left(\frac{斤數}{方寸}\right)$

$$\frac{Kg}{Cm^2}\times 30=每平方寸斤數\left(\frac{斤數}{方寸}\right)$$

與及政府定有法章，凡外國進口之氣表力表等，均必依照此數加以改正，則可致我國科學學術工商業工程於自立之途。較之今日雜用英法制，與市用制之非驢非馬者，何啻有霄壤之别乎。

或謂中國現巳教育化商業化的採用呎磅制，證以學校課本，多採用與譯自英美原書，市上機器五金，全用英尺英磅，則可無疑。故改用米突制巳不可能，再欲改用市尺，與由市尺一寸爲基礎之量衡標準，豈非夢想耶。竊謂不然，(一)新標準若皆認爲合理，則更改甚易，何至夢想。(二)市尺一分合米突 3.33 mm 與$\frac{1''}{8}$相差極微，實用上可稱相等，現在英尺米突尺之折合，均以3.2mm等於$\frac{1''}{8}$吋，如$\frac{1''}{4}$爲 6mm $\frac{5''}{8}$爲16mm $\frac{7''}{8}$ 爲22mm 等是也。固然我國學術工程不能自立之前，需要外洋鋼鐵等材料甚殷，應求避免貿易上之困難，但商業上貿易關係重要者厥爲長度，尤其爲分厘之小數，如鐵板之厚爲$\frac{1''}{32}$，$\frac{1''}{16}$，$\frac{1''}{8}$，$\frac{3''}{16}$等爲用最多而且廣，故就商業貿易上而言，中文用尺寸分厘，洋文用Inch或$\frac{1''}{32}$，$\frac{1''}{16}$，$\frac{1''}{18}$，或mm，并於圖樣或訂單上，均附以「米突爲三尺」及「1 meter =3 Chinese Chish(Foot)」等字樣，則換率便利，困難可免。(三)所謂螺栓之直徑，及其螺紋每吋之牙數，似爲各國所通用，觀由德法等國寄來之圖樣可以知之。但在中國機器工業未能完全獨立之前，吾人若說某螺紋，每0.762寸(七分六厘二)(即一吋)幾牙，則亦便利，可免錯誤。所宜注意者，爲尺上 0.762 寸處，應劃一線耳(如算尺上之3.1416 或兀點)。

總之，所謂標準之度量衡，應以厲行今日之市尺，一寸爲單位長，一寸方爲單位面積，立方爲單位容積，及以4°C及大氣760mm時一立方寸水之質量爲一兩，且一切均以十進位是也。取舍之間，關係我國科學、工程、學術之自主問題，及便利推行切合實用各則。竊以爲吾人處中國學術新陳代謝之今日，學外人之所有，而昧於中國之環境，因之空廢腦力與時間，事倍而功半。固吾人之不幸，亦民族之大羞。吾人深信國家前途，非學術教育完全自立之前所能輕易奏效者，對此有關科學工程學術工商業基礎之度量衡，需求合理而適於國情之標準問題，早夜以思，心所未恰，海內明達，曷集思廣益而求盡善盡美乎。

對於度量衡名稱之意見

許應期

吾國度量衡制之採用萬國公制，或稱米突制，或法國制，各方似無異議。所爭者在譯名，尤在是否引用中國舊有名稱。在討論何種方案之前，似宜定下若干原則以作標準，鄙見以爲此項原則應爲：

(一)不添造新名詞，因新名詞易滋紛會；

(二)名詞須簡單便於記憶，且便推行；

(三)利用舊有最普通之名稱，如『里』『尺』『斤』『兩』等，因新度量衡須普及於全體民衆，尤須顧及大多數未受科學教育之人民，故『克』『米』等名詞，似以不用爲宜，吾人應記新名詞在受教育者更改甚易，而欲求未受教育者認識則難。

根據以上原則，并參照全國度量衡局物理學會及建設委員會所定而製成如下之方案：

Kilometer	公里	Kilogram	公斤
Hectometer	公引	Hectogram	公兩
Decameter	公丈	Decagram	公錢
Meter	公尺	Gram	公銖
Decimeter	分尺	Decigram	分銖
Centimeter	厘尺	Centigram	厘銖
Millimeter	毫尺	Milligram	毫銖

說明(一)質量中用『銖』字，以代舊日『之『分』字。『分』字易滋誤解，故改用『銖』字，『銖』爲舊字，原爲微細之意，此處用之頗爲適宜。『銖』之爲質甚微，普通民衆所不用，故換一字不致有妨推行。『銖』爲研究科學時之重要單位，惟研究科學者大都巳受教育，朝令夕邊可也。

(二)『公』字係暫加，將來新度量衡推行盡利，舊制完全取消之後，『公』字可以取消。

(三)長度中有『引』字較生，惟普通往往言若干里若干尺，『引』字可備而不用。

(四)此方案較全國度量衡局者爲簡單。

(五)物理學會之『什』『佰』『仟』在說話時不能辯別，譬如一百十米與一百『什米』，說時卽不易分清，且不用舊名詞恐未能推行盡利。

(六)建設委員會之質量名稱似未及此方案之妥善；一則與外國名稱不符，學習科學者必感不便，二則言若干斤兩時必將言若干斤若干分斤，或若干斤若干百毫斤，殊爲累贅，而且『斤』『兩』爲普通民衆所常用，推行必感困難。

工程新聞

湖北省公路航路及長途電話現況

鄂省爲我國中心區域，揚子江横亘東西，平漢，粵漢兩鐵道啣接南北，滬蓉，粵平兩航空相互交叉，輪帆輻輳，水陸交通便利，工商農業，素稱發達。該省交通建設更爲重要，建設廳主管之公路，航政，及長途電話等，爲三大交通要政，外界對於內地交通情形，多未明瞭，茲將主要各情，載述如下：

一公路 建設廳所屬各公路局，正式營業者：

18190

一、漢口經宋埠，黃陂，麻城至小界嶺，計長181公里。

二、武昌至葛店，計長32公里。

三、大冶至陽新，計長56公里。

以上三段，係經濟委員會規劃之汴粵幹線。

四、廣濟至浠水，計56公里。

五、漢口經長江埠，應城，皂市，沙洋，十里舖，當陽至宜昌，計長360 公里。

以上二段，係經濟委員會規劃之京川幹綫。

六、老河口經樊城，襄陽，宜城，荆門，建陽，江陵至沙市，計長281 公里。

七 沙市至公安，計長79公里。

以上二段，係經濟委員會規劃之洛韶幹線。

八、樊城經棗陽，隨縣，安陸至花園，計長333 公里。

九、老河口經穀城，草店，均縣，十堰，鄖縣至白河，計長272公里。

十、宜城經武安，至南漳，計長50公里。

十一、鍾祥經京山，皂市，天門至岳口，計長190 公里。

十二、安陸經雲夢至長江埠計長52公里

十三、廣水經禮山，至黃陂，計長116公里。

十四、宋埠經黃安，至花園，計長150公里。

十五、中館驛至中途店，計長45公里。

十六、廣濟至武穴，計長36公里。

十七、楊家澤經臼口，鍾祥，豐樂河至快活舖，計長140 公里。

十八、大冶至黃石港，計長35公里。

十九、應城經雲夢，至孝感，計長80公里。

二〇、應城至田店，計長23公里

二一、應城至陳家河，計長18公里。

二二、應城至臨江口，計長10公里。

二三、武昌至青山，計長18公里。

二四、武昌至金口，計長35公里。

二五、武昌至珞珈山，(東湖)計長16公里。

二六、武昌至北咀，計長58公里。

以上各段，均係經濟委員會規劃之支線，及次要線，與縣道。總計6,000 公里，建設廳現有長途客車及貨車，共計193 輛，玆將各車製造廠名稱，分述於下：

彼建福8輛 雪佛蘭9輛 達極30輛

福特95輛 極海西8輛 惠白脫2輛

建設廳在漢口並設有修車廠，製造車身，對於修理極臻完善，所有車輛，每月約需汽油二萬至二萬五千加侖，客票每公里一分至二分，新修路線，可由武昌直駛南昌。

航政 二十三年三月起，該省內河航輪，均歸建設廳代管，剔除積弊，改進航務，以保商旅安全，代管各輪，估定價值後，按月付官息八釐，截至六月底結賬，除官息付訖外，並付八釐紅利，及一分折舊，其票價較前低廉，減輕商旅負担，現在管之船，計有蒸氣輪57艘，柴油輪19艘，行駛航線21班停靠碼頭一百餘處，每日備客六千餘人，七月份收入六萬九千餘元八月份收入八萬四千餘元。九月份收入十萬零二千餘元。十月份收入十萬零八千餘元，所有航線途程如下：

一、漢口至武穴，計長214公里。

二、漢口至倉子埠，計長10公里。

三、漢口至陸指店，計長63公里。

四、漢口至沙市，計長519公里。

五、漢口至朱河，計長193 公里。

六、漢口至毛家口，計長240公里。

七、漢口至彭家場，計長135公里。

八、漢口至沙洋，計長297公里。

九、漢口至長江埠，計長111公里。

十、漢口至天門計長183公里。

十一、沙市至宜昌，計長137公里。

現擬製造淺水輪船，以便行駛湖汊，及溪港。藉使內河交通發達，如碼頭駁岸及堆棧等項，亦當次第設備，建設廳並辦有修船廠一所，其中機器設備，有車床，銑床，鑽床，打鐵房，鑄銅間，木匠間，樣子間等，不久倘須建築輪船下水滑道一具，因武昌方面無船塢之設備也，此外武漢三鎮間，輪渡事業營業成績，亦尙佳良，現在三鎮之間，計有航線5條，上下碼頭12所，有15輪船行駛其間，每晨六時開班，夜十二時停駛，其間由各碼頭開行，亦均依一定時，每日所載過江乘客達五萬人，每人所付渡資不及三分，而輪渡收入，却達四萬元之鉅，現因所有渡輪不敷應用，又以十二萬元，定造新船兩艘。

長途電話　建設廳長途電話線，多隨公路架設。通話價目甚低，現已通話線路，有2,520 公里，均爲雙線，乃十二號紫銅線，電話區域在鄂中、鄂東、鄂北各地，鄂南前曾架設，惟三四年前，爲匪共所折毀，茲已規劃，卽將裝設，所有材料，係民國十九年，向西門子、開洛、中國電氣公司所購買，當時付款一百餘萬元，裝工電桿倘不在內，現有50門交換機一具，10門交換機 17 具，5門交換機31具，話機106架，分處51 處，地名如下：

花園，武勝關，橫店，新溝，安陸，武穴，黃陂，長江津，隨縣，廣濟，倉子埠，應城，棗陽，浠水，宋埠，沙市，樊城，英山，麻城，沙洋，孝感，羅田，黃土岡，廣水，陽陂，福田河，團風，老河口，雲夢，穀城，鄖縣，均縣，白河，保康，房縣，竹山石花街，宜城，漕河，淋山河，新州，小界嶺，黃安，岳口，天門，楊家澤，湯池，宋河，田店，十堰，草店，

等地，湖北城市電話，倘未發達，今僅有武漢、沙市、宜昌三處，故長途電話營業，自難推廣，經濟亦入不敷出，對於軍用剿匪，實資相當效力，又對於小鎮市無電報局者可利用長途電話，以轉遞電報，照例與電報相等，可直送收信人查收。

上列之電話線數及地名，倘未包括各縣自設之鄉村電話，因各鄉村電話，與武漢不相連接故也。

18192

隴海鐵路簡明客車時刻表

民國二十三年九月一日實行

向西上行車

站名＼車次	1 特快	3 特快	5 特快	71 混合	73 混合	75 混合	77 混合	79 混合
孫家山							9.15	
墟溝			10.05				9.30	
大浦				71.15				
海州			11.51	8.06				
徐州	12.40		19.39	17.25	10.10			
商邱	16.55				15.49			
開封	21.05	15.20			21.46	7.30		
鄭州	23.30	17.26			1.18	9.50		
洛陽東	3.49	22.03			7.35			
陝州	9.33				15.16			
潼關	12.53				20.15			7.00
渭南								11.40

向東下行車

站名＼車次	2 特快	4 特快	6 特快	72 混合	74 混合	76 混合	78 混合	80 混合
渭南								14.20
潼關	6.40				10.25			19.00
陝州	9.52				14.59			
洛陽東	15.51	7.42			23.00			
鄭州	20.15	12.20			6.10	15.50		
開封	23.05	14.35			8.34	18.15		
商邱	3.31				14.03			
徐州	8.10		8.40	10.31	20.10			
海州			16.04	19.48				
大浦				21.00				
墟溝			18.10				18.45	
孫家山							19.05	

膠濟鐵路行車時刻表 民國二十三年七月一日改訂實行

下行列車

站名	到開	三一次各等	二一次各等	七一次三等	七三次三等	一次各開
青島	開	七•〇〇	一一•三〇	一五•〇〇		二一•四〇
大港	開	七•一一	一一•四一	一五•一一		二一•五一
四方	開	七•二〇	一一•五〇	一五•二〇		二二•〇〇
滄口	開	七•三六	一二•〇六	一五•三八		二二•一六
女姑口	開	七•四八	一二•一八	一五•五一		不停
城陽	開	七•五七	一二•二七	一六•〇一		二二•三四
南泉	開	八•一三	一二•四五	一六•一八		不停
藍村	開	八•二七	一二•五八	一六•三六		二二•五二
李哥莊	開	八•三六	不停	一六•四五		不停
膠東	開	八•四八	不停	一六•五八		不停
膠州	到	九•〇〇	一三•二五	一七•一一		二三•二八
膠州	開	九•〇三	一三•二七	一七•一四		二三•三〇
芝蘭莊	開	九•一九	一三•四四	一七•三三		不停
姚哥莊	開	九•二八	不停	一七•四三		不停
高密	到	九•三九	一四•〇一	一七•五一		〇•〇二
高密	開	九•五〇	一四•二二	一八•〇四		〇•一三
康家莊	開	一〇•〇	不停	一八•一六		不停
蔡家莊	開	一〇•一六	一四•三三	一八•二八		不停
塔耳堡	開	一〇•二五	一四•四三	一八•三九		不停
丈嶺	開	一〇•三五	一四•五三	一八•五三		不停
岞山	開	一〇•五二	一五•二二	一九•一二		一•〇三
黃旗堡	開	一一•〇一	不停	一九•二三		不停
南流	開	一一•〇九	一五•四一	一九•三一		不停
蝦蟆屯	開	一一•二四	一五•五四	一九•四八		一•二六
坊子	到	一一•三七	一六•〇八	二〇•〇三		一•四一
坊子	開	一一•五二	一六•二〇	二〇•一二	六•二〇	一•五六
二十里堡	開	一二•〇四	不停	二〇•二六	六•三四	二•〇八
濰縣	到	一二•一五	一六•二八	二〇•三五	六•四四	二•一六
濰縣	開	一二•二二	一六•三〇		六•四九	二•二八
大圩河	開	一二•二九	不停		七•〇四	不停
朱劉店	開	一二•四〇	一六•五三		七•一七	二•四四
昌樂	開	一二•五三	一七•〇八		七•三三	二•五三
堯溝	開	一三•〇五	一七•一八		七•四六	不停
譚家坊子	開	一三•一七	一七•三〇		八•〇四	不停
楊家莊	開	一三•二八	一七•四一		八•一〇	不停
青州	到	一三•四三	一七•五六		八•二一	三•二四
青州	開	一三•四六	一八•〇〇		八•三五	三•三六
普通	開	一三•五八	不停		八•五四	不停
淄河店	開	一四•〇八	一八•二九		九•〇一	不停
辛店	開	一四•二一	一八•三六		九•一七	四•〇五
金嶺鎮	開	一四•三五	一八•五四		九•三七	不停
湖田	開	一四•四八	一八•五九		九•四四	不停
張店	到	一五•〇七	一九•〇八		九•五四	四•三一
張店	開	一五•一二	一九•二三		一〇•一〇	四•四六
馬尚	開	一五•二一	不停		一〇•三〇	不停
周村	到	一五•四〇	一九•四八		[illegible]	五•一三
周村	開	一五•四四	一九•五一		[illegible]	五•二二
大臨池	開	一六•〇七	不停			不停
王村	開	一六•一九	二〇•二四			不停
普集	開	一六•二九	二〇•三四			五•五三
明水	開	一六•四四	二〇•四九			不停
棗園莊	開	一六•五四	二一•〇〇			六•一五
龍山	開	一七•〇八	二一•一五			六•二九
郭店	開	一七•二三	二一•三〇			不停
王舍人莊	開	一七•三四	二一•四一			不停
黃臺橋	開	一七•四七	二一•五五			七•〇三
北關	開	一七•五五	二二•〇七			七•一〇
濟南	到	一八•〇〇	二二•二二			七•一五

上行列車

站名	到開	三二次各等	七二次三等	二二次各等	七四次三等	二次各等
濟南	開	七•〇〇		一一•四〇	一四•四〇	二二•〇
北關	開	七•〇九		一一•四七	一四•四七	二二•〇六
黃臺橋	開	七•一六		一一•五四	一四•五七	二二•一五
王舍人莊	開	七•三〇		一二•〇八	一五•一〇	不停
郭店	開	七•四二		一二•二〇	一五•二〇	不停
龍山	開	七•五七		一二•三六	一五•三三	二二•四八
棗園莊	開	八•一三		一二•五二	一五•四九	二三•〇三
明水	開	八•二四		一三•〇三	一五•五五	不停
普集	開	八•四一		一三•二〇	一六•〇七	二三•二八
王村	開	八•五一		一三•三一	一六•二〇	不停
大臨池	開	九•〇三		不停	一六•三四	不停
周村	到	九•二〇		一三•五六	一六•五四	〇•〇二
周村	開	九•三三		一三•五九	一七•一三	[illegible]
馬尚	開	九•四〇		不停	一七•一六	不停
張店	到	九•四八		一四•二一	一七•三五	〇•二六
張店	開	一〇•〇三		一四•三六	一七•四三	〇•四一
湖田	開	一〇•一五		一四•四九	一七•五八	不停
金嶺鎮	開	一〇•二四		一四•五八	一八•一二	[illegible]
辛店	開	一〇•三八		一五•一三	一八•二二	[illegible]
淄河店	開	一〇•五一		一五•二五	一八•三七	[illegible]
普通	開	一一•〇一		不停	一八•五一	[illegible]
青州	到	一一•一三		一五•四四	一九•〇三	[illegible]
青州	開	一一•一六		一五•四七	一九•一六	[illegible]
楊家莊	開	一一•三一		一六•〇二	一九•二九	[illegible]
譚家坊子	開	一一•四三		一六•一三	一九•三五	[illegible]
堯溝	開	一一•五四		一六•二五	一九•四六	[illegible]
昌樂	開	一二•〇六		一六•三七	一九•五九	[illegible]
朱劉店	開	一二•一九		一六•五一	二〇•一三	[illegible]
大圩河	開	一二•三〇		一七•〇一	二〇•一六	不停
濰縣	到	一二•四三		一七•一三	二〇•三七	一•五八
濰縣	開	一二•四五	七•〇〇	一七•一六	二〇•五四	二•〇二
二十里堡	開	一二•五四	七•一〇	一七•二五	二一•〇四	二•一〇
坊子	到	一三•〇八	七•二三	一七•三七	二一•一七	二•一三
坊子	開	一三•二一	七•三七	一七•五一		二•二七
蝦蟆屯	開	一三•三六	七•五四	一八•〇六		二•五三
南流	開	一三•五〇	八•〇九	不停		不停
黃旗堡	開	一三•五七	八•一七	一八•二四		不停
岞山	開	一四•〇八	八•二九	一八•三五		三•二八
丈嶺	開	一四•二六	八•四八	一八•五四		不停
塔耳堡	開	一四•四三	八•五八	一九•〇三		不停
蔡家莊	開	一四•五一	九•〇八	一九•一二		不停
康家莊	開	一五•〇三	九•二〇	不停		不停
高密	到	一五•一三	九•三一	一九•三一		五•〇四
高密	開	一五•二四	九•四四	一九•四三		五•一五
姚哥莊	開	一五•三七	九•五六	不停		不停
芝蘭莊	開	一五•四七	一〇•〇五	二〇•〇〇		不停
膠州	到	一六•〇二	一〇•一三	二〇•一七		五•二七
膠州	開	一六•〇四	一〇•二六	二〇•二九		五•四九
膠東	開	一六•一六	一〇•三九	不停		不停
李哥莊	開	一六•二七	一〇•五一	不停		不停
藍村	開	一六•三七	一一•〇一	二〇•四六		六•二五
南泉	開	一六•五〇	一一•一五	二〇•五九		不停
城陽	開	一七•〇八	一一•三四	二一•一五		六•四一
女姑口	開	一七•一七	一一•四四	二一•二四		不停
滄口	開	一七•二九	一二•〇七	二一•三六		六•五九
四方	開	一七•四五	一二•二五	二一•五一		七•一九
大港	開	一七•五五	一二•三五	二二•一〇		七•三〇
青島	到	一八•〇〇	一二•四〇	二二•一七		七•四〇

18194

中國工程師學會會務消息

◉徵求年會論文啓事

逕啓者，本屆年會業經决定八月間與中國科學社聯合在廣西南甯舉行，查論文一項，爲年會中重要事務之一，素仰
會員諸君學識淵博，經驗宏富，敢祈本平日研究所得。
撰賜宏文，於七月底以前，寄交上海市中心區工務局本會年會論文委員長沈君怡君收備蒙。
向熟識會員廣爲徵求，尤所企盼，再本會爲鼓勵研究工程學術之興趣起見，爰經第十四次董事會議規定年會論文給獎辦法，並於二十三年起實行，查上年度論文獲獎者，計有曹瑞芝，陸之順，淩其峻三君，其詳細辦法，已登載本刊3卷20期，並此附及，統祈。
查照爲荷，此致
會員公鑒

年會論文委員會啓

◉大冶分會第一次常會紀事

大冶分會於四月十四日，借富華煤礦公司開第一次常會，是日細雨濛濛，泥途濘滑，而到會會員非常踴躍，計到翁德鑾，張寶華，程行漸，高壽齡，王野白等十七人，高君壽齡年巳六十有六，歷任各煤礦公司技師，經驗豐富，此次經王君野白等介紹入會，對於會務特具熱忱，到會時健步如飛，頗具少年精神，尤難能可貴，此次由會員王野白，宋自修二君招待午餐，並由王野白君先行出示該礦詳圖，逐一加以說明，繼引導參觀該礦煤礦工程，以及新裝之煤氣機發電廠，旋參觀電池拖煤機車，以及充電房之新式設備，各會員多隨時提出工程上問題，互相討論，參觀畢，在工程處討論會務，由會長翁德鑾主席，徐紀澤紀錄議決與討論事項如左：

(一)第二次常會開會地點定華記水泥廠，日期定六月二號，由該廠本會會員招待。

(二)會長報告上海總會來函，材料試驗所添設儀器機器設備捐款事，請各會員盡量發表意見，繼由張君寶華說明材料試驗對於中國之重要與各實業公司之關係，請各會員盡量捐助，或向外界募集，旋議决分派捐册，計華記水泥廠一本，利華煤礦一本，漢冶萍鐵礦一本，富華富源煤礦合一本。

(三)會長交議討論工程一件，招商局提議黃石港躉船用水泥製造徵求各工程專家之意見，咸以爲水泥躉船無鋼質之良善，且損傷後修理不易，加之長江一帶用之絕少，似以造鋼質者爲是。

◉招聘冶金機械工程師

茲有內地某大公司需聘美國著名大學畢業之冶金工程師一位，須熟悉鋼鐵金圖原則，而富有化驗經驗者，月薪在二百元以上，又具有推銷機器能力之機械工程師一位，須品學兼優，而能勤苦耐勞者，月薪二百元，如合意者，請開明詳細履歷，逕函本會介紹可也。

◉五學術團體聯合年會籌備委員會第一次會議紀錄

日　期　二十四年五月四日下午四時
地　點　上海亞爾培路五三三號中國科學社
出席者　裘燮鈞(中國工程師學會)
鄭恩泳(中國工程師學會)
錢崇澍(中國植物學會)
劉　咸(中國動物學會)
楊孝述(中國科學社)
盧于道(中國動物學會)

18195

方子衞(中國科學社)
何炳松(中國地理學會)
公推主席 楊孝述 紀錄 鄒恩泳
▲報告事項：
主席報告： 各學術團體定於本年在廣西南甯舉行聯合年會者有今日出席四學會及中國科學社，中國物理學會本年已定在青島開會希望明年能參加。中國化學會能否參加尙未來函決定，故目前祇有五個團體可以聯合舉行年會。本籌備委員會工作以年會開幕以前爲重要。關於各種共同準備事項，今日可先將若干問題提出討論。
▲討論事項
(一)聯合年會名稱問題
議決： 定名爲「五學術團體聯合年會」，五團體名稱次序，依照第三字筆劃多少排列如下：
中國工程師學會
中國地理學會
中國科學社
中國動物學會
中國植物學會。
(二)聯合年會日期問題
議決 在八月初旬，詳確日期，俟調查船期後下次會議決定。
(三)聯合年會程序問題
議決 先定原則如下：
(1) 屬於聯合籌備者爲 開幕典禮，年會宴會，公開演講，參觀遊覽。
屬於各團體分別籌備者爲 提案及會務
屬於各學會與中國科學社之工程動植地各股合作者爲 論文宣讀。
(2) 開幕典禮開會一次聯合舉行
提案及社會務開會四次， 分別舉行。爲兼爲數會會員者之便利起見，中國科學社單獨時間開會兩次，其餘四團體在同一時間各開會兩次。
專門性之論文宣讀開會二次同時視論文性質分別舉行。
普遍性之論文宣讀開會一次聯合舉行。
(3) 開會四天每天二次。
參觀及遊覽二天聯合舉行。
中午宴會一概婉謝。
五團體共同年會宴會一次。
(四)聯合年會經費問題
議決：
(1) 參加聯合年會各會員，每人繳納年會費五元，不因兼爲數會會員關係，而重複繳費。
(2) 聯合年會收支統合計算。如支出不敷時分作七股由五團體分攤。中國工程師學會與中國科學社各攤二股，其餘團體各攤一股。
(3) 參加會員得帶眷屬以一人爲限。其他來賓以年會所邀請者爲限。
(五)五團體應推定聯合年會職員問題
議決 五團體應各推出年會主席團一人；演講委員會委員一人，主持公開演講，會程委員會委員一人，會擬全會詳細程序。
(六)本籌備委員會常務委員問題
議決 推定楊孝述鄒恩泳劉咸方子衞爲常務委員楊孝述爲主席，鄒恩泳爲紀錄書記，劉咸爲通訊書記，方子衞担任交通事宜，並以中國科學社爲常務委員辦公地點。
(七)五團體合推馬君武馬名海二先生爲聯合年會籌備委員，廣西省政府黃主席爲年會名譽會長。
(八)其他應辦事項俟下次開會再議，開會日期由主席酌定。 楊孝述

18196

工程週刊

(內政部登記證警字788號)
中國工程師學會發行
上海南京路大陸商場542號
電話：92582
(稿件請逕寄上海本會會所)

本期要目

中華民國24年6月1日出版
第4卷第13期(總號91)
中華郵政特准掛號認爲新聞紙類
(第1831號執據)

定報價目：每期二分；每週一期，全年連郵費國內一元，國外三元六角。

錢塘江橋工程近況

正橋部份　第一號橋墩在鋼板樁圍內造沉箱木模及安紮鋼筋，將近完竣。第二，三，四，五，六及十三等六座橋墩沉箱，在陸地工廠內製造，其木模及紮紮鋼筋工作，正在積極進行中。第十四十五兩號圍堰內塡土工作，尙在進行中，塡土完竣後，即開始打基礎樁。北岸臨時便橋，暫築至第

錢塘江橋橋基在陸地製造情形

錢塘江橋第十四十五號橋墩圍堰及臨時便橋

一號橋墩爲止，南岸臨時便橋暫築至第十四號橋墩爲止，南北兩岸共已築成便橋三百餘公尺。

引橋部份　引橋材料及工具亦陸續運到不少。因南北兩岸護堤工程困難，北岸之堤須用木樁及木板夾護，南岸之堤外邊須堆重石以防水冲，四月底始修築完竣。現在進行抽水，及開始橋基挖土工作。

同蒲鐵路工程進行概況

翟 維 灃

緒 言

同蒲鐵路縱貫山西全省，爲西北之一大幹線，北自大同起，南至蒲州以南之風陵渡止，除運與正太鐵路直接聯絡外，平綏隴海亦復遙遙相接地位重要，交通之樞紐係焉。其間工程概況，太原迤南至介休一段，地勢平坦。工程較鉅者，以瀟河大橋爲最，約長360 公尺，餘均平常。惟村鎮林立，溝渠雜錯，橋工甚夥。迤北至原平一段，中多深溝高崗，土崖壁立，極形峻峭。復經陰山山脈之石嶺關一帶，路基及橋溝工程，逐漸浩大。介休至臨汾，中經韓侯嶺之靈石溝，山道崎嶇，汾河迴繞，路線經過，均屬傍山倚水，曲折前進，儼然一幅畫圖。深鑿高挖，是爲南段工程之最難部份。原平至甯武一段，經恆山山脈之甯武溝，峻嶺崇山，巉崖峭壁，順沿陽武河邊，走險攀山，選線時極爲費手。每值峯迴水轉，繞道困難，幾經煞費苦心，始能越嶺而過。較之南段靈石溝，則又艱難數倍。是爲本路工程中，最艱鉅之一部份。至其間高填深挖，多在三四十公尺以上，尤爲各路所罕見。臨汾至風陵渡，除史村侯馬一段，左倚山崗，右靠汾河，工程較大外，其餘均尚簡易，甯武至大同段，地勢逐漸平坦，橋工雖較複雜，土方却屬無多，修築順手，成功較易。以上全線經過，共計長約859 公里。中經28縣，設立車站73處。土石方共約26,930,000公方，石方約佔十分之一。隧道全長計共550公尺，最長隧道爲385公尺。路基填方最高處，有達50公尺者，開挖最深處，亦在40公尺左右。水道寬度，共約一萬五千五百六十餘公尺，約佔全線之1.8%。內計大橋6,306公尺，小橋約3560公尺，水溝及涵洞約 5,800公尺，明橋之最高者，爲16.5公尺，最長者爲 478 公尺。礦橋之最高者，爲13.5公尺，礦身最高者，爲60公尺。本路建築起點，係由太原南北兩向進行，並與正太路連絡，爲便利運輸起見，一切建築標準，多半做照正太。路基頂寬 4 公尺至4.5公尺，橋梁荷重爲古柏氏 E-25， 淨空高4.3公尺，寬4公尺，惟鋼軌一項採用15.9公斤者，(即每碼重32磅)，以期減小建築費。將來本省鍊鋼成功後，再行更換重軌。其拆下之輕軌，備作建築支線應用，以資發展。建築材料，大半採用本省木石磚灰，及啓新洋灰公司之洋灰。鋼橋多採用德國之寬邊工字梁。跨度由2公尺至10公尺者共6種，均由本省壬申製造廠鉚造。較大橋梁，採用花梁與鈑梁，均由山海關鐵工廠代爲鉚造。其餘大部分，採用磚石礦橋及木便玉。間有用鋼筋洋灰混凝土構架橋及鋼筋混凝土板橋數處。土石方工程，及木便橋，大半由兵工承作。坊工一項，因兵工尚無相當訓練，除選擇較易修築者，分別担任外，餘均招包承作。土石方之較易者，在兵工不敷分配時，包與附近鄉民，以求敏速。

籌 備 經 過

自二十一年下半年起，開始籌備修築同蒲鐵路。當時因限於財力，乃決定採取輕便窄軌。即由太原入手，借重正太鐵路，就近輸送材料，以期敏速。關於建築方面，復利用兵工，以求撙節。遂先成立兵工築路傳習所訓練編餘軍官，授以普通工程常識，以備開工時，領導兵工工作。十一月成立築路局。擬定全線分六段修築，預計五年完成。第一段由太原至介休縣，爲試行兵工政策，及首先完成之一段，第二段由太原北至原平。第三段由介休縣至臨汾縣。第四段由臨汾至蒲州（永濟縣）以南之風陵渡。（與隴海路之七里村隔河相對。）第五段由原平至甯武。第六段由甯武至大同。

工程進行概況

一、太介段。太原至介休一段，約長142公里。於廿二年一月實行定線測量，三月測畢。最大坡度為1%，最小曲線半徑為300公尺。四月成立三工務段，調派兵工，開始路基土石工程。九月開始橋溝工程。所有木便橋及木格鋼梁橋，均由兵工担任。圬工橋招商承包。十二月開始鋪軌。因兵工尚無鋪軌經驗，暫招前有經驗工頭承作，加派部隊，充當小工，從中練習。廿三年五月鋪至介休。先通工程列車，七月一日開始營業。

二、太原原平段。廿三年二月間，成立北段測量隊，出測太原至原平一段，約長120公里。最大坡度定為1.25%，最小曲線半徑為200公尺。全段共4分段，因石嶺關改線關係，於四月間先成立一分段。與太介段同時開工。其餘三分段，於廿二年十一月改線完竣後，陸續成立，次第開工。廿三年九月開始鋪軌，利用前在太介段練習鋪軌之部隊承作。本年三月間鋪至原平。其間因運輸關係，鋪軌停止計約兩月餘。

三、介休臨汾段。廿二年九月開始測量。全段長約134公里，最大坡度為1%，最小曲線半徑，因靈石溝市道崎嶇， 縮小至150公尺。自十一月起，成立6分段。十二月陸續調派兵工，開始路基土石方工程。廿三年四月，開始圬工橋溝。（本段多山路，橋溝工程均採用石料。）分別由兵工與包商承作。十月開始鋪軌，完全由兵工担任。本年三月，鋪抵臨汾介休至霍縣一段，因山道關係，行旅困難，為便利客商起見，已於廿三年底通車，兼辦營業。

四、臨汾風陵渡段。本段約長230公里，於廿三年一月開始測量，最大坡度為1%，最小曲線半徑為300公尺，共分6段，廿三年十月起，先成立3段，十二月又續成立其他5段，開始路基工程，半由兵工担任，半由沿線鄉民承作，橋溝工程，正在積極籌劃中，預計本年四月全段興工，六月開始鋪軌。

五、原平甯武段。由原平至大同，共有二路可通，一經雁門關，一經寧武溝。甯武通河曲要道，經歷年綏包糧担，多由黃河運至河曲，再分運山西各縣。將來由甯武或陽方口修一支線直通河曲，關於糧運方面，頗為重要。又以雁門關坡度太大，故採用經過甯武路線，然其間原平至甯武一段，長約60公里，繞越山嶺，勘線亦極困難。最大坡度連同曲線折減率在內，增至2%。現正設法改善，將來結果，1.66%，或可希望辦到。最小曲線半徑縮至100公尺。亦擬設法加大。惟因時間及經濟限制，一時尚難達到目的。為暫時計，會擬採用加大機車，及較重鋼軌，以為補救方法。廿二年十一月開始測量，廿三年六月成立三分段。七月起，陸續調派兵工，開始路基土石及隧道工程。橋溝一項，現正詳細計劃中。

六、甯武大同段。全長約165公里，已於廿三年四月測畢。最大坡度為1.25%，最小曲線半徑為400公尺。

浙贛鐵路橋樑工程

浙贛鐵路，起自浙江之杭州，西達江西之萍鄉，計程600餘公里。全路橋樑第一段自杭州至金華，多為臨時建築，無足述者。第二段自金華至玉山，始建永久橋樑，至二十二年年終通車。第三段自玉山至南昌，工程較第二段尤繁，現正興工西展。第四段由南昌通洋街，現在測量中，尙未正式開工。

新中工程公司所建造之鐵路橋樑，在第二段中，有鋼板樑二座，每座長300餘公尺；工字樑四座，每座長自25公尺至35公尺；均於二十二年八九月間完成。在第三段中，有鋼板樑五座，每座長自30餘公尺至200餘公尺；除信河沙溪靈溪二橋之橋墩橋座，已於二十三年年終竣工外，其餘珠璣河大路口二座，正在興工建築中。茲將各橋之大致情形，分述如左。

(一)金華江橋在金華城附近，爲第二段鐵路之第一座橋梁，計12孔，每孔長23公尺。其橋墩由遠東公司承包，鋼梁由新中工程公司向華中公司轉包。全部鋼梁重約400公噸，限期四個月內完工。

信河橋墩座于本年一月完工

金華江中架橋上墩

(二)工字梁4座，計3孔者2座，4孔者1座，1孔者1座，皆由新中工程公司向中南建築公司轉包。爲分佈於金華與衢州之間之小橋，每孔長7公尺，高600公厘。

(三)東蹟江橋在衢州附近，爲第二段中最長之橋梁。計13孔，每孔長23公尺。橋座橋墩由華中公司建造。橋面工程由新中工程公司轉包承造。完工期限及橋面重量，大致與金華江橋相同。

(四)信河橋爲第三段中之第一座橋梁，在玉山以西約5公里，由新中工程公司向路局直接承包。計

築墩工程

10孔，每孔長20公尺，墩座工程，於二十三年九月十五日開工，於本年一月間完工。鋼板梁因材料未到，尚未興工。

(五)沙溪橋在信河橋西約十餘公里，為2孔20公尺跨度之小橋。由新中工程公司向路局直接承包。墩座工程已竣，鋼梁尚需候料開工。

(六)靈溪橋在沙溪橋西約10餘公里，有跨度20公尺之鋼板梁6孔，與信河沙溪二橋同向路局全部承包，亦在等候橋面材料中

(七)珠璣河橋在上饒以西約4公里，有15公尺之鋼板梁5孔，已於本月三日動工建築橋墩。

(八)大路口橋在珠璣河橋之西約8公里

浙江省公路局赤石橋之一部

，已與珠璣河橋同時開工建築橋墩。計鋼板梁3孔，每孔長20公尺。

建築橋梁所用之機械工具，對於工程之遲速及優劣，極為重要。新中工程公司本以製造黑油引擎抽水機及壓氣機等，著名國內，故對於造橋工程，頗能利用其機械經驗，自出心裁，以收事半功倍之効。如金華江橋鋼飯樑之裝吊方法，信河橋墩座工程之自開臨時電廠，供給全部電力，多有為時彥所稱道者。至其自製之黑油引擎及抽水機等，均能因就地之需要，配以適當之機械。又如鉚釘應用之壓氣機及釘模等，裝吊應用之全套工具，均可自行大量製造，供應不絕。除自用以外，幷供給多數抽水機器於其他

揚州活動橋在廠內試裝

包工，爲建築橋墩時防水之用。

除浙贛鐵路以外，在去年一年以內，新中工程公司曾建造公路橋梁數座。在浙江者，有新昌之藍沿橋，雲和之赤石橋，及嵊縣之東橋。在江蘇者，有揚州之運河活動橋。或已全部造竣，或尚在建造中。

以上各項工程多由新中工程公司經理支秉淵君，廠長魏如君，工程師錢義畲君，偕同其他職員親身督察，故人無廢材，工無廢時，因地制宜，臨機立斷，不至於曠日持久勞衆傷財也。

新中工程公司之冷作工場

此外業經承包而尚未開工者，有梁家渡橋之鋼板梁工程。該橋爲浙贛鐵路全綫最長之橋樑，計13孔，每孔35公尺。全部工程，由大昌公司向路局承包，其鋼樑部份，已由該公司於最近數日內轉包與新中工程公司，一俟材料到滬，卽可興工。

廣西省之道路建築概況

一省之能地盡其利物盡其用，端賴乎交通之利便。吾兵人欲一省之秩序安定，而能迎合世界潮流，則非能於最短時間到達本省偏僻之處不爲功。因財政之拮据，築鐵路則無此財力，惟有集中人才經濟謀築公路以通之。

全省公路現已通車者7,278里等於3,594公里。現正在建築中者有2000里以上。最有功勞者爲農民，雖工作酬報不多，（工資每日每人由一角半至二角半），彼等亦甯願工作，因此每里造價可減少至約廣西銀7000或8000元，不如是則造價或增至14,000元矣。本省之公路多半爲土路，無石塊路基，現逐漸改爲碎石路面。橋樑多爲木材所造，石塊或混凝土所造者甚少。本省中河流之漲落相差甚大者，則捨橋樑而用擺渡。

主要計劃以將省內各大城市與各鄰近各省聯成一氣，及在可能範圍內，極力將現有道路縮短里程，吾等已將路線作適當設計，苟湖南省由廣西邊境，再築 270 里與其本省公路聯絡，則吾輩可由法屬安南河內起程橫過廣西，而直達漢口。爲便利實施工程計，現分本省爲五區：南甯區，柳州區，桂林區，蒼梧區及鎮南區，設總局於南甯以管理之，各區工作之進展如下：

區名	完成里數	建築中里數	橋樑數目	涵洞數目	擺渡數目
南甯	1 880	634	102	958	5
鎮南	743	482	127	552	1
柳州	1,678	1,167	353	1,549	9
桂林	1,530	853	297	1,735	13
蒼梧	1,456	458	207	893	3
總數	7,287	3,594	1,086	5,687	31

在河池經南丹而至六寨達貴州之公路未通車以前，此260里中，山脈蜿蜒，路途狹小曲折，且荒草高與人齊。若欲由河池徒步或乘馬至六寨，天未曙起程行至日入西山之後，非四日不能達，現則公路已通行汽車，193里之路程，數小時可以達彼處矣，此路中途近芒場之處路面高出河池縣城有2,23呎，但以橋樑及曲線設計上之周密，汽車行駛於各種坡度上，毫不發生困難。

以前因財政上之困難，在他路所建築之橋樑涵洞多爲暫時權宜之計，現在發覺此種建築方法，缺點甚多，今河池至六寨路上之橋樑，皆築爲永久式。越嶺之山路寬度爲16呎至20呎，平坦之地則爲24呎，全路寬度約平均爲2?呎，沿路風景幽雅，近已在路旁種植樹木，益增美麗。

有數重要之公路急待完成通車，亦以財政上之困難，不克及時完成。通廣東而至於海之邕欽路，長155里，已築成大半且通車矣。百隆路爲雲南省交易之要道共長103里，此路築成後，雲南之貨物可經百色平馬武鳴而至南甯，武平路由武鳴至平馬聯接百隆路共長440里，其中350里現已在興築中，由南甯至龍州而入安南之邕龍路則早已通車。

以上所提之道路建築費用，皆在廣西省預算款項撥下。此外其他道路建設則由縣政府預算撥支，或由地方上籌劃，此等道路不包括於上述之7000里內，惟皆由公路局遣派之工程師監理之。當一路完全後，其他舊路亦需要修理改良，使行車不致發生危險，有數處道路需要加寬路面，添放碎石，減低坡度，翻造橋樑，涵洞等，暫設之涵洞，其壽命僅及三年，及新者築成，則可永久應用矣，在雨量多之月份。木質橋樑多爲洪水沖壞，亦改爲石質或混凝土，以爲永久之計。

最後一點，不能不提及者，廣西銀之價格，漲落不定，對於購置省外材料及機械之貨價付款，殊多影響，是吾人不能不盡力節省經費也。以人民熱烈之援助，及工程師周密之計劃，我等必將省內偏僻各地聯成一氣，使人民從此不再自以爲生息於化外之地也。

建築中道路之統計

路名	里數	橋樑數目	涵洞數目	價值約數
丹池路（現正完成）	193	62	531	1,200,000元
邕欽路	155	——	——	——
百隆路	103	59	360	100,000元
武平路	440	25	400	550,000元

上海交通大學陳炎文譯自遠東時報

1935年3月份

建築公路時各種制度之探討

年來我國有識之士，莫不以生產救國爲近今要圖；然際此共匪猖獗，農村破產之時

18203

，欲談生產事業，叉豈容易，苟談生產，惟有興築公路，以謀交通之便利，然後其他事業可藉有發展之機會。最近各處建築公路，頗見猛進，經驗漸多，成效益著。茲將工程進行時採取各種制度之利弊，加以陳述，以供有志者之參考而討論也。

工作制度計分下列五項：

一．包工． 二．雇工 三．徵工．

四．兵工． 五．囚工．

(一)包工制：適用於整個較大工程，如橋梁涵管石方及路面等是。應先測繪圖表，估計工價，招由各包商投標，取其最低或近似之價，簽訂合同，惟仍應甄別包商對於該項工程之經驗而決定也。或按照圖表，僅將各項工料單價招標，將來竣工時，依照單價而決算其實付數。是法頗流行於各省之建設機關。惟有時因趕工關係如欲依照規定手續招包投標，輾轉費時，爲限期之所不許，故主管人可不經投標，選定包工承包。其因工地荒僻，工程渺小，而無包商願往者；或二三包商聯絡而將單價抬高時，則包工制不能合用，可採用雇工制。

(二)雇工制：凡無從招得包商，或包商價格太高，認爲不經濟時，則自行雇工建築。惟管理及指揮工作等，須有相當人選，工費支付亦較煩瑣。若處理得當，其成績能較包工制爲優，蓋可免偷減工料之弊，而工費亦可經濟也。上項辦法，安徽省曾有採用者，效果極佳。

(三)徵工制：除土方工程能用徵工制外，其餘工程鮮有用之者，蓋爲臨時湊合之衆，類皆當地農民，無技藝之可言，祇適於簡易工作也。其利益在乎工費之經濟。工人既無大批之轉運，而召集較易。如能於農忙過後征工，則農民亦得其利。再如於某地災荒之後，施用本辦法，更屬合宜，蓋實寓賑於工也。惟臨時征集之衆，其工作效率極低；且不能責成保固，確爲最大之缺憾。如在農忙時徵工，更易招民間之怨謗，亦非所宜。故常有以包工制代替者：如安徽省建築殷屯路時，太平歙縣等縣，均爲改良之徵工制者。茲將安徽省徵工辦法分條陳述如下：(一)路線所經各縣，組織一徵工辦事處，管理人事及銀錢出入事項。至於工程方面，悉由公路局指定之工程處指揮之。亦有由辦事處雇用監工，但此法較爲欠妥，因監工員常有缺乏經驗，而不能悉聽工程處之指揮。(二)工人數量，係按照田畝之分配，責由區保供給，於限期內到達工作場所。(三)土方每市方給價四角，堅隔每市方給價六角，由省縣各半担負，於竣工時由工程處照實做數量計算，呈報核發。(四)每日每工遵照省府議決案，由省庫給予火食洋二角，但每日須築土方半市方以上。(五)築路工具由應征人自辦。(六)應出工人之業戶，不能自任工作者，得雇工代替。所需工價，除由省庫照例每日給予火食二角外，餘由該業戶自行担負。(七)必需之辦公費，及管束工人之職員津貼火食等費，由縣撙節墊付，核實冊報，將來由縣地方籌拱歸還。(八)因雨雪不能施工時，每日貼給火食洋一角。

除以上所述外，再將路工驗收劃款辦法錄下：

一．施工之始，由該管工程師依照實測圖表，將工程分爲若干小段，並將其起迄樁號及填挖之方數，造表四份，一報建設廳，一報公路局，一送該管縣政府，一．存段自查。

二．小段分定後，即由該管工程師會同該管縣政府，指派小段工隊長，負責督率所征到之工人分担各該小段之工作限期完成。

三．各小段施工期間，由該管縣政府每隔三日或五日，視其所做工程之概數，給發火食費，於每次還驗收給款登發給工欵時扣除。

四．各小段所作土方，由該管工程師按

其土質情形，妥定沉蝕折扣，每旬驗收約數一次，隨製驗收給款證，交各小段工隊長，持向該管縣政府領款，轉發工人具領；并將驗收土方約數，及塡款證所給款數，分別呈報通知及榜示。前項驗收給款證格式另訂之。

五·縣政府據送驗收給款證後，即照通知核對發款，隨將驗收給款證依照劃款手續備文呈送財廳清劃。

六·財政廳據呈送該項給款證後，即咨送建設廳核塡總收據，送達財廳，令准該縣劃撥。

七·該管工程師驗收各小段土方約數，塡發給款證。其所列逐次土方之總數，不得超過該小段原預算總數十分之八。其餘十分之二，應俟省廳派員總驗收足式時，方可補製憑證，將餘數發清。

八·總驗收於全工完竣後一個月開始，三個月內辦畢，逾期得由縣政府逕請將餘數找發。

九·各小段工程內，如雜有鬆石，應由該管工程師將約計方數，擬定單價，本案呈准公佈之。鬆石方驗收及給款辦法與土方同。

上項付款辦法，其末期付款，須俟省廳派員驗收足式時，再行補發一項，於事實頗難兼顧。因所隔日期太久，而各工人早經返里，欲逐戶補發，手續麻煩；兼以農民智識淺薄，且每人所得極微，故難免有中飽剋扣之弊，是層似應加以注意。如能改爲由工程處負責驗收，將工款一律發清，然後遣散，是於工人有益，未始非妥善之辦法也。

(四)兵工制：利用軍隊餘暇之時，建築公路，是爲最經濟之辦法。所惜歷年匪患與內戰頻繁，故鮮有實行者。前年因江西共匪盤踞，欲加進剿，非利用迅捷之軍運不可，因之公路之建築，突飛猛進。惟附近居民，早已十室九空，徵工之辦法不能行；而又以戰區危險，包商裹足不前，惟有責令軍隊修築，在炮火掩護之下，工作進展，收效宏著。安徽省之皖西六安葉家集一帶，亦曾採用兵工制，惟因時間及缺乏指導關係，以致工作之草率及不合規則者，在所難免。事後如加以妥善之修養，亦未始非築路之經濟捷徑也。茲將安徽省兵工築路獎勵辦法錄下：

茲爲鼓勵各師競賽修築道路起見，特規定每修築平地一里，賞洋一百五十元，山地一里，三百元。但路幅以兩汽車對開能通過，及沿路橋樑涵洞以就地臨時材料架設，其負荷量以能通過載重量汽車爲限。

(五)囚工制：囚犯之勒作勞工者，本爲法律之所規定，故移之築路，頗爲適當。安徽省曾擬行之，卒因法院擬定工價太高，每日每工需洋三角，而工作效率，殊難預料，故未採用。此制如應用於殖邊及墾荒，則最爲適合。將長期囚徒，組織工隊，施以相當訓練及嚴密之管理，則其工作率亦自可觀，較之囚犯於囹圄，實經濟多矣。竭盼司法當局之提倡採用焉！

北寧鐵路簡明行車時刻表 中華民國二十四年一月一日重訂

下行車

列車次數 \ 站別 開到時刻	北平前門開	豐台開	廊坊開	天津總站開	天津東站到	天津東站開	塘沽開	蘆台開	唐山到	唐山開	開平開	古冶開	灤縣開	昌黎開	北戴河開	秦皇島開	山海關到	山海關開	遼寧總站到
第四十一次 普通客車 中膳各等	五・四五	六・二〇	七・四〇	九・一六	九・二五	九・三五	一〇・三八	一一・四六	一二・四七	一二・五二	一三・〇六	一三・三九	一四・二九	一五・三二	一六・一六	一六・四三	一七・〇五	停	
第七十一次及七十五次 客貨混合三等慢車	六・〇〇	七・五五	一二・〇〇	一五・三三	一五・五〇	停		第七十五次	自唐山起	六・三〇	七・一〇	八・二五	一〇・一一	一二・三一	一四・二五	[illegible]	一六・一一	停	
第三次 特別快車 膳車各等	八・四五	九・一四		一一・二八	一一・三六	一一・五〇	一二・四七	一三・四五	一四・三九	一四・四二	一四・五三	一五・一七	一五・四九	一六・三一	一七・〇四	一七・二三	一七・四〇		
第二十三次 快車 膳車各等	一三・一五	一三・四七	一五・一二	一六・三〇	一六・三九	一六・五〇	一八・〇〇	一九・〇六	二〇・〇六	二〇・一〇	二〇・二一	二〇・四六	二一・三〇	二二・一〇	二二・四五	二三・〇七	二三・二五		
第三〇一次 平滬直達特別快車 膳臥各等	一五・〇五	一五・三六	一六・四〇	一七・五〇	一七・五九	一八・二〇	開往上海												
第五次 特別快車 膳車各等	一六・三〇			一九・〇七	一九・一五	停													
第三〇五次 平浦直達特別快車 膳臥各等	一八・五〇	一九・二〇	二〇・二六	二一・三九	二一・四八	二二・二〇	開往浦口												
第一次 平瀋特別快車 膳臥各等	二〇・一五	二〇・四七	二二・二六	二三・三六	二三・四五	二三・五五	一・〇一	二・七〇	三・一二	三・一五	三・三〇	四・三一	四・五三	五・五九	六・四七	七・一六	七・四〇	八・二〇	一六・四〇
第四〇一次 平瀋直達貨車及七十三次客貨混合三等慢車	二一・〇〇	二二・五五	一・三四	四・二〇	四・三七	六・五〇	九・四〇	一二・四〇	一五・四五	停									

上行車

列車次數 \ 站別 開到時刻	遼寧總站開	山海關到	山海關開	秦皇島開	北戴河開	昌黎開	灤縣開	古冶開	開平開	唐山到	唐山開	蘆台開	塘沽開	天津東站到	天津東站開	天津總站開	廊坊開	豐台開	北平前門到
第四十二次 普通客車 中膳各等			六・一〇	六・二五	六・五四	七・四〇	八・四五	九・四四	一〇・一〇	一〇・二三	一〇・三〇	一一・四一	一二・四[illegible]	一三・四六	一四・〇〇	一四・一八	一五・四三	一七・二一	一七・五五
第四次 特別快車 膳車各等			九・四五	一〇・〇四	一〇・二七	一〇・五八	一一・三九	一二・一八	一二・三五	一二・四五	一二・五〇	一三・四八	一四・四五	一五・四〇	一五・五五	一六・〇五		一八・一九	一八・四二
第七十六次及七十二次 客貨混合三等慢車			一〇・五〇	一二・〇〇	一二・五八	一四・四八	一七・五七	二〇・四〇	二一・四三	二二・〇五	停	第七十二次	自天津起		六・〇五	六・五九	一一・四五	一五・三八	一六・五〇
第二十四次 快車 膳車各等			一三・一五	一三・三五	一四・〇〇	一四・三七	一五・二二	一六・〇五	一六・二二	一六・三二	一六・三五	一七・四一	一八・四九	一九・四八	二〇・〇〇	二〇・一一	二一・[illegible]	二二・四四	二三・一五
第二次 瀋平特別快車 膳臥各等	一四・〇〇	二二・〇〇	二二・四〇	二三・〇九	二三・四二	〇・三一	一・三二	二・三〇	二・五五	三・〇九	三・一四	四・二五	五・二八	六・二五	六・三五	六・四六	八・〇五	九・一五	九・四五
第七十四次 客貨混合三等慢車及第四〇二次瀋平直達貨車											四・五〇	七・三八	一〇・〇九	一一・四五	一七・二〇	一八・二〇	二二・〇三	一・〇〇	二・〇五
第三〇六次 平浦直達特別快車 膳臥各等													由浦口開來	四・五〇	五・二〇	五・三〇	六・四三	七・四九	八・一九
第三〇二次 滬平直達特別快車 膳臥各等													由上海開來	七・〇五	七・三〇	七・四〇	八・五〇	九・五四	一〇・二四
第六次 特別快車 膳車各等															九・〇五	九・一五		一一・二三	一一・五〇

隴海鐵路簡明客車時刻表

民國二十三年九月一日實行

向西上行車

站名＼車次	1 特快	3 特快	5 特快	71 混合	73 混合	75 混合	77 混合	79 混合
孫家山							9.15	
墟溝			10.05				9.30	
大浦				71.15				
海州			11.51	8.06				
徐州	12.40		19.39	17.25	10.10			
商邱	16.55				15.49			
開封	21.05	15.20			21.46	7.30		
鄭州	23.30	17.26			1.18	9.50		
洛陽東	3.49	22.03			7.35			
陝州	9.33				15.16			
潼關	12.53				20.15			7.00
渭南								11.40

向東下行車

站名＼車次	2 特快	4 特快	6 特快	72 混合	74 混合	76 混合	78 混合	80 混合
渭南								14.20
潼關	6.40				10.25			19.00
陝州	9.52				14.59			
洛陽東	15.51	7.42			23.00			
鄭州	20.15	12.20			6.10	15.50		
開封	23.05	14.35			8.34	18.15		
商邱	3.31				14.03			
徐州	8.10		8.40	10.31	20.10			
海州			16.01	19.48				
大浦				21.00				
墟溝			18.10				18.45	
孫家山							19.05	

膠濟鐵路行車時刻表 民國二十三年七月一日改訂實行

下行列車

站名	到開	二十一次客貨等	三十一次客貨等	十一次二三頭等	十三次二三等	一次客貨頭等
青島	開	7.00	11.30	15.00		21.40
大港	開	7.11	11.41	15.11		21.51
四方	開	7.20	11.50	15.20		22.00
滄口	開	7.36	12.06	15.38		22.16
女姑口	開	7.48	12.18	15.51		不停
城陽	開	7.57	12.27	16.01		22.34
南泉	開	8.13	12.43	16.18		不停
藍村	開	8.27	12.58	16.36		23.01
李哥莊	開	8.36	不停	16.45		不停
膠東	開	8.48	不停	16.58		不停
膠州	到	9.00	13.25	17.11		23.28
膠州	開	9.03	13.27	17.24		23.40
芝蘭莊	開	9.19	13.44	17.32		不停
姚哥莊	開	9.28	不停	17.42		不停
高密	到	9.39	14.01	17.51		0.01
高密	開	9.50	14.13	18.03		0.12
蔡家莊	開	10.0	不停	18.16		不停
[illegible]家莊	開	10.[illegible]	14.32	18.28		不停
塔耳堡	開	10.25	14.42	18.39		不停
丈嶺	開	10.35	14.53	18.53		不停
岞山	開	10.53	15.12	19.03		1.02
黃旗堡	開	11.01	15.21	19.23		不停
南流	開	11.09	不停	19.31		1.16
蛤蟆屯	開	11.24	15.41	19.48		不停
坊子	到	11.37	15.54	20.03		1.41
坊子	開	11.53	16.08	20.11	6.20	1.46
二十里堡	開	12.04	16.20	20.26	6.34	不停
濰縣	到	12.21	16.28	20.55	6.44	2.08
濰縣	開	12.29	16.30		6.46	2.16
大圩河	開	12.40	不停		7.03	不停
朱劉店	開	12.53	16.53		7.17	2.40
昌樂	開	13.05	17.06		7.33	2.54
堯溝	開	13.17	17.18		7.46	不停
譚家坊子	開	13.28	17.30		8.00	不停
楊家莊	開	13.43	17.41		8.14	不停
青州	到	13.46	17.56		8.23	3.34
青州	開	14.08	18.00		8.50	3.46
普通	開	14.21	不停		9.01	不停
淄河店	開	14.38	18.19		9.17	不停
金嶺鎮	開	14.48	18.36		9.34	不停
辛店	開	14.57	18.50		9.43	4.10
湖田	開	15.11	18.59		9.55	不停
張店	到	15.22	19.08		10.10	4.39
張店	開	15.40	不停		10.20	4.46
馬尙	開	15.53	19.23		10.47	不停
周村	到	16.09	19.46		11.13	5.12
周村	開	16.29	不停		11.38	5.15
大臨池	開	16.44	不停		12.05	不停
王村	開	16.54	20.24		12.18	不停
普集	開	17.08	20.39		12.35	不停
明水	開	17.23	21.00		12.53	6.12
棗園莊	開	17.34	21.13		13.05	不停
龍山	開	17.47	21.30		13.23	不停
郭店	開	17.55	21.41		13.39	不停
王舍人莊	開	17.47	21.55		13.53	不停
黃臺	開	17.55	22.07		13.29	7.03
北關	開	[illegible]	[illegible]		[illegible]	7.10
濟南	到	18.00	22.13		13.55	7.20

上行列車

站名	到開	二十二次客貨等	十四次二三等	十二次客貨等	三十二次二三等	二次客貨等
濟南	開	7.00		11.40	14.40	22.0
北關	開	7.09		11.47	14.47	22.08
黃臺	開	7.16		11.54	14.55	22.15
王舍人莊	開	7.30		12.08	15.10	不停
郭店	開	7.43		12.20	15.23	不停
龍山	開	7.57		12.39	15.39	22.48
棗園莊	開	8.13		12.52	15.55	23.03
明水	開	8.24		13.03	16.07	不停
普集	開	8.41		13.20	16.30	23.26
王村	開	8.51		13.32	16.34	不停
大臨池	開	9.04		不停	16.54	不停
周村	到	9.20		13.56	17.13	0.01
周村	開	9.25		14.09	17.16	0.04
馬尙	開	9.40		不停	17.35	不停
張店	到	9.48		14.21	17.45	0.26
張店	開	10.04		14.46	17.58	0.41
湖田	開	10.15		14.49	18.12	不停
金嶺鎮	開	10.24		14.58	18.21	不停
辛店	開	10.36		15.12	18.37	1.10
淄河店	開	10.51		15.25	18.51	不停
普通	開	11.01		不停	19.05	不停
青州	到	11.13		15.44	19.16	1.39
青州	開	11.18		15.54	19.29	1.41
楊家莊	開	11.31		16.03	19.35	不停
譚家坊子	開	11.43		16.15	19.46	不停
堯溝	開	11.54		16.25	19.59	不停
昌樂	開	12.08		16.37	20.12	2.23
朱劉店	開	12.19		16.51	20.16	2.29
大圩河	開	12.30		17.01	20.37	不停
濰縣	到	12.43		17.15	20.50	2.56
濰縣	開	12.54	7.00	17.16	20.54	3.01
二十里堡	開	13.06	7.10	17.25	21.04	3.10
坊子	到	13.21	7.23	17.37	21.17	3.23
坊子	開	13.36	7.37	17.51		3.37
蛤蟆屯	開	13.50	7.54	18.06		3.53
南流	開	14.07	8.09	不停		不停
黃旗堡	開	14.27	8.17	18.24		不停
岞山	開	14.08	8.29	18.35		4.16
丈嶺	開	14.26	8.46	18.44		不停
塔耳堡	開	14.43	8.56	19.03		不停
蔡家莊	開	14.51	9.06	19.12		不停
[illegible]家莊	開	15.01	9.20	不停		不停
高密	到	15.12	9.31	19.42		5.05
高密	開	15.24	9.44	19.43		5.24
姚哥莊	開	15.37	9.56	不停		不停
芝蘭莊	開	15.45	10.05	20.05		不停
膠州	到	16.01	10.23	20.17		5.47
膠州	開	16.04	10.26	20.19		5.49
膠東	開	16.16	10.39	不停		不停
李哥莊	開	16.27	10.51	不停		不停
藍村	開	16.37	11.01	20.46		6.15
南泉	開	16.50	11.15	20.59		不停
城陽	開	17.08	11.34	21.15		6.31
女姑口	開	17.17	11.44	21.23		不停
滄口	開	17.29	12.07	21.36		6.49
四方	開	17.45	12.25	21.51		7.09
大港	開	17.55	12.35	22.01		7.20
青島	到	18.00	12.40	22.05		7.25

18208

第十卷第三號

目錄

中國工程師學會會務消息

◉第十八次執行部會議紀錄

日　期　二十四年五月十六日
地　點　上海南京路大陸商場五樓本會所
出席者　徐佩璜　惲　震　裘燮鈞　張孝基　鄒恩泳
列席者　張延祥
主　席　徐佩璜　　紀錄　鄒恩泳
報告事項
主席報告
(一)重慶分會選出新職員如下
　　會長　盛紹章　　副會長　傅友周
　　書記　羅瑞棻　　會　計　陸邦興
(二)本年各學術團體聯合年會籌備委員會已於五月四日下午四時在中國科學社開第一次會議(會議紀錄附後)

「五學術團體聯合年會籌備委員會第一次會議紀錄

日　期　二十四年五月四日下午四時
地　點　上海亞爾培路五三三號中國科學社
出席者　裘燮鈞(中國工程師學會)
　　　　鄒恩泳(中國工程師學會)
　　　　錢崇澍(中國植物學會)
　　　　劉　咸(中國動物學會)
　　　　楊孝述(中國科學社)
　　　　盧于道(中國動物學會)
　　　　方子衛(中國科學社)
　　　　何炳松(中國地理學會)
公推主席　楊孝述　　紀錄　鄒恩泳
報告事項
主席報告　各學術團體定於本年在廣西南寧舉行聯合年會者有今日出席四學會及中國科學社。中國物理學會本年已定在青島開會希望明年能參加。中國化學會能否參加尚未來函決定。故目前祇有五個團體可以聯合舉行年會。本籌備委員會工作以年會開幕以前爲重要。關於各種共同準備事項，今日可先將若干問題提出討論。

討論事項
1.聯合年會名稱問題
　議決　定名爲「五學術團體聯合年會」五團體名稱次序，依照第三字筆劃多少排列如下
　　中國工程師學會
　　中國地理學會
　　中國科學社
　　中國動物學會
　　中國植物學會
2.聯合年會日期問題
　議決　在八月初旬，詳確日期，俟調查船期後下次會議決定。
3.聯合年會程序問題
　議決　先定原則如下
　(1)　屬於聯合籌備者爲　開幕典禮　年會宴會　公開演講　參觀遊覽
　　　屬於各團體分別籌備者爲社提案及會務
　　　屬於各學會與中國科學社之工程動植地各股合作者爲論文宣讀
　(2)　開幕典禮開會一次聯合舉行
　　　提案及社會務開會四次，分別舉行。爲兼爲數會會員者之便利起見，中國科學社單獨時間開會兩次，其餘四團體在同一時間各開會兩次。專門性之論文宣讀開會二次同時視論文性質分別舉行
　　　普遍性之論文宣讀開會一次聯合舉行
　(3)　開會四天每天二次

18211

參觀及遊覽二天聯合舉行
中午宴會一概婉謝
五團體共同年會宴會一次

4.聯合年會經費問題
議決
(1) 參加聯合年會各會員，每人繳納年會費五元，不因兼為數會會員關係，而重複繳費。
(2) 聯合年會收支統合計算。如支出不敷時分作七股由五團體分攤。中國工程師學會與中國科學社各攤二股，其餘團體各攤一股。
(3 參加會員得帶眷屬以一人為限。其他來賓以年會所邀請者為限。

5.五團體應推定聯合年會職員問題
議決 五團體應各推出年會主席團一人，演講委員會委員一人，主持公開演講，會程委員會委員一人，會擬全會詳細程序。

6.本籌備委員會常務委員問題
議決 推定楊孝述，鄒恩泳，劉 咸，方子衞，為常務委員楊孝述為主席，鄒恩泳為紀錄書記，劉 咸為通訊書記，方子衞担任交通事宜，並以中國科學社為常務委員辦公地點。

7.五團體合推馬君武，馬名海二先生為聯合年會籌備委員，廣西省政府黃主席為年會名譽會長。

8 其他應辦事項俟下次開會再議，開會日期由主席酌定，

楊孝述」

(三)南甯分會現在組織中惟章程及職員姓名尚未報會

(四)關於請由各分會編輯全國建設報告書案經復到者有下列三分會
(1) 北平分會與 屏 任綏遠部分
曾世英 任甘肅部分
毛紀民 任察哈爾部分
陶履敦 任北平部分
卓宏謀 任外蒙古部分
楊豹靈 任河北部分
(2) 梧州分會以對於滇省建設情形素未深知除廣西區域由該分會擔任外所有雲南區域請本會另選他分會担任
(3) 南京分會函請由總會以公文函請各部及市政府各自編輯送會

(五)本會材料試驗所捐款截至本日止認捐數為3818元認募數為720 元已捐到數會為636元

惲副會長報告
南京各學術團體聯合會所已有十八個團體願加入組織關於地基問題地畝共計八畝四分原地價內十分之四係南京市政府所付十分之六係地主旗人所付現市府將此地撥給聯合學會其十分之四地價固可作為捐贈而十分之六部分尚須聯合學會籌償估計須償給二千七百餘元關於房屋經費正在設法籌措

討論事項
(一)初級會員王仁棟二徐躬耕，龔廳曾三人現已升請為仲會員請本會出具技師登記證明書可否先行發給案
議決 准予先行發給

(二)已發給范壽康，王 進，范鳳源，李開第，胡嵩嵒，曾竹銘，王龍黼等七人技師登記證明書請追認案
議決 准予追認

(三)本會應推定聯合年會主席團一人演講委員一人會程委員一人案
議決 先推定本會會長徐佩璜加入主席團其餘兩委員待就報名參加年會之會員中推定之

(四)關於担任編輯雲南省建設報告案
議決 請本會會員東陸大學教授趙家通君担任

(五)關於南京各部會及市政府建設報告編輯案
議決 請南京分會推定本會會員之在各部會及市政府任職者擔任編輯尤須注意本會所擬編輯辦法之規定

(六)南甯分會亟欲從早成立所有新會員資格經審查後俟下屆董事部會議取決時間恐太晚應如何處置案
議決 新會員資格經審查後即通函各董事取決以期迅速

工程週刊

(內政部登記證警字788號)

中國工程師學會發行

上海南京路大陸商場542號

電話：92582

(稿件請逕寄上海本會會所)

中華民國24年7月1日出版

第4卷第14期(總號92)

中華郵政特准掛號認為新聞紙類

(第1831號執據)

本期要目

定報價目：每期二分；每週一期，全年連郵費國內一元，國外三元六角。

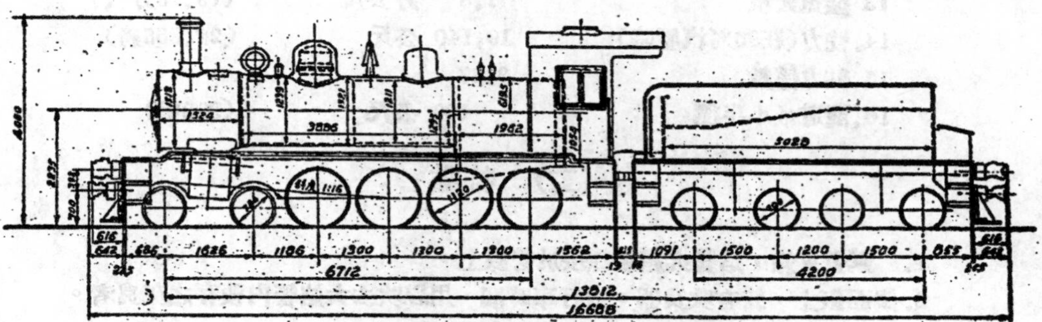

浙贛鉄路新機車(401號4-8-0式)圖

浙贛鐵路新機車

陸增祺

浙贛鐵路於民國二十二年底通車至玉山後，運輸漸忙。所有機車15輛不敷調度，意料中事。去年向英國Hunslet機車製造廠訂購新機車4輛，業於本年三月間，運到杭州。由該路機廠自行裝配行駛矣。茲將此項機車主要尺寸及特點，約略介紹，以資參考。

(一) 主要尺寸

1.軌距	1,435公厘		(4′—8½″)
2.汽缸直徑	410公厘		(16″)
3.轆轤程	550公厘		(21⅔″)
4.汽壓	14.466	公斤/方公分	(205.76#/。″)
5.動輪負重	33.22	公噸	(32.70噸)
6.煤水車約重	32.29	公噸	(31.78噸)
7.水櫃容量	12.00	公噸	(11.81噸)
8.煤庫容量	4.00	公噸	(3.94噸)
9.受熱面	80.92	方公尺	(870.90方呎)
10.過熱面	34.93	方公尺	(376.00方呎)
11.受熱面總計	115.85	方公尺	(1,246.90方呎)
12.鍋胴內徑	1,183	公厘	(3′—10½″)
13 爐篦面積	1.8	方公尺	(19.40方呎)
14.輓力(在85%汽壓時)	10,140	公斤	(22,355磅)
15.黏力係數	3.27		
16.灣道最小半徑	100	公尺	(328呎)

(二) 特點

1. 鋼質火箱，焰管火箱端銲接於管鈑上。
2. 鍋面鈑上，裝有吹炱器。於行車時間，用以吹去大焰管內積存之灰炱者。
3. 水表為 Nathan 式。每具附有測水塞門三只。
4. 火箱裝有大小爐門。
5. 洗爐堵用 Housley』式。
6. 汽閥為『Nicolai』式。
7. 總汽門為多閥式，裝在過熱聚汽箱內。
8. 總管汽座(Turret)分過熱與飽和二汽室。
9. 風泵，吹風，及吹炱器，均用過熱蒸汽。
10. 搖聯桿套筒為(Floating)式。
11. 除汽鞲及汽缸外，其他部份改用脂油潤。
12. 採用防炭化器(Anticarbonizer)。
13. 汽渦發電機為5基羅瓦特直電流式。
14. 機車前端及煤水車後端，各裝大號及3/4號 Visco 式輓鈎二具。
15. 拉桿為式 Goodall Articulated 。
16. 煤水車軸箱為屏水式(Isothermos Axlebox.)。

土方計算圖解法

李子庶

土方計算之法甚多，有用代數法者，有用表解法者，有用圖解法者，惟其中以圖解法較為簡捷，而圖解法之中，又以諾模圖解法（Nomograph 為尤便，

在土方計算之中，有變數三：路基寬度一也，塡切高度二也，土方體積三也。以此三者，製三尺度或直線式，或曲線式，皆按三數值變化時，使其相當之三數值，均同在一直線之上。如是，就所知之任何二數之値，用一直線聯接之，令其相交於第三尺度，即得第三數之値，無須計算，故此種諾模圖解法，甚為簡捷，而較之縱橫坐標圖解法，尤為清晰，

設 W＝路基寬度（公尺）；

H＝塡切高度（公尺）；

V＝每公里塡切土方數（公方）；

A＝塡切橫斷面面積（平公）；

邊坡：塡土$1\frac{1}{2}$：1；切土1：1；

切土邊溝：溝深0・3公尺；溝底寬0・3公尺；及塡土沉降度：10％

（A）塡土：

$$\because A=(2W+3\times1.1H)\times\tfrac{1}{2}\times1.1H$$

$$=1.1WH+1.815H^2$$

$$\therefore V=1000(1.1WH+1.815H^2)$$

$$=1100WH+1815H^2$$

i.e. $$-0.606W\left(\frac{1}{H}\right)+0.00055V\left(\frac{1}{H}\right)^2=1 \cdots\cdots\cdots(1)$$

（B）切土：

$$\because A=(2W+3.6+2H)\times\frac{H}{2}+0.36$$

$$=WH+1.8H+H^2+0.36$$

$$\therefore V=1000(WH+1.8H+H^2+0.36)$$

$$=(1000W+1800)H+1000H^2+360.$$

i.e. $$-\left(\frac{1000W+1800}{1000}\right)\left(\frac{1}{H}\right)+\left(\frac{V-360}{1000}\right)\left(\frac{1}{H}\right)^2=1 \cdots\cdots\cdots(2)$$

由上(1)及(2)二式，用諾模圖法，求得土方計算圖解法（如第四頁附圖）

整理福州路燈芻議

朱謙然擬　鮑國寶校

1.敍言　福州城廂內外之路燈根據公安局歷次與福州電汽公司所訂之契約計數為4,377盞，但事實上私拉之路燈甚多，以各方無正確之紀錄，及正式路燈無號誌，對於私拉之路燈不易取締。故本市路燈事實上約在5,000盞左右。

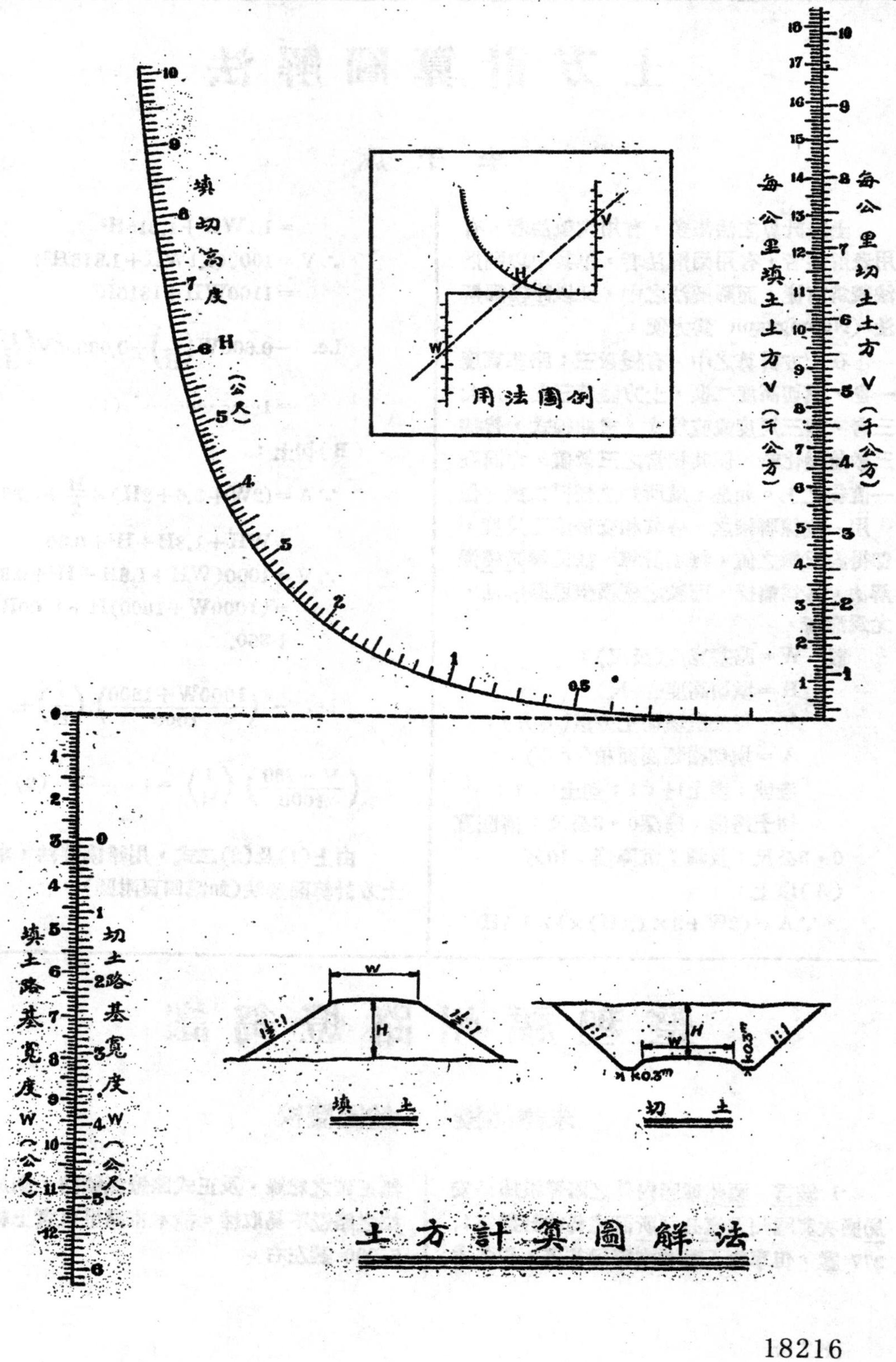
填切高度H(公尺)
每公里切土土方V(千公方)
每公里填土土方V(千公方)
用法圖例
填土路基寬度W(公尺)
切土路基寬度W(公尺)
填土
切土

土方計算圖解法

公安局前與電汽公司所訂之契約規定：(1)新路燈由局購料，由公司裝設；(2)已有路燈如有損壞由局出材料，由公司修理；(3)已有路燈之電費及包換燈泡費由公安局付給。但以局方無技術人員負責此事，致新添路燈無整個計劃，材料太半不合法規，而電費等則局長一有更動，常有數個月不能收取，卽能收到時亦須扣去電桿捐繳收費貼水紙張費等，每月約在 1,500 元左右。故依照契約，電汽公司應得電費$2972.60,而事實上祗能收到一千三百餘元，再須除去每月添換燈泡約 00餘元，修理工費250元，故結果只收到電費 700 元左右。若公安局某月收不足額時，尚須在此數中扣去。查公司每月供給路燈用電以每盞15W每夜用12小時計算，應用電 15×12×30×5000÷1000=27,000度。以供電=27,000 度而共只收到電費 700 元，每度合電價二分六厘。查建設委員會頒佈之電汽事業取締條例規定，路燈電費不得低於普通用戶電燈價之半，而福州電汽公司之路燈費只收到普通電價之十分之一，實與條例不符，該公司亦受虧殊甚。

向住戶征收路燈費現由公安局負責，詳細情形未明瞭，故本文不論及。

有五千餘盞路燈之城市而無整個計劃，以致新路燈無從擴充，已有之路燈破損不堪，將至修無可修，若不予以整理，負市政之責者，對此事之應急起直追，固分內之事也。

本文在討論管理路燈機關之應如何組織以統一事權，路燈制度之如何規定使成合理化，電費修理費擴充費之如何規定，使供電者有所償，及各種費用之如何征收，使款項之有着。

本文憑一己之觀察及各方參考而繕成，不妥之處定多，尚望讀者糾正。

2.路燈管理機關　路燈管理機關各地不同，南京在市府內設路燈委員會，市府工務局，建設委員會，首都警察廳，及首都電廠各派一員組織之。上海則由公用局之路燈管理處管理之。杭州則在市府設路燈管理處。鎮江則由區公所負責。各處管理機關之各別係各地情形之不同，大概均集路燈設計實施供電及征費之各關係法人於一處而組織之，以利事務之進行。

福州市路燈之設計似應屬於建設廳及工務處，實施與供電屬於福州電汽公司，給費之征收屬於公安局，故福州市之路燈管理機關，似以集合以上機關組織一委員會以管理之最爲適宜。因如由工務處單獨管理，恐對於征收經費發生困難；公安局單獨負責，則恐對於技術方面不大注意。電汽公司非行政機關，不應單獨負責，建設廳地位較高，委員會內如有糾紛易於調處。故委員會內建設廳似有加入之必要。

福州路燈委員會（直屬建設廳）
- 建設廳派一人　爲當然主任委員
- 公安局派二人　爲委員
- 工務處派二人　爲委員
- 福州電汽公司派二人　爲委員

路燈委員會雖爲委員制，但事務方面可依照實際情形由各機關分別負責：如路燈之設計爲工務處之事；經費之征收，修理之報告，爲公安局之事；裝設與修理之實施，及電流之供給，爲電汽公司之事。但重大事宜須經委員會之議決方可實施：如設計方案應經委員會之通過，征得之經費應繳交委員會再予支配，裝設及修理工程應經委員會之監督。

路燈委員會之職權約言之：(一)新路燈之擴充，(二)已有路燈之改進，(三)已有路燈之修理，(四)經費之征收與支配。

各委員均爲義務職，委員會如須僱用書記人員，可就建設廳工務處或公安局內派員兼任之，以節省經費。

3.路燈制度　已有之路燈情形甚爲複雜

，光度太微，且開關衆多，控制困難，開閉時間不能一律。制度甚多或係 220V 横列式，或係110V横列式，亦有 24V 直列式者。茲節所論路燈制度，概不顧及現有路燈，而另建議稍稱合理之制度，待此制度決定後，再就經濟能力將舊有路燈漸予改良。

各國城市路燈制度，係依照街道情形，規定最低光尺標準。我國經濟落伍，各國之規定無從應用。無已，特參考本國各地辦法，及福州經濟情形，酌予規定，並分別計算最小之光尺。

本制度完全以經濟合用爲原則。故均就堅固耐久着想，其美觀一層，待日後經濟充裕後再談。

路燈制度均爲横列式，依照街道分等如下：

(一)主要街道 (街道寬度在 9 公尺以上者)
用最簡單之 2.7 公尺長燈架，75W燈泡，離地5.2公尺，每根桿裝一盞。

(二)次要街道（街道寬度在 3 公尺以下，4.5公尺以上者)
用最簡單之 1.8 公尺長燈架，40W燈泡，離地5.2公尺，每根桿裝一盞。

(三)小街 街道寬度在4.5公尺以下者)
用最簡單之 0.9 公尺長燈架，20W燈泡，離地5.2公尺，每根桿裝一盞。

(四)僻巷
用最簡單之 0.9 公尺長燈架，15W燈泡離地 5.2 公尺，每根桿裝一盞。

以上指已有之街道而言，因已有之街道對棚燈交叉燈均無法裝置。故祗就一邊裝法規定，日後開新路時，可另規定其他式樣。

轉角處及特殊情形時，光度可酌量增高燈架可另行設計。

路燈用高低壓綫須另外放掛，以便控制及管理，並不受其他普通綫路之影響，俾普通綫路發生障礙時，路燈仍可光明，以便行人，而利治安。

茲再分別綫路燈架及光度三段詳細討論如下，並先假定五年之內路燈總數應爲6000盞：

(甲)綫路 6,000盞路燈之總負荷約計6000×40÷1000＝240KW。

綫路總損失假定爲30%，則高壓綫之總負荷應爲 $240\times\frac{100}{70}=346$ 約360KW。

高壓綫概用單相綫以控制路燈，將全市路燈平均分爲三區，每區以一相供電，且使三相之負荷大約平均，則每相即每綫所負之負荷爲360÷3＝120KW。

但事實上應爲城區綫約150KW，
橋北 130KW，
橋南 80KW，

城區高壓6600V總綫約長 4,900 公尺可用#6S.W.G.銅綫。

城區高壓6600V支綫約共長 18,300公尺可分八路每路約20KW,可用# 10S.W.G.銅綫

橋北區高壓6600V，總綫約長2400公尺可用#8.S.W.G銅綫

橋北區高壓6600V,支綫約共長15,000 公尺，可分六路，每路約25KW可用 # 10S.W G.銅綫

橋南區高壓6600V,總綫約長 3,050公尺可用# 8 S.W.G.銅綫

橋南橋高壓6600V,支綫約共長12,000公尺，可分四路，每路20K.W.可用10#S.W.G.銅綫

變壓器假定均用5KW或間用3KW約共需60隻

220V 低壓綫，如桿上原有中綫，則祗用一綫，否則用兩綫計算時，以一綫加30%。

電桿分配約計表

區別 街道	城 域	橋 北	橋 南	總 計
主要街道	500	400	200	1100
次要街道	600	500	300	1400
小街	600	600	400	1600
僻巷	700	700	500	1900
共計	2400	2200	1400	6000

故220V低壓方面綫路約需如下：

75W路燈1100盞，每盞距離30公尺，則用 #8 S.W.G. 銅綫約45 700公尺。

40W路燈1400盞每盞距離30公尺，則用 #8 S.W.G. 銅綫約53,000公尺。

25W及15W路燈3500盞，每盞距離30公尺，則用 #12 S.W.G. 銅綫約 137,000 公尺。

約計綫路方面應需材料如下：

(1)	#6 S.W.G.銅綫	4,900公尺約重 773公斤
(2)	#8	51,200 „ „ „ „ 5920 „ „
(3)	#10	103,600 „ „ „ „ 7660 „ „
(4)	#12	137,000 „ „ „ „ 6740 „ „
		總重 21093 磅
(5)	5 KVA變壓器	60 只
(6)	高壓磁子	1900 只
(7)	低壓磁子	8000 只
(8)	橫担及附屬品	6000 只

(乙) 燈架 燈架不求美觀，擬照第一圖式樣：共詳細情形尺寸即照福州電汽公司現有者，本文不贅。

燈架應需數量如下

2.7公尺長者每架$3.20，加燈罩$4.50，燈泡$1.00，燈頭$0.50，保險絲及接戶綫0.80，共每燈計10.00元，總計約需1100只。

1.8公尺長者每架$2.60，加燈罩$2.60，燈泡$0.50，燈頭$0.50，保險絲及接戶綫$.080，共每燈計洋7.00元，總計約需1400只。

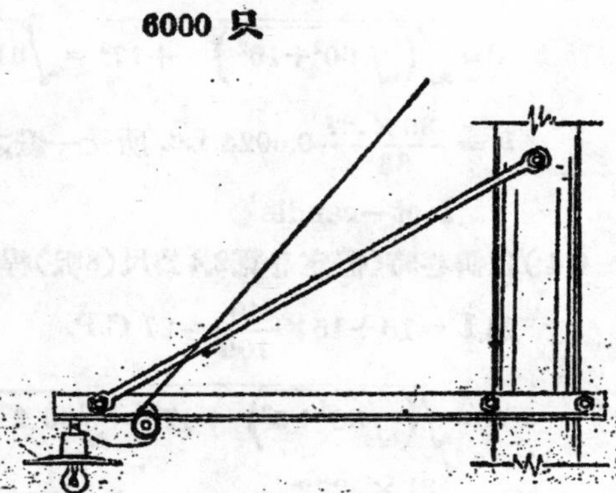

第一圖

0.9公尺長者每架$1.80，加燈罩$1.20，燈泡$0.35，燈頭$0.35，保險絲及接戶綫$0.80，共每燈計洋4.50元,總計約需350只。

原有路燈之殘值甚微,在更改時,可不必計入。

(丙) 光度 根據 Lambert's formula $E=\frac{I\cos\theta}{d^2}$ 之最簡單方法計算離燈最遠處之光度如下:

(1)在主要街道時(假定街寬15公尺(60呎)桿離街邊 1.5 公尺(5呎)燈罩效率爲70%):

則 $I = 80C.P. + 80\times\frac{70}{100} = 136\ C.P.$

$d=\sqrt{\left(\sqrt{60^2+37^2}\right)^2+17^2}=72$呎

$\cos\theta=0.236$

$E=\frac{136\times .236}{72^2}=0.0061$ f.c. foot-candle 所受一燈之光度最遠處所受總光度$=0.0061\times2=0.0122$ foot candle

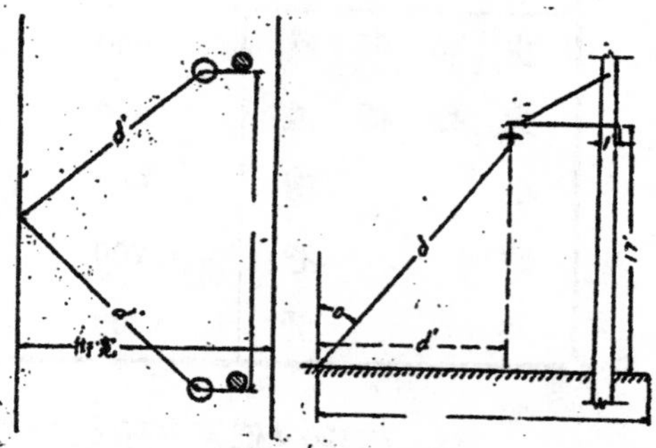

第二圖

(2)在次要街道時(假定街寬 8.8 公尺 (29呎) 桿離街邊 1.2 公尺 (4 呎) 燈罩效率50%)

則 $I=40+40\frac{50}{100}=60\ C.P.$

$d=\sqrt{\left(\sqrt{60^2+20^2}\right)^2+17^2}=\sqrt{63^2+17^2}=65$呎 $\cos\theta=0.261$

$E=\frac{6\ \times 261}{65^2}=0.0037$ f.c. 所受一燈之光度,最遠處所受總光度 $=0.0037\times2=0.0074$ foot candle

(3)在小街時(假定街寬4.2公尺(14呎)桿離街邊.6公尺(2呎)燈罩效率爲40%)

則 $I=25+25\times\frac{40}{100}=35\ C.P.$

$d=\sqrt{\left(\sqrt{60^2+10^2}\right)^2+17^2}=\sqrt{61^2+17^2=63'}$ $\cos\theta=\frac{17}{63}=0.27$

$E=\frac{35\times .27}{63^2}$ 0.0024 f.c. 所受一燈之光度最遠處所受總光度$=0.0024\times2=0.0048$ foot—candle

(4)在僻巷時(假定巷寬2.4公尺(8呎)桿離街邊.3公尺(1呎)燈罩效率爲40%)

則 $I=15+15\times\frac{40}{100}=21\ C.P.$

$d=\sqrt{\left(\sqrt{60^2+5^2}\right)+17^2}=\sqrt{60.2^2+17^2}=62.5'$ $\cos\theta=\frac{17}{62.5}=0.272$

$E=\frac{21\times .272}{(62.5)^2}=0.0015$ f.c. 所受一燈之光度最遠處所受總光度 $=0.0015\times2=0.003$ foot candle

所得光度雖遠不及各國規定各等道路需要之光度，惟事實上卽以上之光度尙能勉强應付。

實際最遠處所得之光度不只此數，因路傍障礙物之反射等，以上均未算入也。

4.路燈費用

(甲)裝置費 假定將上之6,000盞路燈一次裝竣則應需裝置費如下

(1)電綫費每磅$0.50約47000磅×0.50		=23,500元
(2)變壓器 5KVA 每只價約250元則60×250		=15,000元
(3)高壓碍子 @$1.50則1900×1.50		= 2,850元
(4)低壓碍子 @$0.30則8000×0.30		= 2,400元
(5)橫担及附屬品約 @$1.00則6000×1.00		= 6,000元
(6)2.7公尺路燈	1100×$10.00	=11,000元
(7)1.8公尺路燈	1400×$ 7.00	= 9,800元
(8) .9公尺路燈	3500×$ 4.50	=15,750元
(9)放綫工資及其他每盞1.00則6000×1.00		= 6,000元
(10)裝燈工資及其他0.30則6000×$0.30		= 1,800元
總　計		94,100元

約總計需銀九萬伍千元，平均扯每燈需銀$15.80。

(乙)維持費 以下討論均以一個月爲標準

(1)事務費 事務費以最節省計，如征收員及書記之律貼，工役之工資，文具印刷雜費等，每月約計600元。

(2)電費 電費假定依照法令以普通電價之五折計算：

則15^W^應收電價15^W^×12時×30÷1000×0.12=0.645應定爲	$ 0.65
25^W^應收電價25×12時×30÷1000×0.12=1.08應定爲	1.10
40^W^應收電價40×12時×30÷1000×0.12=1.728應定爲	1.80
50^W^應收電價50×12時×30÷1000×0.12=2.16應定爲	2.20
75^W^應收電價75×12時×30÷1000×0.12=3.24應定爲	3.30
100^W^應收電價100×12時×30÷1000×0.12=4.32應定爲	4.40

則(甲)依照現在公安局應電汽公司所訂契約之盞光數計算應付電費如下：

10光或15^W^燈4316盞		4316×0.65=	$ 2805.40
50^W^燈	51	51×2.20=	112.20
100^W^燈	100	100×4.40=	440.00
		總計=	$3317.60

(乙)在6000盞路燈完全照本文之路燈制度裝置後之應付電費如下：

75^W^燈 1100 盞	1100×3.30=	3630.00
40^W^燈 1400 盞	1400×1.80=	2520.00
25^W^燈 1600 盞	1600×1.10=	1760.00

15ᵂ燈 1900 盞……………………1900× .65＝ 1236.00

總計＝ $9145.00

至在任何改良路燈階段中之電費，在(甲)(乙)兩段中間須視改良燈數若干實際計算之。

(3)修理費

(A)依照現有路燈根據電汽公司之統計平均數計

(甲)調換燈泡費(每月約換1400只 @0.35)…1400×0.35＝490.00

(乙)修理材料及工資約……………………250.00

總計＝ $740.00

(B)在6,000盞路燈完全照本制度改裝後則

(甲)調換燈泡費(普通假定每月個換全燈數之15%

@0.45則應為$6000\times\frac{15}{100}\times0.45=405.00$

(乙)修理材料及工費(工匠10名 @20.00共200.00 修理材料計款約200.00) 400.00

總計＝ $805.00

(甲)與(乙)之金額相差不多故可假定在任何改良路燈階段中修理費均可假定為每月800圓

是以每月維持費最少為(1)＋(2)(甲)＋(3)(甲)＝4657.00最多為(1)＋(2)(乙)＋(3)(乙)＝10550.00

在任何改良路燈階段中之維持費均在以上兩數之間

5. 經費之征收與支配

征收之經費其最少金額應為維持費之最大金額時。根據上節之討論，知最大之維持費在路燈完全改良後，應月需洋10550.00。故本節討論時先假定征收之經費為$11,000.00。俾在整理之初，除付維持費外，可獲款以付裝置費，使路燈得逐漸改良。待改良告竣後，亦足以付維持費而有餘。玆即根據此義以量出為入法，先討論經費之征收，再依收入金額討論經費之支配。

(子)經費之征收現在本公安局征收路燈捐之情形不大明瞭，惟知征收金額分為三等；計一等自六角至一元一角，二角五分至五角，三等自二分至二角。各等戶數有若干能各收得若干金額，均無從調查。無已祇能根據二十二年公安局印刷之戶口統計及各大城市之戶口分類統計等，規定應征收之路燈費分等表如下；

征收路燈經費以依照全市居民及其經濟狀況分等征收最為合理，本節即照此原則擬定。

總計戶口計67,000,打一七五折，約可得能收路費燈之戶約五萬餘戶。玆將此五萬戶分等如下表：

18222

等級	說明	約計戶數	每月征收路燈費金額	
			每戶	共計
1	特別大商場	500	2.00	1000元
2.	一等商店及大機關	2000	1.50	3000
3	二等商店次等機關	3000	1.00	3000
4	三等商店社團等住宅	5000	0.50	2500
5	合開小商店二等住宅	10000	0.25	2500
6	三等住宅	15000	0.10	1500
7	全住三等住宅	15000	0.05	750
	草屋小販免收	總計50500宅		合計14,250元

此假定之征收總金額打一八折約可得理想中之11,000元

(B)經費之支配　假定每月能收到 11000元，茲再討論如何支配。根據裝置費每盞應扯$15.80，每月收到之 11,000元中除去上月維持費後外之餘款以 15.80除之卽爲該月可改裝之路燈數。

又最多維持費減去最少維持費，再用6000除之，卽得多改路燈一盞後之應增維持費，計爲(10555－4657)÷6000＝$ 0.98。

茲卽根據以上說明列支配表如下：

逐月經費支配表

月份	經費總額	應付維持費	餘額	可改路燈盞數	
				本月	累計
1	11,000元	4657元	6343元	403元	403元
2	,,	5052	5948	376	779
3	,,	5420	5580	352	1131
4	,,	5765	5235	331	1462
5	,,	6089	4911	310	1772
6	,,	6392	4607	291	2063
7	,,	6678	4322	273	2336
8	,,	6946	4054	256	2592

9	,,	7197	3801	240	2832
10	,,	7432	3568	226	2058
11	,,	7653	3347	212	3270
12	,,	7861	3139	198	3468
13	,,	8055	2945	186	3654
14	,,	8237	2763	174	3828
15	,,	8408	2592	164	3992
16	,,	8567	2433	153	4145
17	,,	8719	2281	144	4289
18	,,	8860	2140	135	4424
19	,,	8992	2008	127	4551
20	,,	9116	1884	119	4670
21	,,	9233	1767	111	4781
22	,,	9342	1658	105	4886
23	,,	9445	1555	98	4984
24	,,	9541	1459	92	5076
25	,,	9631	1369	86	5162
26	,,	9715	1285	81	5243
27	,,	9795	1205	76	5319
28	,,	9869	1131	71	5390
29	,,	9939	1061	67	5457
30	,,	10004	996	63	5520
31	,,	10064	936	59	5579
32	,,	10124	876	55	5634
33	,,	10178	822	52	5686
34	,,	10229	771	48	5734

35	,,	10278	722	45	5779
36	,,	10320	680	43	5822
37	,,	10362	638	40	5862
38	,,	10401	599	38	5900
39	,,	10439	561	35	5935
40	,,	10473	527	33	5968
41	,,	10505	495	32	6000

依照上表是41個月後全市路燈可完全改竣。但事實上本表不過作參考之用，因綫路情形不如裝一路燈之簡單，故事實上可將四十一個月分爲若干期，每期三個月或四個月，所有計劃以每期爲標準，使放掛綫路得依整個之計劃進行。

又如事實上征收之經費不能達到理想之金額，則制度方面應減低，則裝置費與維持費可比例減小，經費之支配可參照上表重行編製。

本方案之路燈制度之標準已甚低，似不應再予減低。且福州係本國大都會之一，居民四十萬人，每月抽取路燈費萬餘元，似應爲事實上之必需，而必能辦到者。蓋事之能成與否，固在市政當局者之毅力如何耳。

6. 整理之步驟　萬事進行之先，步驟之規定實爲急務，俾執行者依序進行有條不紊，則事半而功倍。爰擬整理之步驟如下；

第一步調查已有之路燈　已有之路燈凌亂異常，委員會成立後之要務派委會同電氣公司逐步分區調查。調查之範圍爲光數燈數電壓數有無燈架等。調查之目的在確定每一路燈之有否存在之必要，暫時支光之規定，及編號記數，俾與電氣公司計算電費。其不應有路燈之私燈卽予拆去。至私拉路燈有存在之必要者，卽予編入正式路燈，至修燈事宜可與電氣公司訂立臨時合同及辦法委托公司辦理，每月費用實報實銷。

第二步規定整理方案及經費征收法　其次卽着手調查本市應有之路燈光度盞數及分配情形，擬定事實上之整理方案及應需經費同時調查本市之戶口情形商店住宅之如何分等，及每等之戶口數，乃根據應需經費及戶口情形，編製征收路燈費法，連同方案呈請省政府核准後公佈施行定期實施，待經費有着乃進行第三步。

第三步規定整理進行中各項辦法及手續　方案既定經費有着後委員會乃可規定各項辦法及手續：(一)如經費之征收是否委托公安局辦理，抑由委員會派委直接征收及征收之手續(二)新路燈之裝設及路燈之修理是否委託電氣公司代辦，抑由委員會直接辦理，及詳細手續。(三)經費之保管及支付手續亦應予規定以重公帑。以上各種辦法及手續規定時可參照本國各地情形及本市之事實酌量定之，使理論與事實均得過去。

第四步實施整理編製報告及統計　經費有着辦法又定乃卽依照方案分期着手進行。進行情形可隨時公佈俾衆週知，並將整理結束編製各種報告及統計，以資比較而作日後改進之參考。

7. 結束語 本文不過提出整理福州市路燈之意見，其詳細辦法在事實上未至必要之時期故不贅。

福州市因路燈不明致治安方面所受影響而至損失。人財車輛因燈光不明而致減少速度而受金錢之損失。行人方面目力心理均感不快而致生理上之損失。其各種損失之數量雖無統計，若予詳細計算定為一驚人之鉅額而無疑。是以整理之時似覺須費去一大宗款項於整理及維持費。惟若計算因整理後而致減少之損失，其數恐不止倍蓰也。

工程新聞

黿山湖灌溉場工程完成

建設委員會模範灌溉武錫區辦事處，創辦黿山湖實驗場，範圍極大，今年復擴充灌溉計劃，戚墅堰電廠亦擴展線路，供給電力，復向上海新中工程公司定製最新式推進葉抽水機八套，每套，每分鐘可出水20立方公尺，用二十馬力電馬達，直接轉動，已於日前裝置竣工，水力湧旺，足為該場成功賀也。

中國工程師學會會務消息

◉本會執行部啓事

逕啓者本會下屆即二十四年度新職員人選事宜，業經司選委員會根據本會會章第二十一條之規定，提出各職員三倍人數用通信法分寄各會員複選在案，如會員諸君未曾接到者，即請就末頁所印之選舉票裁下圈選寄回為何此啓。

◉第五屆年會通告

會員諸君公鑒本屆年會已經決定在廣西南甯與中國科學社中國動物學會中國植物學會中國地理學會聯合舉行會期自八月十二日起至八月十七日止計一星期除開會外尚可遊覽柳州桂林按廣西努力建設中外讚譽而風景秀麗尤其聞名遐邇本會會員赴桂開會不但技術上感到無限興趣即遊山玩水亦大可一爽胸襟況桂省政府掬誠函約並允招待一切隆情盛意應同銘感凡我會員理宜踴躍參加以答地主厚意而顯本會精神又本會加入數學術團體聯合舉行年會此為首次人數較昔為多規模較昔為大籌備頗費手續現幸大致就緒一切問題均詳細載在聯合年會指南之內茲特奉寄一冊至希詳加審閱並望迅予填復以便進行一切無任盼禱之至順頌

台祺 會啓六，六。

◉第十九次執行部與上海分會職員聯席會議紀錄

日　期　二十四年六月五日下午五時

地　點　上海南京路大陸商場本會會所

出席者　徐佩璜　裘燮鈞　張孝基　朱樹怡　馮寶齡　徐名材

主　席　徐佩璜　　紀錄　裘燮鈞

報告事項：

1.廣西省政府各學會來桂開會委員會來函歡迎本會會員踴躍參加年會

2.武漢分會會長邵逸周君報告年會捐款現存儲銀行以該款係定期存款暫時不能提出俟存期到達卽行轉撥材料試驗所

3.本屆聯合年會日期經五學術團體聯合年會籌備會議決定八月十二日起在南寧開會

討論事項：

1.組織分隊募款案

議決：依照本會與上海分會所推定各會員爲隊長每隊限認十人已認滿十人以上者以多出之人數删去未認者由本會分配其募款辦法請徐佩璜王魯新徐名材三君會商草擬

2.規定募款獎勵辦法案

議決：(甲)每隊隊員募得一百元以上者贈銀表鏈一塊二百元以上者贈大銀表鏈一塊五百元以上者金表鏈一塊一千元以上者大金表鏈一塊三千元以上者另行酌贈各隊長募得五百元以上者贈銀表鏈一塊一千元以上者金表鏈一塊三千元以上者大金表鏈一塊

(乙)不滿一千元者鐫刻芳名於試驗所壁上不滿一萬元者置備照像懸掛室內一萬元以上者另行酌定

3.惲副會長震提議關於各學會聯合會所事因購買基地(計八畝四分)需款二千七百餘元應由十八個團體分認每團體應繳入會費一個至三個單位每單位150元請本會認付二個或三個單位案

議決：認定三個單位內一個單位請南京分會担任

4.上海市執行委員會令本會籌設識字學校案

議決：按照該會規定辦法認定丙種每月經費35元以兩月爲限請由該會代辦

5.四川考察團報告書可否贈送案

議決：緩議

6.聯合年會會程委員會與公開演講委員會各團體應推定一人參加案

議決：推定惲震君代表爲本會會程委員會委員顧毓琇君代表爲本會公開演講委員會委員

7.請推定提案委員會委員案

議決：上次董事會已推定惲震君爲提案委員長外推定　徐善詳　王繩善　吳承洛　林濟青　朱杜勳　趙慶杰　邢契莘　孫寶墀　顧毓琇　徐　鼒　楊豹靈　魏之光　茅以昇　候家源　邵逸周　張延詳　胡棟朝　梁永槐　唐之肅　董登山　胡庶華　周邦柱　王之鈞　裴冠西　李運華　龍純如　翁德鑾　周開基　盛紹章　傅友周　張光華　周傳璋君等爲提案委員

◉聘請機械工程教授

某大學欲聘機械工程教授一位，須注重計劃方面著，月薪二百六十元，如願應徵者，請開明詳細履歷逕寄本會，以便擇尤介紹。

18227

中國工程師學會二十四年度新職員複選票

敬啓者查，本委員會對於二十四年度各職員人選，茲於二十四年五月十日會議，根據本會會章第二十一條，并參考天津年會議決候選董事之五項標準，提出下列候選人，即請本會會員分別圈定爲荷！

會長：	顏德慶（南京土木）	薩福均（南京土木）	徐佩璜（上海化工）
請於上列三人中圈出一人爲二十四年度之會長			
副會長：	夏光宇（南京土木）	黃伯樵（上海機械）	惲震（南京電機）
請於上列三人中圈出一人爲二十四年度之副會長			
董事：	陳廣沅（濟南機械）	張含英（開封土木）	孫寶墀（青島土木）
	曹瑞芝（濟南土木）	林鳳岐（青島機械）	華南圭（天津土木）
	邵逸周（武漢鑛冶）	唐之肅（太原冶金）	李運華（梧州化學）
	鄧子安（濟南電機）	胡庶華（重慶鑛冶）	周琦（上海機械）
	任鴻雋（北平化工）	韋以黻（南京土木）	楊毅（北平機械）
請於上列十五人中圈出五人爲二十四年度至二十六年度之董事			
基金監：	朱樹怡（上海機械）	黃炎（上海土木）	莫衡（上海土木）
請於上列三人中圈出一人爲二十四年度之基金監			

選舉人簽名……………………

通信處……………………

附註：(一)會長徐佩璜，副會長惲震，董事胡庶華，韋以黻，周琦，楊毅，任鴻雋，基金監莫衡，均將於本年年會時任滿。

(二)本複選票請即日填就，寄至濟南建設廳曹理卿君收。七月二十日截止開票。

第五屆職員司選委員林濟青，宋連城，王洵才，陸之順，曹理卿，仝啓。

18228

工程週刊

中華民國24年7月18日星期4出版

(內政部登記證警字788號)

中華郵政特准掛號認為新聞紙類

(第1831號執據)

中國工程師學會發行

上海南京路大陸商場542號

電話：92582

定報價目：全年連郵費一元

4卷15期

粵漢鐵路株韶段梅山隧道

公共工程之財政

編者

公共工程及公用事業，需要大量資本，在德俄諸國，由國家財政經營，在英美諸國，多由私人投資經營，我國則尚徘徊於岐路。

我國以前公共工程及公用事業之私人公司，大半因資本薄弱，或資本全部或大部投於固定設備中，以致周轉不靈，影響發展，最近受金融風潮，更見劇烈。今見美商上海電話公司之經濟報告，（載本期內）則該公司股份僅八百萬元，設備達四千萬元，為1:5，其不敷數均發行公司債劵以取償，此點大可注意。我國公司法亦允許發行公司債，限於資產值之半數，惟實行者甚少。發行公司債之利益，利率低，年限長，債權人可監視公司營業，債劵可以流通市場，銀行募集較易，利息有優惠保障，不若股份之呆滯。美國紐約建造大橋及隧道，均用募集債劵方法興工，實為吾儕工程界所應注意者也。

18229

上海電話公司工程近況

張延祥

上海電話公司最近發表民國23年份報告，特將其關係工程部份，摘譯於下，以備電訊界同志之參考比較也。

用戶裝機	34,788具
用戶交換機	13,105具
用戶分機	3,866具
服務用機	191具
付費公共電話機	24具
交換機接用數	51,974具
專用綫機	2,887具
總共	54 861具
自動機接用者	49,449具
自動機爲總共交換機接用數之比例	91.14%
民國23年年底交換局所	9處
,, 自動機容量	43,40□號
,, 僱用職工人數	934人
民國23年中增加之用戶	5,460具
	(比去年增11%)
民國23年每日平均接綫	547,800次
	(比去年增10%)
民國23年每日長途電話平均接綫	19,700次
	(比去年增124%)
民國23年總營業收入國幣	6,636,838.97元
總營業支出	4,395,68□.02元
營業盈餘	2,241,157.95元
其他收入	11,601.52元
總共盈餘	2,252,759.47元
利息開支	1,790,668.37元
	462,091.10元
外匯盈餘	35,698.15元
淨盈餘	497,789.25元
全部固定資產值 國幣	40,948,215.36元
減折舊	6,657,343.15元
股份實收總數	8,051,888.11元
發行公司債券	25,384,615.38元
負債萬國電話電報公司(I.T.T.)	11,620.94元

英國工業展覽會

英國工業展覽會 (British Industries Fair) 工程五金部份每年一度舉行，今年5月20日在伯明罕(Birmingham)開幕，會期11天，參加展覽者達1030家，分四部如下，以D部爲最精彩。

A. 五金，銅件，農具。
B. 建築材料，煖氣。
C. 電氣應用，佈綫。
D. 重工業機械，發電廠機械，鋼鐵，築路機械，運轉機械。

德國新齊柏林氣艇

德國在Friedrichshafen 新造L. Z. 129號齊柏林氣艇，將近完工，比現有之齊柏林更爲宏大華麗，艇中特裝烟灰盒一種，許可乘客在艇中抽雪茄及香烟，不致肇禍。又特裝鋼琴一座，用輕金屬及皮革製成，以減重量。艇中尙有一新器具，能從空氣中吸收水份，以作艇之壓艙水用。以前氣艇之氣囊係用牛腸裝造，以杜漏氣，今從化學方法製出一種薄膜，以代牛腸，成本減輕，效用增大，並安全多多。(N.C.D.N.24—7—9譯)

18230

東北新築鐵道

東北於九一八以前，共有鐵道5688公里，三年來共建築1880公里，尚在建築中者有1469公里，吾人若不忘收復失地者，似不宜漠不關心，茲將現狀臚列於下：

		公里	共公里
南滿綫	大連—長春	702	
	瀋陽—安東	261	
	支綫	145	1,108
中東綫	濱江—長春	240	
	濱江—臚濱	935	
	濱江—綏芬河	546	1,72
北甯綫	瀋陽—山海關	420	
山通綫	打虎山—通遼	249	
呼海綫	呼蘭—海倫	213	
齊克綫	龍江—克山	163	
瀋海綫	瀋陽—海龍	253	
鄭通綫	通遼—遼源	114	
四洮綫	四平街—洮南	323	
洮昂綫	洮南—昂昂溪	224	
吉長綫	永吉—長春	128	
吉敦綫	永吉—敦化	210	
北票綫	北票支綫	113	
錦州綫	錦州支綫	102	
其他	輕便鐵道綫	347	2,859

		公里	共公里
民國22年新築綫			
	龍江—拉法	291	
	敦化—圖們	192	
	海倫—克山	192	
	拉哈—訥河	139	
	洮南—民安	94	838
民國23年新築綫			
	淩源—北票	157	
	延吉—鍾城	59	
	圖們—甯安	252	
	淩源—大鵬山	157	
	通北—黑河屯	303	
	索倫—民安鎮	114	1,04
現在建築綫			
	甯安—佳木斯	317	
	淩口—密山	183	
	淩源—承德	189	
	索倫—哈倫額爾山	153	
	四平街—西安	148	
	洮南—大賚	120	
	長春—大賚	213	
	其他	146	1,469

(祥譯 E.E.&C. 24-6)

粵漢鐵路樂坪通車

粵漢鐵路株韶段新近完成樂昌至坪石一段，於六月間開始行車營業，本刋封面之圖，近處爲此段中之梅山隧道，遠處爲九峯水橋，該段路綫沿北江上遊之武水東岸，風景絕佳，圖係株韶段工程局淩局長所飛贈，併以誌謝。

膠濟鐵路新裝車磅臺

膠濟鐵路近由英國 W.&T. Avery, Ltd. 廠購到車磅台(Weighing Bridge) 2 座，其中一座長 9.5 公尺，可秤重至 100 公噸，其他一座裝置地點僅距離 12 公分，長 4.2 公尺，可秤重至 90 公噸，

磅台上有兩副軌道，一副呆的，不經磅秤，一副活的，則吃重在磅秤上。

磅秤間之秤規，係一圓面之表，每一小格爲 100 公斤，另有印碼機，每格爲 10 公斤。

鐵道部倫敦庚款購料委員會近又向英國 Cowans, Sheldon & Co. Ltd. 訂購機車轉台 Locomotive Turntable) 一座，圓徑 30 公尺，載重至 330 公噸，爲我國之最大轉車台。(裝在何處待查) E.E.&C.35—8

卜德倫水泥製造之大概

張寶華 (在大冶分會演講)

水泥的種類甚多；如羅馬水泥 Roman Cement, 普粗拉水泥 Pozzula Cement, 卜德倫水泥Portland Cement,鋁質水泥Alumina Cement, 均是·今天所說的祇有一種，卽卜德倫水泥·我國各廠所製造的亦祇此一種·因卜德倫水泥用途甚廣，非常普通，所以甚至將「卜德倫」省去而單叫他「水泥」·卜德倫水泥之發明，約111年以前，當時英國有一位瓦匠，名雅瑟阿丙者 Joseph Aspdin, 在1824年，向英國政府立案，說他發明一種建築材料名卜德倫水泥·「卜德倫」是英國一處地方的名字，因卜德倫水泥凝結後很像那個地方一種石料的顏色，所以就叫他爲卜德倫水泥·

至水泥的製造，可以從他的化驗分析，及顯微鏡測驗而推想出來·

將水泥化驗出來，大約不外乎以下幾種化合物·

SiO_2(矽氧二)	2)—25%
Al_2O_3(鋁二氧三)	5—10%
Fe_2O_3(鐵二氧三)	0—5%
CaO(鈣氧)	60—66%
MgO(鎂氧)	0—4%
SO_3(硫氧三)	1½—2.5%

再用顯微鏡的測驗，大約有以下幾種結晶體·

3CaO SiO_2(Tri Calcium Silicate) 三鈣矽氧

B2CaO SiO_2(BBi Calcium Silicate) 二鈣矽氧

3CaO Al_2O_3(Tri Calcium Alunanate) 三鈣鋁氧

4CaO $Al_2O_3Fe_2O_3$(Tetra Calcium Alumina Ferrate) 四鈣鋁鐵氧

因爲水泥中含有C_aO等，他的原料就分成爲兩種·一種是含有石灰質(卽有鈣氧的)的原料，如石灰石Limestone,鐵爐渣 Slag, 灰泥 Marl,等均是，最普通的就是石灰石·其他一種是含有土質 (卽有SiO_2，Ae_2O_3)SiO_2，Ae_2O_3，FO_2O_8，)等的)，如粘土 Clay, 泥板石 Shale 等均是·最普通的就是粘土·

又因爲水泥內之組織，是以上各種的結晶體·所以第一次製造手續，就是須使含有石灰質的原料和含土的原料摻勻·這個摻勻的方法，就是將兩種原料照比例配合和在一起，用機器磨，磨成極細的生料粉(乾法)，或生料漿(濕法)·

第二次的手續，就是將生料粉或生料漿，在窰內燃燒，使他們起化學作用，而爲結晶體·結果就得到水泥塊·

第三次的手續，是將水泥塊磨成細粉，結果得到水泥·

水泥機器，最緊要的當然是磨子·凡生料粉，生料漿，水泥塊，煤粉，皆須用磨子磨細·磨子的種類甚多，照原理說大約可分兩種·其第一種，因所磨的東西是石塊，或水泥塊，所以此項磨子是按照錘擊原理製造，其最著者如球磨Ball Mill是也·第二種，因石塊或水泥塊已經打碎，所以就按照磨擦原理製造，其最著者如長磨 Tube Mill 是也·至最近之複式磨 Compound Mill，不過是球磨長磨合而爲一·惟石料因塊子太大，未入磨之先大約預將石料用軋石機 Jaw Crusher 錘磨 Hammer Mill 等軋碎或錘碎·至煤粉亦有用球磨長磨磨粉，用此項磨時，煤須預先烤乾·最新式的煤磨不需預先將煤烤乾，如利馬磨Rema, 及拔柏葛公司所製之福勒磨 Fuller Bonnet 均是·

工程師之團結運動

華南圭

(甲)歐洲各國工程師協會之聯合

於1934年3月1—2日，籌備歐洲各國工程師協會之聯合會議，曾兩次由義大利工程協會召集，開會於羅馬。出席者，有奥，比，法，匈，義，利多亞義，瑞典，瑞士，南斯拉夫等國。

法國工程師協會會長 Lauras 及秘書長 Leproust 爲代表法國，參加該會議。

席上討論問題爲：

1.如何能使各地工程師對於有利於國家或國際之技術及經濟之問題之研究，並切實之合作。

2.對於各國所頒發之工程師執照，設法規定其程度相當之標準。

3.草擬關於工程師名義之保護，並職務之執行及其組織等之法律大綱。

4.凡致力於上列工作之任何組織或團體，應設法得到或維持相當連絡。

各國出席代表議決 M. Le Personne 之提議，致電上議員 M. Le Trocguer. 其電文如下：『十國工程師協會之代表，今集議於羅馬，已將創設之歐洲工程師聯合會籌備就緒，閣下素盡力於國際間技術家聯合之運動，此舉想亦樂爲提倡，特謹電聞』

(乙)法國工程師協會 F.A.S.S.F.I.

(1)1934年2月23日理事會議案件 創立歐洲工程師聯合會之草案

義大利工程師已將3月1日在羅馬會議之要旨，參加該會之代表國，正式公佈，惟英德二國並不參加，故法國對於該次會議，應持態度，亦十分鎮靜，形式上則不妨參與該會，但對於入會尚應愼重考慮，而對於 M. Luc 之提議，即該會所能辦理之一切，總不外繼續法國創辦委員會之工作，此點似應維護。

該委員會長 Le Trocquer 氏，對於F.A.S.S.F.I. 之代表，能以上述宗旨參加會議，表示滿意。

關於歐洲工程師聯合會之會址，最妥辦法，莫如在各國首都輪流開會，由常任一秘書長，負責籌備一切，現在羅馬之世界法學會，即其一例，蓋如此辦法，同時有限制 F.E.D.I.L. 之行動之益，但義國之意見，似不在此，法國教育部則甚願將歐洲工程師聯合會設於巴黎，但此似又非外交部之所願。

(2)1934年3月23日理事會議案件 關於工程師學位之頒發及其使用法律之草案

主席報告，上議院已於三月九日會議中決定，接納下議院所採用之關於工程師學位頒發及使用法律之草案，但已將其第八條删去，實因教育會與商會曾同意拒絕該條之表決，此正與協會之意見相符。

此次議院之爭端，可顯見 F.A.S.S.F.I. 在其中之地位，及所得之結果，又可見商會代表 M. Thoumyre 對於該問題之見解，及爭論，故主席曾表示感謝，更對於 M. Le Trocquer之參加亦表示謝意。

現尚有一困難問題即對於函授學校學生，及自習學生，經過第九條所指定之工藝院考試之後，其文憑與學位之問題，此項問題，應由保護工程師學位法律內所規定之委員會執行，比法律本身規定較爲妥善。

理事會議决定，將上議院所採用之文件，發還於 F.A.S.S.F.I. 職業問題委員會，俾使與以研究，因爲下議院需詳知該項問題時，本會之意見將直達於議院之諸工程師也。

中國工程師學會職員錄

民國二十三年至民國二十四年

總會

會長	徐佩璜(君陶)	上海市公用局
副會長	惲　震(蔭棠)	南京建設委員會
董事	胡庶華(春藻)	長沙湖南大學
	韋以黻(作民)	南京交通部
	周　琦(季舫)	上海福州路89號益中機器公司
	任鴻雋(叔永)	北平南長街22號中華文化基金會
	薩福均(少銘)	南京鐵道部
	黃伯樵	上海北蘇州路湖濱大廈兩路管理局
	顧毓琇	北平清華大學
	錢昌祚(莘覺)	南昌航空委員會
	王星拱(撫五)	武昌武漢大學
	凌鴻勛(竹銘)	湖南衡州粵漢鐵路株韶段工程局
	胡博淵	南京實業部
	支秉淵	上海新中工程公司
	張延祥	上海新中工程公司
	曾養甫	杭州建設廳
	楊　毅(莘臣)	北平平綏路機務處
基金監	徐善祥(鳳石)	上海南京路沙遜大廈建華化學工業公司
	莫　衡(葵卿)	上海北蘇州路河濱大廈兩路管理局
總幹事	裘燮鈞(星遠)	上海市工務局
文書幹事	鄭恩泳	上海市公用局
會計幹事	張孝基(克銘)	上海南市國貨路滬閔長途汽車公司
事務幹事	王魯新	上海北京路浙江興業大樓新通公司
總編輯	沈　怡(君怡)	上海市工務局
週刊編輯	張延祥	上海新中工程公司
出版部經理	朱樹怡(友能)	上海四川路615號亞洲機器公司

分會

分會	職務	姓名	職務	姓名
上海分會	會長	徐善祥(鳳石)	副會長	王繩善(淵陶)
	書記	徐名材(伯衡)	會計	馮寶齡(慎孫)
南京分會	會長	吳承洛(澗東)	副會長	吳承洛(澗東)
	書記	許應期	會計	吳道一
濟南分會	會長	林濟青	副會長	朱桂勳(一民)
	書記	俞物恆	會計	孫瑞璋
唐山分會	會長	趙慶杰	副會長	趙慶杰
	書記	黃壽恆(銳堂)	會計	伍鏡湖(澄波)
青島分會	會長	邢契莘	副會長	孫寶墀(頌丹)
	書記	葉　鼎(扛九)	會計	杜寶田(季均)
北平分會	會長	顧毓琇	副會長	—
	書記	王士倬	會計	郭世綰(緯侯)
天津分會	會長	楊豹靈	副會長	魏元光
	書記	王華棠	會計	陳廣沅(詠清)
杭州分會	會長	茅以昇(唐臣)	副會長	侯家源(蘇民)
	書記	周玉坤(晴嵐)	會計	楊植德(建德)
武漢分會	會長	邵逸周	副會長	—
	書記	—	會記	(武昌)繆恩釗 (漢口)方博泉
廣州分會	會長	胡棟朝(振廷)	副會長	梁永槐(默仲)
	書記	梁永鎏	會計	李果能
太原分會	會長	唐之肅(敬亭)	副會長	董登山
	書記	賈元亮(又濟)	會計	馬開衍(子敬)
長沙分會	會長	胡庶華(春藻)	副會長	周邦柱
	書記	王正己(修吟)	會計	王昌徵(守謙)
蘇州分會	會長	王之鈞	副會長	婁冠西
	書記	章祖偉(纘之)	會計	張寶桐(問渠)
梧州分會	會長	李運華	副會長	龍純如
	書記	梁篤瑞(培英)	會計	何棟材
美洲分會	會長	張光華	副會長	周修璋
	書記	范緒筠	會計	李錦瑞
重慶分會	會長	盛紹章	副會長	傅友周
	書記	羅瑞棻	會計	陶邦興
大冶分會	會長	翁德鑾	副會長	周開基
	書記	徐紀澤	會計	羅　武

中國工程師學會會務消息

◉第十八次董事會議紀錄

日期：二十四年六月三十日
地點：上海南京路大陸商場542號本會所
出席者：徐佩璜，胡庶華(徐佩璜代)，
薩福均，淩鴻勛(薩福均代)，
支秉淵，楊毅(支秉淵代)，
周琦，胡博淵(周琦代)，
張延祥，黃伯樵(張延祥代)，
列席者：裘燮鈞，鄒恩泳。
主席：徐佩璜； 紀錄：鄒恩泳

報告事項：

1.主席報告

(1) 南京各學會聯合會所，前因購買基地，需款2700餘元應由十八個團體分認，每團體應繳入會費一個至三個單位，每單位150元，本會已認定三個單位，內一個單位由南京分會担任。

(2) 工程週刊總編輯鄒恩泳君，近以事務冗繁，不克兼顧，固請辭職，現已請張延祥君繼任。

(3) 本會工業材料試驗所現已完工，擬於七月三日由該試驗所建築委員會驗收；關於該所捐款，仍在進行，除已繳捐款2790元外，其認捐而未繳者，有3,527元。

(4) 募捐或捐款人獎勵辦法，及各廠商優待辦法，均經執行部擬定。

討論事項：

1.推定朱母獎金評判委員案。

決議：推定徐名材，張貢九，李謙若，裘維裕，馬德驥，五人爲評判委員。

2.廣西考察團人選案。

議決：推定何之泰，薛次莘，方頤樸，惲震，趙曾珏，顧毓琇，莊前鼎，張洪沅，賀闓，胡博淵，沈乃菁，君等11人爲廣西考察團團員。

3.榮譽金牌式樣案。

議決：正面須刻有中國工程師學會某年榮譽金牌字樣，及得獎人姓名，背面須刻有本會會徽，其餘請楊錫繆君設計。

4.薩董事提議，本會會員在各機關服務者，參加年會，應不作請假論案。

議決：由本會正式函知各機關查照。

5.審查新會員資格案

(決議案在會員委員會整理中，下期補刊)。

◉重慶分會歡迎會

重慶分會，爲歡迎二十四年度新職員，正會長盛紹章，副會長傅友周，書記羅瑞棻，會計陸叔言，暨新入川會員胡庶華，徐學禹，胡檢凡，於二十四年四月二十日，假沙利文舉行聚餐會，計到會員十五人。開會如儀，公推稅西恆爲臨時主席，報告開會宗旨，卽歡迎新職員就職，並先後致辭。旋歡迎新入川會員，致辭後，議決事項如后：

(1) 會址(劉靜之提議)：

本會會址地皮，以在城外石板坡一皮爲佳，會所建築採舊式房屋修築法，加以改良，不用西式，先建二三間簡陋之房屋一棟，漸及推廣。建築經費力求適合經濟原則，由會員自行捐助，擬不募化。

議決：照原則通過，並推傅友周，胡叔潛，余襄七，唐鳴皋，稅西恆，劉靜之，袁觀光，七人爲建築會址籌備委員。

(2) 徵求會員(袁觀光提議)：

本會會員現僅26人，會員太少，且在渝者多未加入，應設法徵求入會。

議決：由現有各會員負責介紹。

(3) 經費(唐鳴皋提議)：

18235

本分會會員常年會費僅留三分之一，其餘悉寄總會，似此分會經費，實不敷用，所需若干，擬由本分會各會員分攤。

議決：照辦。

◉大冶分會第二次常會

六月十六日下午一時，根據第一次會議案，大冶分會假華記水泥廠，開第二次常會。計到會者十九人，因時間關係，首由水泥廠會員張寶華，黃受和兩君，招待午餐，肴膳整潔，甘肥適口，而一洗尋常漫不經濟之舊俗，具實事求是之新生活化，吾人深佩兩君之匠心獨具也。餐畢，稍事休息，二時開會，翁德鑾主席，羅武記錄。主席報告，及議決事項如次：

1. 第一次在富華煤礦公司開會記錄，已登載工程週刊第90號，茲因各會員尚有未收到該刊者，油印分佈，請各位瀏覽，如有意見，請提出。衆無異意。
2. 昨日收到振德職業中學校主任來函，其意希望各會員不時往該校講演，及加以提倡，請各位傳觀，如有意見，請發表，想各位亦必熱心加以提倡者。
   周開基提議：推定兩代表與該校接洽一切。王野白提議：由正副會長接洽，不必另推代表，程行漸附議，各會員贊成。
3. 總會材料試驗所捐款，截至今日止，約已認有450元，尚有二處未結束，仍希望各位努力，其截止日期以七月半爲限。
4. 第三次常會開會地點及日期，請討論決定，惟因年會關係，如能延至九月下旬，俾出席年會諸君得返冶與會，較爲相宜。程行漸提議：在利華煤礦公司；周開基提議：在漢冶萍大冶廠礦，得道灣礦山開會。主席付表決，多贊成在利華開會，時期定九月底。
5. 請張寶華會員講演「水泥製造」，張君爲水泥專家，定有妙論，以享同人。（張君演詞載本刊第　頁）。
6. 由水泥廠會員引導參觀，該廠一切設備，及製造水泥實况。

散會時已日落西山矣。

◉工程週刊以後辦法

1. 本刊決定不愆期，每年50期。
2. 每期頁數減少一半，即8面。
3. 編輯方針，仍以前定實施工程紀載爲主，每期5面。
4. 每期載會務消息1-4面。
5. 每月載總會會計報告1-2面。
6. 每期印500份。
7. 每期週刊廣告地位，限定2面，專登會員事業小名片廣告，每頁分16格，每格全年50期，收廣告費10元，半年25期6元，其他廣告不登。
8. 郵寄會員，每機關或每公司併寄，託一人分發，以省郵費。
9. 印刷費除廣告收入及定報收入外，全年預算750元，辦事員薪250元。

工程週刊徵稿

工程紀事報告　施工實地攝影
工作詳細圖樣　工業商情消息
書報介紹批評　會務會員消息

本週刊每期8頁，橫排，每頁2格，每格38行，每行19字，來稿能依樣寫者最好。

本週刊文字內採用亞拉伯數目字，以資醒目。

本週刊採用萬國度量衡公制(C.G.S.)，稿內英美制度量衡，請加註公制，加括弧於後。

會員怎樣幫助本刊

工程週刊是中國工程師學會全體會員的週刊，不是編者一個人的週刊，所以要請會員全體幫助，最好時常寫些稿件，否則請將會員服務機關，公司，工廠，學校，的刊物或報告或宣傳品，每期寄一份給編者，可代爲整理，報告本會全體會員，並可做成一種紀錄。寄件請寄本會，盼望之至。

工程週刊

中華民國24年7月25日星期4出版
(內政部登記證警字788號)
中華郵政特准掛號認為新聞紙類
(第1831號執據)
定報價目：全年連郵費一元

中國工程師學會發行
上海南京路大陸商場542號
電話：92582
(本會會員長期免費贈閱)

4•16
卷 期
(總號93)

滬蘇公路滬崑段

路線鳥瞰之一

完成之煤屑路面

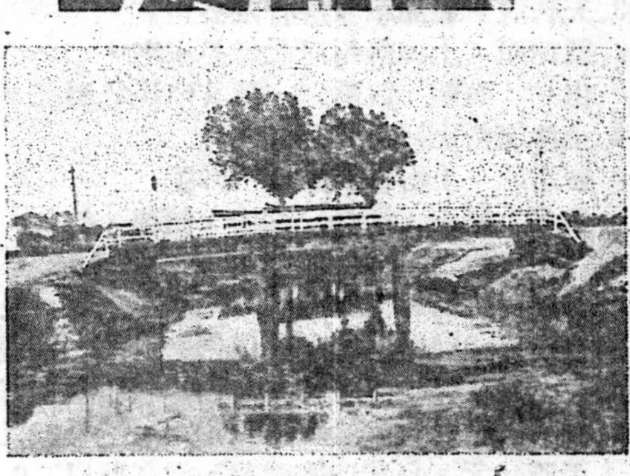

完成之東泗涇橋

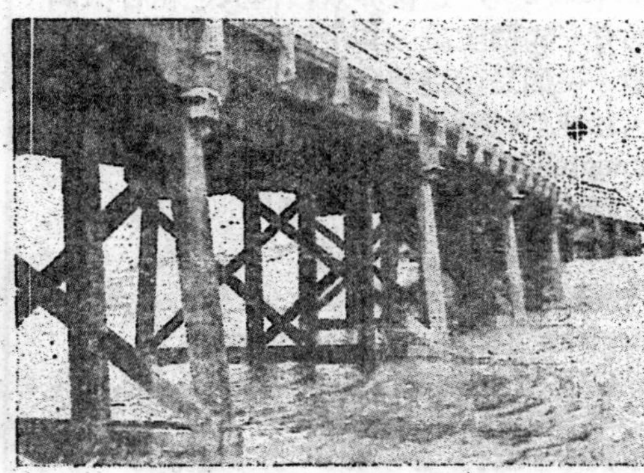

完成之大顧浦橋(五孔)

工程與組合

編者

工程事業，非一手一足所能立就，亦非一人一生所能獨造．工程係一最繁複之機構，分門別類，各具專長，集合衆志，始成一業．一人之力，能雕核舟，是技巧，而非工程．工程師雖可單獨開業執行業務，惟工作上則須聯絡其他各科之同業，始獲滿意成功．

近代製造業亦如此，汽車工廠不過配合

大多數零件工廠之出品，加入一部份本廠之特種設計與主要機件，而成一種牌號．無線電機亦然，眞空管擴聲器等各有專廠製造，以供衆多收音機廠之選用．此是一種組合方法．又如美國鋼鐵事業，聯合相互有關係之工廠，組成大公司（見本刊本頁），此又一種方法．我國天廚味精廠亦依此規範發展，（見本刊本頁），於技術方面，可加速推進，不僅於營業方面，相輔而行也．此外如火柴，電扇燈泡，，等聯合推銷，則僅爲避免商業上之競爭衝突，雖不可厚非，但就工程技術立場，則除能集中大量生產一點外，無他可取也．無論如何，同業不可互相猜忌，宜從各方面取合作態度，若出品能配合裝置，譬如甲廠造發電機，乙廠造發動機；或丙廠造電動機，丁廠造抽水機；則密切組合後，其功效當十倍於各自爲謀．以此告路人，或不之信，吾工程師當早明斯旨，惜尙不多見組合耳．

美國鋼鐵建築之組合

美國鋼鐵出品公司 (United States Products Co.) 是世界規模極大之組合機關，共有十餘個工廠，其中最大五個是原料製造廠，一個是建築裝配廠．茲將詳細廠名地址，和他們特種出品，紀載如下：

Carnegie Steel Co. Pittsburgh.

鋼版，鋼樑，建築用鋼．

Illinois Steel Co. Chicago

鋼椿，鋼料，特種鋼，鋼條．

American Bridge Co. Pittsburgh.

鋼橋樑，鋼架房屋，高架建築，地底建築，鋼塔，鋼壩，鋼墻．

American Steel & Wire Co. Chicago

鋼索，鋼絲，混凝土鋼絲筋，銲接鋼絲．

National Tube Co. Pittsburgh

鋼管．

American Sheet & Tin Plate Co. Pittsburgh

鍍鋅鐵版，鍍錫鐵版，不銹鋼，抗熱鋼板．該公司之上海分公司在福州路 17 號．

天廚系之工廠

化工專家吳蘊初氏所創辦之天廚味精廠，代味四素行銷國內，挽回漏巵甚巨，天廚味精製造廠係無限公司組織，工廠兩處，在上海菜市路174號及新橋路453號，出品有味精，味宗，醬油精液，哥羅登酸，其他氨基酸及澱粉製品．

天廚廠外，尙經營其他相關之四工廠，資本則各自劃分，均爲股份有限公司組織，與天廚廠經濟上無連帶關係，惟管理上則與天廚廠合設總事務所在上海菜市路 176 號．此種組織，旣可各別發展，又可集中統制，互相爲利，實爲近代私資工業合理化之規範，而創基本化學工業之要素，其他四廠情形如下：

1.天原電化廠股份有限公司
　製造廠：上海白利南路 420號
　出品：鹽酸，燒鹼，漂白粉，其他綠氣製品及副產品．
2.天盛陶器廠
　製造廠：上海龍華鎮計家灣
　出品：貯酸罈，及一切化學陶器．
3.天利淡氣製品廠股份有限公司
　製造廠：上海蘇州河北岸姜家宅．
　出品：硝酸，液體氫，及其他淡氣製品．
4.上海澱粉廠股份有限公司．
　製造廠：上海瞿眞人路 759號
　出品：麵筋，澱粉，糊精，飴糖，醬色，及一切澱粉製品．

此外天廚廠復委託中華化學工業會（上海蒲柏路 381號）徵文，以化學工業之學理研究，及實際調查，爲論文題目之範圍．每年捐贈獎金1,000元，甲獎100元，乙獎60元，丙獎40元，每年四次贈獎，徵文期以3,6,9,12月月底爲每次截止期．

該廠復發行工業安全協會編輯之『工業安全』兩月刊，記載工廠災害事件，統計工業災害，勞工傷病，譯刊各國工業安全工業衞生法規，編著工業安全及衞生之技術性論文等等，其貢獻於社會學術者甚著．（祥）

18238

滬蘇公路滬崑段工程紀

張 丹 如

蘇州爲江南名勝之地，亦佳良之住宅區也；近以蘇嘉，蘇常等公路完成，蘇嘉鐵路亦已興築，將來內地交通，集中於斯；惟其與上海聯接，祇恃京滬路一線交通，自屬不便，爰有鎮蘇直達公路之興築。因求工事速成起見，由上海市政府，及江蘇省政府，分段興工。滬崑段由上海市工務局建築，起自南翔之錫滬路，經黃渡、安亭，徐公橋花南橋，迄崑山陸家浜之夏駕河止，長共279.4公里，橋梁26座，於2月10日開工，5月5日通車，計爲時共85日。

全路土基，面闊7.5公尺，路基塡土，平均高約60公分，塡土斜坡及路肩；各闊75公分，取土明溝闊各3公尺，共計收地闊16公尺。土基工作，分3段招標，於2月10日開工，3月12日全部完成，計土方約14,000餘公方，土基面全部用木人夯打一遍，再行加土整理，分別用6噸滾路機，或3噸人力滾滾壓二次。

橋樑共26座：計5孔橋7座，3孔橋16座，單孔橋9座。全部均爲木樁架，木橋面。因工事緊急，限令各橋同時開工，惟恐打樁錘架，不易齊全，故將單孔橋改爲磚墩木面。木質橋之樑木，因橋面板附著其上，積水難乾，最易於腐蝕；此次蓋樁及樑木等，均用24號白鐵，遮蓋其上；且兩邊如加闊8公分，做成斜度披水，以資保護。又木橋防腐劑，向用水柏油，歷年使用，效用甚微；此次改用蘇立根油(Solignum Oil)，此油能深入木紋之內，價格較水柏油貴20倍以上，惟結果如何，尚待以後之證明。全部橋工，分三段招標，於3月初相繼開工；第一於段3月30日完工，第二段於4月17日完成，第三段工作進行較緩，至5月4日始完成。

煤屑路面，闊6公尺鋪煤屑厚10公分，澆水滾壓一次。在沿路路邊，堆存煤屑，以備隨時加鋪之用；因路基鬆軟，一經車輛通行，煤屑均將翻入土中故可隨土基之沈實，隨時加鋪，則於經濟，交通，兩有裨益也。全部鋪煤屑工作，分段點工辦理，於5月4日完成。嗣後雇用常工60名，沿路隨時修養。

全路涵洞，水管，均用工務局自製之水泥瓦筒。涵洞：計90公分圓4條，60公分圓14條，45公分圓1條。該路所經農田，以種稻水田爲多，故路基縱亘田中，適如長堤一樣，阻隔水田戽水之路。公路便利交通，自不能害及農田之水利，故橫貫路基過水管，用30公分圓瓦筒，以路長每100公尺，埋設一條爲度，會同鄉鎮長及農民，指定地點；結果並未超出預定數量，計用30公分瓦筒3,000公尺。又農田小路，阡陌交通，但公路兩旁取土明溝，寬至3公尺，深1公尺，宛如小河一條，影響於農夫及耕牛之交通甚大。故將主要田路，接通公路，排設23公分瓦筒以洩水，計共970公尺。

以上爲工程之大概情形，惟公路工作，土方工人，最爲衆多；且無須有技術之訓練，均屬烏合之衆；每多佔居民房，任意取食農民之柴菜，搶刼敲詐，吵擾地方；人數更多者，對於縣鎮單薄之警力，並不畏懼，路線綿長，散處各段，交通不便，其管理組織，頗爲重要。若以官樣文告，責諸承辦包商，設身處地，亦屬毫無辦法。玆將此次土方工人管理組織情形，述之如左，以供辦理公路者之參考。

全路土方，分3段招標，每段工人，以50人爲限；包工各有總管工1人，管工5人，分駐工處；以上6人，均有照相存案，發給袖章佩帶。並均經召集加以訓話，說明如工作期內，工人毫無事端發生，完工後許以獎金，否則有照片須加緝辦。工人一律住居蓆棚，不得佔居民房，蓆棚須搭在路線之內。開工時先將蓆棚建好，伙食預備，方可將工人分批到工。工人以20人為舖，（即一棚居住）舖有舖頭，負責管束。舖頭亦發給袖章，書明姓名編號。各舖居住之蓆棚前豎立白旗，亦書明舖頭號數及姓名，以資識別。管工舖頭，分別隸屬，以便管束，此為工人內部之組織也。管理組織，亦分3段，各段設段長1人，工程員2人，各有脚踏車1輛。並由工務局常工中，各選擇優良者8名，充當監工。各段段長每日至少巡視全段2次，工程員及監工，則分段常駐督工。各包工之管工，見於工程員之嚴厲巡視，均不敢少有懈怠，因此舖頭及工人等，亦不敢有所隨意舉動。

接包商之智識淺薄，若不代謀完善之工人組織，則管理上難於着手；但祇恃工人組織之佳良，若無嚴密之監督，則亦難見效；此次土方工人得未發生事端者，實兼得雙方之利。完工後總管工及管工等，發給獎金，均各喜形於色，視為無上榮幸，此種獎勵方法，亦頗有宏效也。

製造濾水缸之經驗

魏 如

濾水缸之目的

平常地面之水，多與雜物相混合，有礙衛生，且不適于普通工業之用。濾水缸之目的即所以分離水中之混合物，使濾過之水，無惡劣之臭味，與汙濁之顏色，且能使有礙生物之微生物，減少其數量。水於未入濾水缸之先，通常須經過明礬之混和，使水中雜物，凝成細粒，較易清濾，亦有含雜物，本為粒狀，無須化學品之凝結者。應就他斟酌設計。

濾水缸之構造

濾水缸為一鐵製之空桶，構造堅固，能抵抗數十磅至數百磅之水壓力。邊為圓桶形，頂與底為鍋底形，直徑自1公尺至3公尺不等。桶外有出水管及進水管接口，兼裝有壓力表一只，籍以檢驗進水或出水之壓力。

桶之下部，有隔板一塊，裝有無數圓頂之噴氣頭，板上滿盛沙石，通常厚約1公尺，分為四層，如下：

第一層為粗石層，厚約100公厘，石粒之直徑為5—11公厘。

第二層為細石層，厚約100公厘，石粒之直徑，自2—5公厘。

第三層為粗砂層，厚約100公厘，砂粒之直徑為1—2公厘。

第四層為細砂層，厚850公厘，砂粒之直徑，為0.5—1.0公厘。

濾水之砂石須擇其粒子圓整，質地堅實者，尤以曾經急流冲激略成圓形者為佳。佈置時須逐層鋪墊，勿使凌亂，則效率甚大。

噴氣頭之功用，除能使桶中之水，平均散瀝于桶底外，其最大之作用，為能增加清洗濾水缸時空氣攪動之效率，使桶內全面積所積之污物，受有同時漂洗之機會。

濾水缸之洗清法

通常清洗濾水缸之法，可分為攪動及冲洗之兩番手續。

(甲)攪動之手續；

1.空氣攪動法，注入適量受壓之空氣于濾水缸之下部，藉隔板上噴氣頭之功用，平均分配，散爲無數之氣流，經過砂層，冲破砂面之積垢層。

2.機械攪動法，砂層上面，裝一手動之拌攪器，清洗時用手盤旋，可使砂面之積垢，翻攪鬆動。

(乙)冲洗之手續：

濾水缸之出水管，應直接於高出地面之水塔，其高度至少爲10公尺，冲洗之時，應將進水門關閉，旋開污水門，使水塔內之水，經由濾水缸之出水口，逆流而入於缸內，如是，則已受攪動之積垢，被水冲洗，由污水門流出。

攪動時所用空氣之壓力，約爲每平方公分0.7公斤(每平方英寸10磅)，其所需空氣之數量，可依濾水缸之面積，計算通常每平方公尺之面積，每分鐘需用空氣0.3立方公尺，用空氣攪動者，必須備一大小適宜之壓氣機。惟容積較小之濾水缸，爲避免複雜起見，常代以機械攪動法。

濾水缸之種類

作者在上海新中工程公司所製造之濾水缸，有單流式及雙流式二種：

(甲)單流式濾水缸；單流式之進水口，在缸之頂端，其出水口在缸之底面，中間爲砂積層，及隔板上之噴氣頭，污濁之水，由缸頂流入，至砂層之上面，經過砂石內之隙間，由噴氣頭而達於缸底，由出水管流出。

漂洗之時，應將進水門關閉，將污水門放開，使水塔內所儲蓄之水，由出水管經桶底倒流而入於砂層中，再助以壓縮空氣之攪動，使砂面之污物，隨水由污水管流出。

(乙)雙流濾水缸；雙流濾水缸之進水口有二，一在缸頂，一在缸底，其出水口在缸之中部，大約在砂層之中間。

出水口在缸內之一段，有生鐵管一根，橫亘於缸之中部，管之兩旁，有支管數根，用銅絲網罩覆，以免細砂冲入管內。進水管

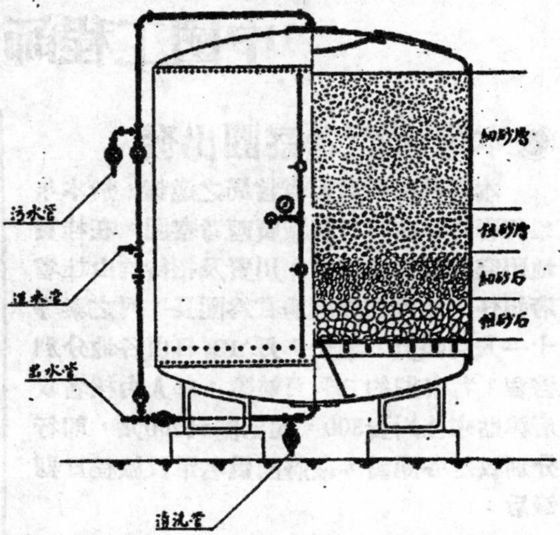

濾水缸剖面圖

至濾水缸附近，分爲兩支，一支接於缸頂，一支接於缸底。缸頂上之進水，經過細砂層，及出水口支管上之銅絲網，而入於出水管。缸底之進水，經過粗石層細砂層，與缸頂之進水，同會於銅絲網所罩覆之支管中，由出水管流出。

雙流濾水缸之漂洗法，與單流濾水缸相同。利用水塔積水之壓力，使由出水管倒流而入於缸內，將頂面及底面之積垢，由污水管冲出缸外。

此種濾水缸，新中工程公司所製者，曾裝於下列各處，可資參考也。

南通大生紗廠	徑2.15公尺(71)	2具
吳興電氣公司	徑2.15公尺(71)	1具
上海肇新化學廠	徑1.85公尺(61)	1具
高橋亞細亞油公司	徑1.85公尺(61)	1具
鎮江大照電氣公司	徑1.85公尺(61)	1具
南通大生電廠	徑1.85公尺(61)	1具
南昌濾水站	徑1.85公尺(61)	1具
上海勝德織造廠	徑1.25公尺(51)	1具

18241

中國工程師會會務消息

◉本會廣西考察團出發

本會前接受廣西省當局之邀請，於本年舉行聯合年會時，組織廣西考察團，在桂實地研究各種建設問題，川資及招待均由桂省府担任・並推定顧毓琇君爲團長，何之泰等十一人爲團員，業于7月13日由各地分別啓程，考察期約二個月竣事，每人由桂省政府津貼來桂川資300，元已匯到200元，卽行分別致送各團員，兹將團員名單及旅程日期錄后：

廣西考察團旅程

第一路綫　7月11日由各地分別啓程
13日漢口齊集　住漢口
14日武昌出發(湘鄂路)住長沙
15日長沙至衡州(長衡公路)住衡州
16日衡州至樂昌(公路及工程車)住樂昌
17日樂昌至廣州(粵漢鐵路)住廣州
18日廣州至三水傳輪船　住輪船
19日午刻到梧州・

第二路綫　7月15日由滬搭俄皇后號輪
17日到香港，由香港換乘江輪動身
19日午刻到梧州・

廣西考察團團員名單

電機	顧毓琇(團長)	北平清華大學
水利	何之泰	南京經濟委員會
橋樑	莊效震	江蘇省建設廳
土地測量	方頤樸	天津北洋工學院
電力管理	惲震	南京建設委員會
電訊管理	趙曾珏	杭州浙江省電話局
機械	莊前鼎	北平清華大學
化工	張洪沅	天津南開大學
化工	賓閩	漢口實業部商品檢驗局
礦冶	胡博淵	南京實業部
地質	沈乃菁	天津北洋工學院

◉第18次董事會通過新會員

本會第18次董事會（24年6月30日・）會議紀錄，已載上期本刊，其討論事項第5案，通過新會員共122人，兹補錄名單如下：

正會員

施洪熙　關富權　于桂馨　過元熙　張栟
濮良籌　程義法　劉篤恭　王嘉瑞　趙甲榮
李法端　林家樞　趙昌選　高履貞　李輯五
李爾康　金其重　周翙　沈寶璋　王樹芳
曹竹銘　張增　李祖憲　高傳柏　王建民
鄭永錫　方棣棠　陳名奎　羅廣垣　謝任宏
謝宗周　史維新　鄒元昌　麥錫渠　葛天回
黃偉勳　李啓乾　李崇德　共38人

仲會員

王善爲　陳允恭　殷文元　任興綱　姬九韶
王崇仁　家業峻　李善傑　郝汝虔　施履楷
覃漢興　李克印　朱毓科　孫振英　田亞英
田玉珍　陳正顯　姜承吾　趙玉振　葉桂馨
劉端履　馮雲　鄧雲祥　吳伯勳　黃栻中
共25人

初級會員

覃梓森　王哲　黎儲材　張俗參　梁廷堅
蔣綱　王柢　蕭灌恩　張金鎔　陳學源
周淵如　喬德振　陳昌明　程永福　王篤
秦萬清　王世銓　林鯤榮　滕漢霖　葛嗣宗
班文萸　陳達明　滕第光　陳永齡　盧濟滄
董毓秀　趙鏻　孫繼傑　彭蔭堂　施恩湛
徐信孚　徐世柄　趙承綱　徐威　趙鳳鳴
白尚榮　朱桂　錢廣濤　李直予　徐寶三
曾琴鶴　陳旭暘　簀世爵　潘啓鏡　張培公
蒙新機　朱頌偉　童大塤　劉漢東　張根濮
張有齡　傅宗武　賀邦墉　王之卓　趙鉉玉
林鏡瀛　曾潤琛　吳其鈺　夏堅白　共59人

◉本會圖書室新到書籍

1.工業安全，3卷3期，24年6月，　0.25元
天廚味精廠發行，
要目：
健康保險　屠哲隱
都市煤烟防止的檢討　樓子韶
導管與液櫃所能發生之危險　江衡玉譯
桶之使用清淨及注灌……工業安全屬——火油類　李瀚譯
山東淄川魯大礦井慘劇之詳情及社會一斑之輿論
各國工業災害統計之一斑　田和卿
2.科學世界，4卷6期，24年6月•　0.20元
3.科學世界　4卷7期，24年7月•　0.20元
南京四牌樓蓁巷4號中華自然科學社編行•兩期要目：(近代科學專號)
近代算學之一趨勢——射影微分幾何學略史　孫光遠
近年數學之新記錄　高行健
代數學在今日之意義及其發展　熊先珪
近代物理學之進步　施公鳥
十二年來物理學之一基本進展　余瑞璜
近年天文學之進展　汪叔强
近年的理論化學　蕭戟儒
有機化學最近發展之一重要方面——脂肪族游基　曾昭掄
近年生理化學中幾種最有趣味的進步　鄭集
近代化學的園林　李秀峯
近代的氣象學　呂炯
近代地學的含義　胡煥庸
生物學新趨勢之一　孫宗彭
近代的植物學　董致棫
近年來的心理學一瞥　潘菽
近代電機工程概觀　陳章
近代之化學工程　杜長明
輓近治河工學之新工具　沙玉清
近代果樹品種學之進展　曾勉
近年畜牧事業之進步　吳信法
土壤肥料學之新進展　朱海帆
中國農業研究工作之鳥瞰　錢天鶴
中國農業害蟲之防治及研究情形(上)　吳福楨，徐碩俊
近代醫學　趙士卿
國藥之科學研究　俞人駿
新發明的戒煙藥——蛋黃素　顧學箕
4.河南政治月刊5卷5期，24年5月•
開封河南省政府公報室編行•　0.03元
5.Far Eastern Review(遠東時報)　1.00元
13卷6期24年6月•
要目：China's Position in the world of Minerals　王寵佑
Nanking is extending Power Facilities of Its Electrical Plant
New Chinese Alcohol Distillery.
6.The China Weekly Review (密勒氏評論報) 73卷7期，20年7月13日•0.40元
7.公路三日刊　江西公路處編行
76期　24—7—8
8.鐵路協會月刊(南京金川門5號)
6卷 11—12期　23年12月　0.20元
要目：鐵道測量土方概況　周楨
鐵路軍運
粵漢鐵路枕木問題　邱鼎汾
9.廣播週報(南京中央廣播無線電台管理處出版)　43期　24—17—13日
10.國衡半月刊(南京洪武街271號)
1卷　5期　24—7—10日　0.10元
11.紡織週刊(上海郵局信箱1864號)
5卷27期　24—7—12日　5.00元
要目：江西夏布新式工業化之可能寄生•

歡迎會員到本會圖書室閱書•以後每週新到書籍，按期在本刊公佈，摘錄要目•

18243

◉四川考察團報告在印刷中

本會去年組織四川考察團，將考察所得各別編成報告付刊，刻已有大部份出版，茲將總目次錄下，會員中若願先覩爲快者，請早預定，

四川考察團報告總目次

序文				
圖影				
籌備經過及考察行程				惲　震
總論				胡庶華
報告之	1	公路	趙履祺	盛紹章
	2	鐵道		蘇紀忍
	3	水利		孫輔世
	4	水力		黃　煇
	5	電力		顧毓琇
	6	電訊		朱其清
	7	紡織		黃炳奎
	8	糖業		曹銘先
	9	藥物製造		沈恩祉
	10	地質煤鐵概論		王曉青
	11	煤礦	郭　楠	王曉青
	12	石油		陸貫一
	13	火井		洪　中
	14	鹽業	徐善祥	顧毓珍
	14	鋼鐵		羅　冕
	16	銅鑛		劉文貞
	17	水泥		張寶華
	18	油漆		劉相榮
結論				戴　濟

◉贈送粵桂視察印象記

上海徐家匯徐匯新村10號中國生存學社出版之「粵桂視察印象記」，係樊自覺先生于本年二月至四月間南遊所寫，承惠贈本會100冊，凡報名赴年會者，本會各贈一冊，可作導遊，並書此誌謝。

◉年會報名踴躍

本屆年會，與中國科學社等六團體，聯合在廣西南甯舉行，日期自8月11日至8月17日。年會指南一冊已分寄各會員，報名前往者極爲踴躍已達67人，茲將名單公布於后，庶各會員間可預先聯絡接洽可也。

莊智煥，黃大恆，張孝基，張孝基夫人，蘇祖修，孟廣喆，馬　傑，倪相林，蔡方蔭，杜德三，卓康成，錢咸昌，黃錫蕃，翁德鑾，周開基，李東森，許元啓，許夢琴，邵禹襄，邵禹襄夫人，陳錦松，季炳奎，姚鴻逵，戴居正，孫紫筠，孫貽謀，孟憲正，張澤熙，李維國，甘嘉謀，沈熊慶，沈熊慶夫人，王　瑋，劉文貞，關慰祖，賈榮軒，袁寶恩，余熾昌，梁學海，方季良，梁永槐，梁永鎏，金肇組，陳自康，呂炳灝，利銘澤，利銘澤夫人，李果能，姚文琳，胡光麃，胡光麃夫人，金問洙，李葆發，楊先乾，楊先乾夫人，閻書通，薛桂輪，楊廷玉，李廷玉眷屬，吳維嶽，李　青，茅以新，劉燕生，黃瑤眞女士，余昌菊，金猷澍，金猷澍夫人。

◉徵求年會論文啓事

逕啓者：本屆年會，業經決定八月間與中國科學社聯合在廣西南甯舉行。查論文一項，爲年會中重要事務之一。素仰會員諸君學識淵博，經驗宏富，敢祈本平日研究所得，撰賜宏文，於七月底以前，寄交上海市中心區工務局本會年會論文委員長沈君怡君收。倘蒙向熟識會員廣爲徵求，尤所企盼。此致

會員公鑒。

年會論文委員會啓

18244

工程週刊

中華民國24年8月1日星期4出版
（內政部登記證警字783號）
中華郵政特准掛號認為新聞紙類
（第1831號執據）
定報價目：全年連郵費一元

中國工程師學會發行
上海南京路大陸商場542號
電話：92582
（本會會員長期免費贈閱）

4•17
卷 期
（總號93）

工程計劃與實現

編者

地球一日不停轉，吾人一日不可不工作．工作之前，須有計劃；努力工作，計劃始得實現．工作實現之後，又不可不有新計劃，以備新工作之進行．

本會工業材料試驗所之計劃，已經七年，今日始得見其房屋落成，實現第一期之工作；但急須謀第二期之工作，即內部設備之籌劃也．吾人已以全力實現第一期之計劃，則更須以加倍力量促成第二期計劃．否則前功盡棄，絕無効力，反有不利之結果焉．今討論第二期計劃，本刊特將第一期房屋圖樣，建築合同，捐贈材料，等報告，盡量刊載，而以第二期設備意見，全部發表，盼望引起會員之注意，促成第二期工作早日實現．

吾人平日所負工程上之責任，第二期比第一期為困難，第三期將比第二期更困難；但吾人絕不畏縮，祇有奮勇前進，義不返顧，不然，則工程事業可得進步，人生亦何得意義．盼望全體會員努力！

（工業材料試驗所圖樣，因須加墨，不及製版，日後補刊．）

中國工程師學會建築工業材料試驗所報告

建築合同

中國工程師學會（以下稱業主），張裕泰營造廠（以下稱承造人），訂立合同如下．

1．承造人願承辦建造中國工程師學會材料試驗所．

2．承造人願遵照本合同內之說明書，與圖樣，及其他文件之規定，以完成全部工程，其造價為32,500元正．

3．承造人簽字蓋章之標單，以及說明書圖樣，與其他文件，承造人認為本合同之一部份．

4．承造人遵照合同之規定，進行工作，業主依照下列之規定，憑建築師所簽發付款證書，分期付款：

第1期	水泥架子搗好	付洋10,000元
第2期	磚牆砌好裝修完竣	付洋10,000元
第3期	全部完工	付洋11,000元
第4期	完工6個月後	付洋 1,500元
		總計洋32,500元

承造人於簽字之後，立即開工，限定民國24年11月20日前完工，雪雨冰凍在內，如到期不能完工，每遲1日，承造人願繳賠償損失費銀50元，至將完竣工程，交付業主之日為止．

6．承造人如有違背合同條件等情，應賠償業主損失，此項賠償費由建築師依據損失情形，及單價表，決定數目，由業主在應付款內扣除之．

18245

工業材料試驗所圖樣

工業材料試驗所前景

7.承造人遇有意外事故，不能履行本合同時，得由業主另雇他人繼續辦理，惟一切損失由擔保人賠償。

8.本合同之各種文件如下：

1 投標章程。

2 合同總則。

3 工程概要。

4 施工細則。

5 標單。

6 單價表。

7 合同。

8 擔保。

9 圖樣。

9.本合同及附件，共繕成3份，1份存業主處，1份存建築師處，1份交承造人收執。

10.承造人對於本合同各條文之意義，均已悟解明瞭，絕無誤會之處。倘因圖樣說明書不明瞭，而與業主發生爭執時，應以建築師之解釋為最後之斷定。

業　　主　中國工程師學會會長黃伯樵代

承 造 人　張裕泰合記建築公司

中華民國23年7月28日

本會有英，法，德，日，荷蘭，等國工程雜誌，歡迎會員閱讀，更盼望擇尤繙譯介紹

驗收情形

工業材料試驗所建築委員會，於7月3日下午2時，特往市中心區所址驗收，計到委員徐佩璜，李屋身，沈怡，薛次莘，董大酉，朱樹怡，鄭葆成，裘燮鈞，等8人。對於工程，表示滿意。

全部房屋造價，仍依合同32,500元作訖，其計算方法如下：

原合同造價		32,500.00元
合同外加帳	+	8,993.13
代付送力及統稅	+	2,051.00
合同內未做扣帳	−	1,636.00
捐得材料抵造價	−	9,370.32
應付數		32,537.81元
張裕泰讓帳		37.81
實付數		32,500.00元

至於因等候捐募材料，使承包人張裕泰工程延期7個月，每月損失200元，共1,400元本應由本會補償該承包人，茲因張裕泰營造廠為本會會員黃自強先所生經營，蒙其慨助作捐款1,000元，餘數不計，故全屋造價仍為32,500元。

工程週刊自後准每星期四出版。

18246

工業材料試驗所籌備設備報告與意見

三委員報告

同人等受任籌備試驗器械以來，毫無建議，深以爲疚。茲審察情形，先將目前認爲必不可少之設備，臚陳于后：

1. 100 噸量之通用試驗機一座，可以試驗拉力，壓力，灣力，剪力，硬度者，所試材料，包括五金，鋼鐵，鐵鏈，鋼絲繩等各種水木材料等，價約國幣30,000元。

   上機附件約合國幣10,000元。

2. 60,000磅扭力試驗機一座，連附件，約國幣5,500元。

3. 試驗機較準器一具，約國幣1,000元。

4. 40,000磅量溝筒試驗機一座，約計國幣2,500元。

   水泥試驗室儀器設備，約國幣8,000元。

   其他零件設備，約合國幣5,000元。

5. 化學試驗用重要儀器藥品等，共計國幣29,120元。

   其他玻璃及磁瓦器皿，約共5,000元。

以上各項設備，共合國幣93,000餘元，可先函各洋行估價，以資比較。一俟款項有着，再行補擬詳細條件(Specification)。第一項100噸通用試驗機之容量，按照上海建築工程發達之趨勢而論，尚嫌太小，即比東西各國大學設備，亦不算大，最好添備500噸或更大之壓力試驗機一座，以備試驗大塊水泥三和土，石樑，構柱等等。是項壓力試驗機，構造簡單，500噸量者，市9價僅,000美金云。

再，道路材料試驗設備，約共25,000元，似可緩置。至於其他研究學術上需用儀器，報告內亦未備載，蓋本會擬先着手工商業材料試驗也。同人等學識淺薄，智慮難周，報告內遺漏欠當處，在所不免，尚希切實指教爲幸。此請

董事會諸位先生　台鑒

沈熊慶　康時清　施孔懷謹具

附機械及化學設備詳細名單各一份

（原本英文，不備載）

中華民國 24 年 3 月 27 日

李法端先生之意見

凡一國工業之發達，對於建築上所需一切材料，均須有詳確之認識，是以工業先進諸國，其關於研究機關者，對於研究原料，科學原理，應備之物理及化學設備，無微不至；其關於製造機關者，如鋼鐵廠，機器電氣廠等，對於所用各種建築材料，在製造出品之先，均經過相當之試驗，以爲設計之根據。就德國而論，除國家設有試驗材料總機關，制定各種工業材料之規範，作全國標準外，公用事業各機關及各大工廠，如全國鐵路公司，西門子電器廠，克羅波鋼鐵廠等，所創辦之試驗組織效用各有不同，規模極爲完備；我國工業落後，原料雖豐，但多未開採。上海天津各埠現有之所謂鋼鐵電器製造廠，所需原料，仍仰給于外貨，即使間有國人自製之材料，終以缺乏試驗，設備良窳莫辨，不敢驟然採用。再論鐵路應用材料，雖取諸外貨，亦因無檢驗機關，不能評斷優劣，不特用料者少取捨之準繩；即購料機關，亦無以防商家用次貨朦朧之弊端。在茲我國工業漸臻進步時期，所需要之試驗機關，雖不必分門別類，過事專門；但急應有略具規模之總組織，就工商需要分類研究，以促國產材料之進步，而防舶來品之朦朧。此工業材料試驗所創設之緣起，而有關建設事業各

18247

機關所屬于促成之原因也。

我國國有鐵路，對于材料機械試驗設備，尙付闕如；至于化學試驗設備，除青島四方機廠，及兩路物料試驗所，兩處粗具規模外，餘如平漢長辛店機廠，津浦浦鎮試驗所等，設備簡單，不特不能從事研究工作，卽日常檢驗事項，如油料煤水等亦無以應付。惟化學試驗設備所需費用尙不為鉅，就最近研究結果，膠濟兩路等試驗機關，再添三四萬元之資本，卽可變為較形完備之組織；至于機械試驗設備，需要機器甚多，需費較鉅。就估計所知，除房屋地皮不計外，約需二十萬元之譜；是以就鐵路立場而論，所希望于中國工程師學會工業試驗所者，偏重在機械試驗之一部份。至試驗所成立後之工作，鐵路方面應從速舉辦者有：(1)擬定材料規範，(2)定立驗料標準，(3)研究建築鐵路需要之國產材料，(4)改選路用材料等。此等工作，鐵路與試驗所，應如何合作，方能有圓滿之結果，應由鐵道部與中國工程師學會從長計議。茲先就管見所及，將試驗所應具之設備，及大概所需費用，分列如次：

(甲)關于試驗鋼鐵五金等所需之設備：

拉力試驗機　通用拉力試驗機器3具，其工作能力為100噸，20噸，10噸，分別用水力電力推動，此外另加電氣爐一具，以試驗鋼鐵加熱後之拉力。

總共約需國幣37,500元。

硬度試驗　硬度試驗機一具，（能力從62至3000公斤，移動及不移動硬度試驗機各一具，（能力可達3,000公斤），扭力試驗機一具，（其扭力率Twisting Moment約30,000公分公斤）。

總共約需國幣29,600元。

彈簧試驗　彈簧試驗機，有6,000公斤能力者一具，用電力轉動；有30,000公斤者兩具，用水力轉動，（內一具係試驗彈簧彈性Vibration，價值較昂）。

總共約需國幣41,000元。

疲勞試驗　疲勞(Wear)試驗機，用以試驗普通機務材料者兩具，均用電力轉動；用以試驗軸枕(Bearing)材料者一具。

總共約需國幣11 5:0元。

光學試驗　顯微儀器全套，以試驗鋼鐵五金之物理構造，及物質經過變化後之情形；此外另加磨機一具，以磨製模型光度；測量器一具(Spectro-Photometer)，用光學方法規定物質之化學成分，酸性係數測量器一具。

總共約需國幣20,000元。

X光線試驗　X光線試驗儀器，係以X光線之力，測驗物質內部，如鋼鈑，鉚釘，等有無瑕疵，全部設備，包括高壓變壓器，高壓電板，眞空管等料。

總共約需國幣10,000元。

(乙)關于試驗油料燃料所需之設備：

油料試驗　油料試驗機一部，試驗在行車時所用各種油料，與軸枕五金所發生之變化，（此機價格較昂），此外有天平及試驗油料黏性，燃燒點，等儀器全部。

總共約需國幣10,000元。

燃料試驗　量熱器，熔點測驗器及Heating Microseope with electric furnace與Universal microscope for photographic Investigation of Coal等設備全部。

總共約需國幣6000元。

(丙)關于製造模型所需之設備：

電力轉動精細車床一具，通用刨床一具，每分鐘能轉60至1200轉，用電力轉動，連同做模型配件全套。

鑽孔機一具，每分鐘從350至6,000轉，至小須鑽16公厘之孔，全套。

磨機一部，用電力轉動。

鋸機一個，能鋸660公厘長之材料模型。

以上設備，共需國幣13,000元，（電力裝置及工具等尙未包括在內）。

以上(甲)(乙)(丙)三項，總共約需國幣170,000萬元。

至於建築材料，如房屋道路等試驗設備，及化學試驗設備兩項，除化學部分鐵路已有規模外，所有建築材料，就鐵路立場而論，似不若(甲)(乙)兩項設備之急需，不過工程師學會爲應付各工廠，及其他國建築，並公用機關之需要起見，兩者均屬不可缺少。粗略估計，亦需50,000元之譜，連同（甲）(乙)(丙)三項之設備，總共需國幣已達220,000元之譜。工程師學會預定120,000元，不敷甚鉅，殊有增加之必要。至於本篇所述設備，應否有增減之處，似應共同討論者也。

此外更有不能已於言者，卽人才問題是也。蓋檢驗材料之方法，凡學工程或化學專科者，類有相當了解；惟須對于各種材料求有眞切認識及確實經驗，則非在試驗所有多年經歷者不爲功。我國向不注意檢驗事項，故工業試驗所成立之後，必感人才之缺乏，倘盡聘外人担任，似非所宜。故對于檢驗人才之選擇，因有關對外信用，中國工程師學會固應愼重，而對于後進之訓練，亦屬急切。是設備之購置，與添用人才之多寡，有深切之關係，此亦應於設計之先，加以特別考慮之問題也。 24—5—6

陸志鴻先生之意見

(A)關於李君意見書

1． 李君意見書中列舉試驗所成立後之工作，謂「鐵路方面應從速舉辦者有：(1)擬定規範(2)定立試驗標準(3)研究建築鐵路需要之國產材料(4)改進鐵路用材料」云云。按此四條不僅限於鐵路方面之材料，對於一般工程材料皆宜本此目標而進行工作。

2． 關於金屬材料及燃料油類方面設備列舉較詳。但各項設備與估價似宜稍有增減。(甲)中「拉力試驗」項下有「通用拉力試驗機三具，工作能力爲100噸20噸10噸」云云。但20噸與10噸中有一具已足。卽應改爲通用試驗機二具，工作能量爲100噸與10噸。此二具估價連附屬品約需40,000元。原有37,500元之估計似稍少。「疲勞試驗」項下三具試驗機原有估計15,000元，似應改爲疲勞試驗機三具，磨滅(Abrasion)試驗機一具，估計20,000元。「光學試驗」項下估計原有20,000似過多，約10,000元已足。「X光綫試驗」項下原有估計10,000元，似以5,000元已足。「彈簧試驗」項下試驗機三具，估計41,000元，應改爲二具約20,000元。其他關於鐵軌之落錘撞擊試驗機 (Turner Drop Impact Testing Machine)，亦爲必需，似應加入，價值國幣14,000元。至於普通撞擊試驗機之Charpy或Izod式，聞中國工程師學會已得Amsler公司之贈，故不列入。由上所述，則（甲）類各項總計約需國幣109,000元。

(乙)類中「油料試驗」項下全部設備有10,000元之估計，似有餘裕，可得最完善之設備矣。「燃料試驗」項下似以量熱器，灰分熔點測驗設備，分析設備等已足，其他二種顯微鏡似太偏於燃料研究，暫可從略。因之估計亦宜減爲2,000。故(乙)類設備總預算似宜改爲12,000元。

總之，(甲)(乙)(丙)三項估計約共需國幣134,000元。

3． 關於建築土木方面試驗設備，未有詳細說明，僅有50,000元之估計。此項設備，假定如下之預算，共需國幣60,000元。

水泥試驗設備	國幣	10,000元
溝筒試驗機		6,150
長柱及長樑試驗機(500噸)		35,000
混凝土試驗附屬設備		1,000
道路材料試驗設備		8,000
共計		60,150元

4． 關於皮革，紙，油漆，橡皮，織物

等試驗設備，及化學分析用具，假定如沈康施三君報告內之估計，約需國幣34,000元。李君意見書內未列入，似宜補充之。

5. 根據李君意見，加以修改補充，則工業材料試驗所之完全設備，當需國幣約230,000元。在如此設備可足應付各項工程之現在及將來之需要矣。且足爲全國各材料試驗室之模範。

(B)關於沈康施三君報告書

1. 三君報告書所列設備，足供普通工程材料之尋常最必需之試驗，但對於金屬材料之試驗，如磨滅，疲勞，高溫時強度，顯微鏡檢驗，X光檢驗，均付闕如。

2. 試驗方法不同時，設備因之而異。尤以水泥與混凝土等試驗設備，極與方法有關。德法英美各標準方法，吾國將來可取其長，而決定中國之標準方法。但目下選購設備時，雖無標準方法可依，然亦宜採用他國之良法，而選定設備。三君報告書之水泥設備，似趨重於英美方法爲設備標準，但德國方法中亦多合理，而勝於英美法者。竊以爲將來宜採取德國方法中一部份，及英美方法中一部份，如國立中央大學材料試驗室，已訂有「材料試驗法標準草案」，可供參考。三君之報告書中水泥設備一項內，宜添加Bohme Hammor及mortar mixingmachine等，原有估計8,000元，應加爲10,000元。

3. 100噸通用試驗機，宜規定爲油壓式(Hydraulic type)。因此種試驗機較靈敏便利。尤以瑞士Amsler公司之各種試驗極可信用。

試驗機多有1%以下之誤差，能量大者不能精密讀取極小之力。木材之抗剪(Shear)，橫向抗壓(Compressionacross the grain)，磚之抗彎(transverse Test of brick)等強度極小，100噸試驗機上不能試驗之。100噸試驗機上無2噸或1噸之能量。故宜另備10噸試驗機一具，該機可有一噸能量，充分可精密讀取數磅或公斤之力。100噸與10噸二通用試驗機，連附屬品及硬度試驗設備，約需國幣40,000元。

4. 60,000吋磅扭力試驗機，據Amsler公司估價，需國幣15,000元，美國Olsen公司估價需美金3,500元以上。此項試驗機，假定採用Olsen出品，至少需國幣10,000元。原估價過低。

5. 溝筒試驗機據Amsler公司之10噸溝筒試驗機，（壓彎均可），需國幣6,200元。原有估價2,500元過低。

6. 金屬試樣(Test-piece)，須有車床等設備，方可自製。三君報告未見列入。此設備若採用國貨，列入於「其他零件設備」一項內，其預算5,000元似已足。

7. 500噸壓力試驗機，宜改爲500噸長柱長樑試驗機，可供建築，鐵道，橋樑等大形構材之試驗。價值需國幣35,000元左右。此項設備或可緩置。但如經濟有裕，亦宜趕先設置。

8. 由上述修改，依三君計劃之估計略如下。

100噸及10噸二具通用試驗機	40,000元
60,000吋磅扭力試驗機	10,000
校正器	1,000
溝筒試驗機	6,200
水泥試驗設備	10,000
其他零他	5,000
化學試驗設備及分析設備	34,000
共計	國幣106,200元

即共需106,000元。但500噸試驗機不在內。

(C)結論

中國工程師學會之工業材料試驗所應爲全國最完備者。總共預算應需230,000元。但如經濟所不許可分爲二期進行，第一期先就沈康施三君之計劃進行，需國幣106,000元。第二期可完成李君之意見，需國幣124,

18250

000元。

目下國內各大學及各機關均先後有材料試驗設備，例如國立中央大學，清華大學，北洋大學等，相當具有規模。中國工程師學會之材料試驗所，若其規模不若各大學之既有設備，或略相同，則亦何必多此重複，且仍不能應付各方面之需要。故宜圖籌劃確款，庶可成立全國最完備之試驗所也。

工業之進步，在於技術與材料兩方面之幷進。晚近優秀材料次第發現或發明，可促進工業之新發展。故對於國產工業材料之研究，實爲樹立吾國工業基礎上一重大急務。中國工程師學會之材料試驗所，宜抱遠大目標，不可徒以代社會試驗材料爲滿足，一方面須兼事於研究工作，方可達學術團體之使命歟。

顧毓琇先生之意見

工業試驗與研究，乃工業發達必由之途徑。中國工業，固極幼稚，而不重研究，以是進步更見遲緩。五年前政府以工業試驗之重要，乃有中央工業試驗所之設立，其重要任務，爲「考驗工業原材，改良製造方法，鑑定工業製品」，各省市亦次第有工業試驗所之成立，一方面冀以政府力量倡導工業試驗與研究，一方面促各種工業於工業試驗有充分之注意。數年來重要工業，設有試驗所試驗室者漸增，實是中國工業之好現象。

各種工業試驗，應以材料試驗爲出發點。此次中國工程師學會籌建一工業材料試驗所，規模宏大，設備完備，舉凡各種工程材料，皆可予以試驗研究，實予中國工業更大之協助與鼓勵。琇承董事會之推舉，審查各種設備情形，敬將管見所及，列陳於下：

1.關於設備項目

查康沈施三委員所擬之設備項目，至爲詳盡，惟尚有若干設備，擬請補充，玆另列一單附陳。擬請補充之設備，應加簡略說明如下：

(1) 現在國內各試驗室有壓力機者不止一處，亦有在100噸左右者。中國工程師學會之工業材料試驗所，旣將爲全國最完備之材料試驗所，此項壓力機，自宜以300噸爲標準，俾於建築所用混凝土等，皆可予以試驗。(見擬請補充項目中(1)(2)(3))

(2) 關於金屬材料，似宜加金屬擦磨試驗機，金屬旋轉疲乏測驗機，此於現在高速度機件之試驗，甚爲必要。(見補充設備項目(4)(5))

(3) 如與經濟委員會之公路材料試驗室不致有重複之弊，請加路面材料試驗設備，以試驗普通路面材料。(補充項目(6))

(4) 現在金屬材料，每以顯微鏡審查其物理組織，並經熱度變化後之情形，蓋非此不能究其强弱及特徵也。故擬請加此項設備全套。(補充設備項目(7)(8))

(6) 材料强弱與熱度極有關係，現代工業應用極冷極熱者，皆非罕見。故此項試驗設備，亦屬必要。(補充設備項目(9)(10))

(二 關於材料試驗所與其他各試驗機關之關係

近年來國內各地工業試驗研究機關，漸見增加，於各項試驗研究工作推行不遺餘力固可引爲欣慰。而各機關之埋頭苦幹，鮮有互相溝通之機會。每有工作重複之嫌。重要之工程科學之研究，需要彼此參證。數處分別研究，所得結果，或能互相較準，故相當之重複，不能避免，亦不必避免，但普通之試驗，研究工作，數方面重複從事，於今日中國人才有限經濟有限之情形下，實覺不必。吾人當主各試驗機關，分工合作，應爲工作最高原則，以減少耗費，增加效率。不同之問題，應以種類分工；相同之問題，應以方面分工；所得結果，應彼此交換，互相參證，如是工作無重複之弊，而結果有廣宏

18251

之效。本會工業材料試驗所，與其他各試驗機關，自亦本此原則以爲倡導。謹建議下列方針：

(1) 本所應設法成爲最完備之工程材料試驗所，嗣對於材料試驗工作，應與國內各大學材料試驗室，各地工業試驗所之材料試驗室，彼此協商，根據設備情形，採用標準方法，決定支配辦法。

(2) 關於化學試驗工作，其他試驗機關，辦理有素者，不止一處，本會材料試驗所暫可不必再辦，外界請求試驗者，可分別轉送，若暫時不辦化學試驗，則所有化學試驗設備29,000餘元，可移作購置擬請補充之各設備。

(3) 紙料試驗與製紙試驗，有密切關係，在中國製紙工業，尚未發達，僅有紙料試驗，尚不能達協助工業之目的，若本會材料試驗所，經費充裕，自可購置此項紙料試驗設備，否則似可留諸第二步或第三步計劃。

總之，本會材料試驗所，第一步應集中於機械土木材料之試驗，而以化學試驗委諸現有之試驗機關，以避重複耗費。如經濟許可，事實需要，然後次第舉辦其他試驗。

又關於名稱，上次在本會副會長惲蔭棠先生住宅談話會時，李木園先生曾主改稱工程材料試驗所，頗覺名實相符，較爲妥善。亦擬董事會予以討論決定。

附擬請補充之設備一紙，(原本英文，不備載)

24年7月1日

◉本會工業試驗所徵求合作

本會設立工業材料試驗所，原爲服務社會起見，對於解決工程各項問題，極願勉竭棉力。第目前因購置設備經費不敷，爲山九仞，將虧一簣，尚有待於各界之贊助，爰訂合作辦法如左：

1. 本會願承受工商各機關委托，代爲解決各項工程疑難問題，但暫以關於各工程材料之檢定及試驗事項，以及簡單研究問題爲限。

2. 各工商業機關慨捐本會工業材料試驗所購置設備經費者，得享受本會優待條件如下：

(甲)捐款在500元以上者，減收手續費10%，期限2年。

(乙)捐款在1,000元以上者，減收手續費20%，期限2年。

(丙)捐款在5,000元以上者，減手續費30%，期限5年。

(丁)捐款在10,000元以上者，減收手續費30%，期限10年。

(戊)在10,000元以上者，除丁項規定外，得指定試驗所理事1人。

(巳)捐款在50,000元以上者，另定之。

◉本會工業材料試驗所募款獎勵辦法

(甲)每隊隊員募得100元以上者，贈銀表鏈一塊；20元以上者，贈大銀表鏈一塊；500元以上者，金表鏈一塊，1,000元以上者，大金表鏈一塊，3,000元以上者，另行酌贈。各隊長募得500元以上者，贈銀表鏈一塊；1,000元以上者，金表鏈一塊，3,000元以上者，大金表鏈一塊。

(乙)捐款人不滿1,000元者，鐫刻芳名於試驗所壁上；不滿10,000元者，置備照像懸掛室內；10,000元以上者，另行酌定。

18252

工程週刊

中華民國24年8月8日星期4出版
(內政部登記證警字788號)
中華郵政特准號認爲新聞紙類
(第1831號執據)
定報價目：全年連郵費一元

中國工程師學會發行
上海南京路大陸商場542號
電話：92582
(本會會員長期免費贈閱)

4卷18期
(總號96)

工業之管理

編者

工業科學管理法，亦爲吾儕工程師所應研究者，惟管理之得宜，須組織之合式。鑒於已往之失敗，每感吾國大部份國營工業組織之須澈底改革。

譬如最近同蒲鐵路係兵工築路，由晉綏兵工築路總指揮担任，近以路綫已展至臨汾，長276.5公里，行車事宜，及運輸材料，均感繁雜，乃自5月8日起組織同蒲鐵路管理處，除工務外，其他路政方面之車務機務等事，均歸管理處掌職，是亦可爲組織上改善之一點。山西其他工廠(見本期內)，內容組織，尚待調查，依大概情形觀察，頗似三十年前張文襄公在鄂省之政績。惟鄂省工業基礎，今已盪焉無存，則亦管理不合新式企業之過也。西北工業，其能毋蹈覆轍乎？觀同蒲鐵路管理處之組織，有督辦，會辦，襄辦，坐辦，等名目，則該省省營工廠，似難立異。組織不健，基金不固，往往使技術人員不能展其所長，而終不免失敗，則又爲各官辦式之工廠危也。對於組織系統，管理方法，吾工程師似亦應有發言地位。

山西新式工廠之勃興

東北淪亡，國人移其目光於西北。山西，陝西，甘肅諸省，逐倡議開發。山西建築同蒲鐵路後，(見本刊第13期)，其他省營工廠，亦分途並進，組織西北實業公司，茲就『山西建設』中所得之材料，彙報於下，以覘本年西北之發展也。

西北實業公司自22年8月正式成立後，經年來之積概進行，所屬各廠，均各先後出品，分述於後：

特產組

1.西北印刷廠，印刷廠於23年1月鳩工安裝機器開始印刷，承印晉華紙煙公司之紙煙包裝，西北火柴廠之商標，同蒲路之火車票等。是年秋季，添設鉛字機，印製各種書籍，珂羅版印刷尤爲精緻，實山西印刷界特有之供獻，有技術員3人，工人130人。

2.河東聯運營業所，自23年10月正式組織成立，開始營業，對於晉南棉業及鹽業輸出，輔助極大。

3.西北貿易商行，在太原承買西北各廠機器鋼鐵材料，及各種機器油馬達油等類。綏遠分行專買毛皮葫麻運往天津分行，天津分行向外國直接辦理輸出入。汾陽之核桃仁，天鎮之黃芪大黃等輸出亦復不少。

4.晉南棉花打包廠，現已將地址勘定，不久即將實現。又在連雲港購定地址，擬建倉棧，圖海口之輸出入。

5.天鎮特產經營場。在天鎮辦理種植大黃黃芪等物，以振興土產事業，成立已久。

紡織組

西北毛織廠，自22年開始建築，2年春季安裝機械，於9月15日開工製造衛生毛衣，毛線，毛氈，粗細嗶嘰及禮服呢等，出品頗能適合社會之需要。現又增購機械，以備增出高級細毛出品，應社會之需。有技術員5人，工人晝夜2班，共330人。

礦業組

1.西北煤礦第一廠，於23年8月正式出煤，並由西山自太原修一鐵路支綫，亦於去秋工竣，開始運煤，供給西北各廠及太原市並沿同蒲線各地之用。有技術術員12人，工人400人。

2.西北鍊鋼廠，去年春季成立，西北鍊鋼廠內分採礦、鍊焦、鐵、鍊鋼、輾鋼軌、等5部，各部於去年已將地址測畫妥當，機械購定，建築所需各項材料，均經備齊.掘井工作，同時併進。本年解凍即開始建築，各項廠房，現正積極建築，預計明年可竣工。

工化組

1.西北窰廠，去年加緊工作，添補機械，增築燒窰15座，以製各種耐火磚為主旨，兼製磁器。後又添購混和機，粗粉碎機，及細粉碎等各機，將大批製造耐火品，以供煤鋼廠築爐之用。現有技術員11人，工人350人，每日產矽磚18噸，坩磚32噸，

2.西北洋灰廠，去年夏季購定地址後，即開始建築，於本年4月間，即將機械安裝就緒，開始製灰，每月可出成品500桶，貨色甚佳，每桶僅售價6.35元，較外來之品價廉約在一半以上。現有技術人員13人，工人130人，洋灰均供同蒲鐵路之用。

3.西北皮革製作廠，去年將廠房洋灰池等建築完竣，機械同時安裝就緒，入冬則製出機輪皮帶，羊皮翻面鞋，及手提皮包，其他社會各種用品，今年已大量生產矣。有技術員12人，工人96人，每日出品有紅藍底皮，羊皮，帶皮，靴鞋，數種。

4.西北火柴廠，於去歲四月間始整理廠房及機械。8月中旬開工正式出品。所製火柴，因物美價廉備受社會上人民樂用，貨不停留，極能暢銷，初開工日出20箱，入冬日夜分班。已增至出30大箱，銷至陝西，綏遠，甘肅各處，現擬增購新機械，計畫每日出品達60大箱，有技術員16人，工人354人。

5.西北製紙廠，廠址在蘭村，本年春融開始建築，擬於9月間安裝完竣，即可製出成品。

機器廠管理處

去年秋季，將前壬申製造各廠，奉令改為營業性質，各廠分別獨立，各自營業，周公司管理，並成立一機器廠管理處，以管理之。計壬申廠改組撥入者共計11廠:——

1.西北育才煉鋼機器廠，製造各種機械。
2.西北機械廠，製造各種機械。
3.西北機車廠，製造同蒲路之機車。
4.西北農工器具廠，製造農用器具。
5.西北鐵工廠，製造各種機械。
6.西北鑄造廠，製造各種機械。
7.西北水壓機廠，製造各種水泵。
8.西北汽車修理廠，製造機械修理汽車。
9.西北電汽廠，供給電燈及動力。
10.槍彈廠，製造槍彈。
11.西北化學廠，製造硫硝酸及火藥。

會員諸君請就工作經驗，多寫稿子寄本刊。

會員諸君更改通信地址，請即函告本刊。

大冶採煤施工之經驗

王野白

1,大冶煤田之組織

大冶煤田之範圍，包括100—150方公里，東達陽新境內漳山等處，西至下陸牛角山頸；計長約50公里，南北約寬 3公里許，自北至南，先爲一背斜層(anticline)，後爲一向斜層 (syncline)；背斜層之南翼，卽爲向斜層之北翼，向斜層之轉軸(axis)，適與外表幹山之脊成爲平行．此山名黃荆山，自西至東，蜿蜒起伏，與大江並列而行．背斜層轉軸在黃荆山幹脈與大江之間，吾人可於數小山之頂，見岩層南北傾斜卽其轉軸處矣．背斜層之北翼傾斜甚峻，平均在 70°—80°之間；背斜層之南翼，即向斜層之北翼；傾斜頗緩，約 25° 左右；向斜層之南翼，傾斜較陡，約30°—70°度．此均就大概而言．背斜層北翼，大體向北傾斜，然其中有數小部份向南轉折，而成爲勾脚式者．背斜層南翼大體向南傾斜，其中亦有陡起向北傾斜，而另成一小向斜層者．向斜層南翼大體向北傾斜，有急傾至 70°餘，陡起一巨坎，成一V 形小向斜層者．故就大體言，由北至南，有一背斜層，及一向斜層，若分析言之，有無數小背斜層與向斜層，東西折皺尤多，而且複雜．大冶煤田岩層，謂之波浪式，毋甯謂之亂山墳堆式．

大冶白煤煤層，生于古生代之二疊紀，甚不規則，非如河南焦作煤田及山西陽泉煤田之廣大成片段．而大冶煤田却爲倉庫式(pockets)，各庫之大小，此庫與彼庫之距離，均無一定，大抵百餘里長之煤田，中部倉庫較大而密集，邊頭倉庫較小而星散．歷來各鑛開採所見之情形，可資證明．就開採較久之鑛，如富源，富華，利華，三公司已往經驗而言，一大倉庫之煤有多至 200,000噸者，一小倉庫有少至100 噸者，平均一庫約50,000噸許．此倉庫與彼倉庫之距離，有遠至200 公尺者，有近只10公尺者．倉庫與倉庫之間，其經過路程亦有薄層．煤層有厚數公寸者，有如紙薄者，然亦有全無者．此中間岩石起伏變化愈大，所遂到之倉庫貯煤愈多，似爲大冶煤田中部之象徵．在一倉庫之中，煤層之厚薄原不一定，四圍薄而中心厚，普通最厚處約6 公尺，然亦有厚至20公尺餘者，但此種倉庫面積甚小，利華公司東井附近某處曾見之矣．

觀上所述大冶煤田組織之特殊，固非局外人所能意度也．

2.施工之困難

因岩層起伏不定，造成施工困難，因煤藏不成片段，而爲倉庫式，至使石工費用超過採煤費用．折皺多，故走向不一，倘欲循煤層走向開一平巷，必不能指定固定方向，必須順其勢而作爲無數『之』字灣曲，譬如目的向東，有時先東南向，再轉爲西南向，復轉爲東南向，再變爲東北向，而至正東，其環繞之路程，可超過一倍以上之遠．倘不循煤層而直達其目的地，則經過之岩層倏忽變化，時軟時硬，時入天秤(hanging wall)，時入地板 (footwall)，時穿煤層 (seam)，工作之速度無從預擬，包工之價值無法規定．

至探尋倉庫之所在，更爲麻煩，距離既無定準，方位亦無定向，必須本向日之經驗，决定趨舍．循槽口（即天秤與地板中間，或煤層或一種另子土，）而進，時而朝上作上窖(raise)，時而朝下作下插(winge)．作者在富華煤鑛公司內，曾打一閉口 (pinch)，即探尋倉庫之謂，于一雖洞口平面下50公尺處，起首探尋，先爲平巷，繼朝上升高；平距離約 100 餘公尺，而直距離却有 50 餘公尺，又復向下降落，平距離不過100 公尺，直距離却落下40餘公尺，始達到一倉庫。經過地域有傾斜達70° 者，土石運輸甚感不便。因探尋工作前途之價值不明，自不能廣大設備，多費金錢，以謀運輸之敏捷，蓋恐將來之代價無法取償，故不能不藉廉價之人工，費時雖長，然所耗較微耳，是以由此倉庫到彼倉庫，打閉工作，恆有費時數閱月，以至年餘者，非人謀之不臧，亦煤田組織特殊，不能不然耳。

3.採煤費與石工費之比較

因煤藏爲倉庫式，倉庫與倉庫之間自然無煤，即有亦無採掘之價值。方得到一倉庫時，不能不繼續打閉，經過此無煤或薄煤層之區域，開一石工巷道，以達到其他另一倉庫，免至原有倉庫之煤採盡，而無他煤藏供給生產。又探尋倉庫延槽之巷道，多半高低不平，自非另開一便于運輸之寬大平坦運巷，及直井，或一定傾斜角度之斜井，不足以大量生產。其上述原由，開採大冶煤田，石工費恆多于採煤費。富源，富華，利華，均同此情形，茲將富華煤鑛公司近兩年來之石工，及採煤費用，表列于下：

年　月	22 年	23 年	24年 1 月	24年 2 月
採　煤　費	85,426.25元	137,821.48元	12,530.54元	7,120.05元
石　工　費	149,067.51元	190,038.44元	17,230.34元	12,304.45元
採煤費百分比	36.4%	42%	42.1%	36.7%
石工費百分比	63.6%	58%	57.9%	63.3%

4.出產成本之影響

石工費用既多，產煤成本受其影響而增高，採煤費用亦因煤藏爲倉庫式，採煤進展甚速，以致運巷工程恆較採煤巷道落後。運巷既然落後，採煤人工自然需要加多，是以採煤費用因之加多。故大冶各鑛採煤成本，較北方其他各鑛爲高，而石工費與採煤費兩項合計，更較他處尤高。若連支木，排水，通風，等費合并在內，則每噸煤炭成本恆在3.50元以上；再加事務費用，合共約在 5元左右。

在此經濟衰落時期，物價難望提高，大冶各鑛若圖謀厚利，自非減輕成本不爲功，然因煤田組織之特殊，施工之困難，欲求每噸煤炭成本至 3元以下，尚需特別設法也！

◉13屆國際建築師會議

國際建築師會議之宗旨：

1.設計及督造上實際所得之新獻。
2.城市建築，如房屋，橋樑，車站，官署，等之經驗。
3.建築師對政府或私人主顧服務之道德。
4.公寓建築標準化。
5.地底建築關於通氣及安全之研究
6.圖樣之保障及專利，與監造之責任。
7.建築師業務競爭與競選之限制。

今年羅馬第13屆會議之日程：

9月22日：註册，集會，遊覽城市。
23日：開幕禮：第 1次會議，分組討論
24日：第2 次會議；參觀大學城；羅馬總督歡宴。
25日：郊外遊行參觀。
26日：委員會集會；遊覽。
27日：第三次會議；S.Luca學院歡宴。
28日：末次會議；宴會。

會員會費每人意幣100 Lire,其他詳情，可函詢上海中國工程師學會，或
Secretary General,
XIII Congress International Architectes,
Lungotevere Tor di Nana, 1 Rome, Italy.

唐山試驗特種抵抗海水洋灰

錢塘江橋工程處擬購用啓新洋灰公司之海水洋灰 (Sea Water Cement)，特委託交通大學唐山工程學院，代爲試驗比較。現第一批試驗已告完畢，卽 7天及28天兩組，玆將試驗結果節錄如下，全部報告則需待3 個月，6個月，9個月及1 年試驗後再公布。原報告爲英文，詳載試驗方法，及每號樣子之力量，以下不過節譯其平均數，以示一斑。大概海水中鹽質，對於抵抗海水洋灰之侵蝕，比普通卜德倫洋灰爲少也。

1:3洋灰沙塊		海水洋灰 每平方公分公斤	海水洋灰 (每平方英寸磅)	普通洋灰 每平方公分公斤	普通洋灰 (每平方英寸磅)
(I.)1天潤濕，6天在淡水中，	拉力	14.2	(204)	19.3	(273)
	壓力	110.0	(1,560)	113.0	(1,602)
1天潤濕，6天在海水中，	拉力	16.0	(226)	22.0	(310)
	壓力	121.0	(1,706)	127.0	(1,805)
(II.)1天潤濕，27天在淡水中	拉力	18.4	(260)	26.1	(370)
	壓力	220.0	(3,110)	184.0	(2,613)
1天潤濕：27天在海水中	拉力	15.2	(215)	23.4	(332)
	壓力	185.0	(2,613)	179.0	(2,546)

(交大唐院週刊，24—6—24，祥譯)。

18257

中國工程師學會會務消息

◉第21次執行部會議紀錄

日　期：24年7月19日下午5時，

地　點：上海南京路大陸商場本會所，

出席者：徐佩璜，裘燮鈞，張孝基，王魯新，朱樹怡，鄒恩泳。

主　席：徐佩璜；　紀錄：鄒恩泳。

報告事項

主席報告：

1.本會工業材料試驗所，已於7月3日，由該所建築委員會驗收。承包人張裕泰建築事務所開來賬單，於合同總價32,500元以外，要求加賬11,948.08元，稅力代賬2,051元，共46,499.08元。除去本會捐來材料估值9,511.78元，與已付過造價21,000元外，尚差15,987.30元。嗣經建築委員會審查之後，將加賬數目核減至8,993.13元，加稅力代賬2,051元，共計11,044.13元。同時尚有捐得材料抵充造價9,370.32元，加上未做工程1,636.00元，共計11,006.32元。此數與11,044.13元相較，已略相等，應可兩相抵銷。此外尚有延期損失作爲1,000元，由張裕泰捐助材料試驗所。

2.廣西李運華君來電，請加聘張文奇，陳壽彝，陳慶澍，葉彬，等4人，爲本屆年會籌備員，業由本會分函聘任矣。

討論事項：

1.工業材料試驗所尚未佈置完竣以前，暫不舉行開幕典禮，惟擬於雙十節日設辦一展覽會，以資宣傳案。

議決：本年雙十節日，舉行國產建築材料展覽會10天，推定濮登青，朱樹怡，薛次莘，董大酉，楊錫繆，黃自強，張延祥等，爲籌備委員；濮登青爲主席。籌備委員應先擬定章程，預算，交執行部公決施行。

2.張延祥君提議，本會會員借閱圖書雜誌暫行辦法案。

議決：通過試行半年。

3.本會書記皇甫仲生工作頗爲勤奮，擬加月薪五元，以資獎勵案。

議決：自本年八月份起加薪五元。

◉會員借閱圖書雜誌暫行辦法

1.本會收到圖書雜誌，編號登記，按期在「工程週刊」內公布，其內容有關於工程者，並刊列要目及著者姓名。

2.會員借閱圖書，寫明編號及書名期數，每次以二本爲限，期以二星期爲限。

3.未繳會費之會員借閱圖書，本會得請其先繳付會費，否則暫停止其此項權利。

4.寄書郵費須會員先付，約書價十分之一，掛號加八分。本埠會員得派人來會自取。

5.借書如有遺失，或因未掛號而在郵寄中遺失，均須由會員賠償。

◉廣西考察團已過廣州

本會組織之廣西考察團情形，已載上期本刊。茲接惲副會長18日來函，云已到達廣州，轉船赴梧，大約21日或22日可到南甯。該團自衡州至樂昌一段，承凌局長親自照料，故能一天趕到，甚爲感激。衡州至樂昌汽車火車聯運，須從9月1日起，現在必須在坪石住一夜，望年會赴會會員走湖南者注意云。

◉陸鳳書君參加廣西考察團

廣西考察團團員名單已載本刊15期334頁，共11人，茲悉本會會員武昌武漢大學教授陸鳳書君加入，故共爲12人，陸君與團長顧毓琇君等，一同從粵漢路入粵矣。

◉南京分會消息

南京分會於7月4日晚6時半，在玄武門外美洲西北角美洲茶社賞荷廳開常會聚餐，到分會會長吳承洛，會計吳道一，書記許應期，會員茅唐臣，顏德慶，夏光宇，薩福均，胡博淵，等約40人，餐後，請茅唐臣先生演講錢塘江鐵橋工程概況，茅君講述該橋施工經過，并演幻燈，以助說明，歷一時餘，至有興趣。該日開會，并推下屆職員司選委員3人，由孟廣照，吳道一，許應期當選云。

又南京分會於本年度1月7日晚6時，在中華路老萬全菜館開第一次常會，請王受培先生演講開灤煤礦狀況。2月17日在中山路華僑招待所開春季交誼大會，請陳立夫先生演講工程師之責任。5月24日在中華路老萬全聚餐，請楊君毅先生演講中國兵工製造廠之展望，吳保豐先生演講歐美考察見聞。6月9日旅行湯山。6月15日偕同中國科學社南京社友會參觀衛生署，各次開會會員參加者頗多，并極熱烈云。

◉會員通信新址

蔡世彤 (職)南京五台山萱棠橋35號
陳繼善 (職)六合卸甲甸硫酸錏廠
徐 尚 (職)湖南衡州粵漢鐵路工程局
陳瑜叔 (職)北平北平大學工學院
常 毅 (通)南京全國經濟委員會轉交
洪 紳 (職)南京建設委員會
(住)南京五台山永慶巷2號
周增奎 (職)南京下關商埠街14號津浦鐵路審計辦事處
任國常 (職)南京西華門水晶台資源委員會
朱其清 (職)南京西華門水晶台資源委員會
陳紹琳 (職)南京西華門水晶台資源委員會
黃 宏 (職)南京西華門水晶台資源委員會

◉本會圖書室新到書籍

12. 交大唐院週刊(唐山交通大學)
109—110 期 24—6—24日

13. Journal of the Royal Institute of Brtish Architects,
42卷15期 24—6—8 1/6 先令
Planning Against Noise: The Noise Abatement Exhibition
Salaried And Privately-Practising Architects.
Norman Survivals in London.
Earthquake-Resisting Design
Baths At Shirehampton, Bristol.

14. 國立清華大學工程學會會刊
4卷1期 24年4月 0.30 元
要目：中國機械工程史料 劉仙洲
瀝青材料試驗檢討 李謨熾
機械製造需用切速及時間之計算 毛韶青
水量測驗法 方福森
杭江路靈山港鐵橋模型 陳祖東
混凝土剛架橋與其改進公路交叉之應用 陳明紹
Some Salient Features of the Centrifugal Pump Design 李輯祥
Radial Planimeter 戴中孚
Model Test of a Rigid Frame Structure 周惠久
關於工程方面個人之經驗 邢契辛
河工模型研究水力學 沙玉清

15. 四川省立重慶大學一覽 24年5月 0.50元

16. 工學 4卷1號 24年6月 0.10元
東京市日黑區大岡山(山田方)牛頓社
要目：電氣化學與電化學工業 彰 文
航空燃料之抗擊問題 陳幸洲
飛行機之騷音 省 吾

18259

◉新職員複選揭曉

敬啓者，本司選委員會，業於 8月21日，在濟南正式開票，計此次共收到複選票281張，開票結果錄下：

會長	顏德慶	當選
副會長	黃伯樵	當選
董事	胡庶華	當選
	韋以黻	當選
	華南圭	當選
	任鴻雋	當選
	陳廣沅	當選
基金監	朱樹怡	當選

第五屆司選委員會委員：林濟清，王洵才，宋連城，陸之順，曹瑞芝，同啓

(註)本屆未滿任期之董事爲：
凌鴻勛，胡博淵，支秉淵，
張延祥，曾養甫，(25年滿)。
薩福均，黃伯樵，顧毓琇，
錢昌祚，王星拱，(26年滿)。
本屆未滿任期之基金監爲：
徐善祥 (25年滿)。

◉致贈侯德榜博士榮譽金牌

本會3 月31日第17次董事會通過致贈侯德榜博士第一次民國24年榮譽金牌，經函達在廣西年會中贈授，茲接天津永利化學工業公司總管理處來函云：『侯博士現因公留美，不克親赴廣西與會，已托張宏源先生代爲領取，除將貴會華翰封寄侯博士外，特此代爲鳴謝』云。

◉湖南公路局優待年會會員

本會今年在廣西舉行聯合年會，一部份會員須從湖南轉廣州赴梧，茲准湖南建設廳余廳長7月12日工字等11057號公函，特別變通優待，從長沙至宜章一段公路，減照六折計算，令飭公路局辦理，本會對此，無任感謝。

◉朱母奬學金論文評定

朱母奬學金爲本會會員朱其清先生，紀念其尊慈顧太夫人而設。該項章程，及應徵辦法，應徵人聲請書，徵文啓事，均載在本刊3卷35期558—560 頁。去年未曾給奬，今年收到應徵論文9 篇，聘定徐名材，張貢九，李謙若，裘維裕，馬德驥，5 位爲評判委員，玆將收到論文，報告於下：

1. 武 霈著：無綫電控制術及應用
2. 李銳周厚坤著：船舶舵位電氣指示機
3. 張世銘著：擺動與來囘動作之量法
4. 李 芬著：土方測算問題之研究
5. 李富國著：公路彎道圖解法
6. 林同棪著：直接力率分配法
7. 姜 瑜著：關於鈑拱梁橋之設計與經濟之討論
8. 吳華慶著：紙型與建築
9. C. A. Middleton South: Analysis of Gnound Earth used for Dumping Purposes

評判委員會，於7月26日下午4時在本會會所開會，評判結果，24年度朱母紀念奬金應給予下列2君：

林同棪 直接力率分配法
吳華慶 紙型與建築

依照章程，每人各奬予 100元，在本屆年會中給奬，論文將在本會會刊『工程』10卷5 期內公佈。

此次審查論文，承以上5委員費時費力，精細處理，本會甚爲感德，併此誌謝。

◉更正

本刊 4卷14期 218 頁，雕山湖灌溉場消息，係蘇州電廠供電，誤爲戚墅堰電廠供電，承會員張賓桐先生來函更正。敬謝。

各地分會書記，請儘早將會務消息寄本刊公布。

18260

工程週刊

中華民國24年8月15日星期4出版
(內政部登記證警字788號)
中華郵政特准掛號認為新聞紙類
(第1831號執據)
定報價目：全年連郵費一元

中國工程師學會發行
上海南京路大陸商場542號
電話：92582
(本會會員長期免費贈閱)

4•19
卷 期
(總號97)

工程與兵法

編者

嘗讀孫武兵法，『一曰度，二曰量，三曰數，四曰稱，五曰勝』，此亦可為吾工程師之兵法。工程事項，無一不以度量衡為準則，稱即衡。數為『係數』，『定數』，(Coefficient, Constant)，或『比數』，『成數』，(Ratio, Percent)。譬如造橋，必先度其跨孔，量其流速，衡其重力；在計算之時，必援應力係數，熱漲係數，韌性係數，若失其一，必致敗挫。又譬如水泥三和土之1:2:4或1:3:6，其中實亦包括度量衡數四原則。在化工中則更嚴密不移，如H_2O與H_2O_2之不同，C之為煤炭或金鋼石，不過其中原子數排列之不同耳。由此可知工程師絕對不能離度量衡數四字而他求。

至於孫子之勝字，十家註解，均未能道其詳，余以為當作勝利之勝字解，即英文之Avdantage。工程師無往而不利用自然之力，以制勝自然。譬如利用水力以發電，再利用電力以抽水，制勝水旱灘峽之險。利用槓桿螺旋以製作機械，制勝力所不能移之重；利用烈火熱焰，以熔鋼鐵，制勝力所不能撓之堅。吾工程師正日夕研究所以制勝之法，明其理，合其法，則勝矣。故工程師之治事，亦當如兵家之治軍，孫子五法，正為吾工程師設法。不過兵家以敵人為對象，損人利己，吾工程師則以自然為對象，造福於全人羣，此則吾工程家實遠勝於兵家也。

滿洲技術協會

滿洲技術協會為日人所組織之社團法人，在大連市東公園町35番地，發行會誌已至12卷，其成立當在12年前。國內工程界尚少知有此團體，但不可不注意及之，特將概略誌下：

該會辦有工業博物館在大連市山城町香番地，每日開館，免費參觀。又設煖房相談所。現又進行設備圖書室。

該會出版品除會誌外，有滿鐵標準圖，織物類並防水布類品質規格等刊物。

該會會務，有講演會，十六日會，參觀，懇話會，等等，分會設在東京，旅順，鞍山，奉天，四平街，新京，撫順，本溪湖，哈爾濱，羅津，圖們，兼二浦，京城等處。

該會職員，會長為昭和製鋼所監查役員澂謹吾，副會長為元南滿洲工業專門學校長小山朝佐，及滿鐵計劃部長根橋禎二。又設各種委員會，如工業講座開設委員，大連都市計劃研究委員會，騷音防止調查委員會，國產振興調查委員會，特許發明調查委員會等。其會員有特別會員一種，係各工廠會社，如滿洲電氣株式會社，南滿洲瓦斯株式會社，大連機械製作所，等約60個。

日人在滿，尚有滿洲發明協會等組織，吾人似不能不加認識，吾人一面研究工程之技術問題，一面又須注意其他工程學術團體之活動，特別在東北！……

18261

洗刷水管之新方法

呂瀚璿譯

水管經過相當時日後，常爲結殼(Scale)水銹(Corrosion 所阻塞，失其效用。在此情況下，常須調換新管；然因換管工作，必須鑿毀牆壁及地板，所費不貲，於是有以鹽酸或其他酸液洗管之試驗。其原意蓋欲使酸液停留在管中，經過相當時間後，洽能將結殼水銹等物除去，而於水管本質，不受損害之影響。然此尚有問題，蓋其所費，有時或比調換新管之費用爲尤多也。

最近十年來，用酸液而參以制止劑(Inhibitor)施行洗管工作，已經大著成效。制止劑多屬淡氣物質，如靛青(Aniline $C_6H_5NH_2$ 或 Pyridine C_5H_5N)，膠液(Glue)或麵粉(Flour)等，均爲常用之物。其用法，將該劑少許，加入酸液內，成一種混合酸液，該混合酸液，即可除去管中鐵銹及結殼等物，而於鐵管本身不生影響。故此種方法之使用，日見廣大。

用此種方法洗管，試於紐約一間35層公事房，其中大部分水管，裝在大理石牆壁之內，倘調換新管，所需費用，甚巨，對於住客亦不便 今用混合酸液洗管，於一個禮拜六之下午完成其工作，於住戶毫無不便之處，水管由此恢復其效用，而所費亦僅尋常價額而巳。

最初曾試驗以判斷該劑減輕酸性消蝕金屬管子之作用至若何程度。試驗方法，將白鐵水管浸在16%濃度之純粹鹽酸中，與浸在加入制止劑 3%同量之鹽酸中，而比較其結果。用同長度之鐵管，分別浸在該兩種不同之液體內，經過6小時之後，浸在純鹽酸內之鐵管，已減少其重量50%，然而浸在混合酸液中之鐵管，僅損失其重量 0.2%而巳。可見是項制止劑，確有保護水管被酸液損蝕之功能。

又一次有一室之兩根管子，被結殼等物所阻害，蒸汽完全不通。以混合酸液施行洗管工作，經一晚之治理，加以充分冲洗之後；該管子巳完全洗清，再無弊病發生。

又一療養院之水管爲結殼所塞，不能獲得充分之水量，亦作洗刷之試驗，將25加侖之14%濃度之鹽酸，加入 3%之制止劑，以桶盛之，接於一小幫浦之吸水管上。將混合酸液由底層25公厘口徑之水管打上，經過二樓，然後從別一管流下，流下之酸液先經過一細篩，將各固體雜物隔除，再入桶內。

在工作之初，管內洗下之多量固體雜質，幾將該管塞滿，使酸液不能打上。於是開二樓管子，將混合酸液從上傾下，至滿管爲止，使酸液存留在管內，經過 8 小時，然後將其放出，再以水冲洗之。結果，則管內結殼等雜物完全排去。

爲判斷此種洗管法之效果程度起見，曾將該處25公厘口徑水管 3 根割下，以作試驗，該管巳被水結所塞，幾無通過一鉛筆之小路。先將該三管中之一管留起，將其他兩管連絡於酸液經過之處，2 小時後，將一管取出，即見管內之雜質，幾巳全去，所留者，僅接縫處之一些水銹而巳。10小時後，將其他一管取出，則所有結殼水銹等雜物，均巳盡除，而鐵管本質，不見損蝕。

此次洗刷工程，約有 13 公厘至 (100公厘) 口徑之水管 850 公尺，以需人工費用美金 $870，所用混合酸液物料約爲美金 $20，總共工料費爲美金$890，若調換新管，則非美金 $8500不可，其相差之鉅，誠可驚也。(Water Works and Sewerage, May, 1935, P. 192)。

試電管之構造與應用

張 延 祥

試電管，美國商標名字為 Test-O-Lite 係一袖珍小工具，為電機工程師及工匠不可缺少之法寶，隨處應用，攜帶稱便。美國專利局於1930年10月准許專利，故實乃新穎之品，特作介紹。

構造 試電管乃一小氖氣燈玻璃管，中有2 個金屬電極，不接聯，通到外面2 根橡皮電綫。氖氣管外面有硬膠木殼子以作保護，並備手握之用；膠木所以阻隔電流，故應用時甚為安全。全管連電綫長僅15公分，闊2公分，厚2公分，重20公分，和自來水筆相似。置口袋內不怕損壞。取出即用。可謂靈便。電壓高至550 伏無碍。

原理 普通試驗電流是否接通。用一只電燈。裝上燈頭。接二根綫。用綫頭去試驗。若然有電壓。則燈明；無電則燈不明。今試電管亦用此法。惟改用氖氣管。則可試驗其他事項。氖氣管中二電極不相接連。惟兩端有電壓而通電。則管內氣質受震盪而發紅光；電壓高則發光愈紅。即使一根電極觸在火綫 (Live Wire) 上。管內氣質。亦受震盪而發微光；此點與尋常之電燈不同。蓋尋常電燈必須兩端均接觸電綫。或一端接火綫。一端接地。始能發光也。氖氣管之發光。並非燦白熱，而由震盪。乃此試電管之原理。

應用 可舉數種實用方法為例；

(1)鉛絲爆斷。先以試電管試二根來綫有電否？若來綫有電，再以試電管試鉛絲兩端柱頭，若氖氣管不明，則該鉛絲已斷。

(2)試地綫法。試電管內部有 100,000 歐姆電阻，故在110—550伏之電壓上，以手觸其一端，而以另一端接觸電綫，絕無危險。若所接另一端為地綫，則氖氣管不發光，若所接另一端為火綫，則發光甚明。

(2)試中綫法。3相4綫，以試電管接任何2 外綫，發光比接在一根外綫與一根中綫為强，因電壓高1.73倍也。如此，可確定其4 綫中何綫為中綫。

(4)試電流法。此是交流電，仰或直流電？普通須用鹽水分解，以觀察其有無電化作用，而發生氣泡。今用試電管則十分便利，因氖氣管兩極之任何一極，接交流電，均用發光，而接直流電，則祇一極發光，其他一極不發光也。

(5)試電極法 直流電之負電極(—)，接氖氣管即發光，正電極(+)不發光。

(6)試斷綫法 若有一段橡皮電綫，中間銅綫折斷而不易尋求斷在何處，可取試電管一端接通電源，電源另一端接在所試之電綫上，而以試電管之另一端沿所試之電綫行去，過斷頭處氖氣燈即不亮。

(7)試電子 (Armature) 綫圈法 以電源經過相當電阻，如電燈之類，接至電子兩端，而以試電管在整電器 (Commutator) 上，逐片試驗過去，若氖氣管不發光，即為斷綫之處。

(8)試汽車火星塞法 以試電管二端併成一頭，試火星塞，如發光勻而亮，則好的。若發光斷續，而比其餘火星塞為淡，則必有病。

此外如無綫電變壓器，電容器，電阻圈等，與各種電器用具，如有毛病，看不見，必須用此試電管探求。此管對於電工人員之重要，猶諸醫生臨診所用之寒暑表，可節省許多麻煩與時間。現上海新中工程公司有經售，每支價僅5元，若國內年紅廠能倣造，亦可成為一種必需要之出品，而有利於電業也。

交通大學研究所

上海交通大學研究所，現分2部，12組，如下：

1. 工業研究部
 (1)設計組
 (2)材料組　主任李謙若
 (3)機械組　主任胡端行
 (4)電機組　主任張廷金
 (5)物理組　主任裘維裕
 (6)化學組　主任徐名材
2. 經濟研究部
 (1)社會經濟組　主任陳伯莊
 (2)實業經濟組　主任馬寅初
 (3)交通組　主任陳伯莊
 (4)管理組　主任譚沛霖
 (5)會計組　主任許延英
 (6)統計組　主任鍾偉成

該所所長由校長黎照寰氏兼任，唐山分所由唐山工程學院院長孫鴻哲氏任所長，北平分所由北平鐵道管理學院長徐承燠氏爲主任。

中國工程師學會材料試驗所，自始與交大合作，故交大研究所之進展，全國工程界均應盡力贊助。

◉A.E.G.最近在華裝置之透平

德國A.E.G.電機廠，最近有5,000瓩透平發電機1座，裝置在南通大生電廠。又有400瓩1座，裝置在上海浦東中國酒精製造廠，均已開車，成效甚佳。

又該廠在東三省最近亦裝置大透平發電機2座，內1座在煉鋼廠中，計12,500瓩，3,000轉，26大氣(370磅每平方英寸)，385c (73°)，11,000伏，50週。另座在化工廠中，計4,000瓩，3,000轉，34大氣(470磅)，425 (800°F)，3,300伏，50週，氣壓力5.5大氣，以供廠內熱汽之用。

(F E R24—6.)

◉美國Colorado河水渠工程

美國近年舉辦之大工程，有 Colorado River Aqueduct 一項，開工2年，尙在進行中。該渠從 Colorado 河引水至 Los Angel, 由 Metropolitan Water District of California 機關主辦，其工程情形，可從下表中得見一斑：

渠長總共	390公里(242英里)
鑿山洞長度	149公里(92英里)
開運河長度	100公里(62英里)
築涵管長度	89公里(55英里)
築虹吸管長度	47公里(29英里)
外加分佈水渠	268公里(172英里)
開土方	29,700,000立公尺(39,000,000立碼)
開石方	4,560,000立公尺(6,000,000立碼)
洋灰混凝土	3,810,000立公尺(5,000,000立碼)
鐵筋	250,000噸
銅	2,720,000公斤(6,000,000磅)

此項工程詳情，載美國各項工程雜誌，我儕似不可不加注意參考，而尤以鑿山洞長度佔總渠三分之一，爲值得研究之工程。山洞斷面爲馬蹄形，面積等於4.86公尺(16英尺)之圓徑，坡度爲0.066%，即每英里3.5英尺，最長之山洞計29.3公里(18.3英里)，同時有58處洞口進行工作，最長之一洞，有8個洞口同時開鑿，工人晝夜三班，工作不息，最快之紀錄，7天鑿86公尺(284英尺)，此則完全依賴機械及動力之力耳。鑿洞工程約需美75,000,000元，恐在目前世界經濟狀況下，亦惟美國能有此豪舉耳。

(祥譯 Earth Mover, 6,35)

18264

中國工程師會會務消息

◉年會會員出發

本屆在桂舉行年會，一部份會員于7月31日從上海乘招商局海元輪船出發。船于上午10點鐘啓椗，中國科學社等其他與團體參加聯合年會會員，亦大部份一同出發，碼頭上揮巾送行者頗爲熱鬧。本會董事部由惲副會長代表出席，巳由湘入粵，本會執行部則由會計張孝基君代表出席，卽乘海元輪南下云。

◉香港會員招待年會會員

香港本會會員不多，惟均十分熱心，因本年年會會員一部份過港入桂，該地會員黃錫霖，梁厚海，徐寬年，王瑋，陳毓培，諸君等數次妥商招待辦法，並定遊覽程序，各會員有一天或半天可領略海國風光也。玆將所擬游覽程序錄下：

1.九龍城門水塘，現在建築中，工程宏偉，沿途九龍新界景緻亦佳，往返約需4—5句鐘，汽車費用每人約港銀3元。

2.香港，先步行參觀現在建築中之匯豐銀行，建築費約10,000,000餘元。繼乘汽車往香港電燈公司，再乘車環繞香港，淺水灣酒店，需時3—4句鐘，車費每人約港銀3元。

3.香港，乘汽車往太古船澳，及太古糖房，繼環游香港，參觀大潭水塘，約需車費3元，時間3—4句鐘。

4.爲香港市場普遍的參觀。乘纜車，上太平山頂，鳥瞰香港九龍全景，繼乘汽車環游香港，經淺水灣酒店，風景絕佳，爲海濱避暑游泳地，往返需時 3句鐘，汽車費每人約2元。

◉廣西考察團抵邕

本會廣西考察團己于7月23日抵邕。以後詳細行程尙未接得報告。

◉武漢分會新書記

武漢分會原選書記高凌美君因調往北平辭職，後推周公樸君繼任，未及二月，周君又調南京，現經該分會常會公推徐大本君繼任，通信處爲漢口武漢電話局工務課。

◉天津分會新會計

天津分會會計陳廣沅君，自本年一月卽調赴濟南機廠服務，所有天津分會會計事務，巳交繼任楊先乾君接管矣。

◉山西大學託聘物理教授

本會會員西北煉鋼廠唐之肅君來函，謂山西大學理學院擬聘物理教授一人，以國外著名大學物理系畢業，有敎授經驗，或畢業時成績優良者爲合格，待遇以上課鐘點計算，每點3.20元，每月有250—300元之薪金，託本會代爲介紹。會員中有願就者，請函達本會職業介紹委員會爲荷。

◉雲南大學託聘數理教員

雲南大學何校長瑞表，函託本會介紹數理教員一人，以英美大學畢業，而具敎學經驗者爲宜，月薪以國幣200—250元，授課鐘點每週15—20小時，旅費200元，聘期暫定1年，期滿雙方同意，再爲續約。會員中願就者，請函達本會職業介紹委員會爲荷。

◉北平電燈公司捐試驗所款

本會惲副會長於上月募到北平華商電燈公司捐助本會工業材料試驗所設備費 500元，巳接該公司來函，本會深致感謝。

◉華德工廠捐助試驗所款

上海華德工廠，製造銀光電燈池，奉實業部特准專利，並奉財政部准免重徵，確係國貨之光。上月承會員鄭葆成君向募本會工業材料試驗所捐款，承慨然助 100 元，巳經收到，無任感謝，該廠地址在上海西安路251號，併以介紹。

18265

◉本會圖書室新到書籍

17. Engineering News-Record,
Vol. 114 No. 25, June 20, 1935 0.25
Batter-Leg Towers for San Francisco Bridge.
Hammerhead Derricks for Bay Bridge Towers.
Test of Earthquake-Proof Timber Floor.
Effect of Soil Types on Optimum Moisture.
282-Ft. Concrete Arches in Belgain Building.
Snow Surveys as an Aid to Flood Forecast.
Driving Sewer Tunnels in Chicago

18. 公路三日刊 77期，24年7月11日
年2.00元
江西公路處編輯。

19. 無綫電 2卷7期 24年7月15日 0.20元
南京中央廣播無綫電台管理處出版
要目：廣播收音機設計法 之蕃
超等外差式收音機 忠茂
電視學 雪
濾波器之設計 鳳
直立天線的簡單裝設法 崇武
德國之短波定向電台 鋆
眞空管在治療上之應用 雪
無線電學述要 垓
三管乾電池式廣播收音機製造法 孟
軍用無線電通信之研究 維成
各種眞空管符號及其用途略說 鳳

20. 山西建設 1期 24年5月 0.10元

21. 山西建設 2期 24年6月 0.10元
太原車夾巷22號山西省縣村十年建設促進會編行。
要目：陽泉煤業問題之檢討 馮 惠
同蒲鐵路最近工作進行實況
山西省政十年建設計劃案

22. 中華農學會報 (許叔璣先生紀念刊)
24年7月138期 0.50元
南京鼓樓雙龍巷14號

23. 南大工程 3卷1期，24年6月15日
廣州嶺南大學工程學會會刊
0.40元
要目： Analysis of Continuous Arches on Elastic Piers 羅石麟
Reinforced Brick 林榮棟
A Study of the Characteristics of the Pearl River Water 黃文煒
How to Appreciate Good Architecture 黃玉瑜
The Engineering of the Future 林榮潤
A Brief Survey of the Railway Engineering 陳倘武
廣州市土杉雜木材之檢討 彭貫原
鐵路的一切問題 王仁康
測量常識 黃道基
木樑新設計對於經濟上之影響 陳士敦
避免滑溜之磚面設計 沈錫琨
空氣調劑法導論 林家就
新工藝及其研究 鄒煥新

24. The Earth Mover, Vol. 22, No. 6 June 1935.
Earth Moving in the Bituminous Coal Field.
Progress on the Colorado River Aqueduct
Special Equipment Used in Tunnel Work
Brief Survey of the Grand Coulee Project

25. 地質專報告甲種
13號揚子江下游鐵礦誌 謝家榮等著

北平地質調查所發行

26.滿洲技術協會誌 12卷75號10年6月

大連東公園町35番地滿洲技術協會發行

要目：日滿鐵鋼政策て就しュ

水道鐵管ひ膠泥ァ裏裝せん事て提倡ヮ

石炭液化工業ひ關てル

家庭燃料ひ關しひ

液體酸素の話

トんップ式直接製鐵法

昭和製鋼所概况

奉天鐵西工業地區の概況・

27.De Ingenieur. Vol. 50. No. 24.

June 14 1935. (荷蘭文)・

28.海軍雜誌 7卷 10期， 24年6月

南京海軍部 0.30元

要目：充和式調節器之設計 珊

撈船 沈筍玉

飛機炸彈 王師俊

航空測量 曾光亨

毒瓦斯中之Yperit糜爛劑 唐寶鎬

棉花與炸藥 王師復

實用航海學 馮琦

火藥學 卓金梧

何門氏電磁羅盤

(其他關於軍事論述甚多，不備載)

29.上海市市中心區域建設委員會業務報告

2期 19年7月—22年12月

g30.山東省政府建設廳現行各項章則彙編・

24年5月

31.中央軍校圖書館月報・ 22期，24年7月

32.實業公報・234—235期・ 24年7月13日

33.礦業週報・342號 24年7月14日・

南京中華礦學社出版 年5.00元

34.General Electric Review, Vol. 38, No. 5, May, 1935

"All Metal" Tubes for Radio Receiving and Industrial Power Purposes.

Electrfication of the Suram Pass of the Transcaucasian Railway.

The Symmetrical-Component Meter.

Single-unit Frequency Converters.

The Application of Tensors to the Analysis of Rotating Electrical Machinery: Part II.

New Design of Network Protector Based on Operating Experience.

35.水利 9卷2期 24—8月

南京梅園新村30號中國水利工程學會

0.40元

要目：後漢王景理水之探討 李儀祉

黃土渠安定渠槽之設計法 沙玉清

整理運河工程計劃 汪胡楨

運河之沿革 汪胡楨

36.De Ingenieur, Vol.50 No.26.

28 June 1935.

37.建築月刊 3卷5期 24—5月

上海南京路大陸商場上海市建築協會

0.50元

要目：上海大新公司新屋 基泰工程師

上海女子商業儲蓄銀行房屋圖樣

上海人和地產公司新建之住宅房屋

華信建築師

營造學・ 杜彥耿

38.The China Weekly Review,

Vol.73, No.8. July 20, 1935

$0,40.

39.四川省政府公報

24年5月1日 第7期 0.20元

40.烟台海壩工程會報告書

23年 ——

41.江西公路三日刊

24年7月15日 78期 ——

要目：中國公路路面問題 夏憲講

湘省公路考察歸來 彭少鐘

18267

42.公路　1卷1期　24年6月

南京全國經濟委員會公路處

0.40元

要目：出席第七次國際道路會議報告　趙祖康

第七次國際道路會議議題總結論　出席代表團譯

我國公路建設之商榷　康時振

中國公路觀察報告　魏秉俊

公路運輸　魏秉俊譯

建設碟石路之檢討　郭增望譯

全國經濟委員會公路處三年來工作概況

43.紡織周刊　5卷28期　24—7—19日

上海郵局信箱1864號出版

44.廣播週報　44期　24—7—20日

南京中央廣播無綫電台管理處出版

要目：代甲乙電器配製法　子留

45.香港華商總會月刊

1卷8期　24年7月　0.20元

46.Siemens Review Vol. XI No.3

The Condenser in Industrial Works and Distribution System

Protection of Motors for Intermittent Duty by Thermal Releases

The Chemical Solidifacation and Water Tighteningprocess

Electric Trucks on Flying Grounds.

宋元方志考　朱士嘉

中國產業地理　高玉鍾

江淮中間地帶的地理概觀　張隱仁

非列賓之地理研究　蕭廷奎

東胡民族考　馮家昇譯

唐古忒的市場和準噶爾的商路　顏滋譯

蘇來曼東遊記(續完)　劉小蕙譯

覓地運動　林占鰲

47.電業季刊　5卷3期　24—3月

南京大石壩街44號全國民營電業聯合會

0.30元

要目：電氣冷藏應用

220/350 伏脫之通常電壓

23年份全國電氣事業擴充改進之概况

48.物價統計月刊　7卷5號　24—5月

南京實業部統計長辦公處

49.地學雜誌　174期　24—2期

北平北海公園中國地學會　0.25元

◉工業獎勵

實業部於6月10日頒給工業獎勵執照3紙，計發：　益中福記機器瓷電公司

天原電化廠股份有限公司

華安顏料化學廠。

按益中公司爲本會會員楊景時，劉錫祺，周琦三君所辦，天原電化廠亦爲本會會員吳蘊初，余雪揚二君所辦，獲此成績，可欣賀也。

◉會員通信新址

姚　毅　(職)南京長樂路交通部電信機料修造所

歐陽崙　(職)南京實業部工業司

龔以爵　(職)青島廣西路電報總局

李屏山　(職)長沙湖南長途電話工程處

林國棟　(職)香港工務司署

岑立三　(職)重慶鹽務稽核分所

魯　波　(職)山東濟南東流水華興造紙廠

過文猷　(住)無錫城中斜橋下15號

徐曰恭　(通)南昌徐西巷3號轉

陳廣沅　(職)濟南大槐樹津浦鐵路機廠

孫國封　(職)南京教育部

(住)南京成賢街成賢里7號

鄭家覺　(職)天津開灤礦務局

周公樸　(職)南京交通部電政司

◉預告

本刊已函約下列各會員，特撰最近完成之工程報告，一俟收到稿件，當迅速披露：

王愼名先生　漢口市廣播無綫電台工程

葛學暄先生　上海金城大戲院冷氣工程

黃　炎先生　濬浦局『建設』號挖泥船工程

陸景雲先生　天津金鐘河窪地灌漑工程

馬德祥先生　杭州西冷冰廠工程

支少炎先生　蘇州龐山湖灌漑工程

胡瑞祥先生　九省長途電話工程

張承祜先生　滬粵無綫電話工程

編者交友不廣，見聞有限，國內巨細工程，難以一一請託編稿，倘望全體會員，各就工作範圍，不吝賜寄稿件爲幸。

工程週刊

中華民國24年 8 月29日星期4出版
(內政部登記證警字788號)
中華郵政特准掛號認為新聞紙類
(第1831號執據)
定報價目：全年連郵費一元

中國工程師學會發行
上海南京路大陸商場542號
電話：92582
(本會會員長期免費贈閱)

4●20
卷 期
(總號98)

南京城垣暨其附近富貴山之航空攝影

工程與包商

編 者

工程工作，有圖樣，有測量，有預算，有程序，有說明，有標準；及其工作完成，有檢查，有試驗，有保固壽命，有保證効率，實係 100%脚踏實地之工作，不若辯士之舌，文人之筆，可以是非混淆，黑白相反也。

工程工作，除徵工制，囚工制外，大多用包工制，若材料工具均在承包範圍內，則亦稱包商制。包商制利多弊少，故各國多採用。無論巨細工作，均招標競投，多以包商之信譽經驗為第一要件，不必以最低標價為得中也。我國各項工程，亦皆招商承包，惟以標價為第一條件，包商之信譽經驗則不問

•其結果，半數以上工作不能滿意，甚至施工未半，虧損逃亡，或要挾加帳，偷工減料，以致今日包商在國內，可謂信用喪盡，地位沒落，實與我國工程進展，大有阻礙。

惟今日國內之包商，人材經濟，均有傑出之輩，不可與三十年前之小包工相提並論，惟社會之待遇歧視，則仍未稍變；工程之承包人與發包人，尚未能立在平等地位說話，發包人之命令，承包人無能據理抗爭。去年首都有某碼頭工程，以洋灰水份之爭執，令包商全部拆毀重打；蘇省某公路工程，完工後包商未能依合同領款，延遲數年，致使損失不貲；浙江某橋梁工程，通車逾年，而未驗收，洪水超過原設計水位，致使冲壞，令該包商負責。種種事實時有所聞，實足爲我國工程進展前途抱悲觀也。

余希望包商一方面，應當充實力量，擴充設備，增加資本，樹立信用，而在發包人一方面，嚴厲監督，依圖樣標準，說明做法，不必吹毛求疵，政府機關更宜依約付款，維持威信，體諒商艱，扶助工業，則國內工程進展，將大有裨益矣。

航空測量

曾光亨

今日各國對於中照空照相術，均有興趣。而對其用於探險與測量之途者，尤爲注意，蓋以地球表面之待測勘者，其區域正廣也。

按諸向來所用測地法，而查勘一國土地，殊非易舉。在昔此種測量，每恃所在地之察勘工作，與其地理之形勢如何而着手。惟此等方法，雖能製出精美之地圖，比較上仍嫌所費過鉅。且於長期工作中，尙須僱用多數測量人員，始克濟事。迨至晚近，航空暨其測量陸地之事業，日漸發展，向之製圖方法，至是遂引起非常之變更。航空測量之顯著優點，在能使工作適合各地特殊情況之需要，并可於必要時，併合數種感光方法，而得任意測量之。至於數日中，於查勘一廣大之幅員，并從而攝取其地形，亦非難事，故空中照相術之有益於各種測量者。無論爲陸地探險，測量地勢，或專門技術工作，亦該特徵之所致也。

此外尙有一重要之便利，卽使用空中照相術時，無須將所拍之地域，再逐部檢察。不過所有航空測量，每須於地上假定某種網狀之控制點(a certain net-work of control point)，以便操作。惟此種網狀，應按照所具之目的，與夫所需之正確度，而略形放大，但無須擴張至該區之之各部耳。

航空照片，如係拍單照或串照用之暗箱，或該箱之軸，沿垂直方向拍成者，則其所表出之攝影，與向用地圖以測量地誌者，其法正相似也。在同一高度與垂直軸上所拍之諸連續照片，如稍經合併後，則所謂彩色之地圖，卽可自航空照片而製得之。就此種情形而論，若實際之感光作用，能以專門知識處置得當，此等照片，卽可無須修正。惟自測量觀點之，結果之正確，實視照片之攝取與合併時，小心與否而定。不過上述之彩色地圖，雖非絕對準確，而對於普通調查，則已足應付矣，至其稍欠準確之故，一則由於暗箱於感光之際，傾斜所致，一則由飛機高度之變更也。

職是之故，吾人頗能設製器械，以使此等航空照片，由於免除傾斜與高度不一之弊，而變成精確之表象。按航空測量，原肇自歐戰，後經世人努力研究，所謂極有效率之

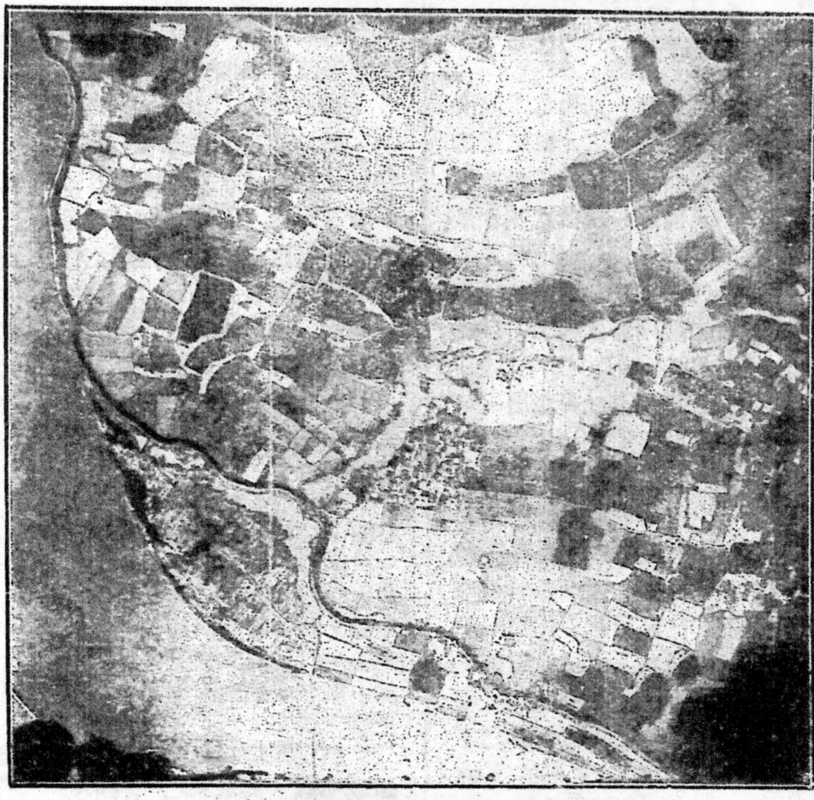

此爲飛機離開地面1500公尺時爲測量
土地稅所拍之航空照片

蓉克號33—WJunkers之測量機

航空暗箱，自動變換器，以及自動繪畫器，始得相續發明，而臻成功之境。

如欲測量技術上之確度，則通常垂直所拍之照片，可以簡單之法修正之。惟該法尚需一具有之高深專門知識與操練者，始克有濟。然若能如是，則可復製一精確之該地景象。不過採用此法時，最好須於地上固定網狀之控制點，愈確愈佳，惟不宜過密。以故該法所需之時間，較之編列彩色細工，自屬久長也。如上所述，爲欲使此項工作益臻完善計，吾人須擇若干控制點，以資應用。苟控制點之網過廣，則可以照片之本身掩閉之，或放入少許光線，而使該網略形狹小也。

地面上本高低不平，今欲求最精密之測量，則以實體照相法，而具有自動繪畫器者，爲極相宜。其所得之結果。因而異常準確。關於測量上之確度，已無問題。且其所予該地情況之表象，較諸地誌上之陸地測量，更爲確實。其惟一之要件，乃所測區域，須有廣大網狀之控制點也。其在某種情形之下，當控制點僅固定於所攝地區之一隅時，亦能編製地圖耳。

我國近年來，爲謀經濟工業，以及技術之發展起見，已採用此項新法之測量。蓋良好地圖，原係基本需要之一。其爲用也，不僅有利於軍事，卽普通或地方行政之改進，亦必以此爲依據。他如各種建設計畫之實施，亦須以之而作參考。要之，其能滿足今日對於地圖之迫切要求者，舍航空測量外，恐無他法矣。良以其利益，乃在節省金錢，與經濟時間，故能有如是之重要，而引人注意也。

航空測量法，就其程序而言，全與山川之性質無關。因飛機高翔於空際，其能越過閉塞之區，一如其過墾地之易也。誠能採用快機，則較廣區域，卽可於更短時間中，測量完竣。較之向所採用之地形測量法者，便利多矣。故航空測量之便捷，實無可倫比。卽任何地形測量法，無論其迅速至若何程度，當亦未能越而上之也。

抑有進者，關於所拍山川之一切地誌形勢，航空測量，頗能使之精確。凡此更非他法所能望及者，例如其攝片或軟片上之表象，皆甚準確，所謂遺漏與加增者，皆無有也。此其特色之所在。至航空照片上編成之地圖，可靠與否，隨時可以原照之副本或印片核對之，而無不令人滿意。茲就其所施行於我國者而言。航空測量法，現已公認較其他現行法爲經濟，蓋以後者，每因我國幅員廣大，交通梗阻，以及特殊之社會狀況，致所費浩大耳。

由航究所拍之照片，編成地圖，其所需時間，較通常地誌測量所費者，僅及十分之一。不特此也，卽其費，甚且可減至他法所費之50%或60%耳。總之航空測量上所製之地圖，其精密旣與地上測量法所得者，同一完美。然若就其意義，時間，費用，三者而言，則航空法所產生之地圖，較諸他法，自更爲完美矣。

航空測量法，非但對於各種測量事業，區域地圖，與對象之一般形勢，切實有用，且其方法之經濟，更爲他法所莫及。由是觀之，我國測量事業之進一步發展，大致將與空法有關，蓋可逆料也。查中央土地測量局之航空測量科，業於前數年中證實該項新法，頗合國情。故省區之土地，以是法測量者，爲數至夥。此外以該法編製地圖。而供軍事測量，鐵道公路，以及疏濬工程之設計，地方農村問題之行政，土地稅之測量，以及整個經濟之改造者，更不勝言。至若地區多天然之阻礙，不克使用地面測量法，而採取是法，以拍製該區之地圖時，則其成功，又經一層之證實矣。

◉常熟電廠擴充

江蘇常熟電廠，去年向上海新通公司定購英國 Crossly Brothers 廠柴油引擎450馬力1座，並向天利公司定德國 Sachsenwerk 廠交流發電機320瓩1座，兩相直接裝置，已於 8月初運到，刻在裝置中。該廠以後機量有1,100瓩，列爲乙等電廠云。

航空測量攝影

南京中正街之白下路

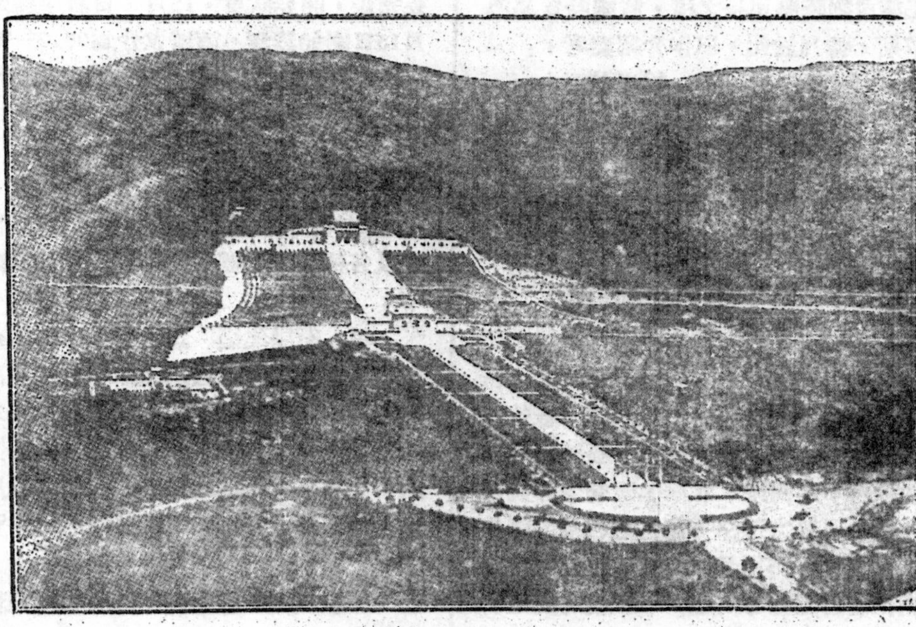

南京總理陵墓

上海酒精製造廠之設備

劉蔭茀

（上海酒精製造廠在浦東白蓮涇，資本1,500,000元，佔地150畝，去年11月間完工出貨，每天可出96.7%純酒精 30,000 公升(7,000英加侖)。該廠係華僑與實業部合辦。華僑方面由建源公司爲代表，卽爲該廠之經理。建源公司之總經理黃江泉氏，卽爲該廠之董事長。建源公司在有爪哇5個糖廠，與1所試驗所，及其他工廠。

酒精應付統稅，計每加侖59分，故該廠每日付統稅達4,000元之多。每月在100,000之上。進口稅率酒精一項，增加至每加侖0.44海關金單位，約合國幣0.80元，以資保護。故前外國來酒精每加侖價約2元，今則該廠所產，僅在1元以下矣。關於酒精競爭事，最近曾引起上海各界之注意。以下爲實業部工業司劉蔭茀司長之稿，載國際貿易導報7卷7期，特刊於此，以作介紹參考。

編者註）

籌備經過

實業部鑒於酒精工業之重要，早將其列爲實業部應行興辦基本工業之一。徒以限於財力，復鑒於製造酒精之原料及技術問題，有預先解決之必要，爰一面籌劃設廠，一面從事研究及試驗。故實業部中央工業試驗所內購置製造酒精設備，對於製造酒精之原料及技術等問題，詳細研究。並訓練下級技術人才，以爲籌設酒精廠之準備。經該所對於以澱粉原料：如高粱，甘蔗，玉蜀黍等製造酒精，關於原料之選擇，蒸煮之程度，糖化劑之良否，糖化劑用量之多寡，糖化之時間以及糖化能否完全等問題，予以長時間之研究及試驗，結果至爲圓滿。

實業部爲促進國防工業之發展及鼓勵華僑回國投資起見，因與僑商黃江泉等洽商先從發展酒精工業入手，俟有成效再及其他，於是擬具計劃由官商合資設廠。纔經一再磋商，對於資本，產額，官股數目等問題，均得圓滿解決，遂由雙方擬定合同草案，由實業部提出行政院會議修改通過，轉送中政會議議決修正通過。並於22年10月間，雙方簽訂合同。該廠資本，依照合同規定，原爲1,000,000元，官股爲 10%，由商方借撥；惟嗣後商方爲收最大功效起見，恐原定資本不敷，特增加總額至 1,500,000元，數額分配則仍照合同規定。

自合同簽訂之後，卽開始積極進行。當在上海浦東白蓮涇購地150畝爲該廠地址，於23年5月開始建築廠屋。11 月中旬機械安裝完竣，開始試車。12月1日着手製造。12月15日開始蒸溜，酒精成分爲96.0—96.7%品質極爲醇良，每日產量約30,000公斤（約合7 000英加侖）。

概　況

關於該廠之廠屋建築，內部組織情形，以及各種重要機器設備等，約可分項略述如下：

甲．廠屋建築　該廠廠基，佔地40畝。全廠概用鋼筋混凝土及鋼傑所建。屋高30公尺，四面玻窗，屋頂爲平式，外觀極爲宏偉。每種機械之處，必建一空屋，以備擴充之用。故將來產量增加一倍，無須另建房屋。卽一切機械，亦可在本國製造，所需資金較少。

乙．工廠組織　該廠由建源公司總經理黃江泉負責主持關於一切重要行政及出品推銷事宜。工廠方面，設化學，機械，及事務三處，由廠長指揮。化學處設總化學工程師一人械助理化學師，管理員及練習生若干人。機，處設總機械工程師一人，助理機械工程師及管理員若干人。事務處設中西文祕書及辦事員若干人。廠長，總機械工程師，總化學工程師，俱係聘請留美德荷各工業專家担任，對辦理工廠均富有實地之經驗。

該廠製造及分析方面，除聘富有經驗之人員分別主持外，所有各部工作人員，均係中等學校以上之畢業生，並經過長時間及適當之訓練，故工作效率，較一般工廠爲高。

丙。職員之待遇　該廠建有精美之職員眷屬住宅，供廠長，總化學師，總機械師，及其他重要職員居住之用。並建築廣大之宿舍爲職員練習生等之住所，關于各項運動場游泳池等，亦正設計興築，俾工作人員於工作之餘，得到身心休養。

丁。設備概要　可分述如下：

(一)機械之來源　該廠機械，係向英國伯萊爾公司(Blairs Ltd.)定購。此廠在格拉斯哥 (Glasgow)，爲世界有名之化學機械工廠，對于蒸溜器之計，尤負盛名。

(二)機械之種類　該廠機械可以兼用穀類薯類及糖蜜爲原料，其設備之完善，卽在歐美各國，亦不多覯。茲將重要設備略述如下：

1.穀類原料處理室　該室備有除塵機，去殼機，篩殼機及磨碎機。一切運輸，槪用袋式或螺旋式運輸機。

2.蒸煮糖化室　內備高壓蒸煮機，糖化機，及冷却機等。各機之設計，均極新穎，故工作效率極大。

3.發芽室　該廠使用麥芽爲穀類及薯類原料糖化之用。麥製造室用最新式之冷氣機，故天氣溫暖之時，亦可從事製造。且麥芽佔容積亦較少。

4.冲淡室　此室係供糖蜜冲淡及殺菌之用。一切工作均具有繼續性。糖蜜之攪拌，係用濾過之壓縮空氣。室內附置純粹酵母培養器，可供穀類醪及糖蜜醪醱酵之用。

5.醱酵室　該廠備鐵製密閉醱酵槽16個，每個容量76,560公升(17,000英加侖。)內設汽管，水管，空氣管等　。當醱酵時，發生之炭酸氣，由槽頂總管通入炭酸氣製造室，以備製造乾冰 (Drv ice) 及液體炭酸氣之用。

6.蒸溜室　該廠備有伯萊爾公司製造之連續式蒸溜精製及提淨機。最初蒸出之酒精，含有低沸點之醛質(Aldehynes)，最後溜出之酒精，含有高沸點之雜醇油(Fusel Oil)，完全與製成品相分離。故成品之質，極爲純良。

7.化驗室　該廠設有化驗室二間，專司製造部分之化學管理。又設培養室殺菌室各一間，專司酵母之培養，及其他研究工作。此外並設小規模之試驗工場。每種原料，須經小規模試驗合格後，再行大規模之製造。該廠于研究工作，極爲重視。所有一切貴重儀器，莫不具備。

8.裝罐室　該廠建有火險之裝罐室 2 所。裝盛方法，槪用自動管理。容量及重量，均經精確秤量後，方運入倉庫，以備出售。

該廠採用上等洋鐵皮製造18公升(4英加侖) 洋鐵罐，並用上等白鐵皮製造 36.4 公升(8英加侖)，及200.2公升(44英加侖)之白鐵罐。此類白鐵罐不致生銹，故酒精無摻雜鐵銹之虞。

(三)蒸汽之供給　該廠備有 Babcock及Wilcox 公司製水管式鍋爐兩座　。每座具熱面積360平公尺(3,900平方尺)，一切運輸，均用機械。

(四)電力之供給　該廠備有 A.A.G.400 瓩之發電機每分鐘 1500 轉 1 座，與每分鐘6,000 轉透平直接相連，可供全廠電動機及電燈之用。透平之廢汽，通至蒸溜室，及其他各部，以供應用。故蒸汽之消耗，極爲節省。

(五)原料之貯藏　該廠兼用穀類，薯類，及糖蜜爲原料。除穀類，薯類倉庫正在設計建築外；糖蜜貯藏槽，已建2個。每個可容糖蜜6,000噸，2槽共容12,000 噸，足供4個月之製造。

(六)成品之貯藏　該廠備有酒精貯藏槽2個，每個容量1,000,000公升，2槽共容2,000,000 公升。設每日出品爲30,000公升，即可貯2個月所出之製品。

(七)水之供給　該廠鑿有深220公尺之水井1口，每小時可出水136 500公升(300,000加侖，)由空氣壓榨機壓出後，再用離心唧筒打入水塔，以供全廠用。

(八)火患之防備　該廠備有防火用打水唧筒，即由 125 馬力之汽油機 (Sterling petrol) 牽動，此唧筒每分鐘打水4,536公升(1,000英加侖，) 可將黃浦江之水通至全廠及住宅各部分，以防火患。

擴 充 計 劃

該廠建有製造炭酸氣之廠房，以備將來安裝機件製造液體炭氣及乾冰之用。按液體炭酸氣，爲造汽水之重要原料：乾冰爲最新發明之冷藏劑，較之人造冰，冷却力旣大，而應用又極便利，該廠將來產量每日約60公噸，可供全國酒精之消耗。其他如純粹酒精，醇精，及汽車燃料等工廠，亦在積極籌備之中。

查目下我國酒精工業，尙甚幼稚，大規模之酒精工廠，尤不多覯。現在實業部與僑商合設之酒精工廠，業已告成，所製出品，差可杜塞一部份之漏巵。惟此後國內工業愈發達，酒精需要數量，將愈見增加，非有大宗之生產，不足以應需求。實業部除擬將該廠竭力擴充外，尤望將來此項工業，能因此廠之KY設，而肇其端倪，愈臻發展，則國計民生，庶有豸乎！

中國工程師會會務消息

◉總辦事處減租

本會上海大陸商場總辦事處，原租二間，月租112 元，一間由聯合工程公司轉租，本會負担月租56元，自本年 8 月起，大陸商商場事務所來函自動減租至102元，本會半數亦減至51元矣。

◉會員通信新址；

司徒錫　(職)上海甯波路47號三樓211號
連　濬　(住)上海成都路晉德坊23號
李瑞琦　(住)廣州河南同福中路10號
徐鍾淮　(職)洛陽隴海路東站機車廠
　　　　(住)洛陽東站4號房
錢鳳章　(通)上海兆豐路元吉里182號
程義藻　(住)上海嘛德路644衖1號
沈智揚　(職)吳江縣平望蘇嘉路工程處第 段
蕭　津　(職)青島國立山東大學
郭鳳朝　(住)太原雙龍巷 號
吳雲綬　(職)河北唐山開灤礦務局
張琮佩　(住)上海新閘路甄慶里44號
王世圻　(住)上海蒲柏路245弄34號

會員諸君，請保藏本週刊，雖然頁數不多，材料淺近，但一切紀錄，將來必有參考價值。

工程週刊是本會全體會員的週刊，必要大家寫些稿子，表示工作的情形，所以指示其他會員的途徑。

會員若不要看工程週刊，請即來信停寄，所省全年郵票25分，當由本會寄上，以免耗費印刷紙張。

18276

工程週刊

中華民國24年9月12日星期4出版
(內政部登記證警字788號)
中華郵政特准號認為新聞紙類
(第1831號執據)
定報價目：全年連郵費一元

中國工程師學會發行
上海南京路大陸商場542號
電話：92582
本會會員長期免費贈閱

4●21
卷 期
(總號99)

廣西省政府遠景——聯合年會會場

聯合年會公啓

蓋聞以文會友，集思增益，嚶求共韻，志切觀摩。比年以來，學會林立，爲應群求，用集年會。而聯合年會之舉，嘗以去年中國科學社，動物，植物，地理諸學會廬山之會爲嚆矢，所以聚羣彥於一堂，剖疑析難，會豪俊自四方，廣友多聞，意至宏也。本年承廣西當道，雅意招待，定於 8月12日起在南甯底續聯合年會，除去年舊有四團體外，復有中國工程師學會，及中國化學會二團體與會，組織擴大，分子增新，學科之方面愈多，斯廣益之機會愈便。分工合作，盛舉空前，彌足紀也。夙維嶺嶠風光，粵西最勝，桂林山水，名甲天下，雄渾峻峭，淵藪人文，毓秀鍾靈，名賢代有，子厚謫居，流風未歇，陽明講學，教澤猶新，考崑崙戰跡，狄武襄之遺規猶存，攬鎮南雄關，馮將軍之威風宛在，人傑地靈，由來尚矣。近年以來，桂省當局，勵求治理，建設發皇，生產激增，整軍經武，政舉民和，治安鞏固，交通便利，礦產豐饒，農林發達，猺蠻向化，一致同仁，凡遊是邦，交口稱譽，然百聞不如一見，臥遊奚若躬親，此次年會，實假機緣，既足以遊目騁懷，周覽名山大川，復可實觀摩研究，廣證舊學新知，所裨益於同人者至厚。所望同道友好，無憚跋涉，及時遊觀，共赴盛會，行見隋珠交輝，楚璧互映，感東道之嘉惠，賓至如歸，覽南國之風光，盡收眼底，豈不懿歟聊報短備，敬邏高軒。

中國工程師學會第五次年會(民國二十四年)

年會日程（六學會聯合）

8月12日(星期1)

	事別	地點
6:30	早餐	宿舍膳堂
7:00	年會開幕典禮	省府大禮堂
10:00	各團體及全體照相	省府
12:00	午餐	各宿舍膳堂
16:00	公開演講及運動	省府禮堂
18:00	省府公宴	省黨部
19:00	游藝及桂劇	省黨部

8月13日(星期2)

6:30	早餐	宿舍膳堂
7:00	演講會	省府大禮堂
9:00	論文宣讀	建設研究院
12:00	午餐	宿舍膳堂
14:00	授給侯德榜先生榮譽金牌典禮	省府大禮堂
15:00	會務會	建設研究院
16;00	公開演講及運動	省黨部
18:00	總司令部公宴	省黨部
19:30	遊藝及粵劇	省黨部

8月14日(星期3)

6:30	早餐	宿舍膳堂
9:00	論文宣讀	建設研究院
12:00	午餐	各宿舍膳堂
15:00	公開演講及運動	省府網球場
1[illegible]:00	廣西各學術團體公宴	省府
19:30	影片『七千俘虜』	省府禮堂

8月15日(星期4)

6:30	早餐	宿舍膳堂
9:00	會務會	建設研究院
12:00	午餐	宿舍膳堂
14:00	參觀	(甲組)軍校，國基研究院，博物館，家畜保育所，醫學院 (乙組)省府，軍醫院，圖書館，印刷廠，化學試驗場，
16:00	公開演講及運動	樂羣游泳場
18:00	年會宴會	省黨部
19:30	游藝及桂劇	省黨部

8月16日(星期5)

6:30	早餐	
7: 0	出發桂林及武鳴參觀	

年會祝詞

中華民國二十四年八月十二日，我國六學術團體聯合年會，蒞邕開會。羣英畢集，蹌濟一堂，開吾桂最新之紀錄，放學術空前之異彩，甚盛典也！宗仁躬與參加，誠屬欣幸。溯自民國以還，海內賢達，鑒於歐美東瀛各種專門學術，開步飆馳，一日千里，呈材異巧，研討精深，學術救國，風起雲湧，今有此六學會之年會，實足以一世界之觀聽，行見光大發揚，敢不擒藻以頌。詞曰：

吾省瘠貧，地居邊鄙，學術後人，
未窺奥旨，雖圖建設，荏苒頻年，
責分指導。慚負仔肩，羣賢蒞止，
風虎雲龍，宏開盛會，江漢朝宗，
灌輸六藝，啓迪羣倫，發揚素蘊，
日異月新，形形色色，炳炳麟麟，
猗歟美矣！無巧不臻，謹率士林，
砌拜嘉惠，普及吾民，豈特八桂！

李宗仁敬祝。

繄維民國二十四年八月十二日，我國各學會同人蒞邕開會，濟濟蹌蹌，羣彥雲集，崇禧深仰止於今日，更期望於將來，敬撰蕪詞，以伸頌悃。詞曰：

猗猗休哉，學術會議，大雅一堂，
羣賢畢至，各呈異材，互貢新意，
無間中西，不偏不廢，學問藝術，
日新月異，切磋琢磨，致其精粹，
爲國之休，爲民之利，跂予望之，
咸拜嘉賜，　　白崇禧敬祝。

18278

民國二十四年八月十二日，中國科學社，中國工程師學會，中國地理學會，中國化學會，中國動物學會：中國植物學會等，六學術團體，不遠數千里，蒞止廣西，舉行聯合年會。羣賢畢至，濟濟一堂，抒經世之嘉言，謀羣生之福利。旭初忝司省政，盛會躬逢，爰述蕪詞，以伸頌悃。詞曰：

二十世紀，科學昌明，進而不止，
精益求精，彬彬羣彥，間世之英，
聯翩命駕，萃於邕甯，嘉會旣合，
宏議同聞，復興中國，基於初程，
智珠在握，裕我民生，以培國本，
以惠人羣。

黃旭初敬頌。

開幕典禮秩序

民國二十四年八月十二日

全體肅立
奏樂
唱黨歌
向　總理遺像及　黨國旗行三鞠躬禮
主席恭讀　總理遺囑
向　總理遺像默念三分鐘
主席致開會詞
李總司令致詞
白副總司令致詞
黃名譽會長致詞
中國科學社社長報告
中國工程師學會會長報告
中國化學會會長報告
中國植物學會會長報告
中國動物學會會長報告
中國地理學會會長報告
來賓演說
散會
攝影

中國工程師學會第五次年會攝影　民國二十四年八月十二日

18279

開會情形

聯合年會，於8月12日上午七時，在廣西省政府大禮堂舉行開幕典禮，是日到會之會員共有二百六十餘人，廣西省李總司令宗仁，黃主席旭初，暨各處長，局長等，均到會參加，羣彥畢集，擠擠一堂，情形極爲熱烈。

各學會會員齊集後，即搖鈴開會，由馬名海博士司儀，如儀行禮後，即由主席團公推中國地理學會總代表竺可楨爲大主席，恭讀總理遺囑後，全體向黨國旗及總理遺像俯首默念三分鐘，旋由大會主席竺可楨致開會詞，次請第四集團軍李總司令宗仁、及聯合年會名譽會長黃旭初致詞，詞畢，即由中國科學社代表胡剛復，中國工程師學會代表惲震，中國化學會代表曾昭掄，中國植物學會代表董爽秋，中國動物學會代表辛樹幟，中國地理學會代表王庸等相繼報告，報告後由主席宣讀賀電，後由雷教育廳長沛鴻，省府孫處長仁林，及來賓林素園等相繼演說，最後復由大會主席竺可楨致答詞，旋奏樂禮成，隨即全體到省府網球場攝影紀念而散。玆將竺可楨先生開會詞，及李總司令，及黃主席致辭，與本會惲代表報告詞錄後，

大會主席竺可楨致開會詞

諸位來賓，六學術團體會員諸君，今天是中國工程師學會，中國化學會，中國地理學會，中國科學社，中國動物學會，中國植物學會，六團體共同舉行年會之期，今年年會到會人數非常踴躍，在上海報名的已有三百十五人，廣西本省六團體會員，尚不在內，較之去年廬山四學術團體聯合會議超出一倍，這在各學術團體自有史以來，可稱爲空前大會，但除了人數以外，今年的年會，據兄弟個人愚見，尚有三個特點，爲年會生色不少！

第一，是地點，自從唐宋以來，詩人文豪如柳柳州，黃山谷，范石湖，黃子才，對於廣西山水，均稱道不止，於是「桂林山水甲天下」這句話，早已膾炙人口，所以我們各團體會友，早已醉心於貴省的山水，加以近年來廣西省經諸位長官的努力經營，廣西省在北方早已有了模範省的名稱，我們學術團的會友，更欲來此觀光，承廣西省諸位省官的盛意相招，覺得如願以償。

第二點是本年學術團體加入數目之增多，往年學會開會，往往單獨分開，但是因爲有若干會員，是屬於兩三個學術團體的，若是各會統到，則時間與財力，兩不經濟，若單到一處，則顧彼失此，故各學術團體，既然志同道合，聯合開會，是最經濟的辦法，而且各學術會員團聚一堂，切磋之功尤大！去年廬山開會，是四個學術團，今年則增爲六個，若今年試驗結果良好，以後必能擴大，而作爲永久的聯合。年會中最重要的是論文，在上月底，年會論文即要付印的時候，已經有了一百十三篇，以後陸續加多，不下二三十篇，所以今年年會論文的多，也是歷年以來所未有的，這也可表示近來科學進步的種種表現。

第三點是今年外國會友之多，在上海報名的會友之中，有奧國德國美國和日本的會友，使聯合會成爲國際化。本來科學是無分國界的，不但科學上的發明，人人可沾利益，即科學家的眼光，亦作世界觀，我人曉得拿破侖時代，英法交戰的時候，英國的化學家 Day 氏漫遊法國大受歡迎，因爲科學家的目的，是在求眞理，眞理是超國界的。

最後我要代表六學術團體，至誠的感謝李總司令，白副司令，年會名譽會長黃旭初先生，總委會雷沛鴻先生 ，以及廣西諸位籌備委員，招待委員，這次我們來廣西，承諸位盛意的招待 。這是我們十分的感謝，招待的周到，眞使賓至如歸。我們心裏所不

安者，就是因爲到會人數的衆多，引起許多麻煩。我們到廣西來開會，一方面來開會，但是一方面也是來學習廣西苦幹的精神，所以希望招待委員會諸君，不要過於客氣，使我們能澈底瞭解廣西臥薪嘗胆精神。

李總司令致辭

各位會員，各位來賓：這一次科學年會，蒙各位不遠千里跋涉到廣西來開會，各學術專家，今天在此共聚一堂，這樣空前的盛會，兄弟參與其間，眞覺得常非榮幸。廣西是一個很偏僻的省份，交通不便，一切建設，科學設計等都很簡陋；在招待上，怠慢的地方很多，對於這一點，同時感到非常的慚愧，盼望會員諸君原諒。各位會員大家都是學有專長，在學術上很有貢獻的，對於中國的科學建設，實能負起和改革創造的責任。現在世界各國的科學，在力圖進展的情形下，日新月異，進步極快，中國的科學，墨守成法，不爲大家所重視，所以一切科學建設事業，都沒有什麼大進步，年來社會人士，大家都漸能注重科學，知道要建造一個健全的現代國家， 非在科學上努力迎頭趕上歐美不可，各位會員有復興中國，造福民衆的責任，這次年會成績的良好是可以預期的，今天兄弟謹以至誠，代表第四集團軍全體將士向會員諸致謝。

黃主席致詞

主席，各位會員，各位來賓，今天得中國六個學術團體光臨敝省省會來舉行年會，在我個人感覺，實有無限的榮幸，非常的感謝。第一：兄弟承各位會員不棄，推舉爲本年會的名譽會長，這是覺得很榮幸，應該向各會員致謝的。第二：廣西是一個很偏僻的地方，過去中國的學術團體，從未來廣西開過會，這次可算第一次，這一次有六個學術團體聯合到廣西開年會，規模比往年大，這點在敝省實感覺到特別光榮。第三：敝省在這幾年來，承外省人士到來參觀的很多，但總比不上這次有這麽多人，同時過去到敝省參觀的人，無論是省外或國外，我們都極盛意領教。這次有六個學術團體的會員集中到這裏，擠擠一堂，不僅是中國學術界的優秀份子，幷且有許多外國的學者在內，聯翩涖止，相信敝省乘着這機會，一定得到各位的很多指教，這也是敝省特別榮幸之處，尤應向各位感謝的。不過，這次我們當地主的，很多招待不週到的地方，感覺十分慚愧，這是希望各位加以原諒的。

科學在現在的中國，拿來和各國的科學比較，自然是落後得多，本來中國的文化歷史是很長的，在春秋戰國時代，已經有很多學術發明，開端了文化的進步，可惜繼春秋戰國之後，就不能演進了，到現在竟被各國的學術趕過前頭去。我們因爲科學落後，以致國勢衰弱，所以現在想中國能夠自衛自立，恐怕是要科學方面，突飛猛進，趕得上人家才行。因爲一個科學落後的國家，一切政治組織，社會組織，實在沒有辦法弄得好，尤其物質建設，更是難望進步，在這個關係上各位所負的責任，實在很重，換言之，就是這種責任，大部分是在今天到會的各先生身上。各位均係中國的科學家，正是孫中山先生所謂先知先覺者，必須先知先覺的人，起來領導不知不覺的民衆，在科學的途徑上去努力，然後一切建設事業，才能一步一步的成功。

最後，各學術團體這次到廣西來開會，敝省將來在這次盛會影響之下，恐怕受益不少。因爲就廣西一切來說，比各省都要落後，尤其是科學方面。這一次各學會聯合許多科學家集中到敝省來，不單是在黨政軍部內負責的同人，得到不少的教益，同時可以趁着這機會，引起敝省的青年，增加研究科學的興趣，這點於敝省的前途，尤有莫大的影響。

18281

還有一點，敝省近這幾年來，在地方負責的各同志，感覺中國的國勢，一天一天的危迫，非得大家負責的人，覺悟過來，對國家盡其應盡的責任，則中國的危亡，恐怕是無法挽救了。所以在這兩三年間，很想在自己所負的責任上，對於國家民衆，盡多少的力量。可是我們時時都感覺力量不足，這點心事，如果承各先生諒解的話，希望各先生趁着這次到敝省之便，在各位看見的或聽到的，盡量指示我們，這一點誠心私意，是要向各先生要求的。今天兄弟來參加這個盛會的開幕，在短促時間中，能夠表示的意思很簡單，祇是覺得有無限感謝而已。

中國工程師學會惲代表報告

今日為聯合年會之開幕日，六學會共到會員四百餘人，實為空前之盛況。中國工程師學會最早創于民國元年，自二十年兩學會在南京合併以後，迄今又屆第五屆年會，會員日益增加，會務亦年有進展。今日聯合年會中，各種科學家皆有代表，但工程師與普通純粹科學家有什麼分別，鄙人擬首先加以說明。工程師和其他科學家一樣，要運用科學的方法，科學的知識，去做福利人類的工作，而尤其注意於國家民族的利益。假如某種工作，與福利人類或國家社會利益無關，工程師便不去做。似乎工程師的眼界沒有像純粹科學家那樣遠大，工程師也承認這是事實。尤其在我們將近危亡的中國，工程師負有救國的神聖使命，不得不偏重在實用方面去努力。

『為科學而研究科學，為工程而經事工程』，『科學無國界』，這是工程師所不願說的。只有國家社會的利益是我們的大前提，至於渺茫的，空虛的，玄虛的，不切國家社會需要的問題，我們都沒有工夫去研究。但是工程師不能單獨救國，必定要和純粹科學家共同合作，方有良好的成績。『格物致知，利用厚生』，是科學家的目標，我們希望科學家做格物致知工作的時候，千萬要以利用厚生為目的，不可專顧個人的興趣，而忘了將危亡的國家。

這一年來，中國工程界的進步很有值得報告的地方。第一，水利工程，國內水利失修，災患迭起，一直到最近，水利工程師方略有施展抱負的機會。如導淮工程，動員人民十餘萬，費款數千萬，一面建閘疏江，一面開河入海。如浙江海塘工程，如陝西灌溉工程，都是利益極大的。第二，鐵道工程，最大的是粵漢鐵路株韶段，溝通南北，石工艱鉅，可以完成三十年來全國人民的志願，其次如隴海鐵路之通達西安，浙贛鐵路之直趨南昌，江南鐵路之連接京蕪，淮南鐵路之橫貫江淮，都可使鐵路工程師得到很大的興奮。第三，道路工程，由全國經濟委員會領導，各省建設廳努力，各省公路里程急速地增加，便利剿匪不少。第四，市政工程，自來水，下水道，公共衛生的注意，各大城市都可見到。第五，建築工程，如公共官署建築，工廠建築，住宅建築，參酌中西，堅固模美，近來已成一風氣，並不完全抄襲外國。第六，紡織工程，事業方面雖然虧折多而盈利少，技術方面却有進步。第七，機械製造工程，此項進步最為神速，各種精粗工業機械，在上海及其他大埠，國人皆能由做造而創作，內燃引擎，灌溉機具，無不具備，兵工改良，亦有成績，惜限于資本太小及鋼鐵事業不能同時發展，故大規模之機器不能全部自製。航空器械製造及電機製造，亦有相當進步，惟尚有待於外國技術之合作。第八，電力事業，各地發電廠皆在擴充中，高壓綫路及大量用電日見其多，尤以上海南京廣州等處為可觀，中國工程師之管理及裝置工程均有良好之成績。第九，電訊事業，無綫電報電話發達最速，中國與世界各地已暢通無綫電。中央廣播電台爲遠東最大之台，近又將添設短波。九省長途電話及滬粵無綫電話不久皆可完成。各地電話之腐敗者，皆逐漸改良。第十，化學工程，如南京對岸之硫酸錏廠，上海之利電化廠，廣東之糖廠苛性鈉廠士敏土廠，皆爲化工新建設，第十一，採鑛事業，鑛業以煤爲最重要，現屆不景氣之時代，煤業大受打擊，而採鑛技術仍在精進，同時政府注意考察金屬鑛，尚未有成績可言。第十二，冶金事業，此爲國防之要素，工業之骨幹，試驗工作頗有進展，而正式鋼鐵廠尚有所待，此外煉鎢煉銅亦在籌備中。合以上十二項計之，去年進步，似尚爲差强人意，惟去『平衡發展適合需要』之境域尚未達也。

本會各會員之工作已如上述，至本身之工作，則可總述如下：

(1) 工程教育　設立委員會，推進各大學工學院課程之劃一。

(2) 工程標準　輔助政府並提倡各工業訂定各種標準。

(3) 工程試驗　建造材料試驗所，計劃設備之內容。

(4) 工程獎勵　設立榮譽金牌，贈與每年工程界之最有貢獻者，又設獎學金一種。

(5) 工程名詞　編訂各種工程名詞。

(6) 工程叢書　發行各會員有價值之工學著作。

(7) 工程刊物　繼續刊行兩月刊及週刊，一以發表論文，一以傳達消息。

(8) 工程考察　四川考察團後，繼以廣西考察團，協助各省政府解決物質建設問題。

(9) 工程合作　與各專門工程學會聯絡合作。

本會會務報告，下期週刊公佈

柳州立魚峯

梧州中山紀念堂

陽朔道中風景

18283

雷廳長賓南致詞

主席，各位來賓，各位會員：今天工程師學會，化學會，科學社，動物學會，植物學會，地理學會，這六個學會聯合到南甯來開年會，使我們得參加這個盛會，心裏實在很愉快。在各學會代表報告工作之後，主席要我來說幾句話，我自然很樂意的，不過承主席的提示，當然我不能站在來賓的立場上發言。因爲我已承六個學會聯合舉我爲委員長，我又我科學社的社員，並且我又是廣西省政府招待委員會的一個負責人員，所以我更高興在來賓說話的一個節目，起來說幾句話，除慶祝年會成功外，還以最誠懇的心向年會諸君請教。本省這幾年，對於本省的建設事業，確實共同抱着苦幹的精神去努力，非僅苦幹而已，我們還彼此希望在此國命不絕如縷的時候，爲本省以至中國求一出路。所以在教育方面，我們不以其爲萬靈，因爲教育不過是一種工具以使復興民族而已。因此本省的領袖和在教育行政上服務的人，都覺得要達到建設和民族復興的地步，非致力於普及教育不可。於是乎有國民基礎教育的創立，剛才各學會代表曾經說起：「格物致知，利用厚生」的話，換言之，即是純粹的科學，和應用的科學。關於這層我們在教育行政上服務的人，也同樣感覺到應具有這種精神，庶幾可以達到教育的改進，和充實教育的力量。因爲在教育上唯其有「格物致知」的精神，才能在學術上有所建樹，又在教育上唯其有「利用厚生」的精神，一致勞苦，民衆才能受到科學的利益。所以教育行政也應該與學術有密切的關係，使教育技術，生產技術等等，都能日益進步。於是以教育的力量來推動全省各種建設的事業。何況本省的教育，爲達到民族復興的目的，正以全部的力量致力於國民基礎教育，使兒童以至成人都有民族的意識，生產的技能，因此更應該推廣科學，研究科學，以致善大衆的生活。剛才聽見各學會代表報告，知道大家都抱着以現代化的科學技術來從事建設，我們都希望科學更能大衆化，使國民基礎教育能有科學的內容。這些都是本省最近的教育趨勢，特以之向諸位會員來賓報告。剛才李總司令，黃主席已代表廣西民衆懇切地向諸位求指教，現在我也以負責教育行政人員的資格重申此意，求諸位不客氣的指教。

招待委員會孫副委員長紹園致詞

主席，各位會員，各位來賓：今天六學術團體，聯合年會開幕，本席有機會參加盛會，心裏感覺到非常的縈幸。這次大會，本席承省政府任命担負招待會全體事宜，對所負責任的重大常感心餘力絀，所以對於適才主席的一番推譽，很感到慚愧。主席要兄弟說一點話，因爲時間已不多，僅能簡單的說幾句：

廣西是很偏遠的省份，科學建設，素稱落後，現在的廣西，對於科學建設的計劃，科學建設的技術人才，都是很急切需要的。舉一個例：我們只有木材，但缺少造桌的木匠，我們雖有土地，我們急需知道如何利用土地去生產。這次六學術團到省開會，廣西的民衆，都抱有無限的希望，期待會員諸君指教我們怎樣利用木材去造桌子，利用土地去種植，這一點微意，想亦在各學會諸君意念中的。說到招待方面，因爲地理環境和種種物資設備缺乏的關係，不週到的地方很多。猶如昨天由梧到邕的各會員，以那種多的人乘那麼小的一隻船，一定感覺不很舒服的，對於這種招待不週到的地方，謹請各位會員原諒。

大會主席竺可楨先生致答辭

今天各學會聯合年會開幕，蒙李總司令，黃名譽會長，孫處長，雷廳長諸位蒞臨指導，對於年會會員同人加以誠摯，懇切的勉勵，同人等至深感銘。中國的科學研究和科學建設，根據適才各學會代表的報告，深幸我們年來的努力，已有相當的成績。不過我們最大的成功，還是在很遠的將來，希望諸同人勿忘所負責任的重大，不斷的努力求進步。各學會會務會和各專門性論文宣讀的時間時地點，日程表上有詳細的記載，請各位留意。現在年會開幕典禮散會，我們謹在此對招待會諸君招待的誠意，和諸領袖懇切的勉勵，表示無限的謝意。

學術演講

12日下午四時在省政府大禮堂，及省黨部大禮堂舉行公開演講。在省政府大禮堂公開演講者，為胡剛復，周子競。胡剛復君之講題為「科學研究與建設」，周子競君之講題為「中國之自治問題」。其在省黨部方面演講者為竺可楨，茅以新，劉咸等三君，由黃委員鈞達主席。主席報告開會意義并介紹三先生，旋請竺可楨先生演講「利害與是非」，次請茅以新先生講「孫先生西南鐵路計設」，劃」，再次劉咸先生講「西南民族與國防建至五時三十分，始演講完畢。

13日下午三時仍分別在省黨部及省政府大禮堂作學術之公開演講，在省黨方面演講者，首馬傑先生，講題為「中國工業建設的途徑」，次盧于道先生，講題為「科學化的黨務」，再次為吳學周先生演講，講題為「正義與自然律」，至下午五時，始演講完畢。

在省政府方面演講者為馬君武先生，劉恩蘭女士，趙曾鈺先生，到場聽講者，約一千三百餘人，由邱秘書長毅吾主席，介紹各演講者略歷後，即開始演講，首馬君武先生講「用科學家的力量打倒洋貨文化」。次劉恩蘭女士講「人生與環境」。再次趙曾鈺先生講「工程師與中國」。各演講者對所講各題，均發揮透澈，至五時許始講畢散會。

14日下午三時仍在省政府及省黨部大禮堂作學術之公開演講，在省黨部方面係由黃委員鈞達主席，首由黃委員介紹後，即開始演講，首為袁守和，講題為「現代圖書館及博物館之管理」，次為馬心儀，講題為「生物學與農業」，再次為高露德，講題為「廣東化學工業建設及其發展概況），末為王善，講題為「棉花無廣西」，至六時演講完畢，又在省府禮堂演講者為胡博淵，周子競，龔蘭真，張洪沅四先生，到場聽講者約一千三百餘人，由省府孫處長紹圜主席，報告開會理由，并介紹各演講者畢，即開始演講，首周子競講，講題「中國之自給問題」，次胡博淵講「鋼鐵與國防」，龔蘭真女士講「飲食與體格」。張洪沅講「國防與化學工業」。至六時始講畢散會。

講演會

十三日上午七時，齊集省政府大禮堂，聽李總司令宗仁演講『廣西建設經過及對國事的感想』，當演講完畢時，全場拍掌至數分鐘之久，一時空氣甚為緊張，次由顧毓琇先生致答詞，旋即散會。

十四日上午七時，各會員復齊集省政府禮堂，聽省政府黃主席演講，仍由顧毓琇主席，致詞畢，即請黃主席演講，講題為「廣西的政治現狀」，直至九點餘鐘始演講畢。

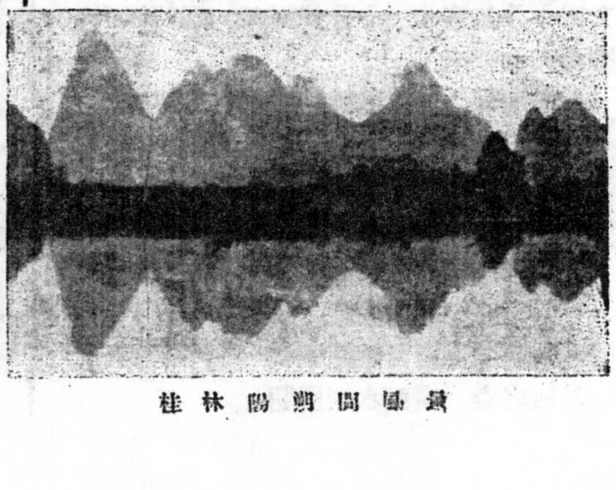

桂林陽朔間風景

論文會

本屆年會本會論文委員爲沈怡(委員長)，李運華(副委員長)，等三十三人組織之。嗣因委員長沈怡因公不克赴桂參加年會，託副委員長李運華君主持。惟李君在桂省政府服務，此次由省府被聘爲六學術團體聯合年會招待委員會總幹事，職務綦繁，無暇兼顧。因臨時商同本會出席年會之副會長惲震君，委託趙曾玨代行李君論文委員會副委員長職務。

本屆收到之論共15篇，撰具摘要，託由廣西省印刷廠刋印工程論文摘要小冊。蒙該經理賴彥於君協助，是項小冊於翌晨年會論文會舉行前趕印完竣。參加年會之論文委員祗有惲震，胡潤博，顧毓琇，陳壽彝，龍純如五人，且均各有職司。故臨時復加請周子競，蔡方蔭，何之泰三君爲論文委員，並召集論文委員會議，決定將所有論文兩次宣讀，幷推定周子競先生爲會場主席，陳壽彝先生爲會場書記。

第一次論文宣讀

會場：廣西省政府建設研究院
時間：24年8月13日上午9時至12時
主席：周子競；　紀錄：陳壽彝。

首由主席宣佈開會。惟因本日宣讀之論文共有7篇，而時間祗有三小時，故每篇論文限十分鐘宣讀，十分鐘討論。嗣卽依次宣讀論文：——

1. 顧毓琇　二感電動機之串聯運用特性
2. 茅以新　杭江鐵路之鈎高問題
3. 茅以新　40公噸貨車鑄鋼旁架之設計
4. 蔡方蔭　打樁公式及樁基之承量
5. 陳福海　吳淞機廠改進報告（由翁德鑾君代讀）
6. 胡博淵　廣西鑛產觀察
7. 何之泰　廣西水利問題

第二次論文宣讀

會場：廣西建設研究院
時間：24年8月14日上午9時至 12時
主席：周子競；　紀錄：陳壽彝

首由主席宣佈開會，幷報告本日有論文七篇須宣讀，故時間規定如前。宣讀論文如下：——

1. 梁永槐　鋼筋三合土軌枕之我見（由金通尹君代讀）
2. 黃子焜　粵漢路南段管理局建築西村機廠計劃(由李維國君代讀)
3. 梁旭東　粵漢路株韶段橋樑涵洞之設計(由蔡方蔭君代讀)
4. 劉鞠可　廣東西村士敏士廠三年工作報告(由張洪沅君代讀)
5. 淩鴻勛　粵漢鐵路株韶段石土方工程統計及分析(由方頤樸君代讀)
6. 莊前鼎　國內工程人才統計
7. 惲　震　廣西原動力問題
8. 莊前鼎　清華大學新電廠

12時主席宣告讀完畢，惟尙有李賦都君中國第一水工試驗所，青島市工務局之青島市廿三年度市政概況，及文樹聲梁文瀚君廣州市新電力廠地基工程槪要三篇，因寄到過遲，不及宣讀，惟將來均於論文專號中發表。

末由趙曾玨君報告此屆論文委員會籌備經過，幷對於代讀論文諸會員，熱心可佩，特爲致謝，遂卽由主席宣告散會。

18286

贈給侯德榜先生名譽金牌典禮

本會於13日下午2時，在省政府大禮堂舉行贈與侯德榜先生榮譽金牌典禮，到會者有潘處長，及各學術團體代表參加約百二十餘人，由惲震主席，行禮如儀，報告發起榮譽金牌之經過，及侯先生之歷史。

本會因鑒於歐美各國學術團體，對於建設事業飨有特殊貢獻之人，常有贈給榮譽金牌或獎章辦法，乃所以鼓勵學術專家專心致意於建設事業，小則爲國家社會謀改造，大則爲人類造幸福。乃於民國二十三年六月二十四日董事會議決議通過，凡我國國民對於工程有特殊貢獻者，得給以榮譽金牌，以彰勞績。近由會員顧毓琇等10人提議。及審查委員會之通過，决於本屆年會贈給第一次之榮譽金牌與天津永利化學工業公司總工程師侯德榜博士。

侯德榜先生主持天津永利製鹼工程事業十有餘年，頗着勞績，並著有製鹼工業一書，對於侯先生之貢獻，應給以榮譽金牌，以資鼓勵，再由董事會聘定吳蘊初等審定合格，議决通過，查侯先生主持天津永利製鹼公司工程事宜，歷經艱難，卒底於成，其製鹼工業一書，爲西國工業專家所推崇，現侯先生因永利公司增設硫酸錏製造廠，須親行赴美接洽購置事宜，故委由本會會員張洪沅君代表接受榮譽獎證。此次本會頒發榮譽金牌，爲本會第一次之發給，能於建設正在猛進之廣西舉行，尤感有特別意義也。

按侯先生自服務永利努力製鹼以來，歷十五年，其中艱難困苦不知凡幾，而侯先生本其學識經驗，埋頭苦幹，不折不撓，卒底於成，其毅力精神，實堪欽佩。況侯先生兼學術與事業之長，不特爲我國奠化學工程之基礎，且其專門著述，中外共仰，允爲我國工程學術界之光榮，今本會贈以榮譽金牌，蓋不僅向侯先生致欽仰之忱，亦所以望國人多以侯先爲楷模，努力於工程學術工程建設也。

侯德榜博士近影

次請潘處長致辭。大略謂，侯博士兼事業與學術之長，深所欽仰，而工程學會之榮譽獎章意義，所發揚中國工業上將來之光明，尤所崇拜。當今國勢飄搖之秋，而各地水災又極嚴重，一切均須科學及工業專門家努力以應付之，希望以後其他專家追蹤，更有其他成就，以後給受金牌規定條件日益嚴格，對來政府方面，能有此種同樣性質之獎章，籍以鼓勵，工業之進步，則尤所希望云。

又本會會員朱其清君，捐有朱母獎學金一千元，每年將其利息百元獎給有價值論文之著作者，本年度爲林同棪吳華慶二君所得，林吳二君，均爲青年學生，尚非本會會員，未能參加年會，均由邵禹襄君代爲接受該

18287

項獎金。

侯先生字致本，福建閩侯人。民國元年畢業於清華學校後，由該校資送赴美，入麻省理工大學專習化學工程，成績超異。民國六年，得學士學位後，卽入化學工廠實習。後入哥倫比亞大學繼續研究，民國八年得碩士學位，民國十年得哲學博士學位。

時天津塘沽永利製鹼公司成立，先生被聘爲總工程師。按鹼爲化學工業之基本，外國廠家對於製造方法，絕對祕密無從學習，侯先生在美受任以後。立卽從事設計，歷時年餘，乃告成功。民國十一年攜西籍機械工程師一人，歸國裝置機器，又年餘，永利鹼廠開工製造。但因工程浩大，困難時與，且無專書以供參考，或專人以供顧問，所有一切疑難問題，皆須自行設法解決。侯先生潛心研究，歷時年餘，方得大量生產，而永利乃成爲東亞建築最早之蘇爾維法製鹼廠。現日出純鹼 100 噸，秋後可增至 150 噸。

民國十九年，侯博士二次渡美考察，因鑒於製鹼參考書籍材料之缺乏，乃將其經驗所得，著爲專集，公之於世，由美國化學會刊印，爲該會叢書之一，深博得泰西各國專家之推崇，稱爲巨著焉。

民國二十一年，侯先生自美歸國，復在鹼廠中添設燒鹼製造部，後又擴充機械廠及翻砂廠。現永利鹼廠所有新添機械設備，無論大小精細，皆可自製，堪爲國內工廠之模範。

永利製鹼事業旣已樹立鞏固之基礎，侯先生復鼓其餘力以作新興企業，廿三年初永利製鹼公司改組爲永利化學工業公司，增設硫酸錏製造部，廠址設在浦鎮，資本七百萬元。所有工程部分，全由侯先生主持。因於春間再度赴美，接洽一切設備購置事宜，並監督製造各項設備。現各項機器業已陸續運華，侯博士亦將於本年秋間歸國，預計硫酸錏廠明秋卽可出貨。

中國工程師學會年會會務會議紀錄

日期：民國24年8月13日下午，及8月15日上午。

地點：廣西南甯建設研究院，及省府禮堂。

出席人數：42人

主席：惲震；　　紀錄：余昌菊。

(甲)報告事項

1. 司選委員會林濟青，曹理卿，王洵才，宋連城，陸之順君等，來函報告下屆職員複選結果：

　　會　長：顏德慶。
　　副會長：黃伯樵
　　董　事：胡庶華，韋以黻，華南圭，任鴻雋，陳廣沅。
　　基金監：朱樹怡。（全體鼓掌）

2. 總會執行部，提出會務總報告(書面)，總會會計張孝基，報告資產狀況，及收支賬目(書面)。
3. 工業材料試驗所建築已完成，現決定先募足100,000 元，依照專家委員會之建議，購置機器，並向國外名廠募捐儀器，以後俟有成績，再事擴充。
4. 南甯分會定於 8月15日正式成立，以後補辦選舉職員，及訂立章程手續。（全體鼓掌）。
5. 龍純如君報告梧州分會情形。
6. 青島分會書面報告會務。
7. 主席報告總會會長徐佩璜來電致賀。

(乙)討論提案事項

1. 胡博淵，惲震，顧毓琇，趙曾珏，季炳奎，等10人提議修正章程，經詳加討論，議決修改如下：

(得出席會員三分之二以上之大多數通過)

(1) 章程第21條「董事15人」改爲「董事27人」

（理由：本會會員有2,500人，散處各地，門類繁多，增加董事人數，可以多容納各方面之代表）。

(2) 章程第23條全文應修正爲：「董事會由董事及會長副會長組織之，其開會法定人數定爲15人。董事會開會時，以會長爲主席，執行部其他職員均得列席，但無表決權。會長副會長不能出席時，得自行委託另一董事爲代表，董事不能出席時每次應書面委託另一董事，或會員爲代表，但以代表一人爲限。」

（理由：會員得代表董事出席會議，可以增加新力量，且使董事會容易開成。）

(3) 增加第24條新條文：「董事會遇必要時，得邀請歷屆前任會長副會長列席會議」。原文第24條改爲第25條，餘類推。

(4) 章程41條(原文40條)改爲「每年常年會費應於該年6月底前繳齊之。」

2. 董事會全體董事提議，將團體會員之永久會費規定爲300元案。

議決： 通過。章程第40條（原文39條)全文修正爲：「凡團體會員一次繳足永久會費300元，會員或仲會員除繳入會費外，一次繳足永久會費100元，或先繳50元，餘數5年內繳足者，以後得免繳常年會費。前項會費由基金監保存，非經董事會議決，不得動用。」

注意：以上修改章程各條，須依照章程由執行部用通訊法交付全體會員公決，以復到會員三分之二以上之決定修正之。

3. 青島會員邢契莘等14人提議修改會章第43條暨增加分會章程一條案。

議決： 不必修改。

4. 青島會員邢契莘等14人提議，年會開會時，各分會必須選派會員參加，以通聲息，而資聯絡。分會如有會員自願參加年會，則分會可委託其爲代表，如無個人參加，則分會得選派一人或數人參加年會，至其費用由分會酌量津貼之。

議決： 原則通過，希望各分會至少有一人爲分會代表，出席年會。至於津貼一層，由各分會自行斟酌辦理。

5. 青島會員馮介等14人提議，總會增設有薪給之專任幹事一人，常川駐會，秉承總幹事之命，襄助各幹事辦理會務。

議決： 交執行部參考。如有必要時，提出董事會決定之。（註：現總會有支薪給之助理員二人）

6. 民國25年第六屆年會地點案。

議決： 25年4月在杭州舉行聯合工程年會，邀請各專門工程學會一同舉行，並於會畢分組出發參觀南京上海一帶新建設，遊覽浙皖風景。

1. 新會長顏德慶君來函，以義務職位太多，無暇並顧，擬懇辭職案。

議決：慰留。

(丙)選舉下屆司選委員。

結果：李運華，顧毓琇，支秉淵，龍純如，譚世藩，5人當選。

陽朔沿河風景

18289

游藝盛況

招待委員會游藝股十二晚七時半，假座省黨部大禮堂，舉行游藝會，柬請各學會會員，及省黨政軍長官涖臨參觀，到會者各男女會員暨李總司令及夫人郭德潔女士，黃主席，暨各機關長官，各界觀衆等，約一千三百餘人，是晚游藝節目，先演桂劇，（1）取紅霓關，主演者黎女士，龍振煊，余少勛，飛來霞，蘇筱臣等，（2）孟良頒兵，主演者諸葛士濂，陳麗綠女士等，次演國技，主演者國術研究社同人。各項游藝表演人員，均屬各機關公務人員，所表演之藝術，頗見純熟，博得觀衆贊許，尤以國術一項爲最可觀，掌聲雷動，至十一時三十分閉幕。

十三日晚下午八時，招待委員會游藝股，仍假座省黨部大禮堂，舉行第二次游藝會，事前柬請各學會會員及本省黨政軍長官涖臨參觀，是晚到場者不下千餘人，表演節目，首先由總部軍樂隊奏『愛爾蘭古曲』，次由周祖貽君等粵樂清奏『賽飛奪錦』，再次總政訓處職員李春芳，雷卡零，杭卡零，李露沙，伍琳莎合演『武士舞』，繼有潘掌珠女士口琴獨奏，末後表演粵劇，1，新明星劇團音樂部清奏，2，西蓬擊掌，2，客途秋恨，4，狸猫換太子，5，靈魂鶴兩闋，等，各項游藝之表情，極爲週知嫻熟，樂聲悠揚清韻，聞之無限歡愉，其中尤以總政訓處表演之武士舞一項，博得觀衆贊賞鼓掌不絕，極能表現青年之活潑精神，直演至十二時許，始行閉幕。

十四晚游藝會，改在省政府大禮堂舉行，是晚游藝，因地方所限，祇專供各會員觀看，各界來賓，一槪謝絕入塲，下午八時開演，各會員到者三百餘人，其游藝節目，（1）南寧口琴會會員合奏精兵進行曲，（2）潘掌珠女士歌舞「醉臥沙場」，（3）粵樂平湖秋月，（4）張智，張家儀，李莉玲，許榮臻，李梅芳四女士集團舞，（5）李春芳等滑稽表演，各項游藝表演極爲精彩，博得各會員大加贊許，又是晚電影"七千俘虜"一片，則先於公宴時在省府球場放映，各會員對該片攝製之技術，贊譽不置，而於影中剿共勝利之異蹟，與李白總司令對各被俘共匪訓話時之情形，更掌聲不絕。該片係四集團軍總政訓處電影隊在去年共匪壓境時候，身涖戰地，攝製而成，內有驚心動魄的戰爭，有如荼如火的緊張情緒。多有可觀嘆者。

十五晚七時半，繼續游藝節目，有1，樂隊競賽前奏曲，總部軍樂隊。2，歌唱，開路先鋒，大路歌，潘掌珠女士及周遊君等。3，相思盒，陳革新女士唱。4，跳舞，潘掌珠，李莉玲女士，5，怒吼，總政訓處，6，桂劇，極爲精彩云。

廣州招待

廣州分會因年會會員歸程之便，排日招待。餘興猶濃，甚可感也。

8月23日下午7時廣州分會公讌。

24日上午8時赴新造市頭參觀糖廠，及酒精廠，（在珠江畫舫午膳）。

下午2時遊覽本市風景，（黃婆洞，黃花崗，觀音山，等處）。

晚7時，赴省府讌會。

25日上午9時參觀士敏土，自來水，新電力，苛性鈉，硫酸，肥料，飲料，等廠。

正午12時赴石牌中山大學鄒校長餐敍，并參觀新校。

晚7時半赴市府讌會。

年會稿件，尙有李總司令之演講辭，在下期週刊公佈。

18290

歡宴會

省政府黃主席，以中國六個學術團體各會員，此次來邕聯合舉行年會，羣彥蒞止，濟濟蹌蹌，開本省文化史上最光榮之一頁，機會極爲難得，爲表示歡迎，並盡地主之誼起見，特於十二日下午六時，假座省黨部大禮堂，設筵款待全體會員，并請李白總副司令，及黨政軍各高級長官作陪，席間觥籌交錯，賓主甚爲歡洽。

十三日下午六時第四集團李白總副司令，假座省黨部歡宴，以盡地主之誼，是晚赴宴者，各學術團體全體會員共三百餘人，桂省各高級軍政長官均被邀作陪，席間觥籌交錯，賓主極爲歡洽，有頃，廣西大校長馬君武博士，即起立發言，略謂現在中國國勢，危急已極，各位科學專家，現在相聚一堂，實爲難得，盼望大家努力研究，以圖科學救國，拯此危機，言畢，各人掌聲雷動，暢懷痛飲，至八時許，始盡歡而散云。

廣西各學術團體，又於十四日下午六時，在省政府球場設筵歡宴，席間，賓主甚爲歡洽。

十五日晚七時，聯合年會假省黨部舉行公宴，到者約五百人，分座47席盛極一時，茲將是日席位表列下，亦以誌紀念也。

棹次	座位 1	2	3	4	5	6	7	8	9	10
1	李總司令	李夫人	黃季寬	馬君武	馬夫人	麥蘊堯	朱朝森	黃鈞達	竺可楨	楊允中
2	白副總司令	白夫人	雷賓南	劉任夫	劉夫人	蘇子美	鄭蘭生	曾希吾	惲　震	王家楫
3	黃主席	黃夫人	盤斗寅	夏軍長	梁逖濤	王公度	陳　雄	雷榮珂	胡剛復	顧毓琇
4	李重毅	孫紹靈	黃菩生	張心徽	吳雪芬	馬克珊	聶崇侯	沈鎮南	董殘秋	周子競
5	廖軍長	廖夫人	邱昌渭	邱夫人	黃毅先	朱耀綱	徐斗墟	陳秋安	馬心儀	辛樹幟
6	馬名海	蔣伯嵛	鄧祥雲	謝達村	陶紹勳	朱堯元	區文雄	黃　楚	曾昭掄	金湘帆
7	戈紹龍	蘇正持	盧伯松	邵禹襄	邵夫人	張奇珍	張夫人	張孝基	金通尹	王　庸
8	潘宜之	潘夫人	陽永芳	利銘澤	利夫人	黃瑞珍	林兆宗	趙廷綱	袁復禮	袁同禮
9	李運華	李夫人	陸起華	葛其婉	Mrs.W.E. Hoffman	Mr.W,E, Hoffman	華理斯	華夫人	何德奎	胡博淵
10	賴彥于	曾昭森	陳道行	Mr,W, Haeker	Dr, Beddce	Dr. Reeres	李慶麐	薛桂輪	周開基	趙曾珏
11	白維義	黃立生	尹　治	大內義郎	木村重	遠藤一郎	東中秀雄	木村讓一	沈乃青	錢　華
12	藍香山	龍純如	婁旣庭	張鴻基	馮國治	朱振鈞	曹仲淵	劉夢錫	莊前鼎	楊樹勳
13	廖萬民	李文釗	茅以新	莊智煥	王文華	王文傑	沈熊慶	沈夫人	王善佺	王夫人
14	鍾　紀	葉逢梆	黃鍾漢	袁翰青	鄧胥功	孫永謌	吳安愷	姚萬年	盧于道	沈慈輝
15	李權芬	龔經華	高亞丹	高路德	項顯洛	周榕仙	包伯度	包夫人	黃崑崙	賀　闓
16	尹　政	零克嘻	黃浩泉	劉　夷	季炳奎	鄭森嶙	李世雄	方隸棠	莊效震	彭用儀
17	陳大甯	廖伯仁	何之泰	黃天佑	楊克嶸	徐犟金	黃紹垣	張通武	葉培忠	傅煥光
18	覃師長	唐鶴琴	江海科	馬　傑	錢子甯	蔣朝沅	冼榮熙	王明貞	陳炳相	陳夫人
19	謝祖華	謝子直	張湘汶	王浩眞	吳清獻	尹耀聲	蘇祖修	朱寶筠	謝國楨	陳自康
20	林伯銘	鄧韶光	張道宏	溫步頤	劉　邦	梁學海	李　青	陳鏡初	陳夫人	袁寶恩
21	于瑞雲	張登三	張夫人	劉國華	龔蘭眞	區允文	朱昌亞	區夫人	桂未辛	區其偉
22	封鶴君	黎行恕	李發元	榮連坊	盧鑑明	黃國義	葛祾成	劉燕生	劉文貞	任德芬
23	黃尙欽	魏岸覺	馬顯樸	沈貫甲	沈咸震	關慰祖	李良騏	翁德鑾	姚鴻逵	鄧少琴

18291

桌次	座					位				
24	周炳南	謝蒼生	田和卿	劉　咸	王　焯	吳松珍	范式正	盧和寅	劉恩蘭	譚其驤
15	林文翰	陳漢吾	甘其興	張偉達	賴世尊	徐駿平	楊鏡學	梁毓萬	劉啓邠	沈湖明
26	張家瑤	石鏡麟	李名世	黃榮漢	陳德貞	彭英灊	袁文奎	盧展雄	羅堯範	陳觀上
27	賀世縉	蔣　芾	黃鎮國	倪桐料	鍾嘉文	崔亞蘭	彭思敏	杜德三	古　謌	楊連武
28	張君慶	區渭文	周百嘉	黎國俊	蔡方蔭	馮　介	梁永鎏	林文聰	李金盤	呂炳灝
29	劉爲章	季雨農	莫如玉	黎煥森	許維樑	鄧孚孩	卓鑽森	吳光先	李子誠	徐志中
30	劉錫賡	蔣澄香	黃愼思	詹德欽	馬通強	李東森	孫紫筠	上官克登	雷御龍	盧　德
31	李大岳	鄧浩明	衛臨雍	吳學周	鄭蘭華	郭世綰	盧景肇	沈仲章	徐宗一	陸　詒
32	劉　澈	黃世英	李文翔	黃玉蓉	何永甲	盧辛元	林長明	唐翊勳	楊春洲	張洪沅
33	黃學禮	張盛遐	黃文耀	譚頌獻	陳立卿	徐益棠	汪振儒	佘昌菊	李維國	周家琰
34	何棟材	歐伯翹	潘翰輝	麥錫渠	秦忠欽	許楨陽	吳亮如	楊素澤	陳公弼	段子燮
35	謝子舉	白葆生	過崑源	何玉昆	吳魯強	梁三立	李大新	李秉福	黎宗輔	曾廣方
36	呂煥祥	何元瑾	陸啓光	陸夫人	陳心陶	陳夫人	梁思莊	陳唐熙	湯邦偉	張鴻福
37	甘　霖	張國權	戴居正	余熾昌	周唯眞	董紹良	蘇宏漢	覃衢中	蔡樹繁	陶心培
38	陳佐鈞	秦道堅	秦夫人	孫岩越	孫夫人	林寶婉	王非曼	慈丙如	戴燕福	夏兆龍
39	陳壽彝	宋厚初	陶　榮	李熾南	邵逸周	楊榮智	沈裕巽	徐瑞麟	蒙諮徵	彭先蔭
40	李啓乾	林伯薺	鄔道明	梁慶培	譚寄陶	徐繁榮	崔龍光	劉君椿	梁　傅	韓蒙軒
41	葉　彬	黃宗珊	江世祜	江世佑	周明達	曾廷藩	鄧靜華	鄧夫人	唐　荃	楊漢如
42	梁達常	張啓祥	瞿文琳	余炳墉	李燕亭	吳　卓	盧卓羣	李　芬	李一塵	陳國瑜
43	徐植松	黃雲生	盧漢光	曾　彧	余贊光	梁蔚彬	胡彥英	樂天愚	伍浩泉	樓桐茂
44	巵　幹	封灌吾	梁鵬高	覃漢興	蔣　綱	潘承誥	傅　銳	蕭　倫	黃　瑞	謝誠明
45	巫瀛洲	周　競	李健文	張培公	唐國正	梁立模	陳孔剛	李洪漢	蒙新機	謝　立
46	黃思第	石寶元	劉燕生	杜炎乾	郭培厚	陳錦松	許文彬	林汝民	唐民麟	林慶煜
47	沈伯蔭	孟憲蓋	張俊民	韋　謙	朱日潮	李果能	方[illegible]樸			

中華民國廿四年拾月貳日收到

參觀遊覽

15日下午一時至四時，各會員到各機關工廠參觀，程序爲(一)軍醫院，(二)印刷廠，(三)化學試驗所，(四)電力廠，(五)家畜保育所，由招待所派員引導前往。

16日一部份會員離邕赴柳桂各地參觀，到柳州參觀航空學校，沙塘墾植區，農林試驗場，柳侯祠，立魚峯等五處。

17日由柳赴桂，18至20日三日在桂遊覽，第二組十六日赴武鳴參觀，仍回邕，17日由邕赴柳，18日在柳參觀，19日由柳赴桂，20日在桂林參觀，21日由桂乘民船下梧，到梧後乘輪赴粵。

聯合年會向南甯各界道謝辭行啓事

敝會同人等，本屆來廣西南甯舉行聯合年會，承蒙　李總司令，白副總司令，黃主席，暨黨政軍學各界，殷勤招待，指導獎掖，俾同人等得以暢觀廣西省各部門之建設，快聆諸革命先進之偉論，賓至如歸，心感靡旣，同人等以爲中國民族復興之一線曙光，卽在　諸君之刻苦奮鬥，同人不敏，自亦當追隨驥尾，共其努力，茲以十六日卽將分組出發，由柳經梧州遄返，不及一一走謝，特此登報鳴謝，至希公鑒，並祝健康進步。

工程週刊

中華民國24年9月19日星期4出版
(內政部登記證警字788號)
中華郵政特准號認爲新聞紙類
(第1831號執據)
定報價目：全年連郵費一元

中國工程師學會發行
上海南京路大陸商場542號
電話：92582
(本會會員長期免費贈閱)

4卷22期
(總號100)

中國工程師學會民國23年度會務總報告

本會會務邇年來日見進展，其犖犖大者，如工業材料試驗所新廈之落成，與南京各學術團體之發起籌建聯合會所，等是也，同人等力微事繁，時虞隕越，尙幸進行頗稱順利，爰得相當結果．玆將是年度中會務經過，撮要報告如下，尙希 鑒督．

1.關於建築工業材料試驗所事項

本會工業材料試驗所，自去年七月中，由張裕泰營造廠承包，即在市中心區基地，鳩工建築以來，歷時十月，原定去年底可以完工，祇以各方所捐材料，未能準時領到，致延至今年六月，方始竣工，計全部工程約值五萬元，除捐得材料約一萬五千元外，尙須實付現金三萬五千元，詳情容再報告．

2.關於籌劃試驗所設備事項

此項設備，經本會請定工業材料試驗所設備委員施孔懷，康時清，沈熊慶三君編就，並經董事會之決議，請薩福均，李法端，沈怡，顧毓瑔，張可治，趙祖康，張效良，杜光祖君等專家，先行審查．現據專家審查意見，第一步先籌款十萬元購置機器，第二步再進行擴允．該項報告已摘登工程週刊．

3.關於試驗所繼續募捐事項

去年年會由上海分會提議，請本會籌募現款十萬元，供採購材料試驗所設備一案，經本屆第十五次董事會議議決，儘先向各會員募捐．現有會員二千五百餘人，每人認捐四十元，已足定額，除分函各會員籌認捐外，並請各地分會努力勸募，執行部方面擬以各分會爲單位，以各該地會員人數爲比例．惟各會員認捐之數，距預定之目標，相差尙鉅，爰經第十九次執行部會議討論，僉以此項募捐，端賴會員羣策羣力，始克有成，經議決組織募捐隊，每隊設隊長一人負責向會員勸募，目標每人捐四十元，如每人認捐之數不滿四十元者，請其向外界募集，湊成此數．上海分會業已進行，其他分會亦經敦促進行，庶衆擎易舉，集掖成裘，則試驗所不難早日觀成．太原分會，大治分會，已將捐款匯寄，成績甚佳，此外分向政府機關補助並向外國名廠募捐試驗機器，現在接洽中．

本會對於此項募捐，爲酬謝起見，請徐佩璜，徐名材，王魯新三君，擬定捐助材料試驗所優待辦法，及獎勵辦法，經第二十次執行部會議修正通過，該兩辦法亦已在工程週刊公佈．

4.關於各學術團體聯合會所事項

前由中國礦冶工程學會等十八團體提議，組織聯合會所於首都，主旨在謀工程界同人之切實團結，增加工作效率，適應國家建設之需要，爰呈准南京市政府，以建設委員會東首政治區，撥基地八畝四分，其官價四成由市府捐助，此外六成地價，連同青苗拆遷等費，共需銀二千七百餘元，經籌備會議決，每團體應繳入會費一個至三個單位，每單位國幣一百五十元，以充購地經費。以後各團體之權利及義務，即以單位數爲標準。本會認定三個單位，內一個單位由南京分會担任。至於會所設計，及章程組織，亦在商議中。此爲初步進行之情形也。

5.關於廣西考察團事項

本年承廣西省政府之邀請，本會組織廣西考察團，入桂實地研究各種建設問題，所有川資及招待悉由廣西省政府担任。經本會董事會遴定顧毓琇君爲團長，何之泰，莊效震，陸鳳書，方頤樸，惲震，顧毓琇，莊前鼎，張洪沅，賀闓，趙曾珏，胡博淵，沈乃菁等爲團員。全體團員已於七月十五日由滬漢二地出發赴桂，預計考察時期約計一個月竣事。

6.關於參加度量衡制度會議事項

國立編譯館前爲教育部公佈之物理名詞，與國府公布之度量衡法名稱不同之點，函請本會發抒意見，經本會第十六次董事會議決，呈請行政院召集物理學家，工程專家，及度量衡專家會議，嗣由行政院召集會議時，本會推定惲震君出席與議，首次並無十分結果，按此項度量衡標準制單位名稱，與定義之意見，當以單位定義實無多爭點，所須討論者厥惟標準制之單位本身，及其名稱。爰擬就徵詢單一種，分發各會員，請其答復。惜時間太促，應者不多，謹就統計結果，分列結論要點如下：

1.多數主張對於現行度量衡法之單位名稱，加以一部之修改。

2.多數主張度量衡標準制，每種祇採用一個名數爲主單位，其餘單位用主單位及大小數(不名數)之聯合名稱。

3.主單位多數主張用公尺，公斤，及公升，少數主張用米，克，立，（多數佔53%，少數佔41%，其他佔6%）。

4.多數主張用十百千萬億兆之大數，及分厘毫絲忽微之小數，三位一進制。

7.關於榮譽金牌事項

歐美各國學術團體，對於建設事業有特殊貢獻之人，常有贈給榮譽金牌或獎章辦法，乃所以鼓勵學術專家專心致意於建設事業，小則爲國家社會謀改進，大則爲人類造幸福，用意至善至美，故其國家日見富强，而人才輩出，百業興盛，未嘗非因善於獎勵有以促成之也。本會有鑒於此，第十四次董事會議通過，贈給榮譽金牌辦法七條，本年經會員顧毓琇君等提議，侯德榜先生主持天津永利製鹼公司，製鹼工程事宜十有餘年，頗著勞績，並著有製鹼工業一書，對於工程界確有特別貢獻，本會應給以榮譽金牌，當經董事會聘定專家吳蘊初，徐善祥，丁嗣賢，徐宗涑，徐名材，五君審查，嗣得審查報告，以侯德榜先生主持天津永利製鹼公司工程事宜，歷經困難，卒底於成，合於本會贈給榮譽金牌辦法乙項標準之規定，其所著製鹼工業一書，爲西國工業專家所推崇，昌明專學，有裨人類，侯先生對於工程界確有特別貢獻，應請給予第一次榮譽金牌，以彰勞勣。復經第十七次董事會議議決，本年榮譽金牌贈給侯德榜先生，此項金牌准於本屆年會時發給。

8.關於朱母獎學金事項

查上年度對於此項獎金，並未有人獲選，依據應徵辦法第三條之規定，應將上年度之獎金一百元，移至本年度，將本年度當選名額，增加一名，同時可有二人獲選。本屆應徵獎金論文，計有九篇，業經第十八次董事會議議決，聘定徐名材，張廷金，李謙若，裘維裕，馬德驥五君，爲評判委員，業於7月26日經評判委員評定林同棪，吳華慶，二君當選，各給獎金壹百元。

9.關於年會論文給獎事項

本會前屆年會，曾將此案提出討論，對於每屆年會論文爲重要事務之一。本會爲鼓勵研究工程學術之興趣起見，由沈君怡先生擬定年會論文給獎辦法六條，經第十四次董事會議修正通過，於二十三年起實行，上年度論文經第四屆年會論文複審委員鄭恩泳，劉晉鈺，徐名材，三君選定第一獎論文曹瑞芝著「虹吸管之水力情形及流量之計算」，第二獎論文陸之順著「山東內河挖泥船設計製造始末紀略」，第三獎論文凌其峻著「瓷窰的進化」，按照該辦法第四條之規定，分別給獎，計曹瑞芝君一百元，陸之順君五十元，凌其峻君三十元，此項獎金均已發出。

10.關於四川考察團報告書

去年四月間四川考察團團員入川，分組考察，爲時兩月，深蒙川方殷懃招待，盛意可感，該團共分十八組，每組團員將考察所得，編成報告，彙總付印，所有印刷費用，由四川善後督辦公署先撥付貳千元。現查此項報告已經出版者，有下列十五組:

水泥，水利，電力，電訊，鐵道，鋼鐵，銅鑛，煤礦，地質煤鐵，油漆，石油，火井，糖業，公路，水力。

鹽業，藥物二組不久亦可出版，紡織組現在編著中，一俟各組報告出齊，即可合訂成冊。

11.關於全國建設報告書事項

去年年會由會員許元啓君等提議，每屆年會由總會提出全國建設報告書一案，經第十五次董事會議推定鄭恩泳君草擬辦法，復經第十六次董事會議議決辦法通過，並函請各分會貢獻意見後，於民國二十四年起實行，（二十四年之文稿須於二十五年一月內交進），各在案，編輯全國建設報告書辦法，亦另在工程週刊公佈，不重贅。

12.關於叢書事項

前由會員趙福靈君著有「鋼筋混凝土學」一書，請本會接受刊行爲叢書，當由會請定專家李鏗，李學海，二君詳加審查，認爲此書內容極有價值，爰經董事會之決議付梓，全書洋裝一冊，共500餘面，定價5元，外埠加寄費三角，初版印2000冊，學者稱便。又有會員陸增祺君所著「機車鍋爐之保養及修理」一書，亦先後經董執兩部會議議決，聘請專家陳明壽，施鎣，韋以黻，程孝剛，朱葆芬，君等審查，該稿內容質量良好，並根據董事會之決議付梓，現正在排校中，約一月可以出版。

13.關於增訂機械電機兩名詞事項

我國工程名詞，大都譯自歐美各國，惟譯名錯雜，極不統一，對於我國工程學識發展前途，影響甚鉅。本會有鑒於此，乃於民國17-18年間，編印各種工程名詞，學者稱便。機械電機兩種，初版係草案，且印數有限，早已分散完畢。乃因各界需要甚殷，特組織委員會，請定委員顧毓琇劉仙洲，等專家，分任修訂機械名詞有11,000餘則，電機

18295

名詞有5000餘則，均較初版增多四五倍，其為詳盡也可知。電機名詞每册收印刷費三角，機械名詞每册收印刷費七角，出版未幾，即告售罄。本會應國立編譯館之邀請，推選審查委員數人，審查電機名詞，經第十六次董事會議決，推定電機工程專家李承幹，裘維裕，包可永，陳章，顧毓琇，惲震，趙曾珏，劉晉鈺，周琦，譚彬，楊簡初，鮑國寶，張承祜，張廷金，薩本棟，楊緒㷆楊允中，潘履潔，莊前鼎，康清桂，二十人，參加審訂，

14.關於圖書室事項

本年度除本會續定

1. Engineering Ne ws-Record,
2. Power Plant Engineering,
3. Mechanical Engineering,
4. Architectural Forum,

四種外，並承美國康乃爾大學教授傑可培(Prof. H. S. Jacoby)先生，捐贈下列工程專書五册：

Transactions of the American Society of Civil Engineers, Vol.99(1934)

Index to A.S.C.E. Transactions,Vol. 48-99

Proceedings of the American Railway Engineering Associations, Vol. 35,(1934)

Report of the Investigation of Engineering Education, 1923-1929 Vols. 1 & 2,
(Society forthe Promo tion of Engineering Education)

又承京滬滬杭甬鐵路管理局鍾桂丹君捐贈"Journal of the American Institute of Electrical Engineers"六十册，尙有其他各種中西文雜誌甚多，茲不縷列。

15.關於會所失愼經過情形

本會會所租賃於上海南京路大陸商五場樓542號爲辦事室，已有三年之久，室內僱用職員程智巨皇甫仲生二人外，有僕役周奎發一名，惟程與皇甫二人，僅日間到會辦公。僕役每晚寄宿室內。本年三月三日，即失火前一日之晚，周奎發除出外泡水外，常在室中，就寢時將近午夜，次晨六時半起身，持面盆出室，將門鎖閉，隨赴公用廁所，約半點鐘，迨回至室，詎室內火烟瀰漫，向門口風湧而出，知係失火，遂奔至鄰近泰山公司辦事室，用電話通知救火會，不久救火人員到場，詎本商場扶梯旁之救火龍頭無水，又本商場所備之救火唧水機與馬達間，均被機匠所鎖住，而機匠外出，房東所辦之救火器具遂不能利用，乃由二馬路消防龍頭，裝接皮帶至五層樓，開始滅火工作，如此多延二十分鐘，然室內書籍器具，已被焚去一部份矣。事後檢查結果，書籍損失五千元，器具損失約五百元，最近二年檔案文件亦遭燬壞，幸賬簿銀錢無一殃及，當救火時，執行部總幹事裘燮鈞，暨會長徐佩璜，及會計幹事張孝基，先後聞訊趕到，火熄之後，經救火會盤查，無從確定起火原因，本會執行部詳細探查，亦不得要領，因周奎發素不吸烟，自非香烟爲禍。出事後，本會臨時借用原址對過537號房間辦公，一切會務仍舊進行如常，不受影響。幸本會保有火險八千元，乃向保險公司屢次交涉賠償，始由貳千元增至三千五百元，經第十六次執行部會議議決，通過接受，詳情迭誌工程週刊，茲不復贅。

16.關於組織各專門組委員會事項

上屆年會由會員許應期君等十二人，提議充實本會組織，設立各項工程分組，以免各工程同志另組各項工程學會，分散本會力量一案，經本屆第十五次董事會議決，請惲震，張可治，鄭家覺，康時振，四君研究促

進辦法，當由惲震君等草擬各專門組委員會組織章程，及選聘各專門組委員，復經第十七次董事會議決章程修正通過，原文已在工程週刊公佈。

17.關於分會事項

本會分會國內計有上海，南京，濟南，唐山，青島，北平，天津，杭州，武漢，廣州，太原，長沙，蘇州，梧州，國外有美洲，共十五處，本年新成立分會有重慶，大冶，南甯三處，共計十八處之多。

18.關於會針事項

本會會針，仍與前中國工程學會時所製者同，惟加一師字，現本會製有一批，分二種，一種14K金質，每只售價十二元，一種銀質鍍金，每只二元，如會員未曾購備者，可向本會購買。

19.關於技師登記證明書事項

本年度各地會員聲請本會核發技師登記證明書者，計有26人，此項證書專爲證明其無技師登記法第五條玩忽各情事。查第十七次執行部會議議決，以後本會會員擬向實業部請求登記技師技副，應以會員與仲會員爲限。

20.關於新會員事項

本會新會員年有增加，本年度經董事會通過會員82人，仲會員61人，初級會員105人，仲會員升爲正會員者7人，初級會員升爲仲會員者1人，團體會員一家。

21.關於新職員複選事項

本屆會長徐佩璜，副會長惲震，董事胡庶華，韋以黻，周琦，楊毅，任鴻雋，基金監莫衡，均於年會後任滿，業由第五屆職員司選委員林濟青，曹理卿，宋連城，陸之順，王洵才君等提出下屆職員候選人名單，分發全體會員複選在案，截止七月二十一日開票，結果如下：

當選	會長	顏德慶		
	副會長	黃伯樵		
	董事	胡庶華	韋以黻	華南圭
		任鴻雋	陳廣沅	
	基金監	朱樹怡		

中國工程師學會
民國23—24年度執行部
會長徐佩璜，副會長惲震。
總幹事裘燮鈞，文書幹事鄒恩泳，
會計幹事張孝基，事務幹事王魯新。
民國24年7月30日報告

本會會計報告，下期公佈。

●工程團體之統計

美國工程師組織，以A.S.C.E.爲最老，成之於1852年，

會員則以A.S.M.E.爲最多，共有19 553人，次爲A.I.E.E.計18,338人，A.S.C.E.僅14,129人，美國現共有90個各別之工程師組織，總共會員不過1000,00人，比較美國醫學會A.M.A.有98,749會員，美國律師會A.B.A.有27,790人，覺散漫而缺乏團結，故近正在發起聯合運動，以期集中力量云。(參考 Mechanical Engineering, July1935)

各地分會會計，請將收支報告，寄本刊公佈。

最近二期週刊，因登載年會消息，頁數加倍，定閱者請鑒諒。

18297

廣西建設經過及對國事的感想

李總司令在聯合年會演講（24年8月13日）

主席，各位先生：

敝省是一個偏僻的省份，很難得各位到來。兄弟今天得和各位聚首一堂，參加盛會，覺得非常榮幸。承各位盛情，要兄弟說幾句話，兄弟是在軍事和政治方面擔負一部分責任的人，這幾年來也參加廣西建設的工作，現正打算把廣西這幾年來建設的經過情形，及個人對國事的一些感想，向各位報告，希望各位指教。

說到國事，兄弟覺得很慚愧，兄弟今天站在台上，穿的是軍服，自身是一個軍人，對於國事，是應該負實際的責任的。但是，我國這二十多年來，國勢一天一天的衰微，民衆一天一天的痛苦，我們當軍人的，對外既然不能抵禦外患，保全國家領土主權，使國家在國際上得到自由平等的地位，對內又不能肅清全國匪患，使人民安居樂業，這實在是我們軍人本身的莫大恥辱，自己想起自己的責任，覺得自己沒有資格來向各位說話的，現在蒙各位邀來說話，一方面覺得光榮，一方面也很慚愧。

廣西本來是個偏僻的省份，在歷史上號稱難治，因為地方很貧瘠，省內匪患也很盛行。從民國元年到十年，廣西給陸幹卿先生等一班人統治：他們思想落伍，軍隊紀律又壞，所以不能把廣西弄好。後來總理中山先生帶兵入廣西，趕走了陸幹卿一班人，總理曾經認為要建設廣西非先肅清匪患不可。不料因環境關係，總理不久又帶兵回廣東，不能實現他的主張。從此以後，即在民國十一年到十三年的期間，廣西局面又陷入無政府狀態，軍隊自相火併，土匪遍地混亂得很。在這時候，兄弟和各同志帶隊苦戰，到了民國十四年間，才能掃除一切惡勢力，統一廣西，十五年奉國民政府命令，帶領軍隊北伐。到了十八年，廣西又陷入軍事時期，一直到民國二十年，兩廣合作，廣西局面歸於安定，才得從新進行建設工作。建設進行到現在，已有四年之久，我們覺得沒有什麼成績，可以供各位參觀，實是很慚愧。現在只能把這幾年來的一些工作經驗，向各位報告。

當我們從新進行廣西建設事業的時候，我們首先確定兩種精神，拿來做一切工作的指導。我們覺得建設廣西不只是為廣西而建設廣西，應該是為中國復興而建設廣西。因為廣西是中國的一部分，中國整個問題不解決，廣西人民的各種問題，也難求得澈底的解決。所以我們對於廣西建設工作，一方面要使牠在消極上不妨礙整個國家民族的利益的發展，另一方面使牠在積極上能夠有利於國家幫助中國問題的解決。總之，我們要根要根據總理的三民主義來進行廣西的建設，這是第一點。其次，我們覺得要建設有成效，應該注重脚踏實地的精神。所謂脚踏實地，就是要根據民衆的實際需要，來進行建設，務求能夠減輕人民的痛苦，增加他們的福利。同時要看客觀條件如何，我們要在客觀條件所容許的範圍內，來定工作計劃，不能好高騖遠，弄到徒勞無功。這是我們進行廣西建設的時候，首先確定的兩種精神，希望能把這兩種精神貫澈到全部工作上去。

至於這幾年來我們打算做的建設工作，現在可以提出幾件來向各位報告。第一，我們覺得要進行經濟文化等建設工作，首先要造成一個便利建設的社會環境，所以努力剿平左右兩江的共匪，清除省內各地匪患，並制裁土豪劣紳，厲行法治，保障民權，使人民都能夠安居樂業。並整理財政，取消苛雜，希望能夠減輕人民痛苦。至於軍隊方面，特別嚴肅紀律，不得擾民，要使軍民和諧，打成一片，軍人對於行政，不得非法干涉，軍人更不得向行政機關薦人。而且要軍政互相輔助，駐紮各地的軍隊，要能夠運用他們的力量，從旁協助地方行政機關，進行建設工作。我們以爲必須這樣，才能造成一個良好的社會環境，以便利一切建設之進行。第二，關於政治風氣的改善，我們也很注意。我國向來在政治上有兩種很壞的風氣，一種是消極無爲，大家不負責任。一種是貪污卑劣，恬不知恥。這兩種風氣不改變，一切建設工作，都無法進行。所以我們對於公務人員，要鼓勵他們勤勞負責，當行政官的，更要以時巡視民間，考察民間疾苦。至對於貪官污吏，不惜加重刑罰。這幾年來，帶兵官和縣長因爲犯了貪污瀆職罪，致被槍斃和監禁的也不少，我們總希望能夠造成一種積極負責和儉樸廉潔的新風氣。第三，我們覺得政治機構是否良好，和建設工作的效率，有很重要的關係，所以很注意把牠加以改良，使能因地制宜，成爲合理化。本來建設工作，黨政軍各方面，都要分担責任。爲了集思廣益，溝通各方面的意見，使工作能夠聯絡起行，以收分工合作的效果，所以設置一個黨政軍聯席會議。這是一個會商工作的組織。各種建設方針，在這個會議上討論决定，然後由黨政軍各部門負責人員去執行。省政府組織，以前是會議制，主席很少實權，發生了許多毛病，因爲事權分散，各廳各顧各的工作發展，失了合作的意義。同時工作人員相互常常發生人事上的糾紛，工作效率因之不能提高。因此，我們首先把省府組織加以改良，集中執行權在主席手中，以期指揮統一，效率增進，又實行合署辦公，以節省經費，減少手續，辦事敏捷。此外，若行政監督及副縣長的設置，鄉村組織的力求健全，也無非要使上下相維，更加緊密。第四，我們希望能夠造成一種科學化的行政，所以注意于文官制度的樹立，對於公務人員，要保障他們的地位，尤其是關於技術方面的工作，要交給科學技術的專門人員去負完全的責任，使他們能夠運用科學來辦理行政，進行建設的工作，以前中國行政上的一個大毛病，就是任用親戚朋友，不問他們是否能夠負責。比如一個技術機關行政官任用他的朋友親戚來當技正技士，不管這些人是否懂得科學，弄到工作都沒有效果。廣西對於這種積弊，注意加以改革。技術機關的長官，就派科學專家去負責，用人行政，也由他去辦理，行政官只處於監督的地位。我們以爲必須這樣辦，建設事業才能在科學指導之下進行，也才能希望造成科學化的政治。第五，我們覺得建設工作，固然要政府能夠負起責任，也要民衆能夠拿出力量來共同負責，才能達到完滿的目的。所以我們就首先裁減軍隊，拿錢來創辦民團，希望造成一個能夠推進建設的社會力量。許多人以爲裁軍是一件難事，實在說，兵之難裁，只看掌握軍權的人，肯不肯裁罷了。我們認爲中國現在在帝國主義侵略之下，無論爲發展民族鬥爭力與抵禦外侮，或爲推進內部建設計，都非把廣大的民衆組織起來，並創立民衆的武力不可。所以毅然裁減軍隊，拿這一宗經費來進行建設，創辦民團。創辦民團，不但要造成一種推進建設的社會力量，而且要造成一種民衆武力。當我們創辦民團，和實施軍訓的時候，許多人都有些憂慮，他們恐怕民團訓練好了，容易給共產黨利用。尤其是他們恐怕青年受了軍訓，便會給共產黨利用，掉轉槍口，來推翻政府。我們却不以爲然，所以排除疑難，把民團訓練和軍訓實施起來，因爲我們認府政府如果是好的，人民是不會起來推翻的，如果是不好的，不但人民起來推翻政府，是很應該，就在政府這方面講，也應

18299

該自動把政權交出來，國家是四萬萬人的國家，政府是人民的政府。國家的事情，不是一個人或少數人，所能辦理得了的。所以在政府裏面負責的人，要能夠開誠佈公，反求諸己，同時要希望人民能夠起來管理政治，共同負責。我們只有怕人民能力缺乏，知識太低，不能管理政治。若是怕人民管理政治，便不敢把他們加以組織訓練，以提高他們的知識，這不但是責任上不應該，而且照這樣子下去，也無法把政治弄好。我們所以創辦民團，就是這點意思。民團最初辦理，側重自衛方面，後來又兼重自治和自給。所以民團訓練，軍事居於十分之三，政治經濟佔十分之七。因為我們不但希望民團成為一個自衛力量，且希望牠成為一個推動各種建設工作的社會力量。

以上五點，是廣西全部建設工作中的幾件先行的工作，所以特別提出來報告。其他經濟建設文化建設等工作，各位開會之後，可以詳細參觀，請恕兄弟不再細說了。

剛才說過，廣西用民團的方法，組織訓練民衆，使民衆能夠起來管理政治的一段話，我因此想起關於中國政治前途的一個問題。本來關於中國政治前途，總理已經指示給我們，我們是用不着再懷疑的。不過有些人現在又把這個問題提出來討論，他們發生疑問，究竟中國行民主政治好呢？還是行獨裁政治好呢？他們主張獨裁政治的人，以為意大利行了獨裁政治，得到富强，所以我們要拿意大利來做榜樣，努力去模仿他。這種話，是知其一而不知其二的。要知道，政治制度，必須適合國情，意大利有他的環境，有他的需要，和中國不同。獨裁政治能夠適合意大利的環境需要，却並不適合中國的環境和需要。如果不問自己的國情，却一味去模仿人家，那麼，蘇俄行無產階級政治，得到富强，難道我們也應該去模仿他嗎？就理論上說，在各種政體中，民主政治，是比較合理些。就中國的客觀事實說，民主政治，也還是為中國所需要。有人以為中國人民程度低，不能行民主政治，這話也不盡然，人民程度低，政府就應該負責把他們趕快加以組織訓練，使他們能夠起來參加政治。只要政府負責訓練他們，他們斷沒有不能夠起來的。我國現在在帝國主義壓迫之下，必須四萬萬人羣策羣力，才能發生偉大的力量，挽救危亡。而發揚民主精神，便是團結人心，共赴國難的好方法。總理曾經告訴我們，說要求中國長治久安　必須實行民權主義。我們相信這話是完全正確的。有些人看見歐美民主政治發生許多弊病，所以很不滿意。歐美民主政治有弊病，事實上也不能否認。不過民主的辦法，也跟着時代演進，也因為各國國情不同，而加以修改。總理也就因為不滿意於歐美的民主政治，而把牠修改，以求適合中國的要求，所以才把民權主義創立出來，我們中國的民主政治，自然要奉行總理的民權主義。總而言之，關於中國政治前途，我們不應該再懷疑。我們要厲行法治，切實保障民權，同時把人民加以組織訓練，使他們能夠起來管理政治，趕快實現總理的民權主義，這才是最正當的途徑。

除了政治前途問題外，現在一般人最關心的，就是當前的國難問題。現在無論在那一界的人，都覺得很煩悶，很憤慨，好像關在一個不通風的房子裏面，成天的發悶。但是光是發悶，有什麼用處呢？我們要找出辦法，來對付環境才好。說到這裏，我良心上感到非常的悲痛。各位先生！現在我們大家在這個禮堂中談話，舉目望望我們的國家環境，似乎有一種陰沉的空氣來包圍我們，我們的中國，已經變成一個陰沉的世界了。我們實際上雖然沒有做亡國奴，但是我們民族的氣概，似乎連亡國奴也不如了。近來報紙上常常登載意阿戰爭的消息，阿比西尼亞是非洲黑人的一個小國家，被白人稱爲野蠻民族。然而阿國人不甘受意大利的壓迫，大家都存着與國偕亡的决心，寗可流血來保護國家，不願做亡國奴，這是何等的慷慨，何等的勇烈！反觀我國，受了人家嚴重的壓迫，也噤若寒蟬，連聲都不敢出；好像說一句血性的話，便不能生存一樣。民族的氣概，消沉至此，說起來眞可恥，唉，我們中國人簡直連非洲野蠻的黑人都不如了。所以我們總希望中央在這個嚴重時候，要决定一定的方針，來保障國權國土，爭求民族生存。若果沒有辦法，因循敷衍，得過且過，只求一時苟安，不顧百年大計，那麼一定越弄越糟，弄到無可收拾。我們的祖先，既然不爭氣，不能夠造成一個富强的國家留給我們，使我們做一個大國民，安享太平盛世的幸福，那麼，我們就應該加緊努力，拚死奮鬥，爲我們的子孫，我們的民族設想！不要遺下惡果，把他們弄成亡國奴。何况事到臨頭，更不容我們苟安，猶豫。

說到應付國難，當然要對外對內都要有適當的辦法。許多人都關心中央和西南的關係。事實上，現在的中央政府和西南兩機關，都是根據四全代會的議决案成立的，都是合法產生的機關。有些人說西南兩機關之存在，是障礙統一，這不但不合事實，而且是很不公道的話。西南各同志，無不希望中央當局對國事决定適當的辦法，無不希望和中央當局合作。西南方面，對於國事，常有意見貢獻給中央，這也是很應該的。中華民國是四萬萬人的國家，不是某一個人所能私有，凡全國民衆，對於國事，都有貢獻意見給當局的義務，所以西南貢獻意見給中央，是應該的，不過採納不採納，這是中央的事，我們只願盡我們做國民的責任，有意見就說出來。若果說的對，就請中央採納，說的不對，就請中央解釋。就我個人來說，我無時不本總理和平奮鬥救中國的遺教，决定我對國事的態度。流血是萬不得已的行爲，在此外患嚴重的時候，我們的血要爲對外而流，我們總希望由和平的方式，來解决國內一切問題。

西南對國內問題，主張樹立均權制度。本來，均權是總理的主張。我國地大物博，人口衆多，地方比歐洲還要大，人口比歐洲還要多。但是交通不便，各地有各地的社會情形和自然環境，不能一概而論，所以要根據總理均權的主張，使各地方能夠因地制宜，進行建設，以充實國力，收到殊途同歸的效果。因此，均權是發展國力和鞏固統一的最好辦法。從前北洋軍閥，想以武力統一中國，結果都弄得一敗塗地，這眞可爲窮兵黷武者戒。尤其是在此國難嚴重當中，和平統一，實行均權，才是救亡之計。在滿清時代，所行的是帝王專制政治，但對於各地方也不能不任用賢能，設各省總督，巡撫，授他們以相當權力，使能因地制宜，臨時應變。卽蘇俄號稱爲共產黨獨裁的國家，而國家體制，也採取聯邦制度，使各地方能夠在國家整個方針之下，因應時宜地宜，力求發展。總理所謂均權，雖然和滿清制度及蘇俄制度不同，但爲適合國情，發展國力，也和蘇俄有相同的用意。要之，只有實行均權制度，使各方都能就其權力範圍內，盡其所能，舉辦公益，圖謀建設，然後才能使地方發展繁榮，國力日漸充實。地方繁榮，國力充實，中央要辦什麼事，亦比較容易得多，統一既不愁不鞏固，對外也不愁沒有辦法了。

本來，國事的艱難，誰也承認；不過總不能說是沒有辦法。總要當局的人，能夠光明磊落，公正廉潔，以身作則，一方面能以廉潔高尙的德性，肅清貪污卑劣的積弊，一方面本大公無私的精神，任用賢能，共圖治理。同時，要誠懇光明，容納國民的意見。只要風氣一轉，人心振奮，無論環境如何困難，總不致於沒有辦法。至於在國民這一方面說，只要大家都能審別利害，明白是非，個個人都肯爲國家民族奮鬥，那麼，無論環境如何困難，現狀如何惡劣，我們民族前途，一定有希望。我們試看土耳其，土耳其原號近東病夫，受帝國主義的侵略，和我們中國，眞是難兄難弟。到了歐戰後，土耳其國難之嚴重危急，也不讓於我國今日。但是基碼爾和土國國民，能夠發奮爲雄，一致改造政治，拚命抵禦外患，結果使土耳其一變而爲獨立自由的國家，土耳其人不如我多，土地不如我廣，他們能夠自救，難道我們不能自救嗎？只要我們國民能夠效法土耳其發奮爲雄的精神，一定可以使國家轉危爲安。俄國在歐戰的時候，國家禍難也很嚴重；但俄國國民，能夠犧牲奮鬥，整理內部，抵抗外患，後來又節衣縮食，埋頭建設，結果仍能使俄國國基，日趨鞏固，國際地位，亦一天天的提高起來。又如德國在歐戰中戰敗，給敵國壓迫得很厲害，可是德國人民毫不悲觀，致改造政治，忍辱奮鬥，經過不久工夫，到了現在，不但渡過了一切驚濤駭浪，且能掙脫不平等條約的束縛，重整軍備，雄視歐洲了。看了人家這樣，我們相信：有爲者，亦若此，大家實在用不着灰心，只要我國國民，都肯負起責任，一致爲國家努力，不要只圖苟安，不要悲觀消極，我們一定可以戰勝困難，達到中國自由平等的目的。

最後，兄弟還有一種感想：兄弟覺得政治是一切社會生活的中心樞紐，政治辦不好，一切社會生活，都要受其影響。固然，要政治辦得好，須要政治與學術打成一片，政治要在科學指導之下來進行，不過，這先要政治上了軌道，才有可能。如果政治不上軌道，不能任用賢能，許多有學問的人，便往往無處應用，或是所用非所學，這種情形，對於學術研究，影響很大。所以政治勢力，實在籠罩一切社會生活，政治好，一切都可以好，政治不好，一切便難得好。要政治好，當然要當局的人負責任，但也要所有國民，都要共負責任，才能達到目的。尤其是學術界諸君，都是民族中的先知先覺者，負有指導社會的責任。各位的任務，主要的固然在文化方面；而在國家政治方面，各位也要擔負比一般國民更爲重要的責任。所以我們大家，除了共同努力，發展科學文明，一方面也要共同努力，把國家政治弄好。這一點顯淺的道理，各位比兄弟知道得更清楚，實在用不着兄弟多說，不過順帶說及，表示兄弟對於各位的希望罷了。兄弟今天得來參加盛會，和各位先生披肝瀝胆的傾談，自己覺得很榮幸；同時想到自己不能保國衛民，盡自己且在軍事上政治上的責任，也深抱慚愧。這一次各位到敝省來，關於敝省的各建設工作，希望各位乘便參觀，並很懇切的希望各位不客氣的，加以指導。兄弟謹代表廣西民衆，向各位祝福。

南寗民國日報社論

歡迎聯合年會

（廿四年八月十二日）

中國科學社等六學術團體，在邕召集聯合年會，已定於今日開幕矣。到會會員，三百餘衆，類皆國中碩望，科學專家，握手晤言，盡友朋之悅樂；集思廣益，發學術之精微，爲況之盛，誠吾桂空前所未有也。吾桂僻處西南，交通尙多不便；諸君不辭跋涉，遠道惠臨，能使吾桂社會一新耳目，加强其對科學化運動之熱忱，無論爲學術計，爲吾桂計，吾人皆願致其無限歡迎之意。

吾國文化，有五千年歷史；近代科學，在吾國古代，亦多有其萌芽。迨後方向一轉，學人多致力於考據詞章，人事周旋，及明心見性之學，而於自然現象，及利用厚生之道，反覺漠然；遂致科學方法，式微不昌，文化進程，因之停滯。自歐化東來，吾人以其所有，與西洋人之科學特長相遇，每覺相形見絀，始知世界有所謂科學文明。復經對外抵抗，迭次失敗，朝野上下；始知接受科學文明，不容稍緩。今日所謂保存國故與全盤西化，固屬議論紛紜，爭訟未息；而於科學之提倡，則無論維新守舊，無不一致贊同。蓋吾國今日科學研究發達程度，雖尚瞠乎人後；國人對科學價值認識之加深，及專心科學研究者之日衆，則已遠爲數十年前所不及矣。此皆諸科學先進，苦心孤詣，努力奮鬥之結果；而中國科學社宣傳提倡之功，尤不可沒也。吾人敢言：民族復興運動成功之程度，必以科學化運動成功之程度，爲一主要決定力。故六科學團體諸君所負之使命，極其艱鉅而光榮。吾人竊願乘聯合年會開幕之日，略獻數言，藉申芻蕘之意：

吾人每聞學術界之恆言曰：爲學問而學問；此語也，將以鼓勵學人，負文化光榮使命，向高處深處不斷努力，勿爲個人功利，而移其志，懈其功，立論未嘗不是。雖然，吾人又聞大科學家斯賓塞氏之言曰：科學爲人生，非人生爲科學，則又何解耶？夫在治學態度言，必有爲學問而學問精神，始能到底堅持，而不歪曲眞理；而在治學目的言，則科學必爲人生，始能顯其價值。基於科學爲人生之義，則救亡工作，誠爲科學界諸君所應亟加注意者。吾人今日處境，與歐美諸先進國家不同。蓋外則强鄰侵略，危亡之禍，已迫眼前；內則百孔千瘡，諸廢待舉。而救亡與廢之術，在在有待於科學之研究發明。故今日科學研究，當以救亡爲第一目的；而應用科學，尤當以我國當前實際問題，爲其研究對象。例如黃河長江，不時氾濫，爲我民族一大禍害；治之之道，則治河工程學者責無容辭。又如化學戰爭，極關重要。軍用化學之研究發明，尤爲治化學者當前急務。夫科學起於實用，而實用更大有助於科學化運動之成功。吾國人研究西洋科學，較日本爲先；而日本科學研究發達，則較吾國爲速。論者謂日人研究科學，以醫學爲首，故易得社會信仰；吾國人研究科學，首在軍事製造方面，自甲午戰敗，而社會保守心理，故態復萌，對科學信仰，不甚堅決，可知科學運動成功遲速，與實際應用之成敗，實其重要關係。吾人之爲此論，絕非對於理論科學與應用科學所抑揚，理論不深，則應用不宏，亦爲吾人所了解 ； 第以在此國難嚴重之今日，如達爾文，愛因斯坦等理論科學家，固爲吾國所需要，而對於巴斯德，愛迪生等應用科學家之要求，則更爲迫切耳。

廣西政治當局，年來勵精圖治，進行建設，不敢後人。鑒於建設事業，其理精深，其術細密，亟有賴於科學之研究與指導也、對於科學教育，注意推行，對於科學專材，延致尤不遺餘力。蓋常深信本黨，總理行易知難之教，惟恐所見所不及 ， 所思有所不周，故一遇機緣，輒向科學專家，虛心請教。六學術團體諸君，皆專材績學，文化導師，卓識榮聞，素爲吾人所傾佩。此次四方來會，萃萃一堂，吾人遇此良機，深爲歡慶。甚望於開會切磋之暇，共將吾省建設事宜細加考察，並各抒高見盡量批評。以諸君學術之精，眼光之銳，倘深承指示，則其有裨於吾省建設事業，自在意中。至當局之見善必遷，務求進步，更不待記者言之矣。

陽朔畫山

西蘭公路三關口開山及護牆工程

張　大　鏞

三關口山峽東口

三關口山峽內路面

三關口在甘肅省平涼縣西七十里，卽古金佛峽。該處山勢聳立，涇水出其間，爲隴東之咽喉，古軍事要隘也。以前行旅經過是處，不外登山或涉水兩途，登山道路坡度約在50%左右；涉水者則由峽內經過，水流湍激，常有滅頂之虞。跋步艱難，行旅苦之。民國23年全國經濟委員會公路處，擬完成西蘭公路，勘定路綫，亦經該處，乃擬另闢新路，以便行旅。因山坡陡峻，石質堅硬，如全部開山，則工程艱鉅，比較結果，以半部開山，半築護牆，較爲經濟。故該處工程，分爲開山及護牆兩部。於民國23年6月動工。護牆長140公尺，高5公尺，用就地開採之片名建築，因運費昂貴，水泥每桶運至工地，需20餘元，爲經濟計，護牆內部使用白灰灌砌，就地燒製。因西北荒涼之區，人工材料俱感缺乏，交通不便，運輸困難，且以施工期間，霪雨連綿，尤增障礙。計用石灰800,000 公斤，水泥100餘桶，人工8,000餘工，歷時半載，幸於23年11月間，未結冰前，完成通車。該段路面，縱坡度僅 0.8%，昔日險隘，易爲坦途，跋涉之苦，賴以免除矣。

(尚有通車攝影一幀，載下期本刊。)

中國工程師學會會務消息

◉董事聯席會議

本會定9月22日(星期日)上午10時，在本會會所，開第19次新舊董事聯席會議，討論各案列下：

1. 籌募工業材料試驗所設備費案。
2. 推選執行部各幹事案：
   總幹事，文書幹事，會計幹事事務幹事，兩月刊總編輯，週刊總編輯，出版部經理。
3. 推選下列各委員會委員長及委員人選案：
   1. 工業材料試驗所設備委員會。
   2. 朱母獎學金委員會。
   3. 職業介紹委員會。
   4. 年會論文複審委員會。
   5. 各專門委員會。
4. 推舉新會員審查委員案。
5. 審查23年度決算案。
6. 審查新會員資格案。

◉廣州分會之招待會

8月27日正午，本會廣州分會，假座新華酒店禮堂，公讌過境聯合年會會員。到會人數共82人，分會會長胡棟朝因事未能出席，由副會長梁永槐主席。席間略述招待之經過，及其困難情形如下：

『前年中國工程師學會在武昌開年會的時候，廣州分會的提案是請到廣東開會。後來結果改在濟南，敝分會當然失望得很。因爲未有得到機會來領教。本該舊案重提，後來聞說應廣西政府之請，決在廣西開此年會，故此敝分會不再提舊案，因爲廣東與廣西比連，依如唇齒。况到廣西者多經廣東，敝分會仍有很大的機會來請各位到敝省參觀，故此， 即行預備招待。惟交通不便，故時日不能準確，且東下人數參差不一，以致招待程序更易數次，况以一薄弱無能之工程分會，招待多數團體，不無困難之點，故於招待有不週之處，請各會員見諒見諒』。

◉本會主辦國貨建築材料展覽會陳列規則

日期：民國24年10月10日開幕，20日閉幕，每日上午9時至下午5時。

地點：上海市中心區市京路民壯路轉角，中國工程師學會新建築工業材料試驗所。

場所：樓下左右兩翼，分20間，每間地面積約 150方呎，收費20元。
樓上露天分16間，每間地面積約 160方尺，收費10元。
樓下及樓上中央陳列棹，共389尺，每尺收費5角，以5尺爲最少數。
場內水電由本會供給。除陳列桌室內佈置由本會辦理外，其餘各室概由出品人自行佈置。

種類：出品種類分水木類，五金類，鋼鐵類，油漆類，電器機械類，衛生煖氣類，建築工具類，等七類。

獎勵：由本會延聘專家，組織審查委員會，給予獎狀，以示提倡。

發還：陳列物品，各出品人可於閉幕後領回，或捐本會工業材料試驗所爲陳列品。出品人對於陳列各品，如須保盜竊火災等險，由出品人自理。

登記：各出品人須於 9月25日前到上海九江路大陸商場 5樓，本會會所登記。出品於10月1日起至8日止，送到會場。

◉本會圖書室新到書籍

50. Bulletin of The Geological Society of China,
Vol. XIV, No. 2, June 1935.
The Occurrence of Endocarps of Celtis Barbouri at Choukoutien.
Geographic Distribution of The Important Soils of China.
The Cenozoic Sequence in the Yangtze Valley.
On the Cenozoic Formations of Kwangsi and Kwangtung.
The Pliocene Lacustrine Series in Central Shansi.
Cenozoic Geology of The Wenho-Ssushui District of Central Shantung.
Note on a Mammalian Microfauna from Yenchingkou Near Wanhsien, Szechuan.
On The Occurrence of The Manticoreras Fauna in Central Hunan.
Note on Some Rare Earth Minerals from Beiyin Obo, Suiyuan.

51. 道路月刊 47卷3號 24-7-5日
上海中華全國道路建設協會 0.20元
要目：雲南公路與汽車事業之觀感 黃日光
軍用路及軍用橋梁 孝登
最新圖解汽車修理術 周易
公路管理法 楊得任

52. Architectural Forum,
Vol, LXIII, No. 1, July, 1935.
Federal Reserve Board Competition.
Emerging Houses, 1935.
Historic American Buildings Survey.
Reviving Main Street.

53. Engineering News-Record,
Vol. 114, No. 26, July 27, 1935.
Siphon Design for Golorado River Aqueduct.
Tall Prefabricated Apartments in France.
Low-Cost Roadbuilding.
Concrete Placing on Chicago Sewer Tunnels.
Rigid-Frame Designs in Government Use.
An Engineer's Recollections.

54. Importers Guide,
Vol. 32, No. 7, July, 1935.
Where Do Profits Go
Away with Lingering Merchandise.
How It Works for Us.

55. Power Plant Engineering,
Vol. 39, No. 7, July, 1935.
District Steam Heating and Electric Service Combined at the Taunton Municipal Plant.
Supervisory Instruments for Steam Turbines.
Combustion Control, Part VI.
Salvaging Condenser Tubes.
Modernize for Profit.
Operating and Regulation Characteristics of Centrifugal Pumps.
Pulverized Fuel Burning Experience at Goodyear.
Heat Transfer from Finnel Engine Cylinders.
The Quardrature Oscillograph.
Care of Direct Current Motors and Generators.
Annealing Pipe Welds by Induc-

tion.

Checking up on The Orsat.

Acid Before and after Zeolite.

Case Studies in Power Economics.

56. Mechanical Engineering

Vol. 57, No. 7, July, 1935.

Steam Versus Hydro Power.

Some Aspects of The Turbulence Problem.

Are Metals Permeable by Oil?

Steel-Plant Lubrication.

Backgrounds of The Cooperative System.

National Apprenticeship Under Way.

Apprentice Training Methods.

Cutting Structural Steel.

Modern Cast Iron.

The Engineer and His Societies.

57. The Textile Manufacturer,

Vol. 61, No. 726, June, 1935.

Warp Beaming.

Cotton Spinning Management, The Cotton Bale Openen.

Warp End Breakage in Weaving.

Designs for Fabrics.

Avenues of Progress in the Textile Industry.

Spun Silk Yarns.

"Fibro" for Crepe Yarns.

Textile Industries in the Far East.

Jacquard Setting, Timing, and Overlooking.

Beam Warping of Heavy Warps.

A Three-Barrel Automatic Cross-border Dobby.

Needle-pointing Card-wire on Flats.

A Patent High-speed Vertical Creel-fleer Cabling Machine.

Freezing Wool for Cleaning and Burr Removal.

A Scottish Dyeworks.

The Selection of Acid Colours for Brown Shades on Wool Piece Goods.

Chromate Evaluation of Rongalite.

Carbonising of Wool.

Dyeing and Finishing Machinery.

After-treatment of Rayon Crepe Prints.

Hand-painted Cottons of India.

Boiling of Dry-spun Flax Yarns.

58. Paint,

Vol. 5, No. 3, March, 1935.

Pigments.

Cellulose Finishes in Interior Decoration.

New Driers from Organic Acids.

Primers for Wood.

Standard Specifications for Paint and Lacquer.

Orange-Peeling in Lac Oacquers.

Tung Oil Production in the Empire.

59. 現實 1卷 4期 24-7-15日

武昌黃土坡義莊前街特1號 0.05

60. 江西公路三日刊 79期，24-7-18日

61. 山西建設 3期， 24-4-1日 0.06

太原東夾巷22號山西 十年建設促進會

62. 同59, 複本。

63. De Ingnieur, (荷蘭文)

Vol.50, No.27, July 5,1935,

64. 同 6, 複本

65. 實業公報 236期， 24-7-20日

南京實業部總務司 0.10

66. 工商半月刊，7卷 14號, 24-7-15日

上海實業部國際貿易局， 0.30

要目：五金礦產及其商品概說

工廠調查淺說。

◉會員通信新址

王勤 (職)北平河北省無線電台
吳華甫 (職)天津北洋工學院
周楚生 (職)上海黃浦濬浦局稽核所
夏憲儒 (職)杭州閘口錢塘江橋工程處
張任 (職)北平清華大學
張澤堯 (職)上海愚園路全國經濟委員會
張蕭舫 (職)杭州浙江大學工學院
馮桂連 (職)北平清華大學
黃中 (職)杭州浙江大學
楊偉 (職)河南鞏縣兵工廠
楊景爔 (職)上海中國實業銀行
甄沂 (通)香港威靈頓街18號C富隆號轉
趙志游 (職)南京揚子江水利委員會
赫英舉 (職)北平輔仁大學
劉崇謹 (職)杭州杭州電氣公司閘口總廠
蔡名芳 (職)河南焦作工學院
殷開元 (職)天津河北工學院
顧惟精 (職)上海愚園路全國經濟委員會
沈津元 (住)上海新閘路新閘橋同安坊32號
黃炳奎 (通)湖南長沙柏家山郵政信櫃轉
曾廣智 (職)南京津浦路機務處
黃作舟 (職)濟南榨石橋工業試驗所
鄧子安 (住)濟南鞭指巷28號
李維一 (職)陝西建設廳
楊綽聲 (職)濟南三大馬路汽車路管理局
史恩鴻 (職)濟南沂水採金局工程處
陳世仁 (職)南京兵工署
黃錫霖 (住)香港九龍太子路199號
陳志定 (職)鎮江建設廳江南水利工程處
吳雲綬 (職)河北唐山開灤礦務局
袁其昌 (職)吳淞京滬鐵路機廠
(住)上海西寶興路樂祥里1號
曹銘先 (住)杭州長生路31號
邱文藻 (職)濟南商埠小緯工路17號甲
陳汝湘 (職)天津法界31號路慎基里4號
沈星五 (職)天津東馬路襪子胡同北洋印刷部
王超鎬 (職)陝西咸陽張爵廟巷隴海路西寶第一總段第二分段
余立基 (職)青島國立山東大學
劉發燦 (住)南京公園路體育里5號
應琴書 (住)青島萊蕪二路上海新邨7號
零克嗜 (職)廣西蒼梧縣政府
江祖歧 (職)上海交通大學
譚伯羽 (通)Herrn B. Y. Jang
Chinesisehe Gesandltshapt
Kurfurste ndamm218,Berlin-
Charlotten bury, Germany.
張貽志 (通)上海甯波路47號和昌洋行轉
柴志明 (住)杭州華藏寺巷華藏里9號
劉夷 (職)廣西龍州廣西電力廠龍州分廠
周森緒 (職)上海南京路上海電力公司
余騏 (職)廣西柳州航空處
吳卓 (職)廣西貴縣廣西糖廠
林逸民 (職)廣州市太平南路信託公司
封祝宗 (職)廣西梧州省立梧州初級中學
洪文璧 (職)杭州浙贛路局
唐英 (職)江灣同濟大學
許逸 (職)南昌江西公路處
許延輝 (職)廣東樂昌株韶路局機廠
彭道中 (職)南昌江西省政府技術室
萬斯選 (職)南京軍政部軍需署
蒙路徽 (住)廣西桂平五甲街蒙文敏堂內
潘超 (職)衡州株韶工程局
蔣尊第 (住)杭州西大街
盧景肇 (職)廣州增步勷勤大學工學院
聶增能 (職)武昌湖北省公路局
辣孟明 (住)上海萬壽街22號

本刊本期總號100,適逢新董事會成立,待推選新編輯後,繼續出版,幸 定戶及會員諸君原諒之.

18308

工程週刊

中華民國24年12月19日星期4出版
內政部登記證警字78號)
中華郵政特准號認為新聞紙類
(第1831號執據)
定報價目：全年連郵費一元

中國工程師學會發行
上海南京路大陸商場542號
電話：92582
(本會會員長期免費贈閱)

4•23
卷 期
(總號101)

工程技術

吳稚暉先生在工程師學會南京分會聚餐席上之演辭

陳章 嚴一士 記錄　二十四年十一月十六日

今天得與諸君晤對一室，萬分榮幸。鄙人平生最羨慕的是工程師，但恨涉世過早，當時一般社會，不知工程師為何物，一切工程常識，均不明瞭。我雖有羨慕之熱忱，苦無機會與工程師接觸。後來外交失敗，國勢日蹙，大家於是想到我們沒有機器，假使有機器之後，或不致喪師失地。於是社會人士，漸漸知道工程師之重要。乃忽忽四十年，國勢依然凌替，外交依然棘手，這是什麼緣故呢？甲午戰時，我祇三十歲，這時的人，祇知做八股——即功令文。八股中人有一種習見語，就是叫做「形而上之為道，形而下之為器。」自以為文章詩賦是了不得的事，曲藝多能為小人之所長。雖有一二時賢，洞知工程之足以救國，而思提倡之。無如衆口可以鑠金，少數又何以能敵多數呢！後來國體改革，復因政治不上軌道，多數政客主張什麼「立憲」「法治」「代議制」「內閣制」等等，鬧得烏煙瘴氣，置工程師於不聞不問。我當時即以為此種行為是不對的。近來我時常喜歡在報紙上說話，主張「工程救國」，「馬達救國」，而各報上又正在厲行新文化運動。不過尚有一班人，倘同他講工程足以救國的話，即表示不信的神氣，今天遇到了許多專家，我就不管我是一個門外漢，無論如何，要與諸位說說。我說早遇工程師，可免去種種失望之事。近日形勢嚴重，此即過去不知提倡工程之果也。五中全會時，湖南代表提議創設中央技術院。蔡孑民說政府已辦中央研究院，北平研究院。中央技術院諒與上述二院大同小異，似可不辦。大凡會議，很多議而不決，決而不行，或交行政院辦理等等。此事亦儘可以「議而不決」了之，不過湖南代表重復加以申說。他們說：「我們覺得政府現在所辦之學術機關，很多所學非所用，致一旦任事，有所用非所學之慽。我們所提之中央技術院無非使一般人明瞭種種技術，使社會多一些實地做工之人」。我當時亦在座，乃起立作調和之口氣，我說 中央研究院，經費每月十萬元，成績甚良好。在十萬元的經濟情形之下，能有如是成績，已屬不易。政府倘注意文化事業。而欲求更大之發展，不妨再加經費。大凡學術分「論理」與「應用」兩門。各專門學校大都偏於應用的，各大學大都偏於理論的。因現在學制傾向，常以為大學在專門之上。殊不知理有深簡，而應用也有深簡，未可蒲此而厚彼。當時褚民誼先生適在座，我即說褚民誼先生心中一定很不舒服，因爲他辦的中法工業專門不准立案成爲中法工業學院。因現有國立八學院不准增多，而音樂祗能稱專門不成稱學院。反之大學內有美術，足見政府之意大學在專門之上。研究院爲大學之後盾。其所做之工作亦與大學雖同而實異。例如同爲鍊鋼，大學祇需明瞭種種煉鋼制度，及其理論。研究院之鍊鋼職務爲「如何能改善鍊鋼法」。大學爲普通，研究院爲精進。不過當再立一技術學院，訓練鍊鋼之技術，實地同一班大學畢業的人，及一班研究院中的人共同去鍊鋼。譬如軍隊中旅長，師長，總司令的地位固然重要，但下級軍官亦不可忽視。好比你們諸位是一朶牡丹花，花雖開得好，但少綠葉扶助。工程師雖好，無工人及工頭則不能成事。中國的工人很可憐的，缺乏教育，缺乏訓練。石衡靑先生任兵工廠長時請郭承恩先生去演說，他說中國的工人，工作效率祇及外國工人的七成。於是工人大譁，經石先生之彈壓始告平靜。我一小兒亦在兵工廠中作事，事後一工人與我的小兒說郭某眞豈有此理，說此不入耳之話，我小兒說其實郭先生很客氣，以我觀之祇及外國工人的三成，相與大笑而罷。可見中國工人均出身苦力，未受教育。中國素以養成人品教育爲前題，因此職業學校開不好。當黃任之先生辦職業學校，我說我很贊成，但職業學校的名字不大好。因爲倘使打官話「職業」兩字很不錯。但一班人說，難道我的兒子不令他進一大學，將來畢業後幹一翻驚天動地的事業，而忍令他進一職業學校嗎？於是祇有一班沒有錢，或有錢而考不進學校者，乃進此職業學校。因此職業學校辦不好。實在不如叫生產學校或『技術』學校之爲妙。國家高等教育費每年三千萬元，欲使此數增加，萬萬不能。譬如衙門內老夫子一日經過廚房，偶聽廚役切飯菜，口中念念有詞「老夫子吃根，賬房吃尖」。該老夫子大疑，私自一看，乃知廚役正在切筍，不禁大憤。下回復經廚房，又聽茶役口中念道「老夫子吃尖，賬房吃根」。及一視之，始知正在切韭菜，又復爲之不悅。教育也是一個老夫子，比不及海陸軍費。目下時局很急，應當研究院加經費，大學也加經費，再先取五百萬爲開辦技術學院之設備費。討論久之，始將技術學院之原案通過，交敎育部參考。我們有一種做八股的人，他常常講外行的話。他們說，中國的所以不强：一，因農村破產，二，因外貨充斥，三，因國防廢弛。工程是當然提倡，但恐不能救燃眉之急呢？我說，亡國的人民何以要幾家人家合用一柄刀，因刀多之後，亦可作爲武器，容易造反。工程司譬之一把刀，乘此機會，多造幾把刀，能得進一步造一把大刀則更妙，至大砲機關槍目下恐已來不及造了。各國戰時，全國機器廠變成修槍砲及做槍彈的場所，到了這個時候非請工程師不可。歐戰時德國無麵包，工程司發明以木屑作麵包。中國乏米糧，也許木屑亦可製造。文化日新需要機器愈多。譬如中國從前軍隊不用鋼帽，一遇敵人飛機子彈即有不支之勢，自一二八後中國軍隊均戴鋼帽。一遇戰事總司令在後指揮，工程師在後做大刀，如此合作，决無不濟。政府要小學生軍訓，荷木槍，不聞要求工程師多做刀，實屬可怪。我革命四十年，垂垂將老，即國民政府成立，忽忽亦已十稔，辛苦備嘗，成效極微。今日對諸位說話，譬之訴苦話於家人父子之前。我曾說馬達救國。反對我的人卽同我說，根本中國重工業如鐵鋼之類沒有發展，如何談得到此。我說，我在黃山有一位張先生很會攝影，其技術比外國人更覺高明。我就同他說，中國根本未曾做照相機，未曾做軟片，如何談得到拍照。張先生說，『倘等中國自製照相及軟片後，然後拍照，約在卅年後，現我旣知攝影術，不妨先行攝製，一俟卅年後，中國自製攝影機及鴉片成功，改用國貨可也。』照此講來，在中國未做鋼鐵前，不妨先做馬達，一俟鋼鐵自製後，再用國貨不遲呢。中山先生說「知難行易」。不徹底的人就說「中國根本在不行，不在不知」。胡適曾有「知難行亦不易」的調侃語。他就引證古語「知之匪艱，行之維艱」作證。譬如有染阿芙蓉膏癖者，三筒癮過之後，擲槍而起，他說鴉片眞毒物，明日誓必除之，及明日視之，又復吞雲吐霧矣。又如雀戰歸來，心灰意懶，悻悻然曰，此後誓當戒賭，明旦仍復與劉盤龍作忘形之交矣。以上人家的話，都沒有知道中山先生的意思，中山先生說此話時在民國三年，當時有一班人，因環境惡劣，不願革命。總理乃問何不革命。他們說，『我們當然知道革命，但是環境如此，我們眞是沒有法子。』猶之目下人云，抗敵是應當的，但是沒有好法子。總理乃對人說『不要怕，我已知道一個法子，照法子去做，一定成功的。』總理有鑑於此，所以說「知難行易」。社會已知中國生產落後，然欲使生產不落後，非實地去「行」不可。工程師與各學術機關，為實行之總樞，當經數十，數百，數千，數萬年漸漸改良，並不急在一時。蘇俄五年計畫，請了許多外國工程師。我想中國的鍊鋼廠，也當用外國機器及外國工程師。據專家估計鍊鋼廠非用三千五百萬以上之金錢不可。而所產之鋼未必一定能賺錢。我說國家決不如此着想，政府與商業不同。因商店一蝕本，即一無辦法，非關門大吉不可——一般國貨所以不及外國貨者，大都因成本關係，祇得偷工減料。鍊鋼廠不計成本，即無問題，假使說外國鋼五十元一噸，而中國鋼也許要每噸七十元。雖然如此政府並不灰心，仍舊繼續進行，慢慢改良，定有一天較外國鋼更便宜的。總理三民主義說，不借外債，不用外國工程師，中國的實業是沒有辦法的。大學畢業的學生，勉強在外面得一實習機會，已屬不易，欲求三十年作工的經驗，是多麽一件困難的事呀。起初有人說，借外債，易受外人干涉。例如築鐵路而借外債，此路即不准自己運兵。此為一種無稽之談，中國借債築成之路，那有一條，沒有運過兵。從前法人願意在四川投資八百五十萬，經中國人反對，反對的理由大略與上述相同，結果沒有成功。我說上海如果沒有放印子錢的朋友，則賣茶葉蛋及五香牛肉的小販，早已入鮑魚之肆了。我敢作一斷語，作為最後結束，就是暫時不借外債，難以振興實業，富強國家；但是要實地去做，不患勞苦，則惟諸位工程師是賴了。

上海市游泳池濾水及消毒設備

1.濾水及消毒設備之功用

游泳池之供公衆游泳者，必須對於維護公衆衛生，有確切的保障。池中之水，不但須外觀潔淨，並須將視力不及之各種病菌，盡量消滅，庶可防止疾病之傳染。

上海市游泳池之濾水及消毒設備，能於6小時內，將2,300,000公升(600,000加侖)之池水，完全經過沙濾濾淨，並加氯氣消毒。應用此種處理方法，可使全池之水，隨時隨刻，保持潔淨無毒。故游泳者不僅可免傳染病之顧慮，且足以增加身心之愉快。

2.濾水及消毒設備之結構及運用

上海市游泳池濾水及消毒設備之主要部份，計如下列：

1.唧水機

2.白礬箱蘇打箱

3.沙濾箱

4.空氣壓縮機及灌氣箱

5.氯氣消毒器

至於此項設備之結構及運用，可就下列草圖說明之。

池水先由池之最深處經圍柵(甲)，(圍柵用以阻隔粗硬雜物入進水管)，而至濾篩(乙)，(濾篩用以阻隔較小之硬物)，此時白礬箱及蘇打箱(丙)中之溶液，亦即流入水管，與經過濾篩之水混合，(白礬及蘇打之功用，係除去水中雜色，並經化合作用，使濁物凝結沉積池底，然後用機吸除)，同由唧水機(丁)向前推進，分開三條管路，注入三隻沙濾箱之上部，歷經各沙層濾淨。濾過之清水，由三箱之下部流入三水管，復又匯合於一管，流入灌氣器(庚)，同時空氣壓縮機，將業已濾過而新鮮之空氣，壓入灌氣器中，俾清水流入後，能充分吸收空氣中之氧氣，

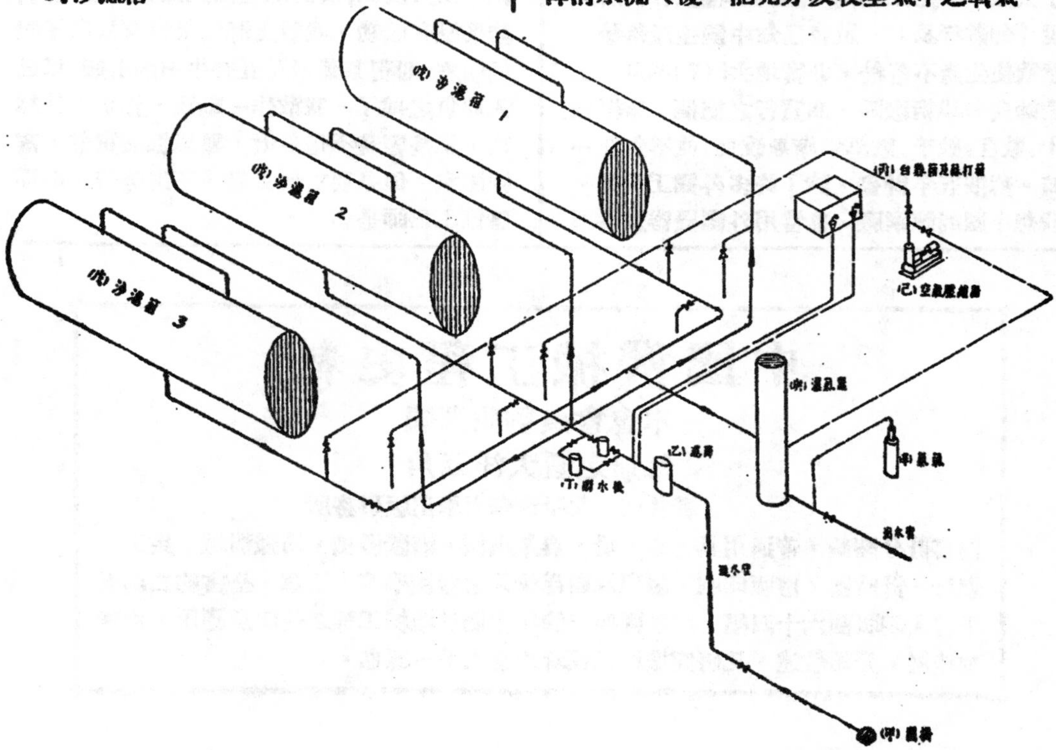

以期更合衛生，而使水色明亮。但由濾氣器流出之水，倘未經消毒處理，不免仍有病菌寄生，故在未達游泳池以前，用氯氣消毒器，放入等於水量1/2,000,000之氯氣，（氯氣過多，反足以妨礙衛生），殺滅寄生水中之各種黴菌。池水經此處理後，不但燦爛潔白，抑且一切傳染之媒介，不再爲害矣。

3.水之供給

上海市游泳池所用之水，係由閘北水電廠供給，池之容積爲2,300,000公升，（600000加侖）苟無濾水設備，則每次換水需費300餘元，爲數不貲，且每次換水需10小時，開放時間，不免因此間斷，是則濾水機之功用，不僅在清潔與消毒已也。照現有設備，祇須每年換水一次，每日加鮮水約115,000公升，以補蒸發及流出池外之消耗，故對於費用及時間，均甚經濟。

上海市游泳池濾水及消毒設備

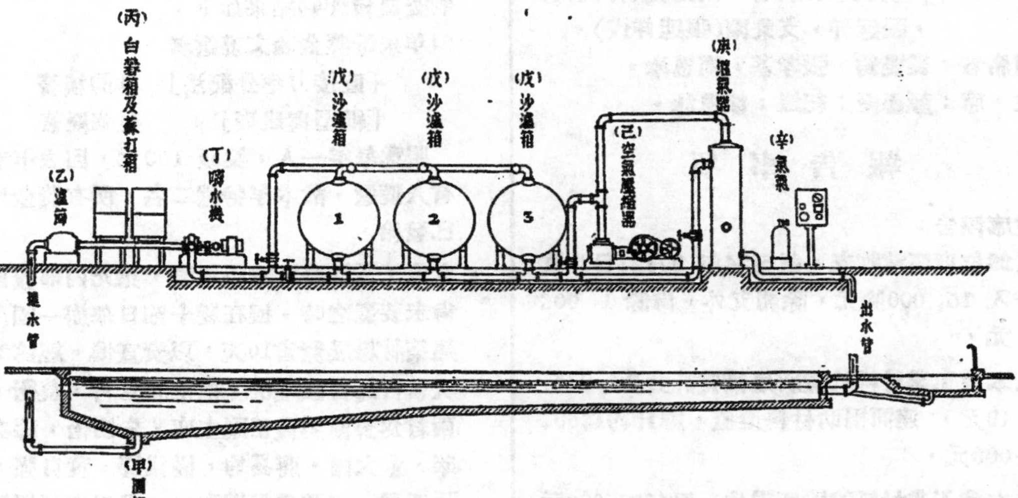

會員出洋考察訊

本會會員薛次莘先生（即上海市工務局第三科長），奉全國經濟委員會及上海市政府派赴歐美各國考察公路事宜，又會員吳道一君奉中央黨部廣播無綫電台派赴歐美考察廣播無綫電事宜，薛吳二君業於十月先後啓程矣。薛君於 11 月 11 日自美國 Austin, Texas 來函錄下，頗足爲同志鼓勵也。

『此次到美，承美國公路處沿途派工程師陪同旅行，參觀附近築路工程，獲益匪淺。此種機會，不可再有。弟之感想：一爲沿途所遇工程師，已有一二十人，對於工作均有深切興趣；二爲態度誠懇，惟恐對於弟等講解或有未盡；三爲美國較吾國富有幾倍，然仍極力研究經濟築路方法，如加省之黑油築路，Texas 省之冷柏油，均可爲吾人取法；上海現在所築之冷柏油路面，尙屬太費，大可省錢：四爲美國最近對於土性之研究，實屬突飛猛進，弟正詳細調查，以便回國後組織此類試驗室；五爲美國工程師之刻苦研究，孜孜不倦，較之吾國之稍知皮毛，即覺滿腹經綸，實在慚愧煞人。弟深恨不能久留此邦，多爲學習，或有一得，以報兄等盛意也。』

中國工程師學會會務消息

◉第19次新舊董事聯席會議紀錄

日　期：24年9月22日上午10時

地　點：上海南京路大陸商場本會會所

出席者：顏德慶，黃伯樵，薩福均（黃伯樵代），徐佩璜，凌竹銘(徐佩璜代)，韋以黻(顏德慶代)，惲震，周琦，楊毅(周琦代)，胡博淵(惲震代)，張延祥，支秉淵(張延祥代)。

列席者：裘燮鈞，張孝基，鄒恩泳。

主　席：顏德慶；紀錄：鄒恩泳。

報告事項

主席報告：

1.23年度經常收支，截至24年 9月21日止收入 15,000餘元，除開支外，尚餘 1,000元。

2.本會工業材料試驗所建築費計共35,314.19元， 連同捐助材料價值，總計約爲50,000元。

3.本會工業材料試驗所捐款，原有20,000元，加利息7,000 餘元，與政府撥助費10,000元， 共37,000餘元，此款均用於試驗所之建築，而所內機件設備費，尚無着落，預計至少須 100,000元，經本年進行募捐以來，已收到 3,000餘元，

4.本會第5屆改選結果如下：

會　長：顏德慶；副會長：黃伯樵，

董　事：胡庶華，韋以黻，華南圭，任鴻雋，陳廣沅；

基金監：朱樹怡，

未滿任期之董事爲：

凌鴻勛，胡博淵，支秉淵，張延祥，曾養甫，(以上二十五年滿期)；

薩福均，黃伯樵，顧毓琇，錢昌祚，王星拱，(以上二十六年滿期)。

未滿任期之基金監爲：

徐善祥，(二十五年滿期)。

5.本會工業材料試驗所新廈業已落成，並於7月3日由建築委員會驗收蕆事。

6.本年朱母紀念獎金論文共收到 9篇，經評判委員會評判結果如下：

24年朱母獎金論文獲選者：

「直接力率分配法」　林同棪著

「紙型與建築」　吳華慶著

照章每年一人，獎額 100元，因去年未有人獲選，故本年特選二名，所有獎金均已發給。

7.本會工業材料試驗所新廈，乘此內部機件尚未裝置之時，擬在雙十節日舉辦一國產建築材料展覽會10天，以資宣傳，經第21次執行部會議議決，推定濮登青，奠衡，兩君爲籌備委員正副主席，朱樹怡，薛次莘，董大酉，蔣易均，楊錫鏐，黃自强，張延祥， 7君爲籌備委員，現正在積極籌備中，登記參加廠商已有30餘家（顏會長提議本會編輯一種關於本會之宣傳刊物，在展覽會中分發，經衆同意，推舉張延祥鄒恩泳二君担任編輯)。

8.第五屆年會論文委員會委員長沈怡君來函，以本屆年會論文，因時間關係，不及送登十卷五號「工程」， 擬爰照上年舊例，將全部論文先行移送複審委員會，評定得獎論文稿及名次後，儘速在十二月一日出版之十卷六號「工程」內發表，請迅予聘定複審委員 3人，以便移交評判。

9.第五屆年會議決案，（詳見4:21期週刊）

，除修改本會章程各提案，已通函全體會員投票表決外，其餘關於第6屆年會地點案，已決在杭州，（當由各董事當場議決，由執行部立即進行組織年會籌備委員會，暫擬定聘黃紹雄爲年會名譽會長，曾養甫爲委員長，周象賢爲副委員長，趙曾珏爲總幹事，茅以昇，侯家源，杜鎮遠，朱一成，朱耀庭，張自立，陳長源，吳競清，等爲委員，並由執行部補充其他人名，對於南京上海兩分會，應通知各自籌議年會會員參觀地方）。

討論事項

1.籌募工業材料試驗所設備費案。

議決：組織籌備委員會負責進行。

2.第五屆年會交辦各提案案。

議決：除修改章程各提案已通函徵求會員意見外，其餘均由執行部立即進行辦理。

3.推選執行部各幹事等案。

議決：推定各幹事等如下：

總幹事：　裘燮鈞
文書幹事：　鄒恩泳
會計幹事：　張孝基
事務幹事：　莫衡
「工程」總編輯：胡樹楫
「週刊」總編輯：張延祥
出版部經理：　朱樹怡

4.推選下列各委員會委員長及委員案。

議決：先推定各委員長如下，其各委員未推定者，即由各關係委員長推定，送交下次董事會通過。

1.工業材料試驗所籌備委員會委員長：惲震（以前之設備委員會與籌款委員會合併爲本委員會，兼理設備及籌款事宜）。

2.朱母獎金委員會委員長：徐名材

3.職業介紹委員會委員長：徐佩璜

4.年會論文複審委員會委員長：沈怡

5.各專門組委員會委員長及委員均照舊。

5.推選新會員審查委員會案。

議決：推定黃伯樵，支秉淵，張延祥，三董事組織之。

6.審查23年度決算案

議決：請張延祥，薩福均，兩董事審查。

7.規定本年度各次董事會議日期案。

議決：先定下次會議日期爲10月20日，其餘會期容後決定。

8.審查新會員資格案

議決：通過正會員20人：

浦海，沈恩祉，張光宇，彭士弘，廖定渠，范式正，李鴻斌，徐建邦，鄧卓哲，沈錫琳，王盛勳，唐舉才，李尙仁，楊超象，羅俊奇，施大鑒，王錄勳，王憲，夏安世，李復旦，

仲會員升爲正會員者2人

張公一，曾瑋，

通過仲會員3人

王衡，徐士高，葉貽堯。

初級會員升爲仲會員者1人：

沈乃菁，

通過初級會員8人：

田寳林，高國楧，徐愷廷，陸韞山，張榮甫，葉彧，徐洽時，邢本鶴。

◉第20次董事會會議紀錄

日　期：24年10月20日

地　點：本會會所

出席者：顏德慶（黃伯樵代），黃伯樵，支秉淵，陳賓沅（支秉淵代），薩福均，韋作民（薩福均代）。

列席者：裘燮鈞，莫衡。

主　席：黃伯樵；　紀　錄：裘燮鈞。

報告事項

1.第5屆年會修改本會章程第21條，第23條，第23條後增加一條為第24條，第39條應改為第40條，第40條應改為第41條，經通函全體會員公決，在規定日期內，（截至十月十五日止），共計收到314票，結果如下，

照章多數贊成通過。

第21條　贊成修改 278票，

不贊成修改29票。

第23條　贊成修改 295票，

不贊成修改14票。

第23條後增加一條為第24條

贊成增加 265票，

不贊成增加43票。

第39條(應改為40條)

贊成修改 289票，

不贊成修改13票。

第40條(應改為41條)

贊成修改 299票，

不贊成修改 9票。

2.明年各工程學術團體聯合年會，贊成參加者，有中華化學工業會，中國電機工程師學會二家，中國建築師學會須待該會今年年會議決，方能答復，其餘各團體尚無答復到會。

討論事項

1.榮譽金牌式樣案。

議決：照原擬式樣，請楊錫鏐君加以修正

2.推選編輯全國建設報告書委員會委員案。

議決：推定吳衡君為委員長，胡樹楫君為副委員長，各分會書記為委員。

3.推選工業材料試驗所籌備委員會委員案。

議決：除上次董事會推定惲震君為委員長外，加聘夏光宇，薩福均，韋作民，吳保豐，劉蔭茀，吳承洛，楊繼曾，錢昌祚，李屋身，徐佩璜，趙祖康，康時清，施孔懷，沈熊慶，陳體誠，張靜愚，余籍傳，曾養甫，沈百先，李法端，劉貽燕，陳耀祖，陸志鴻，周仁，及各分會正副會長為委員。

4.明年各工程學術團體聯合年會籌委人選案。

議決：採酌駐杭會員意見，推定浙江省政府主席黃紹雄先生為年會名譽會長，浙江省政府建設廳廳長曾養甫，杭州市市長周象賢二先生為名譽副會長，茅以昇君為年會籌備委員長，趙曾玨君為副委員長，侯家源，杜鎮遠，朱一成，朱耀廷，張自立，陳長源，吳競清，沈景初，張自立，葉家俊，周玉坤，陳仿陶，曾桐，羅英，李育，洪傳炯，君等為委員。

5.加聘朱母獎學金委員會委員案。

議決：候徵文截止後，提出委員人選。

6.加聘年會論文複審委員會委員案。

議決：除上次董事會推定沈怡君為委員長外，加聘黃炎君，鄭葆成君，為年會論文複審委員。

7.加聘職業介紹委員會委員案。

議決：除上次董事會推定徐佩璜君為委員長外，加聘尹國墉，吳承洛，朱其清，夏光宇，李昌祚，金龍章，王繩善，吳葆元，包可永，郭承恩，張惠康，溫毓慶，薛卓斌，吳衡，鄭葆經，顧毓琭，戴　華，邢契莘，莊前鼎，李書田，華南圭，趙曾玨，唐之肅，君等為職業介紹委員。

8.請規定本屆各次董事會日期案。

議決：第21次24年12月22日上午10時，第22次25年 3月22日上午10時，第23次25年 6月21日上午10時。

9.張延祥君擬辭工程週刊編輯職務案。

議決：慰留(請支董事面留)。

◉第21次董事會預誌

本會第21次董事會，定12月22日星期日上午10時，在上海會所舉行，依新修正會章，凡董事不能出席時，可委託另一董事或會員爲代表，此次係第一次實行此項會章，當有新代表參加，想可足開會法定人數矣。

◉舉行國產建築材料展覽會

本會爲提倡國產建築材料，發展本國工業起見，特自10月10日起至20日止，約集國內各大廠商，舉行國產建築材料展覽會，會場設在市中心區市京路民壯路轉角本會新建之工業材料試驗所內，陳列種類分爲水木，五金，鋼鐵，油漆，電氣機械，衛生煖氣設備，建築工具等 7類，除由各廠商派有招待，在場說明以助興趣，並由本會延聘專家，組織審查委員會，評定陳列貨品，酌給獎狀，以備選用者之參考，各界參觀者甚爲踴躍，詳情俟整理記錄再公布。

◉武漢分會本屆新職員

武漢分會於十月份常會中選出本屆新職員如下：

會長	邵逸周	44票
副會長	邱鼎汾	14票
會計	方博泉	43票
	繆恩釗	43票
書記	徐大本	39票

◉南京分會常會

南京分會於11月16日下午6:30在白下路中國銀行二樓，開本屆第一次常會並聚餐，到會會員及來賓凡46人，席終開會，由新會長胡博淵先生主席，報告會務，約分3點，(1)對於上屆職員之努力，表示感佩，(2)本屆當選書記朱其清先生，因故辭職，已敦請次多數當選陳章先生担任，已蒙陳君允許。(3)本年度交誼會仍擬舉行，不久即開始籌備。繼介紹中委吳稚暉先生演講，凡一時餘，語語精警，聽者無不動容，十時許散會。(吳先生演講詞見409頁)。

◉廣州分會改選職員

廣州分會本屆改選職員，於 9月18日開會，舉出會員李果能，陳錦松，呂炳灝，三人爲司選委員，依照會章改選，當於十月四日召集會議，當衆開票結果，文樹聲當選爲正會長，利銘澤爲副會長，陳錦松爲書記，梁仍楷爲會計。

◉唐山分會

唐山分會於10月20日下午 3時，假唐山工程學院校友會所開會，計出席者楊先乾，張維，王濤，朱泰信，范濟川，林炳賢，杜毓澤，顧宜孫，吳雲綬，段茂瀚，張正平，伍鏡湖，葉家垣，羅忠忱，黃壽恆，15人，由書記黃壽恆報告分會會長石志仁，副會長趙慶杰，先後離唐，幷報告會務後，選舉職員，改選結果如左：

會長	王濤	副會長	楊先乾
書記	黃壽恆	會計	伍鏡湖

◉職業介紹

天津某機關擬聘請專門人才，研究農具製造，待遇月薪二百元左右，須國外專科以上學校機械工程科畢業，對於農具製造具，素有經驗或研究者爲合格，應聘者請將像片，詳細履歷，工作成績，說明或著作等，寄交本會轉洽。

◉圖書室消息

本會會員梁志惠先生捐贈本會圖書室百科全書十三卷("Nelson's Perpetual Loose-Leaf Encyclopedia" Vols 1 to 12 & Index Volume.)及其他Catalogue多冊，特此誌謝

18317

中國工程師學會收支總賬

民國二十三年十月一日起至二十四年九月三十日止

總會會計張孝基

收入

收入		
(1) 上屆結存：		
材料試驗所捐款	$20,101.82	
圖書館捐款	11.45	
捐款利息	7,568.72	
永久會費	17,086.89	
政府撥助試驗費餘款	8,373.53	
暫記	108.00	
前中國工程學會應付而未付之賬	358.90	
朱母顧太夫人獎學基金	1,000.00	
朱母顧太夫人獎學基金利息	100.00	54,709.31
(2) 本年度收入：		
1.材料試驗所捐款		3,390.00
2.捐款利息		986.86
3.永久會費		3,950.00
4.朱母顧太夫人獎學金利息		100.00
5.暫寄(包括展覽會費用)		1,109.42
6.保險賠款		3,500.00
7.北平分會借款		300.00
8.經常收入(詳另賬)		16,005.28
		$84,050.87

支出

支出		
(1) 上屆結轉：		
材料試驗所基地	$2,000.00	
材料試驗所建築費	1,539.04	
北平分會借款	300.00	
濟南分會借款	50.00	
前中國工程師學會應收而未收之賬	32.00	$3,921.04
(2) 本年度支出：		
1.火災損失賬		380.50
2.朱母紀念獎學金		200.00
3.試驗所建築費		33,807.15
4.試驗所器具費		44.10
5.經常支出(詳另賬)		13,953.54
(3) 結存：		
浙江興業銀行定期存款	$5,392.08	
浙江興業銀行定期存款	2,100.54	
浙江實業銀行定期存款	4,054.45	
浙江實業銀行定期存款	2,519.42	
金城銀行定期存款	2,700.00	
金城銀行定期存款	2,000.00	
金城銀行定期存款	2,300.00	
金城銀行定期存款	1,000.00	
浙江實業銀行活期存款	1,599.50	
上海銀行活期存款	1,316.36	
浙江興業銀行活期存款	6,389.92	31,372.27
現款		372.27
		$84,050.87

中國工程師學會經常收支賬

民國二十三年十月一日起至二十四年九月三十日止

總會會計張孝基

收		入
1.入會費		$1,737.80
2.常年會費：		
上海分會	$940.00	
南京分會	419.00	
杭州分會	63.00	
武漢分會	124.00	
北平分會	55.00	
靑島分會	150.00	
蘇州分會	45.00	
唐山分會	69.00	
太原分會	57.00	
濟南分會	145.00	
天津分會	44.00	
廣州分會	50.00	
長沙分會	41.00	
梧州分會	6.00	
重慶分會	18.00	
大冶分會	10.00	
南甯分會	14.00	
其他各處	544.00	
補收會費	425.00	
預收會費	68.00	$3,287.00
3.廣告費：		
工程廣告費	3,706.27	
週刊廣告費	490.00	4,196.27
4.發售刊物		4,933.55
5.存款利息		1,592.46
6.會針		258.20
經常收入		16,005.28
		$16,005.28

支		出
1. 辦事費：		
薪津酬勞		$1,300.50
房租		240.00
2. 印刷費：		
工程雜誌		4,389.27
工程週刊		1,332.39
會員錄		311.94
鋼筋混凝土學		2,632.54
雜件		151.50
3. 各分會永久會員貼費		340.50
4. 圖書費（與書報雜誌合計在內）		97.51
5. 文具費		31.26
6. 交際費		198.08
7. 保險費		52.83
8. 郵電		958.54
9. 雜項		584.52
10. 會計		380.00
11. 器具費		91.45
12. 第四屆年會論文奬金		180.00
13. 鋼筋混凝土學版稅		427.36
14. 鋼筋混凝土學廣告費		253.35
經常支出		13,953.54
還歷年積欠	1,626.47	
盈餘	425.27	2,051.74
		$16,005.28

中國工程師學會資產負債對照表

民國二十三年十月一日起至二十四年九月三十日止

總會會計張孝基

資產	科目	負債
$2,000.00	材料試驗所基地	
35,346.19	材料試驗所建築費	
44.10	材料試驗所器具費	
50.00	濟南分會借款	
32.00	前中國工程學會應收而未收之賬	
31,372.27	銀行存款	
372.27	現款	
	材料試驗所捐款	$23,491.82
	圖書館捐款	11.45
	捐款利息	8,555.58
	永久會費(基金)	21,036.89
	政府撥助試驗費	10,000.00
	暫寄	1,217.42
	前中國工程師學會應付而未付之賬	358.90
	朱母顧太夫人紀念獎學基金	1,000.00
	未用保險賠款餘款	3,119.50
	經常費盈餘	425.27
$69,216.83	共計	$69,216.83

(註)北平房產及上海總會圖書及器具，均不計在內。

中國工程師學會二十三年度收入會費報告

自民國二十三年十月一日起至民國二十四年九月三十日止

總會會計張孝基報告

1. 收工業材料試驗所捐款

張瑞記	$66.00	張餘慶堂	$50.00
耿瑞芝君	40.00	陳汝湘君	40.00
曹省之君	5.00	翔華電氣公司	100.00
田國君	10.00	創新建築廠	50.00
馮朱棣君	10.00	馬開衍君	5.00
張仁農君	10.00	范賓甫君	3.00
馬軼羣君	5.00	梯爾君	5.00
方剛君	10.00	西北機械廠	10.00
孫聯芳君	30.00	王純文君	5.00
楊長記	30.00	張子固君	3.00
奚福記	30.00	姜壽亭君	10.00
大華紅丹公司	10.00	西北育材機器廠	10.00
朱振華君	20.00	西北農工器具廠	5.00
吳士恩君	20.00	郭鳳朝君	5.00
華商電氣公司	100.00	晏素君	5.00
商務印書館	50.00	禮和洋行	20.00
紗布交易所	20.00	邊廷淦君	10.00
中國化學工業社	25.00	蘭梅五君	5.00
李祖範君	10.00	鄒爲邦君	5.00
管奎騏君	10.00	曹明甫君	10.00
李祖彝夫人	5.00	關安黎君	5.00
上海內地自來水公司	50.00	李銘元君	5.00
		禪臣洋行	20.00
方善堉君	30.00	晉生染織廠晉生紡織廠總管理處	30.00
陶鴻燾君	40.00		
劉錫彤君	20.00	韓維楨君	3.00
張偉如君	40.00	賈元亮君	10.00
沈光苾君	10.00	章子靜君	5.00
高進之君	5.00	殷冠英君	5.00
朱穌齋君	5.00	葉儁之君	10.00
鄭恩三君	$10.00	王從佛君	$10.00
mr. Bass	5.00	大冶廠礦	100.00
柴九思君	10.00	趙步郊君	40.00
李輝山君	5.00	徐紀澤君	20.00
趙逢冬君	5.00	羅佩恆君	5.00
西北鑄造廠	10.00	金其重君	10.00
王夢齡君	10.00	柳曉明君	5.00
唐敬亭君	10.00	陳霓君	10.00
西北電氣廠	20.00	盛芷皋君	5.00
翟維澧君	5.00	陳宿海君	5.00
嚴開元君	5.00	顧南逵君	10.00
潘太初君	10.00	孫恆方君	40.00
周維澧君	10.00	徐承燠君	10.00
鄭心泉君	10.00	葛文錦君	10.00
王心淵君	10.00	陳嘉賓君	10.00
袁佑民君	5.00	陳明壽君	10.00
閻伯川君	500.00	王岡君	10.00
孫采南君	5.00	陳思誠君	10.00
張粲如君	30.00	劉寰偉君	10.00
胡慕伊君	10.00	容啓文君	10.00
李韞五君	10.00	沈亮君	5.00
張誨音君	10.00	程鵬翥君	10.00
黃立時君	10.00	葛敬新君	20.00
董桂芬君	5.00	章書謙君	40.00
華成電氣廠	100.00	周開基君	20.00
華通電業廠	100.00	翁德鑾君	20.00
華德工廠	100.00	羅武君	20.00
李錫之君	10.00	泰昌碎石行	40.00
梁永槐君	40.00	楊樹松君	10.00
黃師讓君	20.00	宋學勤君	20.00
謝任宏君	10.00	金問洙君	40.00
張善成君	10.00	稽行漸君	20.00

吳興電氣公司及　高履貞君　10.00

李彥士先生500.00

2. 收永久會費

盧文湘君　王逸民君　黃㯋奇君　濮登青君

劉鶴年君　徐善祥君　張貽志君　吳　屏君

唐炳源君　楊立人君　王士良君　馬軼羣君

任尙武君　翟維澧君　蔣子耀君　甄雲祥君

胡汝鼎君　周開基君　劉元瓚君　盛紹章君

黃元吉君　丁紫芳君　王國勳君　楊繼曾君

魏　如君　沈嗣芳君　蘇紀忍君　劉國珍君

王昌德君　應尙才君　沈鎮南君　梁學海君

薛桂輪君　張含英君　柴俊疇君　黃大恆君

茅以新君　劉錫瑕君

以上38人每人第一期$50.00共計　$1,900.00

薩福均君　許貫三君　茅唐臣君　盧炳玉君

金肇組君　徐東仁君　沈　怡君　黃　炎君

陳　璋君　劉錫祺君　陸南熙君　盤珠衡君

陳體誠君　羅　武君

以上14人每人第二期$50.00共計　$700.00

呂謨承君　交通大學　朱埜舉君　張　鑫君

程宗陽君　李東森君　黃　雄君　崔蔚芬君

利銘澤君

以上9人每人全數$100.00共計　$900.00

沈　誥君　陳哲航君　徐文泂君

以上3人每人補足第一期$25.00共計　$75.00

陳　璋君　第一期一部份　$20.00

周玆緒君　庾宗溎君　施求麟君　郭　楠君

諸水本君　高景源君　江祖岐君

以上7人每人第一期一部份$25.00共計　175.00

潘銘芬君　第一期一部份　$30.00

薛楚書君　補第一期　$30.00

黃炳奎君　張樹源君

以上2人每人第二期一部份$20.00共計　$40.00

余雪楊君　第二期一部份　$10.00

許典鋒君　第二期一部份　$25.00

榮志惠君　補足第二期　$20.00

金芝軒君　補足第二期　$25.00

3. 收入會費

黎智長君　周樹煌君　于慶治君　周書濤君

王仰曾君　馮志雲君　陳丕揚君　郭仰汀君

陳則忠君　崔敬承君　馬　傑君　邢契莘君

李鳳噦君　趙履祺君　張丹如君　方　乘君

劉　杰君　周維豐君　郭鳳朝君　呂煥祥君

羅竟忠君　楊溪如君　楊權中君　林榮向君

朱　澎君　朱汝梅君　陳　琮君　楊毓楨君

熊大佐君　趙國華君　何鴻業君　許國亮君

李忠樞君　胡佐熙君　楊永泉君　黃鍾漢君

陳慶澍君　盛濟叔君　陳自康君　馬耀先君

羅　錦君　陳名奎君　盧開椿君　利銘澤君

李祖憲君　魏樹勳君　方棣棠君　羅廣垣君

申叔舫君　鄒元昌君　高傳柏君　金其重君

劉篤恭君　趙甲榮君　張　栩君　劉瑞驤君

程義法君　張　増君　謝宗周君　李啓乾君

葛天回君　李英標君　徐　尙君　楊士廉君

李崇德君　熊天祉君　李爾康君

以上67人每人$15.00共　$1,005.00

錢維新君　張雲升君　許延輝君　陳澤同君

孟憲正君　南映庚君　黃學淵君　王　進君

李壽年君　范鳳源君　王龍黼君　吳吉辰君

徐錦章君　梁士梓君　趙逢冬君　關慰祖君

袁寶恩君　李大新君　張權武君　田　澈君

張大鏞君　章宏序君　邢傳東君　謝子粢君

潘韓輝君　曾廣英君　劉以和君　陳昌賢君

張昌華君　周　旬君　吳雲綬君　孫振英君

邢桐林君　姜承吾君　朱毓科君　姬九韶君

馮　雲君　李克印君　錢綜賢君　李善傑君

任興綱君

以上41人係仲會員每人$10.00共　$410.00

鄺榮輝君　華允璋君　魯　波君　姚　毅君

徐震池君　黃均慶君　林聯軒君　陳鏡初君

張家瑞君　劉良湛君　胡愼修君　李德復君

黃　穆君　王平洋君　于樂銘君　朱立剛君

張　維君　陳樞邦君　張世德君　張則俊君
俞調梅君　楊志剛君　王宗炳君　黃寶善君
龔人偉君　周祖武君　錢鴻陶君　陳允冲君
林培深君　劉　霄君　張光揆君　李明權君
高　潛君　鄭化廣君　唐慕堯君　秦忠欽君
石鏡磷君　李秉福君　黃朝俊君　王蘊璞君
甘嘉謀君　張金鎔君　陳學源君　秦萬清君
程永福君　覃梓森君　張濬根君　沈乃菁君
徐寶三君　潘啓鋭君　資士爵君　施恩湛君
白尚榮君　趙鳳鳴君　王　篤君

以上55人係初級會員每人$5.00共$275.00

仲會員高遠春君補交　$2.80

裘　榮君　夏憲講君　張鴻圖君　曹竹銘君
王樹芳君　關富權君

以上6人係仲會員升級每人補繳差數$5.00
共　$30.00

齊鴻猷君先繳一部份　$10.00

齊壽安君先繳一部份　$5.00

4. 收常年會費

顧鵬程君　董芝眉君　孫恆芳君　藍春池君
陳公達君　周樂熙君　潘承梁君　王世圻君
黃　潔君　唐兆熊君　陳思誠君　陳嘉賓君
孫孟剛君　楊仁傑君　穆緯潤君　伍灼泮君
胡嗣鴻君　李謙若君　朱寶鈞君　樂俊忱君
鄭倩之君　許厚鈺君　奠　衡君　劉寰偉君
羅孝[illegible]君　錢鴻範君　劉敦鈺君　王魯新君
徐承熿君　柳德玉君　薛卓斌君　郭德金君
張承惠君　許景衡君　壽　彬君　周書濤君
程義藻君　嚴躅平君　徐志方君　周倫元君
顧會授君　張永祁君　施德坤君　姚鴻逵君
何墨林君　莊　俊君　李祖賢君　林秉鑫君
周庸華君　李　鋭君　周厚坤君　羅孝威君
金問洙君　鄒汀若君　郁秉堅君　朱福驪君
李開第君　俞闓章君　謝鶴齡君　馮寶齡君
鄧福培君　陳簞霖君　溫毓慶君　趙以廉君
陳　器君　顧會錫君　曹省之君　江元仁君
容啓文君　章書謙君　程景康君　潘世義君
包可永君　俞汝鑫君　許瑞芳君　蘇樂眞君
陶勝百君　鄒頌清君　楊肇燫君　陳茂康君
張本茂君　嚴恩棫君　關耀基君　沈　昌君
葉建梅君　林　緩君　殷傳綸君　曹孝葵君
任家裕君　王繩善君　林天驥君　林洪慶君
張承祜君　秦元澄君　湯天棟君　陸子冬君
戈宗源君　謝雲鶴君　任士剛君　羅慶蕃君
盛祖鈞君　楊耀文君　吳良弼君　陳明壽君
岑立三君　陳良輔君　鍾文滔君　江紹英君
李錫之君　楊　棠君　許夢琴君　范永增君
蔣易均君　胡樹楫君　楊樹松君　潘國光君
盧賓侯君　陳正咸君　金龍章君　蕭賀昌君
施孔懷君　陳宗漢君　卓　樾君　高尚德君
諸葛恂君　程鵬翥君　黎傑材君　王　弼君
韋榮瀚君　陳福海君　文燕蔚君　王壽寶君
劉孝懃君　徐　騤君　黃靄如君　葛文鎬君
陸敬忠君　蘇祖修君　馮寶龢君　章煥祺君
顏連慶君　袁丕烈君　葛學瑄君　顧耀鎏君
殷元熙君　朱學勤君　邵禹襄君　陸承禧君
鄒尚熊君　郁寅啓君　沈銘盤君　壽俊良君
康時清君　周銘波君　徐名材君　張廷金君
柯箴心君　陳俊武君　朱有騫君　黃漢彥君
王振祥君　金洪振君　姚頌馨君　張琮佩君
吳南凱君　葉植棠君　殷源之君　李祖彝君
李鳳噦君　葛益熾君　倪慶穰君　許元啓君
曹會祥君　董大酉君　張丹如君　沈熊慶君
王子星君　霍寶樹君　徐宗涑君　彭開熙君
王毓明君　趙富鑫君　鄭日李君　楊孝述君
張善揚君　倪松壽君　奚世英君　韋增復君
汪岐成君　陳世璋君　孔祥勉君　朱霞村君
汪仁鏡君　賴其芳君　周　仁君　傅道伸君
張寰鏡君　曹鳳山君　朱汝梅君　黃季巖君
鍾銘玉君　姚福生君　許復陽君　俞　亨君
李錫釗君　湯傳圻君　吳簡周君　黃述善君
高大綱君　張功煥君　沈祖衡君　曹　昌君
雷志璠君　王孝華君　胡祁豫君　王元康君
郭棣活君　李善元君　顏耀秋君　錢祥標君
鄭葆成君　錢崇澍君　葉漢丞君　施　鎣君

張偉如君　徐世民君　葉家俊君　顧康樂君
吳浩然君　宗之發君　朱天康君　鄒恩泳君
關孝威君　陳輔屏君　黃公淳君　譚葆壽君
胡亨吉君　張其學君　周贊邦君　徐學禹君
馬少良君　李允成君　路敏行君　郁鼎銘君
王元齡君　沈炳麟君　黃　俅君　潘家本君
張澤堯君　康振鈺君　陳體榮君　陸聿貴君
黃錫恩君　顧惟精君　蔡　常君　唐　英君

以上256人係上海分會會員每23—24年度會費$6.00共$1,536.00(半數已交上海分會)

錢維新君　張鴻圖君　嵇光埔君　郭美瀛君
楊元麟君　郭龍驤君　卞劼壯君　榮耀磬君
王樹芳君　朱振華君　嵇光壚君　洪浚良君
趙柏成君　黃學淵君　王　進君　范鳳源君
王龍驌君　徐錦章君　盛任吾君　高遠春君
史久榮君　陳受昌君　田　潔君　鄭汝翼君
姚華孫君　楊竹祺君　吳世鶴君

以上27人係上海分會仲會員每人23—24年度會費$4.00共$108.00(半數已交上海分會)

王仁棟君　陸景雲君　吳錦安君　徐豹耕君
黃均慶君　潘永熙君　卞玫天君　劉良湛君
龔憲曾君　李德復君　王平洋君　于鑫銘君
朱立剛君　王雲程君　楊志剛君　俞調海君
王宗炳君　黃賓善君　龔人偉君　周祖武君
錢鴻陶君　陳允冲君　林培深君　劉良湛君
翁棟雲君　沈　淇君　周庚森君

以上27人係上海分會初級會員每人23—24年度會費$2.00共$54.00　(半數已交上海分會)

翔華電氣公司　同濟大學　浦東電氣公司
華商電氣公司　滬太長途汽車公司　上海內地自來水公司　閘北水電公司　滬閔南柘長途汽車公司　京滬蘇民營長途汽車聯益會

以上9家係上海分會團體會員每家23—24年度會費$20.00共$180.00(半數已交上海分會)

劉鴻圖君仲會員升級補收23—24年度會費$2.00

石　瑛君　孫清波君　吳琢之君　朱葆芬君
戴爾濱君　須　愷君　翁　爲君　馬　傑君
徐節元君　黃修青君　王旋軌君　胡竟銘君
黃育賢君　孟心如君　沈覲宜君　李待琛君
王聲灝君　顧毅同君　王傳羲君　林平一君
陳鴻鼎君　王總善君　楊祖植君　杜長明君
張連科君　丁天雄君　朱大經君　錢永亨君
尹國墉君　吳旦平君　王　庚君　夏憲講君
戴居正君　張可治君　裘　榮君　陳懋解君
周國璋君　莊　堅君　陳祖貽君　符宗朝君
張福銓君　湯貽桓君　秦〓瑜君　沈樹仁君
金秉時君　王景賢君　洪　紳君　陸元昌君
楊家瑜君　盧恩緒君　邢〓導君　柳希權君
楊立惠君　田述基君　洪　中君　陳　章君
陸志鴻君　倪則埙君　莊　權君　趙履祺君
虞　恩君　俞日尹君　金耀銓君　范本中君
張家祉君　薛紹清君　朱瑞節君　黃　輝君
羅世襄君　羅致睿君　陳中熙君　毛　起君
朱維琮君　朱起蟄君　吳　鵬君　吳承宗君
陳耀祖君、李　鉞君　孫多炎君　張祥基君
黃閔道君　顧同慶君　孫　謀君　俞同奎君
鄭肇經君　汪胡楨君　康時振君　馬育騏君
張有彬君　錢豫格君　許　鑑君　鄭志仁君
袁其昌君　張斐然君　莊　堅君　屠慰曾君
陸元昌君　孟廣照君　楊簡初君　許應期君
李崇典君　胡博淵君　梁　津君　黃金濤君
劉蔭茀君　歐陽崙君　顧毓泉君　顧毓珍君
鍾道錩君　顧懋勛君　潘銘新君　孫保基君
徐嘉元君　陳　東君　錢　栻君　許友岑君
陳鴻鼎君　陳松庭君　陳紹琳君　韋以黻君
胡品元君　汪啓堃君　周大經君　傅爾攽君
張劍鳴君　熊傳飛君

以上126人係南京分會會員每人23—24年度會費$6.00共$756.00(半數已交南京分會)

李富國君　高常泰君　章天鐸君　胡祖壽君
陸貫一君　王九齡君　張　堅君

以上7人係南京分會仲會員每人23—24年度會費$4.00共28.00(半數已交南京分會)

18324

林同棪君　嚴如謤君　程　式君　黃　宏君
汪原沛君　徐承祜君　姚　毅君　薛　鎔君
孫傳豪君

以上9人係南京分會初級會員每人23—24年度會費$2.00共$18.00(半數已交南京分會)

陳瑜叔君　馮朱棣君　顧鼎折君

以上3人係南京分會會員每人23—24年度會費$6.00共$18.00(半數待交南京分會)

朱重光君　過文皦君　黃潤韶君　浦峻德君
李學海君　沈景初君　羅孝簃君　金慶章君
侯家源君　陸增祺君　徐升霖君　梅暘春君
程本厚君　程錫培君　夏彥儒君　皮　鍊君
吳復初君　張謨實君　楊灌惠君　李紹惪君

以上20人係杭州分會會員每人23—24年度會費6.00共$120.00(半數已交杭州分會)

棘孟明君　吳　匡君　王宗素君

以上3人係杭州分會初級會員每人23—24年度會費$2.00共$6.00(半數已交杭州分會)

余熾昌君　李忠樞君　程文熙君　高凌美君
王蔭平君　邵逸周君　吳南勳君　郭　霖君
孫慶球君　蔣光曾君　易榮膺君　陸寶愈君
陸鳳書君　陳鼎銘君　葛毓桂君　王星拱君
孫雲霄君　俞　忽君　王德藩君　周公樸君
饒大鏞君　余興忠君　丁燮和君　魏文棟君
鄭治安君　繆恩釗君　郭仰汀君　倪鍾澄君
王寵佑君　周唯眞君　邱鼎汾君　陳　琮君
邱鴻邁君

以上33人係武漢分會會員每人23—24年度會費$6.00共$198.00(半數已交武漢分會)

高則同君　張權武君　惲丙炎君　胡　猷君
劉裔鐸君

以上5人係武漢分會仲會員每人23—24年度會費$4.00共$20.00(半數已交武漢分會)

唐季友君　陸宗藩君　黃朝俊君　宋奇振君
陳克誠君

以上5人係武漢分會初級會員每人23—24年度會費$2.00共$10.00(半數已交武漢分會)

江漢造船廠係武漢分會團體會員23—24年度會費$20.00(半數已交武漢分會)

吳鴻照君　方　乘君　丁　艉君　吳廷業君
張乙銘君　劉文貞君

以上6人係北平分會會員每人23—24年度會費$6.00共$36.00(半數待交北平分會)

王敬立君係北平分會初級會員23—24年度會費$2.00(半數已交北平分會)

孫洪芬君　楊權中君　陶履敦君　劉相棨君
胡壽頤君　沈祖同君

以上6人係北平分會會員每人23—24年度會費$6.00共$36.00(半數已交北平分會)

謝學瀛君　李貫一君　王守則君　易天爵君
邢契莘君　王枚生君　蘇宧煌君　郭鴻文君
孫寶墀君　衞國桓君　郭葆琛君　胡佐熙君
孫多蓁君　鄧益光君　杜寶田君　馮　介君
于慶治君　王仁福君　王守政君　田金相君
朱　樾君　朱　皦君　宋澥鳴君　李爲駿君
周承祜君　洪傳會君　韋國傑君　唐恩良君
孫承謨君　徐　堯君　崔肇光君　張名藝君
陳定保君　陳衡濬君　湯騰漢君　黃蔭澤君
黃澄淵君　葉　鼎君　趙培榛君　龔以爵君
欒寶德君　陸家鼐君　曹樹聲君

以上43人係青島分會會員每人23—24年度會費$6.00共$258.00(半數已交青島分會)

陳澤同君　邢傳東君　王毓鈞君　徐　特君
陸家保君　過守政君　陶守賢君

以上7人係青島分會仲會員每人23—24年度會費$4.00共$28.00(半數已交青島分會)

華允璋君　李明權君　張光揆君　劉　霄君
鄭化廣君　高　潛君　姚肇端君

以上7人係青島分會初級會員每人23—24年度會費$2.00共$14.00(半數已交青島分會)

丁人鯤君　章祖偉君　孫輔世君　劉夷煒君
夏寅治君　張寶桐君　陸鳳書君　王之鈞君

18325

曾昭桓君 洪嘉貽君 殿慶祥君

以上11人係蘇州分會會員每人23—24年度會費$6.00共$66.00(半數已交蘇州分會)

倪孟穠君係蘇州分會仲會員23—24年度會費$4.00(半數已交蘇州分會)

蘇州電氣廠係蘇州分會團體會員23—24年度會費$20.00(半數已交蘇州分會)

杜毓澤君係唐山分會會員 23—24 年度會費$6.00 (半數待交唐山分會)

楊漢如君 羅忠忱君 張正平君 黃壽恆君
趙慶杰君 王濤君 范濟川君 安茂山君
劉寶善君 伍鏡湖君 路秉元君 張成格君
秦萬選君 林炳賢君 顧宜孫君 葉家恆君
朱泰信君 周煥章君 李建斌君

以上19人係唐山分會會員每人23—24年度會費$6.00共$114.00(半數已交唐山分會)

周旬君 吳雲綬君

以上2人係唐山分會仲會每人23—24年度會費$4.00共$8.00(半數已交唐山分會)

張維君 王蘊璞君

以上2人係唐山分會初級會員每人23—24年度會費$2.00共$4.00(半數已交唐山分會)

王心淵君 潘連茹君 周維豐君 郭鳳朝君
沈志苾君 賈元亮君 邊廷淦君 韓屏周君
曹煥文君 馬開衍君 都三善君 唐之肅君
李銘元君

以上13人係太原分會會員每人23—24年度會費$6.00共$78.00(半數已交太原分會)

趙逢冬君 關慰祖君 袁寶恩君 劉以和君
孫允中君

以上5人係太原分會仲會員每人23—24年度會費$4.00共$20.00(半數已交太原分會)

張世德君 張則俊君

以上2人係太原分會初級會員每人23—24年度會費$2.00共$4.00(半數已交太原分會)

馬耀先君係太原分會會員 23—24 年度會費$6.00 (半數待交太原分會)

劉尋亭君 陳之達君 陳長鐵君 孫彝概君

張瑨君 翟農錡君 萬承珪君 程文錦君
萬選君 胡叔鴻君 陳蓁君 曲鵬新君
李中軒君 孫鍾琳君 曹明鑾君 沈文泗君
王洵才君 龐書法君 李健君 秦文範君
關祖光君 朱柱勳君 沈宗毅君 徐景芳君
程國驊君 孫瑞璋君 姚鍾堯君 張世耀君
周履新君 秦文彬君 宋連成君 李冠熙君
孫維翰君 張君森君

以上34人係濟南分會會員每人23—24年度會費$6.00共$204(半數已交濟南分會)

蔣日庶君 邢桐林君 張聲亞君 馬汝郦君
王繼仲君 史安棟君 宋丕昌君 孟憲正君
胡學綱君 馮光成君 葛蘊芳君 賈明元君

以上12人係濟南分會仲會員每人23—24年度會費$4.0 共$48.00 (半數已交濟南分會)

王作新君 黃作舟君 胡愼修君

以上3人係濟南分會初級會員每人23—24年度會費$2.00共$6.00(半數已交濟南分會)

苗世循君係濟南分會仲會員23—24年度會費$4.00(半數待交濟南分會)

陳憲華君 葛炳林君

以上2人係濟南分會會員每人23—24年度會費$6.00共$12.00(半數待交濟南分會)

孟廣喆君 霍佩英君

以上2人係天津分會仲會員每人23—24年度會費$4.00共$8.00(半數待交天津分會)

周迪評君 張蘭閣君 耿瑞芝君 張洪沅君
楊紹曾君 盧翼君

以上6人係天津分會會員每人23—24年度會費$6.00共$36.00(半數待交天津分會)

張景芬君 馮鳴珂君 張敬忠君 陳自康君
李青君 陳君慧君 李其蘇君

以上7人係廣州分會會員每人23—24年度會費$6.00共$42.00(半數待交廣州分會)

曾廣英君係廣州分會仲會員23—24年度會費$4.00(半數待交廣州分會)

劉子琦君 甘嘉謀君

以上2人係廣州分會初級會員每人23—24

18326

年度會費$2.00共$4.00(半數待交廣州分會)

周鳳九君係長沙分會會員 23—24 年度會費$6.00(半數待交長沙分會)

張　光君　余籍傳君　劉基磐君　袁葆申君
楊伯陶君　周邦柱君　柳克準君　王昌德君
李蕃熙君　王正巳君　易鼎新君

以上11人係長沙分會會員每人23—24年度會費$6.00共$66.00(半數已交長沙分會)

李棟材君係長沙分會仲會員23—24年度會費$4.00(半數已交長沙分會)

衷至純君係梧州分會會員 23—24 年度會費$6.00(半數待交梧州分會)

劉　杰君　羅竟忠君　何鴻業君

以上3人係重慶分會會員每人23—24年度會費$6.00共$18.00(半數待交重慶分會)

陳　霓君　翁德鑾君　王野白君　宋自修君

以上4人係大冶分會會員每人23—24年度會費$6.0 共$24.00 半數已交大冶分會)

陳賢瑞君係大冶分會初級會員23—24年度會費$2.00(半數已交大冶分會)

陳慶澍君　黃鍾漢君

以上2人係南甯分會會員每人23—24年度會費$6.00共$12.00(半數已交南甯分會)

謝子舉君　潘韓輝君

以上2人係南甯分會仲會員每人23—24年度會費$4.00共$8.00(半數已交南甯分會)

唐慕堯君　秦忠欽君　石鏡磷君　李秉福君

以上4人係南甯分會初級會員每人23—24年度會費$2.00共$8.00(半數已交南甯分會)

白護衡君　葛定康君　薛祖康君　張靜愚君
何顯華君　雷以綸君　趙福靈君　劉鍾瑞君
季炳奎君　倘　鎔君　沈維來君　陳秉琦君
朱恩錫君　鄒忠曜君　婁道信君　陳和甫君
李儀祉君　吳新柄君　錢鳳章君　連　溍君
歐陽靈君　張時雨君　邱志道君　江博沅君
吳譜初君　鄭家斌君　錢　穀君　李　儼君
陳祖光君　張承緒君　褚鳳章君　陸廷瑞君
黃錫藩君　林玉璞君　呂煥祥君　吳廷佐君
范壽康君　彭禹謨君　勞乃心君　陸學機君
田　國君　齊壽安君　陸爾康君　陸輔唐君
張海平君　熊大佐君　許國亮君　楊永泉君
王清輝君　徐寬年君　張行恆君　陳汝湘君
鈕因梁君　何緒鑽君　張勛基君　曹康圻君
徐百揆君　許麟紱君　殷之輅君　方希武君
陸逸志君　楊廷玉君　買占蕤君　張惟和君
李維國君　莊效震君　金士蓋君　金獻澍君
何昭明君　彭　昕君　楊衍恩君　黃錫霖君
熊天祉君

以上73人每人23—24年度會費$6.00共$438.00

張景文君　劉雲書君　封雲廷君　唐堯衢君
李壽年君　吳吉辰君　潘祖培君　李大新君
何遠經君　劉　瓊君　張大鏞君　王超鎬君
陳昌賢君　向于陽君　沈智揚君　王熙績君
關富權君　梁士梓君

以上18人係仲會員每人23—24年度會費$4.00共$72.00

魯　波君　湯俊達君　龔　埈君　張家瑞君
彭樹德君　楊增義君　黃　穆君　王竹亭君
陳邦樞君　戚葵生君　孫　錦君　陳蔚觀君
趙文欽君　卓文貢君　周　新君　李維一君
葉明升君

以上17人係初級會員每人23—24年度會費$2.00共$34.00

張劍鳴君　張福銓君　韋以黻君

以上3人係南京分會會員每人補收22—23年度會費 $6.00共$18.00 (半數已交南京分會)

張福銓君係南京分會會員補收21—22年度會費$6.00(半數已交南京分會)

王德昌君　于慶治君　翟廣銘君　陳定保君
陳衡漳君　李爲駿君　孫多蒸君　王守則君
謝學瀛君　田金相君　李貫一君　黃澄淵君
黃蔭澤君　徐　堯君　馬永祥君　欒寶德君
王錫昌君　王枚生君　韋國傑君　王守政君
李蔭枌君　唐恩良君　邢契莘君　張名藝君

18327

陸家鴻君

以上25人係青島分會會員每人補收22—23年度會費$6.00共$150.00（半數巳交青島分會）

謝學元君　葉奎書君　過守正君

以上3人係青島分會仲會員每人補收22—23年度會費$4.00共$12.00（半數巳交青島分會）

姚肇端君係青島分會初級會員補收22—23年度會費$2.00（半數巳交青島分會）

華商電氣公司係上海分會團體會員補收22—23年度會費$6.00（半數巳交上海分會）

萬慶雲君係上海分會會員補收22—23年度會費$6.00（半數巳交上海分會）

毛紀民君　孟廣喆君

以上2人係北平分會仲會員每人補收22—24年度會費$4.00共$8.00（半數巳交北平分會）

吳廷業君　陳西林君　高景源君　郭顯欽君
陶履敦君　施炳之君　郭世綰君　馮任儁君
孫洪芬君

以上9人係北平分會會員每人補收22—23年度會費 $6.00共$54.00（半數巳交北平分會）

施炳之君係北平分會會員補收21—22年度會費$6.00（半數巳交北平分會）

陶履敦君係北平分會會員補收20—21年度會費$6.00（半數巳交北平分會）

王敬立君係北平分會初級會員補收22—23年會費度$2.00（半數巳交北平分會）

李運華君係梧州分會會員補收22—23年度會費$6.00（半數巳交梧州分會）

張雲升君係梧州分會仲會員補收22—23年度會費$4.00（半數巳交梧州分會）

徐震池君係梧州分會初級會員補收22—23年度會費$2.00（半數巳交梧州分會）

李　拔君　許延輝君　蔡杰林君

以上3人係廣州分會仲會員每人補收22—23年度會費$4.00共$12.00（半數巳交廣州分會）

葉良弼君　劉子琦君　林瑞軒君　陳鋭初君

以上4人係廣州分會初級會員每人補收22—23年度會費$2.00共$8.00（半數巳交廣州分會）

曾心銘君係廣州分會會員補收21—22年度會費$6.00（半數巳交廣州分會）

曾叔岳君　黃子焜君　高　志君　劉鞠可君
楊元熙君　黃殿芳君　韋增復君　蔡東培君
林　箱君　鄭成佑君　梁仍楷君　胡棟朝君
張景芬君　曾心銘君　陳良士君　蔣昭元君
劉寶琛君　梁啓壽君　林逸民君　呂炳灝君
馮志雲君　陳丕揚君　梁永鎏君　溫其濬君
方季良君　李果能君

以上26人係廣州分會會員每人補收22—23年度會費$6.00共$156.00（半數巳交廣州分會）

楊卓君係蘇州分會會員補收22—23年度會費$6.00（半數巳交蘇州分會）

江漢造船廠係武漢分會團體會員補收22—23年度會費$20.00（半數巳交武漢分會）

陳君慧君係廣州分會會員補收22—23年度會費$6.00（半數待交廣州分會）

高則同君係武漢分會仲會員補收22—23年度會費$4.00（半數巳交武漢分會）

余興忠君　黃瓊初君　張喬嗇君　劉震寅君
王蔭平君　潘承琔君　王金職君　楊士廉君
袁開帙君　方博泉君　郭仰汀君　蔣光曾君
李葆華君　方　剛君　錢慕甯君　范文翰君
錢慕班君　雷駿聲君　徐大本君　陳士鈞君
朱家炘君　吳任之君　孫慶球君　陳厚高君

以上24人係武漢分會會員每人補收22—23年度會費$6.00共$144.00（半數巳交武漢分會）

劉霄亭君　紀鉅紋君　齊鴻猷君

以上3人係濟南分會會員每人補收22—23年度會費 $6.00共$18.00（半數巳交濟南分

會）

葛蘊芳君　吳際春君係濟南分會仲會員每人補收22—23年度會費$4.00共$8.00（半數巳交濟南分會）

遊廷淦君　郗三善君　曹煥文君　唐之藹君
劉光宸君　李銘元君　蘭錫魁君　馬開衍君
崔敬承君　賈元亮君

以上10人係太原分會會員每人補收22—23年度會費 $6.00共$60.00（半數巳交太原分會）

柴九思君　南映庚君

以上2人係太原分會仲會員每人補收22—23年度會費$4.00共$8.00（半數巳交太原分會）

殿崇敎君係武漢分會初級會員補收22—23年度會費$2.00(半數巳交武漢分會)

高常泰君係南京分會仲會員補收22—23年度會費$4.00(半數巳交南京分會)

吳匡君係杭州分會初級會員補收22—23年度會費$2.00(半數待交杭州分會)

程行漸君係大冶分會會員補收21—22年度會費$6.00(半數巳交大冶分會)

程行漸君係大冶分會會員補收22—23年度會費$6.00(半數巳交大冶分會)

李材棟君係長沙分會仲會員補收22—23年度會費$4.00(半數巳交長沙分會)

盧翼君係天津分會會員補收21—22年度會費$6.00(半數待交天津分會)

黃錫霖君　王仰曾君　孫立人君　李熾昌君
陳祖光君　陸廷瑞君

以上6人每人補收$6.00共$36.00

魯　波君　彭樹德君

以上2人係初級會員每人補收22—23年度會費$2.00共$4.00

張景文君係仲會員補收22—23年度會費$4.00

李　儼君　闞富權君　竇瑞芝君　費福燾君

以上4人每人預收24—25年度會費 $6.00共$24.00

李克印君係仲會員預收24—25年度會費$4.00

張金鎔君　覃梓森君　張根渡君

以上3人係初級會員每人預收24—25年度會費$2.00共$6.00

王錫慶君係上海分會會員預收24—25年度會費$6.00(半數巳交上海分會)

李善傑君係上海分會仲會員預收24—25年度會費$4.00(半數巳交上海分會)

施恩湛君係上海分會初級會員預收24—25年度會費$2.00(半數巳交上海分會)

高傳柏君係大冶分會會員預收24—25年度會費$6.00(半數巳交大冶分會)

秦萬清君　魯　波君

以上2人係濟南分會初級會員每人預收24—25年度會費$2.00共$4.00（半數待交濟南分會）

劉瑞驤君係長沙分會會員預收24—25年度會費$6.00(半數待交長沙分會)

丁人鯤君係武漢分會會員預收24—25年度會費$6.00(半數巳交武漢分會)

蘇州電氣公司係蘇州分會團體會員預收24—25年度會費$20.00(半數巳交蘇州分會)

王　篤君　趙鳳鳴君

以上2人係太原分會初級會員每人預收24—25年度會費$2.00共$4.00（半數巳交太原分會）

18329

中國工程師學會建築工業材料試驗所

各廠商捐贈材料

久記木行捐洋松 6,120尺
大中磚瓦公司捐紅磚 5,832塊
大中磚瓦公司捐靑磚 185,410塊
啓新洋灰公司捐水泥 150桶
華記水泥公司捐水泥 50桶
上海水泥公司捐水泥 200桶
中國水泥公司捐水泥 100桶
東方鋼窗公司捐鋼窗 392方尺
上海鋼窗公司捐鋼窗 392方尺
勝利鋼窗公司捐鋼窗 31方尺
中國銅鐵工廠捐鋼窗 354方尺
花鐵柵 9堂
華興磚瓦公司捐紅磚 59,760塊
永大軋石廠捐石子 50方
益中公司捐牆磚 3方
馬席克 14.5方
合作五金公司捐鎖 値93元
大美地板公司捐柳安地板 8.3方
晉記石灰公司捐石灰 100担
恆順砂石號捐黃沙 10方
陸以銘先生捐油毛毡屋面 56方
雅禮製造廠捐避水漿 50加侖
泰山磚瓦公司捐面磚 1,845塊
中國石公司捐大理石 2.2方
興業瓷磚公司捐黃色瓷磚 7.8方
綠色瓷磚 4.5方
元豐油漆公司捐漆 20加侖
源順木行捐洋松 1,000尺
震昌木行捐洋松 1,000尺
李良記捐磨石子地面
山海大理石公司捐磨石子地面
華通電業機器廠捐全部電綫
琪記公司捐司旦低水箱馬桶連座蓋3 套
二寸黑鐵管子 145尺
亞洲機器公司氣達捐500方尺，小便斗2只連水箱又高水箱馬桶1只
炳耀工程司捐氣達 500方尺
淸華公司陸南熙先生合捐紅兗爐子又搪瓷面盆連銅另件4只
裕豐，源泰，正記，瑞新順，祥泰五家五金號合捐管子材料
潔麗公司捐裝置衞生設備人工
華新捐水泥地磚 3,900塊

◉本會刊物經售章程

本會出版「工程」二月刊，工程週刊，機車概要，鋼筋混凝土學，等書，行銷全國，各地書局多請經售，茲將前定章程錄下：

1. 凡經售本會出版刊物者，應先向本會接洽，經認可後，始得經售，外埠書業，應須妥覓在滬保證人，負責付賬。
2. 凡寄售戶向本會添書，在本埠者概以摺子爲憑，外埠由本會掛號郵寄，郵費由本會負担。
3. 寄售戶每逢三，六，九，十二月，結算一次，該款須交由銀行或郵局匯寄，屆期如不照寄，應向保證人收取，不得拒絕。
4. 寄售戶結算時，如有存書退還，所有郵資由寄售者自理，刋物上如有水漬污穢或損壞者，不得退回。
5. 寄售戶應照本會所定書價實售，不得增減，由書價內提出二成作爲寄售酬勞。
6. 寄售戶通訊地址如有遷移，應隨時通知本會，如因未經通知，至致出版物不能到達，概作寄售者默認辦理之。
7. 寄售戶如須刋登報紙廣告，其廣告費由寄售者負擔，但須徵得本會同意後行之。
8. 如銷路不佳，本會可停止其寄售。

工程週刊

中華民國24年12月26日星期4出版
(內政部登記證警字788號)
中華郵政特准掛號認為新聞紙類
(第1831號執據)
定報價目：全年連郵費一元

中國工程師學會發行
上海南京路大陸商場542號
電話：92582
(本會會員長期免費贈閱)

4•24
卷 期
(總號102)

培植包工問題

侯家源

編者先生：

展讀本刊四卷廿期尊著「工程與包商」一文，語重心長，彌深欽佩。近世一切工程建築，無分鉅細，泰半招商承包，以便計日完成；故此項問題，確值得我人公開討論。蓋國內如無健全之包商，則各項工程工作，在進行上，必將感到更多困難。現僅希望承包人與發包人各自改善過去缺點，倘嫌不足，似應進而商榷培植包工問題。

我國從前的包工，率爲略有經驗之工頭出面承攬，對於工程工作，視爲一種祕傳技術，既無眞實學識，又乏雄厚資本。此種包工，卽俗語所謂作頭，大包之下，輒分許多小包，層層剝削之不足，並藉偸工減料，以資分潤，倘能嚴加監察，俾無從施其伎倆，則不待虧蝕逃亡，卽已捉襟見肘。職是之故，工作既難使人滿意，地位自亦不能抬高。

近年因有一班工程師，以承包工程爲自由職業，紛紛開設建築公司及工廠等，相競投標包工；是以今日國內之包工，人材輩出，已非昔比。惟際茲社會經濟普遍衰落之時，工程界自亦不能例外，故一般包工之財力，仍多不充。因此資本薄弱週轉不靈之結果，每使在承包範圍內應備之材料工具，不能預爲籌足，東拉西扯，竭蹶從事，及遇艱鉅工作，或意外事故，應付爲難，方思添置，訂購轉運，均須相當時日，遂致躭誤工作，不克自維信用。抑且各地之建築商，組織未臻充實，同業又鮮聯絡，遇有較大工程，既難獨力承包，亦難合資經營，坐視利權外溢，仍屬無法挽救。卽以經驗而言，亦往往局於一方，易地便覺茫然；蓋其對於異地之運輸情形，素尠研究，臨時又多不先詳加調查，卽或已經查明，又復不知善爲佈置，以免臨時周章，故雖有經驗豐富之包工，若使遷地工作，成績每不能良。由是以觀，今日國內之包工，人材雖多傑出，而在實際的經驗能力以及組織經驗等等，比之三十年前之狀况，似尙未能卽云已有長足之進步。

至謂「工程工作，有圖樣，有測量，有預算，……實係100%脚踏實地之工作」。似亦未必盡然。觀乎我國各項工程，尙無可資遵循之標準規範及合同格式，臨時擬訂，疎密之間，又未盡恰當，兼以各地環境習慣之種種不同，自不能毫無爭執。卽如尊論所指各省市過去之糾紛：蘇省某公路及浙省某橋樑工程，如何延遲發款驗收，因未明事實，無從評論；惟首都某碼頭工程之發生爭執，鄙人時適在京供職，故曾居間調解，然此事內容决非如尊論所述之簡單，或係由於傳聞未詳，遂不免稍涉誤會。

總之，時至今日，包工才識，既多提高，發包人對承包人自應平等待遇，毋稍歧視，非但不應摧殘，尤當量予培植。如何能使充實力量•樹立信用？資本薄弱，則如何使之協力經營？工具缺少，則如何使之合資購辦？無論資方勞方，同為工程努力，應本互助精神，共謀合作，勿存敵對態度，各事吹求，是則技術之進步，成績之優良，均可盡如期望；否則，一旦僨事，兩敗俱傷，包工固將瀕於破產，而建設事業亦必大受影響矣•

鄙人對於培植包工一事，提倡已久，玆讀尊著，頗感興趣，爰就觀感所及，拉雜書之，第以目前職務煩冗，殊鮮暇晷，未能更為具體之貢獻，容俟他日得閒，當再為文申論，擬請先將此篇登諸本刊，倘能引起工程界同人之注意，羣策羣力，急圖改進，務使包工力量日臻充實，信用日臻鞏固，建設前途，庶有豸乎•　　24年9月21日

大冶利華煤礦

謝　礦　師

1.鑛山位置及交通　鑛山在湖北省大冶縣石灰窰大江邊，以南凡4公里，中隔黃荊山脈，山勢崎嶇，鑛山設採鑛處，江邊則有辦事處，而原動廠及下煤碼頭，亦均在此•自此上溯武漢，凡140公里，下駛九江凡145公里，朝夕可達，交通稱便•至鑛山與江邊之間，則設有空中索道，以利煤運，及材料之供給焉•

2.鑛區及沿革　土法開採歷史甚久，民17年改稱利華，經先後兩次之增區，始達現有面積，計凡500公頃，然類都時作時輟，患水即止•迨21年改組招集股本，重新規劃，即於是冬開工，積極進行，兩年以來，規模始具•

3.地質煤層及儲量　煤系地質係古生代二叠紀，鑛區位置適黃荊山向斜層之南翼，煤層走向平均北偏東60度，傾斜45度，層數僅一，平均2公尺餘厚，儲量約計15,000,000萬噸，此後如日產500噸，可供80年之開採•

3.煤質及用途　為無烟白煤之一種•灰分輕，無磺臭，起火熱火力均强大，玆錄其一般化驗成份如次：

水分	灰分	揮發	固炭	硫分	熱力
2.00	12.70	7.20	76.90	1.20	13,800

因其煤質純良，用途日廣，業從家庭方面而漸及於工業方面，年來煤球需要日益增加，以前該項原煤必須仰給於安南紅崎煤，自大冶縣煤出而應市，因其煤質在國煤類中差足抗衡，已得分佔一席地矣•至鍋爐燃料尤不論攙合與單獨使用，均甚合宜，有例可證•較之一般烟煤，匪特聊無遜色，且於經濟方面可以節省•

5.銷路　銷售地點，主為武漢，次上海，次南京鎮江，而福州，廈門，汕頭，等埠又次之•

工程設備

1.採掘及運搬　分東西二直井，出煤各安絞車一部，計東井35馬力蒸汽絞車一部，每次起一桶，西井75馬力電絞車一部，每次可起2桶，(現暫起一桶)，合計每日絞煤能力為1,000噸•直井深156公尺，(現只達135公尺)，分頭二層平巷開採，平巷延長各達1,000公尺左右，平巷以上之煤，經採掘後，利用地層坡度，轉輾卸入裝重650公斤之鋼皮煤車，由此經軌距0.6公尺(2英尺)之小鐵道，送集井底，而絞出井口焉•

東西井口相距600公尺，中間鋪設輕便鐵道，以資聯絡，

採煤全用人力，鑿打硬石巷道，有一部分用壓汽鑿巖機，並備有德國西門子電氣鑿巖機一架，為過閉時鑿打硬度較小巖石之用•

2.排水　井內安設電動離心泵部，大小

18332

大冶利華煤礦

西直井全景

索道鐵架
(又稱掛線路或高線路)

空中索道及掛桶

東直井

凡20架，共計有每點鐘1000噸之排水能力。

3.通風及照光 出風井口安設英廠(James Howard)製造雙門Rexvane式，直徑75吋之電動打風機一架，計馬力90，每鐘分排風能力爲130,000立方英呎，水壓2½吋，爲輔助井內局部通風起見，另備有德國Meco公司出品電動小風扇4架，計每分鐘排風能力2500立呎者3架，8200立呎者一架，似此內外宣洩，故得通風良好，照光則暫用220伏電壓之動力電燈，將來擬用110伏電壓。

4.選煤 井內提出之原煤，經選煤廠之翻車，倒入機搖煤篩，篩孔8公厘，留篩上者爲塊煤，過篩下者爲篩屑。塊煤經過手選後，與篩屑分別入煤倉，再由此掛運江邊碼頭，備下輪運銷焉。再煤倉係鐵筋洋灰構造，容量400噸，上接煤篩，下備出口索道，站台之煤桶，則至此受儎焉。

5.原動廠 鑛山方面所使用動力之主要原動廠，係設在江邊，良以鑛區附近無終年可靠之水源，所有泉水又含硬性，不甚合用。且笨重機件之搬運，亦以江邊爲便也。故設置原動廠於此，再用高壓輸送鑛山，供各項動力之用。惟鑛山動力常有不時之急需，而高壓遠送，又恐不無意外之停阻，爲愼防萬一計，另於鑛山方面設一小規模之發電機，以備應急之需，玆將二處已經裝置原動機器之內容，分載於次：

江邊原動機	鑛山原動機
鍋爐一座	同
B.W.公司製造水管式	同
傳熱面積1846平方呎	1593平方呎
強力送風	自給汽吹
自動喂煤機	手焚
汽壓200磅	160磅
蒸汽機一部	同
英國Lindley製造	Siscon製造
立式雙缸凝汽式	立式雙缸不凝汽式
速度370轉/每分	500轉
用汽16磅/每馬力小時	22磅
三相交流發電機一部	同
英國Metropolitan Vickers製造	同
250K.W.	150
電壓4000伏	400
週波50	同

此外又已定購1000 K.W.蒸汽拖平發電機全套，准定安設江邊，以上所有機器，鍋爐用煤完全使用本鑛所產之自煤塊屑，不拘優次任用。而汽機發電亦復耐久可靠，對於利用現代鍋爐及汽機之進步，以發揮鑛山發電之効率，固已奏顯著之效果矣。

6.空中索道 因鑛區與江邊碼頭中隔崇山，相距4公里，將欲開發鑛山，必先解決煤運。若云舖設鐵路，則迂迴取道，勢所不能，而打洞過山，又復爲時間經濟所不許。環顧現代山地運輸之利器，其能建築迅速，而投資又輕，運量相當，而運費尙省者，蓋莫空中索道若矣。爰決採用世界名廠德國(Bleickert)勃來息脫之複線式空中索道，連同裝卸站台各一，係鐵筋洋灰構造，全棧水泥脚墩，民22年8月開工，23年7月完成。施工期間僅及一年，開運以來，安全穩妥，其需人工之少，運費之省，較之其他運輸方式，並無遜色，玆記其設計及建築大綱於次：

路長	4,350公尺
裝卸站間之高低落差	27公尺
最大坡度	12度
平均坡度	10度
運輸能力	每小時50噸
每掛桶裝重	630公斤
縄索速度	2.75公尺每秒鐘
重載鋼索之直徑	36 公厘
回路鋼索之直徑	22公厘
曳走鋼索之直徑	20公厘

18334

中國工程師學會會務消息

◉大冶分會第三次常會記錄

9月29日在利華煤礦礦山開會，到會計會員翁德鑾，張粲如，程行漸，等18人，由利華公司會員招待參觀利華全礦。下午二時開會，主席翁德鑾，記錄徐紀澤，開會如儀。

(1)會長報告本屆總會年會在廣西開會情形。

(2)分會會計提議如有會員要本會徽章者，請向分會登記，以便向總會定購。

(3)討論下次開會地點及日期，周開基副會長提議在漢冶萍得道灣礦山開會，全體通過，並定日期為本年12月1日。

(4)周副會長請會長報告材料試驗所捐款情形，會長謂捐款事尚未結束，惟聞總會方面消息，關於大冶捐款成績尚好，本分會所收捐款截至現在，已有400餘元，細帳容後公佈。

(5)選舉下屆分會職員結果如左：

會長張資華12票，副會長程行漸14票，會計李輯五11票，書記張恩鍔11票。

(6)歡迎分會新職員就職。

新會長張資華起立演說，大冶分會創設伊始，諸賴前屆正副會長及各位職員工作努力，得有現在此良好之成績，理應聯任，以資熟手，鄙人才疏學淺，謬蒙推舉擔任會長，實難勝任，惟義不容辭，祗有勉力從事，尚望諸會員隨時指敎，庶會務可有進展。

(7)新副會長演說，鄙人被推為副會長，至當盡力襄助會長，辦理事務，大冶分會自成立之後，各會員皆獲益良多，各會員感情亦增進不少，尚希大冶各會員振作精神，使本分會日臻完善。

(八)利華公司謝礦師演講利華公司工程設備情形，(見本刊第432頁)。

◉年會論文獎金揭曉

第四屆年會起，每屆年會論文，擇尤給獎，以為鼓勵研究工程學術之興趣，茲據第五屆年會論文複審委員會沈怡，黃炎，鄭葆成，三委員報告審查結果如下：

第一獎　顧毓琇著「二感應電動機之串聯運用特性」

第二獎　蔡方蔭著「打樁公式及樁基之承量」

第三獎　李賦都著「中國第一水工試驗所」

按照年會論文給獎辦法第四條之規定，應給予第一獎壹百元，第二獎五十元，第三獎三十元，該項論文業經刊登本刊工程十卷六號，(即年會論文專號上冊)，請注意。

◉本會圖書室新到書籍

400 建築月刊　3卷8號　24年8月

上海福履理路道斐南公寓全套圖樣

中國工程師學會建築材料展覽會記

全國運動會與建築　杜彥耿

建築物之典型

人造石牆飾

日本神社建築圖四幀

401 東北大學校刊　7卷 9期　24—5—13日

402 東北大學校刊　7卷10期　24—5—20日

403 東北大學校刊　7卷11期　24—5—27日

404 東北大學校刊　7卷12期　24—6—10日

405 東北大學校刊　7卷13期　24—6—18日

406 交通雜誌　3卷11期　24—9月

新頒鐵路貨物運輸通則之檢討　洪瑞濤

新頒鐵路貨物運輸通則之比較　樊正渠

鐵路制定運價應採之法　畢愼夫

鐵路運價之種類　高鹿鳴

鐵路營業收支款項之分析　胡選堂

膠濟鐵路年來支配車輛概況　譚書奎

407 時事類編 3卷19期 24—11—1日

408 人道 2卷 2期 24— 7—1日

409 航空雜誌 5卷10期 24—10—24日

空中未來之戰爭 慈驊澤

空軍與國防 陶魯書

最近航空機之進步概觀 陳 撻

盲目飛行之理論與實際 徐孟飛

新戰爭與新兵器 瑛

蘇聯對於同溫層探險之努力及進展 馮子青

法國航空工業之一瞥 金 白

德國航空交通之近況 王祖文

飛行前操縱系及供給系之檢查 大 中

飛機發動機之種類及其用途 傑 敏

地下鐵道對於空襲之價值 王慕甯

410 浙赣鐵路月刊 2卷5期 24—10月

浙赣鐵路的現狀及其前途 諶小岑

江西橫峯縣煙煤礦初步調查報告 燕春台

美國芝加哥大西鐵路 賢 賢

411 同濟醫學季刊 5卷3期 24— 9月

412 工業標準與度量衡 2卷4期 24—10月

蘇聯火柴標準規範

蘇聯棉花標準規範

波蘭工業圖畫及單位之標準

法國鍋爐用之炭鋼板標準規範

日本國定油漆用顏料標準規範 熊傳飛

413 科學世界 4卷10期 24—10—15日

414 農村合作月報 1卷 2期 24— 9—30日

415 鑛業週報 356號 24—10—28日

416 Sulzer Technical Review, No. 3, 1935.

The Dixence Hydro-electric Power Station.

The Diasel Electric Power Station at Salagnac.

District Heating Power Station.

417 公路三日刊 108期 24—10—28日

418 公路三日刊 109期 24—10—31日

◉工業材料試驗所捐款踴躍

本會試驗所落成後，內部試驗設備尚付闕如，預計約需經費十萬元，亟待籌措，曾經本會向各會員勸募，請慷慨資助，會員慨允捐助者甚為踴躍，未捐者為數亦多，故距預定目標相差尚遠，以此項募捐端賴會員羣策羣力，始克有成，照目標數會員每人至少應認捐四十元，或自行解囊，或向外界勸募，尚望會員諸君踴躍輸將，庶衆擎易舉，集腋成裘，俾試驗所早日觀成，茲將已收到捐款，截至民國24年12月16日止，照登於下：

中興煤礦公司	(吳 衡經募)	$2,000.00
張延祥先生		1,000.00
閻百川先生	(賈元亮經募)	500.00
吳興電氣廠及李彥士先生合捐	(惲 震經募)	500.00
長沙分會		430.00
義泰興煤號	(王子敏經募)	200.00
華商電氣公司	(黃均慶經募)	100.00
翔華電氣公司	(惲 震經募)	100.00
大冶廠鑛	(翁德鑾經募)	100.00
華成電器廠	(鄭葆成經募)	100.00
華通電業廠	(鄭葆成經募)	100.00
華德工廠	(鄭葆成經募)	100.00
江南汽車公司	(吳琢之經募)	100.00
中華汽車材料商行	(吳琢之經募)	100.00
捷成洋行	(吳琢之經募)	100.00
Otto Wolff Koeln	(吳琢之經募)	100.00
中和汽車材料廠	(吳琢之經募)	100.00
張瑞記		66.00
商務印書館	(黃均慶經募)	50.00
上海內地自來水公司	(黃均慶經募)	50.00
張餘慶堂	(黃均慶經募)	50.00
創新建築廠	(黃均慶經募)	50.00
謙士古行	(吳琢之經募)	50.00
耿瑞芝先生		40.00
陶鴻燾先生		40.00
張偉如先生		40.00

陳汝湘先生		40.00
趙步郊先生	(翁德鑾經募)	40.00
孫恆方先生	(金通尹經募)	40.00
章書謙先生	(沈 怡經募)	40.00
梁永槐先生		40.00
泰昌碎石行	(沈 怡經募)	40.00
金問洙先生		40.00
周永年先生	(沈銘盤經募)	40.00
王才宏先生	(沈銘盤經募)	40.00
孫聯芳先生	(濮登青經募)	30.00
楊長記	(濮登青經募)	30.00
奚福記	(濮登青經募)	30.00
方善堉先生	(李祖彝經募)	30.00
晉生染織廠，晉生紡織廠總管理處	(唐之肅經募)	30.00
張粲如先生		30.00
中國化學工業社	(李祖彝經募)	25.00
朱振華先生		20.00
吳士恩先生		20.00
紗布交易所	(黃均慶經募)	20.00
劉錫彤先生		20.00
禮和洋行	(唐之肅經募)	20.00
禪臣洋行	(唐之肅經募)	20.00
西北電氣廠	(賈元亮經募)	20.00
徐紀澤先生	(翁德鑾經募)	20.00
葛敬新先生	(沈 怡經募)	20.00
黃師讓先生	(程行漸經募)	20.00
程行漸先生		20.00
周開基先生	(程行漸經募)	20.00
翁德鑾先生	(程行漸經募)	20.00
宋學勤先生	(吳 衡經募)	20.00
羅 武先生	(程行漸經募)	20.00
惲蔭棠先生	(許應期經募)	20.00
永昌五金號	(吳琢之經募)	20.00
創新營造廠	(秦元澄經募)	2 .00
祥豐直澆鐵管廠	(沈銘盤經募)	20.00
沈銘盤先生		16.00
羅廣垣先生毫洋20元	(梁永槐經募)	15.35

李仙根先生毫洋20元	(李國均經募)	15.35
周書濤先生		11.00
田 國先生		10.00
馮朱棣先生		10.00
張仁農先生		10.00
方 剛先生		10.00
大華紅丹公司	(濮登青經募)	10.00
李祖範先生	(李祖彝經募)	10.00
管奎麒先生	(李祖彝經募)	10.00
西北機械廠	(郭鳳朝經募)	10.00
姜壽亭先生	(馬開衍經募)	10.00
西北育才機器廠	(馬開衍經募)	10.00
邊廷淦先生	(唐之肅經募)	10.00
曹明甫先生	(唐之肅經募)	10.00
賈元亮先生	(唐之肅經募)	10.00
沈光苾先生	(唐之肅經募)	10.00
鄭恩三先生	(唐之肅經募)	10.00
柴九思先生	(唐之肅經募)	10.00
西北鑄造廠	(唐之肅經募)	10.00
王夢齡先生	(賈元亮經募)	10.00
唐敬亭先生	(賈元亮經募)	10.00
潘太初先生	(賈元亮經募)	10.00
周維豐先生	(賈元亮經募)	10.00
鄭心泉先生	(賈元亮經募)	10.00
王心淵先生	(賈元亮經募)	10.00
胡慕伊先生	(張粲如經募)	10.00
李輯五先生	(張粲如經募)	10.00
張海音先生	(張粲如經募)	10.00
黃立時先生	(張粲如經募)	10.00
葉德之先生	(張粲如經募)	10.00
王從佛先生	(張粲如經募)	10.00
金其重先生	(翁德鑾經募)	10.00
陳 霓先生	(翁德鑾經募)	10.00
顧南逵先生	(翁德鑾經募)	10.00
徐承燠先生	(濮登青經募)	10.00
葛文錦先生	(濮登青經募)	10.00
陳嘉賓先生	(濮登青經募)	10.00
陳明壽先生	(濮登青經募)	10.00

王 珂先生	(濮登青經募)	10.00
陳思誠先生	(濮登青經募)	10.00
劉宸偉先生	(濮登青經募)	10.00
容啓文先生	(濮登青經募)	10.00
程鵬翥先生	(濮登青經募)	10.00
謝任宏先生	(程行漸經募)	10.00
張善成先生	(程行漸經募)	10.00
高履貞先生	(程行漸經募)	10.00
楊樹松先生	(吳 衡經募)	10.00
李錫之先生	(鄭葆成經募)	10.0
陸子冬先生	(周書濤經募)	10.00
郁寅啓先生	(沈銘盤經募)	10.00
謝雲鵠先生	(沈銘盤經募)	16.00
任庭珊先生	(沈銘盤經募)	10.00
劉晉鈺先生	(沈銘盤經募)	10.00
邵大寶先生	(秦元澄經募)	10.00
余洪記	(秦元澄經募)	10.0?
許應期先生		10.00
楊叔藝先生	(許應期經募)	10.00
陳 章先生	(許應期經募)	10.00
王啓賢先生	(許應期經募)	10.09
盛義興號	(吳琢之經募)	10.0?
夏憲講先生	(朱其清經募)	10.00
甘嘉謀先生		8.00
李祿超先生毫洋10元	(梁永槐經募)	7.68
程耀楠先生毫洋10元	(李國均經募)	7.68
李思敏先生毫洋10元	(李國均經募)	7.68
李國均先生毫洋10元		7.68
張慶瑩先生毫洋10元	(李國均經募)	7.68
黃隆生先生毫洋10元	(李國均經募)	7.68
曹省之先生		5.00
馬軼羣先生		5.00
李祖彝夫人	(李祖彝經募)	5.00
馬開衍先生	(郭鳳朝經募)	5.00
林 爾先生	(郭鳳朝經募)	5.00
王純文先生	(郭鳳朝經募)	5.00
西北農工器具廠	(馬開衍經募)	5.00
郭鳳朝先生	(馬開衍經募)	5.00
晏 素先生	(馬開衍經募)	5.00
關梅五先生	(唐之肅經募)	5.00
鄒爲邦先生	(唐之肅經募)	5.00
關安黎先生	(唐之肅經募)	5.00
李銘元先生	(唐之肅經募)	5.00
高進之先生	(唐之肅經募)	5.00
米祿齋先生	(唐之肅經募)	5.00
Mr.Bass	(唐之肅經募)	5.00
李輝山先生	(唐之肅經募)	5.00
趙逢冬先生	(唐之肅經募)	5.00
翟維澧先生	(賈元亮經募)	5.00
嚴開元先生	(賈元亮經募)	5.00
袁佑民先生	(賈元亮經募)	5.00
孫采南先生	(賈元亮經募)	5.00
董桂芬先生	(張粲如經募)	5.00
章子靜先生	(張粲如經募)	5.00
殷冠英先生	(張粲如經募)	5.00
羅佩恆先生	(翁德鑾經募)	5.00
柳曉明先生	(翁德鑾經募)	5.00
盛芷皋先生	(翁德鑾經募)	5.00
陳宿海先生	(翁德鑾經募)	5.00
沈 亮先生	(濮登青經募)	5.00
湯天棟先生	(方子衡經募)	5.00
趙以廉先生	(方子衡經募)	5.00
裘璜庭先生	(周書濤經募)	5.00
朱仲文先生	(周書濤經募)	5.00
方企賢先生	(周書濤經募)	5.00
金翰齋先生	(沈銘盤經募)	4.00
季覺民先生毫洋5元	(梁永槐經募)	3.84
黃漢偉先生毫洋5元	(梁永槐經募)	3.84
周九敍先生	(周書濤經募)	2.00
王仲杰先生	(周書濤經募)	2.00
范實甫先生	(郭鳳朝經募)	3.00
張子固先生	(馬開衍經募)	3.00
韓維楨先生	(唐之肅經募)	3.00
徐容舟先生毫洋2元	(梁永槐經募)	1.54
	共計	$ 8,014.00

註：毫洋以0.7677折合國幣

工程週刊

中華民國25年1月2日星期4出版
（內政部登記證警字788號）
中華郵政特准號認爲新聞紙類
（第1831號執據）
定報價目：全年連郵費一元

中國工程師學會發行
上海南京路大陸商場542號
電話：92582
（本會會員長期免費贈閱）

5●1
卷 期
（總號103）

何以救中國

黃伯樵先生在中國工程師學會杭州分會聚餐席上之演辭

茅以新記錄 二十四年十月二十六日

1. 中國的嚴重症象

中國的現狀，只從表面上觀察，便有八個很嚴重的症象：

1. 災荒慘酷　歷年水旱的天災和戰爭的人禍，弄得流亡載道，民不聊生。
2. 盜匪橫行　天災人禍的結果，自然弱者轉乎溝壑，强者挺而走險，於是盜匪便大量的生產出來，弄得萑符遍地，閭閻不甯。
3. 生產落後　在這種困窮騷擾的局面之下，農業日見衰敝，工業也不易維持，新的投資，更談不到，生產自然愈趨萎縮。
4. 國防脆弱　生產既然落後，國防的建設自然不易舉辦；一旦有警，簡直無法抵禦。
5. 教育偏枯　因爲普遍的困窮，教育經費自然不易籌措，義務教育，無法推廣；高等教育，也因爲普通人擔負不起，無法普遍。
6. 組織散漫　國家組織的强固，全恃人民生活的安定與智識的開明；現在生產如彼，教育如此，組織自然趨於散漫，不易團結。
7. 領袖缺乏　組織既然散漫，雖有領袖人才，便不易脫穎而出；卽使處於領袖地位，也不易得到普遍的擁護，發揮宏大的力量。
8. 禍亂紛起　由上述種種原因，內亂自然易於發生，而外患亦相應而至，內外交迫，益感無從措手。

從歷史上看來，這八個症象，互爲因果，只消有一於此，便足以搖動國本，甚致滅亡。現在八症同時發作，國勢的危險，不問可知。因此，國中一般有心人，無論口頭上，文字上，都集中於『如何救國』一個問題，這是爲事態所迫，有不得不然之勢。

2. 工程界應負救國的重大責任

中國究竟要什麼人出來救？要什麼樣人配來救？這點前賢早已說過：『天下興亡，匹夫有責』；就現在說來，當然還要包括匹婦在內。那就是凡屬中華民國一分子，人人都有責任。但，我們一羣學工程的同人所負的責任，依本人看來，恐怕比任何一界人都重大一些。理由如下：

1. 游牧民族到底站不住，如從前之阿拉伯，現在之蒙古。

2. 農業國家也是到底站不住，如印度，安南，朝鮮等國；惟蘇聯已經澈底覺悟，拼命施行工業化，就是實例。

3. 工業國家而沒有農業作基礎，各種原料都要仰給於人，也很危險。德國於歐戰時之失敗，卽是爲此；而日本之所以要有一貫的大陸政策，也是爲此。

4. 有農業爲基礎，再能實行工業化，那纔是理想的境界。如現在的北美合衆國，將來的蘇聯，都走上富强之路，便是明證。

5. 中國一向是農業國，近來剛纔想踏上工業化的初步階段，而距眞正工業化的時期尙遠。考農業國所表現出來的徵象，和工業國比對，恰恰相反，大致如下表：

	工業國	農業國（原料國）
1.	需用人工多，養活人亦多，且利益恆厚。——故較富——	需用人工少。養活人亦少，且利益恆薄，——故貧——
2.	機器廠，化工廠，一切交通工具製造廠，鋼鐵廠，國家有事，立可改爲兵工廠，兵有利器。——故較强——	若單純之農業或原料國，則以上種種皆受制於工業國，兵無利器。——故較弱——
3.	經濟較活動，能吸收與操縱原料，視原料國爲附庸。——故常爲主——	經濟既失其自主，不免處於被動地位。——故常爲賓——
4.	其人民多與世界貿易相接觸，與靈動巧妙之機械相親密，故心思活潑敏捷，能應付環境。——故偏於進取——	其人民多保守一業，久而不改，與世界少接觸，心思多固執頑鈍，不適於應付多變之環境。——故偏於保守——
5.	能以機力征服自然界，雖遇災難，比較能迅速恢復。（如日本地震）——故適於生存——	僅以人力，不能征服自然界。一遇災害，則農業畜牧均不可救藥。此種災害常有週期定律，每數年或數十年必喪失其國力一次，致人民流離失所。——故不適於生存——

上表所稱工業國之富强，還可以下列之海軍軍艦與空軍飛機統計作爲佐證：

	海軍軍艦數	空軍飛機數
英	276(1,150,000噸)	1,434
美	357(1,080,000噸)	1,752
法	196 (550,000噸)	2,375
意	171 (370,000噸)	1,507
日	220 (750,000噸)	1,637

蓋皆以工業發達，故財力優裕，技術高明，而軍事設備也隨以充實。返觀我國，則所有海軍軍艦艦與空軍飛機，眞如小巫之見大巫；且卽其所有者，大多數也還是從工業國輸入。

再看我國國際貿易，幾乎沒有一年不是入超；而進口貨中，所謂製造品便占一相當重要部份，像二十二年份之統計：

紡織品	62,377,943(關金單位)
機械	21,841,579
交通器具	24,031,947
金屬品	54,791,788
電氣及煤氣	6,294,412
化學工業製造品	92,390,603
雜類	23,887,396
總計	285,615,668

是年進口總值 690,007,852關金單位，而此部份製造品就占其中 41.39%。不但如此，我國雖稱農業國，而飲食物料，也還不能自給，便是在二十二年份進口貿易中，飲食物及煙草一項值 201,372,982關金單位，占總值29.18%。這也因爲各國工業發達，故該項物料從而生產多，成本輕，足以傾銷於我國。

可是中國也正不必自餒；因爲中國本有很好農業基礎，只要能迎頭趕上，施行相當工業化，便可自給自足，如大多數同胞肯不斷努力，準可與列强並駕齊驅。否則如長此自劃於十八世紀的農業狀態，不能實行現代工業化，必然抵不住國外的各種侵略，必然無法救亡；而施行現代工業化的責任，無疑的，全在一般學工程的人肩上。

因此得到一個結論：

『凡爲工程界一分子，對於救國，負有較大的責任；不特義不容辭，並且當仁不讓。』

3. 中國從前的科學研究和工程建設

講到科學研究和工程建設，雖則近數百年來，歐美各國都有飛躍的進步，蔚成近代的物質文明；但要知道我們中華民族從前也曾有過不少有價值的表現。例如：

1.神農嘗百草：即今稱藥物學。
2.黃帝教民蓺五種，按時播種百穀草木；黃帝妃嫘祖始育蠶治絲：即今稱農學。
3.唐堯明定歷象，虞舜劃一律度量衡：即今稱天算學。
4.大禹治水：即今稱水利工程。
5.秦始皇築長城：即今稱國防工程。
6.隋煬帝開運河：即今稱交通工程。
7.北京故都的構造佈置：即今稱市政工程

再如指南針，火藥，造紙，印刷等，也都是中國首先發明，而磁器，漆器之製作，其精美更冠絕今古。此外如各處廟宇宮殿等偉大之建築，多莫與倫比。可見中國人之聰明才智，未必不如人家。近一些講，前清時代遭逃洪楊之後，一般當國大老，因爲利用過外國軍火，知道非此不足以强國，也都十二分注意軍事上，實業上的工程建設，例如：

1.上海兵工廠，爲曾國藩，李鴻章所創辦；
2.電報，鐵路，輪船，(即招商局)爲李鴻章，盛宣懷所創辦；
3.馬尾造船廠，甘肅紡織局，爲左宗棠所創辦；
4.漢冶萍鋼鐵廠，爲張之洞，盛宣懷所創辦；
5.漢陽兵工廠，紡織局，爲張之洞所創辦，並倡『中學爲體，西學爲用』的論調。

此外張謇之提倡棉鐵主義與鹽墾辦法，先在南通及阜甯等縣有所規辦，影響亦甚大。這又可見中國一般具有見解的人早就認識工程建設的重要，不待今日。

4. 中國工程建設不能發皇的原因

但是中國至今未能實行現代工業化，近數十年來，和日本差不多同時推行新政，日本已臻一等强國地位，而中國依然故我，沒有進步。這裏面的最大原因，便是歷來以士爲四民之首，以文章來考選人才，於是全國人的聰明才智，都集中到做文章上面去；同時對於農工商及各種專門學術，都不甚重視。尤其對於工，認爲奇技淫巧，十分賤視。所以曾國藩等幾位先覺，雖則發動了一些建設，而因爲當時環境關係，不曾普遍提倡，依舊沒有收到多大效果，以致從前送往外國留學的，大多數仍是選讀文哲科，法政科，經濟科，而不注意理工科。這個現象，直到近年，才漸漸的轉變。

不過近年來從事理工科的留學生，也還有兩種缺感：

1. 出國時年事太輕，沒有認識國家社會的急切需要，僅僅學些皮毛回國，以至回國後往往毫無表顯，或竟用非所學，自誤誤國。
2. 中央及地方政府選派青年出國留學，無嚴密的組織，亦無確切的方針，以致發生不出多大力量，得不到多大效果。尤其痛心者，一部份留學生回國，竟為各洋行利用。

因此，我國歷年雖也遣送過許多留學生，也回來過不少習工程的留學生，而國內工程建設，還未見發皇，國家依然救不起來，强不起來。

5. 今後努力的方向

我人既明瞭中國工程建設未能發達之癥結所在，那麼，凡屬工程界同人，就得時時提醒當局力矯已往的錯誤。而自己如有機會掌握政權，並應積極做到下列兩點：

(甲)提倡各項工業，尤應注意有關國防工業建設，一面引起民衆對於工業的注意，一面扶助一般學工程的青年，就衣食住行四大需要上，都有相當的貢獻。

(乙)詳細考察國家社會的需要，依此需要，選送有志人士有組織的往工業先進國留學。

假如沒有機會握政權的，亦應注意兩點：

(甲)密切團結，充實力量，把整個國家社會的工程建設完全擔負起來，為後來學習工程者做一好榜樣。

(乙)精密研究，把工業出品切實做到『價廉物美』的地步，以增加民衆的信仰，而抵制舶來品的傾銷，為國家保留一部份元氣。

上面幾點；是就個人的立場說的，可是尚有超越個人以上最關重要之一事，便是『國防』。因為

1. 國家如無相當國防，實際等於亡國。若自己不能防而一味希望別國為之代防，更為無恥。因為自禦外侮一事，乃是一個民族要求生存權利時應盡之最低限度的義務。
2. 國家如無相當國防，一則易啓敵人侵略之心，二則無以禦敵而自保。是故歷史所載，無分中外古今，其國防素不充實或完全廢弛之國家，無論其人民如何優秀，文化如何高深，一遇敵國外患，鮮不亡國，甚至滅種。

所以吾人在談救國的當兒，必須確立國防中心思想，便是：

1. 政治以國防為中心。
2. 經濟以國防為中心。
3. 建設以國防為中心。
4. 外交以國防為中心。
5. 教育以國防為中心。
6. 實業以國防為中心。
7. 交通以國防為中心。
8. 軍事以國防為中心。

蓋全國公私機關，無論用一分心力，化一筆金錢，都應着眼在『國防』上面，纔是救國的惟一出路；而實際的國防建設的責任，無疑的，又全是在工程界的同人肩上。

6. 救國的一貫條件

本人對於『救國』這個問題，向來抱着一種樂觀的希望，以為只要能確實做到理想中一貫的條件，救國也非絕對的難事。所謂一貫條件，便是：

1. 由自覺而自信　對於國家的危機及其固有文化所蘊藏的雄厚的力量，要澈底明瞭，並認識個人對於國家所負的責任。有了這一點自覺心，自然發生『當仁不讓，舍我其誰』的自信心。
2. 由自信而自尊　有了救國的自信心，自然尊重自己的人格，同時尊重國家的

人格。

3.由自尊而自力　能尊重自己的人格和國家的人格，自然不甘墮落，而知道厚蓄知能，充分發揮力量出來。

4.由自力而自給　集合大衆力量於生產建設方面，自給自然不成問題。

5.由自給而自衞　一切產品都能自給，然後致力於國防建設，各項器物，不向外求，方能眞正達到自衞地步。

6.由自衞而自强　自衞的工具充實，自衞的知識豐富，當然可以自强。

7.由自强而自由　國家達到了自强地步，一切活動，他國無法干涉，也無從限制，這纔能實現自由。

8.由自由而自主　國家能自由，方有眞正的自主權。

9.由自主而自存　國家有了澈底的主權，纔算是獨立的國家，纔能存在於天壤間。

以上十點，其相互間之聯繫，又如下圖：

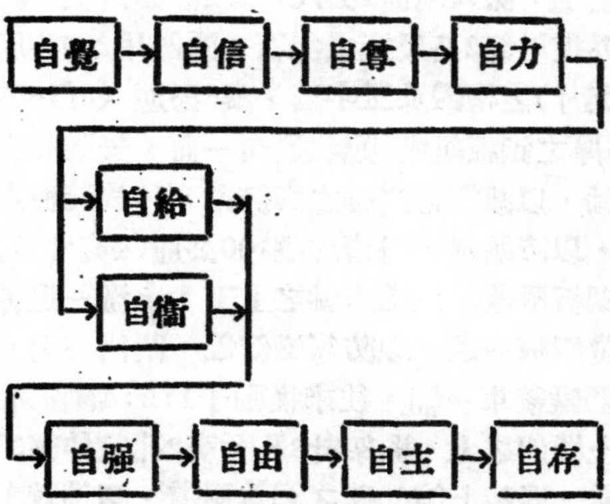

『自存』是我們的最終目的，而所謂『自主』，『自由』，『自强』，都從『自給』，『自衞』而來。『自給』全是物質條件，『自衞』可說一半是物質條件，一半是精神條件。『自給』包括農業與工業，『自衞』的物質條件中，包括軍事工程與交通工程等，而農業又多賴水利工程。是知『自給』『自衞』兩項，都和工程界有密切的關係，非工程界同志擔負起來不可。這又可見工程界同人在救國的任務上，處在何等重要的地位。工程界同人怎麼能完成他的使命，那又要看那有無『自覺』，有無『自信』，能否『自尊』，能否『自力』了。

再看孫中山先生遺著實業計劃所包括的六項計劃中，一大部份是商港的開闢，又一部份是鐵路的擴展，又一部份便是基本工業和普通工業的建設。綜括起來，也無非是自給與自衞兩點，大概這位偉大的先知先覺者也早就看透欲復興中國，非做到自給自衞，決無希望，故竭數十年之心力，成此偉大的計劃，懸爲準繩；而該項計劃，可說全部屬於工程性質。我們工程界同人更安可不深體此旨，積極幹去，使此理想的計劃，逐步實現。

工程界同志在積極建設，進行『救國』工作的時候，又必須做到兩點。

1.工作應盡量國粹化　如設計多採中國風格，用料多採國產，以免本國金錢往外流瀉。

2.行爲應不爲官僚化　卽時時保持公忠純潔的態度，以免失掉社會信仰，連帶失掉自己地位。

這也全靠本身的自尊與自覺。

最後要嚴切注意的，還有一點。試看蘇聯何以能擠出鉅欵，積一個五年計劃，暨一個五年計劃，把國家工業化的基礎建設起來。再看日本又何以能實施工業化，而且所有工業出品，都能做到『價廉物美』，成爲歐美各國商品的勁敵。一言以蔽之，他們全國國民都是『二十世紀的生產，十九世紀的消費』而已。中國的情形，恰恰相反，僅有『十九世紀的生產』，而爲『二十世紀的消費』，那得不淪於『民窮財盡』的地步。所以今後工程界同志必須大澈大悟：一方對於生產竭力推進，一方對於消費竭力節縮，務要進一步做到『二十世紀的生產，十八世紀的消費』，萬分努力，同時萬分刻苦，纔能完成『救國』的重大使命。

河北龍鳳河節制閘工程實施概況

高鏡瑩　王春立

節制閘全景 —1

節制閘全景 —2

鳳河源於於通縣，其上游名曰港溝，龍河源始於安次縣，至武清縣兩河滙流，名曰龍鳳。於該縣老米店村龍鳳橋口入北運河。龍鳳河流域面積約爲2,000平方公里， 本不甚廣，原不足爲患。惟因受北運河之倒灌，又兼龍鳳兩河堤埝不完，以致十年九潦，爲害甚鉅。現張莊楊村間北甯路旁，一片汪洋，常年不退，其情形之嚴重可見。故爲救濟龍鳳河之水災計，必須不使北運河洪水倒灌窪地，并須於相當時期內，得將潦水洩盡。華北水利委員會迭准河北省政府之請求，於民國24年春間，呈准全國經濟委員會，指撥水利事業費專款，在龍鳳橋口建節制閘一座。北運河水面高於龍鳳河口水面時，即可將閘門關閉，以防倒灌。龍鳳河水面高於北運河時，則隨時啓閘洩水，如此則水患可免。

龍鳳河節制閘共分8孔，每孔淨寬4公尺。閘底，閘墻，及閘墩皆用 1:3:6洋灰混凝土打築。閘底高度爲5.0公尺，寬16.6 公尺，上游厚70公分，下游厚60公分，兩端各打6 公尺長15公分厚之板樁一道。閘墻及閘墩頂面高度皆爲9.5公尺。閘墻頂寬75 公分，底寬2.40公尺。閘墩寬90公分。基礎均用10公尺長平均30公分直徑之圓木樁打築。閘底上下游皆用厚1公尺之塊石堆舖，上游寬8公尺，下游寬15公尺，下游塊石皆用鐵絲籠裝載，其下端加築25公分高之石坎一道，以增加水躍，而免下游冲刷。石坎外，另有 4 公尺寬之石坡。閘上下游坡岸，用塊石舖砌，坡脚之下，深入地面1公尺，皆須灌漿鈎縫，坡脚外復堆舖2公尺寬之塊石。閘門用200公厘(8英寸)之槽鐵及工字鐵，與8公厘 (5/16英寸)厚之鋼板組成。臨北運河一面，安裝鑄鐵滾軸，以減輕啓門時之磨擦力，并安裝橡皮帶，以防漏水。門槽內設100公厘(4英寸)寬之鋼板兩道，以備滾軸之上下。上游一邊，設黃銅板一道，以防鋼鐵銹蝕。閘門啓閉。用鋼鐵絞車一輛，往來推動于1:2:4鋼筋混凝土機架之上。機架計8孔，高2孔設伸縮縫一道。機架上舖60磅之鋼軌兩道，以備絞車之往來。閘墩上端，架設 1:2:4鋼筋混凝土橋樑一座，橋面寬4公尺，以利交通。

龍鳳河節制閘工程，由天津德盛工程處承包，總價爲139,858,20元。計自 24年4月20日開工，至7月31日全部竣工。 工料充足，工作甚爲順利。茲將各部工作情形分述於後：

（子）土工

(1) 挖土及填土　閘址測定後，先進行閘基挖土工作，以便樁工進行。挖土面積邊線，用白灰灑好，並訂以邊樁。惟白灰線須較閘基原線加寬，其增加之寬度，以打樁機所占之面積，及挖土深淺規定之。挖土工作至地面下1.5公尺時，即見地中潛水，當即挑溝引水，用抽水機抽水，以便落低潛水面。上方隨挖隨落，至規定深度爲止，再用水平儀將高度詳爲校對，閘基即行清除潔淨。上下游閘底，暨各面護岸石坡坡脚之挖土，亦須按照平誌坡度挖掘之。閘基及閘底挖出之土，則利用作臨時擋水壩，及填堤之用。填土方法，每層以30公分爲限，用夯硪打實，約剩17公分，逐步推進，至規定高度時，再將坡面找好，即可進行坡岸砌石。此處出土，多用担挑及單輪小車。平均每人每日工作，担挑約2公方，小車則3公方有餘，但小車僅限於平坦及寬闊之土坑。

(丑)樁工

閘基挖土工作完竣後，用經緯儀將方樁樁位及板樁中線定好，即開始打樁。

(1)方樁　打樁機用人力鉈（鉈重 1000斤)及單推汽鉈(鉈重1.75噸）二種。工作以前，先將打樁機位置找正，隨將樁吊起，穩置於已定之樁位，即開始打入地中。打時，須用線墜吊正，如稍有傾斜，當即用鐵棍撥正，距打至規定高度1公尺左右，須加替打（即頂樁），再行打下。蓋樁機因後面背板、不能距地面太近故也。汽鉈每日可打30至40棵，人力鉈則僅8—9棵。但汽鉈轉運不便處，則以人力鉈較爲經濟。

(2)板樁　板樁中線定好，即根據中線挖槽一道，寬約2呎，用6×12吋方木兩根做夾板，中間每隔3呎，即支丁字形頂木一根，中間寬 6吋，夾板外面，用木楔頂緊，務使夾板中空部分，與板樁厚度適合。板樁係魏特費路德式 (Wakefield)。工作時，亦用汽鉈及人力鉈打築。打時，先由中部起，第一根樁須做兩面帶凸筍者。凸筍面之樁尖削成楔形。打時，樁之偏正，及兩樁接筍處縫之嚴密，爲最宜注意之點。遇有偏斜，須加木楔於板內，（有時或去之），板樁接縫處縫之大小，則以旁面之頂木有力與否改正之。工作之速度，每小時汽鉈可打3根至4根，人力鉈則1根左右。

(寅)混凝土工

基樁完工，即行清除閘底，與鋸平樁頂等工作，並設立木型，打築伸縮縫之混凝土橫樑，俟其凝固，再舖油氈三層，隨支立閘墻基及閘墩基混凝土木型。經校對無錯後，地基之稞泥部分，以碎石打實，出水地方，用沙灰填抹。樁頂刷洗清潔，潑以洋灰漿一層後，即打築混凝土。混凝土用機器和拌，由人力小鐵車運送，倒入木型，每層20公分，隨即用鍁找平，再用木夯打實鬬漿。至木型邊角，則用扁鏟挿匀出漿，逐層打築，一氣完成。上部栽以長塊石，以便與未築混凝土相接。

(1)閘底混凝土　閘底混凝土，分4條打築，界以伸縮縫。至閘墻基及閘墩基，亦以伸縮縫隔開。蓋以閘底無樁，設有沈陷。係局部的，閘墻及閘墩皆不致受任何影響也。閘墻及閘墩基混凝土凝固後，拆除其支木。將閘底地基用夯打實，隨即舖塊石一層，厚30公分，用3:7 灰泥成砌，上部以1:2:4洋灰白灰沙子勾縫。石基做好，即拆除閘墩及閘墻基之木型，而立閘底之木型。混凝土亦即逐層打築，以至於規定高度。其面部用木抹成麻面，藉減却氣候變遷之裂紋，全閘底四條，須分四次築成。閘底完成，即着手閘坎混凝土之打築，閘坎凝固後，門槽鋼架隨之立起。

(2)閘墻混凝土　閘墻高4.5公尺，混凝土分三次築好，木型亦分三套立起。兩面木型均用3吋方木立帶，（間隔1公尺），外加3×6吋橫帶二根，用螺絲棍(間隔1公尺)穿過

18345

打築基椿

運送混凝土打築閘墩

打築閘底混凝土

閘墩築妥閘門鉚好

紮橋樑鋼筋

坡岸砌石

木型，兩面扎緊。其他不牢之處，再用鉛絲由木型穿過，拴於下面混凝土所栽之長塊石上，以免外走。木型外面，亦用支柱頂緊，或用鐵線牽綳，使其特別牢固。木型做好，板縫用膩子填抹，下面混凝土面，先用水洗淨，再擦以濃洋灰漿，混凝土卽可打築。此部混凝土之運送，由小車在脚手架子上倒下，逐層打築，情形與閘底同。至規定高度，抹成光面。

(3) 閘墩混凝土　閘墩混凝土做法，與閘墻同。

(4) 橋樑混凝土　閘墩築妥，卽進行設立橋樑之木型。惟橋面距閘底4 公尺，須先立架，而後將木型安置其上。橋共八孔，木型同時立妥，鐵筋亦照圖規定，在木型內綁好。鐵筋下面以預築之小洋灰塊墊起。一切手續完備，卽打築橋面混凝土。其餘如舖臭油，及護路面1:3:6 混凝土，與按欄杆及油漆等工事，因求時間經濟起見，須待機架混凝土完成，脚手架子拆除後，方次第進行。

(5)機架混凝土　機架混凝土做法，大致與橋樑同。惟機架上所留提門及吊門孔，立木型時，預為作好。其掛鐵鍊之小鐵座，及絞車之鐵軌，亦按照平誌定妥，方能進行混凝土之工作，待木型拆除後，卽進行絞車及欄杆之按裝與上油。

(卯)石工

(1) 閘底堆石　上游閘底內部為堆砌塊石，外有2公尺鐵絲籠塊石。堆砌塊石，係用手工乾砌，橫插扁臥，不分層次，以嚴密為主，多用大塊石，重約七八十斤，以至百餘斤者，碎石則用之填縫，至規定高度，再做成平面。

(2) 鐵絲籠塊石　鐵絲籠係用10號鉛絲紮成，高1公尺，寬 公尺，長2 公尺，方孔20公分見方，其交叉處，用20號鉛絲紮綁堅牢。閘底地基打實後，卽將無蓋之鐵絲籠錯列成排，籠與籠間，亦以20號鉛絲綁好，籠邊則支以木棍，以免傾斜。砌石做法，與堆石同，平面做好，再行封蓋。

(3) 坡脚及坡面砌石　閘底地基挖妥，坡脚砌石卽可着手進行。坡脚砌石，用 3:7灰土舖坐牢固，表面用1:3沙灰勾縫，計高1公尺。其外有石籠一排，亦隨之做好。次則將堤坡刷好，用硪打實，隨掛坡面平線，由堤頂平樁至石籠內邊平誌，掛以麻繩，再於兩線中，再掛可以移動之橫線。坡面平誌，卽以此為標準。石坡做法，先用小塊石鋪砌一層，灌以 3:7沙灰，再按層舖砌。外用大塊石，須有平面者，隨線砌成平面，務要穩固，露面石縫，須留1吋以上，填以1:3:6混凝土，(石子在1公分以內)，將縫填滿，用瓦刀插實，外抹以 1:3沙灰。全部石坡做法一致。

(辰)鋼鐵工

(1) 門槽鋼架　門槽鋼架底平，與閘坎同高度，故打築閘坎時，先做混凝土臺於閘墻基及閘墩基上，再用木架滑車將鋼架吊起，穩於已定之位置，找正及吊直，並將門槽上部以鐵線兩面綳緊，下用桶材四根，將鋼架頂穩，庶立木型及打混凝土時，不致走動。混凝土打築一層，門槽鋼架既已穩固，頂木及鐵線則可去掉。

(2) 鋼閘門　鋼閘門係零件運至工地，先用螺絲安裝，其不規則之件，令卽更換。全部檢驗合格，始行鉚釘，鉚成後，將鉚釘再逐一查驗，其中空不嚴及斜裂者，須鏟去重作。閘門作成後，先塗紅丹油一道，黑油二道，一俟橋墩木型拆除，卽將閘門用木架滑車吊起，裝入門槽。全部工程完竣後，再塗黑油一道。

(3) 絞車　機架混凝土築妥，卽將絞車一切零件，運至機架上，先將車架鉚好，車輪位於已妥之鐵軌上，再將機械零件，按圖安置整齊，全工程卽告竣矣。

中國工程師學會會務消息

◉第21次董執聯席會議紀錄

日　期：24年12月22日上午10時

地　點：上海南京路大陸商場本會會所

出席者：董事部：顏德慶(黃伯樵代)，黃伯樵，韋以黻，華南圭(韋以黻代)，薩福均(張延祥代)，張延祥，淩鴻勛(莫衡代)，顧毓琇(裘燮鈞代)，胡博淵(徐佩璜代)。

執行部：裘燮鈞，鄒恩泳，莫衡，張孝基，朱樹怡。

主　席：黃伯樵；　紀　錄：裘燮鈞。

報告事項

1.浙江省政府主席黃紹雄先生允担任聯合年會名譽會長。

2.聯合年會會程已經籌備會擬定。

3.明年聯合年會參加團體，有中華化學工業會，中國電機工程師學會，中國自動機工程學會，等團體，中國礦冶工程學會因最近在焦作開過，不允參加。中國水利工程學會以明年年會已定在西安舉行，不能參加。中國建築師學會須待年會全體會員議決後，再行答復，其餘團體尚未復到。

4.第五屆年會獎金論文經複審委員沈怡，黃炎，鄭葆成三君報告結果如下：(登載工程十卷六號年會論文專號上册)

第一名　顧毓琇君著「二感應電動機之串聯運用特性」給奬一百元

第二名　蔡方蔭君著「打樁公式及樁基之承量」給奬五十元

第三名　李賦都君著「中國第一水工試驗所」給奬三十元

5.蘇州分會來函報告，以會員星散，乏人主持，會務暫告停頓，所有分會經費餘款洋63.84元，業由該分會會計張寶桐君如數解會，移作工業材料試驗所設備費。

6.玆據國產建築材料展覽會審查委員會主席沈怡先生報告審查結果摘要如下：——

審查等級之標準規定爲：

(1) 超等　首先創製切合實用有普遍推行之價值者。

(2) 特等　質料與效用確較一般出品優勝者。

(3) 優等　質料與效用合普通標準者，至有特殊情形不能爲等級之支配者。

依照上開標準計評定列入超等者10家，列入特等者42家，列入優等者6家。

以上由本會分別給予奬狀。

不能爲等級之支配，應給予榮譽奬狀者3家。

7.本屆分會改選結果報會者，有下列各分會：

上海分會：	會長王繩善	副會長薛卓斌	
	書記徐名材	會　計馮寶齡	
南京分會：	會長胡博淵	副會長吳保豐	
	書記陳　章	會　計薛紹清	
唐山分會：	會長王　濤	副會長楊先乾	
	書記黃壽恆	會　計伍鏡湖	
廣州分會：	會長文樹聲	副會長利銘澤	
	書記陳錦松	會　計梁仍楷	
武漢分會：	會長邵逸周	副會長邱鼎紛	
	書記徐大本	會　計方博泉	繆恩釗
長沙分會：	會長余籍傳	副會長周鳳九	
	書記易鼎新	會　計王昌德	
南甯分會：	會長李運華	副會長黃鍾漢	
	書記譚世藩	會　計陳慶澍	
太原分會：	會長董登山	副會長唐之肅	
	書記賈元亮	會　計馬開衍	

8.自銀幣改爲法幣後，紙張飛漲，印刷『工

程」合同已滿期，本會與中國科學公司交涉，延長合同一年。惟該公司要求預支紙張費2000元，俾向市上預買廉價紙料，該款分6期攤還，在未攤還前，該公司貼還本會年息4厘。

9. 民國23—24年度賬目，業經張延祥，薩福均兩董事審查竣事。

10. 上次董事會議議決案，經通函未出席各董事，均無異議，作為通過。

討論事項

1. 電機工程名詞審查委員會主任委員惲震君，以交通電訊方面委員人數較少，加聘黃修青，陶鳳山二君為委員，請通過案。
   議決：通過。
2. 請推定第六屆年會論文委員會委員案。
   議決：聘請沈怡君為委員長，朱一成君為副委員長，委員由委員長選聘。
3. 請推定第六屆年會提案委員會委員案。
   議決：聘請惲震君為委員長，張自立君為副委員長，各分會正副會長為委員。
4. 請加聘年會籌備委員案。
   議決：加聘周鎮倫，柴志明，楊耀德，黃中，徐鍊，陸桂祥，潘承圻，陳廣沅，王祖蘊，王承黻，程錫培等11人為年會籌備委員。
5. 已發給會員朱汝梅，孫敬方，任國常，盧翼，陸聿貴五人技師登記證明書，請予追認案。
   議決：通過。
6. 審查新會員資格案。
   議決：通過　正會員　李秉成，項顯洛，鄧炬方，高憲英，郜華，竇覺，黃雪琴，周向，鍾森，陳瘦駿，陳應乾，林榮向，陳尚文，王佐，陳駒聲，陳佐鈞，楊哲明，陳國瑜，譚世藩，楊能深，沈孝源，朱謙然。22人。
   仲會員　袁祖旭，梁其卓，梁俊英，楊錫光，彭榮閣，高超，李汝，張維，張學新，曲迺俊，袁德熙，王子香，王端驤。13人。
   初級會員　王祖烈，王伊復，沈家玖，黎樹仁，曾理超，古健。6人。
   仲會員升正會員者　黃五如。
   初級會員升仲會員者　徐信孚。

◉司選委員會通啓

敬啓者，本會民國二十四年廣西年會，選出本委員會委員五人，專任民國二十五年司選事宜。其任務為依據本會會章第二十一條之規定，提出下屆候選各職員之三倍人數，以便會員圈選。查二十五年年會開會時，任期將滿之職員，為會長顏德慶，副會長黃伯樵，董事淩鴻勛，胡博淵，支秉淵，張延祥，曾養甫，基金監徐善祥。又新修改會章第二十一條，董事由十五人增至二十七人，故本年應選會長一人，副會長一人，董事十七人。基金監一人。以上職員二十人之三倍人數為六十人，本委員會為集思廣益起見，決定先向我全體會員徵求起見，關於下列之人選：

1. 會長候選人　　三人
2. 副會長候選人　　三人
3. 董事候選人　　五十一人
4. 基金監候選人　　三人

請各會員自由推舉，函知本委員會，以憑參考。未滿任董事及基金監請勿重推，計董事未滿任期者為胡庶華，韋以黻，華南圭，任鴻雋，陳廣沅，薩福均，黃伯樵，顧毓琇，錢昌祚，王星拱；基金監未滿任期者為朱樹怡。徵求日期至二十五年一月二十日為止，屆時本委員會即將候選人名單，郵寄全體會員舉行複選，特此通告。

司選委員：李運華，顧毓琇，支秉淵，龍純如，譚世藩，同啓。

通信處：北平清華大學顧毓琇轉

◉世界動力會議消息

世界動力會議，本年在英美兩處舉行，玆接該會中國分會來函錄下，會員中欲知詳情者，可函詢本會。

『案查世界動力協會，定於1936年6月22—27日，在倫敦舉行第一次世界化學工程大會，又定於同年9月7—12日，在華盛頓舉行第3次世界動力大會，與第2次世界巨壩大會聯合開會，本分會已接得英美政府之邀請參加，並由英國及美國分會函催徵集屬於化工，動力，及巨壩等之理論上，及應用上，與技術上，及法制上，種種問題之論文，本國各種建設工程之報告，亦所歡迎，（如係中文，應譯成英文，法文，或德文）。事關提高我國國際學術榮譽，並吸收世界最新學術，以備國內建設之需要，除選派出席會議代表問題，已專案呈請政府核定外，擬請貴處設法準備論文，以便提出，並希於25年1月15日以前，先期將提要或題目見示，以便彙集轉送倫敦總會，並祈見復爲荷。再貴處如有準備出席之人員，亦請一併示知，此致中國工程師學會。』

◉日本工學會第三回大會

日本工學會爲日本鑛業會，日本鐵鋼協會，土木學會，火兵學會，造船協會，建築學會，工業化學會，衞生工業協會，電氣學會，電信電話學會，機械學會，照明學會，所組合，定於本年四月初在東京舉行第三回大會，本會接到請柬，已提出董事會討論。

◉上海分會歡迎喬克生教授

本會上海分會及中國電機工程師學會，定於12月28日星期6下午4:30，假靜安寺路國際飯店舉行茶會，歡迎前美國電機工程師學會會長及前美國麻省理工大學電機工程學院院長喬克生教授（Prof.D.C. Jackson）暨夫人，已柬請各會員參加。

◉職業介紹

上海某公司函託聘請木材試驗人員一位，專門試驗性質，花紋，種類，鑒別，及測量等項之工作，每週祇須到公司工作二小時至四小時，最好兼職，會員中有意者，請函本會職業介紹委員會。

南口某廠翻砂房須聘工務員一人，月薪一百二十元，以曾在煉鋼鐵廠任過職事，而對於冶金略有經驗者爲最適宜，會員中有意者，請函本會職業介紹委員會。

◉會員通信新址

朱蔭桐　（職）南京鐵道部機務科
張謨實　（職）南京中央大學
林鳳岐　（職）天津北甯鐵路機務處
文樹聲　（職）廣州市工務局
利銘澤　（職）廣州市自來水管理處
陳錦松　（職）廣州市工務局
梁仍楷　（職）廣州市工務局
熊天祉　（職）四川巴縣瓷器口重慶煉鋼廠
沈　潼　（住）上海亞爾培路亞爾培坊26號
江紹英　（住）上海新閘路福安坊60號
沈文四　（職）濟南津浦站機務第二總段
鄭　華　（通）甯波省立高級工校鄭徐華君轉
許行成　（職）西安交通部陝西電政管理局
張昌華　（職）西安交通部陝西電政管理局
毋本敏　（職）西安交通部陝西電政管理局
許元昌　（職）西安交通部陝西電政管理局
吳文華　（職）西安交通部陝西電政管理局
張濟翔　（職）西安交通部陝西電政管理局
鄭瀚西　（職）上海上海銀行四樓401號華啓顧問工程師
秦忠欽　（職）廣西南甯廣西省政府技術室
潘翰輝　（職）廣西南甯廣西省政府技術室
唐慕堯　（職）廣西南甯廣西省政府技術室
汪楚寶　（通）南京中央大學工學院薬諴先生轉

工程週刊

中華民國25年1月9日星期4出版
(內政部登記證警字788號)
中華郵政特准號認爲新聞紙類
(第1831號執據)
定報價目：全年連郵費一元

中國工程師學會發行
上海南京路大陸商場542號
電話：92582
(本會會員長期免費贈閱)

5●2
卷 期
(總號104)

化學工業之發展

徐名材先生爲天利淡氣製品廠開幕序言　民國二十五年一月一日

海通以來，入超歲增，工商彫敝，民生日蹙，有志之士競以設立工廠爲救時之要圖，顧新陳代謝，成功者鮮；其能卓著聲譽歷久不墮者，殆不及半。且其經營所及，又僅就外來物品，調整配合，以應需要者，居其多數。其眞能利用豐富天產，製成基本原料，以促工業之發展者，尤不數數覯，自永利製礆，天原電化，開成造酸諸廠，先後成立，酸礆需要，始不依賴外國，而硝酸供給，尙付缺如；今天利淡氣廠開幕，此憾始億彌補。猶憶二十年前，與西人某君談及中國化學工業，彼謂中國除香粧品製造外，無化學工業可言，竊常引以爲恥，而深慨于其言之無可易，今而後此恥可雪矣。第天利廠之成立，其意義不僅此也。年來國勢蜩螗，禍變堪虞，而其足爲吾民隱憂者，尙有一民食問題。米麥輸入，歲有增加，湘贛產區，洋籼暢銷，閉關自給，力已不能，一旦有事，輸運中阻，飢饉之患，可以立見。救濟之方，固在振興農業，而非利用適當之人造肥料，無從得倍蓰之收穫。德荷諸國，畝田收入，較美爲勝，而施用肥料，量亦懸殊，消長之數，可以深思。故肥料之供給，實爲吾國前途一重大問題，而氮肥之製造，固較其他爲尤要。此一義也。世非大同，孰能去兵，修備或可弭患，自强方能圖存，此理至明，無待蓍龜。以近世軍事技術之進步，器械之日新，化學物品，應用甚溥；其有待于研求試造，以備萬一之需者，何可勝數，而一考其製造順序，多非借助硝酸不爲功。與其因襲成規，求原料于萬里外之智利，何如利用新法，取氮素于無盡藏之空氣。此又一義也。天利廠出品，雖寥寥數物，而足食足兵，惟茲是賴，其關係于國計民生者至鉅。吳蘊初先生以工業先進，創設斯廠，刻苦經營，首告成立。其毅力可佩，其遠見尤可欽焉。抑更有進者，斯廠出品，多係基本原料，工業上賴是以製造之物品：如染料，如噴漆，如人造絲，如人造樹脂等，急應提倡，以爲利用厚生計者，其例甚多。更推諸全部化學工業，問題尤繁：應用器械，仿造未精，化工人材，儲養無幾；天產之待利用者無限，物品之須試製者尤多。持已往成績以與先進諸國較，猶如雲程之初發軔耳。竊願吳蘊初先生暨天利廠諸公，賈其餘勇，再接再厲，聯絡同志，兼營並進，勤探學理，講求效能，庶幾吾國化學工業突飛猛進，蔚成大觀；而天利廠收精用宏，範圍日擴，亦不讓美之恆信，英之卜內門諸公司專美于前也。

(註)天利淡氣製品廠地址爲上海白利南路周家橋西陳家渡，(蘇州河北岸姜家宅)，事務所在菜市路176號。

天利淡氣製品廠設備概述

吳蘊初

籌備經過

四年以前，政府依利用外資，發展國內工業之原則，擬與英德公司合辦硫酸錏廠，乃有實業部硫酸錏廠籌備委員會之組織。蘊亦濫廁其列，當時因英德公司之計劃過宏，設備過巨，觀成匪易，故數度協議，卒無結果。然已啓創辦天利之動機矣。民21年美國杜邦公司，在西雅圖地方之合成氫（即合成氨）廠有出售意，派員與接洽時，蘊適有歐美之行，因前往視察，見其機械設備尙稱良好；乃開始磋商。迄民22年11月而議成，當此議甫與時，天廚天原兩公司之股東，均願對天利投資，蘊雖告以：基本化學工業資本巨而利潤微，然認股者仍踴躍，百萬資金，不崇朝而集。至23年1月，本公司乃告成立。嗣實業部決定自辦硫酸錏廠，委實業家范旭東先生主之。蘊爲分工合作計，爲適應工業緊切之需要計，與范先生商討後，乃注全力于硝酸之製造。合成硝酸之製法，有用空氣，有用氧氣者，經詳加研究後，以適應現階段之工業環境起見，決採用空氣法。即向法國購置日產硝酸1?噸之機械全租。7月蘊復渡歐視察所訂購之機械，及調查硝酸製法之進展狀況。10月回國，積極裝置。時氫廠機械已先運滬，至年底酸廠機械亦分批到齊。此種工廠，爲國內向所未有，人才材料兩感缺乏，種種艱困，隨時發生。經與在事諸同人努力邁進，日以繼夜，至24年8月而無水氫(即液氨)出品，9月而淡硝酸出品，10月而濃硝酸出品，11月而硫酸濃縮裝置完成。工程部分乃告一段落，本公司之規模亦粗具矣。

氨廠製造程序

利用空中氮氣以造合氮用品之方法，大別有三：(1)利用電弧使氮氣與氮氣化合成氧化氮。(2)使氮氣與氫氣化合成氨（阿摩尼亞）。(3)使氮氣與碳化鈣作用成鈣腈基胺。本廠乃用上述之第二法。

氨(阿摩尼亞)爲一分氮氣與三分氫氣之化合物，在普通情形下爲氣體，在高壓低溫之下則爲液體。純粹者無色透明，冷氣機用之，氨吸於水中成氫氧化銨溶液（本廠簡稱氨水）。

本廠所用氫氣由水通電分解而得，所用氮氣則由空氣中除去氧氣而得，二者混和成適當比例，加高壓力，高溫度，經接觸劑之作用，乃化合而成氨，冷却後即得液氨，氨氣以水吸收即得氨水，此種方法在國內尙爲首創。全廠分馬達間，電槽間，合成室，吸收器等。此外尙有氣體儲藏櫃，氧氣淨理室，涼水塔及電鍍室等。茲分述如次：

1.馬達間——本室爲全廠之命脈，動力之源泉，有2500匹馬力電動機一座，以運轉直流發電機，可發6000安培之直流電，以供電槽間之用。其餘動力用電及燈用電，悉爲交流電。由變壓器自6660伏變爲低壓而使用之。

2.電槽間——本室爲氫氣之產生地，有電槽300餘隻，分兩組串聯。電槽爲隔膜式，陰極居中，以穿孔鐵板爲之；陽極在兩旁，以鐵板鍍鎳後爲之：以石棉布爲隔膜，以氫氧化鉀(苛性鉀)爲電解液。通電後氫氧化鉀並不消耗，僅時時加入蒸溜水足矣。氫氣自陰極放出，匯於總管；經冷却器及量表而入氫氣儲藏櫃，以備合成室之用，氧氣自陽

18352

氨廠全景

電解槽

水電動發電機

極放出，亦匯於總管，而入氧氣淨理室，可以壓成液體，裝瓶出售。

3.合成室——本室為製造阿摩尼亞之大本營，主要機件均集於此。氫氣由氫氣儲藏櫃用抽送機打至燃燒爐，同時空氣亦經鹼液塔除去炭酸氣後為空氣抽送機打入，二者相遇而燃燒。空氣中之氧氣與一部分之氫氣燃燒成水；餘留者為三分氫氣與一分氮氣之混合氣體，冷却後送入混合氣儲藏櫃；此項混合氣，由200匹馬力之壓縮機壓至4600磅之高壓。經除油器入初步化合器中，熱至攝氏600度左右。經接觸劑之作用化合而生氨(阿摩尼亞)。經水冷却之凝集器而得液氨。所餘之氣體部分，甚為純淨。通入主要化合器中。主要化合器與初步化合器同其作用，惟出品則純淨無水，經水冷却之凝集器及循環推送機後，復至氨冷却之凝集器。至此大部分之氨氣(阿摩尼亞)凝結分出，可送入儲蓄器中。其餘氣體與自初步化合器來之氣體混和，復入主要化合器，循環使用。氨冷却之凝集器與製冰機相連，俾膨脹之氨質經壓縮後再凝成液體，復可使用。化合器中之溫度，則以通入電流之多寡以控制之。室內更有精巧之儀器，可以自動記錄溫度，分析氣體中之成分，在國內尚不多見。各處更有保險警備裝置，以增工作之安全。室外裝置一大秤櫃，可秤至40噸，而少至10磅之量，亦可精確辨出。

4.吸收器——此為製氨水(阿摩尼亞水)之處，有四圓筒，中盛以蒸溜水，舉凡廠中排除之氨氣，初步化合器中所得之液氨均放入之，吸收而得氨水，至步梅表26度時，即含氨29.4%時，打入儲藏櫃中，裝瓶出售。

此外涼水機，則以廠中熱水冷却之，以供重覆使用。電鍍室則以鐵皮鍍鎳以供電極之用。

本廠工作程序，可參閱第17頁簡圖。

硝酸廠製造程序

往日硝酸之製造，多取法硝鹽與硫酸之作用，然產品不純，價格又高，是以智利硝所製硝酸，已無立足餘地。本廠有鑑於此，特用最新方法，使空中氮氣，綜合成氨質，更由氨質氧化成硝酸。其所用之機件，全部為特別鋼，矽化鐵及鋁質製成；有極強之耐酸能力。是以各種雜質，鮮有引入之機會。此法在歐戰時德國賴之代智利硝以造火藥，停戰後即公布於世。茲將其製造步驟及方法，簡述如下：

(1)燃燒部

作用：(甲)氣化液氨，(乙)氧化氨氣。

來自氨廠之液體氨，經氣化器化成氣體，乃導入儲存氨氣之大櫃內，工作時。氨氣由導管引出，經送氣之風箱，與適量之溫熱空氣，混合而入燃燒器。在該器中，氨氣經鉑網之接觸作用，燃燒化合而成一氧化氮。其變化有如下列方程式：

$$4NH_3+5O_2\longrightarrow 4NO+6H_2O$$

上項氣體，由燃燒器放出時，溫度極高，乃先使之經過一鍋爐，利用此無用之熱量，使發生蒸汽，以備作硝酸提濃部之用。氣體經過鍋爐後，立即送入吸收部。

(2)吸收部

作用：(甲)冷却，(乙)酸化，(丙)吸收。

自燃燒部送入之一氧化氮氣體，首經串聯之冷却器，器外用涼水冷却，更經一送氣風箱而導入酸化器內，使其酸化。一氧化氮在該器內，與空氣中氧化合而成二氧化氮，其作用有如下式：

$$2NO+O_2\longrightarrow 2NO_2$$

既酸化之二氧化氮，乃直接通入多個串聯之吸收塔內。其裝置方法，與普通應用之吸收裝置相同；即前部一塔，酸質最濃，愈後愈淡，蒸溜水由最後一塔之塔頂加入，漸次輸入最前一塔，而二氧化氮氣體，則由第一塔通入，依次入末尾一塔，最後放出空中

(一) 氨廠製造程序簡圖

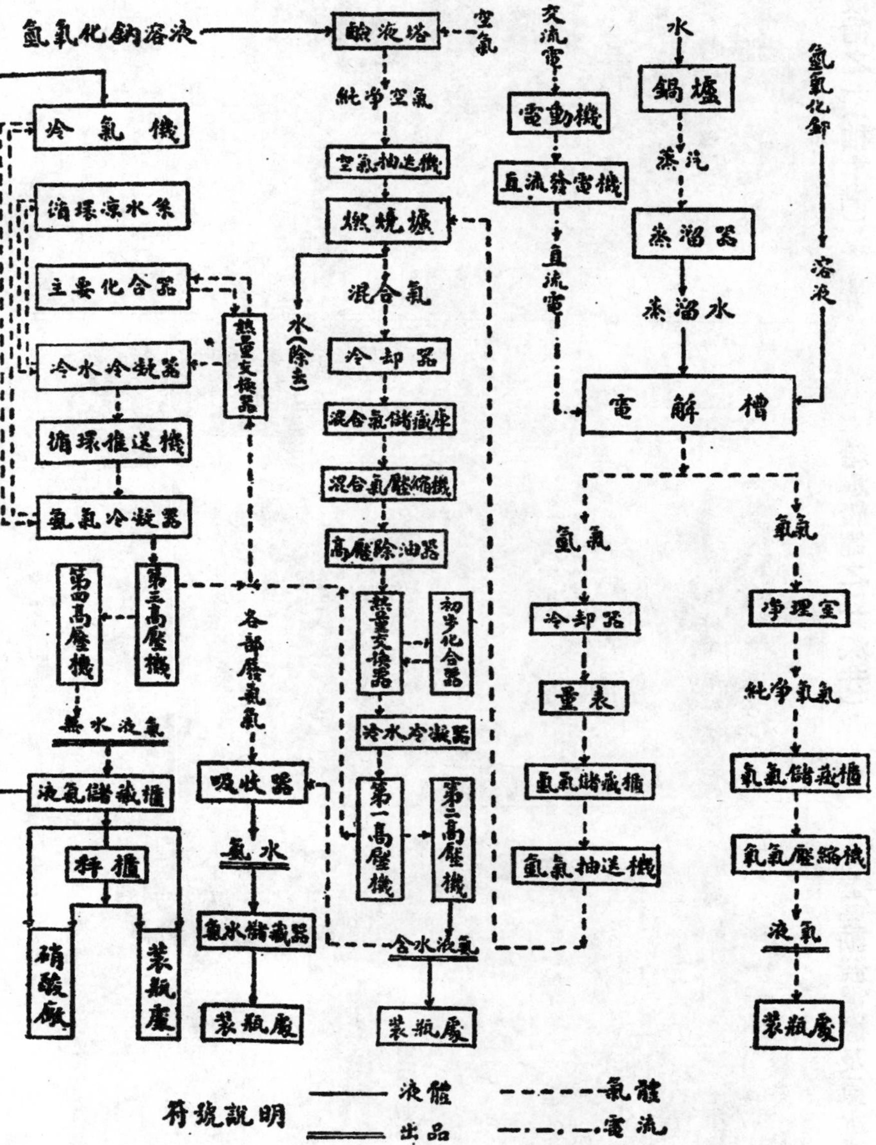

氫氧化鈉溶液
鹼液塔
空氣
純淨空氣
空氣抽送機
燃燒爐
混合氣
水(除去)
冷卻器
混合氣儲藏庫
混合氣壓縮機
高壓除油器
熱量交換器
初步化合器
冷水冷凝器
第一高壓機
第二高壓機
含水液氨
裝瓶廠
冷氣機
循環凉水泵
主要化合器
熱量交換器
冷水冷凝器
循環推送機
氨氣冷凝器
第四高壓機
第三高壓機
無水液氨
液氨儲藏槽
秤槽
硝酸廠
裝瓶廠
各部餘氣
吸收器
氨水
氨水儲藏器
裝瓶廠
交流電
電動機
直流發電機
直流電
水
鍋爐
蒸汽
蒸溜器
蒸溜水
氫氧化鉀溶液
電解槽
氫氣
氧氣
冷卻器
量表
氫氣儲藏櫃
氫氣抽送機
淨理室
純淨氧氣
氧氣儲藏櫃
氧氣壓縮機
液氧
裝瓶廠
符號說明
液體
氣體
出品
電流

給水設備之一(抽水機)

給水設備之二(深井)

電動發電機及氨水吸收器

製造氫氮混合氣之燃燒爐

混合氣壓縮機

儲氣櫃

•因此淡硝酸在各塔內，與二氧化氮之運行方向，齊巧相反•在吸收塔內，二氧化氮與水分發生下列反應，而成硝酸•

$$3NO_2+H_2O\longrightarrow 2HNO_3+NO$$

製成之淡硝酸，由最前一塔放出，再經一漂白器，除去其黃色雜質，而成無色透明之淡硝酸•其濃度為步梅表40度，含純硝酸9% ，質極純粹，無遊離之二氧化氮•

(3)硝酸提濃部

作用：(甲)提濃硝酸，(乙)去除雜質•

硝酸提濃器為一矽化鐵所製成之高塔，其外部四週，應用蒸汽加熱，蒸汽係由燃燒部之鍋爐供給•自吸收部送來之淡硝酸，與來自硫酸提濃部之濃硫酸，同由塔頂加入•利用濃硫酸之無水能力，將淡硝酸中之水分，悉數奪除，成為無水之純硝酸•漸即遇熱化氣，由塔頂總管輸出，導入凝聚器凝集之，經冷却器冷却之，而成極濃之濃硝酸•濃硫酸由提濃塔上方，漸向下移，濃度慢慢變淡，最後成為淡硫酸，由塔底放出，送入硫酸提濃部提濃之，然後再來回使用•本部所出之濃硝酸，其濃度為步梅表49度，含純硝酸98%以上，色金黃•不含紅棕色之二氧化氮及其他雜質•此種特點，均非舶來品所可媲比•

(4)硫酸提濃部

作用：(甲)提濃硫酸，(乙)去除雜質•

硝酸提濃部放出之淡硫酸，輸入本部後，導入蒸發爐，該爐係直接燃煤加熱，水汽則由一風箱送入烟道，已蒸濃之濃硫酸，由蒸發鍋放出，經澄清器及冷却器淨冷之，然後更送硝酸提濃部應用•

本廠工作程序簡圖見第21頁：

本廠氮氣製品一瞥

輓近各國化學工業之發達，實有一日千里之勢；不論從事者為化工之某一部，均隨時顧及國防；俾一旦有事，即可將其生產轉變為爆炸物或毒瓦斯等，以供軍需•故各國處心積慮，方謀發展，而其中經營最力者，當首推氮氣工業；蓋氮氣自德人哈盤氏(Haber)由空氣中用固定方法製為合成氨(Synthetic Ammonia)後，不旋踵而歐戰事急，智利硝即絕跡于德國市場，乃採用哈盤氏固定法，大量製造硝酸，復與纖維質作用而製火藥•歐戰時德國能于智利硝輸入斷絕後而力戰數載，實惟氮氣是賴也•反觀本國，氮氣工業，本廠尚為首創；故所有氮氣出品，種類及數量雖不若各國之衆多，均以適合社會需要，備充國防原料為主旨•玆將本廠已出之氮氣製品，分述於後：

1.氨水 —— 氨水俗稱阿莫尼亞水，(Aqua ammonia)為弱鹼性之液體•由水吸收氨氣而得•有強烈刺激性之氣味•分子式為 NH_4OH •分子量為 35.04•比重及沸點均依含氨數量而異，普通市上所常用而本廠現在製造者，為比重0.88及0.91兩種；其他成份之氨水，可將控制吸收氨氣之情形加以變更而得•氨水中之氨氣，極易逸入空中，人嗅之能使血壓增高，而刺激心臟，但少量則能清神醒腦•微量之氨水，傾入土中，最初時，卽有名之化學家亦認為有害植物；今乃公認土中之氨水，經硝酵母 (Nitric ferement)之作用，而成硝酸鹽•故不但無害，且於植物之生長，予以極大之助力；蓋氨在植物中可認為合成蛋白質之起點，而亦為含氮物氧化後之產品也•氨水之主要用途為製造肥田粉，染色業及漂白業等均用之•

2.液氨——液氨卽無水阿莫尼亞，亦稱無水氨液(Anhydrous Ammonia)•為無色流動液體，折光力極強，不傳電•分子式為 NH_3，分子量為17.024•本廠所產者氨含量為 99.99%•比重依溫度之高低而略有變更，在攝氏 0 度時為 0.6341，— 35 度時為0.675，攝氏100度時為0.4522在普通空氣壓力下沸點為-33.7度.在液氨中苟以空氣通入

(二) 硝酸廠製造程序簡圖

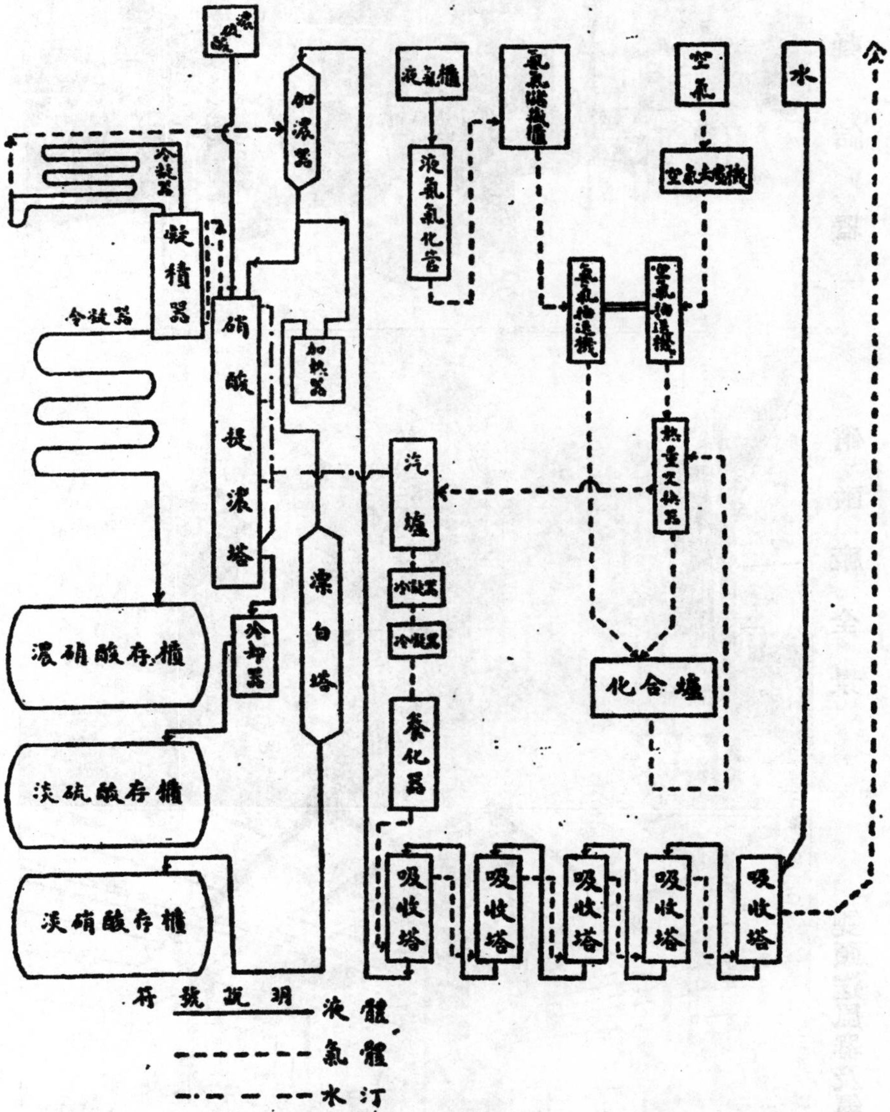
液氣櫃
液氣氣化管
空氣
水
公
加濃器
凝積器
冷凝器
加熱器
硝酸提濃塔
汽爐
冷凝器
熱量交換器
化合爐
漂白塔
冷卻器
養化器
濃硝酸存櫃
淡硫酸存櫃
淡硝酸存櫃
吸收塔
吸收塔
吸收塔
吸收塔
吸收塔
符號說明
液體
氣體
水汀

氨凝結器

硝酸廠全景

雙頭送風器及氨擴張器

硝酸吸收塔之最高部

硝酸吸收塔之最低部

接觸裝置

，液氨蒸發甚速而溫度能低至－80度之譜；一部份液氨且能結成潔白透明之結晶體析出•比重較液氨爲高，而溶點(Fusing Point)在－75.5左右• 液氨有極强之溶解力(Solvnt Power)，而液氨所成之有機及無機物質溶液，較水溶液之傳導力高出數倍；此點在工業上被利用者甚廣•液氨與水混合極易，而產生相當熱量，但此點並不爲工業家重視，至工業家所最注意者，則爲液氨蒸發時吸收熱量之多寡，卽產生冷度之强弱•蓋製冰廠冷藏機均賴此點之功用也•凡用合法成所製純粹液氨，含量在99%以上者，在沸點時每1公分分子量化成氨氣須5600－5730熱單位(Cal.)之熱量•此數較之其他液體、如二氧化硫液等所須者爲高•故用於製冰機及冷藏器•費用低而效能高也•

3.硝酸——俗名硝强水(Nitric Acid)•一般人皆以爲係無上危險物品•安知硝酸雖係有腐蝕性之液體，實乃工業上不可缺乏之基本原料，於社會國家均有莫大之關係也•硝酸乃由水與二氧化氮作用而生成之液體，比重依硝酸含量之多寡而異•市上所通用而本廠現在製造者爲步梅40度及步梅49度•最濃之發烟硝酸(Fuming Nitric Acid)爲金黃色流動液體•較淡者均能用空氣通過硝酸，除去棕紅色之四氧化二氮氣體，而漂白爲無色液體•純硝酸分子式爲HNO_3，分子量爲63.02；但據來母賽氏(Ramsay)研究所得，硝酸液爲HNO_3及$H_2N_2O_6$之混合物，故分子量較高•硝酸沸點隨壓力及含量而異•據羅司哥氏(Roscoe)之報告，在壓力760公釐，合純硝酸99%以上，沸點爲攝氏86度；但在未達86度時，已先起氣化分解•硝酸與水混合甚易，但混合後之體積，較水及硝酸體積之和爲小；而混合三份水與二份硝酸時所起之收縮爲最大•最純潔濃硝酸之化學作用與普通硝酸相差甚巨據萬來氏(Veley)之報告，在常溫時99.97%之純硝酸與純粹之銅、銀、鉢、錫及普通之鎂不起作用；而與純粹鐵及普通鋅卽在沸點時亦無損傷•硝酸遇有機物質，作用甚速而烈；蓋硝酸爲極强之氧化劑；硝化及氧化能同時並進，有機物被氧化及硝化，而硝酸本身則起還原作用。此類硝化作用，工業上利用甚廣，如製造火藥，染料等等工業上不可或缺之原料也•

4.氯化錏——俗稱鹽腦，或殺拉母尼，又名氯化阿莫尼亞(Ammonium Chloride Sal Ammoniac)• 有天然產品，而尤以火山附近爲多，但不甚純粹，本廠乃用合成鹽酸及合成液氨二物先中和之，再經蒸發洗滌等程序，而得雪白之結晶氯化錏，市上所通行者有粗細二種，性質用途完全相同，所異者，前者顆粒較粗；爲細針狀結晶體，後者則經過磨碎機而爲雪白粉末•純潔之氯化錏爲無色無味之鹽類，但商品稍帶苦味；性黏韌而易溶於水，且吸收熱量•在常溫時不易氣化，但至100度以上氣化甚劇•化錏分子式爲NH_4Cl，分子量爲53.49，比重爲1.52(水爲1)，氯化錏之水溶液能與銅鐵等金屬起化學反應，而加速金屬之腐蝕•且氯化錏之水溶液經煑沸後，少量阿莫尼亞卽化氣逸去，所剩之溶液卽現酸性；故儲氯化錏溶化之金屬器須避免高溫度，以改少溶液之機會•氯化錏最大之用途，卽製造乾電池，其餘如製藥及製革等工業上均用之•

5.天利阿莫尼亞——卽家用阿莫尼亞(Household Ammonia)，乃本廠特製之家用清潔劑，此點初聞之，定甚驚異，蓋「阿莫尼亞」乃具有臭味之物，或以阿莫尼亞爲至穢污之物質實則阿莫尼亞之氣味，絕非腐爛之臭味，少量且能清神醒腦，不特阿莫尼亞本身非常清潔，且具極强之清潔力，能將各種物件上所附着之污穢，經阿莫尼亞之媒介變爲渾液而除去之•舉凡洗澡、修面、揩玻璃等等，均較肥皂經濟而便利，爲家庭中「重要之藥品也」•

硫酸濃縮裝置

硝酸濃縮裝置

儲酸櫃

中國工程師學會會務消息

◉發售會針

本會會針有二種，一種14K金質每只售價拾二元，一種銀質鍍金每只貳元，式樣完全相同，會員中欲購佩者，請先惠款，以利備名，外埠會員購買不另加寄費。

◉會員通信新址

錢鳳章 (職)北平西城北平大學院
(住)北平城西京畿道大沙菓胡同10
何之泰 (職)天津國立北洋大學工學院
吳鍾常 (職)南京中央大學
黃修青 (職)南京交通部
(住)南京華僑路26號
陳靖宇 (職)天津法租界交通旅館對面陳林公司
許行成 (職)西安訓政樓全國經濟委員會西北國營公路管理局
徐 驥 (住)鎮江腰刀巷三號
鄒茂桐 (職)上海南京路沙遜大廈國際無線電台
劉 香 (職)青島膠濟路工務處
黃朝俊 (職)漢口平漢路局工務處
馬育騏 (住)南京英威街順德邨五號
張子明 (職)河北省通縣北運河河務局
傅爾攽 (通)南京下關鮮魚巷四十號永利公司辦事處轉交
陳孟明 (職)四川南充嘉陵高中
門錫恩 (職)濟南山東運河工程局
歐陽盧 (職)陝西藍田縣西荊公路工務所

◉職業介紹

茲有某大校需聘土木教授（有建築經驗者最好）一人，採冶教授一人，電機教授一人，薪水約二百六十至三百六十元，視其學歷而定。聘期約自二月一日起至七月底止。旅費另致。會員中願應徵者請函本會職業介紹委員會。

◉本會圖書室新到書籍

本會圖書室每月收到新書數百冊，編號儲藏，凡關於工程學術重要文字，將目錄刊布於此，以備會員參考借閱，並以誌謝各贈書者。

419 福建省立科學館概況 24—3月
420 Engineering News-Record,
Vol. 115, No. 15, Oct. 10, 1935.
The New Coney Island Sewage Plant.
Grouting A Leaking Earth Dam.
Developing Well Water for Tacoma.
Sewage Plant Developments.
International Cleansing Congress.
421 公路三日刊 107期 34—10—24日
422 學藝 24卷6號24— 8—15日
毒氣篇 郁仁貽
423 工業中心 4卷10期 24—10月
解决我國汽油問題之途徑 李爾康
汽車製造廠之組織與管理概論 伍無畏
油脂硬化法之研究 周行謙
化學用瓷器之研究 汪 璠
化學醬油 鄒秉銘
424 焦作工學生 3卷1—2期 24—9月
(工學院二十週紀念號)
銀錫合金之單電位 唐仰虞
斜度法與旋力分配法 蕭善棣，沈季良
Welding Trusses for Industril Buildings T.H.Wang
混凝土之設計及控制 沈季良
建築基礎 高憲忠

如何校驗通風設施 汪懷西
開發廣西賀縣西灣煤礦計劃 黃謀芳
石油之採煉法 杜宗棵
大同口泉晉北礦務局調查記 黃志煊
博山利和煤礦骨性煤之分析 張如賓
中福第二礦廠練習報告 李發宗
井陘煤礦井下實習報告 李文睿
河南六河溝煤礦公司調查報告 張國威
山西同蒲鐵路北段實習報告 楊竹亭等
425 水利工程名詞草案 24—8月
全國經濟委員會水利處編
水利專刊第二種
426 民國二十二年全國雨量報告 24—5月
全國經濟委員會水利處編
水利專刊第一種
427 貴州建設廳公報 23期 24—9—9日
428 貴州建設廳公報 24期 24—9—12日
429 貴州建設廳公報 25期 24—9—15日
430 貴州建設廳公報 26期 24—9—18日
431 新電界 76期 24—11—1日
甘肅蘭州電燈電話概況 郭世汾
實用長途電話工程 鄭 炳
432 中央銀行月報 4卷10期 24—10月
揚子江防洪問題之初步計劃 傅汝霖
中央造幣廠之沿革 周啓邦
433 國立同濟大學工學會季刊
4期24—9—1日
自行車之木氣發生器 周祖彭
空間力學之新圖解法 陳延年
顧及地球曲面迅速計算三角點法
葉雪安
質量惰性率 史 通
飛機在兩點間最速之航綫 瑞 波
熱力震盪 李惟樑
玩具上的一個力學題 張洪瀛
434 中國工業 4卷10號 24—10月
電氣化學與電氣化學工業 彰 文
關於航空發動機之各種比較 毛達庸
攝影乾板 王任之
345 工商半月刊 7卷21號 24—11—1日
中國木材造紙的計劃
世界氮氣工業概況
湖南鉛鋅產銷近況
436 江蘇建設 2卷11號 24—11—1日
(合作事業專號)
437 Siemens Review,
Vol. 11, No. 4, 1935.
The "Autopilot" (Automatic
Aircraft Control).
Pumping Stations on the Nile.
The Fastest Motor-Driven
Passenger Ship.
The Vertical Lifting Bridge over
the Elbe at Magdeburg.
Shunting Without Locomotive.
438 公路 1卷2期 24—9月
西漢公路測量經過 張佐周
公路工程與運輸經濟 鮑 達
歐洲公路運輸與汽車製造事業
之調查報告 何乃民
荷重路面及路床之互相關係 郭增望
蘇浙皖贛鄂湘豫閩暨西北各省公路
各項統計狀況表
439 鑛業週報 357號 24—11—7日
440 江西公路三日刊 110號 24—11—4日
441 工業週刊(天津) 236期 24—10—28日
442 工業週刊(天津) 237期 24—11—4日
443 中國電氣事業統計 5號
(民國二十三年份) 24—10月
444 四川省政府公報 15期24 —7—21日
445 Excavating Engineer,
Vol. 29, No. 10, Oct. 1935.
Mining Anthracite Coal.
Digging Through Indiana's
Limestone Hills.
New Shovel Cuts Costs

446 湖南地質調查所專報 甲種2號
(湖南錳礦誌) 24一 月
447 五年來河南政治總報告 24—10—20日
448 江西公路三日刋 111期 24—11—7日
449 Proceedings of A.S.C.E.
Vol. 61, No. 8, Part 1, Oct. 1935
The Relation of Analysis to Structural Design.
Tunnel and Penstock Tests at Chelan Station, Washington.
Tapered Structural Members: An Analytical Treatment.
Proposed Improvement of the Cape Cod Canal.
452 四川省政府公報 16期 24—8—1日
453 四川省政府二十四年度施政綱要
454 De Ingenieur,
Vol. 50, No. 43, Oct. 25, 1935
455 航海雜誌 1卷9期 24—11—1日
456 江西公路三日刋 112期 24—11—11日
457 實業公報 251—252期 24—11—9日
458 河南政治 5卷9期 24—9月
459 The China Weekly Review,
Vol. 74. No, 11. Nov. 16. 1935
460 新電界 77期 24—11—11日
461 福建省統計月報 1卷4期 24—11—1日
463 津浦鐵路月刋(機務季刋)
2卷1期 24—7月
機客貨車風閘檢驗規則 潘世甯胡麟台
徐州車房井水之軟水試驗 金允文
改良本路鍋爐給水之建議 錢崇振
鐵路材料—合金鋼 王文翙
464 江西公路三日刋 113期 24—11—14日
贛浙綫公路與浙贛鐵路之競爭 熊大惠
465 時事類編 3卷20號 24—11—16日
466 Journal of The Royal Institute of British Architects.
Vol. 42, No. 20, Oct. 1935.
Experience in Heat Insulation.
The St. Andrew's Garden Rehousing Scheme, Liverpool.
Review of Construction and Materials.
467 貴州建設廳公報 27期 24—92—1日
468 貴州建設廳公報 28期 24—92—44日
貴州鑪山翁項石油礦調查報告 羅繩武
469 貴州建設廳公報 29期 24—9—27日
470 貴州建設廳公報 30期 24—9—30日
471 Technische Hochschule München, 1935/36.
472 工業中心 4卷11期 24—9—21月
日本製紙工業概况 江慰祖
繭綢漂白法 陳可培
植物油之溶抽工業 王善政
中國石墨之分析 顧毓珍 范敬平
穀酸鹽酸鹽溶解度之研究 史德寬
用海水發電製鹽法 史德寬
473 人文 6卷9期 24—11—51日
474 華北水利月刋 8卷9—10期 24—10月
24年伏汛海河放淤工程施工報告
徐邦桀等
安瀾紀要 徐 端
475 道路月刋 48卷3號 24—11—14日
土壤道路 成希顒
最新圖解汽車修理術 周 易
汽油代替品之研究 張 增

會員諸君請就工作經驗，多寫稿子寄本刋。

會員諸君更改通信地址，請即函告本刋。

會員諸君如未按期收到本刋，請來函查詢。

工程週刊

中華民國25年1月16日星期4出版
(內政部登記證警字788號)
中華郵政特准號認爲新聞紙類
(第1831號執據)
定報價目：全年連郵費一元

中國工程師學會發行
上海南京路大陸商場542號
電話：92582
(本會會員長期免費贈閱)

5卷 3期
(總號105)

中國需要一電綫製造廠乎

惲震

中國電氣事業，目下雖已日漸發展，但製造事業，實太落伍。每次一城市添設一新電廠，或加購一新機，卽向外國購進機料，自數萬元以至數百萬元，然此猶可謂鋼鐵廠未辦，原動機及鍋爐不易自製也。且原動機方面，尙有中國自製之柴油機煤氣機，型式雖小，猶足以解嘲。電力與電訊事業，無年無月，不在擴充之中，其所購之電料，多半爲外國貨，然亦間有自製者，如電池，變壓器，風扇，馬達，電熱器具，電報機，燈泡，電瓷，電木等等，雖原料不盡國貨，規模皆尙狹小，然亦可見國人之苦心，且足爲異日發揚之基礎。獨電綫一物，爲進口各種電料中最重要之一項，其數量常佔全數五分之一至四分之一，而竟尺寸不產於吾國。普通電力或電訊綫路，乃以木桿，橫担，磁瓶子，與電綫，四者組合而成，電綫一項，獨佔總價百分之七十至八十。以屋內裝置而言，開關，磁夾，磁管，圓木塊，皮綫，花綫，鉛包綫，燈罩，燈頭，多項之中，電綫亦須佔總價百分之六十以上。電話局或電燈廠之營業，全賴用戶之推廣，而每增一用戶，卽增數十百元之資金外流，逝者如斯，滔滔不絕，此眞所謂無窮之漏巵也。若此而不思補救，吾以爲電氣製造事業，在中國幾可不必談矣。

電綫不僅直接應用已也，凡百電機製造，電綫必爲一重要原素。若電綫不能自製，則製成機件雖佳，終不能謂爲完全國貨。電綫之重要，又不僅在平日生產耗費爲然也，其於國防上之關係，尤爲重要。一旦海口封鎖，電綫供給之需要，必不亞於石油，外國苟不接濟，國內立感困乏。故吾謂電綫製造廠之重要，在各種電氣製造事業中爲第一。

或謂中國西南雖產銅，但無大規模之煉銅廠，故電綫之製造亦祇得從緩。此論不然。蓋購進銅條以製電綫，可以促進煉銅之需要。先爲銅闢一市場，於銅之開發，有利而無弊，爲順而非逆。且電綫之製造，乃一極精深艱苦繁複之科學技術，非一蹴可幾，非一人可學，非一年半載即可得滿意之結果，必須與先進國之專家長期合作，受其訓練指導，再加以多年之研究，然後可以成爲吾國自有之工業。此種預備工作，自以愈早開始愈佳，而人才與原料之培養，又非吾國自有一廠不爲功。此項專門科學技術苟能熟練發展，各種製造均可蒙其福益，同得邁進，日本卽一先例也。

中國社會企業家中，非無深明此理之人，顧至今尙無商辦電綫廠者，誠以此種事業在最初數年內，決不易獲利，投資太無把握，而小規模試驗又不可能也。是以此廠非政府主辦不可。民國十九年中執會全體會議早有與辦大規模電機製造廠之決議，荏苒至今，已閱五載，依然故我，良可嘆惜。目下其他各種電具電料，無論商營官辦，多少均有辦法，惟電線廠則相顧束手。若再遷延，更成話柄。其實需款並不甚鉅，開辦之時，若能籌得資本國幣一百萬元，此廠即可進行。至於設廠地點，則宜遠去上海，另覓妥地。苟能慎選人才，嚴密組織，一切商業組織化，假以時日，責以事功，成效不難操左劵而得。現政府目下已在開發四川銅鑛，原料亦不成問題，富强之資，豈容坐廢，及今不圖，後悔將不可言勝也。

錢塘江之蛀船蟲患

葉家俊

近年東南各省對於交通建設之進展，突飛猛進，橋樑輪渡之工事亦日見繁重，其近海河道之橋渡建築，因河水海潮升漲，每有蛀船蟲侵蝕，蛀食建築物之樁柱，發生傾倒危險情事，對於交通安全，影響綦鉅。本年秋季錢塘江義渡處之兩岸梅花樁果然前後傾倒，危險殊甚；當時詳細查勘，知係為蛀船蟲蛀蝕所致。此項蟲害發生已凡三次，爰將該處歷次所受蟲蝕損害情形及當時防護辦法紀述於後，以期引起工程界對於建築橋渡設計之注意。

錢江義渡為兩浙交通要樞，每日渡江人數恆達 15,000 人左右，每年渡運貨物亦有 400,000噸之鉅，現在錢江大橋雖已興築，但原有義渡因離省垣較近，將來仍不失其交通上之重要位置，是以近來省建設當局對於兩岸碼頭之修建，及輪渡之設備，亦頗為重視，並不稍有偏廢，惟兩岸碼頭因迄無鉅款為永久式之建築，故仍多採用木料，而錢江義渡離海較近，水中所含鹽質，據化驗統計，平常每日鹽分在 0.0001以上者年有100日，其在0.00025 以上，年有90日之多，此種水質，對於蛀船蟲之生存，頗為適合。

查蛀船蟲實係蕃殖於鹹水中之一種蛀木的軟體動物，學名為 Teredo 或稱 Teredo Navalis，俗稱 Ship Worm，日名稱船脫蟲（フナワヒムシ），產於海濱，形若螞蝗，色狀如蠣，普通身長自4—5英寸至10餘英寸，惟在熱帶海中，間有長至 6 英尺者，體蠕軟，頭部甚小，有兩枚極小之壳，尾部有出水管及入水管，性喜穴木居，常藉其壳鑿食水

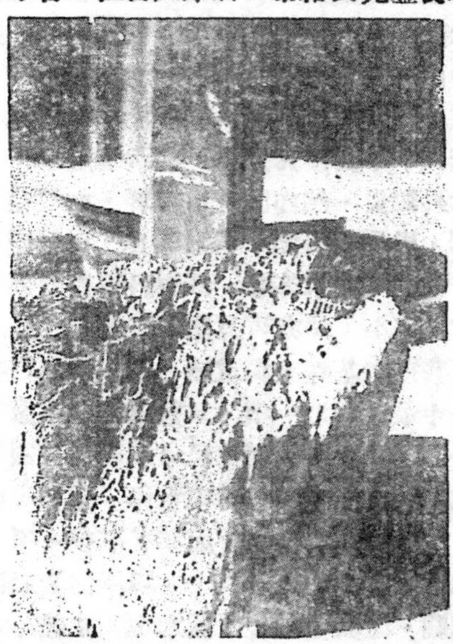

梅花樁被蛀情形

中嫩軟之木材，其侵入水中之方法，除以口部三角形尖壳穿鑿外，體上并能分泌鹹性物質以侵蝕木材，其卵常結塊飄浮於海面，遇有木類即黏附其上，幼蟲孵化後即開始蛀蝕，深入木中，而逐漸生長，故被蟲蛀木料，表面均係微細之孔，內部則形如蜂窠，木料

右為錢塘江之蛀船蟲長17英寸
左為被蟲食損之船板

錢江碼頭

木樁被蛀傾倒情形

梅花樁被蛀後情形

因此毀壞而失其支撐能力。

蛀船蟲計有多種，視水中鹽質之多寡，及溫度之高低而定，其中以 Teredo B 爲能生存於鹽質最少水中，即在淡水中於短時間內，亦不能死之。此次錢江義渡兩岸碼頭梅花樁之場倒，卽係受其所害。此項蛀船蟲之爲患，凡老於航海者多熟稔之，美國舊金山之濱海木質建築物，在1917—21年四年間，各碼頭受蛀船蟲蛀蝕而坍壞之損失，共達25,000,000金元之鉅，誠屬驚人。

錢塘江義渡處受蛀船蟲蛀蝕之發現，始見於民國3年秋季，當時江上船舶被害甚多，義渡江船，幾被毀殆遍；補救辦法僅租用上江梢船以維交通，並無研究機關，專責救濟，乃聽其自生自滅，損失殊屬不貲。

嗣於21年11月，義渡處二次發生蟲蛀船底情事，當時即由該處擬就臨時殺蟲辦法，以麥草將船底烘焙炙死母蟲，再以柏油將船板滿身髹漆，俾免新蟲侵入，以資補救；一面呈請建設廳令飭省昆蟲局研究永久撲滅之法，以絕根蒂；惟其時該處船隻蛀蟲多已炙死，而自髹漆柏油後，尙足防護一時，遂未加以根本剷除。

迨今年7月16日，該處北岸碼頭東首第一座梅花樁，竟因根部久被蟲蛀，潮汐初到，卽被全部冲斷，雖幸未發生若何慘劇，而當時正値錢江大汎將至，人民往來頻繁，危險不堪，該處除立卽拋鐵錨二隻，暫維安全外，一面呈報建廳請求救濟，建廳據呈當卽派員前往察勘，復令水利局趕修，並擬具永久安全辦法，不料北岸碼頭尙未修復，而是月20日渡處南岸碼頭東首第二座梅花樁，又復全部相繼傾倒，且南岸碼頭基礎，全係木料構成，影響整個碼頭安全，危害尤甚，建廳當卽飭科召集水利局公路局，浙贛鐵路局，錢江義渡辦事處負責人員，會商補救，乃决定由水利局擬具臨時及永久兩項救濟辦法，以資防範。

關於臨時辦法，以兩岸梅花樁既發現蟲蛀，皆不可恃，乃就樁之所能維繫躉船各種效用者，加以拋錨維繫，暫資救濟。

至於永久辦法，係將所有浸入水內基樁悉數改用鋼筋混凝土建築，以絕蟲蝕之患；惟所需經費頗鉅，一時恐未易進行。

由上觀察，故凡海濱或河道入海近處之一切橋樑碼頭等項建築，其浸入水中部份，爲避免蛀船蟲蛀蝕起見，自宜避用木料建築，以絕後患；否則亦須選用適當木料，或採有效保護木材方法，俾免危險。

關於防止蛀船蟲侵蝕建築物之方法，據各方面研究報告，有下列數種：

(1)選用特殊木料；如南美之 Green Woad，中國之白菓樹木，對於蛀船蟲具有較大之抵抗力者，其他各種硬木，如柚木 Teak，桃花心木Mahogony等亦頗有效力，惟價值太昂，用之殊不經濟。且該項木料，在鹽水中浸過相當時間，仍將失去抵禦能力，必須時加更換，方能持久。

(2)用藥品塗注木身；將造船或建築碼頭之木料在未用以前，用養化鐵液，或木油(Creostoe)注入木內，然後置水中，當可維護一時，但此法必須常時行之，否則久遭鹹水侵襲，其禦蟲能力，卽逐漸消失無餘矣。

(3)用金屬或水泥包護；查在美國各濱海之碼頭木樁，多用水泥或金屬片包護，金屬片以紫銅爲最耐久，惟價格亦最昂，然此項方法之缺點，倘包護物有一微細之縫隙，蛀船蟲卽有侵入可能，仍易蔓延全部。

總之，凡已經發現含有蛀船蟲寄生之水道，或被蛀船蟲寄生之可能之水道，而須建築橋渡時，其入水樁柱當然以能避免採用木料爲原則，設因經費不足而須採用木料者，亦當多方注意防護，以免建築物傾損之患；因樁柱在水內雖被蛀蝕，而外部却仍完整，使管理者不易覺察，一旦支力不足，或遇震動，則全部傾毀，爲害之大，至足驚人也。

柴油引擎灣軸折斷之原因及防止方法

呂　謨　承

1.導言：柴油引擎灣軸折斷之消息，常有所聞，其大半折斷之處在近飛輪之線板上，本編爲十餘年經驗所得，將灣軸折斷之原因，及防止方法，略述如下，或者爲裝置及管理柴油引擎者之一助也。

2.各部機件之名稱：茲將各機件之名稱，用英文對照如下。假定此機爲一直接交流電機之四汽缸，四程立式引擎，其灣軸之形式略如下圖：

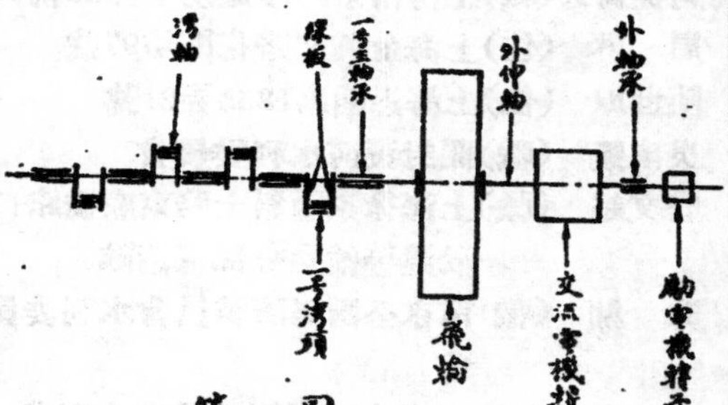

第一圖

3.灣軸折斷之原因：柴油引擎主軸承之軸線(或稱中心線)，須絕對水平，(船用引擎，不在此例)，惟外軸承之軸線，則須略高；其原因，外軸承之軸線，倘與主軸承之軸線在同一水平線上，則外伸軸必因受飛輪與交流電機轉子之重量，而向下微灣，如下二圖：

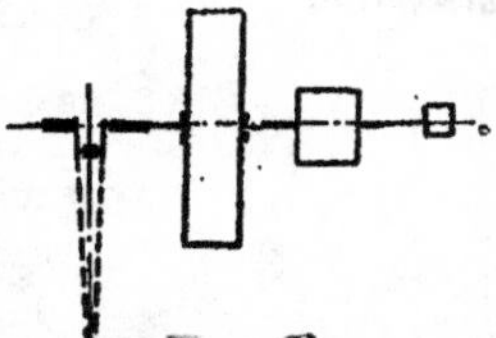

第二圖

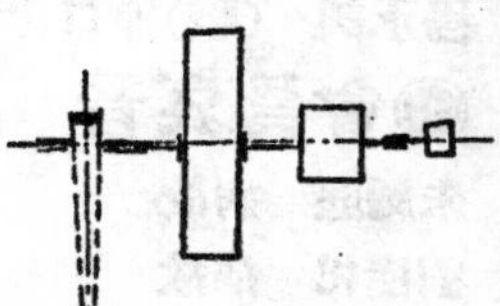

第三圖

在第二圖中，灣頭向下，因外伸軸之向下微灣，而使一號灣頭之線板，稍形張開；而在第三圖中，線板稍形閉合，如圖中虛線所表明者。此線板間距離之分毫開閉，雖爲人目所不能見，即能使線板中斷，因引擎每一迴轉，此線板必須隨之開閉一次也。設此引擎之速率爲每分鐘 375轉，則每月之轉數爲

30日×24時×60分×375轉

＝16,200,000轉

此驚人之轉數，不出數月，即足使線板開閉至"疲乏"程度而中斷也。

4.防止灣軸折斷之方法。防止灣軸折斷之法，即將外軸承墊高，使外伸軸向上微灣，而至一號灣頭在上下左右四位置上，線板之距離仍保住其一定之尺寸（即在飛輪未裝時之距離）爲度。如下圖：

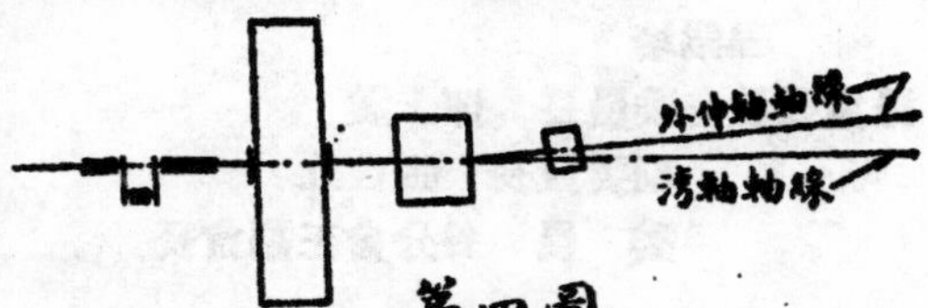

第四圖

在實際情形，測量此線板之距離，可用一種內徑分厘尺(Inside Micrometer)，而在線板上(在灣軸中心)裝螺絲二只，如下圖，則測量之時，可在螺絲頭上，位置旣有一定，距離自較準確矣。此線板之距離，以灣頭在上下左右四位置上不差1/1000或2·5/100 公厘爲標準，過此恐有灣軸折斷之危險也。

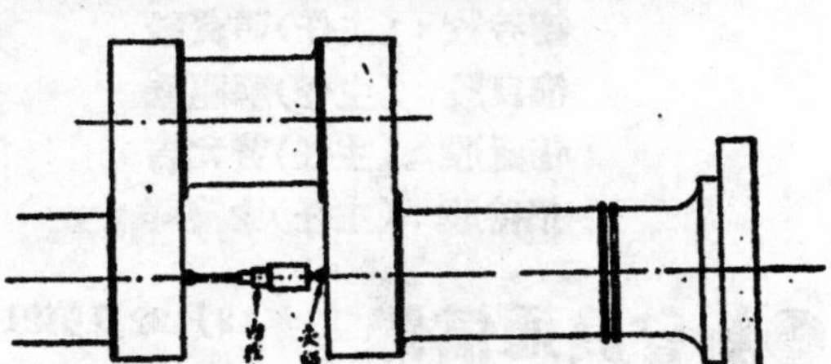

第五圖

此種測量外軸承高低方法，在日夜開車之引擎，至少每六個月須舉行一次也。

中國工程師學會會務消息

◉本年聯合年會籌備委員名單

名譽會長　黃紹雄先生
名譽副會長　曾養甫　周象賢
籌備委員長　茅以昇
籌備副委員長　趙曾玨
籌備委員　侯家源　杜鎭遠　朱一成
張自立　陳長源　吳競清　沈景初
葉家俊　周玉坤　曾　桐　羅　英
李　育　洪傳炯　周鎭倫　柴志明
楊耀德　黃　中　徐　鑅　陸桂祥
潘承圻　陳廣沅　王祖藴　王承黻
程錫培

提案委員會委員長　惲　震
副委員長　張自立
委　員　各分會正副會長

◉上海分會籌備新年交誼會

上海分會一年一度之盛大新年交誼大會，本年定于2月1日星期6下午6時，假新新酒樓舉行，巳推定籌備委員積極進行，各股主任如下：

籌備委員會主任：金芝軒；
副主任：馮寶齡，朱樹怡，
印刷股：(主任)楊錫鏐
銷劵股：(主任)馮寶齡
節目股：(主任)蘇祖修
佈置股：(主任)黃元吉
招待股：(主任)徐善祥
徵求贈品股：(主任)張惠康
分發贈品股：(主任)朱樹怡

◉會員通信新址

劉雛龍　(職)四川成都學道街高級工業職業學校
牛哲若　(職)鞏縣兵工分廠
尤巽照　(職)福州省會自來水籌備處
范式正　(職)上海甯波路40號中國建設工程公司
司徒尚逸(職)上海南京路沙遜房子 230號
周　琳　(住)上海金神父路花園坊97號
陳世璋　(住)上海愚園路1355弄21號
吳南凱　(職)開封黃河水利委員會
魯文超　(職)上海徐家匯斜土路東廟橋路口淞滬警備司令部電話隊
朱　墉　(職)南京全國經濟委員會水利委員會
沈炳年　(職)南京全國經濟委員會水利處
鄺兆祁　(職)上海西摩路咸斯全國經濟委員會
方頤樸　(職)天津北洋工學院
林鳳岐　(職)天津北甯鐵路局機務處
李鴻斌　(職)武昌金口金水流域國營農場
曾養甫　(職)南京鐵道部
顏德慶　(職)石家莊正太鐵路局
楊承訓　(職)浦口津浦鐵路局

◉會員哀音

朱耀庭　病故
劉樹杞　病故

◉新會員通信錄(24年12月22日第21次董事會議通過)

姓名	字	職業地址，住宅地址，或通訊處	專長	級位
李秉成	絜之	(職)浙江金華浙赣鐵路第四工段	土木	正
項顯洛	廣者	(職)江西南昌繫馬椿省立第二中學	採鑛	正
鄧矩方		(職)石家莊正太廠內22號	機械	正

18372

高憲英	偉羣	(職)石家莊正太鐵路局	機械,橋樑	正
部　華	春圃	(職)石家莊正太鐵路局	土木	正
賓　覺	重南	(職)石家莊正太鐵路局	採鑛,土木,機械	正
黄雪琴	石堅	(職)石家莊正太鐵路局	土木,電機	正
周　倘	伯勳	(職)南京揚子江水利委員會	土木	正
鍾　森	東扶	(住)北平內一區錢局後身20號	土木	正
陳瘦駿		(住)廣州市東山龜岡三馬路24號二樓	採礦	正
陳應乾	迺强	(住)天津英租界球場路10號	電機	正
林樂向		(職)南京鐵道部	土木	正
陳倘文		(職)山西太原西北實業公司	電氣化學	正
王　佐	藎顏	(職)廣州自動電話所	電機	正
陳陶聲	陶心	(職)上海浦東中國酒精廠	化學	正
陳佐鈞	紀橋	(職)南甯廣西省經濟委員會	電氣	正
楊哲明	憶禪	(職)鎮江建設廳	土木	正
陳國瑲		(職)南甯化學試驗所	化學	正
譚世藩		(職)南甯化學試驗所	化學	正
楊能深		(職)重慶四川煉鋼廠	化學	正
沈孝源	達仁	(職)陝西西安渭渠工程處	理工	正
朱謙然		(住)松江西門外長橋街103號	電機	正
袁祠旭	鶴庭	(職)太原綏靖公署總工程司辦公處	土木	仲
梁其卓		(職)廣東北江坪石粵漢鐵路株韶段三總段一分段	土木	仲
梁俊英		(職)廣西桂林市政處	土木	仲
楊錫光		(職)廣西桂林市政處	土木	仲
彭榮閣	延賢	(職)唐山交通大學	土木	仲
高　超	佩亮	(職 唐山交通大學	電力	仲
李　汶	一之	(職)唐山交通大學	土木	仲
張　維	以綱	(職)唐山交通大學	土木	仲
張學新	時彥	(職)安慶安徽省水利工程處	土木	仲
曲迺俊	順秀	(職)太原西安實業公司	化學	仲
袁德熙		(職)陝西邠縣西蘭公路第一段工程處	土木	仲
王子香		(職 南京三元巷2號	機械	仲
王端驤		(職)上海徐家匯工業坊3號中國無綫電業公司	電信	仲
王祖烈	煊庭	(職)蕪湖獅子山後1號	土木	初級
王伊復		(職)南京導淮委員會	土木	初級
沈家玖		(職)廣州市東關樂北下街52號	機械	初級
黎樹仁		(職)廣州恩甯路170號三樓	土木	初級
曾理超		(職)樂昌粵漢鐵路二總段		初級
古　健		(職)樂昌粵漢鐵路二總段	土木	初級

◉本會圖書室新到書籍

本會圖書室每月收到新書數百冊，編號儲藏，凡關於工程學術重要文字，將目錄列布於此，以備會員參考借閱，並以誌謝各贈會員書。

476 工商半月刊 7卷22號 24—11—15日
世界石油戰與中國石油資源 楊大荒
中國木材造紙的計劃
山西省煤業概觀 邱 璀
477 工商管理月刊 2卷11期 24—11月
478 中國蠶絲(製絲專號)3-4號24—12月
乾燥機械 夏道湘
煮繭 李光華
繅絲機械 王宛卿
絲廠附屬機械之設備 曹銘先
工廠用水 曹銘先
479 支那研究(日文) 38號 10—11月
480 鑛業週報 358號 24—11—14日
481 新電界 77期 24—11—11日
送話電綫路之四特性 介 茄
482 De Ingenieur,
Vol. 50, No. 44, Nov. 1, 1935
484 General Electric Review
Vol. 38, No. 10, Oct. 1935.
Something New in Wiring Panels and Equipment.
Electric Discharges in Vacuum and in Gases at Low Pressures.
Progress in Outdoor Lighting with Sodium-vapor Lamps.
Theory of the Immersion Mercury-arc Ignitor.
Permanent Magnets.
Portable Equipment for Charging Air-conditioning Car Batteries at Railway Terminals.
The Application of Tensors to the Analysis of Rotating Electrical Machinery.
Electricially Driven Auxiliaries for Steam Generating Stations.
485 江西公路三日刊 114期 24—11—18日
486 江西公路三日刊 115期 24—11—21日
487 工業週刊(天津) 238期 24—11—11日
488 工業週刊(天津) 239期 24—11—18日
489 水利 9卷6期 24—12月
漢口楊子江洪水位與低水位趨勢之推測 萬和佛 汪胡楨
搶險圖譜 汪胡楨
宋元明代之黃河 武同舉
491 科學 19卷11期 24—11月
492 鑛業週報 359期 24—11—21日
493 國際貿易導報 7卷11號 24—11月
494 Berliner Monatshefte
Vol. 13, No. 11, Nov. 1935.
495 實業公報 253—254期 24—11—23日
496 交通雜誌 3卷9期 24—7月
美國電話公司之組織及相互關係 毋本敏
航空運輸 萬 琮
中國公路運輸概況 楊得任
狄塞爾汽油電機車 安忠義
497 工商管理月刊 2卷5期 24—5月
科學管理中的工作條件 曾同春
工人之選擇 屠哲隱
498 內政研究月報 24—11月
499 實業統計 3卷5號 24—10月
河北省實業概況 王 培
山西省實業概況 王 培
廣東省實業概況 譚炳基

本會有英，法，德，日，荷蘭，等國工程雜誌，歡迎會員閱讀，更盼望擇尤繙譯介紹

18374

工程週刊

中華民國25年1月23日星期4出版
(內政部登記證警字788號)
中華郵政特准號認爲新聞紙類
(第1831號執據)
定報價目：全年連郵費一元

中國工程師學會發行
上海南京路大陸商場542號
電話：92582
(本會會員長期免費贈閱)

5 卷 4 期
(總號106)

中國工程師學會主辦國產建築材料展覽會報告

緒言

年來國內建築工程日見發展，建築技術精進無已，建築材料之需求，亦驟增於曩昔。惜以國內工業之落伍，益以國人心理外貨是尚，遂至所需巨額建築材料，大率仰給舶來。吾人試一檢海關報告，卽知建築材料入超之數字，至足驚人。漏卮不補，國之隱憂。有志之士固宜潛心研究，努力經營，爲建築工程界謀根本抵制外貨之道，以進於自給自足之途。最近工業界於國產材料出品之供給，在本質和數量方面，較諸往昔，確有進步，特以愛護提倡者之寡，與喜用外貨心理之未盡泯除，致國產材料猶未能與建築界及社會各方相互接近。需用材料者，以未明國

中國工程師學會主辦國產建築材料展覽會開幕攝影

18375

產品質料之眞相，每致懷疑。出品商亦以產銷雙方隔閡之故，未能精益求精。中國工程師學會有鑒及此，爰乘工業材料試驗所新屋落成之始，於滬主辦國產建築材料展覽會，徵集國產建築材料，旁及有關建築之用品，辨其品類，誌其產地，標明其價值與效用，以公開展覽，使各方參觀者，略一瀏覽，卽獲遍觀陳列豐富之國產材料，此後施工取材之際，卽知某項材料，已有國產出品足以替代，某種出品，其質料與效用，更較外貨爲切實合用。漸次引起國人樂用國貨之觀念。外貨建築材料之漏卮，因以杜塞。在企業商方面亦必以競爭營業關係，策勵觀摩，以促其產品之改進與革新。則展覽會之意義，至有價值，非止宣傳提倡已也。籌備以來，承各方同情贊助，踴躍參加，於二十四年十月十日開幕，會期十日，至二十日止。開幕期內，深蒙政府機關，工商領袖，暨各界人士蒞臨指導參觀者，絡繹於途。本會復延聘專家組織審查委員會，對陳列出品，評判優劣，頒給證書，以示提倡感謝之忱。綜觀展覽之出品，雖以時間經濟關係，徵集範圍，猶屬偏狹，但以陳列材料之內容而論，已足供普通建築工程之需，其間儘多優良之產品，足徵國內工業界於國產材料之製造，已有相當成績。逆知此次展覽會之結果，必將引起社會上對國產材料之深切觀念。因爲彙集經過事實，列爲報告書，以資異日之參證，於提倡國產建築材料前途，或亦不無裨益也。

籌備經過

中國工程師學會爲提倡國產建築材料，發展本國工業起見，決於上海市中心區市京路工業材料試驗所新屋落成之初，舉行一大規模國產建築材料展覽會。二十四年七月間，卽開始籌備，推定濮登青，臭衡，朱樹怡，薛次莘，董大酉，楊錫繆，黃自强，張延祥，蔣易鈞，七人爲籌備委員。以濮君爲主席，臭君副之，朱君任徵集主任，薛君任佈置主任。卽開始約集國內各大廠商，徵集產品材料、規定出品種類，分水木類，五金類，鋼鐵類，油漆類，電器機械類，衞生煖氣類，建築工具類，等七項。並爲廠商便利接洽計，卽於上海九江路大陸商場總會辦公處辦理登記手續。先後前往登記陳列出品者計共六十餘家。仍照規定九月二十五日登記截止，各出品人須將擬行陳列之出品，於十月一日起至八日止送到市中心區工業材料試驗所會場，佈置陳列。迨九日晚始行佈置就緒，此籌備經月之展覽會　，卽於翌日雙十節開幕。

中國工程師學會復爲獎勵優勝出品起見，分函上海市市商會，中國建築師學會，上海市營造廠業同業公會及中央研究院工程研究所各推專家三人，會同組織審查委員會，愼重評判陳列出品。各機關均復函熱忱贊助，並各推出代表，計上海市商會俞佐廷，馬良驥，馬少荃三君，中央研究院周仁，嚴恩棫，馬光辰三君；中國建築師學會巫振英，董大酉，楊錫繆三君，上海市營造廠業同業公會張效良，謝秉衡，張繼光三君，中國工程師學會亦推定沈怡，徐名材，鄭葆成三君，並由沈怡君負責召集審查會議。

國產建築材料展覽會籌備委員會組織表

主席：濮登青
副主席：臭　衡
徵集主任：朱樹怡
佈置主任：薛次莘
委員：董大酉，張延祥，楊錫繆，蔣易鈞，黃自强

國產建築材料展覽會審查委員會組織表

委員長：沈　怡
委員：中央研究院代表：周　仁　嚴恩棫　馬光辰

上海市商會代表：俞佐庭　馬驥良
馬少荃
中國建築師學會代表：巫振英
董大酉　楊錫鏐
上海市營造廠業同業公會代表：
張效良　張繼光　謝秉衡
中國工程師學會代表：沈　怡
徐名材　鄭葆成

規程

中國工程師學會主辦
國貨建築材料展覽會

陳列規則

日期：民國二十四年十月十日開幕，二十日閉幕，每日上午九時至下午五時。

地點：上海市中心區市京路民壯路轉角，中國工程師學會新建工業材料試驗所。

場所：樓下左右兩翼分20間，每間地面積約150方尺，收費20元，樓上露天分16間，每間地面積約160方尺，收費10元，樓下及樓上中央陳列棹共389尺，每尺收費0.50元，以5尺爲最少數。場內水電由本會供給，除陳列桌室內佈置由本會辦理外，其餘各室概由出品人自行佈置。

種類：出品種類分水木類，五金類，鋼鐵類，油漆類，電器機械類，衛生煖氣類，建築工具類，等七類。

獎勵：由本會延聘專家，組織審查委員會，給予奬狀，以示提倡。

發還：陳列物品，各出品人可于閉幕後領回，或捐贈本會工業材料試驗所爲陳列品，出品人對於陳列各品，如須保盜竊火災等險，由出品人自理。

登記：各出品人須於九月廿五日前，到上海九江路大陸商場五樓本會會所登記，出品於十月一日起至八日止，送到會場。

國產建築材料展覽會陳列品分類表

類別	品名	出品人	經理或代表人	發行出品地點
水木類	馬牌水泥，水泥花磚	啓新洋灰公司	陳聘丞	上海北京路興業大樓
	泰山牌水泥	中國水泥公司	姚錫周	上海江西路452號
	瓷磚，馬賽克等	興業瓷磚公司	戚鳴鶴	上海河南路505號
	瓷磚，馬賽克等	益中公司	楊景時	上海福州路89號
	大理石，雲石等	中國石公司	陸聿貴代表	上海靜安寺路310號
	水泥煤屑磚，機製磚	長城磚瓦公司		上海楊樹浦騰越路144號
	水泥花磚，各式屋瓦	華新磚瓦公司	柳子賢	上海牛莊路692號
	紅瓦墻面磚	泰山磚瓦公司	黃首民	上海南京路大陸商場五樓
	紅瓦，空心磚，機製磚	大中磚瓦公司	朱鴻沂	上海牛莊路731弄4號
	紅磚，紅瓦	振蘇磚瓦公司	錢郁如	上海靜安寺路同和里
	油面磚，琉璃瓦，缸磚，西班牙瓦	開山磚瓦公司	盧松華	上海九江路21?號
	琉璃瓦，屋面裝設品	葛德和陶器廠	蔣幼屺	上海老北門口
	火泥，火磚	中國窯業公司	胡祖安	上海勞勃生路24號

類別	品名	出品人	經理或代表人	發行出品地點
	火磚，火泥，坩堝，紅青瓦	瑞和坩堝廠	徐減若	上海南京路餘興里14號
	白瓷電料火磚，火泥	益豐搪瓷公司	董吉甫	上海愛多亞路224號
	杉木等	久記木材公司	張效良	上海圓明園路169號
	建松木材	愼泰義記木號	王鯉蓀代表	上海南市薛家浜橋
	雲石子	求新工廠	許耘仙	上海周家嘴路1956號
	石灰	中興礦灰廠		上海極司非而路198 號
	石粉	振新石粉廠		上海南京路510號
	石膏，石子，墻粉等	順昌機製石粉廠	馬雄冠	上海戈登路1034弄14號
	水泥板及水泥溝管	上海市工務局	沈君怡	上海市中心區
五金類	玻璃磚	晶明玻璃廠	李祖範	上海河南路257號
	門鎖抽斗鎖，拉手，搭攀	合作五金公司	胡厥文	上海牛莊路22號
	鋁金門插銷，欄杆等建築用品	上海新耀金工廠	李泰雲	上海平涼路1841號
	彈簧門鎖，插鎖	康元製罐廠	項康元	上海華德路965號
	彈子鎖	利用五金廠	張念椿	上海胡家木橋餘德里號
	圓釘及有刺鉛絲等	中國製釘公司	錢祥標	上海福甯路85號
	圓釘及鉛絲網，銅釘等	公勤鐵廠	黃介輔	上海楊樹浦臨青路66號
	藥沫滅火機	新光化學工業社	龔若强	上海北成都路988弄
	藥沫滅火機消防機械等	震旦機器製造廠	楊仲言	上海浙江路549號
	藥沫滅火機及五金類	中華實業工廠	徐承緒	上海浙江路666號
鋼鐵類	鋼筋，鋼管，鑄鋼等	新和興鋼鐵廠	王繩善	上海博物院路三號
	鋼條	興業鐵鋼廠	王芹蓀	上海臨青路平涼路角
	澆鋼類	大鑫鋼鐵廠	余名鈺	上海齊物浦路730號
	鋼鐵材料用具	中央研究院工程研究所	丁文江	上海白利南路愚園路底
	鋼管	新成鋼鐵管電機廠	吳茂利	上海閘北東橫浜路德培里18號
	鋼窗鋼門	中國鋼鐵工廠	李賢堯	上海甯波路40號。
	鋼窗鋼門等	勝利鋼鐵廠	樂　斌	上海甯波路40號
	管子彎頭等	沈文記鐵工廠	沈文笙	上海東鴨綠路永平里 6號
油漆類	油毛氈	建華工業公司	曹克東	上海北山西路德安里二弄41號
	避水漆	雅禮製造廠	鄭汝翼	上海大陸商場六樓
	防水粉	建業公司製造廠	馮植之	上海三馬路同安里五號
	飛虎牌油漆	振華油漆公司	秦之澄	上海北蘇州路478號

類　別	品　名	出品人	經理或代表人	發行出品地點
	長城牌油漆	永固油漆公司		上海江灣路900號
	飛獅牌紅丹	中國鉛丹製造廠	吳紀春	上海製造局路康悌路口
	元豐牌油漆	元豐公司	孫孟剛	上海愛多亞路117號
	固木油	大陸實業公司	周問羹	上海쨌賁人路 100 弄加元里
	紅丹，黃丹	大華紅丹公司	韓星橋	上海閘北麥根路康吉里11號
	帆船牌油漆	萬里油漆廠	吳蔭槐	上海斜土路475號
電器機械類	馬達電扇等	華生電氣製造廠	葉友才	上海福建路 511 號
	自動細度試驗篩機	順昌鐵工廠	馬雄冠	上海戈登路1034弄14號
	電玉電木用具	亞光製造公司	張惠康	上海靜安寺路411號
衛生煖器類	石棉管等	泰記石棉廠	陳明爛	上海百老匯路115號
	石棉管磚紙布等	振業石棉公司	李興輔	上海東熙華德路新記浜路資華里7號
	石棉	北京石棉公司	蔡純堂	上海新記浜路榮華里54號
	衛生器具	唐山啓新瓷廠	顧敎理	上海北京路137號
	水汀汽帶	上海四汀材料廠	黃少丞	上海九江路四川地方銀行內
	水汀汽帶爐子等	六河溝煉鐵廠	周楳齋	上海北京路萬安里11號
	煖汽設備	新業工廠	李泰雲	上海平涼路1841號
建築工具類	鹿頭牌晒圖紙	晶英化學廠	陸雲套	上海九江路113號 大陸大樓205號
	鑿井工程	天源鑿井局	于子寬	上海江灣新市路

審查報告

國產材料展覽會開幕以後，審查委員即開始審查工作，由沈君怡先生先後於十月二十日及二十九日兩次召集審查會議。各委員除俞佐廷楊錫繆兩君因事缺席外，計參加審查者共十三人。議決規定陳列品等級之標準爲四種：

(1) 超等：首先創製，切合實用，有普遍推行之價値者。

(2) 特等：質料與效用確較一般出品優勝者。

(3) 優等：質料與效用符合普通標準者。

(4) 具有特殊情形，不能爲等級之支配者。

經各委員根據前項原則，對陳列出品分別評判，審查結果，計列入超等者1)家，特等42家，優等6家，具有特殊情形不能支配等級者3家。對(1)(2)(3)三項出品人，俱擬由本會分別等級頒給證書，以示提倡，至對於第(4)項，因或係政府機關，對於審查聲明放棄，或以展覽會範圍所限，不合審查標準，但在工程界方面，亦具優美成績，均擬由本會給予榮譽獎狀，以資紀念。茲錄審查結果於后：

結論

在昔營工事者，僅期堅固合用而已，迨文明演進，建築工程愈趨複雜，其材料供給之需要，實同於布帛菽粟，國人心理好尙取捨之結果，影響及於經濟國脈之榮枯。試觀列國政府於此等工業材料之提倡，靡不竭盡獎助之責任，若運輸之減費，稅率之低免，在

18379

在足爲國產品產銷之保障，而促進其發展，使外貨不能與之相競，其人民亦知愛護國產而樂於使用。良以生產事業之發展，匪特賴乎企業家與國民之努力合作，必更賴於政府機關之扶掖之獎進，方克有濟。竊願吾國人當此外貨充斥之時，觀於國產材料之展覽，驚心怵目，知所自省；於盡其愛護提倡責任之外，更謀喚起政府當道對於國產材料工業之積極鼓勵，則生產工業之進展，必獲事半功倍之效。至本會此次展覽，限於時間經濟，未能廣事徵集，各項材料於陳列之先，未及以科學方法判別分析，雖經營慘淡，殊乏成績之可言。深冀國內工商繁盛區域，隨時舉行此項展覽會，推廣蒐集範圍，尤當注重於普通建築之用料，不爲炫奇驚異之謀，舉凡國產建築材料之切於實用，足以助觀摩而資比較者，靡不羅致展覽，陳設務令整齊，標誌力求詳明，使國人潛移默化，漸知採用國產，摒弃外貨。國內企業商亦獲參考研究之機會，而改進其出品，其嘉惠於建築工程界與社會者，豈淺尠哉。

甲　超等十家

出品人	品名
新和興鋼鐵廠	鋼鐵條
興業瓷磚公司	瓷磚馬賽克
華生電器製造廠	電扇馬達等
啓新洋灰公司	馬牌水泥
晶明玻璃廠	玻璃磚
中國水泥公司	泰山牌水泥
益中公司	瓷磚馬賽克等
唐山啓新瓷廠	衛生器具等
中國石公司	大理石雲石等
建華工業公司	油毛氈

乙　特等四十二家

長城磚瓦公司	水泥煤屑磚等
合作五金公司	門鎖等
華新磚瓦公司	水泥花磚各式屋瓦
振華油漆公司	飛虎牌油漆
上海新耀金工廠	鋁金門插銷等
震旦機器製造廠	藥沫滅火機等
永固油漆公司	長城牌油漆
中國鉛丹製造廠	飛獅牌紅丹
愼泰義記木號	福建松木材
公勤鐵廠	鉛絲網洋釘等
新光化學工業社	藥沫滅火機
亞光製造公司	電玉電木用具
雅禮製造廠	避水漆
康元製罐廠	彈簧門鎖
利用五金廠	彈子鎖
建業公司製造廠	防水粉
順昌鐵工廠	自動細度試驗篩機
元豐公司	元豐牌油漆
泰記石棉廠	石棉管等
晶英化學廠	鹿頭牌晒圖紙
中華實業工廠	藥沫滅火機及五金類
久記木材公司	杉木等
振業石棉公司	石棉管磚紙布等
大陸實業製品公司	固木油
大華紅丹公司	紅丹等
北京石棉公司	石棉
中國製釘公司	圓釘及有刺鉛絲等
興業鐵鋼廠	鋼條等
上海四汀材料廠	水汀汽帶
中國鋼鐵工廠	水汀爐等
六河溝煉鐵廠	水汀汽帶
葛德和陶器廠	琉璃瓦等
勝利鋼鐵廠	鋼窗等
中國窰業公司	火泥火磚
泰山磚瓦公司	紅瓦牆面磚等
萬里油漆廠	帆船牌油漆
大中磚瓦公司	紅瓦空心磚
瑞和坩堝廠	火磚火泥坩堝等
大鑫鋼鐵廠	澆鋼類
益豐搪瓷公司	金錢牌白瓷電料火磚
振蘇磚瓦公司	紅磚紅瓦等
開山磚瓦公司	油面磚鋼磚等

18380

丙　優等六家

新成鋼鐵管電機廠	鋼管等
順昌機製石粉廠	石膏牆粉等
沈文記鐵工廠	管子滯頭等
求新工廠	雲石子等
中興礦灰廠	石灰
振新石粉廠	石粉

丁　不能爲等級之支配擬請給予榮譽獎狀者三家

中央研究院工程研究所（國立機關對於審查曾聲明放棄）

上海市工務局（政府機關對於審查亦聲明放棄）

天源鑿井局（雖無出品但成績優美）

附錄各出品工廠概況

最近十五年之上海磚瓦業

柳子賢

我國土製磚瓦，品質乖劣，加之坯戶之粗製濫造，尺寸厚薄，殊不一律，於建築房屋，頗多妨碍，於是磚瓦業，有新式磚瓦廠之設。

上海一埠，自瑞好磚瓦廠，仿造法國式紅平瓦，繼之而起者，有嘉善之陶近，及泰山磚瓦廠，宜興華蓋磚瓦廠，亦於是時創立三廠均製青紅平瓦，行銷上海，及附近各埠，已而泰山創辦新廠於滬南新龍華，購辦新機，建造美國式圓窰，改良青紅平瓦，創製各色白磚，及花色磚，開滬上建築界之新紀元。嗣後復有華新磚瓦廠，創於嘉善，專製青紅平瓦，信大窰廠，創於上海唐灣，華大磚瓦廠，創於上海野鷄墩，振蘇華興創於崑山，輪興創於嘉善，俱建有德國哈夫門連續窰，專製機磚紅瓦，同時美商在蘇州設有蘇州磚瓦廠，製造各色磚瓦，比商在上海周家橋，設有義品磚瓦廠，製造機磚紅瓦空心磚，空心磚爲新式之磚，滬人士尚爲初見，既而大中磚瓦廠，在浦東設有工廠，亦以機製造機磚紅瓦空心磚爲出品大宗，與義品較，堪稱伯仲。最近東南磚瓦廠，崛起於閔行浦南，所出磚瓦，均稱上選。泰山未改平瓦前，市上所有貨品，大都質地未能堅實，除上海附近數家外，漢陽阜成裕記官廠，和興等廠，所出之瓦，莫不以上海爲尾閭，自泰山改革出品，各磚瓦廠，無不精心製造，本出品之改良，雖有限於機器窰數，成色未能一律，但較之十年前出品，已不啻天壤之別，年來各廠復有英國式片瓦，西班牙式筒瓦，中國廟宇式筒瓦之出，但每方所用數目多，價值高，非高貴房屋，不易需用此項貨品。

近年建築界，對於國貨磚瓦，無不樂於引用，以是各廠出品，頗多日新月異，杜塞漏斗，爲益非淺，面磚一項，自泰山創製以來，凡通都大邑，無不需用，最近該廠及開山，興業，等廠，復創製釉面磚，行銷漸廣，將來勢必爲人所樂用。泰山，開山，復製有琉璃瓦，此雖北平舊工業，然在滬上，則新興事業之一也。

火磚一項，除開外灤，上海一埠，祇泰山，東南，協和，數家能供給，他廠固無此項設備，年來實業失敗，紗絲不振，所用火磚已較五年前銳減矣。

煤屑磚，曩時惟漢陽鐵廠，附設煤屑磚廠，能製造，上海雖曾有人在楊樹浦辦煤屑磚數，以經營不善，不久停辦，近有長城磚瓦廠，創製煤屑磚瓦，行銷漸廣，亦滬人士未見之事業也。此磚除開灤外，上海無有能製造者，曩時泰山磚瓦廠，曾爲英工部局製有成數，頗以成本太高，售價不能低廉，未能繼續遂成絕響。

鋪地缸磚，爲唐山，啓新磁廠，開灤礦務局，宜興開山，磚瓦廠等數家所出，此亦近年新興之物。馬賽克舖地磁磚，及牆上磁磚，係啓新，益中，興業，三廠所出，品質佳良，較之舶來，已不多讓。

水泥地磚，曩時以啓新洋灰公司品爲最佳，光華，合衆，發康，等廠，銷數亦不少，近有華新磚瓦廠，設置水泥地磚部，辦有新式機器，出品頗有改革，與外貨較絕少軒輊。

年來磚瓦材料，十九爲國人所自製減少漏斗，殊爲可喜，所惜國人創辦工業，每喜步他人後塵，絕不另闢溪徑，磚瓦中，如陰溝瓦筒電綫瓦管，門頭花色磚沙灰磚軟泥磚，或爲滬人士未見之物，或爲普通用磚，而成本低廉，顧絕少爲磚瓦業所顧及，此則有望於各廠之努力研究，善爲提倡也。

中國石公司之石業概說

中國石公司爲開發地藏之石料，應社會石工之需要，經創辦者歷數年之調查，於青島磅山一帶，搜羅甚富。經由德國技師之化驗，認爲石中良產，世界所少有者。公司又費幾許研究與籌備，開闢山場，修築車路，設工場，製機器，訓練工徒，試驗改良，以至於成。今已有自置山場三十餘處，方圓百數十里，用礦工千餘，廠工數百，技師管理，製造裝置，均由華人任之，以期達國產石料自採自製之目的。營業於茲，已及五載。現爲供社會明瞭敝公司石料之情形，機器之施用，以及營業之種類起見，爰對梗概一一分述於左，俾熱心國產諸君子有所借鏡焉。

石料

本公司石料計分五組。即閃長石，花崗石，玉佛石，晶粒石，大理石是也。每組有數種至十餘種之多。各編石類號碼以識別之。茲將其：結構，用途。詳列於下：

一．閃長石——(Syenite) 計四種，第三第四第五第九號屬之。

結構——此石爲火成岩之凝結物，色黑，俗稱爲黑花岡石，亦有青紅斑者，皆少含或不含石英，有半自形粒狀至近斑狀之構造。其成分以鹼性長石角閃石，輝石爲顯著。爲石中之最緊固者。所異於花岡石者，因其含有角閃石，而無雲母石之別耳。閃長石之特點：不怕酸性作用，冰霜烈日，以及天氣變化之影響。磨出亮光，與鏡無異。其每立方尺重量：第三號石重一六四磅，第四號石重一七六磅，第五號石重一五六磅，第九號石重一六五磅。

用途——此石磨光切板，厚約一吋，最合外部建築之牆面包皮，踏步，地板之用。立柱，門柱，楣頂，窗台板等，均可依照設計製作磨光。墓碑，紀念石，匾額等用之尤宜；因其存意爲永久紀念，非此不足以傳千古。此外如銀行櫃台，花園棹面，椅面，用之更爲經濟，因其不怕碰磨，不受垢污，抵抗分化之作用故也。

倘有大廈高樓，崇至五六層以上者，用此種毛板，（或稱面石）更爲經濟，因其重量不大，裝運敏捷，佔地不廣，減輕載量，與用龐大塊石者比較，其優點不辯而明矣。

二．花崗石——(Granite) 計八種第六，七，八，十，十一，十二，十三，二十八等號屬之。

結構——此石爲水成岩鹹性之凝結物，皆有半自形粒狀，或有近斑狀之組織。含有鹹性長石，石英之礦物，有黃紅褐灰絳綠等斑點色，非屬於含鹹灰性花崗。故可磨光，耐久可不退。其特點與閃長石同・以强性硫酸點之，不起湧沸，及白色之現象・其每立方尺重量：第六號一四四磅，第七號一四四磅，第八號一六五磅，第十號一五〇磅，第十一號一五一・八磅，第十二號一五四・八磅，第十三號一四四五磅，第二十八號一五〇磅・

用途——其用途與閃長石同，用於踏步地板尤宜，欲磨光與否隨客之便・

三・玉佛石——(Hatorite) 計十餘種，第十四號至十八號，第三十至三十三號等屬之・

結構——此石爲火成岩噴出之石漿，流入層成之凝結物・富於苦土而作細緻狀，由成菱面體之白雲石個體集成，各方面不完全密接，而中間空隙有方解石以塡充之・故往往作透明狀・磨光極亮，質甚堅實，但於琉璃似之透明處略脆耳・其重量，每立方尺平均約一五〇磅・

用途——此石磨光切板，厚約六分，最合於房屋內部之牆面，踏步，地板等用途・用於銀行櫃台，棹椅，及壁爐，屋內窗台板，尤爲特色・

其他美術品如燈台，墨水台，香煙碟，花瓶，禮盾等更顯麗貴，光耀可愛・

四・晶粒石——(Sand Stone) 計三種，第一號第二號及第二十七號屬之・

結構——此石爲水成岩砂質岩科之凝結物・由極微細之白晶粒，以白雲石包圍膠結之・或含有氧化鐵，二氧化錳，及炭酸物之混入・故其色緻有灰色層及粉紅者，其質雖脆，但有各個自立粘結性，反能經久耐用，不能破裂，此爲其特點也・

用途——此石用度，凡閃長石玉佛石可用者，皆能用之・用作墓石，紀念碑塔，欄干彫像，火爐燈台尤顯美麗・純白者，又名漢白玉，昔爲帝王宮殿飾石（即如故都現有之三大殿其玉石欄杆等即此石也），例禁民間採用，其名貴可知也・

五・大理石——(Mardle) 計八種，第十九號至二十六號等石屬之・

結構——此石爲水成岩灰層科，屬石質礦物類，有夾層・有淺石層厚薄有差，花紋因之而異・其生成原因，多係鈣與鎂之炭酸鹽，混雜溶解於含酸之水中沈澱而成・顏色有黑，黃，赭，灰；有栗花有螺狀，皆具天然之光彩・磨光不用脂油，非舶來品之大理石可及也・重量每立方尺平均約一五六磅・

用途——此石最宜於內部建築，牆面包皮之用・作爲踏步地板尤宜，惟不合於各種外部之建築及露天之石物，因其易於酸化作用，及天然外感之影響・細察凡大理石作門面石者，其結果均不良好也，多因採用者不明石性之原理也・此石富有光亮性，其石礦碎粒，可作磨石子之人造石，建築上之用爲數甚鉅，其質地價格較之舶來品廉而美也・

業務

本公司之主要營業・專爲發售各色國產

石料，及承造各種建築上應用石料工程；如牆面，紀念塔，墓碑，奠基石，匾額，中西文具以及石製美術物品。並兼製最新發明之人造石等。玆將其細目分載於左

建築用石料——內外牆面，門面，櫃台，舖地石板，踏步門檻，門楣，屋內窗台板，欄杆，走廊，石柱，門框，窗框，壁爐，浴室以及其他建築應用石料，紀念碑，紀念塔，墓碑石，奠基石，匾額，招牌，無不具備。

美術物品——方圓棹面，几面送禮石盾，燈座，賽古花瓶，花盆，文房案具，新式杯盤，筆筒，印色盒，筆洗，信架，眞墨端石硯，鎮尺，以及各式石物玩具無不玲瓏奇巧，各盡其妙。

此外并彫刻一切石碑陰陽紋字，復承辦石料之截斷磨光，及出售石子石粉，人造石料等附屬物品。

泰山磚瓦公司略史

泰山磚瓦公司創辦於民國十年，由發起人黃首民。錢新之。孫雲台。胡宣明等人集資五萬元，在浙江嘉善開廠製造普通青紅磚瓦，以經營得法，所出貨品頗受社會歡迎，旋以滬上建築勃興，新式磚瓦都來自外洋，擬設法仿造與之競爭，故一面派人赴美考察實習，以資深造，一面擴充股本至一百萬元，實收足二十五萬元，擇上海附近新龍華續辦第二廠，計購地共二百畝，建造美國式窰墩十二座，各種製造機器，亦均購自美國，原動機購自德國，新式設備如利用發熱氣之烘房，及控制窰熱度之電表等等，應有盡有，其時兩廠出品均勝於別家所出，歷得上海總商會，商品展覽會，江蘇省物品展覽會等之最優等獎章，民十五年春，該公司獨出心裁之薄式面磚出世，宏壯美麗，堅固耐用，社會人士，交口稱譽，上海及首都之偉大建築如二十二層高之四行儲蓄會，及百老滙路大廈，如十八層高之峻嶺大廈，又如南京之外交鐵道等部新廈，及中央醫院衛生署等幾無一不採用泰山面磚。上海市工務局某科長著文謂近二十年來國貨材料之革新者，當推薄式面磚為最，誠為確論也，國民政府及上海市政府均以獎勵創造，故特給泰山公司製造薄式面磚專利權十年，泰山公司之紅瓦，青瓦，亦為同類貨品中之最上乘者，故市上呼最佳之瓦片為泰山瓦非無由也，該公司近為謀擴充起見，特聘留美畢業之黏瓷專家為技師，研究改良出品，並添造巨型窰墩11座，專燒琉璃磚瓦，美術磁磚及泰山石等新貨品，以是足證該公司總經理黃首民君之專心致力，力求精進，前途發達，正未可限量也。

益中福記機器瓷電公司 釉面墻磚問世

益中福記公司，為完全國人投資所經營，其初出品，僅限於電機電料，如變壓器，油開關，及裝燈瓷料等，行銷國內，久馳盛譽，自民國十八年起，該公司鑒於國內建築之勃興，而材料莫不仰給於國外，乃致力於建築材料之創造，所出品如舖碼賽克磁磚，其質堅貨美，浸乎駕舶來品之上，早為建築界所稱許。最近又充實第二工廠，聘請留美工程專家，精工督造，原有出品外，新出釉面墻磚一種，質料堅級，色澤兼美，洋貨望而却步，國內尤稱無雙，為國貨建築材料放一異彩。該公司第一第二兩廠，共設新式大窰七座，每月可出碼賽克瓷磚七百餘方丈，釉面墻磚四百餘方丈，業已工竣之四行儲蓄會大廈，及正在興建中之永安公司十七層新廈，均首先採用，其他所建巨廈如南京路大新公司等，亦均爭先恐後，紛向該公司，看樣定貨，而一般營造業者，咸推為一九三五年最新式，最漂亮之建築材料焉。該公司第一廠設於浦東洋涇，二廠設於霍必蘭路。該

總寫字於福州路八十九號，所有出品，均備有樣本，各界前往參觀採購，莫不殷勤接待云。

華新磚瓦公司之概況

華新磚瓦公司，創於民國十一年，其時規模未備，祗有大平瓦一種，迨後該公司經理柳子賢君，脫離泰山磚瓦公司，親來主持，乃大改革，五六年來，規模既備，始有各式平瓦，西班牙，筒瓦，及中國廟宇式筒瓦之出。柳君久任泰山公司總工程師，技術優良，經驗豐富，凡經其手製之品，無不精美絕倫，爲建築界所稱許。

民國二十二年春，柳君鑑於市上水泥花磚，大都乖劣不堪，難以久用，乃悉心研究，頗有心得，於是擴充範圍，購辦最新式，每方寸二千五百磅汽壓機，用上好礦質，顏料製成優美花磚，與外貨毫無軒輊。

華新花磚，尺寸準確，質地堅實，花紋清朗，磚面光潔，爲其他花磚所不及。行銷以來，已遍各埠，最近南京國民政府大禮堂，林主席別墅，中央黨部黨史，首都飯店，江蘇銀行，杭州浙江大學農學院，航空學校運動場，蘇州東吳大學附屬中學，南昌省政府辦公廳，及航空學校，九江中央銀行，本埠法工部局，喇格納華童公學，中國銀行高級職員住宅，杜月笙先生別墅，以及在建築中之大新公司，均採用該公司花磚舖地，該公司出品之受人歡迎足見一斑。

談火磚

火磚在工業界是極佔重要的，尤其是重工業和琺瑯玻璃等窰貨工業，陶瓷製品在我國有極悠久的歷史，在理與有連帶關係的耐火材料的製造和運用，應有顯著的特長，但是事實昭示我們，中國的工業界老是墨守成規，不易進步，即以我國最著名的宜興窰貨，江西瓷器製場造的窰房而論，一直還是用就地的土製磚瓦築成，晚近機械工業日臻發達，每一工廠，鍋爐差不多是必具的，築爐材料迥非昔日土製磚瓦所能勝任，火磚的繁重性，乃日見增加，在最近以前，火磚的來源完全仰給國外，自從開灤煤礦成立，因其自身之需要，乃附設火磚製造廠於塘山，（那裏附近有極優良的原料）其後復因外界需要的孔殷，水到渠成，遂確立而成爲他們的副業，誰也知道開灤是外籍的礦商，國人鑒於金錢依然外流，最近乃有國產火磚的製造。

火磚主要的原料是天然耐火石及高嶺土粘土等的混合，我國各地有極好的原料，無庸仰求於國外，火磚最重要的條件，須具有特强的耐火力，和壓力，每一鍋爐和窰房之耐用，與其生產品之良否，全恃上述兩種力量如何判定其命運，工業界因其關係之重要，採購至爲嚴格，國產火磚間因技術原料的講求原不甚精嚴，乃至出品良莠參差不一，常爲提倡國貨的工業家所詬病，而有依然信用外貨的傾向。

定海胡君組庵於民國廿一年創中國窰業公司，四年來努力經營，所出地球牌火磚，及各種耐火材料，具備着耐火度及壓力高强的二種主要條件以外，更能注意收縮度的減少，定製型式的正確，在國內工業界樹立了很好的信譽，特爲簡單介紹於此，以謀共起提倡，而挽回國產火磚的命運。

鋼鐵鑄件對於建築上之用途

大鑫鋼鐵工廠鋼鐵材料，在偉大建築物中，佔最重要地位，往昔鑄鋼，未曾盛行之時，對於鋼架建築，除利用現成之工形匚形等，各種鐵梁外，其接連之處，皆用鐵板截劃而彎折之，使其適合，然後鑽孔，釘成。自鑄鋼事業，漸行發達後，於是各式柱脚，(Pedestal) 接頭底脚，(Joint of Principle Rafter with End of Tie-bar墊鐵，(Bearing Block under Girder and Girder Shoe)樑鐵，(Girder Shoe or Saddle)底板鐵(Fixed Shoe-Flate or Bep-Plate)等，遂採用鑄鋼，以代鐵板，蓋不獨省工，而且耐久也。以鐵板集合而成之件，其抵持之能力，全在鉚釘，萬不能如鑄鋼之全體結成，爲牢固也。近年來，鑄鋼多用電爐，精煉，使品質優良，磷礦等，雜質，驅除殆盡，於是鋼件鑄成後，雖不經碾軋，而其強力極高。故採用者益衆。我國大規模之鋼鐵工廠，尚未設立其曾徑設立者，亦已停辦鐵板之供給，全仰舶來，爲提倡國貨建築材料起見，更宜採用鑄鋼也，無疑義矣。

鑄鋼應用於建築上，有時可採用合金鑄鋼以應，特殊之需要，普通鑄鋼中，加入少許銅質，則久露天空，而不至銹蝕 在建築上。於不能利用油漆以保護鋼質生銹之處，可以採用之。普通鑄鋼，加入少許鎳質，則彈性限度，(Elastic Limit)即可加增，因之能使鋼質，經多次繼續或交替之震動！壓力而不碎裂，在橋樑或特種受震動之建築工程上，可以採用之，普通鑄鋼，加入適當錳質，則鋼質堅硬，而不脆弱，在受極度磨擦之處，可以採用之。

鑄鐵在建築材料中，用以作撐柱，因其能受壓力而不能任拉力，且無韌性也。鑄鐵未經精煉，每方寸僅有拉力六噸至八噸，經合法之製煉，其拉力可增加至每方寸十六噸至二十噸，韌性亦能增進。若築入水泥混合土中，且能彎曲而不裂，且亦不斷，故在鐵筋混合土建築物中，以鑄鐵作鐵筋，亦有其歷史焉。

馬鐵(Malleable Iron)在建築材料中，除用以充管子接頭外，對於門窗以及欄杆之零件，多採用之，因其性質軟而韌，不如鑄鐵之脆弱，溶化時流動性與鑄鐵類似，對於澆鑄細薄零件，不如澆鋼之困難也，

我國鑄鋼，及特種鐵之製煉事業，年來正在發軔之期，若能設法採用，則其用途，當不僅上述數端而已，爰據廠中工作記載之所有，就建築材料範圍所應用，摘錄而陳述之，深望當世建築專家，加以指正，海內同志，熱心提倡，舉凡熟鐵所不能鍾成，而鐵板所不勝任者，鋼鐵鑄件，皆得有以補其缺，則我國之鑄鋼事業，或得藉以推廣於建築材料之中矣！

中國銅鐵工廠之鋼窗

吾國之有鋼窗工廠，始自民國十四年，創辦最早者，爲中國銅鐵工廠，該廠專製鋼窗，鋼門之外，並承攬各種銅鐵工程，總經理李賢堯氏，曩年曾任英商某鋼窗廠華經理十餘載，故對於鋼窗構造原理，研究有素，嗣後即自行設廠於海防里五一三號，占地四畝，近因業務發達，添設第二廠於柳營路宋公園路，廠中設備，概用新式機械，一切管理，採取科學管理法，故於出品方面，精良迅速，平時僱用工友數約一百六七十名。如國民政府交通部大廈，國民政府文官處大廈，最高法院大廈，外交部官舍大廈，蔣委員長官邸，行政院辦公樓，上海市政府各局辦公室，市中心交通部電局，華業大廈，王伯羣先生住宅，汪精衛先生住宅，孔祥熙先生住宅，陳公博先生住宅，曾仲鳴先生住宅。胡筠秋先生住宅，葉揆初先生住宅，中央衛生署，中央防疫處，中央醫政學院，上海肺病療養院，中華痲瘋療養院，上海市衛生試驗所，中央銀行倉庫，虹口中國銀行，虹口四明儲蓄會，交通銀行倉庫，中國銀行貨棧，青島金城銀行，青島大陸銀行，濟南大陸銀行，天廚味精廠，天利淡氣廠，上海市體育館，上海市游泳池，新聞報館，暨本館所用鋼窗，均爲該廠所承攬裝置，歷有年數，毫無損壞，足證該廠出品之優良。

建築避水法

鄭汝翼

吾國建築事業，晚近以來，與日俱進，工程日趨偉大，設計日趨週密，於是防水避

潮，亦已認為重要問題之一，蓋潮濕之於房屋，非特有損美觀，且礙衛生，其在工廠堆棧復有機器銹爛，貨物霉腐之虞，至於建築物之有地坑水塔者，則避水工程，更形重要。

吾國建築界向以舶來之油毛毡為唯一避水材料。無論地坑或屋頂，幾無不採用之，自「內和法」Integral Waterproofing 發明後，始漸改用避水漿，因其簡省而功效耐久也。

避水工程，似甚簡單，而實則不然，因地坑避水法與墻垣避水法不同，而屋面避水法又與水塔避水法各異，所需材料更非二三種即足應付，茲就管見，將房屋各部份之避水方法，彙述於后，以供建築家參考焉。

(一)屋頂

新水泥屋頂——用足量鋼骨以防房屋走動而致屋面龜裂，及適宜之「排水」佈置。鋼骨水泥內和入避水漿百份之二（以所用水泥之重量計算）安置時須錘打周密，面上粉一…二水泥灰漿一寸厚內和避水漿或避水粉百份之四，於二三日內時時灑水以防拆裂。（夏季須用潮濕之木屑或草蓆遮蓋之）

凡已做好之水泥屋面欲避水者，(甲)用膠珞油塗刷三次（此物不變水泥屋面之色澤或形狀）(乙)用油毛毡，(丙)塗漆避水漆（黑色）二度。

新白鐵屋頂——先用淡醋揩抹一次，待乾後，於頂頭及接縫處用紙筋漆嵌好，隔二三日後，將屋頂全部塗漆避水漆一次。此漆能防漏防銹；非常經濟。

破漏屋面——無論老水泥屋面，油毛毡屋頂或銹爛之白鐵屋頂，祇須將破裂處用紙筋漆填補。然後用避水漆塗漆一二次。非常簡省便利。

(二)墻垣

新水泥墻——鋼骨水泥內和入避水漿百份之二。外面細沙內和此漿份之四。

新磚墻及石墻——(甲)砌磚石之灰漿內和入避水漿百分之二。接縫處不可留有罅隙。(乙)於墻垣砌就後。將內面刷淨。塗刷潮漆一次，然後粉紙筋于其上。

漏水墻垣——(甲)如不欲改變外墻之原有色澤及花紋（如面磚墻）可刷透明避水漆二次。但如有裂縫及罅隙。如先用灰漿填嵌之。(乙)若黑色無礙美觀者。塗漆避水漆一度於外面。(丙)先將平面鑿毛（如係磚石墻。須將嵌縫鑿去。）用水濕透。粉一…二水泥灰漿一寸厚。內和避水漿百份之四。

(三)地板：

水泥地板——三合土內和入避水漿百份之二以避潮氣。如地面鬆脆者。可塗保地精三次。即可使之堅硬耐久。

瑪賽克及他種磁磚地板——(甲)水泥灰漿內和入避水漿百份之二以防潮氣侵入。(乙)先漆避水漆二次或紙筋漆一度于地面。然後用常法敷設瑪賽克或磁磚。

(四)地坑，地道等：

新建地坑——用足量鋼骨及適宜之「排水」佈置。建築時須掘三四甚深之小池或溝渠。以便將地下積水，隨時抽出（抽水須俟地坑三合土稍乾方可停止）鋼骨水泥內和入避水漿百份之四。

漏水地坑——(甲法)若水由墻垣劇烈侵入。須先將積地坑外面之三民土掘出以減少壓力。並將水隨時抽去。（如內墻不過印水。則此舉可省去之）漏水之孔穴用水泥調特快精填塞之（特快精能使水泥于十餘秒鐘內堅結）然後將墻之內面鑿毛。一…二水泥灰漿半寸厚。內和快燥精百份之四。以防水冲入。隔日再粉一…二水泥灰漿八分厚內和避水漿百份之四。待乾燥後。將掘出之泥土返置原處。

(乙法)將地坑外之泥土掘出。待地坑乾燥後。塗刷避水漆二次於墻之外表。隔二三日後。將泥土返置原處。

18387

（五）水塔，游泳池等——可參照地坑避水法。

按鄭汝翼君係雅禮製造廠創辦人。對於房屋避水方法及材料之製造有十餘年之研究。篇中所述各材料。該廠均有出售。事務所在大陸商場。

國產油毛毡

油毛毡爲屋頂避漏要物，在建築界佔重要地位，吾國國產，向付缺如，故所需悉仰給於舶來品，每年漏巵何止數百萬金，茲有工程師曹克東君，在天津經多年之研究，悉心製造，現並集資創辦建華工業公司於津埠，專造各種油毡，以供吾國各建築之應需，價廉物美，足擢外貨地位而代之。在華北各埠，銷路極廣，各業主無不交相推譽，茲應海上各大建築工程需要。特設駐滬辦事處於北山西路東德安里二衖四十一號，並委本埠各大五金行經銷，俾各建築工程購者便於採辦，務希各大建築師營造廠，熱忱提倡，以增國貨之光，而塞漏巵，是所厚望焉。

上海振華油漆公司史略

振華油漆有限公司，創立於民國七年，創辦人前任經理邵晉卿先生，先生以油漆一物，爲建築材料之必需品，每年漏巵鉅萬，因與樂振葆王雲甫諸先生，籌設製造廠，以期挽回利權，經十餘年之奮鬥，慘淡經營，卒爲我國造漆業之翹楚，爲國貨製造業放一異彩。

該公司爲股份公司性質，資本國幣二十萬元，董監事九人，組織董事會，下設協理各一人，執行一切事務，現在經理爲秦覺成先生，協理宋沛道先生。製造廠設上海閘北中山路潭子灣，佔地十餘畝，前臨滬杭鐵路，後週蘇州，河水陸交通。均極便利。廠屋係用最新式水泥鋼骨造成，內分厚漆，調合，煉油，光漆，水粉，鉛粉，鉛丹，諸部，全體機械，均用電力發動，工人凡百餘名，分廠設天津，現正從事擴充，共計發行所四，總發行所設上海北蘇州路四七八號至四八○號，分發行所設漢口保成路，南京健康路，及杭州新民路，各埠經理及分銷達五十餘處，銷路除本國外，尙有南洋羣島，荚荷各屬，暨暹邏等處，僑胞多樂購之。

出品計有

（一）厚漆，（二）調合漆，（三）防銹漆（四）房屋漆（五）打磨漆，（六）汽車磁漆（七）快燥磁漆，（八）光漆，（九）木器漆，（十）精煉漆，（十一）塡眼漆，（十二）水粉，（十三）鉛丹，（十四）鉛粉，（十五）漆油等之十餘種，商標爲飛虎，雙旗，三羊，太極，無敵，牡丹，等六種。全年產量，達三千六百噸以上，上白漆，熟油，改良金漆，快燥磁漆，及最近發行之水粉漆等，爲最著名。原料除一部份顏料自歐美各國定購外，餘均用國貨。

該廠於漆部份外，另設化驗部，專事分析，各種原料，及出品之成份，並研究其改進方法。又該工程部，專代各界設計，及承辦各項油漆工程，近編有美術圖案一種，髹漆房屋，雅麗美觀，亦一時色也。

國民政府前工商部，以本公司出品精良，曾咨請海陸空軍部，暨各省市政府轉飭所屬，盡量採用，現京滬，滬杭甬，北甯，津浦，膠濟，平綏，隴海，道清，南潯，諸鐵路，及各省市建設廳工務局，郵政局，暨招商局等機關，均予採用，即外商所經營之上海英電車公司，太古輪船公司等，亦多用以髹漆車輛及輪船等等，實爲國貨增光不少。

該公司之設立，既完全以提倡國貨爲宗旨，對於各種出品，不敢自滿，力求精進，此後尤當努力於研究工作，務使各項出品更臻美善。

上海的國產石棉製品

年來我國工業建築及機械，日臻發達，對於石棉製品之需要日趨增加，因爲求過於供，所以舶來品每年不下百萬元之漏巵，流到異域！起初不知道中國有石棉製造廠之設立，最近國外貨之昂貴及交貨之遲緩，所以不得不在中國調查調查，中國國內是否有石棉製造廠之設立，經過……三星期之久首先找到的即是「振業石棉製造廠」，第二即是「大東石棉廠」，在未發現各廠以先，所有五金店買到石棉製品，總以爲是外國貨，經調查之結果不然，五金店賣的一半多爲中國貨，因爲中國貨比較外國貨並不次，而且功效是一樣的，特別是價錢較外國貨要便宜一半！有時外國貨經理家因爲恐怕誤期交貨被罰的關係，第一補救的方法，就是定中國廠家貨品，改換招牌來朦混用主，由此證明中國貨是適用的，更足以證明迷信外國貨的人是盲從的，現在拉雜寫在下面幾點，以供建築界購料之參考：

原料　石棉乃係一種石性之礦質，顏色有紅，白，綠，黑，黃，等，長短不一，長的二尺多，短的不及一寸，顏色以白軟的爲最，由礦中開出之石塊，到廠家經過一番提煉及碾軋之手續，結果由一種硬性之石層中；揀選一種纖維質，此種質料便爲石棉，牠的特點是不燃燒，冬性溫，夏性寒，並且隔電，止血，要試用石棉之眞僞，是很易的事，只須要自來火一燒，便立刻得到一種確證的答覆。

礦區　石棉礦區除四川省有一小部分外，以河北省淶源之礦區最廣，產量以淶源最豐，四川省礦區因爲開採之困難及運輸交通之不便的問題，所以沒有去開採，因爲開採後運到內地，價值與淶源貨相差太遠，現在全國的石棉原料之供給，完全依仗淶源之出產，握有淶源礦區開採權的，爲天津振業石棉製造廠。

工廠　在中國第一大商埠；工廠林立水陸碼頭的上海；要找一家石棉製品的完全工廠是沒有的，比較一般賣石棉泥小販完全的便是大東了，不經大東亦只於石棉管，石棉磚兩種罷了，其他貨品尙付缺如，最近由天津分設的振業石棉製造廠出品，確係完全，因牠自廠有礦，機械完全些，所以出品種類多，不過牠的製造都是在天津的，各貨以振業較廉。

種類　石棉的製品種類很多，詳細的分起來，要到百餘種不止，現在中國的出品有以下各種：石棉元繩，石棉方繩，石棉鉛絲元繩，石棉鉛絲方繩，石棉各種膠心盤根，石棉各種鉛粉盤根，石棉鬆繩，以上各貨均由英尺三分圓徑至三寸，石棉紙是由圓徑二厘五至三分不等，石棉紙板由二厘五厚至四分不等，石棉磚，石棉管，石棉瓦，石棉帶，石棉泥，石棉手套，石棉靴罩，石棉布，石棉衣褲，石棉馬甲，石棉護髮帽，石棉各種圈墊，石棉枕絨，石棉纖維，石棉爐口，石棉燈心等，各貨皆論尺或論磅不一，各貨濕度，拉力，火力均與外貨無二。

用途　石棉的用途是很大，除去建築材料大銷場外，餘如機器，鍋爐，火車，兵艦，船廠，飛機，兵工廠，造幣廠，紗廠，保險庫房，救火會，各工廠，以至保險箱櫃等石棉都是一種不可少的東西。

以上各節不過就所知順手拉雜寫來，然於石綿根本之詳情不敢妄談一句，希國內石綿界諸公，多發表意見，以增社會各界關於石綿之智識，亦足資提倡及推銷也。

上海泰記石棉製造廠概況

創辦總論　該廠創於民國十五年，初因工廠用石棉塗料一項，（卽俗稱紙柏泥）多仰給於外洋，每年漏卮，數極可觀，因其製造簡單，爰發起自行設廠製造，繼之又逐步發明石棉鎂銹粉，鎂銹塊，與鎂銹管等，除大部，供給各工廠外，並應潮流之趨勢，與科學之改良，對於建築事業，衛生工程所需，亦佔重要地位，是誠抵制外貨之利器，國貨光榮之一頁。該廠逐年擴充，經營佔地數畝，已成石棉事業之巨擘焉。

國產石料　該廠原料，大部採自四川，

及北方，所產附屬用品，江浙亦有，可爲完全國貨，絕非如他種工藝，以洋貨原料，重製而稱爲國貨者，不可同日而語焉。

製造精良 該廠製造原動，係用電力機械，如滾彈，拌和，壓頂，烘噴，漂半，以及模型，完全自行設計製造，故出品大半由於機械製成，均勻整齊，絕無參差之弊也。

出品特點 先就最普通之石棉，塗料而論，大凡市上製造之白色者，多用石粉拌以少許原料，此種不但不能合用，且照用度計算，每平方尺須十磅以外，而該廠則七磅足矣。設使同等價目，實際用該廠爲合算可靠，誠可稱爲「質優料省」，此節在用戶不可不注意，其次，並須有「堅結力」及「抵抗性」，該廠原料貨品高上，筋長力足，且每包中，所含原質豐富，黏性又好，故一經塗於鍋爐，或水管上，「堅結」異常，絕無不易工作，與紋裂之弊，再凡包塗鍋爐，水管，及避火隔熱，一切工程，務求「抵抗力足」，在鍋爐水管熱汽不致外洩，可以節省燃料，庫房銀箱火患無由內侵，可以永保平安，餘如鎂銹粉，鎂銹塊，鎂銹管，等原料，因價值高於石棉，塗料，故其功效更大，歷觀該廠大工程各處，均成績美滿，此卽鐵證，用敢介紹如上述。

對於國產建築材料展覽會之希望

影呆

我們知道，所謂建築材料展覽會，在歐美各國，時常有得舉行的，舉行建築材料展覽的目的，一方在促建築材料的進步，另一面推銷國產建築材料，規模大一些，更可擴大到建築工程的研討，原有很大的意義，是不可忽略的！

在二十世紀的時代中，建築材料太落後的中國，近幾年來，在上海的都市之中也曾有過幾次建築材料展覽的舉行，但這展覽會，舉行的結果，參觀的人每是少得，還沒有美術展覽，攝影展覽的熱鬧。就這一點，我們便可看出國人對於建築材料的觀念還是非常淡薄。

其實所謂建築材料，的確，是不容我們忽視的，尤其是在此不景氣聲中，整個中國的經濟危機爲了入超的逐年增加，日見深刻數字化起來。說來非常可憐，日前中國的建築材料，大半仰給於外貨，每年建材料的進口，方面，也是很足驚人，祇是國人對於建築方面，不注意的居多，每是忽略到這筆漏巵而巳。

這次工程師學會舉行國產建築材料展覽，其目的無非在促使國人注意到國產建築材料巳進步到怎樣一個程度，那幾種建築材料我們的國貨出品巳是很好，不必仰求外商的供給了；而且這又是一個難得的機會，恰巧和全國運動會同時開幕，無疑的這次的展覽，參觀的人一定可比前幾次展覽爲多，而結果可引起國人對於建築材料有相當的注意。

在建築材料商人本身方面，正可因了這次的展覽，大家能夠注意到自己的出品，成績如何？缺點如何？作進一步的研究能夠銳意的改進，使國產的建築材料，價廉物美，足以奪得外貨的市場，免去中國的一筆鉅大金錢流出。同時，在參觀的人，更應熱心的提倡國產建築材料，此後應用此項材料，凡是有國貨出品的決不採用外貨。能夠這樣，國產建築材料的前途，自有無限的發展，可知這次的展覽，自有莫大的意義！

我們最小的希望：在求這次的展覽，能引起社會對於建築材料的注意，更能促使國產建築材料的長足進步呢！

迎頭趕上去

黃膺白先生在中國工程師學會主辦國產建築材料展覽會演辭

(民國24年10月26日)

18390

今日鄙人參觀貴會主辦之國產建築材料展覽會，深爲感動。余於建築係門外漢，本難置啄，惟覺凡百事業，難逃兩個要件；若講政治，欲求善政者，卽要使人民之負擔輕，而所得之權利大。此言初聞之似覺不近人情，但事實上是要做到此點，才稱善政。比如國家稅收減輕，則一切建設如何能興，惟因減輕人民負擔，猶能大事建設，予人民以極大權利，才算是善政。又如工商貨品，也有同樣的兩個條件，便是貨要美。價要廉。說起來價已廉了，貨色當然不能求美；但是必須要價廉物美，才能把吾國落後的工商業挽回過來。不過人們已經佔了先着，吾們如何能趕得上去；有人說我們比人家落後的程度，相差要三四十年，有的說一百年，甚有說二百年者，那都不去管他，總是一個落後罷了。

吾國落後的工商業，要想追趕別人，應須另換一個捷徑，否則若依別人的窠臼按步就班的做去，那是雖趕一百年，一千年，也終趕不上去。因爲吾們雖在緊趕，他們也在猛進，結果終是程度相差，居在落後之列。故這追上別人的途徑，不出兩條：一條是由吾們苦幹猛進，另一條則除非由先進者見我們落後得可憐，在中途打個瞌睡，好使吾們慢慢的趕上。

要做到良善的政治，價廉物美的貨品，要求民族的生存，要躋吾們於列强同等的地位，惟有勤與儉才能達到這種種目的。勤是大家都知道的，別人早晨八點鐘上工，我們提早在六點鐘上工，別人一天做八小時工作，我們一天做十小時十二小時工作；一個人要做二個人的職務，這便叫做勤。儉是把一個人吃的飯，可分作二個人吃，節用國貨，不使金錢往外溢漏，才是道理。惟這事情是實踐的去做，並不是舉行幾個國貨年，叫那小學生舉手宣誓等便能奏效。曾憶幼年讀書時候，讀到舜授禹位，以其能克勤克儉的原故，初思克勤克儉，對於治國有何好處，到現在才明白勤儉的可貴。除了勤儉之外，人還要有和協的精神，這和協也是不可少的要件。

國人向來是抱守『各人自掃門前雪』的態度，以致社會間呈着一種冷淡的氣象，這是最可怕的。因爲世界上任何事物，都少不了一個熱，故這熱烈的和協是値得注意的，比如世界上沒有了太陽的熱，便不成世界，人身體上沒有了熱，便變作死人，因之以前不當的觀念，應亟去掉，一反一向不睬不理的主義，而變爲干涉主義。對國貨之可用者，予以熱烈和協之提倡；不適者加以指摘，提出改良的主張。做國貨事業者，力有不逮，量力予以協助。如此上下一體，埋頭幹去，奇效自見。試看有一個國家，本來也是落後的，現在既已變成世界上唯一的强國，考其致强之由，也從全國人民克勤克儉，熱烈和協上換來的。

凡是一種力量，必定要集合起來才强，分散了便弱，猶憶成吉思汗的母親，把十只筷子授給她十個兒子，叫每個兒子手裏的一只筷，用力彎折，壯健的大兒，不容說是把筷子折斷了，便是力小的小兒，也把那只筷子折斷，後來她另取十只筷子，用繩縛在一起，再授給她兒子試折，那時不要說小兒子不能折動，就是力壯的大兒也折不斷了。成吉思汗的母親便敎訓她的兒子說：要有協和的團結，方免各個被折的危險。他母親數分鐘的訓導，遂使成吉思汗後來成就如是偉業。任何一種事業，一方面固然要求大衆的協助，但是自己也要先求自身的健全，隨後方可求人扶助。例如寺院中大雄。殿內，每尊佛前懸一油燈，每只油燈各有他的本位，故爲有『燈燈各有本位，光光互相照應』；是說各人要照自己的本位做去，隨後才有互相照應的呼應。願國人共勉之，庶幾吾國的復興才有希望。

張公權先生演辭

諸位：我是金融界的人，故祇能站在金融界的地位來同諸位談談，現在不景氣的潮流是已激盪了世界各國，因了失業問題，遂成嚴重之焦點，挽救之道，如美國則大興公共建築，投資之巨，一時難以數計，其間尤以獎勵住宅建築，如放款建築，分期付款建築等等。此在他國固能挽救一時，蓋因彼國內任何材料都已齊全，故振興建築，金錢不致外溢。然在吾國，則覺是。若公共機關學校之建設，公路建設及鐵路建設，與水利建設等經費不夠，則向銀行商借，而此類建設，勢必仰給大批外貨，因此巨量金錢，亦隨之外流，一般銀行界深慮國內有限之金額，長此漏溢，必致窮竭，故欲避免金錢漏溢，莫若自製建築材料。

鄙意建築材料工廠之設置，必須要有系統；有統計，有合作，則事業穩定，銀行放款也或隨之而至。工廠得銀行放款，則事業自亦順利，如此互相依賴，偉業可期，惟國貨工廠必須出品要有統計，生產量與銷費量必須吻合，同業間要有協調，不可傾軋，工廠健全，則銀行放款亦安全。

鄙人尤有期望者，如建築師工程師凡過設計工程，總以能盡厥責，多用國貨，如在必要時，或施強制的推銷，而免金錢外溢。

胡厥文先生演辭

兄弟對於建築，是沒有經驗的，今天來參加盛會，是預備來聽講和見識一般展覽品的，現在：蒙主席命我演講，只得站在廠商立場上，將沒有系統的話，和諸位談談！

兄弟是學習機械的，在民國十五年間，感想到中國的小五金，無論在建築上傢俱上的用品，大多數全是外國貨，每年中流出的金錢非常可觀，因此糾集了幾個同志，創辦一個合作五金公司，專門製造五金用品，幾年來得到傢俱店和建築界的同情，深切的愛護，稍稍有些供獻和收獲，民國十一年間，兄弟曾經辦過一個信大磚窰廠，用德國新式的輪窰，新式的機械，來做各種磚瓦，後來感想到「一將功成萬骨枯」的古訓，覺得一個大窰廠的成功，對於生產民食的田地，一天一天的毀壞擴大，這一個問題在我胸裹住了十幾年，簡直沒有方法來解决牠！

去年見到了一種用廢棄的煤渣來做成磚和瓦的方法，雖然沒有成功，但把我激起了不勝的愉快，因爲這廢棄的煤渣，非但沒有用處，而且要化錢將這煤渣運到揚子江口外去拋掉，現在非特不必要化錢而且可以利用他做有用的磚瓦，這是多麽好的一回事，但以前這個廠，因爲研究得不大好，損失了卅萬多元錢而失敗，兄弟覺得很有研究的價值，因此又組織了一個長城磚瓦公司來繼續製造，幾經研究，方纔得到了很好的批評，因爲煤渣做的磚，受壓力特別大，較之普通磚要高出二倍，經工部局的試驗結果，壓力，耐火力，吸水力，均比其他的磚頭來得高明，業經各建築師熱烈地採用，同時因二個廠業務上關係，才和建築界漸漸的接近起來，所以今天能和諸位聚集於一堂，覺得非常的榮幸！

我們要談到這個產銷問題，覺得要有種種切實的合作，我們今天的集會，是有意義的有價值的集會，不僅是產銷雙方的媒介，而且是策進產銷雙方真確地的認識！

現在，工程師學會，以國產材料，完成此地的會所，召集我們各工廠來陳列出品，再於今天招請了各界領袖參觀和演說，并且於不久的將來，試驗所設置了很多試驗用的儀器，成立了一個永久的專門的機關，來證明一切，介紹一切，這是我們製造業和建築界均有很大的利益，也是我們很熱切的期望。

工程週刊

中華民國25年2月13日星期4出版
(內政部登記證警字788號)
中華郵政特准號認爲新聞紙類
(第1831號執據)
定報價目：全年連郵費一元

中國工程師學會發行
上海南京路大陸商場542號
電話：92582
(本會會員長期免費贈閱)

5•5
卷 期
(總號107)

窰業工程專科之亟應創設

任國常

國內各大學之工程專科，已設立者，有電機，土木，機械，化工，礦冶，水利，紡織，等科。每科更分別門類，以資專攻。造就各種專門工程人才，年以千計。十數年來，國內各種工業，均有顯著之進步，各大學工程專科之努力，實有大功。工程教育之關係重要，固不待贅述也。窰業工程，科目繁多，範圍甚廣。國內現有之工業，屬於窰業工程者，亦復不少。而國內各大學迄無該項專科之設立，作學理之研討，以致此項工程人才，百不得一，而窰業工業之進步，事實上甚爲遲緩，殊爲憾事耳。

窰業工程Ceramic Engineering 爲研究窰業製造工業 Ceramic Industry 之工程專科。而所謂窰業製造工業者，即係以硅酸鹽爲主體之土質原料，經過火燒而成之產品之製造工業，故又名硅酸工業 Silicate Industry。其分類如下：

(1)建築材料類　如普通磚，面磚，舖路磚，普通瓦，空心瓦，陰溝瓦筒，電話線瓦筒，花盆，琉璃瓦等屬之。

(2)　耐火物類　如火磚，石英磚，鉻鐵礦磚，苦土磚，水礬土磚，烟道裏層耐火物，坩堝，及礦冶業用之一切耐火物等屬之。

(3)陶瓷類　如瓦器，粗陶器，家用瓷器，美術瓷器，衛生用瓷器，電氣用瓷器，瓷地磚，瓷牆磚，化學用瓷器等屬之。

(4)玻璃類　如玻璃板，玻璃窗，化學用玻璃器，燈罩及迴光燈，家用玻璃器，及光學玻璃等屬之。

(5)法瑯器類　如家用搪瓷器，廣告牌，醫學衛生用具，爐灶，冰箱等屬之。

(6)磨擦石類　如砂輪，人造金剛砂等屬之。

(7)水泥石灰類　如 Portland 水泥，牙醫用水泥，膏灰石灰，石膏等屬之。

觀上列分表，可知窰業包括範圍之廣，關係人民日常生活，以及國防工業，至重且鉅。國內此項工業，如磚瓦，陶瓷，玻璃，法瑯，水泥石灰等，工廠甚多，且有甚悠久之歷史。但若言進步，恐甚遲緩，在品質方面，更難與外國貨競爭。先以陶瓷而論，我國最先發明，淒至現在，已有二千餘年之歷史，經驗不可謂不富。但最著名之景德鎮瓷業，仍墨守成法，不詳學理，莫由改進，以致品質與成本方面，絕對不能與外貨比擬，以最先發明者而變爲最落伍者，一敗塗地而不可收拾。次言玻璃，以上海一隅而言，小工廠奚啻百數，而出品大都粗劣，至於玻璃板及光學玻璃之製造，更不知何時實現。再次言法瑯，三數年前，業製造者，尙係購用外貨之法瑯粉，不能自造。凡此種種，均由於基本學識之缺乏，以致製造者，類都盲目而行。故窰業工程專科之設立，實爲刻不容緩之舉，一方面造就專門人才，以主持製造事業，一方面探討研究，力謀改進，庶使國內現有此種工業，日漸發展，而不致蹈景德鎮瓷業之覆轍耳。

歐美日本諸國大學，設有窰業工程專科者，爲數甚多。在美國最先設立窰業工程科者，爲海渥大學，創立於1895年，其他各校相繼設立者，近二十校。同時更有窰工學會之組織，至現在已有專家會員近二千人。四十年來，研究探討，不遺餘力，致有今日各種窰業工業之發達。在日本設有窰業科之大學，亦有數校，專家亦有窰業協會之組織。誠以窰業工業，與其他工業如電機，機械，礦冶，化學等，同屬重要，不容忽視耳。返視我國，其他工程科，散佈於各大學者頗廣，而對於窰業工程科，獨付闕如，寧不可憾。雖有一二陶瓷職業學校之設立，但均係中等教育，且偏重一部分，無補於事。國人雖亦有游學東西各國研習窰業工程者，但爲數不及二十人，較之其他各種工程人才之數，奚啻霄壤。但卽此一二十人之主持該項工業者，其成績已出人頭地，足以領導其餘同業，專門人才之利於各種工業，益顯而易見耳。

窰業工業，包含至廣，已如上述。其於人民日常生活，其他工業，及國防上，均有重大之關係。故設立工程專科，造就多數工程人才，以作發展全國窰業工業之初步，實爲當今之急務。願我教育當局，大學當局，窰業工業家，及工程界人士，共起圖之。

貴州鑪山翁項石油鑛調查報告

羅純武

1.發現經過

本省鑪山縣屬翁項石油，據該地土人傳述，在二三百年前，卽有黑色油汁，由必料山麓徐徐流出，瀉於田間，彼處盡係苗族居住，不識其爲何物，因恐妨礙彼等田園，故多方阻塞，但每値山洪暴發之際，此項油汁仍沿地下水由巖層之罅隙處浸出，於地面停積，而成小池。去歲有客自彼地來省，談及此事，建廳遂令該縣縣長諶君志篤查勘，諶君奉令後努力探尋，始得產油之確實地點，及油苗狀況。

2.位置及交通

翁項位於鑪山縣城之東，凱里之東北，由鑪山東行，經龍場米蒿，橫渡清水河，而達彼處，約70餘里。惟由此道而行，山路崎嶇，頗感跋涉之苦。由凱里順流而下，約50餘里至米蒿上岸，東行約7里亦可達到，途程較易，並沿途風景極佳。又凱里至下司，亦係水程，可以與馬路啣接。將來鑪下支路築成，由翁項沿小溪兩岸，闢一馬路，達清水河附近，逆流而上，達下司，順流而下，可達旁海，與鑪岔支路啣接，而清水河會合安江，可至湖南洪江，水陸交通，頗稱便利。

3.地形

此次調査，係由鑪山縣城歷伏經龍場，達清水河，約60餘里，渡河卽有橫亘南北之高山一列，山勢險峻，幾成絕壁，高出河面約700英尺。越過此山，地勢較爲平坦。行7—8里，卽達產油之必料山。山勢極雄壯，約高出河面2000英尺，油卽產於山腰之頁巖層中。此山橫亘南北，向北延長5—6里許，地勢漸漸平坦。向南延長，則峯巒重疊，起伏甚大，而含油頁巖層則漸失其踪跡矣。

4.地層情形

由清水河至必料山後之石灰窰，約20餘里，其地層情形，分述於後：

1.細粒砂巖層，在清水河岸。由河岸至山頂，均係此種砂巖，質堅細，色白，略帶紅，傾斜向東約60度，有灰色石灰巖層復蓋於上。

2.石灰巖層，與細粒砂巖層，係整合的連續 層理清晰，中含珊瑚化石甚夥。

3.砂質頁巖層，(Sandy shale)此層位於石灰巖之上部，傾斜向東南約10度，與石灰巖間似有一不整合(Uncomformity)，此層為極不純之砂質頁巖，其間夾以砂巖，因巖質鬆解，多闢作田畝。

4.石灰巖層，在舊寨山脚，現似在砂質頁巖之上，厚度不過30公尺，中含腕足類及珊瑚化石甚多。

5.直角石層(Orthoceras bed)，此層在石灰巖層之上部，分佈較廣，由舊寨起至必料山脚一帶，均有此層之踪跡。巖石為石英石灰巖(Sillceous limestone ，愈近上層，砂質愈重，中含礫巖(Conglomerate)一層，厚約1公尺。在石灰巖中，直角石 Orthoceras)甚為豐富，時代當屬於奧淘紀。

6.含油頁巖層。此層在直角石層之上，厚度約 400英尺，中間夾砂石一層，甚厚，並有化石層一層，內含化石甚豐，如石燕，及羣體珊瑚，層千疊萬，不可勝數。此種頁巖質細密，色青黑色，油汁卽由此種巖中浸出，計上下 300英尺之厚度間，均可發現油汁，但無瀝青質。此層時代似屬於志留紀。

7.砂巖層。在頁巖層之上部，造成必料山之峯，為黃色砂岩，其厚度約100 英尺左右。此層時代或與(Wutungshan cuastzite)相當。

8.下石灰紀石灰層。此層在砂巖層之上部，內有煤層甚薄，質甚劣，不能作燃料，為下石灰紀之產物。

由此地巖層構造觀之，無外斜層(Anticline)之構造。油質發現於頁巖中，頁巖下部巖層，卽係直角石層，並無油質痕跡。頁巖上部之砂巖層，亦無油之表徵。則油之蘊藏，當在頁巖層中，或頁巖層之下部，與直角石層之上部。但石油藏量如何，由地質表面觀查，多不足以判斷，非由試探不能得其眞象。如能實行試探，其價值如何，當不難碻定也。

雲南崑明電氣公司添加新水電機

楊 增 義

雲南昆明市耀龍電氣公司，創建於前清宣統2年，後經兩度擴充，迄今已有水力發電機 5座，總計機量有 1,540瓩。公司去年又向德國西門子洋行定購 600馬力水發電機一座，約於今年二三月間可以運達昆明，待裝置完竣以後，機量將增至 2,025瓩。此次定購之機器，水力機係德國 Voith 廠所製，其式樣為 Double Spiral Turbine ，有效水位差1.57公尺，用水量每秒3470公升，或每秒 3.47立方公尺。輸出馬力600匹，轉數每分鐘500轉，直接與一西門子廠製之3,300伏·50週波·560 K.V.A.·3相交流發電機相連。

本週刊因編者有事離滬，且廢歷新年印刷所停工，故遲出二週，尙望定戶及會員原諒！

黃河董莊決口視察記

黃 炎

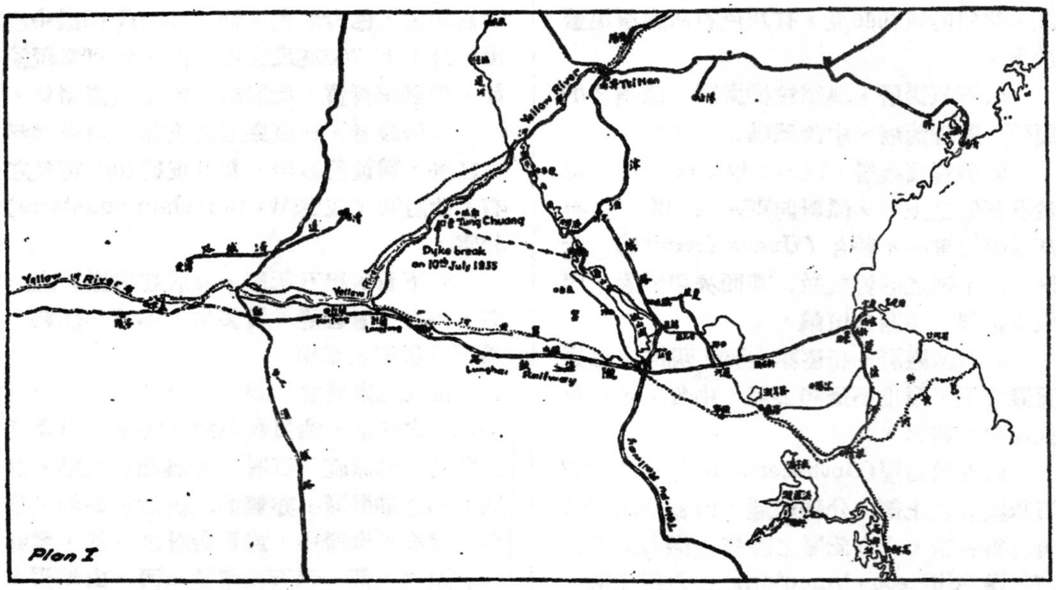

當民國24年12月15日視察之時，黃河之水，99%從董莊決口處，滔滔南下，自成一泱泱大觀之新河道，貫注江蘇北部。見附圖I。而決口以前之舊道，壤高淤塞，成爲小浜，寬不過十丈，深僅數尺。（見第4圖）。水位爲大沽零點上54.4公尺（洪水時58.8公尺），流水總量爲每秒1150立方公尺，流經舊道者僅 12 立方公尺。新道寬約700公尺。其中200公尺爲深水（3－5公尺深），300公尺淺灘，200公尺乾灘。

堵口計劃經當局核准者，爲堵絕新道，修復南岸大堤，迫水歸還舊道，以放於海。（見附圖III）。南岸以江蘇壩爲起點，築堤一條，沿河而下，至李升屯之對江，然後轉向，橫江伸築。同時從北岸李升屯之殘壩頭起，向江心伸展，至兩頭相遇而合攏，南岸尙有挑水壩四道，迫溜向北。此外計劃中尙有引河一條，引水歸復故道。

現在進行之工程，依照上述計劃進行。南岸正在挑築大堤，頂寬12公尺。挑水壩頂寬10公尺，朝上遊之一面，有高梁桿掃工以掩護之。迄今所築均在乾地，堵口正工，尙未開始。引河問題，尙未決議。河干所有材料，蠻石來自山東，由隴海鐵路運到蘭封站，轉載牲車到河岸，駁船運到工次，每噸需費在40元以上。本地製之磚15"×9"×5" 每塊約0.10元。高梁桿每百斤約1.10元。柳枝每百斤約１元，其餘爲鉛絲，蔴繩等等。蠻石甚貴，運輸艱難而遲緩。機船工具，均甚缺乏，人工價廉而易致。

決口屬山東地界，故爲山東建設廳所直轄。現設黃河董莊堵口工程處專司其事。在上次洪水期內（董莊決口在24年7月10日，）泛濫所及，淤積極厚，臨濮集原爲董莊附近之市集。全毀於水，房屋之存留者，埋沒土中，僅餘一頂於地上。（第12圖爲一孔廟

1. 新河道，築堤工程，正在岸上進行。

2. 岸土冲刷一斑。

3. 江蘇壩下之官船。

4. 舊河道淤塞，僅成一溝。

5. 舊道口處，舟車[illegible]運輸。

6. 李升屯沿舊道之護岸工作。

7. 挑築大堤。

8. 完成堤岸。

9. 硪工。以石繫繩。抛空落地，擊土使實。

10 江蘇壩頭。

18397

），從開封到董莊，車行南岸堤頂，一邊河床，一邊民地。河床高過民田數尺以至丈餘不等。河床堤旁之樹，根脚幹部新被淤沒，可知此段黃河墳高不少，而兩岸堤防，猶仍舊觀。是以已往之決口，因努力堵塞，合龍可期。而來年之洪水，則將何以爲容，此則深可憂慮者也。

× × ×

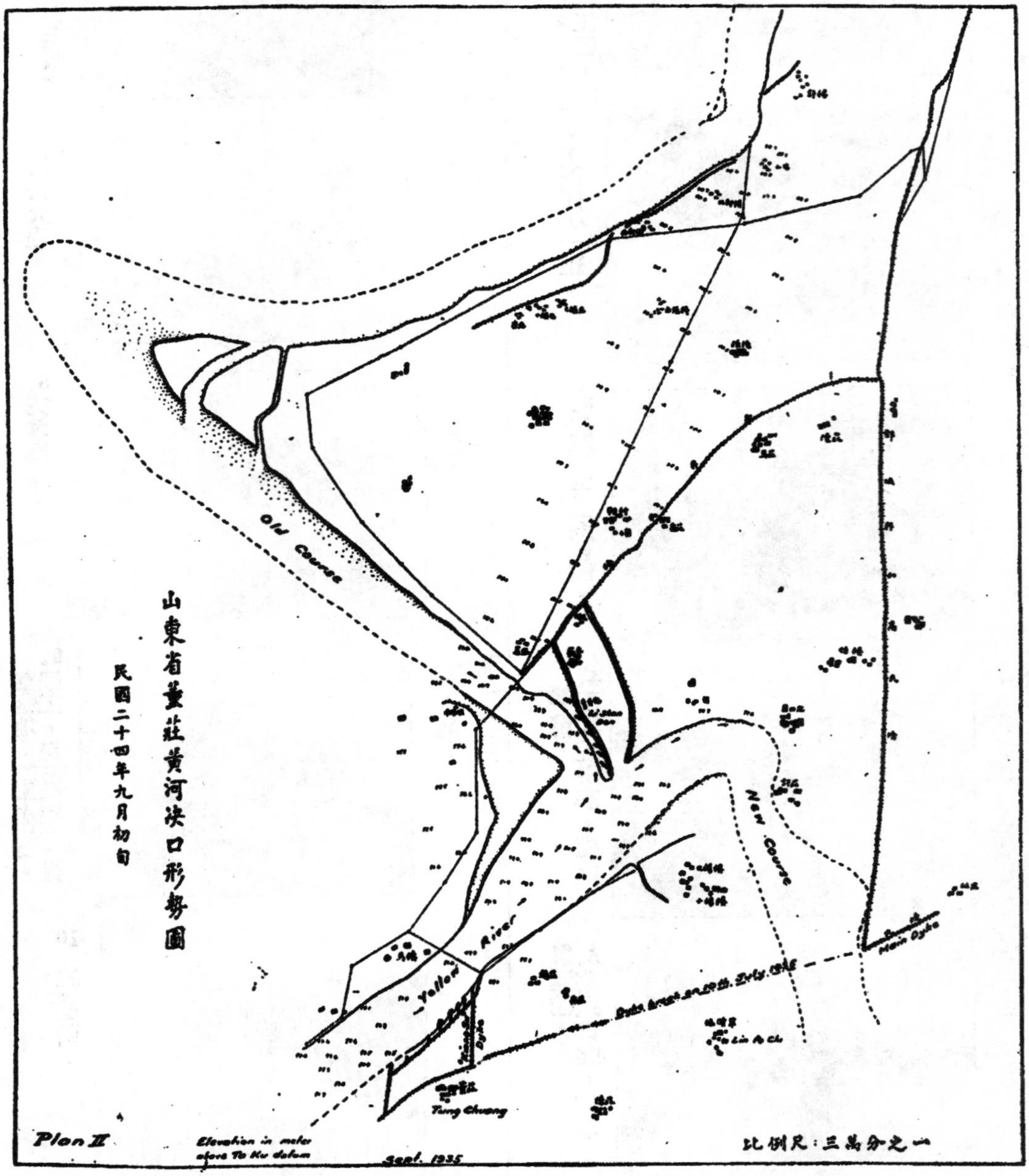

11. 李升屯臨淄之埽，以高梁堆成之，上覆以土。

12. 臨濮集之文廟，埋淤土中，僅見一項。

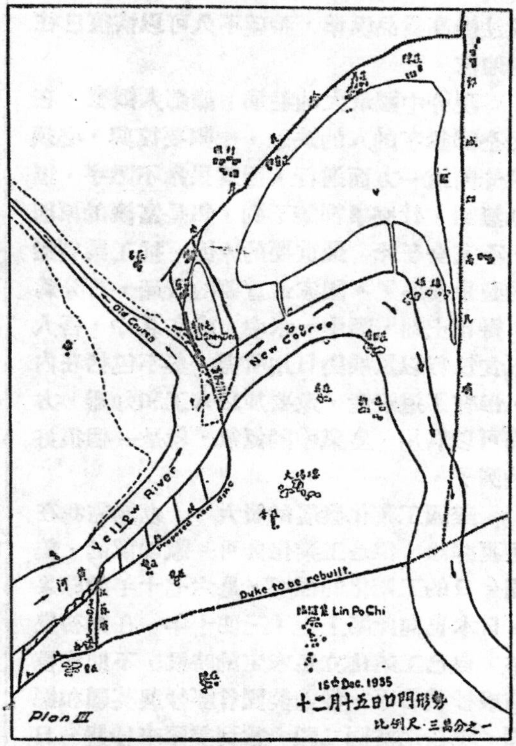

美國學術機關之研究工作

Prof. D. C. Jackson 在南京中國工程師學會招待宴之演講

陳章紀錄　25年1月13日

主席，諸君來賓，鄙人在六年前曾到過中國，這一次已是第二次，所感覺中國在這六年來的最大進步，要算中國西北及西部各省的發展了，六年前在中國很少人談起離海二百五十哩的內地，但在今日據吾人所知，西北各省正在大大的開發交通和運輸事業，將來對於國家的影響，一定非常重大，這一點是鄙人敢向諸位欣賀的，今日鄙人演講題目是『美國學術機關的研究工作對於美國工業有了什麼貢獻』，我們知道每一個國家要立在世界，就不能不和別國發生國際關係，國際關係最重要之一項自推國際貿易，但者一國其輸出永少於輸入，年年入超，或者專以土貨輸出而以製就品輸進，資金必陸續流出，國家貧窮隨之，要免除這一種的危險，工業化是惟一的方法，歐美各國自然不必說，我們拿一個最顯著和目前的例子，就是土耳其，土國在復興以前是一個又貧又弱的國家，復興以後，振興教育，使民衆識字，作爲基本方針，後來又提倡紡織業，開發鑛產森林，交通實業，也大量的進步，國際貿易日漸發達，改入超爲出超，土國雖不免尙有若干不滿人意之處，但大體上說來，總是很好，是中國的一個很好榜樣，譬如中國的國際貿易，最重要的要算絲茶二項，但因商人所售貨品，不能按照規定標準，失去了美國一大主顧，美國現在向日買絲，向印度買茶，但是自從中國設立商品檢驗局以後，正在設法提高貨品標準，希望不久可以恢復已往的地位。

現今中國最大的毛病，據鄙人觀察，在於全國識字的人的缺乏，中國要復興，必須最先向這一方面進行，因為民衆不識字，無知無識，什麼事都談不到，但是富饒的原因，不完全在此，最重要的原因，推工業智識的盡量發展了。國家最重要的資產，可分為：得自土地，鑛中，水中，或空氣中，吾人衣食住行以及娛樂日用所需，莫不包括在內，但有了這資產，還要加以人工和知識，方纔可以利用，空氣中的氮氣，就是一個很好的例子。

美國工業化發展的廣大，也無需我在這裏詳論，但是工業化非可一蹴即就的，美國今日的工業化的程度，是六七十年的結果，日本也向此路上走了三四十年，在最初幾年，自己工業化立足未定的時候，不妨從模仿或抄襲着手，從前美國曾經抄襲英國和德國，現在則英德二國，常到美國來抄襲，日本更甚，二三十年來專事抄襲，現在他們一切均能自製自造，工業化已有了穩固的根底，我們美國對於人家來抄襲一事，看來最大方，從任何國人可到大多數美國工廠參觀一事，就可為證，因為人家以為被抄襲模仿以後，所出貨品，將和自己貨品相競爭，將致不利，實則我自己若能進步，讓人家抄襲，造就貨品以後，我的貨品，又比人家的好，人家要競爭也無從下手了，我的意思，中國今日在開始工業化的時候，不妨效法各國已走過的途徑，從事模仿，漸漸趨於工業化的境地，國家的富強，也就有希望了，不過中國因不識字的人太多，地面遼闊，也許需時太多，不能就因此失望的。

現在鄙人要講到正題了，一國要工業化，必須注意研究事業，研究有二種，一種是偏於增加知識的，就是純粹科學方面，又一種是偏於實用方面，二者也不能十分劃分清楚，實用方面的研究，大多數對於工業化有直接的影響，美國公私機關每年耗費於實用物理科學之資金，何啻數千萬，各大學就佔據一部分，美國各大廠，大都均做研究工作，耗資雖多，但所收的效果遠勝於所費資金，我姑舉下列各例以告諸君。

今天在座諸位大概都知道，美國費城省中央高等工業學校的機械教授愛立湯姆生 Elihu Thomson 吧，他早年即發明球形電樞及電焊法，電機之用球形電樞為湯姆生教授設計及製造，而他同時仍在學校教書，此種電機在串聯弧光燈中亦佔重要地位，由弧光燈漸漸改良即成今日之電燈，所以他的發明極為重要，此種電機在 1880 年後，尚有用之者，他的電焊法，經他漸漸改良成為現今工業上之一重要利器，所以他為教授時對於工業界之貢獻，第一項能間接使電燈發展至現今的地步，第二項使工業界能將兩塊金屬物聯成一體，若天衣之無縫。

數年後查爾士赫耳(Charles M.Hall)在亞林彬專門學校之研究室中，將氧化鋁溶在氟氫鈉液內，用電解法得到純鋁，赫耳教授得到經濟上之援助，卒能使他的方法成為工業化，所以今日美國之鋁工業實出彼之賜，雖美國之崇拜赫耳者與法國之崇拜海洛脫者，對於他們二人發明之先後有所爭執，但赫耳對美國工程界之巨大貢獻，實為不可掩之事實。

貝爾為聾啞學校之教員，在1875年發明電話，雖他的發明電話在他私人研究室中，而非出之學校研究室之助，不過如電話界中發明電話附屬品者如普賓(Pupin)之類均學校中人，普賓曾著有似乎自傳的書，書名叫做「從移民到發明家」，想為諸君所讀過，他在哥倫比亞大學由學生而至教授，當他發明電話輸送線上的負荷線圈時，經過許多辯論，卒被承認普賓為電話界中之有大貢獻者，自負荷線圈發明後，長距離電話輸送更形發達。

在赫耳之後數年，凱士脫納H.Y. Castu-

18400

ner 在哥倫比亞大學研究改良製鈉之法，他叫他自己所發明之法叫做「苛性曹達」法，此法成功能使鈉之價目改低，而鈉之製造成爲商業化，後復用電解法補充前法，使鈣金屬工業益形發達。

此外有許多大學，均有貢獻於工程界的，不過如亞姆司屈朗在哥倫比亞大學發明無線電中之再生式放大，由再生式放大進至超差式放大，又哥倫比亞大學教授丁克(Colin G.Tink)發明克羅咪之電鍍與鎢之電鍍。

由學校研究室研究之結果，影響於各工業者至巨且大，下列各種事業，均受學校研究室之賜。1，運輸及交通。2，毛織品工程。3，機器製造工程。4，有提取性的工程，(如鑛冶，石油，等)。5，鋼鐵工程，(附汽車工程)。6，森林出品工程。7，食物出品工程。8，印刷術工程。9，皮革製造及製皮革用具工程，10，石器，陶器，玻璃工程等十大類，至於各種小工業，亦往往有受學校研究室之賜，不及一一詳述。

牛奶油製造事業，不列在上述各類中，照統計學應當列入農業製造或者雜入於小工業中，不過此種工程在美國亦同樣的用科學方法，將牛乳放入機器中，成爲牛奶油及牛酪，除此之外，尚有其他一步重要手續，即將牛奶編成樣本，而牛奶之價格視牛奶中之牛酪與脂肪之成份而定，1890年威斯康新大學教授柏拔古柏，(Stephen M. Babcock)發明一種檢定牛奶的法子，能將牛乳照他的牛酪的成份與脂肪的成分爲等級，此法卽爲柏拔古柏法，因我住在威斯康新大學附近，且與柏教授自 1891 年起同事十六年之久，我親見該地之牛奶油業地位，由一種飄搖不定之狀態而突飛猛晉，至最著名之牛奶油製造區，威省就成爲美國最富省份之一，是皆柏氏牛奶檢驗法之賜也，中國牛奶油工業尙未發展，或不能注意柏氏試牛奶之法，不過在歐洲及澳洲各處牛奶油工業發達之區，多用之者，威斯康新大學又爲富於維他命D食品工業之所，又保久牌乾電池，亦爲該學之出品，現在通用於無線電收音機，作A，B及C電池。

我們現在且將目光移至毛織工業，如愛特極通式之感光計速器，用以量紡織機上紗軸之速度，尙有一種愛特極通式之高速度攝影器，用以調整在紡織時紗上之應力此皆爲麻省理工大學電機科教授愛特極通(Edgerton)之發明，又麻省理工大學紡織試驗室敎授司伏之(Schwartz)發明一種分極顯微鏡，用以辨別紗之等第者，又飛機兩翼本用麻織物包之，現在漸漸用紗織物者，現由美國標準局與兩組大學研究室合作試驗云。

麻省理工大學教授哈台(Hardy)發明一種自動記錄的分光度計(Spectro photometer)，此計用以管理混合顏色時之用，及使此混合之色成爲標準化，如顏料，染料，及印書時之顏色等。

石棉木爲麻省理工大學教授奈通(Norton)所研究之物，用石棉工廠內所棄去之石棉，在尋常溫度下加以極高之壓力，卽成種種石棉條，石棉板，石棉片，其用途爲火燒不燃，高絕緣電阻，既輕且堅，又類木板，可用鋸子鋸之，可代木料之用，又可代電氣界上之大理石，石板等之用，柏林司大學教授南司洛伯(Eduric T. Northrup)發明一種高週率波感應電鎔鑪，此發明不獨全球電學界注意，卽鑛冶家亦每稱羨之，此電鎔鑪先爲冶金研究室中之重要儀器，後漸漸爲冶金工程界中之重要物，現在容積漸漸加大，每鑪每次能裝10噸之重量。

以上種種，不過僅據個人所見最親切者爲諸君述之，其他實例不勝枚舉，美國每年用於研究工作之費用，恐爲任何各國所不及，而大學研究機關之貢獻，實未可厚非，惟大學研究機關之所以能成就如此結果者，端在主持者竭力造成善良學術思想，自由之環境，和培養研究人才爲着手辦法。

中國工程師學會會務消息

◉天津分會消息

天津分會職員，業已選出如次：

會長：李書田　副會長：徐世大

書記：王華棠　會　計：楊先乾

天津分會與中國水利工程學會天津分會，中國化學會天津分會，河北省工程師協會，於一月五日午刻，舉行新年聯歡大會，有徐世大君講演：「董莊黃河決口視察後之觀感」，陳德元君講演：「我所看見的日本」，雲成麟君講演：「青年之敵」，張洪沅君報告：「去年六學術團體在桂舉行聯合年會經過」，至下午五時始盡歡而散。

◉北平分會消息

北平分會新舊職員於十月改選，因各會員散處各方，卽改用通信選舉辦法，檢票結果，顧毓琇君蟬聯會長，王季緒君當選副會長，郭世綰蟬聯會計，陶履敦君當選書記。該分會於 1月12日正午12時，在會所召開第一次大會，聚餐講演，詳情再告。

◉南京分會常會記事

南京分會於24年12月28日下午 6 時，在新街口國際飯店，舉行本屆常會及聚餐，由會長胡博淵君主席，書記陳章君記錄，餐後，由胡會長報告會務 計分4點：(1)本分會參加南京學術團體救國聯席會議經過。(2)本屆交誼會因時局關係，多數會員主張延緩，將來或於適當日期，從簡舉行。(3)下屆年會在杭州舉行，事畢後到京滬參觀，本分會已接到杭州分會請求招待之函件，經決定屆時準備招待，並預籌節目。 (4)本分會接總會函囑，編纂全國建設報告之關於中央各部會部分稿，已決分聘中央各部會本會會員編纂，俟彙集後，再呈繳總會。報告畢，由胡會長介紹經濟專家，現任立法委員衛挺生先生，講演『民十六年以來中國之財政』。滔滔不倦，凡二小時，數年來中國財政之改進，衛先生無不躬預機密，故發揮更見親切，對於最近法幣政策，運用之利弊得失，復有極詳盡之闡述，聽者備覺興趣十倍，演講畢，復繼以討論，十一時散會。

◉唐山分會消息

唐山分會於1月5日，午12時，在唐山工程學院校友會所，舉行聚餐會，並歡迎新會員高超，李汶，彭榮閣諸先生，出席者計14人，當場除擬定下次開會日期外，復以編制東三省建築報告書一節，唐會會員未能實事調查，稿件闕如，應由分會書記函陳總會，午後三時散會。

◉會員通訊新址

傅　銳　(住)南京大慈悲巷內大高里七號

黃漢彥　(職)上海楊樹浦蘭路永安紡織第一廠

王端菴　(住)上海延平路190弄9號

嚴　晙　(職)北平清華大學

楊立人　(職)浦鎮津浦鐵路明光車站工務巡查段

魯　波　(職)南京下關鮮魚巷40號永利公司轉錏廠

許行成　(職)陝西西安西北國營公路管理局

許元啓　(職)陝西西安西北國營公路管理局

吳文華　(職)陝西西安西北國營公路管理局

張昌華　(職)陝西西安西北國營公路管理局

黃步雲　(職)鄭州電話局

陸爾康　(職)湖南耒陽株韶鐵路第五總段

劉良湛　(職)衡陽株韶路工程處第六總段第二分段。

◉本年杭州年會論文委員名單

委員長：沈　怡
副委員長：朱一成
委員：茅以昇　李學海　朱延平　林同棪
徐世大　張含英　李書田　鄭肇經
趙福靈　蔡方蔭　羅　英　孫肇靈
朱有騫　吳承洛　吳　屏　徐宗如
顧毓琇　顧毓琇　朱其清　周　琦
馮　簡　張延祥　許應期　錢昌祚
茅以新　莊前鼎　陸曾祺　楊繼曾
錢旭暨　王龍佑　曾養甫　李　俶
胡庶華　胡博淵　楊簡初　陳　章
柴志明　張德慶

◉本會圖書室新到書籍

本會圖書室每月收到新書數百册，編號儲藏，凡關於工程學術重要文字，將目錄刊布於此，以備會員參考借閱，並以誌謝各贈書會員。

500 物價統計月刋　7卷9號　24—9月
503 Engineering News-Record,
Vol. 115, No. 18, Oct. 31, 1935.
Bay Bridge Anchorages, San Francisco.
Recent Construction in England.
Using Aerodynamics Research Results
Causes of the Molare Flood in Italy
Sidewalks for Massachusetts State Roads.
504 Power Plant Engineering
Vol. 39, No. 11, Nov. 1935.
Fort Wayne New Power Plant.
Draft Gages—How to Select and Use Them.
Water Walls for Higher Heat Release.
Effect of Soot on Boiler Heat Transmission.
Combustion Control.
Engines—Operation and Maintenance.
Annapolis Modernizes Power Plant.
High Voltage Condenser Welding.
Port Washington Station.
System Controls Air Conditioning.
505 Mechanical Engineering
Vol. 57, No. 11, Nov. 1935.
Work Assignment in Silk and Rayon Manufacturing.
Effect of Insulation
Atmospheric Air
Underfeed-Stoker Practice in Great Britain.
Separation of Radiation and Convection Heat Losses.
Steam-Turbine Testing.
The Third International Conference on Steam Tables.
508 江西公路三日刋　116期　24—11—25日
509 江西公路三日刋　117期　24—11—28日
510 廣播週報　62—63期　24—11—30日
中國實驗科學不發達之原因　竺可楨
電車在現代都市交通上的地位　楊簡初
水泥　杜祖心
成音週率放大器之設計　信
511 學藝　14卷7號　24—9—15日
氨及硝酸工業　郁仁貽
512 中國工業　4卷11號　24—11月
攝影乾板　王任之
木炭瓦斯汽車　浩　然
電氣與建築　張世英
515 鑛業週報　630號　24—11—28日

18403

516 時事類編 3卷21期 24—12—1日
科學統治世界的預測 趙繼昌
「正子」是什麼 李放
517 交通雜誌 3卷12期 24—10月
民營公營專用三種鐵道條例之批評 洪瑞濤
粵漢路波韶段工程進展概況 凌鴻勛
英國航空運輸 萬琮
意阿爭奪中之阿比西尼亞鐵道概況 共壽
各國鐵路電氣化概況 辛承謙
無綫電之基礎知識 張燮
518 廣東國民大學十週年紀念册 24—10月
519 China Weekly Review, Vol. 74, No. 12, Nov. 23,1935
520 青島市政公報 71期 24—10月
521 新電界 78期 24—11—21日
522 北平工學院半月刊18期 24—10—15日
人造絲的檢定法 平
北平電車公司崇文門變壓廠實習報告 蔡家瑜
北平電車公司南變流廠實習記 蔡家瑜
523 水產 2卷6期 24—11—1日
524 四川省政府公報 17期 24—8—11日
525 浙江省水利局總報告 上册 24—6月
526 浙江省水利局總報告 下册 24—6月
527 江蘇圖說 胡煥庸著 24—11月
528 江西公路三日刊 118期 24—12—2日
529 工商半月刊 7卷23號 24—12—1日
530 江蘇建設 2卷12期 24—12—1日
(公路管理專號)
煤氣車之原理與構造及其試用情形 金效先

工程週刊

中華民國25年 2 月20日星期4出版
（內政部登記證警字788號）
中華郵政特准掛號認為新聞紙類
（第1831號執據）
定報價目：全年連郵費一元

中國工程師學會發行
上海南京路大陸商場542號
電話：92582
（本會會員長期免費贈閱）

5·6
卷　期
（總號108）

工程師對於經營經濟學應有的認識

沈　觀　宜

現代的工程師，在日常生活之中，固然需要一些經濟常識，即在事業進行上，却也有可以借助於經濟學之處。惟有潛心於研究的人，或是只願終身固守於繪圖房以內者，始可超身於人事麻煩之外。否則，在任何一種經營之中，誰也不能不擔負一些得失利害的責任。凡是一種事業，我們總是要他進行來得順利，結果來得圓滿，力求其有得無失，趨利避害。統而言之，工程的種類雖多，但無有不以合於經濟原則為目的者；我們於一種事業未進行之先，要先有全盤的估計，在既着手之後，要使每一小部分的動作，都能與全體的步驟相調和，以求其效率之增高，這就是「經營經濟學」的勾當。

經營經濟學在經濟科學中之地位，較為後輩；以前每被混入商業學及經濟政策之中；歐戰前後，此科漸見成熟，乃宣告獨立而自樹一幟。今則與國民經濟學並列，為經濟科學中二大股系。

「經營」之種類，包括工業，農業，商業各門。倘按其主權而分，又可別為公營及民營兩項。處於二者之中，又有所謂混合經濟的事業，即官商合辦的事是也。

我們所最注意者，當然是工業的經營。凡公營的工業，其性質不以營利為目的者，皆不列於經營經濟學研究範圍以內。民營及混合制之工業，其目的無有不以營利為依歸，故為經營經濟學之真正的對象。

工程與經濟，二者關係之密切，每為一般工程師所忽視。嚴格說起來，所有工程的科學，無有不以經濟為目的者，這就是說：求以最低的費用獲得最高的效果。所以材料強弱學就是一種材料經濟學；熱力學就是一種熱力經濟學；諸如此類，不一而足。所可惜者，反對資產的經濟學說在吾國太覺盛行，以致管理資產的經濟學說反見寂然無聞。本來德國的工程界，除「設計工程師」之外，又有所謂「經營工程師」者，其意義與美國之「效率工程師」大略相似。美國泰羅氏所盛倡之科學管理法，原亦為經營經濟學中所研究之問題之一。

我想，工程師除本門的技術及學識之外，在事業已着手之後，必須兼注意到人事管理及財務管理的問題；在事業未進行之先，先需有一種盈虧估計的預算案，而選擇工廠之地點，亦為事前設計中之一事，皆未容忽略者也。

當然，另有許多成功的工程師，在管理上已經積有多年之經驗，所以其設施自然不至違背經濟的原則，本可無須重新翻閱書本，求助於他山。但這樣的情形，究竟不是普遍的。最後，我想對於未來的工程師，貢獻幾句話：

經濟學之成爲一種獨立的社會科學，在今日似乎已無疑義，而經營經濟學與工程事業之關係，尤堪注意。我國大學中的工科學生對於此新興的科學，不妨也有機會兼顧及之，於其自身將來在社會上事業的進行，必有許多的補益。

南京，25.1.30

永定河22號房子滾水壩及涵洞工程

高鏡瑩　徐邦榮

永定河三角淀南堤，於民國23年夏，在22號房子附近決口。永定渾水，經西河逕入海河，以致海河放淤工程失其效用，海河航運遭受不良影響。前整理海河工程處，於24年春間，堵築未果。華北水利委員會，於24年三月中，接辦海河治標工程。爲謀救濟海河伏汛工作，恢復其效用計，在決口處修築混凝土滾水壩一座，使較清之水，由壩上滾流南行，而同時使三角淀內水位，不致過分抬高，以免危及南堤之安全。並於滾水壩旁，修築綯紋鉛鐵涵洞一座，以洩積水。滾水壩長70公尺，高1.50公尺，頂寬1.25公尺，底寬 1.75 公尺。壩頂高度爲大沽水平綫上9.0 公尺，兩旁堤頂，高度爲11.0公尺，高水位爲10.0公尺，滾水壩過水深度爲 1.0公尺，流量爲100秒立方公尺，(流量係數C=1.46數)。壩底海漫長14.15 公尺，厚80 至50公分。壩及海漫皆用1:3:6 混凝土修築。海漫下端，並築寬1.0公尺，高30公分之混凝土消力檻一道。海漫上下游，各打板樁一道，及堆砌塊石。兩端堤坡，皆用塊石砌築。涵洞在滾水壩水端，計爲60吋徑綯紋鉛鐵管兩道，各長10.5公尺。管底高度爲 7.8 公尺。下游皆設自動管門。護牆用 1:3:6 混凝土修築。管底上下游堆砌塊石，兩旁堤坡亦用塊石砌築。

22號房子滾水壩及涵洞工程，由天津乾泰公司承包，總價73,852元。計自24年 5月22日起，至7月2日止，除因雨不克工作 2 日外，共作40日。工作尚稱順利。其各項工程數量，計挖土11000立方公尺，打板樁156塊，白灰混凝土320立方公尺，洋灰混凝土840立方公尺，堆砌塊石及坡面砌石共約1400立方公尺等。至於綯紋鉛鐵管，及自動管門，係前整理海河善後工程處向美國訂購者，由本會運至工地，交付承包人裝置油漆。茲將各部工作情形分別陳述於後：

(一)土工

(1) 挖土　挖土以前，先將應挖面積以白灰綫及木樁標明，並將應挖之深度，坡度，一併誌於四至之木橛上。其四至至少須較應挖地基每邊各寬2公尺餘，(須按所挖深淺土質良劣情形臨時規定之)，以便挑溝，落低地中水面。只緣包商經驗稍差，又貪圖省工，未按照規定作法進行，出土之法，又完全以人力挑擔，故挖土工作稍稽時日。計挖土11,000立方公尺，共用土工七千餘，約合每日每工肆角。

(2) 填土　填土以前，先將地基清除，草根木屑，不得遺留。中綫邊綫木橛定妥，並將應填高度，誌於木橛上，植竹竿於木橛上，以定高度，隨即填土。磚石瓦片，以及堅硬土塊，均不得摻入。填土每層以30公分爲限，夯硪打實後，淨剩17公分爲止。

涵洞綯紋鉛鐵管四週填土，因不能用夯硪力打，每層不得過20公分，每層用木夯打實後，再落水一遍，逐層填築，至鋼管以上

1. 滾水壩全景

2. 涵洞全景

3. 打築滾水壩混凝土

4. 安置涵洞鐵管

3英尺，再用夯礮力打。

(二)板樁

板樁中綫定妥後，即用四六吋美松兩條，臥於地平面下，中間留六英寸，(板樁厚)，兩旁並用木楔頂緊，俾免溜走，樁頂高度，亦卽誌於夾板上。第一塊板樁之下端，須四面各削成楔形，並令凸形邊，作爲第二塊之連接邊。如板樁由中間往兩頭打築，而第一塊板樁必須兩面皆成凸形，以便令凹形邊接連，藉免劈裂不嚴之弊。打樁之砣，係人力砣，每砣每日(晝夜)約打40餘根。計自5月27日起，至6月6日止，共作11日。

(三)白灰混凝土基

先將地基清除找平，夯礮堅實，並按圖樣所定高度面積，以墨綫彈出實樣，樹立木型，又以墨綫在木型上誌出，然後打築混凝土。白灰混凝土，係灰白一成，沙子三成，石循六成，以人力盤拌和均勻，一俟混凝土傾入木型之一邊，或一角，即用鐵鍁徧插邊角，並用木夯打實，然後鬥漿。鬥漿之法，以木夯輕輕打之，使混凝土隨木夯而顫動，灰漿泛於上面，而石子完全下降為止。每層混凝土以六英寸爲度，多則不易打實也。計自6月9日起，至6月15日止，共築320,00立方公尺。

(四)洋灰混凝土

白灰混凝土築妥後，即於白灰混凝土基上，按照圖樣將各綫定出，再分段打築。其法與白灰混凝土作法同。自6月12日至6月28日，共築洋灰混凝土940.00立方公尺。

(五)石工

(1) 堆砌塊石　先將木樁釘妥抄平，按照平誌掛以竪線。竪綫之中距，平處不得過3公尺，圓灣等處，不得過1.5公尺，再掛以橫綫，使先後移動。然後以大塊石，按照實際情形，橫臥，竪立，平擺等法砌之，以嚴密堅固爲準則。

(2) 坡面砌石　砌石以前，先將土坡按圖釘妥，夯硪堅實。坡頂坡脚各釘以平橛，(上下平橛須與中橛成一直綫)，連以綫繩，再以臨時綫繩橫連於竪綫上，俾便找石面上平。以上手續完備後，即以小塊石舖底，搥打堅實，用3:7白灰沙漿灌漿，再砌大塊面石。一俟面石砌妥，石縫以1:3:6小石碴洋灰混凝土塡築後，再用1:3沙子洋灰抹縫。惟面石與面石之中間，至少須留1公分，以備塡築混凝土。計自6月19日至7月1日，共砌石1400,00立方公尺。

(六)安裝總紋鉛鐵管

先將各片鉛鐵管，於平整地面，按圖安妥，用起重機移於所定位置，再將自動鋼門安於鉛鐵管上，穩正，然後樹立木型，打築混凝土矣。

22號房子滾水壩及涵洞工程，工作之地點，陸運距津40里，距子牙河之鐵鍋店村12里餘，惟尙有航運30餘里。運輸不便，裝卸需時，故自開工以前，本會即令包商裝設輕便鐵道，(由工地至子牙河)，以便運輸。祇緣車輛不足，運輸價目亦較低，推車工人觀望不前，以致工作材料未能儘量供給。後由本會代爲管理運輸，僱工等事，材料囤積，工作進行速率亦大增，包商方面，亦稍具工作興趣。又因彼時天氣清和，未曾風雨，是以未致久延工作日期也。

民國24年全國電氣事業供電統計

月份	發電容量(瓩)	最高負荷(瓩)	發電度數(千度)	工業用電度數(千度)
1	524,753	375,222	150,716	81,177
2	524,753	374,466	121,359	64 102
3	524,753	362,207	142,817	72,454
4	524,753	360,330	139,400	79,965
5	525,592	348,904	137,106	79,029
6	525,792	320,817	124,340	73,043
7	533,422	328,140	124,341	68,815
8	525,692	326,291	126,733	70,117
9	535,244	339,601	129,186	73,079
10	584,160	360,072	142,762	80,284
11	539,783	363,711	142,864	79,676
12	543,970	381,104	155,320	82,708
共計			1,636,946	904,449

說明：此表係建設委員會全國電氣事業指導委員會根據全國300瓩以上電氣事業，(計本國經營者73家，外資經營者10家)，每月塡送之月報而編製，此84家之發電容量佔全國95%以上，故堪以代表全國之實在狀況。

◉化學顯色原紙

實業部獎勵工業技術審查委員會，於24年5月18日決定准予陳葆笙及韓組康所發明之化學顯色原紙專利5年。此項原紙，係於製紙時，先於膠液中加以適當之色素，製成有色之原紙，俾書寫時着酸之處，或變白色，或變他色，立時顯出明晰之筆畫。至於所用色素，不論有機無機，凡遇硫酸變色者均適宜。惟爲經濟及便利計。當以抗酸性薄弱之人造有機染料爲最宜。此項發易者陳韓兩君，係在上海南市裏馬路411號勤業文具公司。

中國工程師學會會務消息

◉選舉新職員通告

本屆司選委員會委員李運華，顧毓秀，龍純如，支秉淵，譚世藩五君，徵詢各方建議，參考歷年成例，提出下屆新職員候選人三倍之人數，已刋印複選票，分寄各會員。此次選舉因新修會章，增加董事名額，故董事當選者有17人，內以最多票數之9人爲任期3年者，次多票數之4人爲補足任期2年者，又再次多票數之4人，爲補足任期1年者，如此規定，以省將來抽籤之煩麻，幸會員諸君注意之。

◉武漢分會捐款

本會民國22年在武漢舉行年會時，武漢分會會員李得庸，鄭家俊諸君，曾向政路商工各界，勸募捐助，後以年會收支有餘，故此項捐款存儲銀行，迄未動用，最近由武漢分會會長邵逸周先生匯交滬總會，移作工業材料試驗所捐款，共計國幣1,890.00元，已經收到。此項捐款原捐助人姓名，已詳載工程週刊2卷13期208頁，茲不重刋，誌此再以道謝。

◉『工程』第十卷合訂本出售

本會兩月刋『工程』雜誌第10卷已經出全，編有全卷索引，隨11卷1號分寄各定戶及會員。茲10卷全份共6期，餘存不多，特將全卷裝訂布面金字合訂本，每本售價連郵費計3.40元，欲購者請儘早匯款爲荷。

◉美國分會新選職員

本會美國分會於去年9月12日在紐約舉行年會，選出本屆新職員，會長爲張光華君，副會長田鎮瀛君，書記馬師亮君，會計蔣葆增君。又推定分組委員長，計分航空，化工，土木，電機，機械，礦冶，建築等7組，尚有紡織一組，未曾舉定，茲將各職員之通信處錄下：

President,
Kwang Hwa Chang,(張光華),
Am. Sec. C. I. E. Headquarters,
119 West 57th Street,
New York City, N. Y., U. S. A.

Vice President,
Chen Ying Tien, (田鎮瀛),
P. O. Box 101
Ann. Arbor, Mich., U. S. A.
University of Michigan.

Secretary,
Shih Liong Ma, (馬師亮),
University of Michigan
Ann. Arbor, Mich., U. S. A.

Treasurer,
Bao Tzeng Jeang, (蔣葆增),
M. I. T. Dormitory,
Cambridge, Mass., U. S. A.

Chairman of Technical Divisions

Aeronautical Engineering
Tung Hua Lin, (林同驊),
The Grad House, M. I. T.,
Cambridge, Mass., U.S.A.

Chemical Engineering
Chyn Duog Shiah, (夏勤鐸),
The Grad House, M. I. T.,
Cambridge, Mass., U.S.A.

Civil Engineering
Hsi Chih Kuo, (郭習之),
229 Grand Avenue,
Iawa City, Iowa, U.S.A.

Electrical Engineering
Chai Yeh, (葉楷),

18409

Cruft Laboratory,
Harvard University,
Cambridge, Mass., U.S.A.

Mechanical Engineering
Sung Way Chu, (朱頌偉),
The Grad House, M. I. T.,
Cambridge, Mass., U.S.A.

Mining & Metallogical Engineering
Jim Eng, (伍國沾),
16 Hudson Street,
Boston, Mass., U.S.A.

Textile (Textile Eng.)
VACCANCY

Archetectural Engineering
(Naval Archetectural & Marine Engineering)
Theodore L. Soo Hoo, (司徒靈得),
37 Beechwood Street,
Quicy Point, Mass., U.S.A.

◉上海分會交誼大會

上海分會於2月1日下午6時，假新新酒樓舉行交誼大會，到會會員及眷屬等四百餘人，極為一時之盛。是日秩序如下，會員入座劵每張2.50元。

1. 開　　會
2. 主席報告(金芝軒先生)
3. 會長報告(王繩善先生)
4. 來賓演說(盧作孚先生)
5. 聚　　餐
6. 游　　藝
7. 贈　　品
8. 散　　會

◉上海分會誌謝

本會每屆交誼大會，屢承本外埠各工廠及行號，慨贈珍品，藉增興趣，而資宣傳，本屆為發揚國貨計，所有贈品，以國貨為限，荷蒙各國貨廠家，熱心贊助，慨賜出品，琳琅滿目，美不勝收，謹代到會諸君，誌此數語，聊表謝忱。所有慨捐贈品諸廠台銜列左：

華通電業機器廠	檯風扇一只，新式電爐一只
美亞織綢廠	美琪綸旗袍料一件
天廚味精廠	味精六十打
亞美公司	無綫電箋五百本
A.B.C.中國內衣公司	內衣半打(計六件)
家庭工業社	無敵牌牙膏廿四管，蝶霜廿四瓶
中華第一針織廠	蔴紗男襪五打（計六十包）
永和實業公司	皮球四打，雪花膏三打
梅林公司	罐頭食品共廿件
鑄豐搪瓷公司	廿五吋題噴茶盤及精美日曆各六只
益中公司	電爐一只，白銅電暖鍋一只，瓷象棋五十副
興業瓷磚公司	日曆六十組
中國企業銀行	玻璃鎮紙
仁豐染織廠	各色英丹士林布
達豐廠	著名出品府綢十大包(每包計六碼)
四達廠	燈四只
四達公司	府綢十六包
中華書局	鋼筆墨水日記簿各廿打
中國化學工業社	三星花露水廿五打
景綸衫襪廠	兒童春秋睡衣半打，蔴紗汗背心半打
大中華火柴廠	火柴一千六百小匣
亞洲機器公司	克羅米漱口杯架半打，手巾架半打
立興熱水瓶廠	熱水瓶一打
三友實業社	西湖毛巾四十打
天盛陶器廠	烟灰缸十二只，耐酸龍頭一只，漏斗一只
五洲藥房	甘油一百廿瓶，香皂廿四打，藥皂二百塊
天利淡氣廠	阿馬尼亞五百五十瓶
豐源行	雙用門鎖六把

中國亞浦耳電氣廠	燈泡二打
元豐公司	日曆六十組，噴漆壁畫一方
美豐織造廠	男女手套各半打
震旦機器廠	滅火機全套
商務印書館	日記簿及週刊（到會分送）
海京毛織廠	絨毯一條
合作五金社	兩用刀二打
山海大理石廠	大理石烟灰缸一只
中華琺瑯廠	烟灰缸六十只，優待券一百張
振華油漆公司	飛虎牌水粉漆十罐
冠生園	家庭餅乾一聽奶油太妃糖一聽陳皮梅一聽
亞光製造廠	電木用品二十餘件
東方年紅公司	年紅燈一只
華美烟公司	光華牌香烟五十聽
萬益吉電機廠	鋼皮尺廿把
康元製罐廠	玩具十二種，每種四件，醬菜十聽
中國國貨公司	男女絲紗襪三打，手套半打，雙輪牙刷一打，熱水袋一只
鴻新染織廠	國光呢及排雲錦旗袍料各一件
新業工廠	鋁金衣鈎十二只，日曆二組，鋁金烟盒二種各四只
建設委員會電機廠	日月牌單節電池六打，日曆三打
新新公司	信箋簿一百本
華福帽廠	呢帽二只
榮業紙袋公司紙	袋袋五百只
勝德織造廠	鋼筆杆三打

◉會員通信錄出版

本會會員通信錄，每年訂正重印，以利檢查。今年新通信錄於一月編刊，現已出版，已分別寄發各會員，如有遺漏未曾收到者，請函告本會查詢爲荷。

本年會員錄中，除於卷首附載總會職員錄，及分會職員錄外，又刊載各委員會委員名銜，及歷屆正副會長，董事及基金監姓氏。通信錄後又以會員分地編列，即各分會之會員錄；復以各會員之專門分組編列，分土木，化工，電機，機械，及礦冶五組，極便查考，最後載本會永久會員題名錄，截至24年12月止已有全繳永久會費者145人，繳一部分者139人，比去年增加甚多，底封面內載本會朱母紀念獎學金徵文辦法，底頁外載本會章程摘要，全書共150頁。編刊頗費時日，印刷費亦不少，望各會員善用之。

本年會員錄中，通信地址尚不免多所傳誤，除附下表更正外，務請諸同仁隨時賜函更正爲荷。

◉會員通信錄更正

方　剛	(職)西安西北國營公路管理局
王　勁	(職)南京中央廣播電台總管理處
朱瑞節	(職)上海浦東電氣公司
朱其清	(住)南京漢府街梅園新村40號
吳　敬	(職)漢口江漢工程局
吳競清	(職)南京鐵道部
李運華	(職)南甯廣西省政府化學試驗所
周維幹	(職)上海牢淞園路建委會電機製造廠
周公樸	(職)南京交通部
祁玉麟	(職)上海白利南路天利淡氣廠
任鴻雋	(職)成都四川大學
張延祥	(住)上海愛文義路1729弄17號
張志成	(職)重慶四川公路局
莊效震	(職)鎮江建設廳
陳良輔	(職)無錫戚墅堰電廠
單基乾	(職)九江映廬電燈公司整理處
溫毓慶	(職)南京交通部
程孝剛	(職)南京鐵道部
費　霍	(職)上海甯波路40號楊錫鏐建築師事務所
楊承訓	(職)浦口津浦鐵路局
蔡昌年	(職)揚州振揚電燈公司
蔣易均	(職)上海北蘇州路京滬路局材料處
鳳　伯	(職)唐山林西開灤煤礦

中國工程師學會二十五年度新職員複選票

敬啓者，查本委員會對於二十五年度各職員人選，根據本會新修正會章第二十一條，幷參考南京年會議決候選董事之五項標準，提出下列候選人，卽請本會會員分別圈定爲荷！

會長： 曾養甫（礦冶 南京） 吳承洛（化工 南京） 張洪沅（化工 南京）

請於上列三人中圈出一人爲民國25—26年度之會長

副會長： 沈怡（土木 上海） 惲震（電機 南京） 茅以昇（土木 杭州）

請於上列三人中圈出一人爲民國25—26年度之副會長

董事：

顏德慶（土木 石家莊）	淩鴻勛（土木 湖南）	李儀祉（土木 西安）	秦瑜（礦冶 南京）
薛次莘（土木 上海）	沈百先（土木 鎭江）	周琦（電機 上海）	徐善祥（化工 上海）
李熙謀（電機 上海）	趙曾珏（電機 杭州）	潘銘新（電機 南京）	馬君武（化工 梧州）
楊毅（機械 北平）	王季緒（機械 北平）	唐炳源（機械 無錫）	侯德榜（化工 天津）
莊前鼎（機械 北平）	胡博淵（礦冶 南京）	王寵佑（礦冶 漢口）	徐佩璜（化工 上海）
梅貽琦（電機 北平）	林濟青（礦冶 濟南）	何致虔（礦冶 廣州）	張可治（機械 南京）
楊紹曾（化工 天津）	凌其峻（化工 北平）	曾昭掄（化工 北平）	李書田（土木 天津）
何棟材（土木 梧州）	沈熊慶（化工 上海）	夏光宇（土木 南京）	方頤樸（土木 天津）
鄺兆祁（機械 上海）	周仁（機械 上海）	陸志鴻（礦冶 南京）	陳體誠（土木 福州）
楊繼曾（機械 南京）	施孔懷（土木 上海）	張靜愚（機械 河南）	劉蔭茀（礦冶 南京）
趙祖康（土木 南京）	邢契莘（土木 青島）	張惠康（電機 上海）	楊先乾（土木 唐山）
余籍傳（土木 長沙）	唐之肅（冶金 太原）	張寶桐（電機 蘇州）	楊錫鏐（建築 上海）
翁德鑾（機械 大冶）	王繩善（機械 上海）	裘燮鈞（土木 上海）	

請於上列五十一人中圈出十七人，爲董事。
(註)最多票數之當選人 9 人，爲25—28年度之董事。
次多票數之當選人 4 人，爲25—27年度之董事。
再次多票數之當選人4 人，爲25—26度年之董事。

基金監： 張延金（電機 上海） 黃炎（土木 上海） 徐學禹（電機 上海）

請於上列三人中圈出一人爲民國25—27年度之基金監

選舉人簽名..............................

通信處..............................

附註：(一)會長顏德慶，副會長黃伯樵，董事淩鴻勛，胡博淵，支秉淵，張延祥，曾養甫，基金監徐善祥，均將於本年年會時任滿。
(二)本複選票請卽日塡就，寄至上海大陸商場本會收轉，二十五年三月二十日截止開票。

第六屆職員司選委員 李運華，龍純如，顧毓琇，支秉淵，譚世藩同啓